机械设计与智造宝典丛书

UG NX 11.0 宝典

北京兆迪科技有限公司　编著

机械工业出版社

本书是全面、系统地学习 UG NX 11.0 软件的综合性图书,内容包括 UG NX 11.0 概述及应用基础以及二维草图设计、零件设计、曲面设计、装配设计、工程图设计、NX 钣金设计、渲染功能及应用、运动仿真与分析、电缆设计、模具设计、数控加工、同步建模方法及工程应用、GC 工具箱和有限元分析等所有软件应用内容。

本书章节的安排次序采取由浅入深、循序渐进的原则。在内容安排上,书中结合大量的实例对 UG NX11.0 软件各个模块中的一些抽象的概念、命令和功能进行讲解,通俗易懂,化深奥为简单;另外,书中以范例的形式讲述了一些实际生产一线产品的设计过程,能使读者较快地进入产品设计实战状态;在写作方式上,本书紧贴 UG NX 11.0 软件的实际操作界面,使初学者能够直观、准确地操作软件进行学习,以提高学习效率。读者在系统地学习本书后,能够迅速地运用 UG 软件完成复杂产品的设计、运动与结构分析和制造等工作。书中讲解所选用的实例覆盖了不同行业,具有很强的实用性和广泛的适用性。本书附 1 张多媒体 DVD 学习光盘,该光盘收录了大量 UG 应用技巧和具有针对性实例的教学视频,并进行了详细的语音讲解,光盘还包含本书所有的教案文件、实例文件及练习素材文件。

本书可作为机械设计人员的 UG NX 11.0 完全自学教程和参考书籍,也可供大专院校机械专业师生教学参考。

图书在版编目(CIP)数据

UG NX 11.0 宝典 / 北京兆迪科技有限公司编著.
—4 版. —北京:机械工业出版社,2017.9
(机械设计与智造宝典丛书)
ISBN 978-7-111-57565-8

Ⅰ. ①U… Ⅱ. ①北… Ⅲ. ①计算机辅助设计—应用软件 Ⅳ. ①TP391.72

中国版本图书馆 CIP 数据核字(2017)第 183124 号

机械工业出版社(北京市百万庄大街 22 号 邮政编码:100037)
策划编辑:丁 锋 责任编辑:丁 锋
责任校对:张 征 封面设计:张 静
责任印制:张 博
三河市宏达印刷有限公司印刷
2018 年 1 月第 4 版第 1 次印刷
184mm×260 mm ·42 印张 ·769 千字
0001— 3000 册
标准书号:ISBN 978-7-111-57565-8
　　　　　ISBN 978-7-88709-970-9(光盘)
定价:119.00 元(含多媒体 DVD 光盘 1 张)

凡购本书,如有缺页、倒页、脱页,由本社发行部调换
电话服务　　　　　　　　　　网络服务
服务咨询热线:010-88361066　机工官网:www.cmpbook.com
读者购书热线:010-68326294　机工官博:weibo.com/cmp1952
　　　　　　　010-88379203　金 书 网:www.golden-book.com
封面无防伪标均为盗版　　教育服务网:www.cmpedu.com

前　　言

UG 是 UGS 公司推出的一款功能强大的三维 CAD/CAM/CAE 软件系统，其内容涵盖了产品从概念设计、工业造型设计、三维模型设计、分析计算、动态模拟与仿真、工程图输出，到生产加工成产品的全过程，应用范围涉及航空航天、汽车、机械、造船、通用机械、数控（NC）加工、医疗器械和电子等诸多领域。UG NX 11.0 是目前功能最强、最新的 UG 版本，该版本在数字化模拟、知识捕捉、可用性和系统工程等方面进行了创新，并对以前版本进行了数百项以客户为中心的改进。

本书是全面、系统地学习 UG NX 11.0 软件的综合性图书，具有如下特色。

- 内容全面、丰富，除包含 UG 一些常用模块外，还涉及众多的 UG 高级模块，图书的性价比很高。
- 实例丰富，对软件中的主要命令和功能，先结合简单的实例进行讲解，然后安排一些较复杂的综合实例帮助读者深入理解、灵活运用。
- 讲解详细，条理清晰，保证自学的读者能独立学习和运用 UG NX 11.0 软件。
- 写法独特，采用 UG NX 11.0 中文版中真实的对话框和按钮等进行讲解，使初学者能够直观、准确地操作软件，从而大大地提高学习效率。
- 附加值高，本书附 1 张多媒体 DVD 学习光盘，光盘收录了大量 UG 应用技巧和具有针对性实例的教学视频，并进行了详细的语音讲解，可以帮助读者轻松、高效地学习。

本书由北京兆迪科技有限公司编著，参加编写的人员有詹友刚、王焕田、刘静、雷保珍、刘海起、魏俊岭、任慧华、詹路、冯元超、刘江波、周涛、段进敏、赵枫、邵为龙、侯俊飞、龙宇、施志杰、詹棋、高政、孙润、李倩倩、黄红霞、尹泉、李行、詹超、尹佩文、赵磊、王晓萍、陈淑童、周攀、吴伟、王海波、高策、冯华超、周思思、黄光辉、党辉、冯峰、詹聪、平迪、管璇、王平、李友荣。本书已经过多次审核，如有疏漏之处，恳请广大读者予以指正。

电子邮箱：bookwellok @163.com。咨询电话：010-82176248，010-82176249。

编　者

读者购书回馈活动：

活动一： 本书"随书光盘"中含有该"读者意见反馈卡"的电子文档，请认真填写本反馈卡，并 E-mail 给我们。E-mail: 兆迪科技 zhanygjames@163.com，丁锋 fengfener@qq.com。

活动二： 扫一扫右侧二维码，关注兆迪科技官方公众微信（或搜索公众号 zhaodikeji），参与互动，也可进行答疑。

凡参加以上活动，即可获得兆迪科技免费奉送的价值 48 元的在线课程一门，同时有机会获得价值 780 元的精品在线课程。

本 书 导 读

为了能更好地学习本书的知识，请您仔细阅读下面的内容。

写作环境

本书使用的操作系统为 64 位的 Windows 7，系统主题采用 Windows 经典主题。本书采用的写作蓝本是 UG NX 11.0 版。

光盘使用

为方便读者练习，特将本书所有素材文件、已完成的实例文件、配置文件和视频语音讲解文件等放入随书附带的光盘中，读者在学习过程中可以打开相应素材文件进行操作和练习。

本书附多媒体 DVD 光盘 1 张，建议读者在学习本书前，先将这张光盘中的所有文件复制到计算机硬盘的 D 盘中。在 D 盘上 ug11 目录下共有 3 个子目录。

（1）ugnx11_system_file 子目录：包含一些系统文件。

（2）work 子目录：包含本书的全部素材文件和已完成的实例文件。

（3）video 子目录：包含本书讲解中的视频文件（含语音讲解）。读者学习时，可在该子目录中按顺序查找所需的视频文件。

光盘中带有"ok"扩展名的文件或文件夹表示已完成的实例。

相比于老版本的软件，UG NX 11.0 中文版在功能、界面和操作上变化极小，经过简单的设置后，几乎与老版本完全一样（书中已介绍设置方法）。因此，对于软件新老版本操作完全相同的内容部分，光盘中仍然使用老版本的视频讲解，对于绝大部分读者而言，并不影响软件的学习。

本书约定

- 本书中有关鼠标操作的简略表述说明如下。
  - ☑ 单击：将鼠标指针移至某位置处，然后按一下鼠标的左键。
  - ☑ 双击：将鼠标指针移至某位置处，然后连续快速地按两次鼠标的左键。
  - ☑ 右击：将鼠标指针移至某位置处，然后按一下鼠标的右键。
  - ☑ 单击中键：将鼠标指针移至某位置处，然后按一下鼠标的中键。
  - ☑ 滚动中键：只是滚动鼠标的中键，而不能按中键。
  - ☑ 选择（选取）某对象：将鼠标指针移至某对象上，单击以选取该对象。
  - ☑ 拖移某对象：将鼠标指针移至某对象上，然后按下鼠标的左键不放，同时移动鼠标，将该对象移动到指定的位置后再松开鼠标的左键。
- 本书中的操作步骤分为 Task、Stage 和 Step 三个级别，说明如下。
  - ☑ 对于一般的软件操作，每个操作步骤以 Step 字符开始。例如，下面是草绘环境中绘制矩形操作步骤的表述。

Step1. 单击 按钮。

Step2. 在绘图区某位置单击，放置矩形的第一个角点，此时矩形呈"橡皮筋"样变化。

Step3. 单击 按钮，再次在绘图区某位置单击，放置矩形的另一个角点。此时，系统即在两个角点间绘制一个矩形。

- ☑ 每个 Step 操作视其复杂程度，其下面可含有多级子操作。例如，Step1 下可能包含（1）、（2）、（3）等子操作，（1）子操作下可能包含①、②、③等子操作，①子操作下可能包含 a）、b）、c）等子操作。

- ☑ 如果操作较复杂，需要几个大的操作步骤才能完成，则每个大的操作冠以 Stage1、Stage2、Stage3 等，Stage 级别的操作下再分 Step1、Step2、Step3 等操作。

- ☑ 对于多个任务的操作，则每个任务冠以 Task1、Task2、Task3 等，每个 Task 操作下可包含 Stage 和 Step 级别的操作。

- 由于已建议读者将随书光盘中的所有文件复制到计算机硬盘的 D 盘中，书中在要求设置工作目录或打开光盘文件时，所述的路径均以"D:"开始。

目　　录

第 1 章　UG NX 11.0 概述及应用基础

1.1　UG NX 11.0 各模块简介

UG NX 11.0 中提供了多种功能模块，它们既相互独立又相互联系。下面简要介绍 UG NX 11.0 中的一些常用模块及其功能。

1．基本环境

基本环境提供一个交互环境，它允许打开已有的部件文件、创建新的部件文件、保存部件文件、创建工程图、给屏幕布局、选择模块、导入和导出不同类型的文件，以及其他功能。该环境还提供强化的视图显示操作、屏幕布局和层功能、工作坐标系操控、对象信息和分析以及访问联机帮助。

基本环境是执行其他交互应用模块的先决条件，是用户打开 UG NX 11.0 进入的第一个应用模块。在 UG NX 11.0 中，通过选择 文件(F) 功能选项卡 启动 区域中 基本环境(U) 命令，便可以在任何时候从其他应用模块回到基本环境。

2．零件建模

- 实体建模：支持二维和三维的非参数化模型或参数化模型的创建、布尔操作以及基本的相关编辑。它是最基本的建模模块，也是"特征建模"和"自由形状建模"的基础。

- 特征建模：这是基于特征的建模应用模块，支持如孔、槽等标准特征的创建和相关的编辑，允许抽空实体模型并创建薄壁对象，允许一个特征相对于任何其他特征定位，且对象可以被实例引用建立相关的特征集。

- 自由形状建模：主要用于创建形状复杂的三维模型。该模块中包含一些实用的技术，如沿曲线的一般扫描，使用 1 轨、2 轨和 3 轨方式按比例展开形状，使用标准二次曲线方式的放样形状等。

- 钣金特征建模：该模块是基于特征的建模应用模块，它支持专门的钣金特征，如弯头、肋和裁剪的创建。这些特征可以在 Sheet Metal Design 应用模块中被进一步操作，如钣金部件成形和展开等。该模块允许用户在设计阶段将加工信息整合到所设计的部件中。实体建模和 Sheet Metal Design 模块是运行此应用模块的先决条件。

- 用户自定义特征（UDF）：允许利用已有的实体模型，通过建立参数间的关系、定义特征变量、设置默认值等工具和方法构建用户自己常用的特征。用户自定义特征可以通过特征建模应用模块被任何用户访问。

3．工程图

工程图模块可以从已创建的三维模型自动生成工程图图样，用户也可以使用内置的曲线/草图工具手动绘制工程图。"制图"功能支持自动生成图纸布局，包括正交视图投影、剖视图、辅助视图、局部放大图以及轴测视图等，也支持视图的相关编辑和自动隐藏线编辑。

4．装配

装配应用模块支持"自顶向下"和"自底向上"两种设计方法，提供了装配结构的快速移动，并允许直接访问任何组件或子装配的设计模型。该模块支持"在上下文中设计"的方法，即当工作在装配的上下文中时，可以改变任何组件的设计模型。

5．用户界面样式编辑器

用户界面样式编辑器是一种可视化的开发工具，允许用户和第三方开发人员生成 UG NX 对话框，并生成封装了的有关创建对话框的代码文件。这样用户不需要掌握复杂的图形化用户界面（GUI）知识，就可以轻松改变 UG NX 的界面。

6．加工

加工模块用于数控加工模拟及自动编程，可以进行一般的 2 轴、2.5 轴铣削及进行 3 轴到 5 轴的加工；可以模拟数控加工的全过程，支持线切割等加工操作；可以根据加工机床控制器的不同来定制后处理程序，使生成的指令文件直接应用于用户指定的数控机床，不需要修改指令便可进行加工。

7．分析

- 模流分析（Moldflow）：该模块用于在注射模中分析熔化塑料的流动，在部件上构造有限元网格并描述模具的条件与塑料的特性，利用分析包反复运行以确定最佳条件，减少试模的次数，并可以生成表格和图形文件两种结果。此模块能节省模具设计和制造的成本。
- Motion 应用模块：该模块提供了精密、灵活的综合运动分析。它有以下几个特点：提供了机构链接设计的所有方面，从概念到仿真原型；它的设计和编辑能力允许用户开发任一 N_连杆机构，完成运动学分析，且提供了多种格式的分析结果，同时可将该结果提供给第三方运动学分析软件进行进一步分析。

- 智能建模（ICAD）：该模块可在 ICAD 和 NX 之间启用线框和实体几何体的双向转换。ICAD 是一种基于知识的工程系统，它允许描述产品模型的信息（物理属性，诸如几何体、材料类型以及函数约束），并进行相关处理。

8．编程语言

- 图形交互编程（GRIP）：一种在很多方面与 FORTRAN 类似的编程语言，使用类似于英语的词汇，GRIP 可以在 NX 及其相关应用模块中完成大多数的操作。在某些情况下，GRIP 可用于执行高级的定制操作，这比在交互的 NX 中执行更高效。
- NX Open C 和 C++ API 编程：使程序开发能够与 NX 组件、文件和对象数据交互操作的编程界面。

9．质量控制

- VALISYS：利用该应用模块可以将内部的 Open C 和 C++ API 集成到 NX 中，该模块也提供单个加工部件的 QA（审查、检查和跟踪等）。
- DMIS：该应用模块允许用户使用坐标测量机（CMM）对 NX 几何体编制检查路径，并从测量数据生成新的 NX 几何体。

10．机械布管

利用该模块可对 UG NX 装配体进行管路布线。例如，在飞机发动机内部，管道和软管从燃料箱连接到发动机周围不同的喷射点上。

11．钣金（Sheet Metal）

该模块提供了基于参数、特征方式的钣金零件建模功能，并提供对模型的编辑功能和零件的制造过程，还提供了对钣金模型展开和重叠的模拟操作。

12．电子表格

电子表格程序提供了在 Xess 或 Excel 电子表格与 UG NX 之间的智能界面。可以使用电子表格来执行以下操作。

- 从标准表格布局中构建部件主题或族。
- 使用分析场景来扩大模型设计。
- 使用电子表格计算优化几何体。
- 将商业议题整合到部件设计中。

- 编辑 UG NX 11.0 复合建模的表达式——提供 UG NX 11.0 和 Xess 电子表格之间概念模型数据的无缝转换。

13．电气线路

电气线路使电气系统设计者能够在用于描述产品机械装配的相同 3D 空间内创建电气配线。电气线路将所有相关电气元件定位于机械装配内，并生成建议的电气线路中心线，然后将全部相关的电气元件从一端发送到另一端，而且允许在相同的环境中生成并维护封装设计和电气线路安装图。

注意：以上有关 UG NX 11.0 功能模块的介绍仅供参考，如有变动应以 UGS 公司的最新相关正式资料为准，特此说明。

1.2　UG NX 11.0 软件的特点

UG NX 11.0 软件在数字化产品的开发设计领域具有以下几大特点。

- 创新性用户界面把高端功能与易用性和易学性相结合。

NX 11.0 建立在 NX 5.0 里面引入的基于角色的用户界面基础之上，把此方法的覆盖范围扩展到整个应用程序，以确保在核心产品领域里面的一致性。

为了提供一个能够随着用户技能水平增长而成长并且保持用户效率的系统，NX 11.0 以可定制的、可移动的弹出工具栏为特征。移动弹出工具栏减少了鼠标移动，并且使用户能够把它们的常用功能集成到由简单操作过程所控制的动作之中。

- 完整统一的全流程解决方案。

UG 产品开发解决方案完全受益于 Teamcenter 的工程数据和过程管理功能。通过 NX 11.0，进一步扩展了 UG 和 Teamcenter 之间的集成。利用 NX 11.0，能够在 UG 里面查看来自 Teamcenter Product Structure Editor（产品结构编辑器）的更多数据，为用户提供了关于结构以及相关数据更加全面的表示。

UG NX 11.0 系统无缝集成的应用程序能快速传递产品和工艺信息的变更，从概念设计到产品的制造加工，可使用一套统一的方案把产品开发流程中涉及的学科融合到一起。在 CAD 和 CAM 方面，大量吸收了逆向软件 Imageware 的操作方式以及曲面方面的命令；在钣金设计等方面，吸收了 SolidEdge 的先进操作方式；在 CAE 方面，增加了 I-deas 的前后处理程序及 NX Nastran 求解器；同时 UG NX 11.0 可以在 UGS 先进的 PLM（产品周期管理）Teamcenter 的环境管理下，在开发过程中可以随时与系统进行数据交流。

- 可管理的开发环境。

UG NX 11.0 系统可以通过 NX Manager 和 Teamcenter 工具，把所有的模型数据进行紧密集成，并实施同步管理，进而实现在一个结构化的协同环境中转换产品的开发流程。UG NX 11.0 采用的"可管理的开发环境"，增强了产品开发程序的适用性。

- Teamcenter 项目支持。

利用 NX 11.0，用户能够在创建或保存文件的时候分配项目数据（既可是单一项目，也可是多个项目）。扩展的 Teamcenter 导航器，使用户能够立即把 Project（项目）分配到多个条目（Item）。可以过滤 Teamcenter 导航器，以便只显示基于 Project 的对象，使用户能够清楚了解整个设计的内容。

- 知识驱动的自动化。

使用 UG NX 11.0 系统，用户可以在产品开发的过程中获取产品及其设计制造过程的信息，并将其重新用到开发过程中，以实现产品开发流程的自动化，最大程度地重复利用知识。

- 数字化仿真、验证和优化。

利用 UG NX 11.0 系统中的数字化仿真、验证和优化工具，可以减少产品的开发费用，实现产品开发的一次成功。用户在产品开发流程的每一个阶段，通过使用数字化仿真技术，核对概念设计与功能要求的差异，以确保产品的质量、性能和可制造性符合设计标准。

- 系统的建模能力。

UG NX 11.0 基于系统的建模，允许在产品概念设计阶段快速创建多个设计方案并进行评估，特别是对于复杂的产品，利用这些方案能有效地管理产品零部件之间的关系。在开发过程中还可以创建高级别的系统模板，在系统和部件之间建立关联的设计参数。

1.3　UG NX 11.0 的安装

1.3.1　安装要求

1. 硬件要求

UG NX 11.0 软件系统可在工作站（Workstation）或个人计算机（PC）上运行。如果安装在个人计算机上，为了保证软件安全和正常使用，对计算机硬件的要求如下。

- CPU 芯片：一般要求 Pentium 3 以上，推荐使用 Intel 公司生产的"酷睿"系列双核心以上的芯片。

- 内存：一般要求为 4G 以上。如果要装配大型部件或产品，进行结构、运动仿真分析或产生数控加工程序，则建议使用 8GB 以上的内存。

- 显卡：一般要求支持 Open_GL 的 3D 显卡，分辨率为 1024×768 以上，推荐使用至少 64 位独立显卡，显存 512MB 以上。如果显卡性能太低，打开软件后，其会自动退出。

- 网卡：以太网卡。

- 硬盘：安装 UG NX 11.0 软件系统的基本模块，需要 14GB 左右的硬盘空间，考虑到软件启动后虚拟内存及获取联机帮助的需要，建议在硬盘上准备 16GB 以上的空间。

- 鼠标：强烈建议使用三键（带滚轮）鼠标，如果使用二键鼠标或不带滚轮的三键鼠标，会极大地影响工作效率。

- 显示器：一般要求使用 15in 以上显示器。

- 键盘：标准键盘。

2．操作系统要求

- 操作系统：UG NX 11.0 不能在 32 位系统上安装，推荐使用 Windows 7 64 位系统；Internet Explorer 要求 IE8 或 IE9；Excel 和 Word 版本要求 2007 版或 2010 版。

- 硬盘格式：建议 NTFS 格式，FAT 也可。

- 网络协议：TCP/IP 协议。

- 显卡驱动程序：分辨率为 1024×768 以上，真彩色。

1.3.2　安装前的准备

1．安装前的计算机设置

为了更好地使用 UG NX 11.0，在软件安装前需要对计算机系统进行设置，主要是操作系统的虚拟内存设置。设置虚拟内存的目的是为软件系统进行几何运算预留临时存储数据的空间。各类操作系统的设置方法基本相同，下面以 Windows XP Professional 操作系统为例说明设置过程。

Step1. 选择 Windows 的 开始 ➡ 控制面板(C) 命令。

Step2. 在控制面板中单击 系统 图标，然后在弹出的"系统"窗口中单击 高级系统设置 命令。

Step3. 在"系统属性"对话框中单击 高级 选项卡，在 性能 区域中单击 设置(S) 按钮。

Step4. 在"性能选项"对话框中单击 高级 选项卡，在 虚拟内存 区域中单击 更改(C) 按钮。

Step5. 在该对话框中取消选中 ☐自动管理所有驱动器的分页文件大小(A) 复选框，然后选中 ⦿自定义大小(C) 单选项；可在 初始大小(MB)(I): 后的文本框中输入虚拟内存的最小值，在 最大值(MB)(X): 后的文本框中输入虚拟内存的最大值。虚拟内存的大小可根据计算机硬盘空间的大小进行设置，但初始大小至少要达到物理内存的 2 倍，最大值可达到物理内存的 4 倍以上。例如：用户计算机的物理内存为 256MB，初始值一般设置为 512MB，最大值可设置为 1024MB；如果装配大型部件或产品，建议将初始值设置为 1024MB，最大值设置为 2048MB。单击 设置(S) 和 确定 按钮后，计算机会提示用户重新启动机器后设置才生效，然后一直单击 确定 按钮；重新启动计算机后，完成设置。

2. 查找计算机的名称

下面介绍查找计算机名称的操作。

Step1. 选择 Windows 的 开始 ➡ 控制面板(C) 命令。

Step2. 在控制面板中单击 系统 图标，然后在弹出的"系统"窗口中单击 高级系统设置 命令。

Step3. 在图 1.3.1 所示的"系统属性"对话框中单击 计算机名 选项卡，即可看到在 计算机全名: 位置显示出当前计算机的名称。

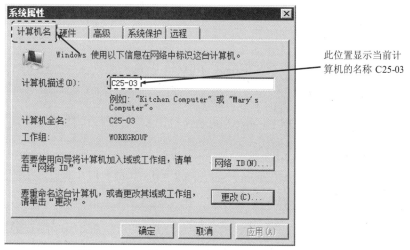

此位置显示当前计算机的名称 C25-03

图 1.3.1　"系统属性"对话框

1.3.3　安装的一般过程

Stage1. 在服务器上准备好许可证文件

Step1. 首先将合法获得的 UG NX 11.0 许可证文件 NX 11.0.lic 复制到计算机中的某个位置，如 C:\ug11\NX 11.0.lic。

Step2. 修改许可证文件并保存，如图 1.3.2 所示。

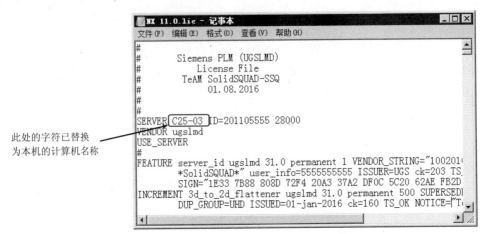

此处的字符已替换
为本机的计算机名称

图 1.3.2　修改许可证文件

Stage2．安装许可证管理模块

Step1．将 UG NX 11.0 软件（NX 11.0.0.33 版本）安装光盘放入光驱内（如果已经将系统安装文件复制到硬盘上，可双击系统安装目录下的 Launch.exe 文件），等待片刻后，系统会弹出 "NX 11.0 Software Installation" 对话框；在此对话框中单击 Install License Server 按钮。

Step2．系统弹出 "UGSLicensing – InstallShield Wizard" 对话框，接受系统默认的语言 简体中文，单击 确定 按钮。

Step3．等待片刻后，在 "Siemens PLM License Server v8.2.0.8" 对话框中单击 下一步(N) > 按钮。

Step4．在 "Siemens PLM License Server v8.2.0.8" 对话框中接受系统默认的安装路径，单击 下一步(N) > 按钮。

Step5．在 "Siemens PLM License Server v8.2.0.8" 对话框中单击 选择(O)... 按钮，找到目录 C:\ug11.0 下的许可证文件 NX 11.0.lic，单击 下一步(N) > 按钮。

Step6．在 "Siemens PLM License Server v8.2.0.8" 对话框中单击 安装(I) 按钮。

Step7．系统显示安装进度，然后在弹出的 "Siemens PLM License Server" 对话框中单击 确定 按钮。等待片刻后，在 "Siemens PLM License Server v8.2.0.8" 对话框中单击 完成(F) 按钮，完成许可证的安装。

Stage3．安装 UG NX 11.0 软件主体

Step1．在 "NX 11.0 Software Installation" 对话框中单击 Install NX 按钮。

Step2．系统弹出 "Siemens NX 11.0 – InstallShield Wizard" 对话框，接受系统默认的语

言 中文（简体）　，单击 确定(0) 按钮。

Step3. 数秒钟后，单击其中的 下一步(N) > 按钮。

Step4. 采用系统默认的安装类型 ⊙ 完整安装(O) 单选项，单击 下一步(N) > 按钮。

Step5. 接受系统默认的路径，单击 下一步(N) > 按钮。

Step6. 系统弹出图 1.3.3 所示的 "Siemens NX 11.0 – InstallShield Wizard" 对话框，确认 输入服务器名或许可证文件。 文本框中的 "28000@" 后面已是本机的计算机名称，单击 下一步(N) > 按钮。

图 1.3.3　"Siemens NX 11.0 – InstallShield Wizard" 对话框

Step7. 选中 ⊙ 简体中文 单选项，单击 下一步(N) > 按钮。

Step8. 在 "Siemens NX 11.0 – InstallShield Wizard" 对话框中单击 安装(I) 按钮。

Step9. 系统显示安装进度，等待片刻后，在 "Siemens NX 11.0 – InstallShield 向导" 对话框中单击 完成(F) 按钮，完成安装。

1.4　创建用户工作文件目录

使用 UG NX 11.0 软件时，应该注意文件的目录管理。如果文件管理混乱，会造成系统找不到正确的相关文件，从而严重影响 UG NX 11.0 软件的全相关性，同时也会使文件的保存、删除等操作产生混乱，因此应按照操作者的姓名、产品名称（或型号）建立用户文件目录，如本书要求在 E 盘上创建一个名为 ug-course 的文件目录（如果用户的计算机上没有 E 盘，在 C 盘或 D 盘上创建也可）。

1.5　启动 UG NX 11.0 软件

一般来说，有两种方法可启动并进入 UG NX 11.0 软件环境。

方法一：双击 Windows 桌面上的 NX 11.0 软件快捷图标。

说明：如果软件安装完毕后，桌面上没有 NX 11.0 软件快捷图标，请参考采用下面介绍的方法二启动软件。

方法二： 从 Windows 系统"开始"菜单进入 UG NX 11.0，操作方法如下。

Step1. 单击 Windows 桌面左下角的 开始 按钮。

Step2. 选择 所有程序 ➡ Siemens NX 11.0 ➡ NX 11.0 命令，系统进入 UG NX 11.0 软件环境。

1.6　UG NX 11.0 工作界面

1.6.1　设置界面主题

启动软件后，一般情况下系统默认显示的是图 1.6.1 所示的"浅色（推荐）"界面主题，由于在该界面主题下软件中的部分字体显示较小，显示的不够清晰，因此本书的写作界面将采用"经典，使用系统字体"界面主题，读者可以按照以下方法进行界面主题设置。

图 1.6.1　"浅色（推荐）"界面主题

Step1. 单击软件界面左上角的 文件(F) 按钮。

Step2. 选择 首选项(P) ➡ 用户界面(I)... 命令，系统弹出图 1.6.2 所示的"用户界面首选项"对话框。

Step3. 在"用户界面首选项"对话框中单击 主题 选项组，在右侧 类型 下拉列表中选择 经典，使用系统字体 选项。

Step4. 在"用户界面首选项"对话框中单击 确定 按钮，完成界面设置，如图 1.6.3 所示。

图 1.6.2　"用户界面首选项"对话框

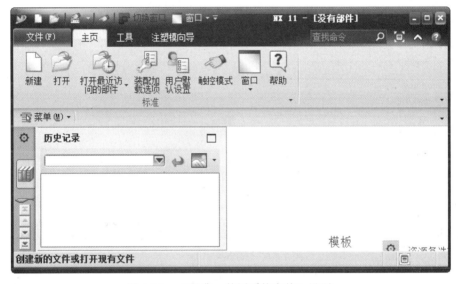

图 1.6.3　"经典，使用系统字体"界面

说明：如果要在"经典，使用系统字体"界面中修改用户界面，可以从 菜单(M)▾ 中选择 首选项(P) ➡ 用户界面(I)... 命令，即可在"用户界面首选项"对话框中进行设置。

1.6.2　用户界面简介

在学习本节时，请先打开文件 D:\ug11\work\ch01\down_base.prt。

UG NX 11.0 的"经典，使用系统字体"用户界面包括标题栏、下拉菜单区、快速访问工具条、功能区、消息区、图形区、部件导航器区及资源工具条，如图 1.6.4 所示。

1. 功能区

功能区中包含"文件"下拉菜单和命令选项卡。命令选项卡显示了 UG 中的所有功能按钮，并以选项卡的形式进行分类。用户可以根据需要自己定义各功能选项卡中的按钮，也可以自己创建新的选项卡，将常用的命令按钮放在自定义的功能选项卡中。

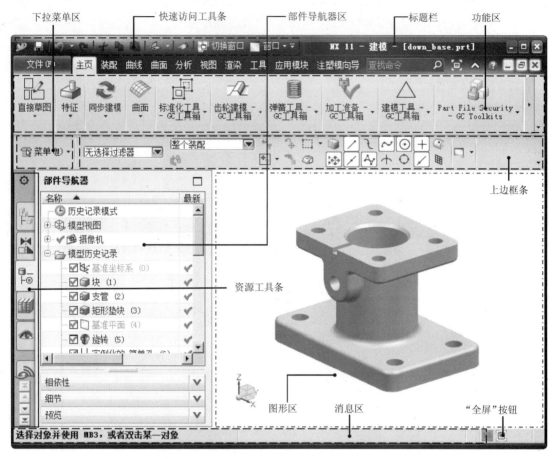

图 1.6.4   UG NX 11.0 用户界面

注意：用户会看到有些菜单命令和按钮处于非激活状态（呈灰色，即暗色），这是因为它们目前还没有处在发挥功能的环境中，一旦它们进入有关的环境，便会自动激活。

2．下拉菜单区

下拉菜单中包含创建、保存、修改模型和设置 UG NX 11.0 环境的所有命令。

3．资源工具条区

资源工具条区包括"装配导航器""约束导航器""部件导航器""重用库""视图管理器导航器"和"历史记录"等导航工具。用户通过该工具条可以方便地进行一些操作。对于每一种导航器，都可以直接在其相应的项目上右击，快速地进行各种操作。

资源工具条区主要选项的功能说明如下。

- "装配导航器"显示装配的层次关系。
- "约束导航器"显示装配的约束关系。
- "部件导航器"显示建模的先后顺序和父子关系。父对象（活动零件或组件）显示在模型树的顶部，其子对象（零件或特征）位于父对象之下。在"部件导航器"

中右击，从弹出的快捷菜单中选择 时间戳记顺序 命令，则按"模型历史"显示。"模型历史树"中列出了活动文件中的所有零件及特征，并按建模的先后顺序显示模型结构。若打开多个 UG NX 11.0 模型，则"部件导航器"只反映活动模型的内容。

- "重用库"中可以直接从库中调用标准零件。
- "历史记录"中可以显示曾经打开过的部件。

4．消息区

执行有关操作时，与该操作有关的系统提示信息会显示在消息区。消息区中间有一个可见的边线，左侧是提示栏，用来提示用户如何操作；右侧是状态栏，用来显示系统或图形当前的状态，例如显示选取结果信息等。执行每个操作时，系统都会在提示栏中显示用户必须执行的操作，或者提示下一步操作。对于大多数的命令，用户都可以利用提示栏的提示来完成操作。

5．图形区

图形区是 UG NX 11.0 用户主要的工作区域，建模的主要过程、绘制前后的零件图形、分析结果和模拟仿真过程等都在这个区域内显示。用户在进行操作时，可以直接在图形区中选取相关对象进行操作。

同时还可以选择多种视图操作方式：

方法一： 右击图形区，弹出快捷菜单，如图 1.6.5 所示。

方法二： 按住右键，弹出挤出式菜单，如图 1.6.6 所示。

图 1.6.5　快捷菜单

图 1.6.6　挤出式菜单

6．"全屏"按钮

在 UG NX 11.0 中单击"全屏"按钮 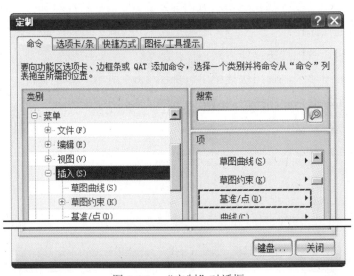，允许用户将可用图形窗口最大化。在最大化窗口模式下再次单击"全屏"按钮，即可切换到普通模式。

1.6.3 选项卡及菜单的定制

进入 UG NX 11.0 系统后，在建模环境下选择下拉菜单 工具(T) ➡ 定制(Z)... 命令，系统弹出"定制"对话框（图 1.6.7），可对用户界面进行定制。

1．在下拉菜单中定制（添加）命令

在图 1.6.7 所示的"定制"对话框中单击 命令 选项卡，即可打开定制命令的选项卡。通过此选项卡可改变下拉菜单的布局，可以将各类命令添加到下拉菜单中。下面以下拉菜单 插入(S) ➡ 基准/点(D) ▶ ➡ 平面(L)... 命令为例说明定制过程。

Step1. 在图 1.6.7 的 类别： 列表框中选择 插入(S) 按钮，在 项 下拉列表中出现该种类的所有选项。

图 1.6.7 "定制"对话框

Step2. 右击 基准/点(D) ▶ 选项，在系统弹出的快捷菜单中选择 添加或移除按钮 ▶ ➡ 平面(L)... 命令，如图 1.6.8 所示。

Step3. 单击 关闭 按钮，完成设置。

Step4. 选择下拉菜单 插入(S) ➡ 基准/点(D) ▶ 命令，可以看到 平面(L)... 命令已被添加。

说明："定制"对话框弹出后，可将下拉菜单中的命令添加到功能区中成为按钮，方法是单击下拉菜单中的某个命令，并按住鼠标左键不放，将鼠标指针拖到屏幕的功能区中。

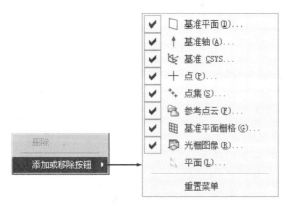

图 1.6.8　快捷菜单

2．选项卡设置

在"定制"对话框中单击 选项卡/条 选项卡，即可打开选项卡定制界面。通过此选项卡可改变选项卡的布局，可以将各类选项卡放在屏幕的功能区。下面以图 1.6.9 所示的 ☑逆向工程 复选框（进行逆向设计的选项卡）为例说明定制过程。

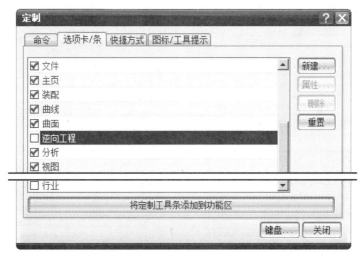

图 1.6.9　"选项卡/条"选项卡

Step1. 选中 ☑逆向工程 复选框，此时可看到"逆向工程"选项卡出现在功能区。

Step2. 单击 关闭 按钮。

Step3. 添加"选项卡"命令按钮。单击选项卡右侧的 按钮（图 1.6.10），系统会显示出 ☑逆向工程 选项卡中所有的功能区域及其命令按钮，单击任意功能区域或命令按钮都可以将其从选项卡中添加或移除。

3．快捷方式设置

在"定制"对话框中单击 快捷方式 选项卡，可以对快捷菜单和挤出式菜单中的命令及布局进行设置，如图 1.6.11 所示。

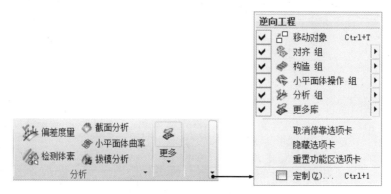

图 1.6.10 "选项卡"命令按钮

4．图标和工具提示设置

在"定制"对话框中单击 图标/工具提示 选项卡，可以对菜单的显示、工具条图标大小，以及菜单图标大小进行设置，如图 1.6.12 所示。

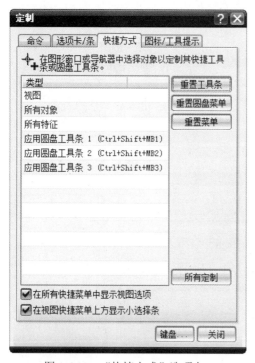

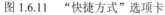

图 1.6.11 "快捷方式"选项卡

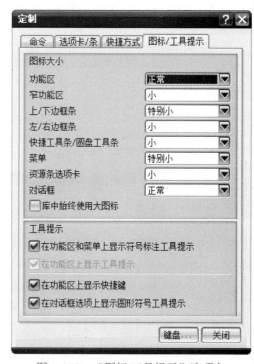

图 1.6.12 "图标/工具提示"选项卡

工具提示是一个消息文本框，用户对鼠标指示的命令和选项进行提示。将鼠标放置在工具中的按钮或者对话框中的某些选项上，就会出现工具提示，如图 1.6.13 所示。

图 1.6.13 工具提示

1.6.4　角色设置

角色指的是一个专用的 UG NX 工作界面配置，不同角色中的界面主题、图标大小和菜单位置等设置可能都相同。根据不同使用者的需求，系统提供了几种常用的角色配置，如图 1.6.14 所示。本书中的所有案例都是在"CAM 高级功能"角色中制作的，建议读者在学习时使用该角色配置，设置方法如下。

在软件的资源条区单击 按钮，然后在 内容 区域中单击 CAM 高级功能 （角色 CAM 高级功能）按钮即可。

读者也可以根据自己的使用习惯和爱好，自己进行界面配置后，将所有设置保存为一个角色文件，这样可以很方便地在本机或其他电脑上调用。自定义角色的操作步骤如下。

图 1.6.14　系统提供的角色配置

Step1. 根据自己的使用习惯和爱好对软件界面进行自定义设置。

Step2. 选择下拉菜单 首选项(P) ➡ 用户界面(I)... 命令，系统弹出图 1.6.15 所示的"用户界面首选项"对话框，在对话框的左侧选择 角色 选项。

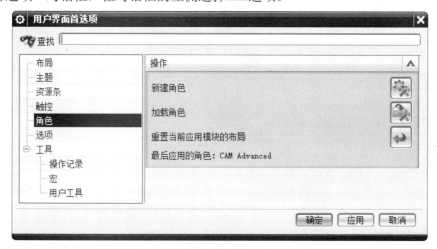

图 1.6.15　"用户界面首选项"对话框

Step3. 保存角色文件。在"用户界面首选项"对话框中单击"新建角色"按钮 ，系统弹出"新建角色文件"对话框，在 文件名(N): 区域中输入"myrole"，单击 OK 按钮，完成角色文件的保存。

说明：如果要加载现有的角色文件，在"用户界面首选项"对话框中单击"加载角色"按钮 ，然后在"打开角色文件"对话框选择要加载的角色文件，再单击 OK 按钮即可。

1.7　基本鼠标操作

用鼠标可以控制图形区中的模型显示状态。

● 　按住鼠标中键，移动鼠标，可旋转模型。

● 　先按住键盘上的 Shift 键，然后按住鼠标中键，移动鼠标可移动模型。

● 　滚动鼠标中键滚轮，可以缩放模型：向前滚，模型变大；向后滚，模型缩小。

UG NX 11.0 中鼠标中键滚轮对模型的缩放操作可能与早期的版本相反，在早期的版本中可能是"向前滚，模型变小；向后滚，模型变大"，有读者可能已经习惯这种操作方式，如果要更改缩放模型的操作方式，可以采用以下方法。

Step1. 选择下拉菜单 文件(F) ➡ 实用工具(U) ➡ 用户默认设置(D)... 命令，系统弹出"用户默认设置"对话框，如图 1.7.1 所示。

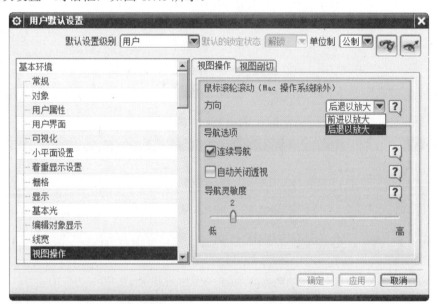

图 1.7.1　"用户默认设置"对话框

Step2. 在对话框左侧单击 基本环境 选项，然后单击 视图操作 选项，在对话框右侧 视图操作 选项卡 鼠标滚轮滚动 区域中的 方向 下拉列表中选择 后退以放大 选项。

Step3. 单击 确定 按钮，重新启动软件，即可完成操作。

注意：采用以上方法对模型进行缩放和移动操作时，只是改变模型的显示状态，而不能改变模型的真实大小和位置。

1.8　UG NX 11.0 软件的参数设置

在学习本节时，请先打开文件 D:\ug11\work\ch01\down_base.prt。

参数设置主要用于设置系统的一些控制参数，通过 首选项(P) 下拉菜单可以进行参数设置。下面介绍一些常用的设置。

注意：进入不同的模块时，在预设置菜单上显示的命令有所不同，且每一个模块还有其相应的特殊设置。

1.8.1　"对象"首选项

选择下拉菜单 首选项(P) ➡ 对象(O)... 命令，系统弹出"对象首选项"对话框，如图 1.8.1 所示。该对话框主要用于设置对象的属性，如颜色、线型和线宽等（新的设置只对以后创建的对象有效，对以前创建的对象无效）。

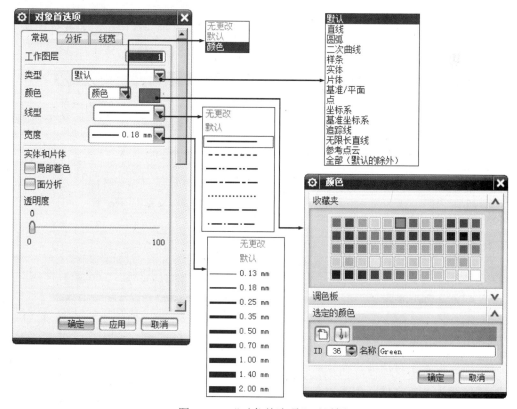

图 1.8.1　"对象首选项"对话框

图 1.8.1 所示的"对象首选项"对话框中包括 常规 和 分析 选项卡，以下分别说明。

常规 选项卡：

* 工作图层 文本框：用于设置新对象的工作图层。当输入图层号后，以后创建的对象将存储在该图层中。

* 类型 下拉列表：用于选择需要设置的对象类型。

* 颜色 下拉列表：设置对象的颜色。

* 线型 下拉列表：设置对象的线型。

* 宽度 下拉列表：设置对象显示的线宽。

* 实体和片体 选项区域：

  ☑ 局部着色 复选框：用于确定实体和片体是否局部着色。

  ☑ 面分析 复选框：用于确定是否在面上显示该面的分析效果。

* 透明度 滑块：用来改变物体的透明状态。可以通过移动滑块来改变透明度。

分析 选项卡：主要用于设置分析对象的颜色和线型。

线宽 选项卡：主要用于设置细线、一般线和粗线的宽度。

1.8.2 "用户默认"设置

在 UG NX 软件中，选择下拉菜单 文件(F) ➡ 实用工具(U) ➡ 用户默认设置(D)... 命令，系统弹出图 1.8.2 所示的"用户默认设置"对话框，在该对话框中可以对软件中所有模块的默认参数进行设置。

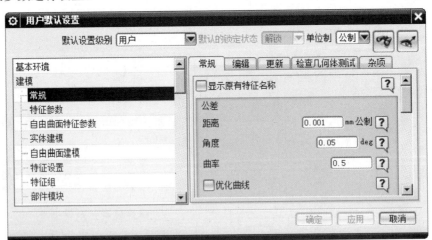

图 1.8.2 "用户默认设置"对话框

在"用户默认设置"对话框中单击"管理当前设置"按钮，系统弹出图 1.8.3 所示的"管理当前设置"对话框，在该对话框中单击"导出默认设置"按钮，可以将修改的默认设置保存为 dpv 文件；也可以单击"导入默认设置"按钮，导入现有的设置文件。为了保证所有默认设置均有效，建议在导入默认设置后重新启动软件。

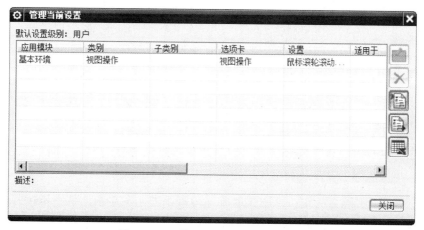

图 1.8.3 "管理当前设置"对话框

1.8.3 "选择"首选项

选择下拉菜单 首选项(P) ➡ 选择(E)... 命令，系统弹出"选择首选项"对话框(图 1.8.4)。该对话框主要用来设置光标预选对象后，选择球大小、高亮显示的对象、尺寸链公差和矩形选取方式等选项。

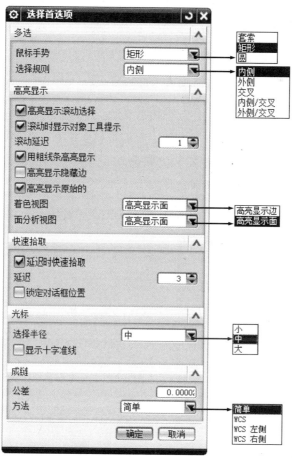

图 1.8.4 "选择首选项"对话框

图 1.8.4 所示的 "选择首选项" 对话框中主要选项的功能说明如下。

- 选择规则 下拉列表：设置矩形框选择方式。
  - ☑ 内侧：用于选择矩形框内部的对象。
  - ☑ 外侧：用于选择矩形框外部的对象。
  - ☑ 交叉：用于选择与矩形框相交的对象。
  - ☑ 内侧/交叉：用于选择矩形框内部和相交的对象。
  - ☑ 外侧/交叉：用于选择矩形框外部和相交的对象。

- ☑ 高亮显示滚动选择 复选框：用于设置预选对象是否高亮显示。当选择该复选框，选择球接触到对象时，系统会以高亮的方式显示，以提示可供选取。复选框下方的滚动延迟滑块用于设置预选对象时，高亮显示延迟的时间。

- ☑ 延迟时快速拾取 复选框：用于设置确认选择对象的有关参数。选中该复选框，在选择多个可能的对象时，系统会自动判断。复选框下方的延迟滑块用来设置出现确认光标的时间。

- 选择半径 下拉列表：用于设置选择球的半径大小，包括小、中和大三种半径方式。

- 公差 文本框：用于设置链接曲线时，彼此相邻的曲线端点间允许的最大间隙。尺寸链公差的值越小，选取就越精确；公差值越大，就越不精确。

- 方法 下拉列表：设置自动链接所采用的方式。
  - ☑ 简单：用于选择彼此首尾相连的曲线串。
  - ☑ WCS：用于在当前 X-Y 坐标平面上选择彼此首尾相连的曲线串。
  - ☑ WCS 左侧：用于在当前 X-Y 坐标平面上，从链接开始点至结束点沿左侧路线选择彼此首尾相连的曲线链。
  - ☑ WCS 右侧：用于在当前 X-Y 坐标平面上，从链接开始点至结束点沿右侧路线选择彼此首尾相连的曲线链。

第 **2** 章　二维草图设计

2.1　二维草图环境中的主要术语

下面列出了 UG NX 11.0 软件草图中经常使用的术语。

对象：二维草图中的任何几何元素（如直线、中心线、圆弧、圆、椭圆、样条曲线、点或坐标系等）。

尺寸：对象大小或对象之间位置的量度。

约束：定义对象几何关系或对象间的位置关系。约束定义后，单击"显示草图约束"按钮 ，其约束符号会出现在被约束的对象旁边。例如，在约束两条直线垂直后，再单击"显示草图约束"按钮 ，垂直的直线旁边将分别显示一个垂直约束符号。默认状态下，约束符号显示为白色。

参照：草图中的辅助元素。

过约束：两个或多个约束可能会产生矛盾或多余约束。出现这种情况，必须删除一个不需要的约束或尺寸以解决过约束问题。

2.2　草图环境的进入与退出

1．进入草图环境的操作方法

Step1. 打开 UG NX 11.0 后，选择下拉菜单 文件(F) ➡ 新建(N)… 命令（或单击"新建"按钮 ），系统弹出"新建"对话框，在 模板 选项卡中选取模板类型为 模型 ，在 名称 文本框中输入文件名（例如：modell.prt），在 文件夹 文本框中输入模型的保存目录，然后单击 确定 按钮，进入 UG NX 11.0 建模环境。

Step2. 选择下拉菜单 插入(S) ➡ 在任务环境中绘制草图(V)… 命令，系统弹出"创建草图"对话框，选择"XY 平面"为草图平面，单击对话框中的 确定 按钮，系统进入草图环境。

2．选择草图平面

进入草图工作环境以后，在创建新草图之前，一个特别要注意的事项就是要为新草图选择草图平面，也就是要确定新草图在三维空间的放置位置。草图平面是草图所在的某个空间平面，它可以是基准平面，也可以是实体的某个表面。

"创建草图"对话框的作用就是用于选择草图平面，利用"创建草图"对话框选择某个平面作为草图平面，然后单击 < 确定 > 按钮予以确认。

"创建草图"对话框中部分选项说明如下。

- 草图类型 区域：
  - ☑ 在平面上：选取该选项后，用户可以在绘图区选择任意平面为草图平面（此选项为系统默认选项）。
  - ☑ 基于路径：选取该选项后，系统在用户指定的曲线上建立一个与该曲线垂直的平面作为草图平面。

- 草图 CSYS 区域中包括"平面方法"下拉列表、"参考"下拉列表及"原点方法"下拉列表。
  - ☑ 自动判断：选取该选项后，用户可以选择基准面或者图形中现有的平面作为草图平面。
  - ☑ 新平面：选取该选项后，用户可以通过"平面对话框"按钮🔲，创建一个基准平面作为草图平面。

- 参考 下拉列表用于定义参考平面与草图平面的位置关系。
  - ☑ 水平：选取该选项后，用户可定义参考平面与草图平面的位置关系为水平。
  - ☑ 竖直：选取该选项后，用户可定义参考平面与草图平面的位置关系为竖直。

3. 退出草图环境的操作方法

草图绘制完成后，单击功能区中的"完成"按钮，即可退出草图环境。

4. 直接草图工具

在 UG NX 11.0 中，系统还提供了另一种草图创建的环境——直接草图，进入直接草图环境的具体操作步骤如下。

Step1. 新建模型文件，进入 UG NX 11.0 建模环境。

Step2. 选择下拉菜单 插入(S) ➡ 草图(H)...命令，系统弹出"创建草图"对话框，选择 XY 平面为草图平面，单击对话框中的 确定 按钮，系统进入直接草图环境，此时可以使用功能区"直接草图"工具栏（图 2.2.1）绘制草图。

图 2.2.1 "直接草图"工具栏

Step3. 单击工具栏中的"完成草图"按钮 完成草图 ，即可退出直接草图环境。

说明：

- "直接草图"工具创建的草图，在部件导航器中同样会显示为一个独立的特征，也能作为特征的截面草图使用。此方法本质上与"任务环境中的草图"没有区别，只是实现方式较为"直接"。

- 在"直接草图"创建环境中，系统不会自动将草图平面与屏幕对齐，需要将草图平面旋转到大致与屏幕对齐的位置，然后使用快捷键 F8 对齐草图平面。

- 单击"直接草图"工具栏中的"在草图任务环境中打开"按钮 ，系统即可进入"任务环境中的草图"环境。

- 在三维建模环境下，双击已绘制的草图也能进入直接草图环境。为保证内容的一致性，本书中的草图均以"任务环境中的草图"来创建。

2.3　UG 草图功能介绍

在 UG NX 11.0 中绘制草图时，在 主页 功能选项卡的 约束 区域中选中 ✔ 连续自动标注尺寸 选项（图 2.3.1），然后确认 按钮处于按下状态，系统可自动给绘制的草图添加尺寸标注。如图 2.3.2 所示，在草图环境中任意绘制一个矩形，系统会自动添加矩形所需要的定型和定位尺寸，使矩形全约束。

图 2.3.1　"连续自动标注尺寸"选项

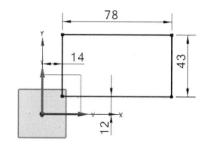

图 2.3.2　自动标注尺寸

说明：默认情况下 按钮是激活的，即绘制的草图系统会自动添加尺寸标注；单击该按钮，使其弹起（即取消激活），这时绘制的草图，系统就不会自动添加尺寸标注了。由于系统自动标注的尺寸比较凌乱，而且当草图比较复杂时，有些标注可能不符合标注要求，所以在绘制草图时，最好是不使用自动标注尺寸功能。在本书的写作中，都没有采用自动标注。

2.4　草图环境中的下拉菜单简介

在 UG NX 11.0 的二维草图环境中，"插入"与"编辑"两个下拉菜单十分常用，这两个下拉菜单几乎包含了草图环境中的所有命令，下面将对这两个下拉菜单进行详细说明。

2.4.1　"插入"下拉菜单

插入(S) 下拉菜单是草图环境中的主要菜单（图 2.4.1），它的功能主要包括草图的绘制、标注和添加约束等。

选择该下拉菜单，即可弹出其中的命令，绝大部分命令都以快捷按钮的方式出现在屏幕的工具栏中。

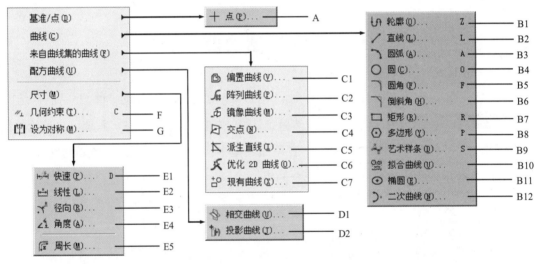

图 2.4.1　"插入"下拉菜单

2.4.2　"编辑"下拉菜单

这是草图环境中对草图进行编辑的菜单。选择该下拉菜单，即可弹出其中的选项，绝大部分选项都以快捷按钮的方式出现在屏幕的工具栏中。

2.5　添加/删除草图工具组

进入草图环境后，屏幕上会出现绘制草图时所需的各种工具组，其中常用工具组有"草图"工具组、"约束"工具组和"曲线"工具组，对于它们中的按钮的具体用法，下面会详细介绍。还有很多按钮在界面上没有显示，需要进行添加，操作步骤如下。

Step1. 单击 主页 功能选项卡区域右侧的"功能区选项"按钮，系统弹出"主页"选项卡。

Step2. 添加工具按钮，如图 2.5.1 所示。把鼠标移到相应的工具组上（一般是在窗口中已经打开的工具组的名称），会在后面显示出该工具组命令所对应的工具按钮，选择每个命令可以对按钮进行显示/隐藏操作。

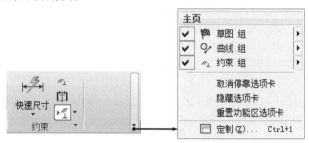

图 2.5.1　添加工具按钮

2.6　坐标系简介

UG NX 11.0 中有三种坐标系：绝对坐标系、工作坐标系和基准坐标系。在使用软件的过程中经常要用到坐标系，下面对这三种坐标系作简单的介绍。

1．绝对坐标系（ACS）

绝对坐标系是原点在（0，0，0）的坐标系，是固定不变的。

2．工作坐标系（WCS）

工作坐标系包括坐标原点和坐标轴，如图 2.6.1 所示。它的轴通常是正交的（即相互间为直角），并且遵守右手定则。

说明：

- 工作坐标系不受修改操作（删除、平移等）的影响，但允许非修改操作，如隐藏和分组。

- UG NX 11.0 的部件文件可以包含多个坐标系，但是其中只有一个是 WCS。

- 用户可以随时挑选一个坐标系作为工作坐标系（WCS）。系统用 XC、YC 和 ZC 表示工作坐标系的坐标。工作坐标系的 XC-YC 平面称为工作平面。

3．基准坐标系（CSYS）

基准坐标系（CSYS）由单独的可选组件组成，如图 2.6.2 所示。

- 整个基准坐标系。
- 三个基准平面。
- 三个基准轴。
- 原点。

可在基准坐标系中选择单个基准平面、基准轴或原点。可隐藏基准坐标系以及其单个组成部分。

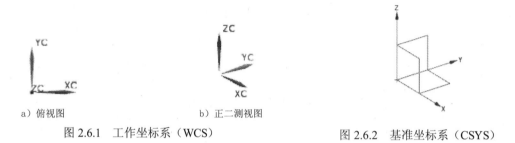

a）俯视图　　　　　　　　　　b）正二测视图

图 2.6.1　工作坐标系（WCS）　　　　　图 2.6.2　基准坐标系（CSYS）

4．右手定则

- 常规的右手定则。

如果坐标系的原点在右手掌，拇指向上延伸的方向对应于某个坐标轴的方向，则可以利用常规的右手定则确定其他坐标轴的方向。例如，假设拇指指向 ZC 轴的正方向，食指伸直的方向对应于 XC 轴的正方向，中指向外延伸的方向则为 YC 轴的正方向。

- 旋转的右手定则。

旋转的右手定则用于将矢量和旋转方向关联起来。

当拇指伸直并且与给定的矢量对齐时，则弯曲的其他四指就能确定该矢量关联的旋转方向。反过来，当弯曲手指表示给定的旋转方向时，则伸直的拇指就确定关联的矢量。

例如，如果要确定当前坐标系的旋转逆时针方向，那么拇指就应该与 ZC 轴对齐，并指向其正方向，这时逆时针方向即为四指从 XC 轴正方向向 YC 轴正方向旋转。

2.7　设置草图参数

进入草图环境后，选择下拉菜单 首选项 (P) ➡ 草图 (S)... 命令，系统弹出"草图首选项"对话框，如图 2.7.1 所示，在该对话框中可以设置草图的显示参数和默认名称前缀等参数。

"草图首选项"对话框的 草图设置 和 会话设置 选项卡的主要选项及其功能说明如下。

- 尺寸标签 下拉列表：控制草图标注文本的显示方式。

- 文本高度 文本框：控制草图尺寸数值的文本高度。在标注尺寸时，可以根据图形大小在该文本框中输入适当的数值来调整文本高度，以便于用户观察。

- 对齐角 文本框：绘制直线时，如果起点与光标位置连线接近水平或垂直，捕捉功能会自动捕捉到水平或垂直位置。捕捉角是自动捕捉的最大角度，如捕捉角为 3，当起点与光标位置连线和 XC 轴或 YC 轴夹角小于 3 时，会自动捕捉到水平或垂直位置。

- 保持图层状态 复选框：如果选中该复选框，当进入某一草图对象时，该草图所在图层自动设置为当前工作图层，退出时恢复原图层为当前工作图层，否则，退出时保持草图所在图层为当前工作图层。

- 显示自由度箭头 复选框：如果选中该复选框，当进行尺寸标注时，在草图曲线端点处用箭头显示自由度，否则不显示。

- 显示约束符号 复选框：如果选中该复选框，当相关几何体很小时，则不会显示约束符号。如果要忽略相关几何体的尺寸查看约束，则可以关闭该选项。

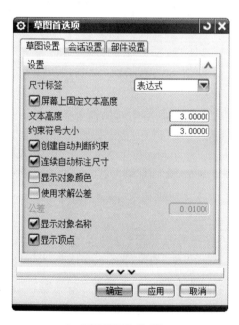

a)"草图设置"选项卡

b)"会话设置"选项卡

图 2.7.1　"草图首选项"对话框

"草图首选项"对话框中的 部件设置 选项卡包括了曲线、尺寸和参考曲线等的颜色设置，这些设置和用户默认设置中的草图生成器的颜色相同。一般情况下，我们都采用系统默认的颜色设置。

2.8　绘制二维草图

要绘制草图，应先从草图环境的"主页"功能选项卡或 插入(S) ➡ 曲线(C)▶ 下拉菜单中选取一个绘图命令（由于"主页"功能选项卡按钮简明快捷，因此推荐优先使用），然后可通过在图形区选取点来创建对象。在绘制对象的过程中，当移动鼠标指针时，系统会自动确定可添加的约束并将其显示。绘制对象后，用户还可以对其继续添加约束。

草图环境中使用鼠标的说明：

- 绘制草图时，可以在图形区单击以确定点，单击中键中止当前操作或退出当前命令。

- 当不处于草图绘制状态时，单击可选取多个对象；选择对象后，右击将弹出带有最常用草图命令的快捷菜单。

- 滚动鼠标中键，可以缩放模型（该功能对所有模块都适用：向前滚，模型变大；向后滚，模型变小（可以参考本书第 1 章的内容进行调整）。

- 按住鼠标中键移动鼠标，可旋转模型（该功能对所有模块都适用）。

- 先按住键盘上的 Shift 键，然后按住鼠标中键，移动鼠标可移动模型（该功能对所有模块都适用）。

2.8.1　草图工具按钮简介

进入草图环境后，在"主页"功能选项卡中会出现绘制草图时所需要的各种工具按钮，如图 2.8.1 所示。

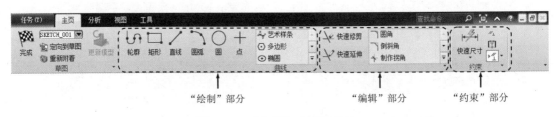

图 2.8.1　"主页"功能选项卡

说明：草图环境"主页"功能选项卡中的按钮根据其功能可分为三大部分，"绘制"部分、"约束"部分和"编辑"部分。本节将重点介绍"绘制"部分的按钮功能，其余部分功能在后面章节中陆续介绍。

图 2.8.1 所示的"主页"功能选项卡中"绘制"和"编辑"部分按钮的说明如下。

ᑐ 轮廓：单击该按钮，可以创建一系列相连的直线或线串模式的圆弧，即上一条曲线的终点作为下一条曲线的起点。

✏ **直线**：绘制直线。　　　　　　┓ **圆弧**：绘制圆弧。

○ **圆**：绘制圆。　　　　　　　　┐ **圆角**：在两曲线间创建圆角。

┓ **倒斜角**：在两曲线间创建倒斜角。　□ **矩形**：绘制矩形。

⊙ **多边形**：绘制多边形。

❀ **艺术样条**：通过定义点或者极点来创建样条曲线。

❀ **拟合曲线**：通过已经存在的点创建样条曲线。

⊙ **椭圆**：根据中心点和尺寸创建椭圆。

) **二次曲线**：创建二次曲线。　　　十 **点**：绘制点。

▤ **偏置曲线**：偏置位于草图平面上的曲线链。

⊿ **派生直线**：单击该按钮，则可以从已存在的直线复制得到新的直线。

▥ **投影曲线**：单击该按钮，则可以沿着草图平面的法向将曲线、边或点（草图外部）投影到草图上。

✕ **快速修剪**：单击该按钮，则可将一条曲线修剪至任一方向上最近的交点。如果曲线没有交点，可以将其删除。

✕ **快速延伸**：快速延伸曲线到最近的边界。

┼ **制作拐角**：延伸或修剪两条曲线到一个交点处创建制作拐角。

2.8.2　直线的绘制

Step1. 进入草图环境以后，采用默认的平面（XY 平面）为草图平面，单击 确定 按钮。

说明：

● 进入草图工作环境以后，如果是创建新草图，则首先必须选取草图平面，也就是要确定新草图在空间的哪个平面上绘制。

● 以后在创建新草图时，如果没有特别的说明，则草图平面为默认的 XY 平面。

Step2. 选择命令。选择下拉菜单 插入(S) ➡ 曲线(C)▶ ➡ ✏直线(L)... 命令，系统弹出图 2.8.2 所示的"直线"工具条。

图 2.8.2 所示"直线"工具条的说明如下。

● **XY**（坐标模式）：选中该按钮（默认），系统弹出图 2.8.3 所示的动态输入框（一），可以通过输入 XC 和 YC 的坐标值来精确绘制直线，坐标值以工作坐标系（WCS）为参照。要在动态输入框的选项之间切换，可按 Tab 键。要输入值，可在文本框内输入值，然后按 Enter 键。

● ▦（参数模式）：选中该按钮，系统弹出图 2.8.4 所示的动态输入框（二），可以通过输入长度值和角度值来绘制直线。

图 2.8.2　"直线"工具条　　图 2.8.3　动态输入框（一）　图 2.8.4　动态输入框（二）

Step3. 定义直线的起始点。在系统 **选择直线的第一点** 的提示下，在图形区中的任意位置单击左键，以确定直线的起始点，此时可看到一条"橡皮筋"线附着在鼠标指针上。

说明：系统提示 **选择直线的第一点** 显示在消息区，有关消息区的具体介绍请参见"用户界面简介"的相关内容。

Step4. 定义直线的终止点。在系统 **选择直线的第二点** 的提示下，在图形区中的另一位置单击左键，以确定直线的终止点，系统便在两点间创建一条直线（在终点处再次单击，在直线的终点处会出现另一条"橡皮筋"线）。

Step5. 单击中键，结束直线创建。

说明：

- 直线的精确绘制可以利用动态输入框实现，其他曲线的精确绘制也一样。
- "橡皮筋"是指操作过程中的一条临时虚构线段，它始终是当前鼠标光标的中心点与前一个指定点的连线。因为它可以随着光标的移动而拉长或缩短，并可绕前一点转动，所以我们形象地称为"橡皮筋"。
- 在绘制或编辑草图时，单击"快速访问工具栏"上的 按钮，可撤销上一个操作；单击 按钮（或者选择下拉菜单 **编辑(E)** ➡ **重做(R)** 命令），可以重新执行被撤销的操作。

2.8.3　圆的绘制

选择下拉菜单 **插入(S)** ➡ **曲线(C)▶** ➡ **○ 圆(C)...** 命令，系统弹出图 2.8.5 所示的"圆"工具条，有以下两种绘制圆的方法。

图 2.8.5　"圆"工具条

方法一：中心和半径决定的圆——通过选取中心点和圆上一点来创建圆。其一般操作步骤如下。

Step1. 选择方法。选中"圆心和直径定圆"按钮 。

Step2. 定义圆心。在系统 选择圆的中心点 的提示下，在某位置单击，放置圆的中心点。

Step3. 定义圆的半径。在系统 在圆上选择一个点 的提示下，拖动鼠标至另一位置，单击确定圆的大小。

Step4. 单击中键，结束圆的创建。

方法二：通过三点的圆——通过确定圆上的三个点来创建圆。

2.8.4 圆弧的绘制

选择下拉菜单 插入(S) ➡ 曲线(C)▶ ➡ ⌒ 圆弧(A)... 命令，系统弹出图 2.8.6 所示的"圆弧"工具条，有以下两种绘制圆弧的方法。

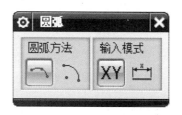

图 2.8.6 "圆弧"工具条

方法一：通过三点的圆弧——确定圆弧的两个端点和弧上的一个附加点来创建一个三点圆弧。其一般操作步骤如下。

Step1. 选择方法。选中"三点定圆弧"按钮 ⌒。

Step2. 定义端点。在系统 选择圆弧的起点 的提示下，在图形区中的任意位置单击左键，以确定圆弧的起点；在系统 选择圆弧的终点 的提示下，在另一位置单击，放置圆弧的终点。

Step3. 定义附加点。在系统 在圆弧上选择一个点 的提示下，移动鼠标，圆弧呈"橡皮筋"样变化，在图形区另一位置单击以确定圆弧。

Step4. 单击中键，完成圆弧的创建。

方法二：用中心和端点确定圆弧。其一般操作步骤如下。

Step1. 选择方法。选中"中心和端点决定的圆弧"按钮 ⌒·。

Step2. 定义圆心。在系统 选择圆弧的中心点 的提示下，在图形区中的任意位置单击，以确定圆弧中心点。

Step3. 定义圆弧的起点。在系统 选择圆弧的起点 的提示下，在图形区中的任意位置单击，以确定圆弧的起点。

Step4. 定义圆弧的终点。在系统 选择圆弧的终点 的提示下，在图形区中的任意位置单击，以确定圆弧的终点。

Step5. 单击中键，结束圆弧的创建。

2.8.5 矩形的绘制

选择下拉菜单 插入(S) ➡ 曲线(C)▶ ➡ 矩形(R)... 命令，系统弹出图2.8.7所示的"矩形"工具条，可以在草图平面上绘制矩形。在绘制草图时，使用该命令可省去绘制四条线段的麻烦。共有三种绘制矩形的方法，下面将分别介绍。

图 2.8.7 "矩形"工具条

方法一：按两点——通过选取两对角点来创建矩形，其一般操作步骤如下。

Step1. 选择方法。选中"按2点"按钮 。

Step2. 定义第一个角点。在图形区某位置单击，放置矩形的第一个角点。

Step3. 定义第二个角点。单击 XY 按钮，再次在图形区另一位置单击，放置矩形的另一个角点。

Step4. 单击中键，结束矩形的创建，结果如图2.8.8所示。

方法二：通过三点来创建矩形，其一般操作步骤如下。

Step1. 选择方法。单击"按3点"按钮 。

Step2. 定义第一个顶点。在图形区某位置单击，放置矩形的第一个顶点。

Step3. 定义第二个顶点。单击 XY 按钮，在图形区另一位置单击，放置矩形的第二个顶点（第一个顶点和第二个顶点之间的距离即矩形的宽度），此时矩形呈"橡皮筋"样变化。

Step4. 定义第三个顶点。单击 XY 按钮，再次在图形区单击，放置矩形的第三个顶点（第二个顶点和第三个顶点之间的距离即矩形的高度）。

Step5. 单击中键，结束矩形的创建，结果如图2.8.9所示。

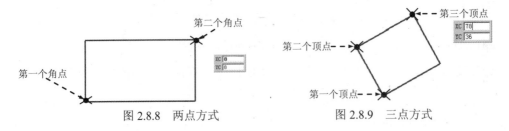

图 2.8.8 两点方式　　　　图 2.8.9 三点方式

方法三：从中心——通过选取中心点、一条边的中点和顶点来创建矩形，其一般操作步骤如下。

Step1. 选择方法。单击"从中心"按钮 。

Step2. 定义中心点。在图形区某位置单击，放置矩形的中心点。

Step3. 定义第二个点。单击 XY 按钮，在图形区另一位置单击，放置矩形的第二个点（一条边的中点），此时矩形呈"橡皮筋"样变化。

Step4. 定义第三个点。单击 XY 按钮，再次在图形区单击，放置矩形的第三个点。

Step5. 单击中键，结束矩形的创建，结果如图 2.8.10 所示。

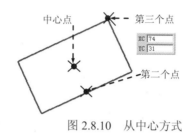

图 2.8.10 从中心方式

2.8.6 圆角的绘制

选择下拉菜单 插入(S) ➡️ 曲线(C)▶ ➡️ 圆角(F)... 命令（或单击"圆角"按钮 ），可以在指定两条或三条曲线之间创建一个圆角。系统弹出图 2.8.11 所示的"圆角"工具条。该工具条中包括四个按钮："修剪"按钮 、"取消修剪"按钮 、"删除第三条曲线"按钮 和"创建备选圆角"按钮 。

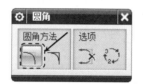

图 2.8.11 "圆角"工具条

创建圆角的一般操作步骤如下。

Step1. 打开文件 D:\ug11\work\ch02.08\round_corner.prt。

Step2. 双击草图，在 直接草图 ▼ 下拉选项 更多 ▼ 中单击 在草图任务环境中打开 按钮，选择下拉菜单 插入(S) ➡️ 曲线(C)▶ ➡️ 圆角(F)... 命令。系统弹出"圆角"工具条，在工具条中单击"修剪"按钮 。

Step3. 定义圆角曲线。单击选择图 2.8.12 所示的两条直线。

Step4. 定义圆角半径。拖动鼠标至适当位置，单击确定圆角的大小（或者在动态输入框中输入圆角半径值，以确定圆角的大小）。

Step5. 单击中键，结束圆角的创建。

说明：

● 如果单击"取消修剪"按钮 ，则绘制的圆角如图 2.8.13 所示。

图 2.8.12 选取直线　　　　　　　　图 2.8.13 "取消修剪"的圆角

● 如果单击"创建备选圆角"按钮 ，则可以生成每一种可能的圆角（或按 Page Down 键选择所需的圆角），如图 2.8.14 和图 2.8.15 所示。

图 2.8.14　"创建备选圆角"的选择（一）　　图 2.8.15　"创建备选圆角"的选择（二）

2.8.7　轮廓线的绘制

轮廓线包括直线和圆弧。

选择下拉菜单 插入(S) ➡ 曲线(C)▶ ➡ 轮廓(O)... 命令（或单击 按钮），系统弹出图 2.8.16 所示的"轮廓"工具条。

具体操作过程参照前面直线和圆弧的绘制，不再赘述。

绘制轮廓线的说明：

● 轮廓线与直线和圆弧的区别在于，轮廓线可以绘制连续的对象，如图 2.8.17 所示。

● 绘制时，按下、拖动并释放鼠标左键，直线模式变为圆弧模式，如图 2.8.18 所示。

● 利用动态输入框可以绘制精确的轮廓线。

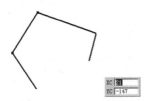

图 2.8.16　"轮廓"工具条　　图 2.8.17　绘制连续的对象　　图 2.8.18　用"轮廓线"命令绘制弧

2.8.8　派生直线的绘制

派生直线的绘制是将现有的参考直线偏置生成另外一条直线，或者通过选择两条参考直线，可以在这两条直线之间创建角平分线。

选择下拉菜单 插入(S) ➡ 来自曲线集的曲线(F)▶ ➡ 派生直线(I)... 命令，可绘制派生直线，其一般操作步骤如下。

Step1.　打开文件 D:\ug11\work\ch02.08\derive_line.prt。

Step2.　双击草图，在 直接草图 下拉选项 更多 中单击 在草图任务环境中打开 按钮，选择下拉菜单 插入(S) ➡ 来自曲线集的曲线(F)▶ ➡ 派生直线(I)... 命令。

Step3.　定义参考直线。单击选取图 2.8.19 所示的直线为参考。

Step4.　定义派生直线的位置。拖动鼠标至另一位置单击，以确定派生直线的位置。

Step5. 单击中键，结束派生直线的创建，结果如图 2.8.19 所示。

说明：

● 如需要派生多条直线，可以在上述 Step4 中，在图形区合适的位置继续单击，然后单击中键完成，结果如图 2.8.20 所示。

图 2.8.19　直线的派生（一）　　　　　图 2.8.20　直线的派生（二）

● 如果选择两条平行线，系统会在这两条平行线的中点处创建一条直线。可以通过拖动鼠标以确定直线长度，也可以在动态输入框中输入值，如图 2.8.21 所示。

● 如果选择两条不平行的直线（不需要相交），系统将构造一条角平分线。可以通过拖动鼠标以确定直线长度（或在动态输入框中输入一个值），也可以在成角度两条直线的任意象限放置平分线，如图 2.8.22 所示。

图 2.8.21　派生两条平行线中间的直线　　　　图 2.8.22　派生角平分线

2.8.9　艺术样条曲线的绘制

样条曲线是指利用给定的若干个点拟合出的多项式曲线，样条曲线采用的是近似的拟合方法，但可以很好地满足工程需求，因此得到了较为广泛的应用。下面通过创建图 2.8.23a 所示的曲线来说明创建艺术样条的一般过程。

a）"通过点"方式　　　　　　　b）"根据极点"方式

图 2.8.23　艺术样条的创建

Step1. 选择命令。选择下拉菜单 插入(S) ➡ 曲线(C)▶ ➡ 艺术样条(D)... 命令（或单击 按钮），弹出"艺术样条"对话框。

Step2. 定义曲线类型。在对话框的 类型 下拉列表中选择 通过点 选项，依次在图 2.8.23a 所示的各点位置单击，系统生成图 2.8.23a 所示的"通过点"方式创建的样条曲线。

说明：如果选择 根据极点 选项，依次在图 2.8.23b 所示的各点位置单击，系统则生成图

2.8.23b 所示的"根据极点"方式创建的样条曲线。

Step3. 在"艺术样条"对话框中单击 确定 按钮（或单击中键），完成样条曲线的创建。

2.8.10 将草图对象转化为参考线

在为草图对象添加几何约束和尺寸约束的过程中，有些草图对象是作为基准、定位来使用的，或者有些草图对象在创建尺寸时可能引起约束冲突，此时可利用 主页 功能选项卡 约束 区域中的"转换至/自参考对象"按钮，将草图对象转换为参考线；当然必要时，也可利用该按钮将其激活，即从参考线转化为草图对象。下面以图 2.8.24b 所示的图形为例，说明其操作方法及作用。

a) 创建参考对象前   b) 创建参考对象后

图 2.8.24 转换参考对象

Step1. 打开文件 D:\ug11\work\ch02.08\reference.prt。

Step2. 双击已有草图，在 直接草图 下拉选项 更多 中单击 在草图任务环境中打开 按钮，进入草图工作环境。

Step3. 选择命令。选择下拉菜单 工具(T) ➡ 约束(T) ➡ 转换至/自参考对象(V)... 命令（或单击 主页 功能选项卡 约束 区域中的"转换至/自参考对象"按钮 ），系统弹出"转换至/自参考对象"对话框，选中 参考曲线或尺寸 单选项。

Step4. 根据系统 选择要转换的曲线或尺寸 的提示，选取图 2.8.24a 所示的圆，单击 应用 按钮，被选取的对象就转换成参考对象，结果如图 2.8.24b 所示。

说明：如果选择的对象是曲线，它转换成参考对象后，用浅色双点画线显示，在对草图曲线进行拉伸和旋转操作中它将不起作用；如果选择的对象是一个尺寸，在它转换为参考对象后，它仍然在草图中显示，并可以更新，但其尺寸表达式在表达式列表框中将消失，它不再对原来的几何对象产生约束效应。

Step5. 在"转换至/自参考对象"对话框中选中 活动曲线或驱动尺寸 单选项，然后选取图 2.8.24b 所示创建的参考对象，单击 应用 按钮，参考对象被激活，变回图 2.8.24a 所示的形式，然后单击 取消 按钮。

说明：对于尺寸来说，它的尺寸表达式又会出现在尺寸表达式列表框中，可修改其尺寸表达式的值，以改变它所对应的草图对象的约束效果。

2.8.11　点的创建

使用 UG NX 11.0 软件绘制草图时，经常需要构造点来定义草图平面上的某一位置。下面通过图 2.8.25 来说明点的构造过程。

图 2.8.25　构造点

Step1. 打开文件 D:\ug11\work\ch02.08\point.prt。

Step2. 进入草图环境。双击草图，在 直接草图 下拉选项 更多 中单击 在草图任务环境中打开 按钮，系统进入草图环境。

Step3. 选择命令。选择下拉菜单 插入(S) ➡ 基准/点(D) ➡ ＋ 点(P)... 命令（或单击 ＋ 按钮），系统弹出图 2.8.26 所示的"草图点"对话框。

图 2.8.26　"草图点"对话框

Step4. 选择构造点。在"草图点"对话框中单击"点对话框"按钮 ，系统弹出图 2.8.27 所示的"点"对话框，在"点"对话框的 类型 下拉列表中选择 圆弧/椭圆上的角度 选项。

Step5. 定义点的位置。根据系统 选择圆弧或椭圆用作角度参考 的提示，选取图 2.8.25a 所示的圆弧，在"点"对话框的 角度 文本框中输入数值 120。

Step6. 单击"点"对话框中的 确定 按钮，完成第一点的构造，结果如图 2.8.28 所示。

Step7. 再次单击"草图点"对话框中的 按钮，在"点"对话框的 类型 下拉列表中选择 曲线/边上的点 选项，选取图 2.8.25a 所示的圆弧，在"点"对话框的 位置 下拉列表中选择 弧长百分比 选项，然后在 弧长百分比 文本框中输入值 40，单击 确定 按钮，完成第二点的构造，单击 关闭 按钮，退出"草图点"对话框，结果如图 2.8.29 所示，

Step8. 选择下拉菜单 任务(K) ➡ 完成草图(K) 命令（或单击 完成 按钮），完成草图并退出草图环境。

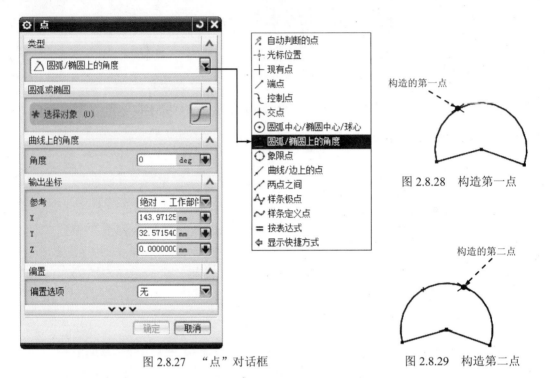

图 2.8.28　构造第一点

图 2.8.27　"点"对话框　　　　图 2.8.29　构造第二点

图 2.8.27 所示的"点"对话框中的"类型"下拉列表中各选项说明如下。

- **自动判断的点**：根据光标的位置自动判断所选的点。它包括下面介绍的所有点的选择方式。

- **光标位置**：将鼠标光标移至图形区某位置并单击，系统则在单击的位置处创建一个点。如果创建点是在一个草图中进行，则创建的点位于当前草图平面上。

- **现有点**：在图形区选择已经存在的点。

- **端点**：通过选取已存在曲线（如线段、圆弧、二次曲线及其他曲线）的端点创建一个点。在选取终点时，光标的位置对终点的选取有很大的影响，一般系统会选取曲线上离光标最近的端点。

- **控制点**：通过选取曲线的控制点创建一个点。控制点与曲线类型有关，可以是存在点、线段的中点或端点，开口圆弧的端点、中点或中心点，二次曲线的端点和样条曲线的定义点或控制点。

- **交点**：通过选取两条曲线的交点、一曲线和一曲面或一平面的交点创建一个点。在选取交点时，若两对象的交点多于一个，系统会在靠近第二个对象的交点创建一个点；若两段曲线并未实际相交，则系统会选取两者延长线上的相交点；若选取的两段空间曲线并未实际相交，则系统会在最靠近第一对象处创建一个点或规定新点的位置。

- **圆弧中心/椭圆中心/球心**：通过选取圆/圆弧、椭圆或球的中心点创建一个点。

- 圆弧/椭圆上的角度：沿弧或椭圆的一个角度（与坐标轴 XC 正向所成的角度）位置上创建一个点。
- 象限点：通过选取圆弧或椭圆弧的象限点（即四分点）创建一个点。创建的象限点是离光标最近的那个四分点。
- 曲线/边上的点：通过选取曲线或物体边缘上的点创建一个点。
- 样条极点：通过选取样条曲线并在其极点的位置创建一个点。
- 样条定义点：通过选取样条曲线并在其定义点的位置创建一个点。
- 两点之间：在两点之间指定一个位置。
- 按表达式：使用点类型的表达式指定点。

2.9　编辑二维草图

2.9.1　删除草图对象

Step1. 在图形区单击或框选要删除的对象（框选时要框住整个对象），此时可看到选中的对象变为蓝色。

Step2. 按一下键盘上的 Delete 键，所选对象即被删除。

说明：要删除所选的对象，还有下面四种方法。

- 在图形区单击鼠标右键，在弹出的快捷菜单中选择 ✕ 删除(D) 命令。
- 选择 编辑(E) 下拉菜单中的 ✕ 删除(D)... 命令。
- 单击"标准"工具栏中的 ✕ 按钮。
- 按一下键盘上的<Ctrl + D>组合键。

注意：如要恢复已删除的对象，可用键盘的<Ctrl+Z>组合键来完成。

2.9.2　操纵草图对象

1. 直线的操纵

UG NX 11.0 提供了对象操纵功能，可方便地旋转、拉伸和移动对象。

操纵 1 的操作流程，如图 2.9.1 所示：在图形区，把鼠标指针移到直线端点上，按下左键不放，同时移动鼠标，此时直线以远离鼠标指针的那个端点为圆心转动，达到绘制意图后，松开鼠标左键。

图 2.9.1　操纵 1：直线的转动和拉伸

操纵 2 的操作流程，如图 2.9.2 所示：在图形区，把鼠标指针移到直线上，按下左键不放，同时移动鼠标，此时会看到直线随着鼠标移动，达到绘制意图后，松开鼠标左键。

图 2.9.2　操纵 2：直线的移动

2. 圆的操纵

操纵 1 的操作流程，如图 2.9.3 所示：把鼠标指针移到圆的边线上，按下左键不放，同时移动鼠标，此时会看到圆在变大或缩小，达到绘制意图后，松开鼠标左键。

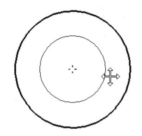

图 2.9.3　操纵 1：圆的缩放

操纵 2 的操作流程，如图 2.9.4 所示：把鼠标指针移到圆心上，按下左键不放，同时移动鼠标，此时会看到圆随着指针一起移动，达到绘制意图后，松开鼠标左键。

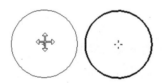

图 2.9.4　操纵 2：圆的移动

3. 圆弧的操纵

操纵 1 的操作流程，如图 2.9.5 所示：把鼠标指针移到圆弧上，按下左键不放，同时移动鼠标，此时会看到圆弧半径变大或变小，达到绘制意图后，松开鼠标左键。

图 2.9.5　操纵 1：改变圆弧的半径

操纵 2 的操作流程，如图 2.9.6 所示：把鼠标指针移到圆弧的某个端点上，按下左键不放，同时移动鼠标，此时会看到圆弧以另一端点为固定点旋转，并且圆弧的包角也在变化，达到绘制意图后，松开鼠标左键。

图 2.9.6 操纵 2：改变圆弧的位置

操纵 3 的操作流程，如图 2.9.7 所示：把鼠标指针移到圆心上，按下左键不放，同时移动鼠标，此时圆弧随着指针一起移动，达到绘制意图后，松开鼠标左键。

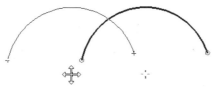

图 2.9.7 操纵 3：圆弧的移动

4．样条曲线的操纵

操纵 1 的操作流程，如图 2.9.8 所示：把鼠标指针移到样条曲线的某个端点或定位点上，按下左键不放，同时移动鼠标，此时样条曲线拓扑形状（曲率）不断变化，达到绘制意图后，松开鼠标左键。

操纵 2 的操作流程，如图 2.9.9 所示：把鼠标指针移到样条曲线上，按下左键不放，同时移动鼠标，此时样条曲线随着鼠标移动，达到绘制意图后，松开鼠标左键。

图 2.9.8 操纵 1：改变曲线的形状　　　　　图 2.9.9 操纵 2：曲线的移动

2.9.3 复制/粘贴对象

Step1. 在图形区单击或框选要复制的对象（框选时要框住整个对象）。

Step2. 先选择下拉菜单 编辑(E) ➡ 复制(C) 命令，然后选择下拉菜单 编辑(E) ➡
粘贴(P) 命令，则图形区出现图 2.9.10b 所示的对象。

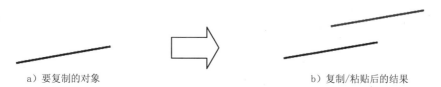

a）要复制的对象　　　　　　　　　　　　　　　　b）复制/粘贴后的结果

图 2.9.10 对象的复制/粘贴

2.9.4 修剪草图对象

Step1. 选择命令。选择下拉菜单 编辑(E) ➡ 曲线(V)▶ ➡ 快速修剪(Q)... 命令。

Step2. 定义修剪对象。依次单击图 2.9.11a 所示的需要修剪的部分。

Step3. 单击中键。完成对象的修剪，结果如图 2.9.11b 所示。

图 2.9.11　快速修剪

2.9.5 延伸草图对象

Step1. 选择下拉菜单 编辑(E) ➡ 曲线(V)▶ ➡ 快速延伸(X)... 命令。

Step2. 选取图 2.9.12a 中所示的曲线，完成曲线到下一个边界的延伸。

说明：在延伸时，系统自动选择最近的曲线作为延伸边界。

图 2.9.12　快速延伸

2.9.6 制作拐角的绘制

"制作拐角"命令是通过两条曲线延伸或修剪到公共交点来创建拐角的。此命令可用于直线、圆弧、开放式二次曲线和开放式样条等，其中开放式样条仅限修剪。创建"制作拐角"的一般操作步骤如下。

Step1. 选择方法。单击"制作拐角"按钮 。

Step2. 定义要制作拐角的两条曲线。选取图 2.9.13a 所示的两条直线。

Step3. 单击中键，完成制作拐角的创建。

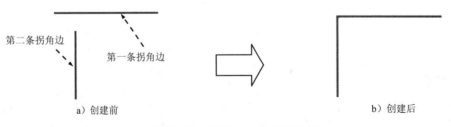

图 2.9.13　创建"制作拐角"特征

2.9.7 镜像草图对象

镜像操作是将草图对象以一条直线为对称中心，将所选取的对象以这条对称中心为轴进行复制，生成新的草图对象。镜像复制的对象与原对象形成一个整体，并且保持相关性。"镜像"操作在绘制对称图形时是非常有用的。下面以图 2.9.14 所示的范例来说明"镜像"的一般操作步骤。

Step1. 打开文件 D:\ug11\work\ch02.09\mirror.prt。

Step2. 双击草图，单击 按钮，进入草图环境。

Step3. 选择命令。选择下拉菜单 插入(S) ➡ 来自曲线集的曲线(F)▶ ➡ 镜像曲线(M)... 命令（或单击 按钮），系统弹出图 2.9.15 所示的"镜像曲线"对话框。

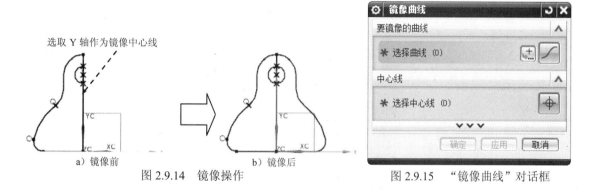

图 2.9.14 镜像操作 　　　图 2.9.15 "镜像曲线"对话框

Step4. 定义镜像对象。在"镜像曲线"对话框中单击"曲线"按钮 ，选取图形区中的所有草图曲线。

Step5. 定义中心线。单击"镜像曲线"对话框中的"中心线"按钮 ，选取坐标系的 Y 轴作为镜像中心线。

注意：选择的镜像中心线不能是镜像对象的一部分，否则无法完成镜像操作。

Step6. 单击 应用 按钮，则完成镜像操作（如果没有其他镜像操作，直接单击 < 确定 > 按钮），结果如图 2.9.14b 所示。

图 2.9.15 所示的"镜像曲线"对话框中各按钮的功能说明如下。

- （中心线）：用于选择存在的直线或轴作为镜像的中心线。选择草图中的直线作为镜像中心线时，所选的直线会变成参考线，暂时失去作用。如果要将其转化为正常的草图对象，可用 主页 功能选项卡 约束 区域中的"转换至/自参考对象"功能，其具体内容参见 2.8.10 小节。

- （曲线）：用于选择一个或多个要镜像的草图对象。在选取镜像中心线后，用户可以在草图中选取要进行"镜像"操作的草图对象。

2.9.8 偏置曲线

"偏置曲线"就是对当前草图中的曲线进行偏移，从而产生与源曲线相关联、形状相似的新的曲线。可偏移的曲线包括基本绘制的曲线、投影曲线以及边缘曲线等。创建图 2.9.16 所示的偏置曲线的具体步骤如下。

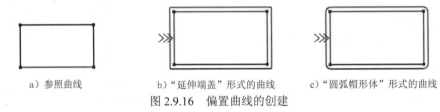

a）参照曲线   b）"延伸端盖"形式的曲线   c）"圆弧帽形体"形式的曲线

图 2.9.16   偏置曲线的创建

Step1. 打开文件 D:\ug11\work\ch02.09\offset.prt。

Step2. 双击草图，在 直接草图 下拉选项 更多 中单击 在草图任务环境中打开 按钮，进入草图环境。

Step3. 选择命令。选择下拉菜单 插入(S) ➡ 来自曲线集的曲线(F)▶ ➡ 偏置曲线(V)... 命令，系统弹出图 2.9.17 所示的"偏置曲线"对话框。

图 2.9.17   "偏置曲线"对话框

Step4. 定义偏置曲线。在图形区选取图 2.9.16a 所示的草图。

Step5. 定义偏置参数。在 距离 文本框中输入偏置距离值 5，取消选中 创建尺寸 复选框。

Step6. 定义端盖选项。在 端盖选项 下拉列表中选择 延伸端盖 选项。

说明：如果在 端盖选项 下拉列表中选择 圆弧帽形体 选项，则偏置后的结果如图 2.9.16c 所示。

Step7. 定义近似公差。接受 公差 文本框中默认的偏置曲线精度值。

Step8. 完成偏置。单击 应用 按钮，完成指定曲线偏置操作。还可以对其他对象进行相同的操作，操作完成后，单击 < 确定 > 按钮，完成所有曲线的偏置操作。

注意：可以单击"偏置曲线"对话框中的 按钮改变偏置的方向。

2.9.9　编辑定义截面

草图曲线一般可用于拉伸、旋转和扫掠等特征的剖面，如果要改变特征截面的形状，可以通过"编辑定义截面"功能来实现。图 2.9.18b 所示的编辑定义截面的具体操作步骤如下。

Step1. 打开文件 D:\ug11\work\ch02.09\edit_defined_curve.prt。

a）编辑定义截面前　　　　　　　　　　　　　　b）编辑定义截面后

图 2.9.18　编辑定义截面

Step2. 在特征树中右击拉伸 2，在弹出的快捷菜单中选择 编辑草图(K) 命令，进入草图编辑环境。选择下拉菜单 编辑(E) ➡ 编辑定义截面(F)... 命令（或单击 主页 功能选项卡 曲线 区域中的"编辑定义截面"按钮 ），系统弹出图 2.9.19 所示的"编辑定义截面"对话框（如果当前草图中没有曲线经过拉伸、旋转等操作来生成几何体，系统将弹出图 2.9.20 所示的"编辑定义截面"警告框）。

图 2.9.19　"编辑定义截面"对话框　　　　　图 2.9.20　"编辑定义截面"警告框

注意："编辑定义截面"操作只适合于经过拉伸、旋转生成特征的曲线，如果不符合此要求，此操作就不能实现。

Step3. 按住 Shift 键，在草图中选取图 2.9.21 所示（曲线以高亮显示）的草图曲线的任意部分（如圆），系统则排除整个草图曲线；再选择图 2.9.22 所示的曲线——矩形的 4 条线段（此时不用按住 Shift 键）作为新的草图截面，单击对话框中的"替换助理"按钮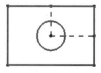。

说明：用 Shift+鼠标左键选择要移除的对象；用鼠标左键选择要添加的对象。

Step4. 单击 确定 按钮，完成草图截面的编辑。单击 完成 按钮，退出草图环境，结果如图 2.9.18b 所示。

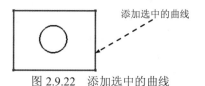

| 图 2.9.21　草图曲线 | 图 2.9.22　添加选中的曲线 |

2.9.10　相交曲线

"相交曲线"命令可以通过用户指定的面与草图基准平面相交产生一条曲线。下面以图 2.9.23 所示的模型为例，讲解相交曲线的操作步骤。

图 2.9.23　创建相交曲线

Step1. 打开文件 D:\ug11\work\ch02.09\intersect01.prt。

Step2. 定义草绘平面。选择下拉菜单 插入(S) ➞ 在任务环境中绘制草图(V)... 命令，选取 XY 平面作为草图平面，单击 确定 按钮。

Step3. 选择命令。选择下拉菜单 插入(S) ➞ 处方曲线(U)▸ ➞ 相交曲线(U)... 命令（或单击"相交曲线"按钮 ），系统弹出图 2.9.24 所示的"相交曲线"对话框。

Step4. 选取要相交的面。选取图 2.9.23a 所示的模型表面为要相交的面，即产生图 2.9.23b 所示的相交曲线，接受默认的 距离公差 和 角度公差 值。

Step5. 单击"相交曲线"对话框中的 <确定> 按钮，完成相交曲线的创建。

图 2.9.24 所示的"相交曲线"对话框中各按钮的功能说明如下。

- （面）：选择要在其上创建相交曲线的面。
- ☑ 忽略孔 复选框：当选取的"要相交的面"上有孔特征时，勾选此复选框后，系统会在曲线遇到的第一个孔处停止相交曲线。
- ☐ 连结曲线 复选框：用于多个"相交曲线"之间的连接。勾选此复选框后，系统会自动将多个相交曲线连接成一个整体。

图 2.9.24　"相交曲线"对话框

2.9.11　投影曲线

"投影曲线"功能是将选取的对象按垂直于草图工作平面的方向投影到草图中，使之成为草图对象。创建图 2.9.25b 所示的投影曲线的步骤如下。

图 2.9.25　创建投影曲线

Step1.　打开文件 D:\ug11\work\ch02.09\projection.prt。

Step2.　进入草图环境。选择下拉菜单 插入(S) ➡ 在任务环境中绘制草图(V)...命令，选取图 2.9.25a 所示的平面作为草图平面，单击 确定 按钮。

Step3.　选择命令。选择下拉菜单 插入(S) ➡ 处方曲线(U)▶ ➡ 投影曲线(T)...命令（或单击"投影曲线"按钮 ），系统弹出图 2.9.26 所示的"投影曲线"对话框。

Step4.　选取要投影的对象。选取图 2.9.25a 所示的四条边线为投影对象。

Step5.　单击 确定 按钮，完成投影曲线的创建，结果如图 2.9.25b 所示。

图 2.9.26 所示的"投影曲线"对话框中各选项的功能说明如下。

- （曲线）：用于选择要投影的对象，默认情况下为按下状态。

- （点）：单击该按钮后，系统将弹出"点"对话框。

- 关联 复选框：定义投影曲线与投影对象之间的关联性。选中该复选框后，投影曲线与投影对象将存在关联性，即投影对象发生改变时，投影曲线也随之改变。

● <u>输出曲线类型</u> 下拉列表：该下拉列表包括<u>原始</u>、<u>样条段</u>和<u>单个样条</u>三个选项。

图 2.9.26　"投影曲线"对话框

2.10　二维草图的约束

"草图约束"主要包括"几何约束"和"尺寸约束"两种类型。"几何约束"用来定位草图对象和确定草图对象之间的相互关系，而"尺寸约束"是用来驱动、限制和约束草图几何对象的大小和形状的。

进入草图环境后，在"主页"功能选项卡的 <u>约束</u> 区域中会出现草图约束时所需要的各种工具按钮，如图 2.10.1 所示。

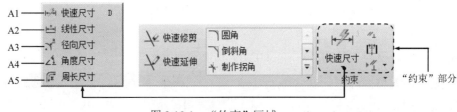

图 2.10.1　"约束"区域

图 2.10.1 所示的"主页"功能选项卡中"约束"部分各按钮的说明如下。

A1：快速尺寸。通过基于选定的对象和光标的位置自动判断尺寸类型来创建尺寸约束。

A2：线性尺寸。该按钮用于在所选的两个对象或点位置之间创建线性距离约束。

A3：径向尺寸。该按钮用于创建圆形对象的半径或直径约束。

A4：角度尺寸。该按钮用于在所选的两条不平行直线之间创建角度约束。

A5：周长尺寸。该按钮用于对所选的多个对象进行周长尺寸约束。

（几何约束）：用户自己对存在的草图对象指定约束类型。

（设为对称）：将两个点或曲线约束为相对于草图上的对称线对称。

（显示草图约束）：显示施加到草图上的所有几何约束。

（自动约束）：单击该按钮，系统会弹出图 2.10.2 所示的"自动约束"对话框，用于自动地添加约束。

（自动标注尺寸）：根据设置的规则在曲线上自动创建尺寸。

（关系浏览器）：显示与选定的草图几何图形关联的几何约束，并移除所有这些约束或列出信息。

（转换至/自参考对象）：将草图曲线或草图尺寸从活动转换为参考，或者反过来。下游命令（如拉伸）不使用参考曲线，并且参考尺寸不控制草图几何体。

（备选解）：备选尺寸或几何约束解算方案。

（自动判断约束和尺寸）：控制哪些约束或尺寸在曲线构造过程中被自动判断。

（创建自动判断约束）：在曲线构造过程中启用自动判断约束。

（连续自动标注尺寸）：在曲线构造过程中启用自动标注尺寸。

在草图绘制过程中，读者可以自己设定自动约束的类型，单击"自动约束"按钮 ，系统弹出"自动约束"对话框，如图 2.10.2 所示，在对话框中可以设定自动约束类型。

图 2.10.2 "自动约束"对话框

图 2.10.2 所示的"自动约束"对话框中所建立的几何约束的用法如下。

- （水平）：约束直线为水平直线（即平行于 XC 轴）。
- （竖直）：约束直线为竖直直线（即平行于 YC 轴）。
- （相切）：约束所选的两个对象相切。

- ▦（平行）：约束两直线互相平行。
- ⊥（垂直）：约束两直线互相垂直。
- ◣（共线）：约束多条直线对象位于或通过同一直线。
- ◎（同心）：约束多个圆弧或椭圆弧的中心点重合。
- ═（等长）：约束多条直线为同一长度。
- ◠（等半径）：约束多个弧有相同的半径。
- ↑（点在曲线上）：约束所选点在曲线上。
- ◤（重合）：约束多点重合。

在草图中，被添加完约束对象中的约束符号显示方式见表 2.10.1。

表 2.10.1　约束符号

约束名称	约束符号
固定/完全固定	⅂
固定长度	↔
水平	→
竖直	↑
固定角度	∠
等半径	◠
相切	○
同心的	◎
中点	╫
点在曲线上	★
垂直的	⊐
平行的	⫫
共线	⫻
等长度	═
重合	◤

在一般绘图过程中，我们习惯于先绘制出对象的大概形状，然后通过添加"几何约束"来定位草图对象和确定草图对象之间的相互关系，再添加"尺寸约束"来驱动、限制和约束草图几何对象的大小和形状。下面将先介绍如何添加"几何约束"，再介绍添加"尺寸约束"的具体方法。

2.10.1　几何约束

在二维草图中，添加几何约束主要有两种方法：手工添加几何约束和自动产生几何约束。一般在添加几何约束时，要先单击"显示草图约束"按钮 ，则二维草图中存在的所有约束都显示在图中。

方法一：手工添加约束。手工添加约束是指由用户自己对所选对象指定某种约束。在"主页"功能选项卡的 约束 区域中单击 按钮，系统就进入了几何约束操作状态。此时，在图形区中选择一个或多个草图对象，所选对象在图形区中会加亮显示。同时，可添加的几何约束类型按钮将会出现在图形区的左上角。

根据所选对象的几何关系，在几何约束类型中选择一个或多个约束类型，则系统会添加指定类型的几何约束到所选草图对象上。这些草图对象会因所添加的约束而不能随意移动或旋转。

下面通过添加图 2.10.3b 所示的相切约束来说明创建约束的一般操作步骤。

a）约束前　　　　　　　　　　　　　　b）约束后

图 2.10.3　添加相切约束

Step1. 打开文件 D:\ug11\work\ch02.10\add_1.prt。

Step2. 双击已有草图，在 直接草图 下拉选项 更多 中单击 在草图任务环境中打开 按钮，进入草图工作环境，单击"显示草图约束"按钮 和"几何约束"按钮 ，系统弹出图 2.10.4 所示的"几何约束"对话框。

Step3. 定义约束类型。单击 按钮，添加"相切"约束。

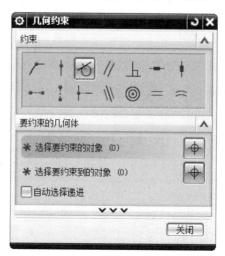

图 2.10.4　"几何约束"对话框

Step4. 定义约束对象。根据系统 选择要约束的对象 的提示，选取图 2.10.3a 所示的直线并单击鼠标中键，再选取圆。

Step5. 单击 关闭 按钮完成创建，草图中会自动添加约束符号，如图 2.10.3b 所示。

下面通过添加图 2.10.5b 所示的约束来说明创建多个约束的一般操作步骤。

图 2.10.5 添加多个约束

Step1. 打开文件 D:\ug11\work\ch02.10\add_2.prt。

Step2. 双击已有草图，在 直接草图 下拉选项 更多 中单击 在草图任务环境中打开 按钮，进入草图工作环境，单击"显示草图约束"按钮 和"几何约束"按钮，系统弹出"几何约束"对话框。单击"等长"按钮，添加"等长"约束，根据系统 选择要创建约束的曲线 的提示，分别选取图 2.10.5a 所示的两条直线；单击"平行"按钮，同样分别选取两条直线，则直线之间会添加"平行"约束。

Step3. 单击 关闭 按钮完成创建，草图中会自动添加约束符号，如图 2.10.5b 所示。

关于其他类型约束的创建，与以上两个范例的创建过程相似，这里不再赘述，读者可以自行研究。

方法二： 自动产生几何约束。自动产生几何约束是指系统根据选择的几何约束类型以及草图对象间的关系，自动添加相应约束到草图对象上。一般都利用"自动约束"按钮 让系统自动添加约束。其操作步骤如下。

Step1. 单击 主页 功能选项卡 约束 区域中的"自动约束"按钮 ，系统弹出"自动约束"对话框。

Step2. 在"自动约束"对话框中单击要自动创建约束的相应按钮，然后单击 确定 按钮。用户一般都选择"自动创建所有的约束"，这样只需在对话框中单击 全部设置 按钮，则对话框中的约束复选框全部被选中，然后单击 确定 按钮，完成自动创建约束的设置。

这样，在草图中画任意曲线，系统会自动添加相应的约束，而系统没有自动添加的约束就需要用户利用手动添加约束的方法来自己添加。

2.10.2 尺寸约束

添加尺寸约束也就是在草图上标注尺寸，并设置尺寸标注线的形式与尺寸大小，来驱动、限制和约束草图几何对象。选择下拉菜单 插入(S) ➡ 尺寸(M) 中的命令。添加尺寸约束主要包括以下几种标注方式。

1．标注水平尺寸

标注水平尺寸是标注直线或两点之间的水平投影距离。下面通过标注图 2.10.6b 所示的尺寸来说明创建水平尺寸标注的一般操作步骤。

Step1. 打开文件 D:\ug11\work\ch02.10\add_dimension_1.prt。

Step2. 双击图 2.10.6a 所示的直线，在 直接草图 下拉选项 更多 中单击 在草图任务环境中打开 按钮，进入草图工作环境，选择下拉菜单 插入(S) ➡ 尺寸(M) ▶ ➡ 线性(L) 命令，此时系统弹出"线性尺寸"对话框。

a）直线　　　　b）水平尺寸　　　　c）竖直尺寸

图 2.10.6　水平和竖直尺寸的标注

Step3. 定义标注尺寸的对象。在"线性尺寸"对话框 测量 区域的 方法 下拉列表中选择 水平 选项，选择图 2.10.6a 所示的直线，则系统生成水平尺寸。

Step4. 定义尺寸放置的位置。移动鼠标至合适位置，单击放置尺寸。如果要改变直线尺寸，则可以在弹出的动态输入框中输入所需的数值。

Step5. 单击"线性尺寸"对话框中的 关闭 按钮，完成水平尺寸的标注，如图 2.10.6b 所示。

2．标注竖直尺寸

标注竖直尺寸是标注直线或两点之间的垂直投影距离。下面通过标注图 2.10.6c 所示的尺寸来说明创建竖直尺寸标注的步骤。

Step1. 选择刚标注的水平距离并右击，在弹出的快捷菜单中选择 删除(D) 命令，删除该水平尺寸。

Step2. 选择下拉菜单 插入(S) ➡ 尺寸(M) ➡ 线性(L) 命令，在"线性尺寸"对话框 测量 区域的 方法 下拉列表中选择 竖直 选项，单击选取图 2.10.6a 所示的直线，则系统生成竖直尺寸。

Step3. 移动鼠标至合适位置，单击放置尺寸。如果要改变距离，则可以在弹出的动态输入框中输入所需的数值。

Step4. 单击"线性尺寸"对话框中的 关闭 按钮，完成竖直尺寸的标注，如图 2.10.6c 所示。

3．标注平行尺寸

标注平行尺寸是标注所选直线两端点之间的最短距离。下面通过标注图 2.10.7b 所示的尺寸来说明创建平行尺寸标注的步骤。

Step1. 打开文件 D:\ug11\work\ch02.10\add_dimension_2.prt。

Step2. 双击图 2.10.7a 所示的直线，在 直接草图 下拉选项 更多 中单击 在草图任务环境中打开 按钮，进入草图工作环境。选择下拉菜单 插入(S) ➡ 尺寸(M) ➡ 线性(L)... 命令，在"线性尺寸"对话框 测量 区域的 方法 下拉列表中选择 点到点 选项，选择两条直线的两个端点，系统生成平行尺寸。

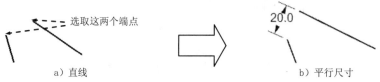

a) 直线   b) 平行尺寸

图 2.10.7　平行尺寸的标注

Step3. 移动鼠标至合适位置，单击放置尺寸。

Step4. 单击"线性尺寸"对话框中的 关闭 按钮，完成平行尺寸的标注，如图 2.10.7b 所示。

4．标注垂直尺寸

标注垂直尺寸是标注所选点与直线之间的垂直距离。下面通过标注图 2.10.8b 所示的尺寸来说明创建垂直尺寸标注的步骤。

Step1. 打开文件 D:\ug11\work\ch02.10\add_dimension_3.prt。

Step2. 双击图 2.10.8a 所示的直线，在 直接草图 下拉选项 更多 中单击 在草图任务环境中打开 按钮，进入草图工作环境，选择下拉菜单 插入(S) ➡ 尺寸(M) ➡ 线性(L)... 命令，在"线性尺寸"对话框 测量 区域 方法 的下拉列表中选择 垂直 选项，标注点到直线的距离，先选择直线，然后再选择点，系统生成垂直尺寸。

Step3. 移动鼠标至合适位置，单击左键放置尺寸。

Step4. 单击"线性尺寸"对话框中的 关闭 按钮，完成垂直尺寸的标注，如图 2.10.8b 所示。

注意：要标注点到直线的距离，必须先选择直线，然后再选择点。

a) 直线   b) 垂直尺寸

图 2.10.8　垂直尺寸的标注

5．标注两条直线间的角度

标注两条直线间的角度是标注所选直线之间夹角的大小，且角度有锐角和钝角之分。下面通过标注图 2.10.9 所示的角度来说明标注直线间角度的步骤。

Step1．打开文件 D:\ug11\work\ch02.10\add_angle.prt。

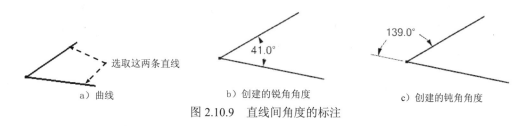

a）曲线　　　　　　b）创建的锐角角度　　　　　　c）创建的钝角角度

图 2.10.9　直线间角度的标注

Step2．双击已有草图，在 直接草图 下拉选项 更多 中单击 在草图任务环境中打开 按钮，进入草图工作环境，选择下拉菜单 插入(S) ➡ 尺寸(M) ➡ 角度(A)... 命令，选择两条直线（图 2.10.9a），系统生成角度。

Step3．移动鼠标至合适位置（移动的位置不同，生成的角度可能是锐角或钝角，如图 2.10.9 所示），单击放置尺寸。

Step4．单击"角度尺寸"对话框中的 关闭 按钮，完成角度的标注，如图 2.10.9b 和图 2.10.9c 所示。

6．标注直径

标注直径是标注所选圆直径的大小。下面通过标注图 2.10.10b 所示圆的直径来说明标注直径的步骤。

a）原始曲线　　　　　　　　　　　　　　　　b）标注直径

图 2.10.10　直径的标注

Step1．打开文件 D:\ug11\work\ch02.10\add_d.prt。

Step2．双击已有草图，在 直接草图 下拉选项 更多 中单击 在草图任务环境中打开 按钮，进入草图工作环境，选择下拉菜单 插入(S) ➡ 尺寸(M) ➡ 径向(R)... 命令，选择图 2.10.10a 所示的圆，然后在"径向尺寸"对话框 测量 区域的 方法 下拉列表中选择 直径 选项，系统生成直径尺寸。

Step3．移动鼠标至合适位置，单击放置尺寸。

Step4. 单击"径向尺寸"对话框中的 关闭 按钮，完成直径的标注，如图 2.10.10b 所示。

7. 标注半径

标注半径是标注所选圆或圆弧半径的大小。下面通过标注图 2.10.11b 所示圆弧的半径来说明标注半径的步骤。

图 2.10.11　半径的标注

Step1. 打开文件 D:\ug11\work\ch02.10\add_arc.prt。

Step2. 双击已有草图，在 直接草图 下拉选项 更多 中单击 在草图任务环境中打开 按钮，进入草图工作环境，选择下拉菜单 插入(S) ➡ 尺寸(M) ➡ 径向(R)... 命令，选择圆弧（图 2.10.11a），系统生成半径尺寸。

Step3. 移动鼠标至合适位置，单击放置尺寸。如果要改变圆的半径尺寸，则在弹出的动态输入框中输入所需的数值。

Step4. 单击"径向尺寸"对话框中的 关闭 按钮，完成半径的标注，如图 2.10.11b 所示。

2.10.3　显示/移除约束

单击 主页 功能选项卡 约束 区域中的 按钮，将显示施加到草图上的所有几何约束。

UG 中的"关系浏览器"主要是用来查看现有的几何约束，设置查看的范围、查看类型和列表方式，以及移除不需要的几何约束。

单击 主页 功能选项卡 约束 区域中的 按钮，使所有存在的约束都显示在图形区中，然后单击 主页 功能选项卡 约束 区域中的 按钮，系统弹出图 2.10.12 所示的"草图关系浏览器"对话框。

图 2.10.12 所示的"草图关系浏览器"对话框中各选项用法的说明如下。

- 范围 下拉列表：控制在浏览器区域中要列出的约束。它包含 3 个单选项。
  - ☑ 活动草图中的所有对象 单选项：在浏览器区域中列出当前草图对象中的所有约束。
  - ☑ 单个对象 单选项：允许每次仅选择一个对象。选择其他对象将自动取消选择以前选定的对象。该浏览器区域显示了与选定对象相关的约束。这是默认设置。
  - ☑ 多个对象 单选项：可选择多个对象，选择其他对象不会取消选择以前选定的对象，它允许用户选取多个草图对象，在浏览器区域中显示它们所包含的几何约束。

● 顶级节点对象 区域：过滤在浏览器区域中显示的类型。用户从中选择要显示的类型即可。在 ⦿曲线 和 ⦿约束 两个单选项中只能选一个，通常默认选择 ⦿曲线 单选项。

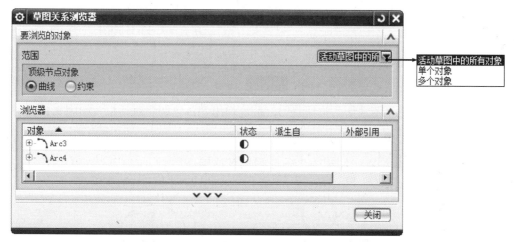

图2.10.12　"草图关系浏览器"对话框

2.10.4　约束的备选解

当用户对一个草图对象进行约束操作时，同一约束条件可能存在多种满足约束的情况，"备选解"操作正是针对这种情况的，它可从约束的一种解法转为另一种解法。

在 主页 功能选项卡的 约束 区域中没有"备选解"按钮，读者可以在 约束 区域中添加 凸 按钮，也可通过定制的方法在下拉菜单中添加该命令，以下如有添加命令或按钮的情况将不再说明。单击此按钮，则会弹出"备选解"对话框（图2.10.13），在系统 选择具有相切约束的线性尺寸或几何体 的提示下选择对象，系统会将所选对象直接转换为同一约束的另一种约束表现形式，然后可以继续对其他操作对象进行约束方式的"备选解"操作；如果没有，则单击 关闭 按钮，完成"备选解"操作。

图2.10.13　"备选解"对话框

下面用一个具体的范例来说明一下"备选解"的操作。图 2.10.14 所示绘制的是两个相切的圆。两圆相切有"外切"和"内切"两种情况。如果不想要图 2.10.14 中所示的"外切"的图形，就可以通过"备选解"操作把它们转换为"内切"的形式（图 2.10.15），具体步骤如下。

Step1. 打开文件 D:\ug11\work\ch02.10\alternation.prt。

Step2. 双击曲线，在 直接草图 下拉选项 更多 中单击 在草图任务环境中打开 按钮，进入草图工作环境。

Step3. 选择下拉菜单 工具(T) ➡ 约束(T) ➡ 备选解(O). 命令（或单击 主页 功能选项卡 约束 区域中的"备选解"按钮 ），系统弹出"备选解"对话框，如图 2.10.13 所示。

Step4. 选取图 2.10.14 所示的任意圆，实现"备选解"操作，结果如图 2.10.15 所示。

Step5. 单击 关闭 按钮，关闭"备选解"对话框。

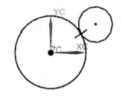

图 2.10.14　"外切"图形　　　　　图 2.10.15　"内切"图形

2.10.5　尺寸的移动

为了使草图的布局更清晰合理，可以移动尺寸文本的位置，操作步骤如下。

Step1. 将鼠标移至要移动的尺寸处，按住鼠标左键。

Step2. 左右或上下移动鼠标，可以移动尺寸箭头和文本框的位置。

Step3. 在合适的位置松开鼠标左键，完成尺寸位置的移动。

2.10.6　尺寸值的修改

修改草图的标注尺寸有如下两种方法。

方法一：

Step1. 双击要修改的尺寸，如图 2.10.16 所示。

Step2. 系统弹出动态输入框，如图 2.10.17 所示。在动态输入框中输入新的尺寸值，并按鼠标中键，完成尺寸的修改，如图 2.10.18 所示。

方法二：

Step1. 将鼠标移至要修改的尺寸处右击。

Step2. 在弹出的快捷菜单中选择 编辑(E)... 命令。

Step3. 在弹出的动态输入框中输入新的尺寸值，单击中键完成尺寸的修改。

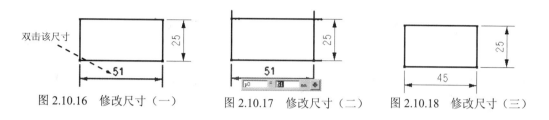

图 2.10.16　修改尺寸（一）　　　图 2.10.17　修改尺寸（二）　　　图 2.10.18　修改尺寸（三）

2.11　二维草图范例 1

范例概述：

本范例主要介绍草图的绘制、编辑和标注的过程，读者要重点掌握约束与尺寸的标注，如图 2.11.1 所示。其绘制过程如下。

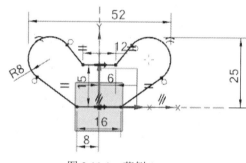

图 2.11.1　范例 1

Step1. 新建一个文件。

（1）选择下拉菜单 文件(F) ➡ 新建(N)... 命令，系统弹出"新建"对话框。

（2）在"新建"对话框的 模板 选项栏中选取模板类型为 模型 ，在 名称 文本框中输入文件名为 spsk01，然后单击 确定 按钮。

Step2. 选择下拉菜单 插入(S) ➡ 在任务环境中绘制草图(V)... 命令，系统弹出"创建草图"对话框，选择 XY 平面为草图平面，单击该对话框中的 确定 按钮，系统进入草图环境。

Step3. 选择下拉菜单 插入(S) ➡ 曲线(C)▶ ➡ 轮廓(O)... 命令，大致绘制图 2.11.2 所示的草图。

Step4. 添加几何约束。

（1）单击"显示草图约束"按钮 和"几何约束"按钮 ，系统弹出图 2.11.3 所示的"几何约束"对话框，单击 按钮，选取图 2.11.4 所示的直线和圆弧，则在直线和圆弧之间添加图 2.11.5 所示的"相切"约束。

（2）参照上述步骤完成图 2.11.6 所示的相切约束。

（3）单击 按钮，选取图 2.11.7 所示的两条直线，则添加"相等"约束（图 2.11.8）。

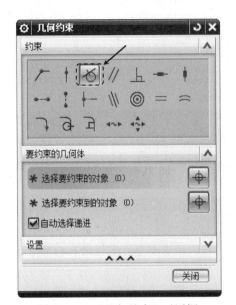

图 2.11.3 "几何约束"对话框

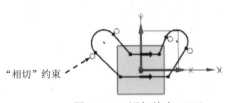

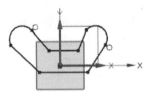

图 2.11.2 绘制草图

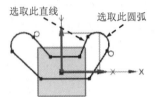

图 2.11.4 定义约束对象

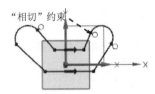

图 2.11.5 添加约束（一）

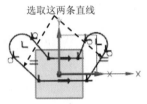

图 2.11.6 添加约束（二）

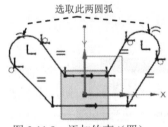

图 2.11.7 添加约束（三）

（4）参照上述步骤完成图 2.11.9 所示的相等约束。

（5）单击"等半径"按钮 ⌢，选取图 2.11.8 所示的两圆弧，添加"等半径"约束。

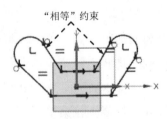

图 2.11.8 添加约束（四）

图 2.11.9 添加约束（五）

（6）单击"共线"按钮 ⫴，选取图 2.11.10 所示的直线和水平轴线，添加"共线"约束。

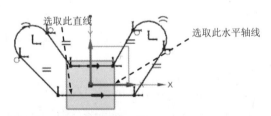

图 2.11.10 添加约束（六）

Step5. 添加尺寸约束。

（1）标注竖直尺寸。

① 选择下拉菜单 插入(S) ➡ 尺寸(M) ▶ ➡ 线性(L)... 命令，在"线性尺寸"对话框 测量 区域的 方法 下拉列表中选择 竖直 选项，分别选取图 2.11.11 所示的两条直线的竖直距离。

② 单击图 2.11.11 所示的一点，确定标注位置。

③ 在弹出的动态输入框中输入尺寸值 15，单击鼠标中键。

④ 参照上述步骤标注圆弧 1 和水平轴线（图 2.11.12），尺寸值为 25。

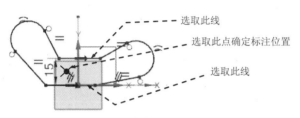

图 2.11.11 竖直标注（一）

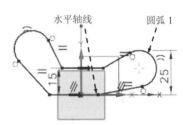

图 2.11.12 竖直标注（二）

（2）标注水平尺寸。

① 选择下拉菜单 插入(S) ➡ 尺寸(M) ▶ ➡ 线性(L)... 命令，在"线性尺寸"对话框 测量 区域的 方法 下拉列表中选择 水平 选项，可标注直线 1 的长度。

② 单击图 2.11.13 所示的一点确定标注位置。

③ 在弹出的动态输入框中输入尺寸值 16，单击鼠标中键。

④ 参照上述步骤可标注直线 2 的长度（图 2.11.14），尺寸值为 12。

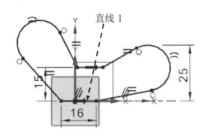

图 2.11.13 水平标注（一）

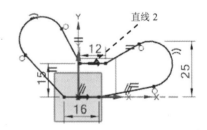

图 2.11.14 水平标注（二）

⑤ 参照上述步骤可标注直线 1 的端点和竖直轴之间的距离（图 2.11.15），尺寸值为 8。

⑥ 参照上述步骤可标注直线 2 的端点和竖直轴之间的距离（图 2.11.16），尺寸值为 6。

⑦ 参照上述步骤可标注圆弧 1 和圆弧 2 之间的距离（图 2.11.16），尺寸值为 52。

（3）标注半径尺寸。

① 选择下拉菜单 插入(S) ➡ 尺寸(M) ➡ 径向(R)... 命令，在"径向尺寸"对话框 测量 区域的 方法 下拉列表中选择 径向 选项，标注圆弧 2，标注半径尺寸值为 8，如图 2.11.17

所示。

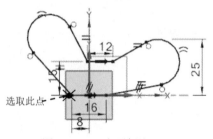
图 2.11.15 水平标注（三）

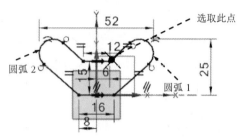
图 2.11.16 水平标注（四）

② 此时系统提示 草图已完全约束 。

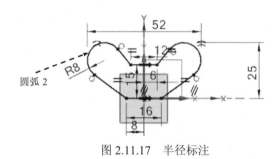
图 2.11.17 半径标注

2.12 二维草图范例 2

范例概述：

本范例详细介绍草图的绘制、编辑和标注的过程、镜像及修剪等特征，重点在于对简单特征的综合运用，从而达到由复杂到简单的效果。本节主要绘制图 2.12.1 所示的图形，其具体绘制过程如下。

Stage1. 新建一个草图文件

Step1. 选择下拉菜单 文件(F) ➡ 新建(N)... 命令，系统弹出"新建"对话框，在 模板 选项栏中选取模板类型为 模型 ，在 名称 文本框中输入文件名为 spsk02，然后单击 确定 按钮。

Step2. 选择下拉菜单 插入(S) ➡ 在任务环境中绘制草图(V)... 命令，系统弹出"创建草图"对话框，选择 XY 平面为草图平面，单击对话框中的 确定 按钮，进入草图环境。

Stage2. 绘制草图

Step1. 选择下拉菜单 插入(S) ➡ 曲线(C)▶ ➡ 圆(C)... 命令，大致绘制图 2.12.2 所示的草图。

Step2. 选择下拉菜单 插入(S) ➡ 曲线(C)▶ ➡ ⌐ 轮廓(Q)... 命令，大致绘制图 2.12.3 所示的草图。

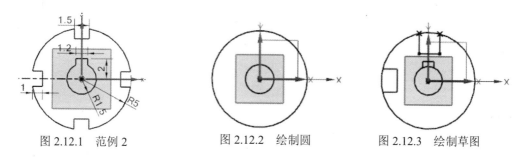

图 2.12.1 范例 2   图 2.12.2 绘制圆   图 2.12.3 绘制草图

Step3. 选择下拉菜单 编辑(E) ➡ 曲线(V) ➡ ╲ 快速修剪(Q)... 命令，选取图 2.12.4a 所示的要剪切的部分，修剪后的图形如图 2.12.4b 所示。

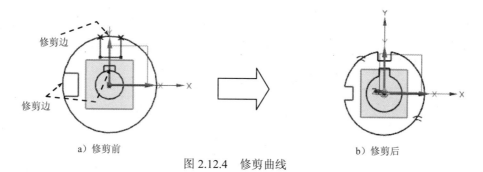

a）修剪前   b）修剪后

图 2.12.4 修剪曲线

Stage3. 添加几何约束

Step1. 单击"显示草图约束"按钮 和"约束"按钮 ，单击"竖直"按钮 ，选取图 2.12.5 所示的边线添加"竖直"约束。

Step2. 参照上述步骤选取图 2.12.6 所示的四条边线添加竖直约束。

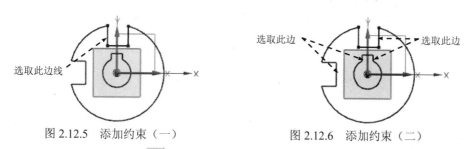

图 2.12.5 添加约束（一）   图 2.12.6 添加约束（二）

Step3. 单击"水平"按钮 ，选取图 2.12.7 所示的边线，添加"水平"约束。

Step4. 参照上述步骤选取图 2.12.8 所示的三条边线添加水平约束。

Step5. 单击 按钮，选取图 2.12.9 所示的两条直线，添加"相等"约束。

Step6. 参照上述步骤添加图 2.12.10 所示的"相等"约束。

Step7. 参照上述步骤添加图 2.12.11 所示的"相等"约束。

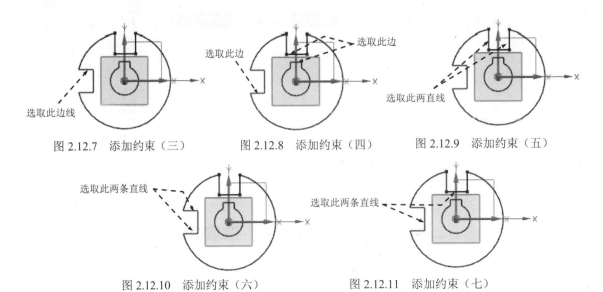

图 2.12.7　添加约束（三）　　　图 2.12.8　添加约束（四）　　　图 2.12.9　添加约束（五）

图 2.12.10　添加约束（六）　　　　　　图 2.12.11　添加约束（七）

Step8. 参照上述步骤添加图 2.12.12 所示的"相等"约束。

Step9. 参照上述步骤添加图 2.12.13 所示的"相等"约束。

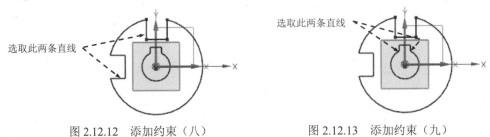

图 2.12.12　添加约束（八）　　　　　　图 2.12.13　添加约束（九）

Stage4．添加尺寸约束

Step1. 标注水平尺寸。

（1）选择下拉菜单 插入(S) ➡ 尺寸(M)▶ ➡ 线性(L)... 命令，在"线性尺寸"对话框 测量 区域的 方法 下拉列表中选择 水平 选项，选取图 2.12.14 所示的直线 1，在弹出的动态输入框中输入尺寸值 1.5，单击鼠标中键，完成直线 1 的水平标注。

（2）参照上述步骤可标注直线 2 水平长度（图 2.12.15），尺寸值为 1.2。

（3）参照上述步骤可标注直线 3 水平长度（图 2.12.16），尺寸值为 1。

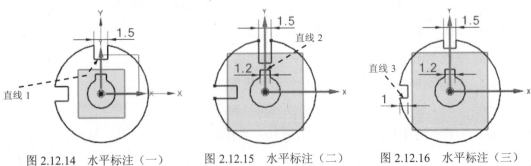

图 2.12.14　水平标注（一）　　　图 2.12.15　水平标注（二）　　　图 2.12.16　水平标注（三）

Step2. 标注竖直尺寸。选择下拉菜单 插入(S) ➡ 尺寸(M) ▶ ➡ 线性(L)... 命令，在"线性尺寸"对话框 测量 区域的 方法 下拉列表中选择 竖直 选项，分别选取图 2.12.17 所示的直线 4 和水平轴线，在弹出的动态输入框中输入尺寸值 2，单击鼠标中键，完成直线 4 和水平轴线之间的竖直距离标注。

Step3. 标注半径尺寸。

（1）选择下拉菜单 插入(S) ➡ 尺寸(M) ➡ 径向(R)... 命令，在"径向尺寸"对话框 测量 区域的 方法 下拉列表中选择 径向 选项，标注圆弧 1，半径尺寸值为 1.5（图 2.12.18）。

（2）参照上述步骤可标注圆弧 2（图 2.12.19），半径尺寸值为 5。

（3）此时系统提示 草图已完全约束 。

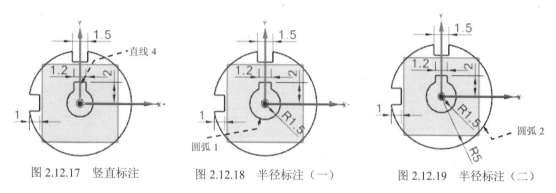

图 2.12.17 竖直标注　　　　图 2.12.18 半径标注（一）　　　　图 2.12.19 半径标注（二）

Stage5. 草图特征操作

Step1. 镜像曲线特征 1。选择下拉菜单 插入(S) ➡ 来自曲线集的曲线(F)▶ ➡ 镜像曲线(M)... 命令，系统弹出"镜像曲线"对话框，选取图 2.12.20a 所示的直线 1、直线 2 和直线 3 三条直线为"要镜像的曲线"，选取图 2.12.20a 所示的水平轴线为镜像中心线，单击对话框中的 〈确定〉 按钮，完成镜像曲线特征 1 的操作。

Step2. 镜像曲线特征 2。选择下拉菜单 插入(S) ➡ 来自曲线集的曲线(F)▶ ➡ 镜像曲线(M)... 命令。系统弹出"镜像曲线"对话框，选取图 2.12.21a 所示的直线 1、直线 2 和直线 3 三条直线为"要镜像的曲线"，选取图 2.12.21a 所示的竖直轴线为镜像中心线，单击对话框中的 〈确定〉 按钮，完成镜像曲线特征 2 的操作。

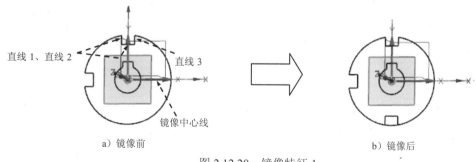

a）镜像前　　　　　　　　　　　b）镜像后

图 2.12.20 镜像特征 1

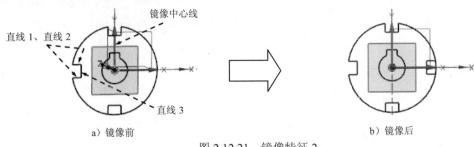

图 2.12.21　镜像特征 2

Step3. 修剪曲线。选择下拉菜单 编辑(E) ➡ 曲线(V) ➡ 快速修剪(Q)... 命令，选取图 2.12.22 a 所示的要剪切的部分，修剪后的图形如图 2.12.22 b 所示。

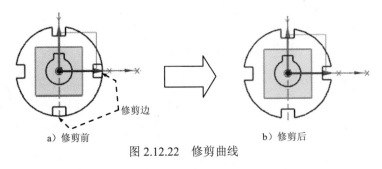

图 2.12.22　修剪曲线

2.13　二维草图范例 3

范例概述:

　　范例从新建一个草图开始，详细介绍草图的绘制、编辑和标注的过程、镜像特征，要重点掌握的是绘图前的设置、约束的处理、镜像特征的操作过程与细节。本节主要绘制图 2.13.1 所示的图形，其具体绘制过程如下。

　　说明: 本范例的详细操作过程请参见随书光盘中 video\ch02.13\文件下的语音视频讲解文件。模型文件为 D:\ug11\work\ch02.13\spsk03.prt。

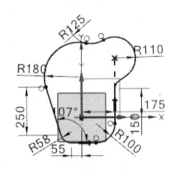

图 2.13.1　范例 3

第3章　零件设计

用 UG NX 进行零件设计，其方法灵活多样，一般而言，有以下四种方法。

1. 显式建模

显式建模对象是相对于模型空间而不是相对于彼此建立的，属于非参数化建模方式。对某一个对象所做的改变不影响其他对象或最终模型，如过两个存在点建立一条线，或过三个存在点建立一个圆，若移动其中的一个点，已建立的线或圆不会改变。

2. 参数化建模

为了进一步编辑一个参数化模型，应将定义模型的参数值随模型一起存储，且参数可以彼此引用，以建立模型各个特征间的关系。如一个孔的直径或深度，或一个矩形凸垫的长度、宽度和高度，设计者的意图是孔的深度总是等于凸垫的高度。将这些参数链接在一起可以获得设计者需要的结果，这是显式建模很难完成的。

3. 基于约束的建模

在基于约束的建模中，模型的几何体是从作用到定义模型几何体的一组设计规则，这组规则称之为约束，用于驱动或求解。这些约束可以是尺寸约束（如草图尺寸或定位尺寸）或几何约束（如平行或相切）。

4. 复合建模

复合建模是上述三种建模技术的发展与选择性组合。UG NX 复合建模支持传统的显式几何建模、基于约束的建模和参数化特征建模，将所有工具无缝地集成在单一的建模环境内，设计者在建模技术上有更多的灵活性。复合建模也包括新的直接建模技术，允许设计者在非参数化的实体模型表面上施加约束。

对于每一个基本体素特征、草图特征、设计特征和细节特征，在 UG NX 中都提供了相关的特征参数编辑，可以随时通过更改相关参数来更新模型形状。这种通过尺寸进行驱动的方式为建模及更改带来了很大的便利，这将在后续的章节中结合具体的例子加以介绍。

本节还将简要介绍"特征添加"建模的方法，这种方法的使用十分普遍，UG NX 也将它运用到了软件中。一般来说，"特征"是构成一个零件或者装配件的单元，虽然从几何形状上看，它也包含作为一般三维模型的点、线、面或者实体单元，但更重要的是，它具有工程制造意义，也就是说，基于特征的三维模型具有常规几何模型所没有的附加的工程制造信息。

用"特征添加"的方法创建三维模型的优点如下。

- 表达更符合工程技术人员的习惯，并且三维模型的创建过程与工件加工过程十分相近，软件容易上手和深入。
- 添加特征时，可附加三维模型的工程制造等信息。
- 在模型的创建阶段，特征结合于零件模型中，并且采用来自数据库的参数化通用特征来定义几何形状，这样在设计进行阶段就可以很容易地作出一个更为丰富的产品工艺，并且能够有效地支持下游活动的自动化，如模具和刀具等的准备以及加工成本的早期评估等。

3.1 零件模型文件的操作

3.1.1 新建一个零件模型文件

新建一个 UG 文件可以采用以下方法。

Step1. 选择下拉菜单 文件(F) ➡ 新建(N)... 命令（或单击"新建"按钮 ）。

Step2. 系统弹出图 3.1.1 所示的"新建"对话框；在 模板 列表框中选择模板类型为 模型，在 名称 文本框中输入文件名称（如_model1），单击 文件夹 文本框后的 按钮设置文件存放路径（或者在 文件夹 文本框中输入文件保存路径）。

Step3. 单击 确定 按钮，完成新部件的创建。

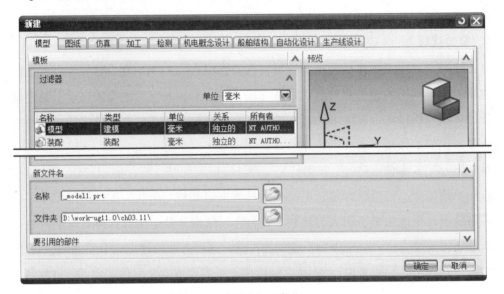

图 3.1.1 "新建"对话框

图 3.1.1 所示的"新建"对话框中主要选项的说明如下。

- 单位 下拉列表：规定新部件的测量单位，包括 全部 、 英寸 和 毫米 选项（如果软件安装的是简体中文版，则默认单位是毫米）。

● 名称 文本框：显示要创建的新部件文件名。写入文件名时，可以省略.prt扩展名。当系统建立文件时，添加扩展名。文件名最长为128个字符，路径名最长为256个字符。有效的文件名字符与操作系统相关。不能使用如下无效文件名字符："（双引号）、*（星号）、／（正斜杠）、<（小于号）、>（大于号）、:（冒号）、\（反斜杠）、|（垂直杠）等符号。

● 文件夹 文本框：用于设置文件的存放路径。

3.1.2　打开一个零件模型文件

打开一个部件文件，一般采用以下步骤。

Step1. 选择下拉菜单 文件(F) ➡ 🗁 打开(0)... 命令。系统弹出图3.1.2所示的"打开"对话框。

Step2. 在对话框的 查找范围(I): 下拉列表中选择需打开文件所在的目录（如 D:\ug11\work\ch03.02），在 文件名(N):文本框中输入部件名称（如 pagoda），文件类型(T):下拉列表中保持系统默认选项。

Step3. 单击 OK 按钮，即可打开部件文件。

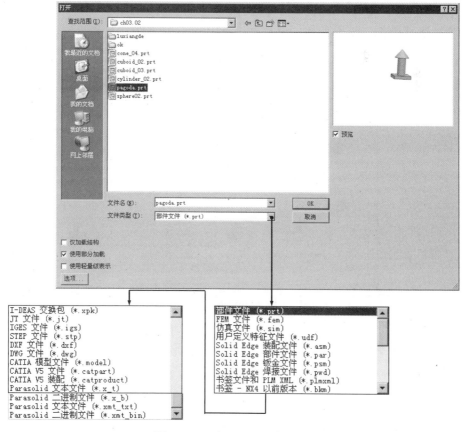

图3.1.2　"打开"对话框

图 3.1.2 所示"打开"对话框中主要选项的说明如下。

- 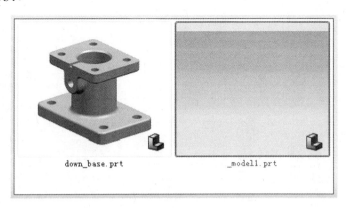 预览 复选框: 选中该复选框, 将显示选择部件文件的预览图像。利用此功能观看部件文件而不必在 UG NX 11.0 软件中一一打开, 这样可以很快地找到所需要的部件文件。"预览"功能仅对存储在 UG NX 11.0 中的部件在 Windows 平台上有效。如果不想预览, 取消选中该复选框即可。

- 文件名(N):文本框: 显示选择的部件文件, 也可以输入一部件文件的路径名, 路径名长度最多为 256 个字符。

- 文件类型(T):下拉列表: 用于选择文件的类型。选择了某类型后, 在"打开"对话框的列表框中仅显示该类型的文件, 系统也自动地用显示在此区域中的扩展名存储部件文件。

- 选项... : 单击此按钮, 系统弹出"装配加载选项"对话框, 利用该对话框可以对加载方式、加载组件和搜索路径等进行设置。

3.1.3　打开多个零件模型文件

在同一进程中, UG NX 11.0 允许同时创建和打开多个部件文件, 可以在几个文件中不断切换并进行操作, 很方便地同时创建彼此有关系的零件。单击"快速访问工具栏"中的 切换窗口 按钮, 在系统弹出的"更改窗口"对话框(图 3.1.3)中每次选中不同的文件窗口即可互相切换。

down_base.prt　　　　　_model1.prt

图 3.1.3　"更改窗口"对话框

3.1.4　零件模型文件的保存

1. 保存

在 UG NX 11.0 中, 选择下拉菜单 文件(F) ➡ 保存(S) 命令, 即可保存文件。

2. 另存为

选择下拉菜单 文件(F) ➡ 另存为(A)... 命令，系统弹出"另存为"对话框，可以利用不同的文件名存储一个已有的部件文件作为备份。

3.1.5 关闭部件

选择下拉菜单 文件(F) ➡ 关闭(C)▸ ➡ 选定的部件(P)... 命令，系统弹出图 3.1.4 所示的"关闭部件"对话框，通过此对话框可以关闭选择的一个或多个打开的部件文件。也可以通过单击 关闭所有打开的部件 按钮，关闭系统当前打开的所有部件，此方式关闭部件文件时不存储部件，它仅从工作站的内存中清除部件文件。

注意：

● 选择下拉菜单 文件(F) ➡ 关闭(C)▸ 命令后，系统弹出图 3.1.5 所示的"关闭"子菜单。

● 对于旧的 UG NX 11.0 版本中保存的部件，在新版本中加载时，系统将其作为已修改的部件来处理，因为在加载过程中进行了基本的转换，而这个转换是自动的。这意味着当从先前的版本中加载部件且未曾保存该部件时，在关闭该文件时将得到一条信息，指出该部件已修改，即使根本就没有修改过文件也是如此。

图 3.1.4 "关闭部件"对话框

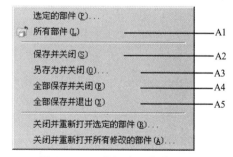

图 3.1.5 "关闭"子菜单

图 3.1.5 所示"关闭"子菜单中相关命令的说明如下。

A1：关闭当前所有的部件。

A2：以当前名称和位置保存并关闭当前显示的部件。

A3: 以不同的名称和（或）不同的位置保存当前显示的部件。

A4: 以当前名称和位置保存并关闭所有打开的部件。

A5: 保存所有修改过的已打开部件（不包括部分加载的部件），然后退出 UG NX 11.0。

3.2 体素建模

3.2.1 创建基本体素

特征是组成零件的基本单元。一般而言，长方体、圆柱体、圆锥体和球体四个基本体素特征常常作为零件模型的第一个特征（基础特征）使用，然后在基础特征之上通过添加新的特征，以得到所需的模型，因此体素特征对零件的设计而言是最基本的特征。下面分别介绍以上四种基本体素特征的创建方法。

1. 创建长方体

进入建模环境后，选择下拉菜单 插入(S) ➡ 设计特征(E)▶ ➡ 长方体(K)... 命令（或在 主页 功能选项卡 特征 区域的 下拉列表中单击 长方体 按钮），系统弹出图 3.2.1 所示的"长方体"对话框，在该对话框的 类型 选项组中可以选择三种创建长方体的方法。

注意：如果下拉菜单 插入(S) ➡ 设计特征(E)▶ 中没有 长方体(K)... 命令，则需要定制，具体定制过程请参见"UG NX 11.0 用户界面"的相关内容。在后面的章节中如有类似情况，将不再做具体说明。

方法一："原点和边长"方法。

下面以图 3.2.2 所示的长方体特征（一）为例，说明使用"原点和边长"方法创建长方体的一般过程。

Step1. 选择命令。选择下拉菜单 插入(S) ➡ 设计特征(E)▶ ➡ 长方体(K)... 命令，系统弹出图 3.2.1 所示的"长方体"对话框。

Step2. 选择创建长方体的方法。在 类型 下拉列表中选择 原点和边长 选项，如图 3.2.1 所示。

Step3. 定义长方体的原点（即长方体的一个顶点）。选择坐标原点为长方体顶点（系统默认选择坐标原点为长方体顶点）。

Step4. 定义长方体的参数。在 长度(XC) 文本框中输入值 140，在 宽度(YC) 文本框中输入值 90，在 高度(ZC) 文本框中输入值 16。

Step5. 单击 确定 按钮，完成长方体的创建。

说明：长方体创建完成后，如果要对其进行修改，可直接双击该长方体，然后根据系统信息提示编辑其参数。

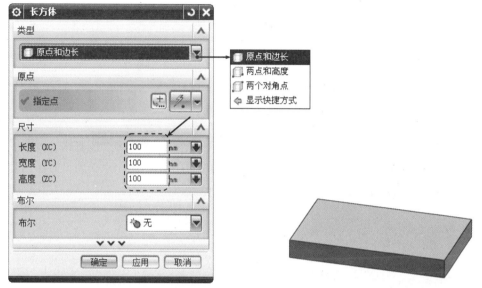

图 3.2.1 "长方体"对话框

图 3.2.2 长方体特征（一）

方法二："两点和高度"方法。

"两点和高度"方法要求指定长方体在 Z 轴方向上的高度和其底面两个对角点的位置，以此创建长方体。下面以图 3.2.3 所示的长方体特征（二）为例，说明使用"两点和高度"方法创建长方体的一般过程。

Step1. 打开文件 D:\ug11\work\ch03.02\block02.prt。

Step2. 选择命令。选择下拉菜单 插入(S) ➡ 设计特征(E) ▶ ➡ 长方体(K)... 命令，系统弹出"长方体"对话框。

Step3. 选择创建长方体的方法。在 类型 下拉列表选择 两点和高度 选项。

Step4. 定义长方体的底面对角点。在图形区中单击图 3.2.4 所示的两个点作为长方体的底面对角点。

图 3.2.3 长方体特征（二）

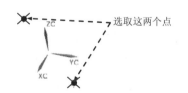

选取这两个点

图 3.2.4 选取两个点作为底面对角点

Step5. 定义长方体的高度。在 高度(ZC) 文本框中输入值 100。

Step6. 单击 确定 按钮，完成长方体的创建。

方法三："两个对角点"方法。

该方法要求设置长方体两个对角点的位置，而不用设置长方体的高度，系统即可从对角点创建长方体。下面以图 3.2.5 所示的长方体特征（三）为例，说明使用"两个对角点"方法创建长方体的一般过程。

Step1. 打开文件 D:\ug11\work\ch03.02\block03.prt。

Step2. 选择下拉菜单 插入(S) ➡ 设计特征(E)▶ ➡ 长方体(K)... 命令，系统弹出"长方体"对话框。

Step3. 选择创建长方体的方法。在 类型 下拉列表中选择 两个对角点 选项。

Step4. 定义长方体的对角点。在图形区中单击图 3.2.6 所示的两个点作为长方体的对角点。

Step5. 单击 确定 按钮，完成长方体的创建。

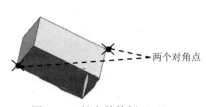
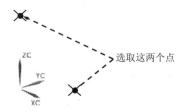

图 3.2.5　长方体特征（三）　　　　图 3.2.6　选取两个点作为对角点

2．创建圆柱体

创建圆柱体有"轴直径和高度"和"圆弧和高度"两种方法，下面将分别介绍。

方法一："轴直径和高度"方法。

"轴直径和高度"方法要求确定一个矢量方向作为圆柱体的轴线方向，再设置圆柱体的直径和高度参数，以及圆柱体底面中心的位置。下面以图 3.2.7 所示的零件基础特征（圆柱体）为例，说明使用"轴直径和高度"方法创建圆柱体的一般操作过程。

Step1. 选择命令。选择下拉菜单 插入(S) ➡ 设计特征(E)▶ ➡ 圆柱体(C)... 命令（或在 主页 功能选项卡 特征 区域的 下拉列表中单击 圆柱 按钮），系统弹出图 3.2.8 所示的"圆柱"对话框。

Step2. 选择创建圆柱体的方法。在 类型 下拉列表中选择 轴、直径和高度 选项。

Step3. 定义圆柱体轴线方向。单击"矢量对话框"按钮，系统弹出图 3.2.9 所示的"矢量"对话框。在该对话框的 类型 下拉列表中选择 ZC 轴 选项，单击 确定 按钮。

Step4. 定义圆柱底面圆心位置。在"圆柱"对话框中单击"点对话框"按钮，系统弹出"点"对话框。在该对话框中设置圆心的坐标为 XC=0.0、YC=0.0、ZC=0.0，单击 确定 按钮，系统返回到"圆柱"对话框。

Step5. 定义圆柱体参数。在"圆柱"对话框的 直径 文本框中输入值 100，在 高度 文本框中输入值 100，单击 确定 按钮，完成圆柱体的创建。

图 3.2.7 创建圆柱体（一）

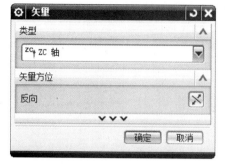

图 3.2.9 "矢量"对话框　　　　图 3.2.8 "圆柱"对话框

方法二： "圆弧和高度"方法。

"圆弧和高度"方法就是通过设置所选取的圆弧和高度来创建圆柱体。下面以图 3.2.10 所示的零件基础特征（圆柱体）为例，说明使用"圆弧和高度"方法创建圆柱体的一般操作过程。

Step1. 打开文件 D:\ug11\work\ch03.02\cylinder02.prt。

Step2. 选择命令。选择下拉菜单 插入(S) ➡ 设计特征(E)▶ ➡ 圆柱体(C)... 命令，系统弹出"圆柱"对话框。

Step3. 选择创建圆柱体的方法。在 类型 下拉列表中选择 圆弧和高度 选项。

Step4. 定义圆柱体参数。根据系统 为圆柱体直径选择圆弧或圆 的提示，在图形区中选中图 3.2.11 所示的圆弧，在 高度 文本框中输入值 100。

Step5. 单击 确定 按钮，完成圆柱体的创建。

图 3.2.10 创建圆柱体（二）

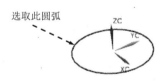

图 3.2.11 选取圆弧

3. 创建圆锥体

圆锥体的创建方法有五种，下面一一介绍。

方法一： "直径和高度"方法。

"直径和高度"方法就是通过设置圆锥体的底部直径、顶部直径、高度以及圆锥轴线方向来创建圆锥体。下面以图 3.2.12 所示的圆锥体特征（一）为例，说明使用"直径和高度"方法创建圆锥体的一般操作过程。

Step1. 选择命令。选择下拉菜单 插入(S) ➡ 设计特征(E) ▶ ➡ ⚠ 圆锥(O)... 命令（或在 主页 功能选项卡 特征 区域的 ▦ ▾ 下拉列表中单击 ⚠ 圆锥 按钮），系统弹出图 3.2.13 所示的"圆锥"对话框。

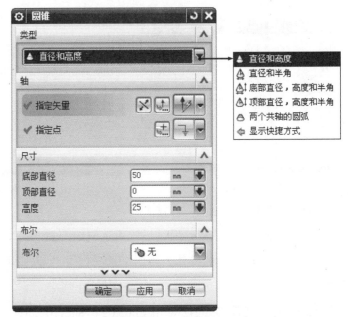

图 3.2.12　圆锥体特征（一）　　　　图 3.2.13　"圆锥"对话框

Step2. 选择创建圆锥体的方法。在 类型 下拉列表中选择 ⚠ 直径和高度 选项。

Step3. 定义圆锥体轴线方向。在该对话框中单击 ⬆ 按钮，系统弹出"矢量"对话框，在"矢量"对话框的 类型 下拉列表中选择 ZC 轴 选项。

Step4. 定义圆锥体底面原点（圆心）。接受系统默认的原点（0,0,0）为底圆原点。

Step5. 定义圆锥体参数。在 底部直径 文本框中输入值 50，在 顶部直径 文本框中输入值 0，在 高度 文本框中输入值 25。

Step6. 单击 确定 按钮，完成圆锥体的创建。

方法二："直径和半角"方法。

"直径和半角"方法就是通过设置底部直径、顶部直径、半角以及圆锥轴线方向来创建圆锥体。下面以图 3.2.14 所示的圆锥体特征（二）为例，说明使用"直径和半角"方法创建圆锥体的一般操作过程。

图 3.2.14　圆锥体特征（二）

Step1. 选择命令。选择下拉菜单 插入(S) ➡ 设计特征(E) ➡ ⚠ 圆锥(O)... 命令，系统弹出"圆锥"对话框。

Step2. 选择创建圆锥体的方法。在 类型 下拉列表中选择 ⚠ 直径和半角 选项。

Step3. 定义圆锥体轴线方向。在该对话框中单击 按钮，系统弹出"矢量"对话框，在"矢量"对话框的 类型 下拉列表中选择 ZC 轴 选项。

Step4. 定义圆锥体底面原点（圆心）。选择系统默认的坐标原点（0,0,0）为底面原点。

Step5. 定义圆锥体参数。在 底部直径 文本框中输入值 50，在 顶部直径 文本框中输入值 0，在 半角 文本框中输入值为 30，单击 确定 按钮，完成圆锥体特征的创建。

方法三："底部直径，高度和半角"方法。

"底部直径，高度和半角"方法是通过设置底部直径、高度和半角参数以及圆锥轴线方向来创建圆锥体。下面以图 3.2.15 所示的圆锥体特征（三）为例，说明使用"底部直径，高度和半角"方法创建圆锥体的一般操作过程。

图 3.2.15　圆锥体特征（三）

Step1. 选择命令。选择下拉菜单 插入(S) ➡ 设计特征(E) ➡ ⚠ 圆锥(O)... 命令，系统弹出"圆锥"对话框。

Step2. 选择创建圆锥体的方法。在 类型 下拉列表中选择 ⚠ 底部直径，高度和半角 选项。

Step3. 定义圆锥体轴线方向。在该对话框中单击 按钮，系统弹出"矢量"对话框，在"矢量"对话框的 类型 下拉列表中选择 ZC 轴 选项。

Step4. 定义圆锥体底面原点（圆心）。选择系统默认的坐标原点（0,0,0）为底面原点。

Step5. 定义圆锥体参数。在 底部直径 、 高度 、 半角 文本框中分别输入值 100、86.6、30。单击 确定 按钮，完成圆锥体特征的创建。

方法四："顶部直径，高度和半角"方法。

"顶部直径，高度和半角"方法是通过设置顶部直径、高度和半角参数以及圆锥轴线方向来创建圆锥体。其操作和"底部直径，高度和半角"方法基本一致，可参照其创建的步骤，在此不再赘述。

方法五："两个共轴的圆弧"方法。

"两个共轴的圆弧"方法是通过选取两个圆弧对象来创建圆锥体。下面以图 3.2.16 所示的圆锥体为例，说明使用"两个共轴的圆弧"方法创建圆锥体的一般操作过程。

Step1. 打开文件 D:\ug11.1\work\ch04.03\cone04.prt。

Step2. 选择命令。选择下拉菜单 插入(S) ➡ 设计特征(E) ➡ ⚠ 圆锥(O)... 命令，系统弹出"圆锥"对话框。

Step3. 选择创建圆锥体的方法。在下拉列表中选择 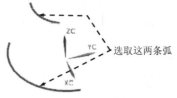 选项。

Step4. 选择图 3.2.17 所示的两条弧分别为底部圆弧和顶部圆弧，单击 确定 按钮，完成圆锥体特征的创建。

图 3.2.16　圆锥体特征（四）

图 3.2.17　选取圆弧

选取这两条弧

注意：创建圆锥特征中的"两个共轴的圆弧"方法所选的这两条弧（或圆）必须共轴。两条弧（圆）的直径不能相等，否则创建出错。

4．创建球体

球体特征的创建可以通过"中心点和直径"及"圆弧"这两种方法，下面分别介绍。

方法一："中心点和直径"方法。

"中心点和直径"方法就是通过设置球体的直径和球体圆心点位置来创建球特征。下面以图 3.2.18 所示的零件基础特征——球体特征（一）为例，说明使用"中心点和直径"方法创建球体的一般操作过程。

Step1. 选择命令。选择下拉菜单 插入(S) ➡ 设计特征(E)▶ ➡ 球(S)... 命令，系统弹出"球"对话框。

Step2. 选择创建球体的方法。在 类型 下拉列表中选择 中心点和直径 选项，此时"球"对话框如图 3.2.19 所示。

图 3.2.18　球体特征（一）

图 3.2.19　"球"对话框

Step3. 定义球中心点位置。在该对话框中单击 按钮，系统弹出 "点"对话框，接受系统默认的坐标原点（0,0,0）为球心。

Step4. 定义球体直径。在 直径 文本框中输入值 100。单击 确定 按钮，完成球体特征的创建。

方法二："圆弧"方法。

"圆弧"方法就是通过选取的圆弧来创建球体特征，选取的圆弧可以是一段弧，也可以是圆。下面以图 3.2.20 所示的零件基础特征——球体特征（二）为例，说明使用"圆弧"方法创建球体的一般操作过程。

Step1. 打开文件 D:\ug11.1\work\ch04.03\sphere02.prt。

Step2. 选择命令。选择下拉菜单 插入(S) ➡ 设计特征(E)▶ ➡ 球(S)... 命令，系统弹出"球"对话框。

Step3. 选择创建球体的方法。在 类型 下拉列表中选择 圆弧 选项。

Step4. 根据系统 选择圆弧 的提示，在图形区选取图 3.2.21 所示的圆弧，单击 确定 按钮，完成球特征的创建。

图 3.2.20　球体特征（二）

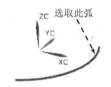

图 3.2.21　选取圆弧

3.2.2　在基本体素上添加其他体素

本节以图 3.2.22 所示的实体模型的创建过程为例，说明在基本体素特征上添加其他特征的一般过程。

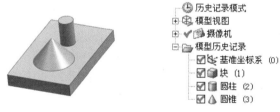

图 3.2.22　模型及模型树

Step1. 新建文件。选择下拉菜单 文件(F) ➡ 新建(N)... 命令，系统弹出"新建"对话框。接受系统默认的模板，在 名称 文本框中输入文件名称 body，单击 确定 按钮。

Step2. 创建图 3.2.23 所示的基本长方体特征。

（1）选择命令。选择下拉菜单 插入(S) ➡ 设计特征(E)▶ ➡ 长方体(K)... 命令，系统弹出"长方体"对话框。

（2）选择创建长方体的类型。在 类型 下拉列表中选择 原点和边长 选项。

（3）定义长方体的原点。选择坐标原点为长方体原点。

（4）定义长方体参数。在 长度（XC） 文本框中输入值 140，在 宽度（YC） 文本框中输入值 90，在 高度（ZC） 文本框中输入值 16。

（5）单击 确定 按钮，完成长方体的创建。

Step3. 创建图 3.2.24 所示的圆柱体特征。

（1）选择命令。选择下拉菜单 插入（S） ➡ 设计特征（E）▶ ➡ ⬛ 圆柱体（C）... 命令，系统弹出"圆柱"对话框。

（2）选择创建圆柱体的方法。在 类型 下拉列表中选择 轴、直径和高度 选项。

（3）定义圆柱体轴线方向。单击"矢量对话框"按钮 ↥，系统弹出"矢量"对话框。在 类型 下拉列表中选择 ZC 轴 选项，单击 确定 按钮，系统返回到"圆柱"对话框。

（4）定义圆柱底面圆心位置。在"圆柱"对话框中单击"点对话框"按钮 ⁺，系统弹出"点"对话框。在该对话框中设置圆心的坐标，在 XC 文本框中输入值 45，在 YC 文本框中输入值 45，在 ZC 文本框中输入值 0。单击 确定 按钮，系统返回到"圆柱"对话框。

（5）定义圆柱体参数。在 直径 文本框中输入值 20，在 高度 文本框中输入值 50。

（6）对圆柱体和长方体特征进行布尔运算。在 布尔 下拉列表中选择 合并 选项，采用系统默认的求和对象。单击 确定 按钮，完成圆柱体的创建。

Step4. 创建图 3.2.25 所示的圆锥体特征。

（1）选择命令。选择下拉菜单 插入（S） ➡ 设计特征（E）▶ ➡ ⬛ 圆锥（O）... 命令，系统弹出"圆锥"对话框。

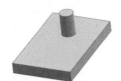

图 3.2.23　创建长方体特征　　图 3.2.24　创建圆柱体特征　　图 3.2.25　创建圆锥体特征

（2）选择创建圆锥体的类型。在 类型 下拉列表中选择 直径和高度 选项。

（3）定义圆锥体轴线方向。在该对话框中单击 ↥ 按钮，系统弹出"矢量"对话框，在"矢量"对话框的 类型 下拉列表中选择 ZC 轴 选项。

（4）定义圆锥体底面圆心位置。在对话框中单击"点对话框"按钮 ⁺，系统弹出"点"对话框。在该对话框中设置圆心的坐标，在 XC 文本框中输入值 90，在 YC 文本框中输入值 45，在 ZC 文本框中输入值 0。单击 确定 按钮，系统返回到"圆锥"对话框。

（5）定义圆锥体参数。在 底部直径 文本框中输入值 80，在 顶部直径 文本框中输入值 0，在 高度 文本框中输入值 50。

（6）对圆锥体和前面已求和的实体进行布尔运算。在 布尔 下拉列表中选择 合并 选项，采用系统默认的求和对象。单击 确定 按钮，完成圆锥体的创建。

3.3 布尔操作功能

布尔操作可以对两个或两个以上已经存在的实体进行求和、求差及求交运算（注意：编辑拉伸、旋转、变化的扫掠特征时，用户可以直接进行布尔运算操作），可以将原先存在的多个独立的实体进行运算以产生新的实体。进行布尔运算时，首先选择目标体（即被执行布尔运算的实体，只能选择一个），然后选择工具体（即在目标体上执行操作的实体，可以选择多个），运算完成后工具体成为目标体的一部分，而且如果目标体和工具体具有不同的图层、颜色、线型等特性，产生的新实体具有与目标体相同的特性。如果部件文件中已存有实体，当建立新特征时，新特征可以作为工具体，已存在的实体作为目标体。布尔操作主要包括以下三部分内容。

- 布尔求和操作。
- 布尔求差操作。
- 布尔求交操作。

3.3.1 布尔求和操作

布尔求和操作用于将工具体和目标体合并成一体。下面以图 3.3.1 所示的模型为例，介绍布尔求和操作的一般过程。

Step1. 打开文件 D:\ug11\work\ch03.03\unite.prt。

Step2. 选择命令。选择下拉菜单 插入(S) ➡ 组合(B) ▶ ➡ 合并(U)... 命令，系统弹出图 3.3.2 所示的"合并"对话框。

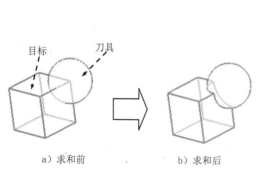

a）求和前　　　　　b）求和后

图 3.3.1　布尔求和操作模型

图 3.3.2　"合并"对话框

Step3. 定义目标体和工具体。在图 3.3.1a 中，依次选择目标（长方体）和刀具（球体），单击 < 确定 > 按钮，完成布尔求和操作，结果如图 3.3.1b 所示。

注意：布尔求和操作要求工具体和目标体必须在空间上接触才能进行运算，否则将提示出错。

图 3.3.2 所示的"合并"对话框中各复选框的功能说明如下。

- □ 保存目标 复选框：为求和操作保存目标体。如果需要在一个未修改的状态下保存所选目标体的副本时，使用此选项。

- □ 保存工具 复选框：为求和操作保存工具体。如果需要在一个未修改的状态下保存所选工具体的副本时，使用此选项。在编辑"求和"特征时，"保留工具体"选项不可用。

3.3.2 布尔求差操作

布尔求差操作用于将工具体从目标体中移除。下面以图 3.3.3 所示的模型为例，介绍布尔求差操作的一般过程。

Step1. 打开文件 D:\ ug11\work\ch03.03\subtract.prt。

Step2. 选择命令。选择下拉菜单 插入(S) ➡ 组合(B) ▶ ➡ 减去(S)... 命令，系统弹出图 3.3.4 所示的"求差"对话框。

Step3. 定义目标和刀具。依次选择图 3.3.3a 所示的目标和刀具，单击 < 确定 > 按钮，完成布尔求差操作。

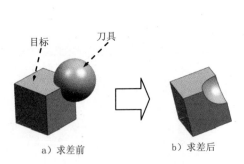

a）求差前　　　　b）求差后

图 3.3.3　布尔求差操作模型

图 3.3.4　"求差"对话框

3.3.3 布尔求交操作

布尔求交操作用于创建包含两个不同实体的公共部分。进行布尔求交运算时，工具体与目标体必须相交。下面以图 3.3.5 所示的模型为例，介绍布尔求交操作的一般过程。

Step1. 打开文件 D:\ ug11\work\ch03.03\intersection.prt。

Step2. 选择命令。选择下拉菜单 插入(S) ➡ 组合(B) ▶ ➡ 相交(I)... 命令，系统弹出图 3.3.6 所示的"相交"对话框。

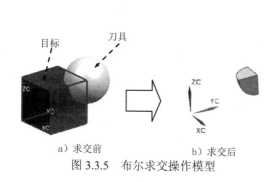

a) 求交前   b) 求交后

图 3.3.5 布尔求交操作模型

图 3.3.6 "相交"对话框

Step3. 定义目标体和工具体。依次选取图 3.3.5a 所示的实体作为目标和刀具,单击 `< 确定 >` 按钮,完成布尔求交操作。

3.3.4 布尔出错消息

如果布尔运算的使用不正确,可能出现错误,其出错信息如下。

● 在进行实体的求差和求交运算时,所选工具体必须与目标体相交,否则系统会发布警告信息:"工具体完全在目标体外"。

● 在进行操作时,如果使用复制目标,且没有创建一个或多个特征,则系统会发布警告信息:"不能创建任何特征"。

● 如果在执行一个片体与另一个片体求差操作时,则系统会发布警告信息:"非歧义实体"。

● 如果在执行一个片体与另一个片体求交操作时,则系统会发布警告信息:"无法执行布尔运算"。

注意:如果创建的是第一个特征,此时不会存在布尔运算,"布尔操作"的列表框为灰色。从创建第二个特征开始,以后加入的特征都可以选择"布尔操作",而且对于一个独立的部件,每一个添加的特征都需要选择"布尔操作",系统默认选中"创建"类型。

3.4 拉 伸 特 征

3.4.1 概述

拉伸特征是将截面沿着某一特定方向拉伸而成的特征,它是最常用的零件建模方法。

下面以一个简单实体三维模型（图 3.4.1）为例，说明拉伸特征的基本概念及其创建方法，同时介绍用 UG 软件创建零件三维模型的一般过程。

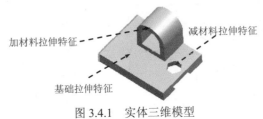

图 3.4.1　实体三维模型

3.4.2　创建基础拉伸特征

下面以创建图 3.4.2 所示的拉伸特征为例，说明创建拉伸特征的一般步骤。创建前请先新建一个模型文件，命名为 base_block。

图 3.4.2　拉伸特征

1．选取拉伸特征命令

选取特征命令一般有如下两种方法。

方法一：从下拉菜单中获取特征命令。选择下拉菜单 插入(S) ➡ 设计特征(E)▶ ➡ 拉伸(E)... 命令。

方法二：从功能区中获取特征命令。本例可以直接单击 主页 功能选项卡 特征 区域的 按钮。

2．定义拉伸特征的截面草图

定义拉伸特征截面草图的方法有两种：选择已有草图作为截面草图；创建新草图作为截面草图，本例中介绍第二种方法，具体定义过程如下。

Step1. 选取新建草图命令。选择特征命令后，系统弹出图 3.4.3 所示的"拉伸"对话框，在该对话框中单击 按钮，创建新草图。

图 3.4.3 所示的"拉伸"对话框中相关选项的功能说明如下。

● 选择曲线：选择已有的草图或几何体边缘作为拉伸特征的截面。

● 绘制截面：创建一个新草图作为拉伸特征的截面。完成草图并退出草图环境后，系统自动选择该草图作为拉伸特征的截面。

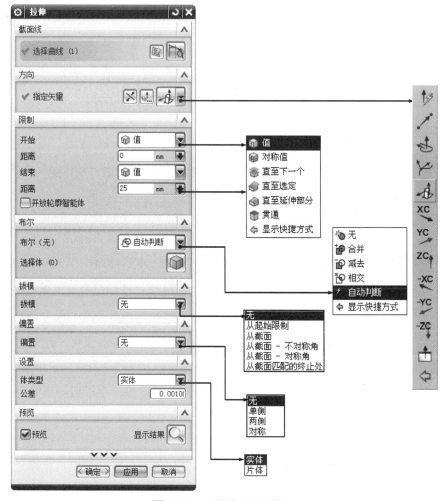

图 3.4.3 "拉伸"对话框

● : 该选项用于指定拉伸的方向。可单击对话框中的 按钮,从弹出的下拉列表中选取相应的方式,指定拉伸的矢量方向。单击 按钮,系统就会自动使当前的拉伸方向相反。

● 体类型: 用于指定拉伸生成的是片体(即曲面)特征还是实体特征。

说明:在拉伸操作中,也可以在图形区拖动相应的手柄按钮,设置拔模角度和偏置值等,这样操作更加方便和灵活。另外,UG NX 11.0 支持最新的动态拉伸操作方法——可以用鼠标选中要拉伸的曲线,然后右击,在弹出的快捷菜单中选择 拉伸(E)... 命令,同样可以完成相应的拉伸操作。

Step2. 定义草图平面。

对草图平面的概念和有关选项介绍如下。

● 草图平面是特征截面或轨迹的绘制平面。

● 选择的草图平面可以是 XY 平面、YZ 平面和 ZX 平面中的一个,也可以是模型的某个表面。

完成上步操作后，选取 ZX 平面作为草图平面，单击 <u>确定</u> 按钮，进入草图环境。

Step3. 绘制截面草图。

基础拉伸特征的截面草图如图 3.4.4 所示。绘制特征截面草图图形的一般步骤如下。

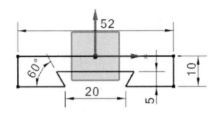

图 3.4.4　基础拉伸特征的截面草图

（1）设置草图环境，调整草图区。

① 进入草图环境后，若图形被移动至不方便绘制的方位，应单击"草图生成器"工具栏中的"定向到草图"按钮 ，调整到正视于草图的方位（也就是使草图基准面与屏幕平行）。

② 除可以移动和缩放草图区外，如果用户想在三维空间绘制草图，或希望看到模型截面图在三维空间的方位，可以旋转草图区，方法是按住中键并移动鼠标，此时可看到图形跟着鼠标旋转。

（2）创建截面草图。下面将介绍创建截面草图的一般流程，在以后的章节中创建截面草图时，可参照这里的内容。

① 绘制截面几何图形的大体轮廓。

注意：绘制草图时，开始没有必要很精确地绘制截面的几何形状、位置和尺寸，只要大概的形状与图 3.4.5 相似就可以。

② 建立几何约束。建立图 3.4.6 所示的水平、竖直、相等、共线和对称约束。

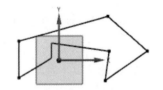

图 3.4.5　截面草绘的初步图形

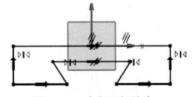

图 3.4.6　建立几何约束

③ 建立尺寸约束。单击 主页 功能选项卡 约束 区域中的"快速尺寸"按钮 ，标注图 3.4.7 所示的五个尺寸，建立尺寸约束。

④ 修改尺寸。将尺寸修改为设计要求的尺寸，如图 3.4.8 所示。其操作提示与注意事项如下。

● 尺寸的修改应安排在建立完约束以后进行。

● 注意修改尺寸的顺序，先修改对截面外观影响不大的尺寸。

Step4. 完成草图绘制后，选择下拉菜单 任务(K) ➡ 完成草图(K) 命令，退出草图环境。

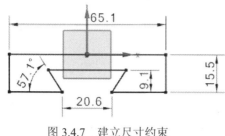 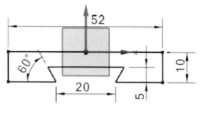

图 3.4.7　建立尺寸约束　　　　　　图 3.4.8　修改尺寸

3．定义拉伸类型

退出草图环境后，图形区出现拉伸的预览，在对话框中不进行选项操作，创建系统默认的实体类型。

4．定义拉伸深度属性

Step1．定义拉伸方向。拉伸方向采用系统默认的矢量方向，如图 3.4.9 所示。

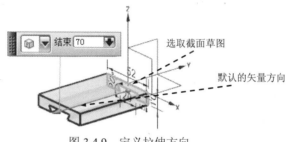

图 3.4.9　定义拉伸方向

说明："拉伸"对话框中的选项用于指定拉伸的方向，单击对话框中的按钮，从系统弹出的下拉列表中选取相应的方式，即可指定拉伸的矢量方向，单击按钮，系统就会自动使当前的拉伸方向相反。

Step2．定义拉伸深度。在 开始 下拉列表中选择 对称值 选项，在 距离 文本框中输入值 35.0，此时图形区如图 3.4.9 所示。

说明：

- 限制 区域：开始 下拉列表包括六种拉伸控制方式。
  - ☑ **值**：分别在 开始 和 结束 下面的 距离 文本框输入具体的数值（可以为负值）来确定拉伸的高度，起始值与结束值之差的绝对值为拉伸的高度，如图 3.4.10 所示。
  - ☑ **对称值**：特征将在截面所在平面的两侧进行拉伸，且两侧的拉伸深度值相等，如图 3.4.10 所示。
  - ☑ **直至下一个**：特征拉伸至下一个障碍物的表面处终止，如图 3.4.10 所示。
  - ☑ **直至选定**：特征拉伸到选定的实体、平面、辅助面或曲面为止，如图 3.4.10 所示。
  - ☑ **直至延伸部分**：把特征拉伸到选定的曲面，但是选定面的大小不能与拉伸体完全相交，系统就会自动按照面的边界延伸面的大小，然后再切除生成拉伸体，圆柱的拉伸被选择的面（框体的内表面）延伸后切除。

☑ **贯通**：特征在拉伸方向上延伸，直至与所有曲面相交，如图 3.4.10 所示。

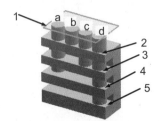

a.值

b.直至下一个

c.直至选定对象

d.贯穿

1.草图基准平面

2.下一个曲面（平面）

3~5.模型的其他曲面（平面）

图 3.4.10　拉伸深度选项示意图

- **布尔** 区域：如果图形区在拉伸之前已经创建了其他实体，则可以在进行拉伸的同时与这些实体进行布尔操作，包括创建求和、求差和求交。

- **拔模** 区域：对拉伸体沿拉伸方向进行拔模。角度大于 0 时，沿拉伸方向向内拔模；角度小于 0 时，沿拉伸方向向外拔模。

  ☑ **从起始限值**：将直接从设置的起始位置开始拔模。

  ☑ **从截面**：用于设置拉伸特征拔模的起始位置为拉伸截面处。

  ☑ **从截面 - 不对称角**：在拉伸截面两侧进行不对称的拔模。

  ☑ **从截面 - 对称角**：在拉伸截面两侧进行对称的拔模，如图 3.4.11 所示。

  ☑ **从截面匹配的终止处**：在拉伸截面两侧进行拔模，所输入的角度为"结束"侧的拔模角度，且起始面与结束面的大小相同，如图 3.4.12 所示。

- **偏置** 区域：通过设置起始值与结束值，可以创建拉伸薄壁类型特征，如图 3.4.13 所示，起始值与结束值之差的绝对值为薄壁的厚度。

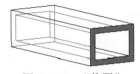

图 3.4.11　"对称角"　　　　图 3.4.12　"从截面匹配的终止处"　　　　图 3.4.13　"偏置"

5. 完成拉伸特征的定义

Step1. 特征的所有要素被定义完毕后，预览所创建的特征，以检查各要素的定义是否正确。

说明：预览时，可按住鼠标中键进行旋转查看，如果所创建的特征不符合设计意图，可选择对话框中的相关选项重新定义。

Step2. 预览完成后，单击"拉伸"对话框中的 〈 确定 〉 按钮，完成特征的创建。

3.4.3 添加其他特征

1．添加加材料拉伸特征

在创建零件的基本特征后，可以增加其他特征。现在要添加图 3.4.14 所示的加材料拉伸特征，操作步骤如下。

Step1．选择下拉菜单 插入(S) ➡ 设计特征(E)▶ ➡ 拉伸(E)... 命令（或单击"特征"区域中的 按钮），系统弹出"拉伸"对话框。

Step2．创建截面草图。

（1）选取草图基准平面。在"拉伸"对话框中单击 按钮，然后选取图 3.4.15 所示的模型表面作为草图基准平面，单击 确定 按钮，进入草图环境。

（2）绘制特征的截面草图。绘制图 3.4.16 所示的截面草图的大体轮廓。完成草图绘制后，单击主页功能选项卡"草图"区域中的 完成 按钮，退出草图环境。

Step3．定义拉伸属性。

（1）定义拉伸深度方向。单击对话框中的 按钮，反转拉伸方向。

（2）定义拉伸深度。在"拉伸"对话框的 开始 下拉列表中选择 值 选项，在其下的 距离 文本框中输入值 0，在 结束 下拉列表中选择 值 选项，在其下的 距离 文本框中输入值 25，在 偏置 区域的下拉列表中选择 两侧 选项，在 开始 文本框中输入值-5，在 结束 文本框中输入值 0，其他采用系统默认设置值。在 布尔 区域中选择 合并 选项，采用系统默认的求和对象。

Step4．单击"拉伸"对话框中的 < 确定 > 按钮，完成特征的创建。

注意：此处进行布尔操作是将基础拉伸特征与加材料拉伸特征合并为一体，如果不进行此操作，基础拉伸特征与加材料拉伸特征将是两个独立的实体。

图 3.4.14　添加加材料拉伸特征

图 3.4.15　选取草图基准面

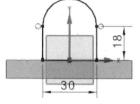

图 3.4.16　截面草图

2．添加减材料拉伸特征

减材料拉伸特征的创建方法与加材料拉伸基本一致，只不过加材料拉伸是增加实体，而减材料拉伸则是减去实体。现在要添加图 3.4.17 所示的减材料拉伸特征，具体操作步骤如下。

Step1．选择命令。选择下拉菜单 插入(S) ➡ 设计特征(E)▶ ➡ 拉伸(E)... 命令（或单击"特征"区域中的 按钮），系统弹出"拉伸"对话框。

Step2. 创建截面草图。

（1）选取草图基准面。在"拉伸"对话框中单击![图标]按钮，然后选取图 3.4.18 所示的模型表面作为草图基准平面，单击 确定 按钮，进入草图环境。

（2）绘制特征的截面草图。绘制图 3.4.19 所示的截面草图的大体轮廓。完成草图绘制后，单击![完成]按钮，退出草图环境。

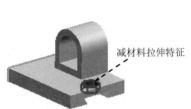

图 3.4.17　添加减材料拉伸特征

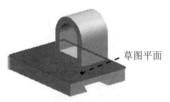

图 3.4.18　选取草图基准平面

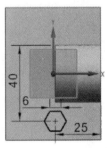

图 3.4.19　截面草图

Step3. 定义拉伸属性。

（1）定义拉伸深度方向。单击对话框中的![图标]按钮，反转拉伸方向。

（2）定义拉伸深度类型和深度值。在"拉伸"对话框的 结束 下拉列表中选择 贯通 选项，在 布尔 区域中选择 减去 选项，采用系统默认的求差对象。

Step4. 单击"拉伸"对话框中的 确定 按钮，完成特征的创建。

Step5. 选择下拉菜单 文件(F) ➡ 保存(S) 命令，保存模型文件。

3.5　UG NX 的部件导航器

部件导航器提供了在工作部件中特征父-子关系的可视化表示，允许在这些特征上执行各种编辑操作。

单击资源板中的![图标]按钮，可以打开部件导航器。部件导航器是 UG NX 11.0 资源板中的一个部分，它可以用来组织、选择和控制数据的可见性，以及通过简单浏览来理解数据，也可以在其中更改现存的模型参数以得到所需的形状和定位表达。另外，"制图"和"建模"数据也包括在"部件导航器"中。

"部件导航器"被分隔成四个面板："名称"面板、"相依性"面板、"细节"面板以及"预览"面板。构造模型或图纸时，数据被填充到这些面板窗口中，使用这些面板导航部件，并执行各种操作。

3.5.1　部件导航器界面简介

"部件导航器主面板"提供了最全面的部件视图。可以使用它的树状结构（简称"模型树"）查看和访问实体、实体特征及所依附的几何体、视图、图样、表达式、快速检查以及模型中的引用集。打开文件 D:\ug11\work\ch03.05\section.prt，模型如图 3.5.1 所示，在与之相应的模型树中，括号内的时间戳记跟在各特征名称的后面。"部件导航器"主面板有两种模式："时间戳记顺序"和"非时间戳记顺序"模式，如图 3.5.2 所示。

（1）在"部件导航器"中右击，在系统弹出的快捷菜单中选择 ✓ 时间戳记顺序 命令，如图 3.5.3 所示。可以在两种模式间进行切换。

（2）在"设计视图"模式下，工作部件中的所有特征在模型节点下显示，包括它们的特征和操作，先显示最近创建的特征（按相反的时间戳记顺序）；在"时间戳记顺序"模式下，工作部件中的所有特征都按它们创建的时间戳记显示为一个节点的线性列表，"非时间戳记顺序"模式不包括"设计视图"模式中可用的所有节点，如图 3.5.4 和图 3.5.5 所示。

部件导航器"相依性" 面板可以查看部件中特征几何体的父子关系，可以帮助修改计划对部件的潜在影响。单击 相依性 选项可以打开和关闭该面板，选择其中一个特征，其界面如图 3.5.6 所示。

部件导航器"细节" 面板显示属于当前所选特征的特征和定位参数。如果特征被表达式抑制，则特征抑制也将显示。单击 细节 选项可以打开和关闭该面板，选择其中一个特征，其界面如图 3.5.7 所示。

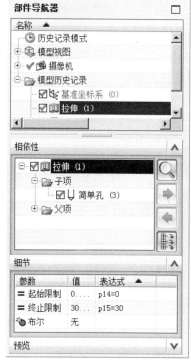

图 3.5.1　参照模型　　　　　　图 3.5.2　"部件导航器"主面板

图 3.5.3　快捷菜单　　图 3.5.4　"非时间戳记顺序"模式　　图 3.5.5　"时间戳记顺序"模式

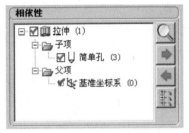

图 3.5.6　部件导航器"相依性"面板界面　　图 3.5.7　部件导航器"细节"面板界面

"细节" 面板有三列：参数、值和表达式。在此仅显示单个特征的参数，可以直接在"细节面板"中编辑该值：双击该值进入编辑模式，可以更改表达式的值，按 Enter 键结束编辑。参数和表达式可以通过右击弹出菜单中的"导出至浏览器"或"导出至电子表格"，将"细节"面板的内容导出至浏览器或电子表格，并且可以按任意列排序。

部件导航器"预览"面板显示可用的预览对象的图像。单击 预览 选项可以打开和关闭该面板。"预览"面板的性质与上述部件导航器"细节"面板类似，不再赘述。

3.5.2　部件导航器的作用与操作

1. 部件导航器的作用

部件导航器可以用来抑制或释放特征和改变它们的参数或定位尺寸等，部件导航器在所有 UG NX 应用环境中都是有效的，而不只是在建模环境中。可以在建模环境执行特征编辑操作。在部件导航器中，编辑特征可以引起一个在模型上执行的更新。

在部件导航器中使用时间戳记次序，可以按时间序列排列建模所用到的每个步骤，并且可以对其进行参数编辑、定位编辑、显示设置等各种操作。

部件导航器中提供了正等测、前、后和右等八个模型视图，用于选择当前视图的方向，以方便从各个视角观察模型。

2．部件导航器的显示操作

部件导航器对识别模型特征是非常有用的。在部件导航器窗口中选择一个特征，该特征将在图形区高亮显示，并在部件导航器窗口中高亮显示其父特征和子特征。反之，在图形区中选择一特征，该特征和它的父、子层级也会在部件导航器窗口中高亮显示。

为了显示部件导航器，可以在图形区右侧的资源条上单击 按钮，弹出部件导航器界面。当光标离开部件导航器窗口时，部件导航器窗口立即关闭，以方便图形区的操作。如果需要固定部件导航器窗口的显示，单击 按钮，然后在弹出的菜单中选中 ✔ 锁住 选项，则窗口始终固定显示。

如果需要以某个方向观察模型，可以在部件导航器中双击 模型视图 下的选项，可以得到图 3.5.8 中八个方向的视角，当前应用视图后有"（工作）"字样。

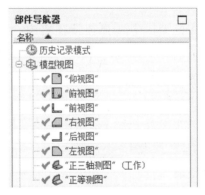

图 3.5.8 "模型视图"中的选项

3．在部件导航器中编辑特征

在部件导航器中有多种方法可以选择和编辑特征，在此列举两种。

方法一：

Step1. 双击树列表中的特征，打开其编辑对话框。

Step2. 在创建的对话框控制中编辑其特征。

方法二：

Step1. 在树列表中选择一个特征。

Step2. 右击，选择弹出菜单中的 编辑参数(P)... 命令，打开其编辑对话框。

Step3. 在创建的对话框控制中编辑其特征。

4．显示表达式

在部件导航器中会显示"用户表达式"文件夹内定义的表达式，且其名称前会显示表达式的类型（即距离、长度或角度等）。

5．抑制与取消抑制

打开文件 D:\ug11\work\ch03.05\Suppressed.prt，通过抑制（Suppressed）功能可使已显示的特征临时从图形区中移去。取消抑制后，该特征显示在图形区中，例如，图 3.5.9a 的孔特征处于抑制的状态，此时其模型树如图 3.5.10a 所示；图 3.5.9b 的孔特征处于取消抑制的状态，此时其模型树如图 3.5.10b 所示。

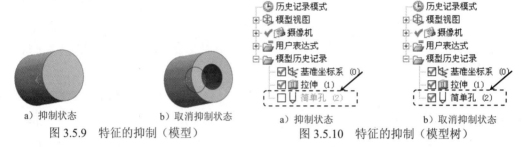

a）抑制状态	b）取消抑制状态	a）抑制状态	b）取消抑制状态

图 3.5.9　特征的抑制（模型）　　　　图 3.5.10　特征的抑制（模型树）

如果要抑制某个特征，可在模型树中选择该特征右击，在弹出的快捷菜单中选择 抑制(S) 命令。如果需要取消某个特征的抑制，可在模型树中选择该特征并右击，在弹出的快捷菜单中选择 取消抑制(U) 命令，即可恢复显示。

说明：

- 选取 抑制(S) 命令可以使用另外一种方法，即在模型树中选择某个特征后右击，在弹出的快捷菜单中选择 抑制(S) 命令。
- 在抑制某个特征时，其子特征也将被抑制；在取消抑制某个特征时，其父特征也将被取消抑制。

6．特征回放

用户使用下拉菜单 编辑(E) ➜ 特征(F)▶ ➜ 回放(B)… 命令，可以一次显示一个特征，逐步表示模型的构造过程。

注意：被抑制的特征在回放的过程中是不显示的；如果草图是在特征内部创建的，则在回放过程中不显示，否则草图会显示。

7．信息获取

信息（Information）下拉菜单提供了获取有关模型信息的选项。

信息窗口显示所选特征的详细信息，包括特征名、特征表达式、特征参数和特征的父子关系等。特征信息的获取方法：在部件导航器中选择特征并右击，然后选择 信息(I) 命令，系统弹出"信息"窗口。

说明:

● 在"信息"窗口中可以选择下拉菜单 文件(F) ➡ 另存为... (A)命令或 Print... (P) Ctrl+P 命令。另存为... (A)命令用于以文本格式保存在信息窗口中列出的所有信息; Print... (P) Ctrl+P 命令用于将信息列表打印。

● 编辑(E) 下拉菜单中的 查找... (F) Ctrl+F 命令用于搜索特定表达式。

8. 细节

在模型树中选择某个特征后,在"细节"面板中会显示该特征的参数、值和表达式,右击某个表达式,在弹出的快捷菜单中选择 编辑 命令,可以对表达式进行编辑,以便对模型进行修改。例如,在图 3.5.11 所示的"细节"面板中显示的是一个拉伸特征的细节,右击表达式 p3=45,选择 编辑 命令,在文本框中输入值 50 并按 Enter 键,则该拉伸特征会变厚。

图 3.5.11 "表达式"编辑的操作

3.6 UG NX 中图层的使用

所谓图层,就是在空间中选择不同的图层面来存放不同的目标对象。UG NX 中的图层功能类似于设计师在透明覆盖图层上建立模型的方法,一个图层就类似于一个透明的覆盖图层;不同的是,在一个图层上的对象可以是三维空间中的对象。

在一个 UG NX 11.0 部件中,最多可以含有 256 个图层(系统已经把默认基准存放到了 61 层),每个图层上可含任意数量的对象,因此在一个图层上可以含有部件中的所有对象,而部件中的对象也可以分布在任意一个或多个图层中。

在一个部件的所有图层中,只有一个图层是当前工作图层,所有操作只能在工作图层上进行,而其他图层则可以对它们的可见性、可选择性等进行设置和辅助工作。如果要在某图层中创建对象,则应在创建对象前使其成为当前工作图层。

3.6.1 设置图层

UG NX 11.0 提供了 256 个图层供使用,这些图层都必须通过选择 格式(R) 下拉菜单中的

（图层设置）... 命令来完成所有的设置。图层的应用对于建模工作有很大的帮助。选择

（图层设置）... 命令后，系统弹出图 3.6.1 所示的"图层设置"对话框，利用该对话框，用户可以根据需要设置图层的名称、分类、属性和状态等，也可以查询图层的信息，还可以进行有关图层的一些编辑操作。

图 3.6.1 所示"图层设置"对话框中部分选项的主要功能说明如下。

● 工作图层 文本框：在该文本框中输入某图层号并按 Enter 键后，则系统自动将该图层设置为当前的工作图层。

● 按范围/类别选择图层 文本框：在该文本框中输入层的种类名称后，系统会自动选取所有属于该种类的图层。

● 类别显示 选项：选中此选项，图层列表中将按对象的类别进行显示。

图 3.6.1　"图层设置"对话框

● 类别过滤器 文本框：文本框主要用于输入已存在的图层种类名称来进行筛选，该文本框中系统默认为"*"，此符号表示所有的图层种类。

● 显示 下拉列表：用于控制图层列表框中图层显示的情况。

　☑ 所有图层 选项：图层状态列表框中显示所有的图层（1~256层）。

　☑ 含有对象的图层 选项：图层状态列表框中仅显示含有对象的图层。

　☑ 所有可选图层 选项：图层状态列表框中仅显示可选择的图层。

　☑ 所有可见图层 选项：图层状态列表框中仅显示可见的图层。

注意：当前的工作图层在以上情况下，都会在图层列表框中显示。

- 按钮：单击此按钮可以添加新的类别层。

- 按钮：单击此按钮将被隐藏的图层设置为可选。

- 按钮：单击此按钮可将选中的图层作为工作层。

- 按钮：单击此按钮可以将选中的图层设为可见。

- 按钮：单击此按钮可以将选中的图层设为不可见。

- 按钮：单击此按钮，系统弹出"信息"窗口，该窗口能够显示此零件模型中所有图层的相关信息，如图层编号、状态和图层种类等。

- 选项：选中此选项，模型将充满整个图形区。

在 UG NX 11.0 系统中，可对相关的图层分类进行管理，以提高操作的效率。例如，可设置 MODELING、DRAFTING 和 ASSEMBLY 等图层组种类，图层组 MODELING 包括 1～20 层，图层组 DRAFTING 包括 21～40 层，图层组 ASSEMBLY 包括 41～60 层。当然可以根据自己的习惯来进行图层组种类的设置。当需要对某一层组中的对象进行操作时，可以很方便地通过层组来实现对其中各图层对象的选择。

图层组的种类设置可以通过选择下拉菜单 ➡ 命令来实现。选择该命令后，弹出"图层的类别"对话框，在该对话框的 文本框中输入新种类的名称，单击 按钮。

"图层类别"对话框中主要选项的功能说明如下。

- 文本框：用于输入已存在的图层种类名称来进行筛选，该文本框下方的列表框用于显示已存在的图层组种类或筛选后的图层组种类，可在该列表框中直接选取需要进行编辑的图层组种类。

- 文本框：用于输入图层组种类的名称，可输入新的种类名称来建立新的图层组种类，或是输入已存在的名称进行该图层组的编辑操作。

- 按钮：用于创建新的图层组或编辑现有的图层组。单击该按钮前，必须要在 文本框中输入名称。如果输入的名称已经存在，则可对该图层组进行编辑操作；如果所输入的名称不存在，则创建新的图层组。

- 按钮和 按钮：主要用于图层组种类的编辑操作。按钮用于删除所选取的图层组种类；按钮用于对已存在的图层组种类重新命名。

- 文本框：用于输入某图层相应的描述文字，解释该图层的含义。当输入的文字长度超出文本框的规定长度时，系统则会自动进行延长匹配，所以在使用中也可以输入比较长的描述语句。

在进行图层组种类的建立、编辑和更名的操作时，可以按照以下的方式进行。

1．建立一个新的图层

在图 3.6.2 所示的"图层类别"对话框（一）的 类别 文本框中输入新图层的名称，还可在 描述 文本框中输入相应的描述信息。单击 创建/编辑 按钮，在系统弹出的图 3.6.3 所示的"图层类别"对话框（二）中，从图层列表框中选取该种类需要包括的层，先单击 添加 按钮，然后单击 确定 按钮完成操作，即可创建一个新的图层组。

2．修改所选图层的描述信息

在图 3.6.3 所示的"图层类别"对话框（二）中选择需修改描述信息的图层，在 描述 文本框中输入相应的描述信息，然后单击 确定 按钮，系统便可修改所选图层的描述信息。

图 3.6.2 "图层类别"对话框（一）

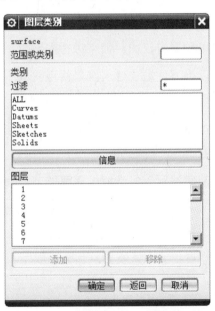

图 3.6.3 "图层类别"对话框（二）

3．编辑一个存在图层种类

在图 3.6.3 所示的"图层类别"对话框（二）的 类别 选项组中输入图层名称，或直接在图层组种类列表框中选择欲编辑的图层，便可对其进行编辑操作。

3.6.2 视图中的可见图层

选择 格式(R) ➡ 视图中的可见层(V)... 命令，可以设置图层的可见与不可见。选择 视图中的可见层(V)... 命令后，系统弹出图 3.6.4 所示的"视图中可见图层"对话框（一），在该对话框中选取某个视图，单击 确定 按钮，系统弹出图 3.6.5 所示的"视图中可见图层"

对话框（二），单击 可见 按钮或 不可见的 按钮，可以设置该图层的可见性。

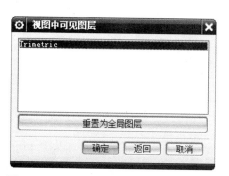

图 3.6.4 "视图中可见图层"对话框（一）

图 3.6.5 "视图中可见图层"对话框（二）

3.6.3 移动对象至图层

"移动至图层"功能用于把对象从一个图层移出并放置到另一个图层，其一般操作步骤如下。

Step1. 选择下拉菜单 格式(R) ➡ 移动至图层(M)... 命令，系统弹出"类选取"对话框。

Step2. 选取目标特征。先选取目标特征，然后单击"类选择"对话框中的 确定 按钮，系统弹出图 3.6.6 所示的"图层移动"对话框。

图 3.6.6 "图层移动"对话框

Step3. 选择目标图层或输入目标图层的编号，单击 确定 按钮。

3.6.4 复制对象至图层

"复制至图层"功能用于把对象从一个图层复制到另一个图层，且源对象依然保留在原来的图层上，其一般操作步骤如下。

Step1. 选择下拉菜单 格式(R) ➡ 🔩复制至图层(O)... 命令，系统弹出"类选取"工具栏。

Step2. 定义目标特征。先单击目标特征，然后单击 确定 按钮，系统弹出"图层复制"对话框。

Step3. 定义目标图层。从图层列表框中选择一个目标图层，或在数据输入字段中输入一个图层编号。单击 确定 按钮，完成该操作。

说明：组件、基准轴和基准平面类型不能在图层之间复制，只能移动。

3.6.5　图层的应用实例

通过本章前几节的基本介绍，我们对图层的创建有了大致的了解，下面以图 3.6.7 所示模型为例对其加以说明。

图 3.6.7　模型及其模型树

Stage1. 创建图层组

Step1. 打开文件 D:\ug11\work\ch03.06\layer.prt。

Step2. 选择下拉菜单 格式(R) ➡ 🗇图层类别(C)... 命令，系统弹出"图层类别"对话框（图 3.6.8）。

Step3. 定义图层组名。在 过滤 列表中选择 SKETCHES 选项（或直接在 类别 文本框中输入 sketches），如图 3.6.8 所示。

Step4. 添加图层。单击 创建/编辑 按钮，选取图层 21～30，单击 添加 按钮，单击对话框中的 确定 按钮。

Step5. 定义其他图层组。参照 Step3、Step4 添加图层组 datum 和图层组 curve。图层组 datum 包括图层 31～40；图层组 curve 包括图层 61～70，然后单击 确定 按钮。

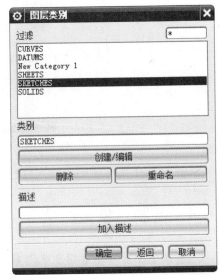

图 3.6.8　"图层类别"对话框

Stage2. 将各对象移至图层组

图 3.6.9 所示为将对象移至图层组后的模型及相应的模型树。

```
🕐 历史记录模式
⊞ 🗔 模型视图
⊞ ✔️🎥 摄像机
⊞ 🗂 用户表达式
⊟ 🗁 模型历史记录
    ☑️📐 基准坐标系 (0)
    ☑️🔧 草图 (1) "SKETCH_000"
    ☑️🔲 拉伸 (2)
    ☑️📄 基准平面 (3)
    ☑️🔧 草图 (4) "SKETCH_001"
    ☑️🔲 拉伸 (5)
```

图 3.6.9 模型及模型树

Step1. 选择下拉菜单 格式(R) ➡ 移动至图层(M)... 命令，系统弹出"类选择"对话框。

Step2. 选择对象类型。在"类选择"对话框中单击"类型过滤器"按钮 ✛，系统弹出"根据类型选择"对话框；选择 草图 选项，单击 确定 按钮，系统重新弹出"类选择"对话框；单击此对话框中的"全选"按钮 ✛，可看到图形区中的所有草图被选中；单击 确定 按钮，系统弹出图 3.6.10 所示的"图层移动"对话框。

Step3. 选择图层组。在"图层移动"对话框的列表框中选择 SKETCHES（图 3.6.10），然后单击 确定 按钮。

Step4. 参照 Step1～Step3 将图形区中的基准平面和基准轴添加到图层组 DATUM。

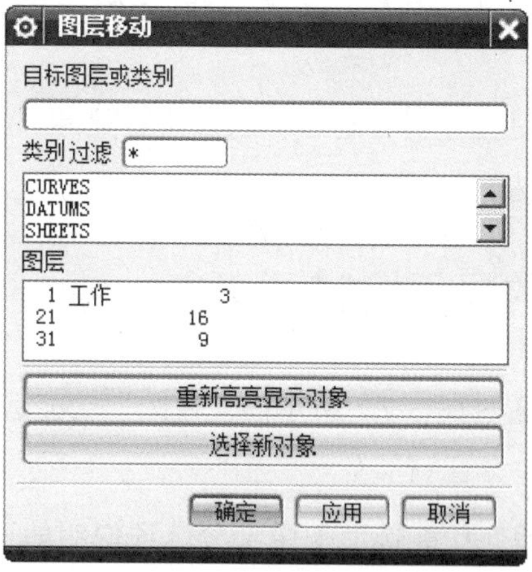

图 3.6.10 "图层移动"对话框

Stage3. 设置图层组

Step1. 选择下拉菜单 格式(R) ➡ 图层设置(S)... 命令，系统弹出图 3.6.11 所示的"图层设置"对话框。

Step2. 设置图层组状态。选中图 3.6.11 所示的选项，单击 ⬚ 按钮，将图层组 21 和 31 设置为不可见，然后单击 确定 按钮，完成图层的设置。

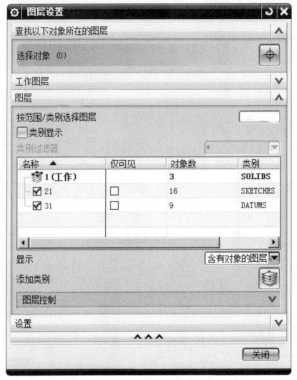

图 3.6.11 "图层设置"对话框

3.7 对 象 操 作

在对模型特征操作时，往往需要对目标对象进行显示、隐藏、分类和删除等操作，使用户能更快捷、更容易地达到目的。

3.7.1 对象与模型的显示控制

模型的显示控制主要通过图 3.7.1 所示的"视图"功能选项卡来实现，也可通过 视图(V) 下拉菜单中的命令来实现。

图 3.7.1 所示的"视图"功能选项卡中部分选项说明如下。

▦（适合窗口）：调整工作视图的中心和比例以显示所有对象。

⬙: 正三轴测图。　　　　　　　　　　⬙: 俯视图。

⬙: 正等测图。　　　　　　　　　　　⬙: 左视图。

⬙: 前视图。　　　　　　　　　　　　⬙: 右视图。

⬙: 后视图。　　　　　　　　　　　　⬙: 仰视图。

⬙: 以带线框的着色图显示。　　　　　⬙: 以纯着色图显示。

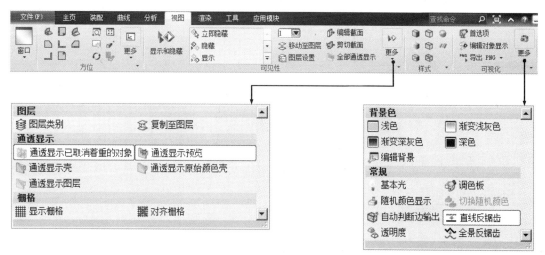

图 3.7.1 "视图"功能选项卡

: 不可见边用虚线表示的线框图。 : 隐藏不可见边的线框图。

: 可见边和不可见边都用实线表示的线框图。

: 艺术外观。在此显示模式下，选择下拉菜单 视图(V) ➡ 可视化(V) ➡ 材料/纹理(M)...命令，可以对它们指定的材料和纹理特性进行实际渲染。没有指定材料或纹理特性的对象，看起来与"着色"渲染样式下所进行的着色相同。

: 在"面分析"渲染样式下，选定的曲面对象由小平面几何体表示，并渲染小平面以指示曲面分析数据，剩余的曲面对象由边缘几何体表示。

: 在"局部着色"渲染样式中，选定曲面对象由小平面几何体表示，这些几何体通过着色和渲染显示，剩余的曲面对象由边缘几何体显示。

全部通透显示 : 全部通透显示。

通透显示壳 : 使用指定的颜色将已取消着重的着色几何体显示为透明壳。

通透显示原始颜色壳 : 将已取消着重的着色几何体显示为透明壳，并保留原始的着色几何体颜色。

通透显示图层 : 使用指定的颜色将已取消着重的着色几何体显示为透明图层。

浅色 : 浅色背景。 渐变浅灰色 : 渐变浅灰色背景。 渐变深灰色 : 渐变深灰色背景。

深色 : 深色背景。

剪切截面 : 剪切工作截面。 编辑截面 : 编辑工作截面。

3.7.2 删除对象

利用 编辑(E) 下拉菜单中的 × 删除(D)... 命令可以删除一个或多个对象。下面以图 3.7.2 所示的模型为例，说明删除对象的一般操作过程。

Step1. 打开文件 D:\ug11\work\ch03.07\delete.prt。

Step2. 选择命令。选择下拉菜单 编辑(E) ➡ × 删除(D)... 命令，系统弹出图 3.7.3 所示的"类选择"对话框。

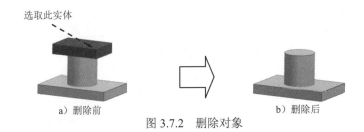

a）删除前　　　　　　　　　　　　b）删除后

图 3.7.2　删除对象

Step3. 定义删除对象。选取图 3.7.2a 所示的实体。

Step4. 单击 确定 按钮，完成对象的删除。

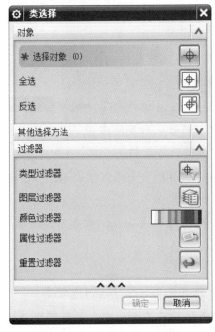

图 3.7.3　"类选择"对话框

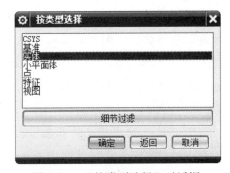

图 3.7.4　"按类型选择"对话框

图 3.7.3 所示的"类选择"对话框中各选项功能的说明如下。

● ⊕按钮：用于选取图形区中可见的所有对象。

● ⊕按钮：用于选取图形区中未被选中的全部对象。

● 根据名称选择 文本框：输入预选对象的名称，系统会自动选取对象。

● 过滤器区域：用于设置选取对象的类型。

☑ ⊕按钮：通过指定对象的类型来选取对象。单击该按钮，系统弹出图 3.7.4 所示的"按类型选择"对话框，可以在列表中选择所需的对象类型。

☑ 按钮：通过指定图层来选取对象。

☑ 颜色过滤器：通过指定颜色来选取对象。

☑ 按钮：利用其他形式进行对象选取。单击该按钮，系统弹出"按属性选择"

对话框，可以在列表中选择对象所具有的属性，也允许自定义某种对象的属性。

☑ ↵ 按钮：取消之前设置的所有过滤方式，恢复到系统默认的设置。

3.7.3 隐藏与显示对象

对象的隐藏就是使该对象在零件模型中不显示。下面以图 3.7.5 所示的模型为例，说明隐藏与显示对象的一般操作过程。

a）隐藏前　　　　　　　　　　　　　b）隐藏后

图 3.7.5 隐藏对象

Step1. 打开文件 D:\ug11\work\ch03.07\hide.prt。

Step2. 选择命令。选择下拉菜单 编辑(E) ➡ 显示和隐藏(H)▶ ➡ 隐藏(H)... 命令，系统弹出"类选择"对话框。

Step3. 定义隐藏对象。选取图 3.7.5a 所示的实体。

Step4. 单击 确定 按钮，完成对象的隐藏。

Step5. 显示被隐藏的对象。选择下拉菜单 编辑(E) ➡ 显示和隐藏(H)▶ ➡ 显示(S)... 命令（或按<Ctrl+Shift+K>组合键），系统弹出"类选择"对话框，选取 Step2 中隐藏的实体，则又恢复到图 3.7.5a 所示的状态。

说明：还可以在模型树中右击对象，在弹出的快捷菜单中选择 隐藏(H) 或 显示(S) 命令快速完成对象的隐藏或显示。

3.7.4 编辑对象的显示

编辑对象的显示就是修改对象的层、颜色、线型和宽度等。下面以图 3.7.6 所示的模型为例，说明编辑对象显示的一般过程。

Step1. 打开文件 D:\ug11\work\ch03.07\display.prt。

Step2. 选择命令。选择下拉菜单 编辑(E) ➡ 对象显示(J)... 命令，系统弹出"类选择"对话框。

Step3. 定义需编辑的对象。选择图 3.7.6a 所示的圆柱体，单击 确定 按钮，系统弹出图 3.7.7 所示的"编辑对象显示"对话框。

Step4. 修改对象显示属性。在该对话框的 颜色 区域选择黑色，单击 确定 按钮，在 线型 下拉列表中选择虚线，在 宽度 下拉列表中选择粗线宽度，如图 3.7.7 所示。

Step5. 单击 确定 按钮，完成对象显示的编辑。

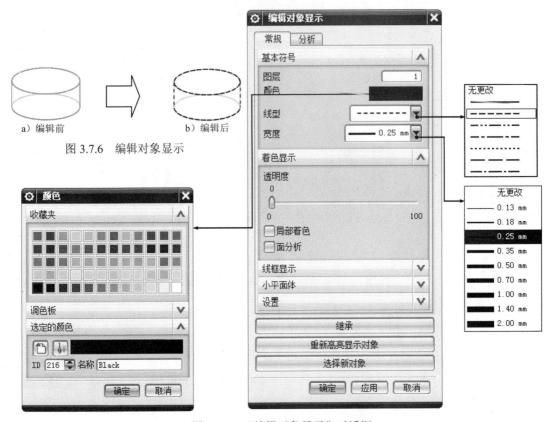

图 3.7.6　编辑对象显示

图 3.7.7　"编辑对象显示"对话框

3.8　旋　转　特　征

3.8.1　概述

旋转特征是将截面绕着一条中心轴线旋转而形成的特征，如图 3.8.1 所示。选择下拉菜单 插入(S) ➡ 设计特征(E)▶ ➡ 旋转(R)... 命令（或单击 主页 功能选项卡 特征 区域 下拉列表中的 旋转 按钮），系统弹出"旋转"对话框，如图 3.8.2 所示。

a）截面和旋转轴

b）旋转特征

图 3.8.1　"旋转"示意图

图 3.8.2 所示的"旋转"对话框中各选项的功能说明如下。

● （选择截面）：选择已有的草图或几何体边缘作为旋转特征的截面。

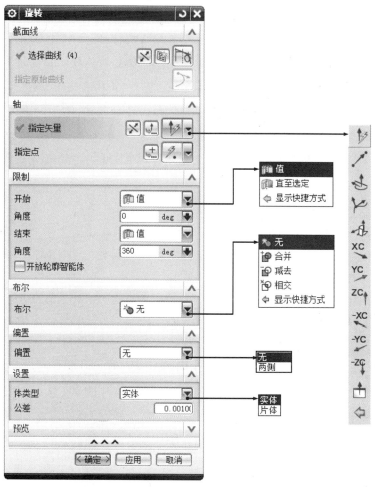

图 3.8.2 "旋转"对话框

- 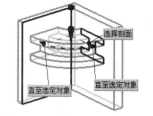（绘制截面）：创建一个新草图作为旋转特征的截面。完成草图并退出草图环境后，系统自动选择该草图作为旋转特征的截面。

- 限制 区域：包含 开始 和 结束 两个下拉列表及两个位于其下的 角度 文本框。

  - ☑ 开始 下拉列表：用于设置旋转的类项，角度 文本框用于设置旋转的起始角度，其值的大小是相对于截面所在的平面而言的，其方向以与旋转轴成右手定则的方向为准。在 开始 下拉列表中选择 值 选项，则需设置起始角度和终止角度；在 开始 下拉列表中选择 直至选定 选项，则需选择要开始或停止旋转的面或相对基准平面，其使用结果如图 3.8.3 所示。

  - ☑ 结束 下拉列表：用于设置旋转的类项，角度 文本框设置旋转对象旋转的终止角度，其值的大小也是相对于截面所在的平面而言的，其方向也是以与旋转轴

图 3.8.3 "直至选定"方式

成右手定则为准。

- <u>偏置</u> 区域：利用该区域可以创建旋转薄壁类型特征。
- <u>☑ 预览</u> 复选框：使用预览可确定创建旋转特征之前参数的正确性。系统默认选中该复选框。
- 按钮：可以选取已有的直线或者轴作为旋转轴矢量，也可以使用"矢量构造器"方式构造一个矢量作为旋转轴矢量。
- 按钮：如果用于指定旋转轴的矢量方法，则需要单独再选定一点，例如用于平面法向时，此选项将变为可用。
- <u>布尔</u> 区域：创建旋转特征时，如果已经存在其他实体，则可以与其进行布尔操作，包括创建求和、求差和求交。

注意：在图 3.8.2 所示的"旋转"对话框中单击 按钮，系统弹出"矢量"对话框，其应用将在下一节中详细介绍。

3.8.2 关于矢量对话框

在建模的过程中，矢量的应用十分广泛，如对定义对象的高度方向、投影方向和旋转中心轴等进行设置。"矢量"对话框如图 3.8.4 所示。图 3.8.4 中的 XC 轴、YC 轴和 ZC 轴等矢量就是当前工作坐标系（WCS）的坐标轴方向，调整工作坐标系的方位，就能改变当前建模环境中的 XC 轴、YC 轴和 ZC 轴等矢量，但不会影响前面已经创建的与矢量有关的操作。

图 3.8.4 "矢量"对话框

图 3.8.4 所示的"矢量"对话框 <u>类型</u> 下拉列表中各选项的功能说明如下。

- <u>⚡ 自动判断的矢量</u>：可以根据选取的对象自动判断所定义矢量的类型。
- <u>两点</u>：利用空间两点创建一个矢量，矢量方向为由第一点指向第二点。
- <u>与 XC 成一角度</u>：用于在 XY 平面上创建与 XC 轴成一定角度的矢量。

- 曲线/轴矢量：通过选取曲线上某点的切向矢量来创建一个矢量。
- 曲线上矢量：在曲线上的任一点指定一个与曲线相切的矢量。可按照圆弧长或百分比圆弧长指定位置。
- 面/平面法向：用于创建与实体表面（必须是平面）法线或圆柱面的轴线平行的矢量。
- XC 轴：用于创建与 XC 轴平行的矢量。注意，这里的"与 XC 轴平行的矢量"不是 XC 轴，例如，在定义旋转特征的旋转轴时，如果选择此项，只是表示旋转轴的方向与 XC 轴平行，并不表示旋转轴就是 XC 轴，所以这时要完全定义旋转轴，还必须再选取一点定位旋转轴。下面五项与此相同。
- YC 轴：用于创建与 YC 轴平行的矢量。
- ZC 轴：用于创建与 ZC 轴平行的矢量。
- -XC 轴：用于创建与-XC 轴平行的矢量。
- -YC 轴：用于创建与-YC 轴平行的矢量。
- -ZC 轴：用于创建与-ZC 轴平行的矢量。
- 视图方向：指定与当前工作视图平行的矢量。
- 按系数：按系数指定一个矢量。
- 按表达式：使用矢量类型的表达式来指定矢量。

创建矢量有两种方法，下面分别介绍。

方法一：

利用"矢量"对话框中的按钮创建矢量，共有 15 种方式。

方法二：

输入矢量的各分量值创建矢量。使用该方式需要确定矢量分量的表达方式。UG NX 11.0 软件提供了下面两种坐标系。

- ⊙ 笛卡尔坐标系：用矢量的各分量来确定直角坐标，即在"矢量"对话框中的 I 、J 和 K 文本框中输入矢量的各分量值来创建矢量。
- ⊙ 球坐标系：矢量坐标分量为球形坐标系的两个角度值，其中 Phi 是矢量与 X 轴的夹角，$Theta$ 是矢量在 XY 面内的投影与 ZC 轴的夹角，通过在文本框中输入角度值，定义矢量方向。

3.8.3　旋转特征创建的一般过程

下面以图 3.8.5 所示的模型的旋转特征为例，说明创建旋转特征的一般操作过程。

Step1. 打开文件 D:\ug11.1\work\ch04.06\revolved.prt。

Step2. 选择命令。选择 插入(S) ➡ 设计特征(E)▶ ➡ 🔘旋转(R)... 命令，系统弹出"旋转"对话框。

Step3. 定义旋转截面。单击 ⬚ 按钮，选取图 3.8.6 所示的曲线为旋转截面，单击中键确认。

Step4. 定义旋转轴。单击 ⬚ 按钮，在系统弹出的"矢量"对话框的 类型 下拉列表中选择 曲线/轴矢量 选项，选取图 3.8.6 所示的直线为旋转轴，然后单击"矢量"对话框中的 确定 按钮。

图 3.8.5　模型及模型树

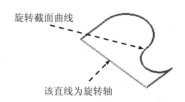

图 3.8.6　定义旋转截面和旋转轴

旋转截面曲线

该直线为旋转轴

注意:

（1）Step3 和 Step4 两步操作可以简化为：先选取图 3.8.6 所示的曲线为旋转截面，再单击中键以结束截面曲线的选取，然后选取图 3.8.6 所示的直线为旋转轴。

（2）如图 3.8.6 所示，作为旋转截面的曲线和作为旋转轴的直线是两个独立的草图。

Step5. 确定旋转角度的起始值和结束值。在"旋转"对话框 开始 区域的 角度 文本框中输入值 0，在 结束 区域的 角度 文本框中输入值 360。

Step6. 单击 < 确定 > 按钮，完成旋转特征的创建。

3.9　基　准　特　征

3.9.1　基准平面

基准平面也称基准面。是用户在创建特征时的一个参考面，同时也是一个载体。如果在创建一般特征时，模型上没有合适的平面，用户可以创建基准平面作为特征截面的草图平面或参照平面；也可以根据一个基准平面进行标注，此时它就好像是一条边。并且基准平面的大小是可以调整的，以使其看起来更适合零件、特征、曲面、边、轴或半径。UG NX 11.0 中有两种类型的基准平面：相对的和固定的。

相对基准平面：相对基准平面是根据模型中的其他对象而创建的。可使用曲线、面、边缘、点及其他基准作为基准平面的参考对象，可创建跨过多个体的相对基准平面。

固定基准平面：固定基准平面不参考，也不受其他几何对象的约束，在用户定义特征中使用除外。可使用任意相对基准平面方法创建固定基准平面，方法是：取消选择"基准平面"对话框中的 □关联 复选框；还可根据 WCS 和绝对坐标系并通过改变方程式中的系数，使用一些特殊方法创建固定基准平面。

要选择一个基准平面，可以在模型树中单击其名称，也可在图形区中选择它的一条边界。

1.基准平面的创建方法：成一角度

下面以图 3.9.1 所示的实例来说明创建基准平面的一般过程。

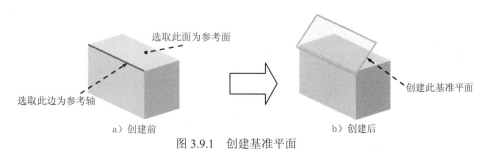

a）创建前　　　　　　　　　　b）创建后

图 3.9.1　创建基准平面

Step1. 打开文件 D:\ug11\work\ch03.09\ datum_plane_01.prt。

Step2. 选择下拉菜单 插入(S) ➡ 基准/点(D)▸ ➡ □ 基准平面(D)... 命令，系统弹出图 3.9.2 所示的"基准平面"对话框（可创建各种形式的基准平面）。

Step3. 定义创建方式。在"基准平面"对话框的 类型 下拉列表中选择 □ 成一角度 选项（图 3.9.2）。

Step4. 定义参考对象。选取图 3.9.1a 所示的平面和边线分别为基准平面的参考平面和参考轴。

图 3.9.2　"基准平面"对话框

Step5. 定义参数。在弹出的 角度 动态输入框中输入数值 45，单击"基准平面"对话框中的 〈确定〉 按钮，完成基准平面的创建。

图 3.9.2 所示"基准平面"对话框中部分选项及按钮的功能说明如下。

- **自动判断**：通过选择的对象自动判断约束条件。例如，选取一个表面或基准平面时，系统自动生成一个预览基准平面，可以输入偏置值和数量来创建基准平面。

- **按某一距离**：通过输入偏置值创建与已知平面（基准平面或零件表面）平行的基准平面。

- **成一角度**：通过输入角度值创建与已知平面成一角度的基准平面。先选择一个平面或基准平面，然后选择一个与所选面平行的线性曲线或基准轴，以定义旋转轴。

- **曲线和点**：用此方法创建基准平面的步骤为：先指定一个点，然后指定第二个点或者一条直线、线性边、基准轴、面等。如果选择直线、基准轴、线性曲线或特征的边缘作为第二个对象，则基准平面同时通过这两个对象；如果选择一般平面或基准平面作为第二个对象，则基准平面通过第一个点，但与第二个对象平行；如果选择两个点，则基准平面通过第一个点并垂直于这两个点所定义的方向；如果选择三个点，则基准平面通过这三个点。

- **两直线**：通过选择两条现有直线，或直线与线性边、面的法向向量或基准轴的组合，创建的基准平面包含第一条直线且平行于第二条线。如果两条直线共面，则创建的基准平面将同时包含这两条直线。否则，还会有下面两种可能的情况。

  - ☑ 这两条线不垂直。创建的基准平面包含第二条直线且平行于第一条直线。
  - ☑ 这两条线垂直。创建的基准平面包含第一条直线且垂直于第二条直线，或是包含第二条直线且垂直于第一条直线（可以使用循环解实现）。

- **通过对象**：根据选定的对象平面创建基准平面，对象包括曲线、边缘、面、基准、平面、圆柱、圆锥或旋转面的轴、基准坐标系、坐标系以及球面和旋转曲面。如果选择圆锥面或圆柱面，则在该面的轴线上创建基准平面。

- **点和方向**：通过定义一个点和一个方向来创建基准平面。定义的点可以是使用点构造器创建的点，也可以是曲线或曲面上的点；定义的方向可以通过选取的对象自动判断，也可以使用矢量构造器来构建。

- **曲线上**：创建一个过曲线上的点并在此点与曲线法向方向垂直或相切的基准平面。

- **视图平面**：创建平行于视图平面并穿过绝对坐标系（ACS）原点的固定基准平面。

- **YC-ZC 平面**：沿工作坐标系（WCS）或绝对坐标系（ACS）的 YC-ZC 轴创建一个固定的基准平面。

- **XC-ZC 平面**：沿工作坐标系（WCS）或绝对坐标系（ACS）的 XC-ZC 轴创建一

个固定的基准平面。

- ● XC-YC 平面 ：沿工作坐标系（WCS）或绝对坐标系（ACS）的 XC-YC 轴创建一个固定的基准平面。

- ● 按系数 ：通过使用系数 A、B、C 和 D 指定一个方程的方式，创建固定基准平面，该基准平面由方程 ax+ by+cz=d 确定。

2. 基准平面的创建方法：点和方向

用"点和方向"创建基准平面是指通过定义一点和平面的法向方向来创建基准平面。下面通过一个实例来说明用"点和方向"创建基准平面的一般过程。

Step1. 打开文件 D:\ug11\work\ch03.09\datum_plane_02.prt。

Step2. 选择命令。选择下拉菜单 插入(S) ➡ 基准/点(D) ➡ □ 基准平面(D)... 命令，系统弹出"基准平面"对话框。

Step3. 定义创建方式。在 类型 区域的下拉列表中选择 □ 点和方向 选项，选取图 3.9.3a 所示曲线的端点，在 法向 下拉列表中选择 XC 选项为平面的方向，单击 〈 确定 〉 按钮，完成基准平面的创建，如图 3.9.3b 所示。

a）选取点   b）创建基准平面

图 3.9.3 利用"点和方向"创建基准平面

3. 基准平面的创建方法：在曲线上

用"在曲线上"创建基准平面是通过指定在曲线上的位置和方位确定相对位置的基准平面。下面通过图 3.9.4 所示的实例来说明用"在曲线上"创建基准平面的一般过程。

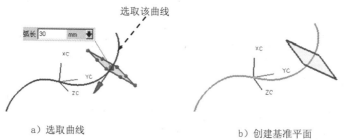

a）选取曲线   b）创建基准平面

图 3.9.4 利用"在曲线上"创建基准平面

Step1. 打开文件 D:\ug11\work\ch03.09\datum_plane_03.prt。

Step2. 选择命令。选择下拉菜单 插入(S) ➡ 基准/点(D) ➡ □ 基准平面(D)... 命令，系统弹出"基准平面"对话框。

Step3. 定义创建方式。在 类型 区域的下拉列表中选择 曲线上 选项，选取图 3.9.4a 所示曲线上的任意位置，在 曲线上的位置 区域的 位置 下拉列表中选择 弧长 选项，在 弧长 文本框中输入数值 30。

Step4. 在"基准平面"对话框中单击 < 确定 > 按钮，完成基准平面的创建，如图 3.9.4b 所示。

说明：此例中创建的基准平面的法向方向为曲线在曲线与基准平面交点处的切线方向。读者可以通过选择 方向 下拉列表中的其他选项来改变基准平面法向方向的类型。单击"反向"按钮 ，可以改变曲线的起始方向，而单击"法向平面法向"按钮 ，可以改变基准平面的法向方向。

4. 基准平面的创建方法：按某一距离

用"按某一距离"创建基准平面是指创建一个与指定平面平行且相距一定距离的基准平面。下面通过一个实例来说明用"按某一距离"创建基准平面的一般过程。

Step1. 打开文件 D:\ug11\work\ch03.09\datum_plane_04.prt。

Step2. 选择命令。选择下拉菜单 插入(S) ➞ 基准/点(D) ➞ 基准平面(D)... 命令，系统弹出"基准平面"对话框。

Step3. 定义创建方式。在 类型 区域的下拉列表中选择 按某一距离 选项，选取图 3.9.5a 所示的平面为参照面。

Step4. 在弹出的 距离 动态输入框内输入数值 10，单击"基准平面"对话框中的 < 确定 > 按钮，完成基准平面的创建，如图 3.9.5b 所示。

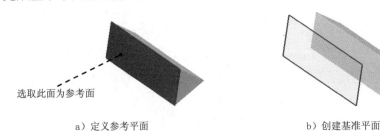

选取此面为参考面

a）定义参考平面　　　　　　　　　　b）创建基准平面

图 3.9.5　利用"按某一距离"创建基准平面

5. 基准平面的创建方法：平分平面

用"平分平面"创建基准平面是指创建一个与指定两平面相距相等距离的基准平面。下面通过一个实例来说明用"平分平面"创建基准平面的一般过程。

Step1. 打开文件 D:\ug11\work\ch03.09\datum_plane_05.prt。

Step2. 选择命令。选择下拉菜单 插入(S) ➞ 基准/点(D) ➞ 基准平面(D)... 命令，系统弹出"基准平面"对话框。

Step3. 定义创建方式。在 类型 区域的下拉列表中选择 自动判断 选项，选取图 3.9.6a 所示的平面为参照面。

Step4. 单击 < 确定 > 按钮，完成基准平面的创建，如图 3.9.6b 所示。

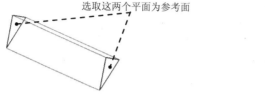 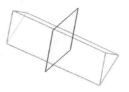

　　　　a）定义参考平面　　　　　　　　　　　　　b）创建基准平面

图 3.9.6　利用"平分平面"创建基准平面

6. 基准平面的创建方法：曲线和点

用"曲线和点"创建基准平面是指通过指定点和曲线而创建的基准平面。下面通过一个实例来说明用"曲线和点"创建基准平面的一般过程。

Step1. 打开文件 D:\ug11\work\ch03.09\datum_plane_06.prt。

Step2. 选择命令。选择下拉菜单 插入(S) ➡ 基准/点(D) ➡ 基准平面(D)... 命令，系统弹出"基准平面"对话框。

Step3. 定义创建方式。在 类型 区域的下拉列表中选择 曲线和点 选项，选取图 3.9.7a 所示的点和曲线为参照对象。

Step4. 单击 < 确定 > 按钮，完成基准平面的创建，如图 3.9.7b 所示。

说明：通过单击"基准平面"对话框中的"循环解"按钮 可以改变基准平面与曲线的相对位置，图 3.9.8 所示为基准平面与曲线垂直的情况。

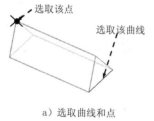 

　　a）选取曲线和点　　　　　　b）创建基准平面

图 3.9.7　利用"曲线和点"创建基准平面　　　　图 3.9.8　基准平面与曲线垂直

7. 基准平面的创建方法：两直线

用"两直线"创建基准平面可以创建通过两相交直线的基准平面，也可以创建包含一条直线且平行或垂直于另一条直线的基准平面。下面通过一个实例来说明用"两直线"创建基准平面的一般过程。

Step1. 打开文件 D:\ug11\work\ch03.09\datum_plane_07.prt。

Step2. 选择命令。选择下拉菜单 插入(S) ➡ 基准/点(D) ➡ 基准平面(D)... 命令，系统弹出"基准平面"对话框。

Step3. 定义创建方式。在 类型 区域的下拉列表中选择 两直线 选项，选取图 3.9.9a 所示两条直线为参照对象。

a）选取直线　　　　　　　　　　　b）创建基准平面

图 3.9.9　利用"两直线"创建基准平面

Step4. 单击 < 确定 > 按钮，完成基准平面的创建，如图 3.9.9b 所示。

8. 基准平面的创建方法：通过对象

用"通过对象"创建基准平面是指通过指定模型的表面为参照对象来创建基准平面。

下面通过一个实例来说明用"通过对象"创建基准平面的一般过程。

Step1. 打开文件 D:\ug11\work\ch03.09\datum_plane_09.prt。

Step2. 选择命令。选择下拉菜单 插入(S) ➡ 基准/点(D) ➡ 基准平面(D)… 命令，系统弹出"基准平面"对话框。

Step3. 定义创建方式。在 类型 区域的下拉列表中选择 通过对象 选项，选取图 3.9.10a 所示的模型表面为参照对象。

Step4. 单击 < 确定 > 按钮，完成基准平面的创建，如图 3.9.10b 所示。

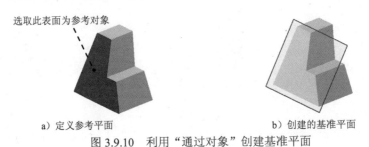

选取此表面为参考对象

a）定义参考平面　　　　　　　　　　b）创建的基准平面

图 3.9.10　利用"通过对象"创建基准平面

9. 控制基准平面的显示大小

尽管基准平面实际上是一个无穷大的平面，但在默认情况下，系统根据模型大小对其进行缩放显示。显示的基准平面的大小随零件尺寸而改变。除了那些即时生成的平面以外，其他所有基准平面的大小都可以调整，以适应零件、特征、曲面、边、轴或半径。改变基准平面大小的方法是：双击基准平面，用鼠标拖动基准平面的控制点即可改变其大小（图3.9.11）。

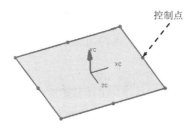

图 3.9.11 控制基准平面的大小

3.9.2 基准轴

基准轴既可以是相对的，也可以是固定的。以创建的基准轴为参考对象，可以创建其他对象，比如基准平面、旋转体和拉伸特征等。

下面通过图 3.9.12 所示的实例来说明创建基准轴的一般操作步骤。

图 3.9.12 创建基准轴

Step1. 打开文件 D:\ug11\work\ch03.09\ datum_ axis01.prt。

Step2. 选择下拉菜单 插入(S) ➡ 基准/点(D)▶ ➡ ↑ 基准轴(A)... 命令，系统弹出图 3.9.13 所示的"基准轴"对话框。

1. 基准轴的创建方法：两点

Step1. 单击"两个点"按钮 ，选择"两点"方式来创建基准轴（图 3.9.13）。

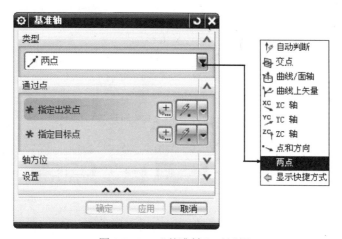

图 3.9.13 "基准轴"对话框

Step2. 定义参考点。选取图 3.9.12a 所示的两边线的端点为参考点。

注意：创建的基准轴与选择点的先后顺序有关，可以通过单击"基准轴"对话框中的"反向"按钮 ⚡ 调整其方向。

Step3. 单击 ＜ 确定 ＞ 按钮，完成基准轴的创建。

图 3.9.13 所示"基准轴"对话框中有关选项功能的说明如下。

- ⚡ 自动判断 ：系统根据选择的对象自动判断约束。
- 🔷 交点 ：通过两个相交平面创建基准轴。
- 曲线/面轴 ：创建一个起点在选择曲线上的基准轴。
- 曲线上矢量 ：创建与曲线的某点相切、垂直，或者与另一对象垂直或平行的基准轴。
- XC 轴 ：选择该选项，读者可以沿 XC 方向创建基准轴。
- YC 轴 ：选择该选项，读者可以沿 YC 方向创建基准轴。
- ZC 轴 ：选择该选项，读者可以沿 ZC 方向创建基准轴。
- 点和方向 ：通过定义一个点和一个矢量方向来创建基准轴。通过曲线、边或曲面上的一点，可以创建一条平行于线性几何体或基准轴、面轴，或垂直于一个曲面的基准轴。
- 两点 ：通过定义轴上的两点来创建基准轴。第一点为基点，第二点定义了从第一点到第二点的方向。

2. 基准轴的创建方法：点和方向

用"点和方向"创建基准轴是指通过定义一个点和矢量方向来创建基准轴。下面通过图 3.9.14 所示的范例来说明用"点和方向"创建基准轴的一般过程。

a) 创建前　　　　　　　　　　　　　　　　　b) 创建后

图 3.9.14　利用"点和方向"创建基准轴

Step1. 打开文件 D:\ug11\work\ch03.09\datum_axis02.prt。

Step2. 选择下拉菜单 插入(S) ➡ 基准/点(D) ➡ ↑ 基准轴(A)... 命令，系统弹出"基准轴"对话框。

Step3. 在基准平面对话框 类型 区域的下拉列表中选取 选项，选择图 3.9.15 所示的点为参考对象。

图 3.9.15　定义参考点

Step4. 在对话框 方向 区域的 方位 下拉列表中选择 平行于矢量 选项；在 ✔ 指定矢量 下拉列表中选择 ZC↑ 选项。

Step5. 单击 < 确定 > 按钮，完成基准轴的创建。

3. 基准轴的创建方法：曲线/面轴

用"曲线/面轴"可以创建一个与选定的曲线/面轴共线的基准轴，下面通过图 3.9.16 所示的实例来说明用"曲线/面轴"创建基准轴的一般过程。

Step1. 打开文件 D:\ug11\work\ch03.09\datum_ axis03.prt。

Step2. 选择下拉菜单 插入(S) ➡ 基准/点(D) ➡ ↑ 基准轴(A)... 命令，系统弹出"基准轴"对话框。

Step3. 在对话框 类型 区域的下拉列表中选择 曲线/面轴 选项，选取图 3.9.17 所示的曲面为参考对象；调整基准轴的方向使其与 ZC 轴正方向同向。

Step4. 单击 < 确定 > 按钮，完成基准轴的创建。

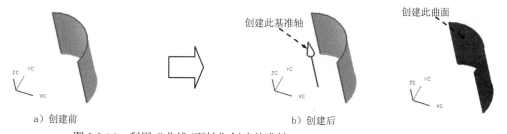

a）创建前　　　　　　　　　　　　　b）创建后

图 3.9.16　利用"曲线/面轴"创建基准轴　　　　　图 3.9.17　定义参照

说明：在"基准轴"对话框 轴方位 区域单击"反向"按钮 ⚡ 可以改变创建的基准轴的方向。

4. 基准轴的创建方法：在曲线矢量上

用"在曲线矢量上"可以通过指定在曲线上的相对位置和方位来创建基准轴。下面通过图 3.9.18 所示的实例来说明用"在曲线矢量上"创建基准轴的一般过程。

Step1. 打开文件 D:\ug11\work\ch03.09\datum_ axis04.prt。

Step2. 选择下拉菜单 插入(S) ➡ 基准/点(D) ➡ ↑ 基准轴(A)... 命令，系统弹出"基准轴"对话框。

a）创建前　　　　　　　　　　　　　　　　b）创建后

图 3.9.18　利用"在曲线矢量上"创建基准轴

Step3. 在基准轴对话框 类型 区域的下拉列表中选择 曲线上矢量 选项，选取图 3.9.19 所示的曲线为参考对象。

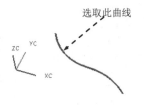

选取此曲线

图 3.9.19　定义参考曲线

Step4. 在对话框 曲线上的位置 区域的 位置 下拉列表中选择 弧长 选项，在 弧长 文本框中输入数值 30。

Step5. 在对话框 曲线上的方位 区域的 方位 下拉列表中选择 相切 选项。

Step6. 单击 < 确定 > 按钮，完成基准轴的创建。

说明：定义基准轴在曲线上的相对位置时有两种方式供选择，分别是 弧长 和 弧长百分比。即"基准轴"对话框 曲线上的位置 区域的 位置 下拉列表中的两个选项：弧长 选项和 弧长百分比 选项。如选取的参照是直线，则可以更精确地确定基准轴的位置。另外，确定基准轴的方向时，在 曲线上的方位 区域的 方位 下拉列表中有五种方式可供选择，分别是 相切、副法向、法向、垂直于对象 和 平行于对象。其中前三种方式的参考对象是曲线的切线，后两种方式则要求再选择新的参照对象。图 3.9.20 和图 3.9.21 所示分别是选择"垂直于对象"和"平行于对象"方式创建的基准轴。

图 3.9.20　"垂直于对象"方式创建的基准轴　　　图 3.9.21　"平行于对象"方式创建的基准轴

3.9.3　基准点

基准点用来为网格生成加载点、在绘图中连接基准目标和注释、创建坐标系及管道特征轨迹，也可以在基准点处放置轴、基准平面、孔和轴肩。

默认情况下，UG NX 11.0 将一个基准点显示为加号 "+"，其名称显示为 point（n），其中 n 是基准点的编号。要选取一个基准点，可选择基准点自身或其名称。

1. 通过给定坐标值创建点

无论用哪种方式创建点，得到的点都有其唯一的坐标值与之相对应。只是不同方式的操作步骤和简便程度不同。在可以通过其他方式方便快捷地创建点时就没有必要再通过给定点的坐标值来创建。仅推荐读者在确定点的坐标值时使用此方式。

本节将创建如下几个点：坐标值分别是（10.0，-10.0，0.0）、（0.0，8.0，8.0）和（12.0，12.0，12.0），操作步骤如下。

Step1. 打开文件 D:\ug11\work\ch03.09\point_01.prt。

Step2. 选择下拉菜单 插入(S) ➡ 基准/点(D)▸ ➡ ✛ 点(P)... 命令，系统弹出 "点" 对话框。

Step3. 在 "点" 对话框的 X 、 Y 、 Z 文本框中输入相应的坐标值，单击 < 确定 > 按钮，完成三个点的创建，结果如图 3.9.22 所示。

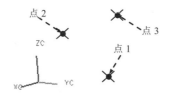

图 3.9.22　利用坐标值创建点

2. 在端点上创建点

在端点上创建点是指在直线或曲线的末端可以创建点。下面以一个范例来说明在端点上创建点的一般过程，如图 3.9.23b 所示。现要在模型的顶点处创建一个点，其操作步骤如下。

Step1. 打开文件 D:\ug11\work\ch03.09\point_02.prt。

Step2. 选择下拉菜单 插入(S) ➡ 基准/点(D)▸ ➡ ✛ 点(P)... 命令，系统弹出 "点" 对话框（在对话框 设置 区域中系统的默认设置是 ☑ 关联 选项被选中，即所创建的点与所选对象参数相关）。

Step3. 选择 "端点" 的方式创建点。在对话框 类型 区域的下拉列表中选择 端点 选项，选取图 3.9.23a 所示的模型边线，单击 < 确定 > 按钮，完成点的创建，如图 3.9.23b 所示。

说明：系统默认的线的端点是离鼠标点选位置最近的点，读者在选取边线时应注意点选位置，以免所创建的点不是读者所需的点。

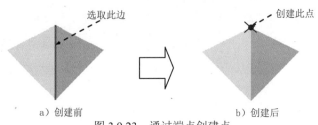

图 3.9.23　通过端点创建点

3. 在曲线上创建点

用位置的参数值在曲线或边上创建点，该位置参数值确定从一个顶点开始沿曲线的长度。下面通过图 3.9.24 所示的实例来说明"点在曲线/边上"创建点的一般过程。

图 3.9.24　创建点

Step1. 打开文件 D:\ug11\work\ch03.09\point_03.prt。

Step2. 选择命令。选择下拉菜单 插入(S) ➡ 基准/点(D) ➡ ╋ 点(P)... 命令，系统弹出图 3.9.25 所示的"点"对话框。

Step3. 定义点的类型。在基准点对话框 类型 区域的下拉列表中选择 曲线/边上的点 选项。

Step4. 定义参考曲线。选取图 3.9.26 所示的直线为参考曲线。

图 3.9.25　"点"对话框

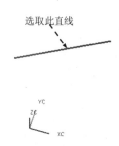

图 3.9.26　定义参考曲线

Step5. 定义点的位置。在对话框 曲线上的位置 区域的 位置 中选择 弧长百分比 并在 弧长百分比 中输入数值 50。

Step6. 单击 〈确定〉 按钮，完成点的创建。

说明："点"对话框 设置 区域中的 ☑ 关联 复选框控制所创建的点与所选取的参考曲线是否参数关联。选中此选项则创建的点与参考直线参数相关，取消此选项的选取则创建的点与参考曲线不参数相关联。以下如不作具体说明，都为接受系统默认，即选中 ☑ 关联 选项。

4. 过中心点创建点

过中心点创建点是指在一条弧、一个圆或一个椭圆图元的中心处可以创建点。下面以一个范例来说明过中心点创建点的一般过程。如图 3.9.27b 所示，现需要在模型表面孔的圆心处创建一个点，操作步骤如下。

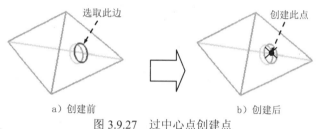

a）创建前　　　　　　　b）创建后

图 3.9.27　过中心点创建点

Step1. 打开文件 D:\ug11\work\ch03.09\point_04.prt。

Step2. 选择下拉菜单 插入(S) ➡ 基准/点(D)▶ ➡ ＋ 点(P)... 命令，系统弹出"点"对话框。

Step3. 在对话框 类型 区域的下拉列表中选择 圆弧中心/椭圆中心/球心 选项，选取图 3.9.27a 所示的模型边缘，单击 〈确定〉 按钮，完成点的创建，如图 3.9.27b 所示。

5. 通过选取象限点创建点

当用户需要借助圆弧、圆、椭圆弧和椭圆等图元的象限点时需要用到此命令。

下面通过一个实例说明其操作步骤。

Step1. 打开文件 D:\ug11\work\ch03.09\point_05.prt。

Step2. 选择下拉菜单 插入(S) ➡ 基准/点(D)▶ ➡ ＋ 点(P)... 命令，系统弹出"点"对话框。

Step3. 在对话框 类型 区域的下拉列表中选择 象限点 选项，选取图 3.9.28a 所示的椭圆，结果如图 3.9.28b 所示，单击 〈确定〉 按钮，完成点的创建。

说明：系统默认的象限点是离鼠标点选位置最近的象限点，读者点选时需要注意。

6. 在曲面上创建基准点

在现有的曲面上可以创建基准点。下面以图 3.9.29 所示的实例来说明在曲面上创建基准点的一般过程。

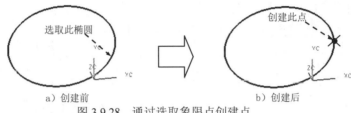

a）创建前　　　　　　　　b）创建后

图 3.9.28　通过选取象限点创建点

Step1. 打开文件 D:\ug11\work\ch03.09\point_06.prt。

Step2. 选择下拉菜单 插入(S) ➡ 基准/点(D)▶ ➡ ✛ 点(P)... 命令，系统弹出"点"对话框。

Step3. 在基准点对话框的下拉列表中选取 ⊙ 面上的点 选项，选取图 3.9.29a 所示的模型表面，在 面上的位置 区域的 U 向参数 文本框中输入数值 0.8，在 V 向参数 文本框中输入数值 0.8，单击 ＜ 确定 ＞ 按钮，完成点的创建，如图 3.9.29b 所示。

说明：在面上创建点时也可以通过给定点的绝对坐标来创建所需的点。

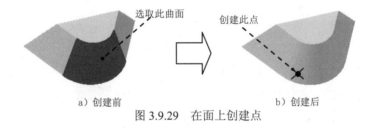

选取此曲面　　　　　　创建此点

a）创建前　　　　　　　　b）创建后

图 3.9.29　在面上创建点

7．利用曲线与曲面相交创建点

在一条曲线和一个曲面的交点处可以创建基准点。曲线可以是零件边、曲面特征边、基准曲线、轴或输入的基准曲线；曲面可以是零件曲面、曲面特征或基准平面。如图 3.9.30a 所示，现需要在曲面与模型边线的相交处创建一个点，其操作步骤如下。

选取此直线　　　选取此曲面　　　　创建此点

a）创建前　　　　　　　　b）创建后

图 3.9.30　利用相交创建点

Step1. 打开文件 D:\ug11\work\ch03.09\point_07.prt。

Step2. 选择下拉菜单 插入(S) ➡ 基准/点(D)▶ ➡ ✛ 点(P)... 命令，系统弹出"点"对话框。

Step3. 在基准点对话框的下拉列表中选取 交点 选项，选取图3.9.30a所示的曲面和直线，单击 < 确定 > 按钮，完成点的创建（图3.9.30b）。

说明：

（1）本例中的相交面是一个独立的片体，同样也可以是基准平面和体的面等曲面特征。当然所选的相交对象同样可以是线性图元，如直线、曲线等。

（2）线性图元的相交不一定是实际相交，只要在空间存在相交点即可。

8．在草图中创建基准点

在草图环境下可以创建基准点。下面以一个范例来说明创建草图基准点的一般过程，现需要在模型的表面上创建一个草图基准点，操作步骤如下。

Step1. 打开文件 D:\ug11\work\ch03.09\point_08.prt。

Step2. 选择下拉菜单 插入(S) ➡ 在任务环境中绘制草图(V)... 命令。

Step3. 选取图3.9.31所示的模型表面为草图平面，接受系统默认的方向，单击"创建草图"对话框中的 确定 按钮，进入草图环境。

Step4. 选择下拉菜单 插入(S) ➡ 点(P)... 命令，系统弹出"点"对话框。

Step5. 在对话框 类型 区域的下拉列表中选择 光标位置 选项，在图3.9.31所示的三角形区域内创建一点，单击对话框中的 取消 按钮。

Step6. 对点添加图3.9.32所示的尺寸约束。

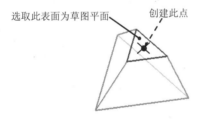

图3.9.31 创建草图基准点

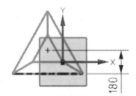

图3.9.32 草图约束

Step7. 单击 按钮，退出草图环境，完成点的创建（图3.9.31）。

9．创建点集

"创建点集"是指在现有的几何体上创建一系列的点，它可以是曲线上的点，也可以是曲面上的点。本小节将介绍一些常用的点集的创建方法。

Task1．曲线上的点

下面以图3.9.33所示的范例来说明创建点集的一般过程，操作步骤如下。

Step1. 打开文件 D:\ug11\work\ch03.09\point_09_01.prt。

Step2. 选择命令。选择下拉菜单 插入(S) ➡ 基准/点(D)▶ ➡ 点集(S)... 命令，系统弹出图 3.9.34 所示的"点集"对话框。

Step3. 定义点集的类型。选择"点集"对话框 类型 区域中的 曲线点 选项，在对话框 子类型 下的 曲线点产生方法 下拉列表中选择 等弧长 选项。

Step4. 在图形区中选取图 3.9.33a 所示的曲线。

Step5. 设置参数。在 点数 文本框中输入数值 6，其余选项接受系统默认的设置值，单击 < 确定 > 按钮，完成点的创建，隐藏源曲线后的结果如图 3.9.33b 所示。

Task2. 曲线上的百分点

"曲线上的百分点"是指在曲线上某个百分比位置添加一个点。下面以图 3.9.35 所示的实例来说明用"曲线上的百分点"创建点集的一般过程。

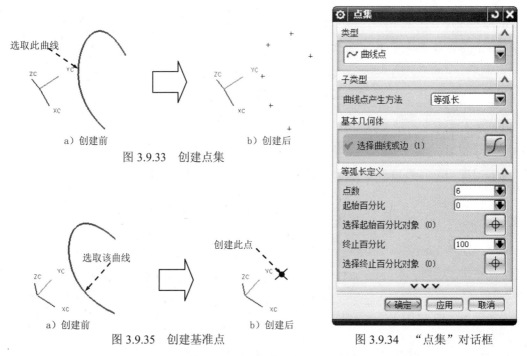

图 3.9.33　创建点集

a）创建前　　　b）创建后

图 3.9.35　创建基准点

图 3.9.34　"点集"对话框

Step1. 打开文件 D:\ug11\work\ch03.09\point_09_02.prt。

Step2. 选择下拉菜单 插入(S) ➡ 基准/点(D)▶ ➡ 点集(S)... 命令，系统弹出"点集"对话框，选择"点集"对话框 类型 区域中的 曲线点 选项，在对话框 子类型 下的 曲线点产生方法 下拉列表中选择 曲线百分比 选项。

Step3. 选取图 3.9.35a 所示的曲线，在 曲线百分比 文本框中输入数值 60.0，单击 < 确定 > 按钮，完成点的创建，隐藏源曲线后的结果如图 3.9.35b 所示。

Task3. 面上的点

"面上的点"是指在现有的面上创建点集。下面以一个范例来说明用"面上的点"创建点集的一般过程，如图 3.9.36 所示，其操作步骤如下。

a）创建前　　　　　　　　　　　　　　　　　　　b）创建后

图 3.9.36　创建基准点

Step1. 打开文件 D:\ug11\work\ch03.09\point_09_03.prt。

Step2. 选择下拉菜单 插入(S) ➡ 基准/点(D)▶ ➡ 点集(S)... 命令，系统弹出"点集"对话框，选择"点集"对话框 类型 区域中的 面的点 选项。

Step3. 选取图 3.9.36a 所示的曲面，在 U向 文本框中输入数值 6.0，在 V向 文本框中输入数值 6.0，其余选项保持系统默认的设置。

Step4. 在"面上的点"对话框中单击 < 确定 > 按钮，完成点的创建，如图 3.9.36b 所示。

Task4．曲面上的百分点

"曲面上的百分点"是指在现有面上的 U 向和 V 向指定位置创建的点。下面以一个实例来说明用"曲面上的百分点"创建点集的一般过程，操作步骤如下。

Step1. 打开文件 D:\ug11\work\ch03.09\ point_09_04.prt。

Step2. 选择下拉菜单 插入(S) ➡ 基准/点(D)▶ ➡ 点集(S)... 命令，系统弹出"点集"对话框。选择"点集"对话框 类型 区域中的 面的点 选项，在对话框 子类型 下的 面点产生方法 下拉列表中选择 面百分比 选项。

Step3. 选取图 3.9.37a 所示的曲面，在 U向百分比 文本框中输入数值 60.0，在 V向百分比 文本框中输入数值 60.0。

Step4. 单击 < 确定 > 按钮，完成点的创建（图 3.9.37b）。

a）创建前　　　　　　　　　　　　　　　　　　　b）创建后

图 3.9.37　创建基准点

3.9.4　基准坐标系

坐标系是可以增加到零件和装配件中的参照特征，它可用于：

- 计算质量属性。
- 装配元件。
- 为"有限元分析（FEA）"放置约束。
- 为刀具轨迹提供制造操作参照。
- 用于定位其他特征的参照（坐标系、基准点、平面和轴线、输入的几何等）。

在 UG NX 11.0 系统中，可以使用下列三种形式的坐标系：

- 绝对坐标系（ACS）。系统默认的坐标系，其坐标原点不会变化，在新建文件时系统会自动产生绝对坐标系。
- 工作坐标系（WCS）。系统提供给用户的坐标系，用户可根据需要移动它的位置来设置自己的工作坐标系。
- 基准坐标系（CSYS）。该坐标系常用于模具设计和数控加工等操作。

1. 使用三个点创建坐标系

根据所选的三个点来定义坐标系，X 轴是从第一点到第二点的矢量，Y 轴是第一点到第三点的矢量，原点是第一点。下面以一个范例来说明用三点创建坐标系的一般过程，其操作步骤如下。

Step1. 打开文件 D:\ug11\work\ch03.09\csys_create_01.prt。

Step2. 选择下拉菜单 插入(S) ➡ 基准/点(D)▶ ➡ 基准 CSYS... 命令，系统弹出图 3.9.38 所示的"基准坐标系"对话框。

图 3.9.38　"基准坐标系"对话框

Step3. 在"基准坐标系"对话框的 类型 下拉列表中选择 原点,X点,Y点 选项,选取图 3.9.39a 所示的三点,其中 X 轴是从第一点到第二点的矢量;Y 轴是从第一点到第三点的矢量;原点是第一点。

Step4. 单击 〈 确定 〉 按钮,完成基准坐标系的创建,如图 3.9.39b 所示。

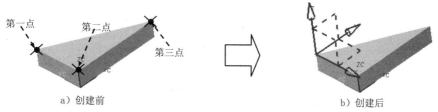

a) 创建前　　　　　　　　　　　　　　　　b) 创建后

图 3.9.39　创建基准坐标系

图 3.9.38 所示"基准坐标系"对话框中部分选项功能的说明如下。

● 动态 :选择该选项,读者可以手动将 CSYS 移到所需的任何位置和方向。

● 自动判断 (自动判断):创建一个与所选对象相关的 CSYS,或通过 X、Y 和 Z 分量的增量来创建 CSYS。实际所使用的方法是基于所选择的对象和选项。要选择当前的 CSYS,可选自动判断的方法。

● 原点,X点,Y点 (原点、X 点、Y 点):根据选择的三个点或创建三个点来创建 CSYS。要想指定三个点,可以使用点方法选项或使用相同功能的菜单,打开"点构造器"对话框。X 轴是从第一点到第二点的矢量;Y 轴是从第一点到第三点的矢量;原点是第一点。

● X轴,Y轴,原点 (X 轴、Y 轴、原点):根据所选择或定义的一点和两个矢量来创建 CSYS。选择的两个矢量作为坐标系的 X 轴和 Y 轴;选择的点作为坐标系的原点。

● Z轴,X轴,原点 :根据所选择或定义的一点和两个矢量来创建 CSYS。选择的两个矢量作为坐标系的 Z 轴和 X 轴;选择的点作为坐标系的原点。

● Z轴,Y轴,原点 :根据所选择或定义的一点和两个矢量来创建 CSYS。选择的两个矢量作为坐标系的 Z 轴和 Y 轴;选择的点作为坐标系的原点。

● 平面,X轴,点 :根据所选择的一个平面、X 轴和原点来创建 CSYS。其中选择的平面为 Z 轴平面,选取的 X 轴方向即为 CSYS 中 X 轴方向,选取的原点为 CSYS 的原点。

● 三平面 (三平面):根据所选择的三个平面来创建 CSYS。X 轴是第一个"基准平面/平的面"的法线;Y 轴是第二个"基准平面/平的面"的法线;原点是这三个基准平面/面的交点。

● 绝对 CSYS (绝对坐标系):指定模型空间坐标系作为坐标系。X 轴和 Y 轴是"绝对 CSYS"的 X 轴和 Y 轴，原点为"绝对 CSYS"的原点。

- ▮当前视图的 CSYS（当前视图的 CSYS）：将当前视图的坐标系设置为坐标系。X 轴平行于视图底部；Y 轴平行于视图的侧面；原点为视图的原点（图形屏幕中间）。如果通过名称来选择，CSYS 将不可见或在不可选择的层中。

- ▮偏置 CSYS（偏置 CSYS）：根据所选择的现有基准坐标系的 X、Y 和 Z 的增量来创建 CSYS。

- ▮比例因子（比例因子）：使用此选项更改基准坐标系的显示尺寸。每个基准坐标系都可具有不同的显示尺寸。显示大小由比例因子参数控制，1 为基本尺寸。如果指定比例因子为 0.5，则得到的基准坐标系将是正常大小的一半；如果指定比例因子为 2，则得到的基准坐标系 将是正常比例大小的两倍。

说明：在建模过程中，经常需要对工作坐标系进行操作，以便于建模。选择下拉菜单 ▮格式(R) ➡ ▮WCS ▸ ➡ ▮定向(N)... 命令，系统弹出图 3.9.40 所示的"CSYS"对话框，对所建的工作坐标系进行操作。该对话框的上部为创建坐标系的各种方式的按钮，其他选项为涉及的参数。其创建的操作步骤和创建基准坐标系一致。

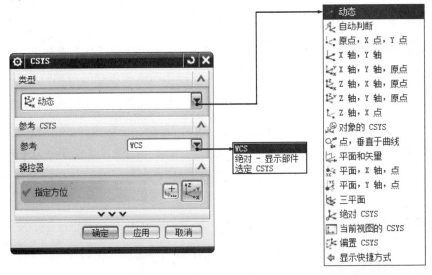

图 3.9.40　"CSYS"对话框

图 3.9.40 所示"CSYS"对话框的▮类型下拉列表中部分选项说明如下。

- ▮自动判断：通过选择的对象或输入坐标分量值来创建一个坐标系。

- ▮原点, X 点, Y 点：通过三个点来创建一个坐标系。这三点依次是原点、X 轴方向上的点和 Y 轴方向上的点。第一点到第二点的矢量方向为 X 轴正向，Z 轴正向由第二点到第三点按右手法则来确定。

- ▮X 轴, Y 轴：通过两个矢量来创建一个坐标系。坐标系的原点为第一矢量与第二矢量的交点，XC-YC 平面为第一矢量与第二个矢量所确定的平面，X 轴正向为第一矢量方向，从第一矢量至第二矢量按右手螺旋法则确定 Z 轴的正向。

- **X轴,Y轴,原点**：创建一点作为坐标系原点，再选取或创建两个矢量来创建坐标系。X轴正向平行于第一矢量方向，XC-YC平面平行于第一矢量与第二矢量所在平面，Z轴正向由从第一矢量在XC-YC平面上的投影矢量至第二矢量在XC-YC平面上的投影矢量，按右手法则确定。

- **Z轴,X点**：通过选择或创建一个矢量和一个点来创建一个坐标系。Z轴正向为矢量的方向，X轴正向为沿点和矢量的垂线指向定义点的方向，Y轴正向由从Z轴至X轴按右手螺旋法则确定，原点为三个矢量的交点。

- **对象的CSYS**：用选择的平面曲线、平面或工程图来创建坐标系，XC-YC平面为对象所在的平面。

- **点,垂直于曲线**：利用所选曲线的切线和一个点的方法来创建一个坐标系。原点为切点，曲线切线的方向即为Z轴矢量，X轴正向为沿点到切线的垂线指向点的方向，Y轴正向由从Z轴至X轴矢量按右手螺旋法则确定。

- **平面和矢量**：通过选择一个平面、选择或创建一个矢量来创建一个坐标系。X轴正向为面的法线方向，Y轴为矢量在平面上的投影，原点为矢量与平面的交点。

- **三平面**：通过依次选择三个平面来创建一个坐标系。三个平面的交点为坐标系的原点，第一个平面的法向为X轴，第一个平面与第二个平面的交线为Z轴。

- **绝对CSYS**：在绝对坐标原点（0，0，0）处创建一个坐标系，即与绝对坐标系重合的新坐标系。

- **当前视图的CSYS**：用当前视图来创建一个坐标系。当前视图的平面即为XC-YC平面。

说明："CSYS"对话框中的一些选项与"基准坐标系"对话框中的相同，此处不再赘述。

2. 使用三个平面创建坐标系

用三个平面创建坐标系是指选择三个平面（模型的表平面或基准面），其交点成为坐标系原点，选定的第一个平面的法向定义一个轴的方向，第二个平面的法向定义另一轴的大致方向，系统会自动按右手定则确定第三轴。

如图3.9.41b所示，现需要在三个垂直平面（平面1、平面2和平面3）的交点上创建一个坐标系，操作步骤如下。

Step1. 打开文件D:\ug11\work\ch03.09\csys_create_02.prt。

Step2. 选择下拉菜单 插入(S) ➡ 基准/点(D)▶ ➡ 基准CSYS. 命令，系统弹出"基准坐标系"对话框。

Step3. 在对话框 类型 区域的下拉列表中选择 三平面 选项。选取图3.9.41a所示的三个平面为基准坐标系的参考平面，其中 X 轴是平面 1 的法向矢量，Y 轴是平面 2 的法向矢量，原点为三个平面的交点。

Step4. 单击 〈 确定 〉 按钮，完成基准坐标系的创建（图 3.9.41b）。

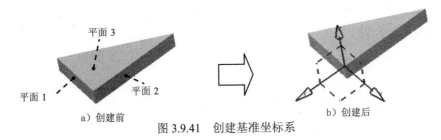

a）创建前

b）创建后

图 3.9.41　创建基准坐标系

3. 使用两个相交的轴（边）创建坐标系

选取两条直线（或轴线）作为坐标系的 X 轴和 Y 轴，选取一点作为坐标系的原点，然后就可以定义坐标系的方向。如图 3.9.42b 所示，现需要通过模型的两条边线创建一个坐标系，操作步骤如下。

Step1. 打开文件 D:\ug11\work\ch03.09\csys_create_03.prt。

Step2. 选择下拉菜单 插入 (S) ➡ 基准/点 (D) ➡ 基准 CSYS... 命令，系统弹出"基准坐标系"对话框。

Step3. 在"基准坐标系"对话框的下拉列表中选取 X 轴，Y 轴，原点 选项，选取图 3.9.42a 所示的边 1 和边 2 为基准坐标系的 X 轴和 Y 轴，然后选取边 3 的端点作为基准坐标系的原点。

注意：坐标轴的方向与点选边的位置有关，选择时需注意区别。

Step4. 单击 〈 确定 〉 按钮，完成基准坐标系的创建，如图 3.9.42b 所示。

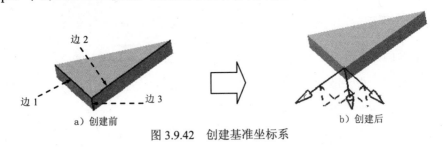

a）创建前

b）创建后

图 3.9.42　创建基准坐标系

4. 创建偏距坐标系

通过参照坐标系的偏移和旋转可以创建一个坐标系。如图 3.9.43 所示，现要通过参照坐标系创建一个偏距坐标系，操作步骤如下。

Step1. 打开文件 D:\ug11\work\ch03.09\offset_cycs.prt。

Step2. 选择下拉菜单 插入 (S) ➡ 基准/点 (D) ➡ 基准 CSYS... 命令，系统弹出"基准坐标系"对话框（图 3.9.44）。

a）创建前　　　　　　　　　　b）创建后

图 3.9.43　创建基准坐标系

Step3. 在"基准坐标系"对话框的下拉列表中选取 偏置 CSYS 选项；在对话框 参考 CSYS 区域的 参考 下拉列表中选择 绝对 - 显示部件 选项。

Step4. 设置参数。在对话框 平移 区域的 X 、 Y 、 Z 文本框中分别输入数值 100，如图 3.9.44 所示；其余选项保持系统默认设置值。

Step5. 单击 < 确定 > 按钮，完成基准坐标系的创建，如图 3.9.43b 所示。

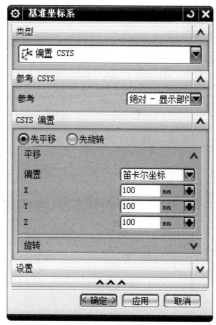

图 3.9.44　"基准坐标系"对话框

5. 创建绝对坐标系

在绝对坐标系的原点处可以定义一个新的坐标系，X 轴和 Y 轴分别是绝对坐标系的 X 轴和 Y 轴，原点为绝对坐标系的原点。在 UG NX 11.0 中创建绝对坐标系时可以选择下拉菜单 插入(S) ➡ 基准/点(D)▶ ➡ 基准 CSYS... 命令，在系统弹出的"基准坐标系"对话框 类型 区域的下拉列表中选择 绝对 CSYS 选项，然后单击 < 确定 > 按钮即可。

6. 创建当前视图坐标系

在当前视图中可以创建一个新的坐标系，X 轴平行于视图底部；Y 轴平行于视图的侧面；原点为视图的原点，即图形屏幕的中间位置。当前视图的创建方法也是选择下拉菜单 插入(S) ➡ 基准/点(D)▶ ➡ 📐 基准 CSYS... 命令，在系统弹出的"基准坐标系"对话框 类型 区域的下拉列表中选择 📐 当前视图的 CSYS 选项，然后单击 〈 确定 〉 按钮即可。

3.10 倒 斜 角

构建特征不能单独生成，而只能在其他特征上生成，孔特征、倒斜角特征和倒圆角特征等都是典型的构建特征。使用"倒斜角"命令可以在两个面之间创建用户需要的倒角。下面以图 3.10.1 所示的范例来说明创建倒斜角的一般过程。

a）倒斜角前　　　　　　　　b）倒斜角后

图 3.10.1　创建倒斜角

Step1. 打开文件 D:\ug11\work\ch03.10\chamber.prt。

Step2. 选择命令。选择下拉菜单 插入(S) ➡ 细节特征(L) ➡ 🗍 倒斜角(M)... 命令，系统弹出图 3.10.2 所示的"倒斜角"对话框。

Step3. 选择倒斜角方式。在 横截面 下拉列表中选择 对称 选项，如图 3.10.2 所示。

Step4. 选取图 3.10.3 所示的边线为倒斜角的参照边。

Step5. 定义倒角参数。在弹出的动态输入框中输入偏置值 2.0（可拖动屏幕上的拖拽手柄至用户需要的偏置值），如图 3.10.4 所示。

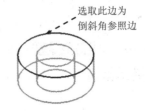

选取此边为
倒斜角参照边

距离 2

拖拽手柄

图 3.10.2　"倒斜角"对话框　　图 3.10.3　选择倒斜角参照边　　图 3.10.4　托动拖拽手柄

Step6. 单击 〈 确定 〉 按钮，完成倒斜角的创建。

图 3.10.2 所示的"倒斜角"对话框中有关选项的说明如下。

- **对称**：单击该按钮，建立一简单倒斜角，沿两个表面的偏置值是相同的。
- **非对称**：单击该按钮，建立一简单倒斜角，沿两个表面有不同的偏置量。对于不对称偏置，可利用 ⤢ 按钮反转倒斜角偏置顺序从边缘一侧到另一侧。
- **偏置和角度**：单击该按钮，建立一简单倒斜角，它的偏置量是由一个偏置值和一个角度决定的。
- **偏置方法**：包括以下两种偏置方法。
  - ☑ **沿面偏置边**：仅为简单形状生成精确的倒斜角，从倒斜角的边开始，沿着面测量偏置值，这将定义新倒斜角面的边。
  - ☑ **偏置面并修剪**：如果被倒斜角的面很复杂，此选项可延伸用于修剪原始曲面的每个偏置曲面。

3.11 边 倒 圆

使用"边倒圆"（倒圆角）命令可以使多个面共享的边缘变光滑，相关模型如图 3.11.1 所示。既可以创建圆角的边倒圆（对凸边缘则去除材料），也可以创建倒圆角的边倒圆（对凹边缘则添加材料）。下面以图 3.11.1 所示的范例说明边倒圆的一般创建过程。

Task1. 打开零件模型

打开文件 D:\ug11\work\ch03.11\blend.prt。

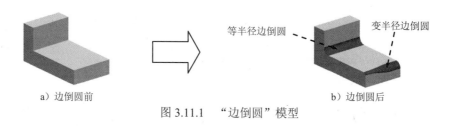

a）边倒圆前　　　　　　　　　　　　　　　b）边倒圆后

图 3.11.1 "边倒圆"模型

Task2. 创建等半径边倒圆

Step1. 选择命令。选择下拉菜单 **插入(S)** ➡ **细节特征(L)** ➡ **边倒圆(E)** 命令，系统弹出图 3.11.2 所示的"边倒圆"对话框。

Step2. 定义圆角形状。在对话框中的 **形状** 下拉列表中选择 **圆形** 选项。

图 3.11.2 所示的"边倒圆"对话框中各选项的说明如下。

- **选择边**：该按钮用于创建一个恒定半径的圆角，这是最简单、最容易生成的圆角。
- **形状** 下拉列表：用于定义倒圆角的形状，包括以下两个形状：

☑ **圆形**: 选择此选项，倒圆角的截面形状为圆形。

☑ **二次曲线**: 选择此选项，倒圆角的截面形状为二次曲线。

- **变半径**: 定义边缘上的点，然后输入各点位置的圆角半径值，沿边缘的长度改变倒圆半径。在改变圆角半径时，必须至少已指定了一个半径恒定的边缘，才能使用该选项对它添加可变半径点。

- **拐角倒角**: 添加回切点到一倒圆拐角，通过调整每一个回切点到顶点的距离，对拐角应用其他的变形。

- **拐角突然停止**: 通过添加突然停止点，可以在非边缘端点处停止倒圆，进行局部边缘段倒圆。

图 3.11.2 "边倒圆"对话框

Step3. 选取要倒圆的边。单击 边 区域中的 ⬡ 按钮，选取要倒圆的边，如图 3.11.3 所示。

图 3.11.3 创建边倒圆

Step4. 输入倒圆参数。在对话框的 半径 1 文本框中输入圆角半径值为 5。

Step5. 单击 **〈 确定 〉** 按钮，完成倒圆特征的创建。

Task3. 创建变半径边倒圆

Step1. 选择命令。选择下拉菜单 插入(S) ➡ 细节特征(L) ➡ 边倒圆(E)... 命令，系统弹出"边倒圆"对话框。

Step2. 选取要倒圆的边。选取图 3.11.4 所示的倒圆参照边。

Step3. 定义圆角形状。在对话框的 形状 下拉列表中选择 圆形 选项。

Step4. 定义变半径点。单击 变半径 下方的 指定半径点 区域，单击参照边上任意一点，系统在参照边上出现"圆弧长锚"，如图 3.11.5 所示。单击"圆弧长锚"并按住左键不放，拖动到弧长百分比值为 91.0% 的位置（或输入弧长百分比值 91.0%）。

Step5. 定义圆角参数。在弹出的动态输入框中输入半径值 2（也可拖动"可变半径拖动手柄"至需要的半径值）。

Step6. 定义第二个变半径点。其圆角半径值为 5，弧长百分比值为 28.0%，详细步骤同 Step4～Step5。

Step7. 单击 < 确定 > 按钮，完成可变半径倒圆特征的创建。

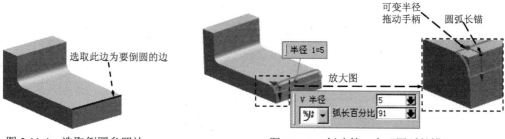

图 3.11.4 选取倒圆参照边　　　图 3.11.5 创建第一个"圆弧长锚"

3.12 抽　壳

使用"抽壳"命令可以利用指定的壁厚值来抽空一实体，或绕实体建立一壳体。可以指定不同表面的厚度，也可以移除单个面。图 3.12.1 所示为长方体表面抽壳和体抽壳后的模型。

a）表面抽壳

b）体抽壳

图 3.12.1 抽壳

1. 在长方体上执行面抽壳操作

下面以图 3.12.2 所示的模型为例，说明面抽壳的一般操作过程。

Step1. 打开文件 D:\ug11\work\ch03.12\shell_01.prt。

a）创建前　　　　　　　　　　　　　　b）创建后

图 3.12.2　创建面抽壳

Step2. 选择命令。选择下拉菜单 插入(S) ➡️ 偏置/缩放(O)▶ ➡️ 抽壳(H)... 命令，系统弹出图 3.12.3 所示的"抽壳"对话框。

Step3. 定义抽壳类型。在对话框的 类型 下拉列表中选择 移除面,然后抽壳 选项。

Step4. 定义移除面。选取图 3.12.4 所示的表面为要移除的面。

Step5. 定义抽壳厚度。在"抽壳"对话框的 厚度 文本框内输入值 10，也可以拖动抽壳手柄至需要的数值，如图 3.12.5 所示。

Step6. 单击 〈 确定 〉 按钮，完成抽壳操作。

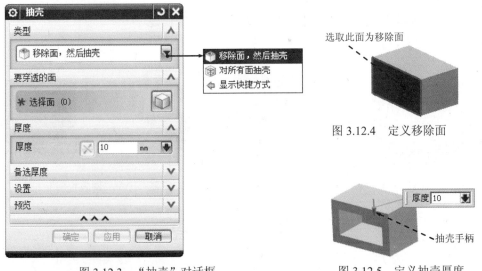

图 3.12.3　"抽壳"对话框　　　图 3.12.5　定义抽壳厚度

图 3.12.4　定义移除面

图 3.12.3 所示的"抽壳"对话框中各选项的说明如下。

- 移除面,然后抽壳：选取该选项，选择要从成壳体中移除的面。可以选择多于一个移除面，当选择移除面时，"选择意图"工具条被激活。

- 对所有面抽壳：选取该选项，选择要抽壳的体，壳的偏置方向是所选择面的法向。如果在部件中仅有一单个实体，它将被自动选中。

2．在长方体上执行体抽壳操作

下面以图 3.12.6 所示的模型为例，说明体抽壳的一般操作过程。

Step1. 打开文件 D:\ug11\work\ch03.12\shell_02.prt。

Step2. 选择命令。选择下拉菜单 插入(S) ➡️ 偏置/缩放(O)▶ ➡️ 抽壳(H)... 命令，系统弹出"抽壳"对话框。

a）创建前　　　　　　　　　　　　　　　　　b）创建后

图 3.12.6　体抽壳

Step3. 定义抽壳类型。在对话框的 类型 下拉列表中选择 [对所有面抽壳] 选项。

Step4. 定义抽壳对象。选取长方体为要抽壳的体。

Step5. 定义抽壳厚度。在 厚度 文本框中输入厚度值 6（图 3.12.7）。

Step6. 创建变厚度抽壳。在"抽壳"对话框的 备选厚度 区域单击 [ ] 按钮，选取图 3.12.8 所示的抽壳备选厚度面，在 厚度 文本框中输入厚度值 45，或者拖动抽壳手柄至需要的数值，如图 3.12.8 所示。

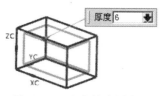

图 3.12.7　定义抽壳厚度

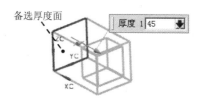

图 3.12.8　创建变厚度抽壳

说明：用户还可以更换其他面的厚度值，单击 [ ] 按钮，操作同 Step6。

Step7. 单击 [确定] 按钮，完成抽壳操作。

3.13　孔

在 UG NX 11.0 中，可以创建以下三种类型的孔特征（Hole）：

● 简单孔：具有圆形截面的切口，它始于放置曲面并延伸到指定的终止曲面或用户定义的深度。创建时要指定"直径""深度"和"尖端尖角"。

● 埋头孔：该选项允许用户创建指定"孔直径""孔深度""尖角""埋头直径"和"埋头深度"的埋头孔。

● 沉头孔：该选项允许用户创建指定"孔直径""孔深度""尖角""沉头直径"和"沉头深度"的沉头孔

下面以图 3.13.1 所示的零件为例，说明在一个模型上添加孔特征（简单孔）的一般操作过程。

a）创建前   b）创建后

图 3.13.1   创建孔特征

Task1. 打开零件模型

打开文件 D:\ug11\work\ch03.13\hole.prt。

Task2. 添加孔特征（简单孔）

Step1. 选择命令。选择下拉菜单 插入(S) ➡ 设计特征(E)▶ ➡ 🧊 孔(H)... 命令（或在 主页 功能选项卡 特征 区域中单击 🧊 按钮），系统弹出图 3.13.2 所示的"孔"对话框。

Step2. 选取孔的类型。在"孔"对话框的 类型 下拉列表中选择 🧊 常规孔 选项。

Step3. 定义孔的放置位置。首先确认"上边框条"工具条中的 ⊙ 按钮被按下，选择图 3.13.3 所示圆的圆心为孔的放置位置。

Step4. 定义孔参数。在 直径 文本框中输入值 8.0，在 深度限制 下拉列表中选择 贯通体 选项。

Step5. 完成孔的创建。对话框中的其余设置保持系统默认，单击 < 确定 > 按钮，完成孔特征的创建。

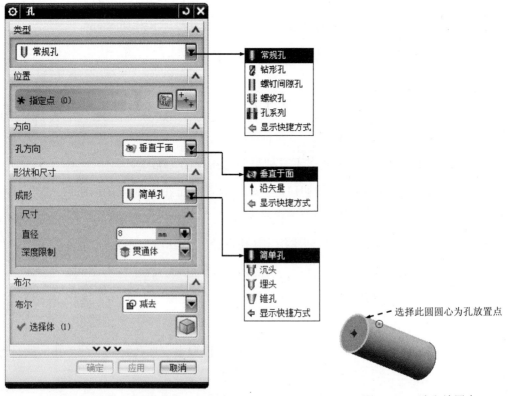

图 3.13.2   "孔"对话框   图 3.13.3   选取放置点

图 3.13.2 所示的"孔"对话框中部分选项的功能说明如下。

* **类型** 下拉列表：
  * ☑ **常规孔**：创建指定尺寸的简单孔、沉头孔、埋头孔或锥孔特征等，常规孔可以是不通孔、通孔或指定深度条件的孔。
  * ☑ **钻形孔**：根据 ANSI 或 ISO 标准创建简单钻形孔特征。
  * ☑ **螺钉间隙孔**：创建简单孔、沉头孔或埋头通孔，它们是为具体应用而设计的，例如螺钉间隙孔。
  * ☑ **螺纹孔**：创建螺纹孔，其尺寸标注由标准、螺纹尺寸和径向进给等参数控制。
  * ☑ **孔系列**：创建起始、中间和结束孔尺寸一致的多形状、多目标体的对齐孔。
* **位置** 下拉列表：
  * ☑ **按钮**：单击此按钮，打开"创建草图"对话框，并通过指定放置面和方位来创建中心点。
  * ☑ **按钮**：可使用现有的点来指定孔的中心。可以是"上边框条"工具条中提供的选择意图下的现有点或点特征。
* **孔方向** 下拉列表：此下拉列表用于指定将要创建的孔的方向，有 **垂直于面** 和 **沿矢量** 两个选项。
  * ☑ **垂直于面** 选项：沿着与公差范围内每个指定点最近的面法向的反向定义孔的方向。
  * ☑ **沿矢量** 选项：沿指定的矢量定义孔方向。
* **成形** 下拉列表：此下拉列表由于指定孔特征的形状，有 **简单孔**、**沉头**、**埋头** 和 **锥孔** 四个选项。
  * ☑ **简单孔** 选项：创建具有指定直径、深度和尖端顶锥角的简单孔。
  * ☑ **沉头** 选项：创建具有指定直径、深度、顶锥角、沉头孔径和沉头孔深度的沉头孔。
  * ☑ **埋头** 选项：创建有指定直径、深度、顶锥角、埋头孔径和埋头孔角度的埋头孔。
  * ☑ **锥孔** 选项：创建具有指定斜度和直径的孔，此项只有在 **类型** 下拉列表中选择 **常规孔** 选项时可用。
* **直径** 文本框：此文本框用于控制孔直径的大小，可直接输入数值。
* **深度限制** 下拉列表：此下拉列表用于控制孔深度类型，包括 **值**、**直至选定对象**、**直至下一个** 和 **贯通体** 四个选项。
  * ☑ **值** 选项：给定孔的具体深度值。
  * ☑ **直至选定对象** 选项：创建一个深度为直至选定对象的孔。

☑ **直至下一个** 选项：对孔进行扩展，直至孔到达下一个面。

☑ **贯通体** 选项：创建一个通孔，贯通所有特征。

● **布尔** 下拉列表：此下拉列表用于指定创建孔特征的布尔操作，包括 **无** 和 **减去** 两个选项。

☑ **无** 选项：创建孔特征的实体表示，而不是将其从工作部件中减去。

☑ **求差** 选项：从工作部件或其组件的目标体减去工具体。

3.14　螺　　纹

在 UG NX 11.0 中可以创建两种类型的螺纹：

● 符号螺纹：以虚线圆的形式显示在要攻螺纹的一个或几个面上。符号螺纹可使用外部螺纹表文件（可以根据特殊螺纹要求来定制这些文件），以确定其参数。

● 详细螺纹：比符号螺纹看起来更真实，但由于其几何形状的复杂性，创建和更新都需要较长的时间。详细螺纹是完全关联的，如果特征被修改，则螺纹也相应更新。可以选择生成部分关联的符号螺纹，或指定固定的长度。部分关联是指如果螺纹被修改，则特征也将更新（但反过来则不行）。

在产品设计时，当需要制作产品的工程图时，应选择符号螺纹；如果不需要制作产品的工程图，而是需要反映产品的真实结构（如产品的广告图和效果图），则选择详细螺纹。

说明：详细螺纹每次只能创建一个，而符号螺纹可以创建多组，而且创建时需要的时间较少。

下面以图 3.14.1 所示的零件为例，说明在一个模型上创建螺纹特征（详细螺纹）的一般操作过程。

a）创建螺纹前　　　　　　　　　　　　　　　　　b）创建螺纹后

图 3.14.1　创建螺纹特征

1．打开一个已有的零件模型

打开文件 D:\ug11\work\ch03.14\threads.prt。

2．创建螺纹特征（详细螺纹）

Step1. 选择命令。选择下拉菜单 **插入(S)** ➡ **设计特征(E)▶** ➡ **螺纹(T)...** 命令（或在 **主页** 功能选项卡 **特征** 区域的 **▥ ▾** 下拉列表中单击 **螺纹** 按钮），系统弹出图 3.14.2 所示的"螺纹切削"对话框（一）。

Step2. 选取螺纹的类型。在"螺纹切削"对话框（一）中选中 ⦿ 详细 单选项，系统弹出图 3.14.3 所示的"螺纹切削"对话框（二）。

图 3.14.2　"螺纹切削"对话框（一）

图 3.14.3　"螺纹切削"对话框（二）

Step3. 定义螺纹的放置。

（1）定义螺纹的放置面。选取图 3.14.4 所示的柱面为放置面，此时系统自动生成螺纹的方向矢量，并弹出图 3.14.5 所示的"螺纹切削"对话框（三）。

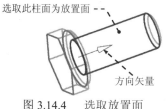

图 3.14.4　选取放置面

图 3.14.5　"螺纹切削"对话框（三）

（2）定义螺纹起始面。选取图 3.14.6 所示的平面为螺纹的起始面，系统弹出图 3.14.7 所示的"螺纹切削"对话框（四）。

图 3.14.6　选取起始面

图 3.14.7　"螺纹切削"对话框（四）

Step4. 定义螺纹起始条件。在"螺纹切削"对话框（四）的 起始条件 下拉列表中选择

延伸通过起点 选项，单击 螺纹轴反向 按钮，使螺纹轴线方向如图 3.14.6 所示，系统返回"螺纹切削"对话框（二）。

Step5. 定义螺纹参数。在"螺纹切削"对话框（二）中输入图 3.14.3 所示的参数，单击 确定 按钮，完成螺纹特征的创建。

说明："螺纹切削"对话框（二）在最初弹出时是没有任何数据的，只有在选择了放置面后才有数据出现，也允许用户修改。

3.15 特征的操作与编辑

特征的编辑是在完成特征的创建以后，对其中的一些参数进行修改的操作。可以对特征的尺寸、位置和先后次序等参数进行重新编辑，在一般情况下，保留其与别的特征建立起来的关联性质。它包括编辑参数、编辑定位、特征移动、特征重排序、替换特征、抑制特征、取消抑制特征、去除特征参数以及特征回放等。

3.15.1 编辑参数

编辑参数用于在创建特征时使用的方式和参数值的基础上编辑特征。选择下拉菜单 编辑(E) ➡ 特征(F) ▶ ➡ 编辑参数(P)... 命令，在弹出的"编辑参数"对话框中选取需要编辑的特征，或在已绘图形中选择需要编辑的特征，系统会由用户所选择的特征弹出不同的对话框来完成对该特征的编辑。下面以一个范例来说明编辑参数的过程，如图 3.15.1 所示。

a）编辑参数前　　　　　　　　　　b）编辑参数后

图 3.15.1 编辑参数

Step1. 打开文件 D:\ug11\work\ch03.15\Simple Hole01.prt。

Step2. 选择下拉菜单 编辑(E) ➡ 特征(F) ▶ ➡ 编辑参数(P)... 命令，系统弹出图 3.15.2 所示的"编辑参数"对话框（一）。

Step3. 定义编辑对象。从图形区或"编辑参数"对话框（一）中选择要编辑的孔特征。单击 确定 按钮，系统弹出"孔"对话框。

Step4. 编辑特征参数。在"孔"对话框的 直径 文本框中输入新的数值 20，单击 确定 按钮，系统弹出"编辑参数"对话框（二），如图 3.15.3 所示。

Step5. 在弹出的"编辑参数"对话框（二）中单击 确定 按钮，完成编辑参数的操作。

图 3.15.2 "编辑参数"对话框（一）

图 3.15.3 "编辑参数"对话框（二）

3.15.2 编辑位置

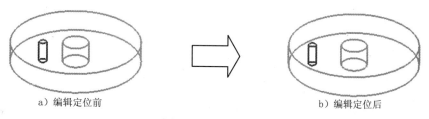 命令用于对目标特征重新定义位置，包括修改、添加和删除定位尺寸。下面以一个范例来说明特征编辑定位的过程，如图 3.15.4 所示。

Step1. 打开文件 D:\ug11\work\ch03.15\edit_02.prt。

Step2. 选择下拉菜单 编辑(E) ➡ 特征(F)▶ ➡ 编辑位置(O)... 命令，系统弹出"编辑位置"对话框。

a）编辑定位前　　　　　　　　　　　　　　　b）编辑定位后

图 3.15.4 编辑位置

Step3. 定义编辑对象。选取图 3.15.5 所示的孔特征，单击 确定 按钮。

Step4. 编辑特征参数。单击 编辑尺寸值 按钮，系统弹出"编辑位置"对话框，选取尺寸"12.5"，此时弹出"编辑表达式"对话框，在文本框中输入数值 15，单击四次 确定 按钮，完成编辑特征的定位。

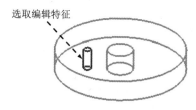

选取编辑特征

图 3.15.5 选取要编辑的特征

3.15.3 特征移动

特征移动用于把无关联的特征移到需要的位置。下面以一个范例来说明特征移动的操作步骤，如图 3.15.6 所示。

a）特征移动前   b）特征移动后

图 3.15.6 　特征移动

Step1. 打开文件 D:\ug11\work\ch03.15\move.prt。

Step2. 选择下拉菜单 编辑(E) ➡ 特征(F)▶ ➡ 移动(M)... 命令，系统弹出图 3.15.7 所示的"移动特征"对话框（一）。

Step3. 定义移动对象。在"移动特征"对话框（一）中选取基准坐标系特征，单击 确定 按钮，结果如图 3.15.8 所示。

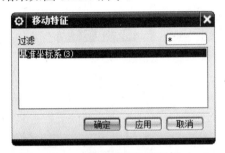

图 3.15.7 　"移动特征"对话框（一）

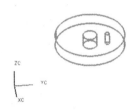

图 3.15.8 　选取移动特征

Step4. 编辑移动参数。"移动特征"对话框（二）如图 3.15.9 所示，分别在 DXC 文本框中输入数值 15，在 DYC 文本框中输入数值 15，在 DZC 文本框中输入数值 15，单击对话框中的 确定 按钮，完成特征的移动操作。

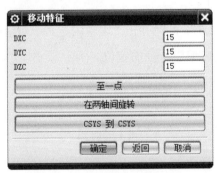

图 3.15.9 　"移动特征"对话框（二）

图 3.15.9 所示"移动特征"对话框（二）中各选项的功能说明如下。

- DXC 文本框：用于编辑沿 XC 坐标方向上移动的距离。如在 DXC 文本框中输入数值-5，则表示特征沿 XC 负方向移动 5mm。

- DYC 文本框：用于编辑沿 YC 坐标方向上移动的距离。

- DZC 文本框：用于编辑沿 ZC 坐标方向上移动的距离。

- 　**至一点**　按钮：可将所选特征从参考点移动到目标点。
- **在两轴间旋转**　按钮：可通过在参考轴与目标轴之间的旋转来移动特征。
- **CSYS 到 CSYS**　按钮：将所选特征由参考坐标系移动到目标坐标系。

3.15.4　特征重排序

特征重排序可以改变特征应用于模型的次序，即将重定位特征移至选定的参考特征之前或之后。对具有关联性的特征重排序以后，与其关联的特征也被重排序。下面以一个范例来说明特征重排序的操作步骤，其模型树如图 3.15.10 所示。

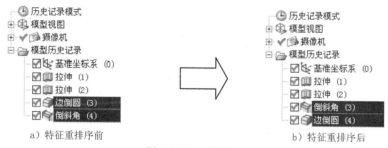

a）特征重排序前　　　　　　　b）特征重排序后

图 3.15.10　模型树

Step1.　打开文件 D:\ug11\work\ch03.15\Simple Hole02.prt。

Step2.　选择下拉菜单 **编辑(E)** ➡ **特征(F)▶** ➡ **重排序(R)...** 命令，系统弹出图 3.15.11 所示的"特征重排序"对话框。

Step3.　根据系统 **选择参考特征** 的提示，在"特征重排序"对话框的 **过滤** 列表框中选取 **倒斜角(4)** 选项为参考特征（图 3.15.11），或在已绘图形中选择需要的特征（图 3.15.12），在 **选择方法** 区域选中 ⊙ **之后** 单选项。

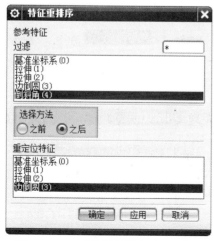

图 3.15.11　"特征重排序"对话框

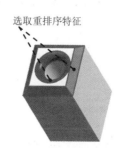

图 3.15.12　选取要重排序的特征

Step4. 在 重定位特征 列表框中将会出现位于该特征前面的所有特征，根据系统 选择重定位特征 的提示，在该列表框中选取 边倒圆(3) 选项为需要重排序的特征（图 3.15.11）。

Step5. 单击 确定 按钮，完成特征的重排序。

图 3.15.11 所示的"特征重排序"对话框中 选择方法 区域的说明如下。

- ⊙ 之前 单选项：选中的重定位特征被移动到参考特征之前。
- ⊙ 之后 单选项：选中的重定位特征被移动到参考特征之后。

3.15.5　特征的抑制与取消抑制

特征的抑制操作可以从目标特征中移除一个或多个特征，当抑制相互关联的特征时，关联的特征也将被抑制。当取消抑制后，特征及与之关联的特征将显示在图形区。下面以一个范例来说明应用抑制特征和取消抑制特征的操作过程，如图 3.15.13 所示。

a）抑制特征前　　　　　　图 3.15.13　抑制特征　　　　　　b）抑制特征后

Task1.　抑制特征

Step1. 打开文件 D:\ug11\work\ch03.15\Simple Hole03.prt。

Step2. 选择下拉菜单 编辑(E) ➡ 特征(F) ➡ 抑制(S)... 命令，系统弹出图 3.15.14 所示的"抑制特征"对话框。

Step3. 定义抑制对象。选取孔特征为抑制对象。

Step4. 单击 确定 按钮，完成抑制特征的操作，如图 3.15.13b 所示。

Task2.　取消抑制特征

Step1. 选择下拉菜单 编辑(E) ➡ 特征(F) ➡ 取消抑制(U)... 命令，系统弹出图 3.15.15 所示的"取消抑制特征"对话框。

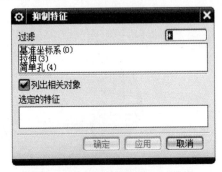

图 3.15.14　"抑制特征"对话框

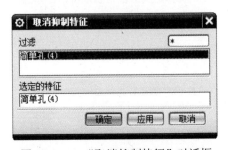

图 3.15.15　"取消抑制特征"对话框

Step2. 在该对话框中选取需要取消抑制的特征，单击 确定 按钮，完成取消抑制特征的操作（图 3.15.13a），模型恢复到初始状态。

3.16 拔 模

使用"拔模"命令可以使面相对于指定的拔模方向成一定的角度。拔模通常用于对模型、部件、模具或冲模的竖直面添加斜度，以便借助拔模面将部件或模型与其模具或冲模分开。用户可以为拔模操作选择一个或多个面，但它们必须都是同一实体的一部分。下面分别以面拔模和边拔模为例介绍拔模过程。

1. 面拔模

下面以图 3.16.1 所示的模型为例，说明面拔模的一般操作过程。

Step1. 打开文件 D:\ug11\work\ch03.16\traft_1.prt。

Step2. 选择命令。选择下拉菜单 插入(S) ➡ 细节特征(L) ➡ 拔模(T)... 命令，系统弹出图 3.16.2 所示的"拔模"对话框。

Step3. 选择拔模方式。在"拔模"对话框的 类型 下拉列表中选择 面 选项。

Step4. 指定拔模方向。单击 按钮，选取 ZC↑ 作为拔模的方向。

Step5. 定义拔模固定平面。选取图 3.16.3 所示的表面为拔模固定平面。

Step6. 选取要拔模的面。选取图 3.16.4 所示的表面为要拔模的面。

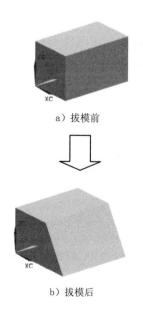

a）拔模前

b）拔模后

图 3.16.1 创建面拔模

图 3.16.2 "拔模"对话框

图 3.16.3　定义拔模固定平面

图 3.16.4　定义拔模面

Step7. 定义拔模角。系统将弹出设置拔模角的动态文本框，输入拔模角度值 30（也可拖动拔模手柄至需要的拔模角度）。

Step8. 单击 < 确定 > 按钮，完成拔模操作。

图 3.16.2 所示的"拔模"对话框中部分按钮的说明如下。

● 类型 下拉列表：
  ☑ 面：选择该选项，在静止平面上，实体的横截面通过拔模操作维持不变。
  ☑ 边：选择该选项，使整个面在旋转过程中保持通过部件的横截面是平的。
  ☑ 与面相切：在拔模操作之后，拔模的面仍与相邻的面相切。此时，固定边未被固定，而是移动的，以保持与选定面之间的相切约束。
  ☑ 分型边：在整个面旋转过程中，保留通过该部件中平的横截面，并且根据需要在分型边缘创建突出部分。

● （自动判断的矢量）：单击该按钮，可以从所有的 NX 矢量创建选项中进行选择，如图 3.16.2 所示。

● （固定面）：单击该按钮，允许通过选择的平面、基准平面或与拔模方向垂直的平面所通过的一点来选择该面。此选择步骤仅可用于从固定平面拔模和拔模到分型边缘这两种拔模类型。

● （要拔模的面）：单击该按钮，允许选择要拔模的面。此选择步骤仅在创建从固定平面拔模类型时可用。

● （反向）：单击该按钮将显示的方向矢量反向。

2. 边拔模

下面以图 3.16.5 所示的模型为例，说明边拔模的一般操作过程。

Step1. 打开文件 D:\ug11\work\ch03.16\traft_2.prt。

a）拔模前

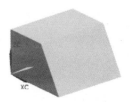
b）拔模后

图 3.16.5　创建边拔模

Step2. 选择命令。选择下拉菜单 插入(S) ➡️ 细节特征(L) ➡️ 拔模(T)... 命令，系统弹出"拔模"对话框。

Step3. 选择拔模类型。在"拔模"对话框的 类型 下拉列表中选择 边 选项。

Step4. 指定拔模方向。单击 按钮，选取 ZC 作为拔模的方向。

Step5. 定义拔模边缘。选取图 3.16.6 所示长方体的一个边线为要拔模的边缘线。

Step6. 定义拔模角。系统弹出设置拔模角的动态文本框，在动态文本框内输入拔模角度值 30（也可拖动拔模手柄至需要的拔模角度），如图 3.16.7 所示。

Step7. 单击 < 确定 > 按钮，完成拔模操作。

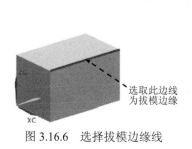

图 3.16.6 选择拔模边缘线

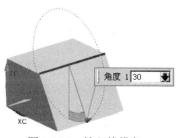

图 3.16.7 输入拔模角

3.17 扫掠特征

扫掠特征是用规定的方法沿一条空间的路径移动一条曲线而产生的体。移动曲线称为截面线串，其路径称为引导线串。下面以图 3.17.1 所示的模型为例，说明创建扫掠特征的一般操作过程。

a）创建前

b）创建后

图 3.17.1 创建扫掠特征

Task1. 打开一个已有的零件模型

打开文件 D:\ug11\work\ch03.17\sweep.prt。

Task2. 添加扫掠特征

Step1. 选择命令。选择下拉菜单 插入(S) ➡️ 扫掠(W) ➡️ 扫掠(S)... 命令，系统弹出图 3.17.2 所示的"扫掠"对话框。

Step2. 定义截面线串。选取图 3.17.1a 所示的截面线串。

Step3. 定义引导线串。在 引导线（最多 3 根） 区域中单击 *选择曲线 (0) 按钮，选取图 3.17.1a 所示的引导线串。

Step4. 在"扫掠"对话框中单击 <确定> 按钮，完成扫掠特征的创建。

图 3.17.2 "扫掠"对话框

3.18 三角形加强筋

用户可以使用"三角形加强筋"命令沿着两个面集的交叉曲线来添加三角形加强筋（肋）特征。要创建三角形加强筋特征，首先必须指定两个相交的面集，面集可以是单个面，也可以是多个面；其次要指定三角形加强筋的基本定位点，可以是沿着交叉曲线的点，也可以是交叉曲线和平面相交处的点。

下面以图 3.18.1 所示的模型为例，说明创建三角形加强筋的一般操作过程。

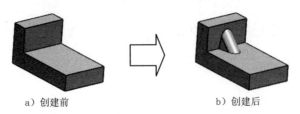

a）创建前   b）创建后

图 3.18.1 创建三角形加强筋特征

Step1. 打开文件 D:\ug11\work\ch03.18\dart.prt。

Step2. 选择命令。选择下拉菜单 插入(S) ➡ 设计特征(E)▶ ➡ 📁三角形加强筋(D)... 命令，系统弹出图 3.18.2 所示的"三角形加强筋"对话框。

Step3. 定义面集 1。选取放置三角形加强筋的第一组面，选取图 3.18.3a 所示的面为第一组面。

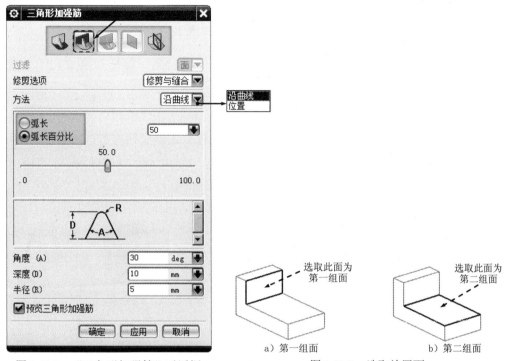

图 3.18.2 "三角形加强筋"对话框　　图 3.18.3 选取放置面

Step4. 定义面集 2。单击"第二组"按钮 <span>（图 3.18.2），选取图 3.18.3b 所示的面为放置三角形加强筋的第二组面，系统出现加强筋的预览。

Step5. 选择定位方式。在 方法 下拉列表中选择 沿曲线 方式。

Step6. 定义放置位置。在"三角形加强筋"对话框中选中 弧长百分比 单选项，输入需要放置加强筋的位置值 50（放在正中间）。

Step7. 定义加强筋参数。在 角度 (A) 文本框中输入值 30，在 深度 (D) 文本框中输入值 10，在 半径 (R) 文本框中输入值 5。

Step8. 单击 确定 按钮，完成三角形加强筋特征的创建。

图 3.18.2 所示的"三角形加强筋"对话框中主要选项的说明如下。

● 选择步骤：用于选择操作步骤。

　☑ （第一组）：用于选择第一组面。可以为面集选择一个或多个面。

　☑ （第二组）：用于选择第二组面。可以为面集选择一个或多个面。

　☑ （位置曲线）：用于在有多条可能的曲线时选择其中一条位置曲线。

　☑ （位置平面）：用于选择相对于平面或基准平面的三角形加强筋特征的位置。

　☑ （方位平面）：用于对三角形加强筋特征的方位选择平面。

- 方法 下拉列表: 用于定义三角形加强筋的位置。
  - ☑ 沿曲线: 在交叉曲线的任意位置交互式地定义三角形加强筋基点。
  - ☑ 位置: 定义一个可选方式, 以查找三角形加强筋的位置, 即可输入坐标或单击位置平面/方位平面。
- 弧长百分比 单选项: 用于选择加强筋在交叉曲线上的位置。

3.19 键 槽

用户可以使用"键槽"命令创建一个直槽穿过实体或通到实体内部, 而且在当前目标实体上自动执行布尔运算。可以创建五种类型的键槽: 矩形键槽、球形键槽、U 形键槽、T 型键槽和燕尾槽, 如图 3.19.1 所示。下面分别详细介绍五种键槽。

a) 矩形键槽　　　　b) 球形键槽　　　　c) U 形键槽　　　　d) T 型键槽　　　　e) 燕尾槽

图 3.19.1　创建延伸曲面

1. 矩形键槽

下面以图 3.19.2 所示模型为例, 说明创建矩形键槽的一般操作过程。

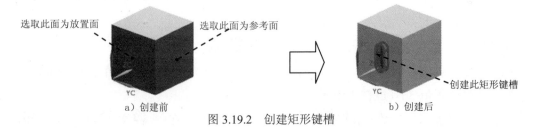

选取此面为放置面　　　　　选取此面为参考面　　　　　　　　　　　　　　　创建此矩形键槽

a) 创建前　　　　　　　　　　　　　　　　　　b) 创建后

图 3.19.2　创建矩形键槽

Step1. 打开文件 D:\ug11.1\work\ch04.22\rectangular_slot.prt。

Step2. 选择命令。选择下拉菜单 插入(S) ➡ 设计特征(E)▶ ➡ 键槽(L)... 命令 (或在 主页 功能选项卡的 特征 区域 🕮▾ 下拉列表中单击 键槽 按钮), 系统弹出图 3.19.3 所示的"槽"对话框。

Step3. 选择键槽类型。在"槽"对话框中选中 矩形槽 单选项。

Step4. 定义放置面和水平参考。选择图 3.19.2a 所示的放置面和水平参考, 系统弹出图 3.19.4 所示的"矩形键槽"对话框。

Step5. 定义键槽参数。在"矩形键槽"对话框中输入图 3.19.4 所示的数值, 单击 确定 按钮, 系统弹出"定位"对话框。

Step6. 确定放置位置（具体操作读者可参见本节视频讲解。）。

图 3.19.3 "槽"对话框

图 3.19.4 "矩形键槽"对话框

说明：水平参考方向即为矩形键槽的长度方向。

图 3.19.4 所示的"矩形键槽"对话框中各选项的说明如下。

- 长度 文本框：用于设置矩形键槽的长度。按照平行于水平参考的方向测量。长度值必须是正的。
- 宽度 文本框：用于设置矩形键槽的宽度，即形成键槽的刀具宽度。
- 深度 文本框：用于设置矩形键槽的深度。按照与槽的轴相反的方向测量，是从原点到槽底面的距离。深度值必须是正的。

2. 球形键槽

在"槽"对话框中选择 ⊙ 球形端槽 单选项；在选择放置面和指定水平参考后，系统弹出图 3.19.5 所示的"球形键槽"对话框，输入各项参数，确定定位尺寸。创建的球形键槽如图 3.19.6b 所示。

图 3.19.5 "球形键槽"对话框

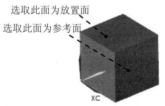

a）创建前

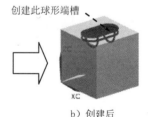

b）创建后

图 3.19.6 创建球形键槽

说明：水平参考方向即为球形端槽的长度方向。

图 3.19.5 所示的"球形键槽"对话框中各选项的说明如下。

- 球直径 文本框：用于设置球形键槽的宽度，即刀具的直径。
- 深度 文本框：用于设置球形键槽的深度。按照与槽的轴向相反的方向测量，是从原点到槽底面的距离。深度值必须是正的。
- 长度 文本框：用于设置球形键槽的长度。按照平行于水平参考的方向测量。长度值必须是正值。

3．U 形槽

在"槽"对话框中选择 ⊙ U 形槽 单选项，在选择放置面和指定水平参考后，系统弹出图 3.19.7 所示的"U 形键槽"对话框，输入图 3.19.7 所示的参数，确定定位尺寸。创建的U 形键槽如图 3.19.8b 所示。

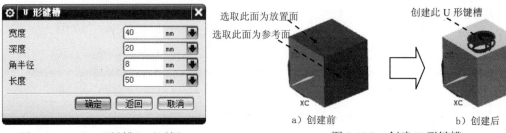

图 3.19.7　"U 形键槽"对话框　　　　　　　　图 3.19.8　创建 U 形键槽

说明：水平参考方向即 U 形槽的长度方向。

图 3.19.7 所示的"U 形键槽"对话框中各选项的说明如下。

- 宽度 文本框：用于设置 U 形键槽的宽度。
- 深度 文本框：用于设置 U 形键槽的深度。
- 角半径 文本框：用于设置 U 形键槽的拐角半径。
- 长度 文本框：用于设置 U 形键槽的长度。

4．T 型键槽

在"槽"对话框中选择 ⊙ T 型键槽 单选项，在选择放置面和指定水平参考后，系统弹出图 3.19.9 所示的"T 型键槽"对话框，输入各项参数，确定定位尺寸。创建的 T 型键槽如图 3.19.10b 所示。

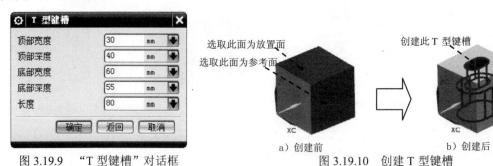

图 3.19.9　"T 型键槽"对话框　　　　　　图 3.19.10　创建 T 型键槽

说明：水平参考方向即为 T 型键槽的长度方向。

5．燕尾槽

在"槽"对话框中选择 ⊙ 燕尾槽 单选项；在选择放置平面和指定水平参考后，系统弹出图 3.19.11 所示的"燕尾槽"对话框，输入各项参数，确定定位尺寸。创建的燕尾槽如图 3.19.12b 所示。

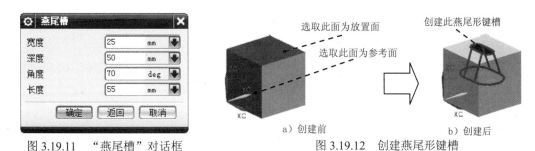

图 3.19.11　"燕尾槽"对话框　　　　　图 3.19.12　创建燕尾形键槽

说明： 水平参考方向即为燕尾槽的长度方向。

3.20　缩　放　体

使用"缩放"命令可以在"工作坐标系"（WCS）中按比例缩放实体和片体。可以使用均匀比例，也可以在 XC、YC 和 ZC 方向上独立地调整比例。比例类型有均匀比列、轴对称比例和通用比例。下面以图 3.20.1 所示的模型，说明使用"缩放"命令的一般操作过程。

a）"比例"操作前　　　　b）"均匀比例"操作后　　　　c）"轴对称比例"操作后

图 3.20.1　缩放

Task1. 在长方体上执行均匀比例类型操作

打开文件 D:\ug11\work\ch03.20\scale.prt。

Step1. 选择命令。选择下拉菜单 插入(S) ➡ 偏置/缩放(O) ➡ 缩放体(S)... 命令，系统弹出图 3.20.2 所示的"缩放体"对话框。

图 3.20.2　"缩放体"对话框

Step2. 选择类型。在"缩放体"对话框的 类型 下拉列表中选择 ■ 均匀 选项。

Step3. 定义"缩放体"对象。选取图 3.20.3 所示的立方体。

Step4. 定义缩放点。单击 缩放点 区域中的 ✓ 指定点 (1) 按钮，然后选择图 3.20.4 所示的立方体顶点。

Step5. 输入参数。在 均匀 文本框中输入比例因子值 1.5，单击 应用 按钮，完成均匀比例操作。均匀比例模型如图 3.20.5 所示。

图 3.20.3　选择立方体　　　　图 3.20.4　选择缩放点　　　　图 3.20.5　均匀比例模型

图 3.20.2 所示的"缩放体"对话框中有关选项的说明如下。

- 类型 下拉列表：比例类型有四个基本选择步骤，但对每一种比例"类型"方法而言，不是所有的步骤都可用。

  - ☑ ■ 均匀：在所有方向上均匀地按比例缩放。

  - ☑ ■ 轴对称：以指定的比例因子（或乘数）沿指定的轴对称缩放。

  - ☑ ■ 常规：在 X、Y 和 Z 轴三个方向上以不同的比例因子缩放。

- ▣（选择体）：允许用户为比例操作选择一个或多个实体或片体。三个"类型"方法都要求此步骤。

Task2. 在圆柱体上执行轴对称比例类型操作

Step1. 选择类型。在"缩放体"对话框的 类型 下拉列表中选择 ■ 轴对称 选项。

Step2. 定义"缩放体"对象。选取要执行缩放体操作的圆柱体，如图 3.20.6 所示

Step3. 定义矢量方向，单击 ✓ 指定矢量 (1) 下拉列表中的"两点"按钮 ✓，选取"两点"为矢量方向；如图 3.20.7 所示，然后选取圆柱底面圆心和顶面圆心。

Step4. 定义参考点。单击 ✓ 指定轴通过点 (1) 按钮，然后选取圆柱体底面圆心为参考点，如图 3.20.8 所示。

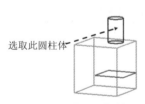  

图 3.20.6　选择圆柱体　　　　图 3.20.7　选择判断矢量　　　　图 3.20.8　选择参考点

Step5. 输入参数。在对话框的 沿轴向 文本框中输入比例因子值 1.5，其余参数采用系统默认设置，单击 确定 按钮，完成轴对称比例操作。

3.21　模型的关联复制

模型的关联复制主要包括 ③ 抽取几何特征(E)... 和 ④ 阵列特征(A)... 两种，这两种方式都是对已有的模型特征进行操作，可以创建与已有模型特征相关联的目标特征，从而减少许多重复的操作，节约大量的时间。

3.21.1　抽取几何特征

抽取几何特征是用来创建所选取几何的关联副本。抽取几何特征操作的对象包括复合曲线、点、基准、面、面区域和体。如果抽取一条曲线，则创建的是曲线特征；如果抽取一个面或一个区域，则创建一个片体；如果抽取一个体，则新体的类型将与原先的体相同（实体或片体）。当更改原来的特征时，可以决定抽取后得到的特征是否需要更新。在零件设计中，常会用到抽取模型特征的功能，它可以充分地利用已有的模型，大大地提高工作效率。下面以几个范例来说明如何使用"抽取几何特征"命令。

1．抽取面特征

图 3.21.1 所示的抽取单个曲面的操作过程如下。

Step1. 打开文件 D:\ug11\work\ch03.21\extracted01.prt。

Step2. 选择下拉菜单 插入(S) ➡ 关联复制(A)▶ ➡ ③ 抽取几何特征(E)... 命令，系统弹出图 3.21.2 所示的"抽取几何特征"对话框。

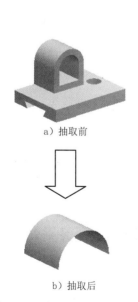

a）抽取前

b）抽取后

图 3.21.1　抽取单个曲面特征

图 3.21.2　"抽取几何特征"对话框

图 3.21.2 所示的"抽取几何特征"对话框中部分选项功能的说明如下。

- **面**：用于从实体或片体模型中抽取曲面特征，能生成三种类型的曲面。
- **面区域**：抽取区域曲面时，是通过定义种子曲面和边界曲面来创建片体，创建的片体是从种子面开始向四周延伸到边界面的所有曲面构成的片体（其中包括种子曲面，但不包括边界曲面）。
- **体**：用于生成与整个所选特征相关联的实体。
- **与原先相同**：从模型中抽取的曲面特征保留原来的曲面类型。
- **三次多项式**：用于将模型的选中面抽取为三次多项式 B 曲面类型。
- **一般 B 曲面**：用于将模型的选中面抽取为一般的 B 曲面类型。

Step3. 定义抽取类型。在"抽取几何特征"对话框的 **类型** 下拉列表中选择 **面** 选项。

Step4. 选取抽取对象。在图形区选取图 3.21.3 所示的曲面。

Step5. 隐藏源特征。在 **设置** 区域选中 ☑隐藏原先的 复选框。单击 〈 确定 〉 按钮，完成对曲面特征的抽取。

~ 选取此曲面

图 3.21.3　选取曲面

2．抽取面区域特征

抽取区域特征用于创建一个片体，该片体是一组和"种子面"相关，且被边界面限制的面。

用户根据系统提示选取种子面和边界面后，系统会自动选取从种子面开始向四周延伸直到边界面的所有曲面（包括种子面，但不包括边界面）。

抽取区域特征的具体操作在后面第五章节中有详细介绍，在此不再赘述。

3．抽取体特征

抽取体特征可以创建整个体的关联副本，并将各种特征添加到抽取体特征上，而不在原先的体上出现。当更改原先的体时，还可以决定"抽取体"特征是否更新。

Step1. 打开文件 D:\ug11\work\ch03.21\extracted02.prt。

Step2. 选择下拉菜单 插入(S) ➜ 关联复制(A) ▶ ➜ 抽取几何特征(E)... 命令，系统弹出"抽取几何特征"对话框。

Step3. 定义抽取类型。在"抽取几何特征"对话框的 **类型** 下拉列表中选择 **体** 选项。

Step4. 选取抽取对象。在图形区选取图 3.21.4 所示的体特征。

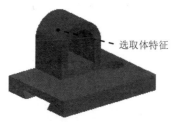

图 3.21.4　选取体特征

Step5. 隐藏源特征。在 设置 区域选中 ☑隐藏原先的 复选框。单击 <确定> 按钮，完成对体特征的抽取（建模窗口中所显示的特征是原来特征的关联副本）。

注意：所抽取的体特征与原特征相互关联，类似于复制功能。

4．复合曲线特征

复合曲线用来复制实体上的边线和要抽取的曲线。

图 3.21.5 所示的抽取曲线的操作过程如下（图 3.21.5b 中的实体模型已隐藏）。

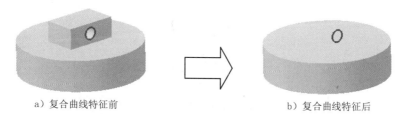

a）复合曲线特征前　　　　　　　　　　b）复合曲线特征后

图 3.21.5　复合曲线特征

Step1. 打开文件 D:\ug11\work\ch03.21\rectangular.prt。

Step2. 选择下拉菜单 插入(S) ➡ 关联复制(A)▶ ➡ 抽取几何特征(E)... 命令，系统弹出"抽取几何特征"对话框。

Step3. 定义抽取类型。在 类型 下拉列表中选取 复合曲线 选项，选取图 3.21.6 所示的曲线对象。

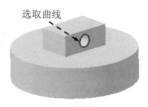

图 3.21.6　选取曲线特征

Step4. 单击 <确定> 按钮，完成复合曲线特征的创建。

3.21.2　阵列特征

"阵列特征"操作就是对特征进行阵列，也就是对特征进行一个或者多个的关联复制，并按照一定的规律排列复制的特征，而且特征阵列的所有实例都是相互关联的，可以通过编辑原特征的参数来改变其所有的实例。常用的阵列方式有线性阵列、圆形阵列、多边形阵列、螺旋式阵列、沿曲线阵列、常规阵列和参考阵列等。

1. 线性阵列

线性阵列功能可以将所有阵列实例成直线或矩形排列。下面以一个范例来说明创建线性阵列的过程，如图 3.21.7 所示。

Step1. 打开文件 D:\ug11\work\ch03.21\Rectangular_Array.prt。

Step2. 选择下拉菜单 插入(S) ➡ 关联复制(A)▶ ➡ 阵列特征(A)... 命令，系统弹出图 3.21.8 所示的"阵列特征"对话框。

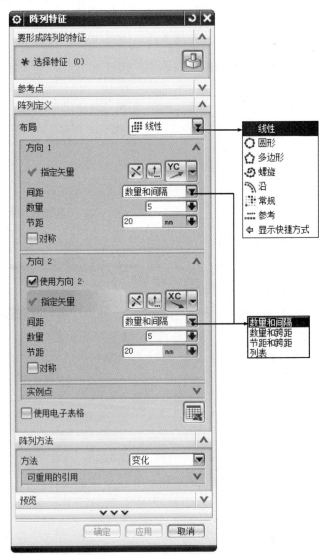

a）线性阵列前

b）线性阵列后

图 3.21.7　创建线性阵列　　　　图 3.21.8　"阵列特征"对话框

Step3. 选取阵列的对象。在特征树中选取简单孔特征为要阵列的特征。

Step4. 定义阵列方法。在对话框的 布局 下拉列表中选择 线性 选项。

Step5. 定义方向1阵列参数。在对话框的 方向1 区域中单击 按钮，选择YC轴为第一阵列方向；在 间距 下拉列表中选择 数量和间隔 选项，然后在 数量 文本框中输入阵列数量为5，在 节距 文本框中输入阵列节距值为20。

Step6. 定义方向2阵列参数。在对话框的 方向2 区域中选中 ☑ 使用方向2 复选框，然后单击 按钮，选择XC轴为第二阵列方向；在 间距 下拉列表中选择 数量和间隔 选项，然后在 数量 文本框中输入阵列数量为5，在 节距 文本框中输入阵列节距值为20。

Step7. 单击 确定 按钮，完成矩形阵列的创建。

图3.21.8所示的"阵列特征"对话框中部分选项的功能说明如下。

- 布局 下拉列表：用于定义阵列方式。
  - ☑ 线性 选项：选中此选项，可以根据指定的一个或两个线性方向进行阵列。
  - ☑ 圆形 选项：选中此选项，可以绕着一根指定的旋转轴进行环形阵列，阵列实例绕着旋转轴圆周分布。
  - ☑ 多边形 选项：选中此选项，可以沿着一个正多边形进行阵列。
  - ☑ 螺旋 选项：选中此选项，可以沿着螺旋线进行阵列。
  - ☑ 沿 选项：选中此选项，可以沿着一条曲线路径进行阵列。
  - ☑ 常规 选项：选中此选项，可以根据空间的点或由坐标系定义的位置点进行阵列。
  - ☑ 参考 选项：选中此选项，可以参考模型中已有的阵列方式进行阵列。
- 间距 下拉列表：用于定义各阵列方向的数量和间距。
  - ☑ 数量和间隔 选项：选中此选项，通过输入阵列的数量和每两个实例的中心距离进行阵列。
  - ☑ 数量和跨距 选项：选中此选项，通过输入阵列的数量和每两个实例的间距进行阵列。
  - ☑ 节距和跨距 选项：选中此选项，通过输入阵列的数量和每两个实例的中心距离及间距进行阵列。
  - ☑ 列表 选项：选中此选项，通过定义的阵列表格进行阵列。

2. 圆形阵列

圆形阵列功能可以将所有阵列实例成圆形排列。下面以一个范例来说明创建圆形阵列的过程，如图3.21.9所示。

Step1. 打开文件 D:\ug11\work\ch03.21\Circular_Array.prt。

图 3.21.9　创建圆形阵列

Step2. 选择下拉菜单 插入(S) ➡ 关联复制(A)▸ ➡ 阵列特征(A)... 命令，系统弹出"阵列特征"对话框。

Step3. 选取阵列的对象。在特征树中选取简单孔特征为要阵列的特征。

Step4. 定义阵列方法。在对话框的 布局 下拉列表中选择 圆形 选项。

Step5. 定义旋转轴和中心点。在对话框的 旋转轴 区域中单击 ＊指定矢量 后面的 按钮，选择 ZC 轴为旋转轴；单击 ＊指定点 后面的 按钮，选取图 3.21.10 所示的圆心点为中心点。

Step6. 定义阵列参数。在对话框 角度方向 区域的 间距 下拉列表中选择 数量和间隔 选项，然后在 数量 文本框中输入阵列数量为 6，在 节距角 文本框中输入阵列角度值为 60，如图 3.21.11 所示。

Step7. 单击 确定 按钮，完成圆形阵列的创建。

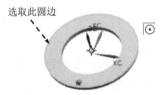

图 3.21.10　选取中心点

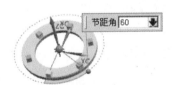

图 3.21.11　定义阵列参数

3.21.3　镜像特征

1. 镜像单个特征

镜像单个特征功能可以将所选的特征相对于一个平面或基准平面（称为镜像中心平面）进行镜像，从而得到所选特征的一个副本。使用此命令时，镜像平面可以是模型的任意表面，也可以是基准平面。下面以一个范例来说明创建镜像单个特征的一般过程，如图 3.21.12 所示。

Step1. 打开文件 D:\ug11\work\ch03.21\mirror.prt。

Step2. 选择下拉菜单 插入(S) ➡ 关联复制(A)▸ ➡ 镜像特征(M)... 命令，系统弹出"镜像特征"对话框。

Step3. 定义镜像对象。选取图 3.21.12a 所示的孔特征为要镜像的特征。

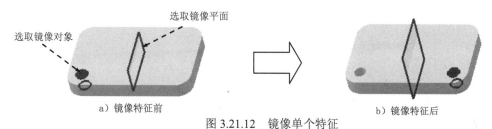

图 3.21.12　镜像单个特征

Step4. 定义镜像基准面。在 平面 列表中选择 现有平面 选项，单击"平面"按钮 ，选取图 3.21.12a 所示的基准平面为镜像平面。

Step5. 单击对话框中的 确定 按钮，完成镜像特征的操作。

2. 镜像多个特征

"镜像多个特征"命令可以以基准平面为对称面镜像部件中的多个特征，其镜像基准面只能是基准平面。下面以一个范例来说明创建镜像多个特征的一般过程，如图 3.21.13 所示。

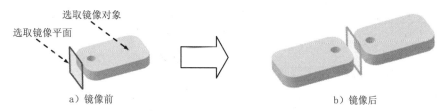

图 3.21.13　镜像多个特征

Step1. 打开文件 D:\ug11\work\ch03.21\mirror_body.prt。

Step2. 选择下拉菜单 插入(S) ➡ 关联复制(A)▶ ➡ 镜像特征(M)... 命令，系统弹出"镜像特征"对话框。

Step3. 定义镜像对象。选取图 3.21.13a 所示的拉伸特征和孔特征为要镜像的特征。

Step4. 定义镜像基准面。单击"平面"按钮 ，选取图 3.21.13a 所示的基准平面为镜像平面。

Step5. 单击对话框中的 确定 按钮，完成镜像多个特征的操作。

3.21.4　阵列几何特征

用户可以通过使用"阵列几何特征"命令创建对象的副本，即可以轻松地复制几何体、面、边、曲线、点、基准平面和基准轴，并保持实例特征与其原始体之间的关联性。下面以一个范例来说明阵列几何特征的一般操作过程，如图 3.21.14 所示。

Step1. 打开文件 D:\ug11\work\ch03.21\excerpt.prt。

选取此实体

a)"阵列几何特征"前　　　　　　b)"阵列几何特征"后

图 3.21.14　阵列几何特征

Step2. 选择下拉菜单 插入(S) ➡ 关联复制(A)▶ ➡ 阵列几何特征(T)... 命令，系统弹出 "阵列几何特征"对话框。

Step3. 选取几何体对象。选取图 3.21.14a 所示的实体为要生成实例的几何特征。

Step4. 定义参考点。选取图 3.21.14a 所示实体的圆心为指定点。

Step5. 定义类型。在"阵列几何特征"对话框 阵列定义 区域的 布局 下拉列表中选择 螺旋 选项。

Step6. 定义平面的法向矢量。在对话框中选择 下拉列表中的 ZC↑ 选项。

Step7. 定义参考矢量。在对话框中选择 下拉列表中的 YC 选项。

Step8. 定义阵列几何特征参数。在 螺旋 区域的 径向节距 文本框中输入角度值 120，在 螺旋向节距 文本框中输入偏移距离值 50，其余采用默认设置。

Step9. 单击 〈确定〉 按钮，完成阵列几何特征的操作。

3.22　变　　换

"变换"命令允许用户进行平移、旋转、比例或复制等操作，但是不能用于变换视图、布局、图样或当前的工作坐标系。通过变换生成的特征与源特征不相关联。

选择下拉菜单 编辑(E) ➡ 变换(M)... 命令（或单击 按钮），系统弹出"类选择"对话框，选取特征后，单击 确定 按钮，系统弹出"变换"对话框。

说明：如果在选择 变换(M)... 命令之前，已经在图形区选取了某对象，则选择 变换(M)... 命令后，系统直接弹出"变换"对话框。

3.22.1　比例变换

比例变换用于对所选对象进行成比例的放大或缩小。下面以一个范例来说明比例变换的操作步骤，如图 3.22.1 所示。

Step1. 打开文件 D:\ug11\work\ch03.22\Body01.prt。

a) 变换前   b) 变换后

图 3.22.1 比例变换

Step2. 选择下拉菜单 编辑(E) ➡ 变换(M)... 命令，系统弹出图 3.22.2 所示的 "变换" 对话框（一），在图形区选取图 3.22.1a 所示的特征后，单击 确定 按钮，系统弹出图 3.22.3 所示的 "变换" 对话框（二）。

图 3.22.2 "变换" 对话框（一）

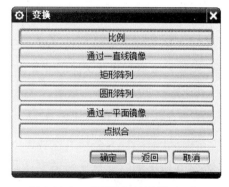

图 3.22.3 "变换" 对话框（二）

图 3.22.3 所示的 "变换" 对话框（二）中按钮的功能说明如下。

- 比例 按钮：通过指定参考点、缩放类型及缩放比例值来缩放对象。

- 通过一直线镜像 按钮：通过指定一直线为镜像中心线来复制选择的特征。

- 矩形阵列 按钮：对选定的对象进行矩形阵列操作。

- 圆形阵列 按钮：对选定的对象进行圆形阵列操作。

- 通过一平面镜像 按钮：通过指定一平面为镜像中心线来复制选择的特征。

- 点拟合 按钮：将对象从引用集变换到目标点集。

Step3. 根据系统 选择选项 的提示，单击 比例 按钮，系统弹出 "点" 对话框。

Step4. 以系统默认的点作为参考点，单击 确定 按钮，系统弹出图 3.22.4 所示的 "变换" 对话框（三）。

Step5. 定义比例参数。在 比例 文本框中输入值 0.3，单击 确定 按钮，系统弹出图 3.22.5 所示的 "变换" 对话框（四）。

图 3.22.4 "变换"对话框（三）　　　　图 3.22.5 "变换"对话框（四）

图 3.22.4 所示的"变换"对话框（三）中按钮的功能说明如下。

- 比例 文本框：在此文本框中输入要缩放的比例值。
- 非均匀比例 按钮：此按钮用于对模型的非均匀比例缩放设置。
  单击此按钮，系统弹出图 3.22.6 所示的"变换"对话框（五），对话框中的 XC-比例、
  YC-比例 和 ZC-比例 文本框中分别输入各自方向上要缩放的比例值。

图 3.22.5 所示的"变换"对话框（四）中按钮的功能说明如下。

- 重新选择对象 按钮：用于通过"类选择"工具条来重新选择对象。
- 变换类型 -比例 按钮：用于修改变换的方法。
- 目标图层 -原始的 按钮：用于在完成变换以后，选择生成的对象所在
  的图层。
- 追踪状态 -关 按钮：用于设置跟踪变换的过程，但是当原对象是
  实体、片体或边界时不可用。
- 细分 -1 按钮：用于把变换的距离、角度分割成相等的等份。
- 移动 按钮：用于移动对象的位置。
- 复制 按钮：用于复制对象。
- 多个副本 -可用 按钮：用于复制多个对象。
- 撤消上一个 -不可用 按钮：用于取消刚建立的变换。

Step6. 根据系统 选择操作 的提示，单击 移动 按钮，系统弹出图
3.22.7 所示的"变换"对话框（六）。

图 3.22.6 "变换"对话框（五）　　　　图 3.22.7 "变换"对话框（六）

Step7. 单击 移除参数 按钮，系统返回到"变换"对话框（四）。单击 取消 按钮，关闭"变换"对话框（四），完成比例变换的操作。

3.22.2 变换命令中的矩形阵列

矩形阵列主要用于将选中的对象从指定的原点开始，沿所给方向生成一个等间距的矩形阵列，下面以一个范例来说明使用变换命令中的矩形阵列的操作步骤，如图 3.22.8 所示。

a）矩形阵列前 　　　　　　　　图 3.22.8 　矩形阵列 　　　　　　　　b）矩形阵列后

Step1. 打开文件 D:\ug11\work\ch03.22\rectange_array.prt。

Step2. 选择下拉菜单 编辑(E) ➡ 变换(M)... 命令，选取图 3.22.8a 所示的圆环，在"变换"对话框（二）中单击 矩形阵列 按钮，系统弹出"点"对话框。

Step3. 根据系统 选择矩形阵列参考点 的提示，在图形区选取坐标原点为矩形阵列参考点，根据系统 选择阵列原点 的提示，再次选取坐标原点为阵列原点，系统弹出图 3.22.9 所示的"变换"对话框（七）。

Step4. 定义阵列参数。在"变换"对话框（七）中输入图 3.22.9 所示的变换参数，单击 确定 按钮，系统弹出图 3.22.10 所示的"变换"对话框（八）。

Step5. 根据系统 选择操作 的提示，单击 复制 按钮，完成矩形的阵列操作。

Step6. 单击 取消 按钮，关闭"变换"对话框（八）。

图 3.22.9 　"变换"对话框（七）

图 3.22.10 　"变换"对话框（八）

图 3.22.9 所示的"变换"对话框（七）中各文本框的功能说明如下。

- DXC 文本框：表示沿 XC 方向上的间距。
- DYC 文本框：表示沿 YC 方向上的间距。
- 阵列角度 文本框：表示生成矩形阵列所指定的角度。
- 列(X) 文本框：表示在 XC 方向上特征的个数。
- 行(Y) 文本框：表示在 YC 方向上特征的个数。

3.22.3 变换命令中的环形阵列

环形阵列用于将选中的对象从指定的原点开始，绕阵列的中心生成一个等角度间距的环形阵列，下面以一个范例来说明用使用变换命令中的环形阵列的操作步骤，如图 3.22.11 所示。

a）环形阵列前　　　　　　　　　b）环形阵列后

图 3.22.11　环形阵列

Step1. 打开文件 D:\ug11\work\ch03.22\round_array.prt。

Step2. 选择下拉菜单 编辑(E) ➡ 变换(M)... 命令，选取图 3.22.11a 所示的圆，在"变换"对话框（二）中单击 圆形阵列 按钮，系统弹出"点"对话框。

Step3. 在"点"对话框中设置环形阵列参考点的坐标值为（0,−30,0），阵列原点的坐标值为（0,0,0），单击 确定 按钮，系统弹出图 3.22.12 所示的"变换"对话框（九）。

图 3.22.12　"变换"对话框（九）

Step4. 定义阵列参数。在"变换"对话框（九）中输入图 3.22.12 所示的参数，单击 确定 按钮，系统弹出"变换"对话框。

Step5. 根据系统 选择操作 的提示，单击 复制 按钮，完成环形的阵列操作。

Step6. 单击 取消 按钮，关闭"变换"对话框。

图 3.22.12 所示的"变换"对话框（九）中各文本框的功能说明如下。

- 半径 文本框：用于设置环行阵列的半径。

- 起始角 文本框：用于设置环行阵列的起始角度。

- 角度增量 文本框：用于设置环行阵列中角度的增量。

- 数量 文本框：用于设置环行阵列中特征的个数。

3.23 模型的测量与分析

3.23.1 测量距离

下面以一个简单的模型为例来说明测量距离的一般操作过程。

Step1. 打开文件 D:\ug11\work\ch03.23\distance.prt。

Step2. 选择下拉菜单 分析(L) ➡ 测量距离(D)... 命令，系统弹出图 3.23.1 所示的"测量距离"对话框。

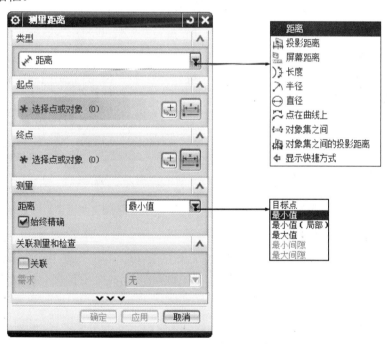

图 3.23.1 "测量距离"对话框

图 3.23.1 所示的"测量距离"对话框的 类型 下拉列表中部分选项的说明如下。

- ☑ 距离 选项：可以测量点、线、面之间的任意距离。

- ☑ 投影距离 选项：可以测量空间上的点、线投影到同一个平面上，在该平面上它们之间的距离。

- ☑ 屏幕距离 选项：可以测量图形区的任意位置的距离。

☑ **长度** 选项：可以测量任意线段的距离。

☑ **半径** 选项：可以测量任意圆的半径值。

☑ **点在曲线上** 选项：可以测量在曲线上两点之间的最短距离。

Step3. 测量面到面的距离。

（1）定义测量类型。在"测量距离"对话框的 **类型** 下拉列表中选择 **距离** 选项。

（2）定义测量距离。在"测量距离"对话框 **测量** 区域的 **距离** 下拉列表中选取 **最小值** 选项。

（3）定义测量对象。选取图 3.23.2a 所示的模型表面 1，再选取模型表面 2。测量结果如图 3.23.2b 所示。

（4）单击 **应用** 按钮，完成测量面到面的距离。

图 3.23.2　　测量面到面的距离

Step4. 测量线到线的距离（图 3.23.3），操作方法参见 Step3，先选取边线 1，后选取边线 2，单击 **应用** 按钮。

Step5. 测量点到线的距离（图 3.23.4），操作方法参见 Step3，先选取中点 1，后选取边线，单击 **应用** 按钮。

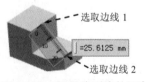

图 3.23.3　测量线到线的距离

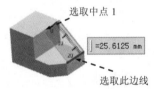

图 3.23.4　测量点到线的距离

Step6. 测量点到点的距离。

（1）定义测量类型。在"测量距离"对话框的 **类型** 下拉列表中选择 **距离** 选项。

（2）定义测量距离。在"测量距离"对话框 **测量** 区域的 **距离** 下拉列表中选取 **目标点** 选项。

（3）定义测量几何对象。选取图 3.23.5 所示的模型表面点 1 和点 2。测量结果如图 3.23.5 所示。

（4）单击 **应用** 按钮，完成测量点到点的距离。

Step7. 测量点与点的投影距离（投影参照为平面）。

（1）定义测量类型。在"测量距离"对话框的 **类型** 下拉列表中选择 **投影距离** 选项。

（2）定义测量距离。在"测量距离"对话框 **测量** 区域的 **距离** 下拉列表中选取 **最小值** 选项。

（3）定义投影表面。选取图 3.23.6 所示的模型表面 1。

（4）定义测量几何对象。先选取图 3.23.6 所示的模型点 1，然后选取模型点 2，测量结果如图 3.23.6 所示。

（5）单击 <确定> 按钮，完成测量点与点的投影距离。

图 3.23.5　测量点到点的距离

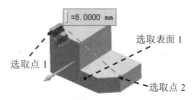

图 3.23.6　测量点与点的投影距离

3.23.2　测量角度

下面以一个简单的模型为例来说明测量角度的一般操作过程。

Step1. 打开文件 D:\ug11\work\ch03.23\angle.prt。

Step2. 选择下拉菜单 分析(L) ➡ 测量角度(A)... 命令，系统弹出图 3.23.7 所示的"测量角度"对话框。

图 3.23.7　"测量角度"对话框

Step3. 测量面与面之间的角度。

（1）定义测量类型。在"测量角度"对话框的 类型 下拉列表中选择 按对象 选项。

（2）定义测量计算平面。选取 测量 区域 评估平面 下拉列表中的 3D 角 选项，选取 方向 下拉列表中的 内角 选项。

（3）定义测量几何对象。选取图 3.23.8a 所示的模型表面 1，再选取图 3.23.8a 所示的模型表面 2，测量结果如图 3.23.8b 所示。

a）测量角度之前　　　　　　　　　　　　　　b）测量结果

图 3.23.8　测量面与面之间的角度

（4）单击 应用 按钮，完成面与面之间的角度测量。

Step4. 测量线与面之间的角度。步骤参见测量面与面之间的角度。依次选取图 3.23.9a 所示的边线 1 和表面 2，测量结果如图 3.23.9b 所示，单击 应用 按钮。

a）测量角度之前　　　　　　　　　　　　　　b）测量结果

图 3.23.9　测量线与面之间的角度

注意：选取线的位置不同，即线上标示的箭头方向不同，所显示的角度值也可能会不同，两个方向的角度值之和为 180°。

Step5. 测量线与线之间的角度。步骤参见 Step3。依次选取图 3.23.10a 所示的边线 1 和边线 2，测量结果如图 3.23.10b 所示。

Step6. 单击 〈 确定 〉 按钮，完成角度测量。

a）测量角度之前　　　　　　　　　　　　　　b）测量结果

图 3.23.10　测量线与线间的角度

3.23.3　测量曲线长度

下面以一个简单的模型为例，说明测量曲线长度的方法以及相应的操作过程。

Step1. 打开文件 D:\ug11\work\ch03.23\curve.prt。

Step2. 选择下拉菜单 分析(L) ➡ 测量长度(L)... 命令，系统弹出"测量长度"对话框。

Step3. 定义要测量的曲线。根据系统 选择曲线或边以测里弧长 的提示，选取图 3.23.11a 所示的曲线 1，系统显示这条曲线的长度结果，如图 3.23.11b 所示。

a）测量前　　　　　　　　　　　　　　b）测量后

图 3.23.11　测量曲线长度

3.23.4　测量面积及周长

下面以一个简单的模型为例来说明测量面积及周长的一般操作过程。

Step1. 打开文件 D:\ug11\work\ch03.23\area.prt。

Step2. 选择下拉菜单 分析(L) ➡ 测量面(F)... 命令，系统弹出"测量面"对话框。

Step3. 在"上边框条"工具条的下拉列表中选择 单个面 选项。

Step4. 测量模型表面面积。选取图 3.23.12 所示的模型表面 1，系统显示这个曲面的面积测量结果。

Step5. 测量曲面的周长。在图 3.23.12 所示的结果中选择 面积▾ 下拉列表中的 周长 选项，测量周长的结果如图 3.23.13 所示。

Step6. 单击 确定 按钮，完成测量。

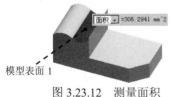

模型表面 1

图 3.23.12　测量面积

图 3.23.13　测量周长

3.23.5　测量最小半径

下面以一个简单的模型为例来说明测量最小半径的一般操作过程。

Step1. 打开文件 D:\ug11\work\ch03.23\miniradius.prt。

Step2. 选择下拉菜单 分析(L) ➡ 最小半径(R)... 命令，系统弹出图 3.23.14 所示的"最小半径"对话框，选中 ☑ 在最小半径处创建点 复选框。

Step3. 测量多个曲面的最小半径。

（1）连续选取图 3.23.15 所示的模型表面 1 和模型表面 2。

（2）单击 确定 按钮，曲面的最小半径位置如图 3.23.16 所示，半径值如图 3.23.17 所示的"信息"窗口。

图 3.23.14　"最小半径"对话框

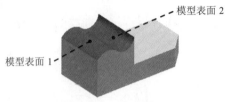

图 3.23.15　选取模型表面

图 3.23.16　最小半径位置

图 3.23.17　"信息"窗口

Step4. 单击 取消 按钮，完成最小半径的测量。

3.23.6　模型的质量属性分析

通过模型质量属性分析，可以获得模型的体积、表面积、质量、回转半径和重量等数据。下面以一个模型为例，简要说明模型质量属性分析的一般操作过程。

Step1. 打开文件 D:\ug11\work\ch03.23\mass.prt。

Step2. 选择下拉菜单 分析(L) ➞ 测量体(B)... 命令，系统弹出"测量体"对话框。

Step3. 选取图 3.23.18a 所示的模型实体 1，系统弹出图 3.23.18b 所示模型上的"体积"下拉列表。

Step4. 选择"体积"下拉列表中的 表面积 选项，系统显示该模型的表面积。

Step5. 选择"体积"下拉列表中 质量 选项，系统显示该模型的质量。

Step6. 选择"体积"下拉列表中的 回转半径 选项，系统显示该模型的回转半径。

Step7. 选择"体积"下拉列表中的 重量 选项，系统显示该模型的重量。

模型实体 1

a）分析前

b）分析后

图 3.23.18　体积分析

Step8. 单击 确定 按钮，完成模型质量属性分析。

3.23.7 模型的偏差分析

通过模型的偏差分析，可以检查所选的对象是否相接、相切以及边界是否对齐等，并得到所选对象的距离偏移值和角度偏移值。下面以一个模型为例，简要说明其操作过程。

Step1. 打开文件 D:\ug11\work\ch03.23\deviation.prt。

Step2. 选择下拉菜单 分析(L) ➡ 偏差(V) ➡ 检查(C)... 命令，系统弹出图 3.23.19 所示的"偏差检查"对话框。

Step3. 检查曲线至曲线的偏差。

（1）在该对话框的 偏差检查类型 下拉列表中选取 曲线到曲线 选项，在 设置 区域的 偏差选项 下拉列表中选择 所有偏差 选项。

（2）依次选取图 3.23.20 所示的曲线和边线。

（3）在该对话框中单击 检查 按钮，系统弹出图 3.23.21 所示的"信息"窗口，在弹出的"信息"窗口中会列出指定的信息，包括分析点的个数、两个对象的最小距离误差、最大距离误差、平均距离误差、最小角度误差、最大角度误差、平均角度误差以及各检查点的数据。完成检查曲线至曲线的偏差。

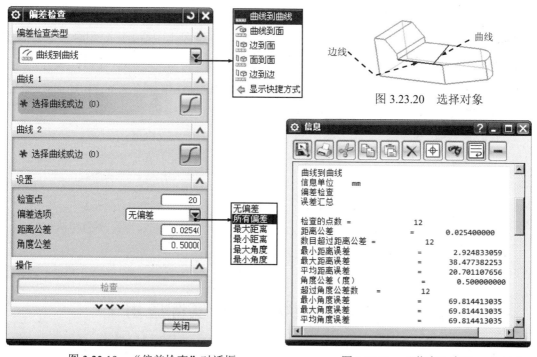

图 3.23.19 "偏差检查"对话框　　　　图 3.23.21 "信息"窗口

图 3.23.20 选择对象

Step4. 检查曲线至面的偏差。根据经过点斜率的连续性，检查曲线是否真的位于模型表面上。在 类型 下拉列表中选取 曲线至面 选项，操作方法参见检查曲线至曲线的偏差。

说明：进行曲线至面的偏差检查时，选取图 3.23.22 所示的曲线 1 和曲面为检查对象。

曲线至面的偏差检查只能选取非边缘的曲线，所以只能选择曲线 1。

图 3.23.22　对象选择

Step5. 对于边到面偏差、面至面偏差、边至边偏差的检测，操作方法参见检查曲线至曲线的偏差。

3.23.8　模型的几何对象检查

"检查几何体"工具可以分析各种类型的几何对象，找出错误的或无效的几何体；也可以分析面和边等几何对象，找出其中无用的几何对象和错误的数据结构。下面以一个模型为例，简要说明几何对象检查的一般操作过程。

Step1. 打开文件 D:\ug11\work\ch03.23\examgeo.prt。

Step2. 选择下拉菜单 分析(L) ➡️ 检查几何体(X)... 命令，系统弹出"检查几何体"对话框（一）。

Step3. 定义检查项。单击 全部设置 按钮，在键盘上按<Ctrl+A>组合键选择模型中的所有对象（图 3.23.23），然后单击 检查几何体 按钮，"检查几何体"对话框（一）将变成带有对象检查的"检查几何体"对话框（二），模型检查结果如图 3.23.24 所示。

图 3.23.23　对象选择

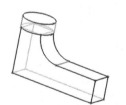

图 3.23.24　检查结果

Step4. 单击"信息"按钮 ℹ️，可在"信息"对话框中检查结果。

3.24　UG 机械零件设计实际应用 1

范例概述：

本范例介绍了一个简单机座的设计过程。主要是讲述实体拉伸特征命令的应用。其中还运用到了孔特征、边倒圆及镜像等命令。所建的零件模型及模型树如图 3.24.1 所示。

历史记录模式
模型视图
摄像机
模型历史记录
基准坐标系 (0)
拉伸 (1)
拉伸 (2)
拉伸 (3)
简单孔 (4)
镜像特征 (5)
拉伸 (7)
拉伸 (8)
简单孔 (9)
合并 (10)
边倒圆 (11)

图 3.24.1　零件模型及模型树

Step1. 新建文件。选择下拉菜单 文件(F) → 新建(N)... 命令，系统弹出"新建"对话框。在 模型 选项卡的 模板 区域中选取模板类型为 模型，在 名称 文本框中输入文件名称 base，单击 确定 按钮，进入建模环境。

Step2. 创建图 3.24.2 所示的零件拉伸 1。选择下拉菜单 插入(S) → 设计特征(E) → 拉伸(E)... 命令，选取 XY 平面为草图平面，绘制图 3.24.3 所示的截面草图；在 指定矢量 下拉列表中选择 ZC↑ 选项；在 限制 区域的 开始 下拉列表中选择 值 选项，并在其下的 距离 文本框中输入数值 0，在 限制 区域的 结束 下拉列表中选择 值 选项，并在其下的 距离 文本框中输入数值 14，其他参数采用系统默认值。

图 3.24.2　拉伸特征 1

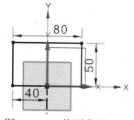

图 3.24.3　截面草图

Step3. 创建图 3.24.4 所示的零件拉伸 2。选择下拉菜单 插入(S) → 设计特征(E) → 拉伸(E)... 命令，选取 XZ 平面为草图平面，绘制图 3.24.5 所示的截面草图；在 指定矢量 下拉列表中选择 YC 选项；在 限制 区域的 开始 下拉列表中选择 值 选项，并在其下的 距离 文本框中输入数值 0，在 限制 区域的 结束 下拉列表中选择 值 选项，并在其下的 距离 文本框中输入数值 26，其他采用系统默认的参数设置值。

图 3.24.4　拉伸特征 2

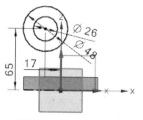

图 3.24.5　截面草图

Step4. 创建图 3.24.6 所示的零件拉伸 3。选择下拉菜单 插入(S) ➡ 设计特征(E)
➡ 拉伸(E)... 命令，选取 XZ 平面为草图平面，绘制图 3.24.7 所示的截面草图；在
✓ 指定矢量 下拉列表中选择 YC 选项；在 限制 区域的 开始 下拉列表中选择 值 选项，并在其下
的 距离 文本框中输入数值 0，在 限制 区域的 结束 下拉列表中选择 值 选项，并在其下的 距离 文
本框中输入数值 15，在 布尔 区域的下拉列表中选择 合并 选项，采用系统默认的求和对象。

Step5. 创建图 3.24.8 所示的孔特征 1。选择下拉菜单 插入(S) ➡ 设计特征(E) ➡
孔(H)... 命令，在 类型 下拉列表中选择 常规孔 选项，指定孔的位置坐标为（19，40，14），
在"孔"对话框的 直径 文本框中输入数值 12，在 深度限制 文本框的下拉菜单中选择 贯通体，对
话框中的其他设置保持系统默认值；在 布尔 区域的下拉列表中选择 减去 选项，采用系统默
认的求差对象。单击 < 确定 > 按钮，完成孔特征 1 的创建。

图 3.24.6　拉伸特征 3　　　　图 3.24.7　截面草图　　　　图 3.24.8　孔特征 1

Step6. 创建图 3.24.9 所示的零件特征镜像。选择下拉菜单 插入(S) ➡ 关联复制(A)▶
➡ 镜像特征(M)... 命令，在绘图区中选取图 3.24.9 所示的孔特征 1 为要镜像的特征。
在 镜像平面 区域中单击 按钮，在绘图区中选取 YZ 基准平面作为镜像平面。单击"镜像特
征"对话框中的 确定 按钮，完成镜像特征的创建，如图 3.24.10 所示。

选取此特征为镜像对象

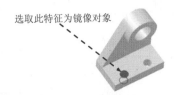

图 3.24.9　镜像特征　　　　图 3.24.10　定义镜像对象

Step7. 创建图 3.24.11 所示的零件基础特征拉伸 4。选择下拉菜单 插入(S) ➡
设计特征(E) ➡ 拉伸(E)... 命令，选取图 3.24.12 所示的模型表面为草图平面，绘制图
3.24.13 所示的截面草图；在 ✓ 指定矢量 下拉列表中选择 YC 选项；在 限制 区域的 开始 下拉列表
中选择 值 选项，并在其下的 距离 文本框中输入数值 0，在 限制 区域的 结束 下拉列表中选择
贯通 选项，在 布尔 区域的下拉列表中选择 减去 选项，采用系统默认的求差对象。单击
< 确定 > 按钮，完成拉伸特征 4 的创建。

Step8. 创建图 3.24.14 所示的零件基础特征拉伸 5。选择下拉菜单 插入(S) ➡
设计特征(E) ➡ 拉伸(E)... 命令，选取图 3.24.15 所示的模型表面为草图平面，绘制图

3.24.16 所示的截面草图；在 ✔ 指定矢量 下拉列表中选择 YC 选项；在 限制 区域的 开始 下拉列表中选择 值 选项，并在其下的 距离 文本框中输入数值 0，在 限制 区域的 结束 下拉列表中选择 贯通 选项，在 布尔 区域的下拉列表中选择 减去 选项，采用系统默认的求差对象。单击 < 确定 > 按钮，完成拉伸特征 5 的创建。

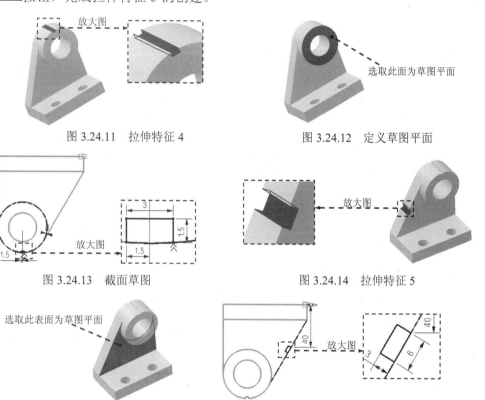

图 3.24.11　拉伸特征 4　　　　　　　图 3.24.12　定义草图平面

图 3.24.13　截面草图　　　　　　　图 3.24.14　拉伸特征 5

图 3.24.15　定义草图平面　　　　　图 3.24.16　截面草图

Step9. 创建图 3.24.17 所示的孔特征 2。选择下拉菜单 插入(S) ➡ 设计特征(E) ➡ 孔(H)... 命令，在 类型 下拉列表中选择 常规孔 选项，指定孔的位置坐标为（-17，26，83），在 "孔" 对话框的 直径 文本框中输入数值 4，在 深度限制 文本框的下拉菜单中选择 贯通体，对话框中的其他设置保持系统默认值；在 布尔 区域的下拉列表中选择 减去 选项，采用系统默认的求差对象。单击 < 确定 > 按钮，完成孔特征 2 的创建。

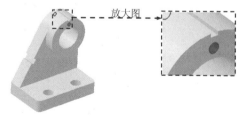

图 3.24.17　孔特征 2

Step10. 创建求和特征。选择下拉菜单 插入(S) ➡ 组合(B) ▶ ➡ 合并(U)... 命令

（或单击 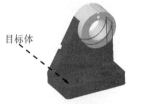 按钮），选取图 3.24.18 所示的实体特征为目标体，选取图 3.24.19 所示的镜像特征为工具体。单击 确定 按钮，完成该布尔操作。

图 3.24.18　定义目标体

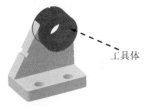

图 3.24.19　定义工具体

Step11．创建图 3.24.20 所示的边倒圆特征。选择下拉菜单 插入(S) ➡ 细节特征(L) ▶
➡ 边倒圆(E). 命令，在 边 区域中单击 按钮，选取图 3.24.21 所示的两条边为边倒圆参照，并在 半径 1 文本框中输入数值 5。单击"边倒圆"对话框中的 < 确定 > 按钮，完成边倒圆特征的创建。

图 3.24.20　边倒圆特征

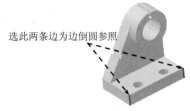

选此两条边为边倒圆参照

图 3.24.21　定义参照边

Step12．保存零件模型。选择下拉菜单 文件(F) ➡ 保存(S) 命令，保存零件模型。

3.25　UG 机械零件设计实际应用 2

范例概述：

本范例介绍了咖啡杯的设计过程。通过练习本例，读者可以掌握实体的拉伸、抽壳、扫掠和倒圆角等特征的应用。在创建特征的过程中，需要注意在特征的定位过程中用到的技巧和注意事项。零件模型及模型树如图 3.25.1 所示。

图 3.25.1　零件模型及模型树

Step1. 新建文件。选择下拉菜单 文件(F) ➡ 新建(N)... 命令，系统弹出"新建"对话框。在 模型 选项卡的 模板 区域中选取模板类型为 模型 ，在 名称 文本框中输入文件名称 coffee_cup，单击 确定 按钮。

Step2. 创建图 3.25.2 所示的零件基础特征拉伸。选择下拉菜单 插入(S) ➡ 设计特征(E) ➡ 拉伸(E)... 命令，选取 XY 平面为草图平面，绘制图 3.25.3 所示的截面草图；在 指定矢量 下拉列表中选择 ZC 选项；在 限制 区域的 开始 下拉列表中选择 值 选项，并在其下的 距离 文本框中输入数值 0，在 限制 区域的 结束 下拉列表中选择 值 选项，并在其下的 距离 文本框中输入数值 50，其他采用系统默认的参数设置值。单击 < 确定 > 按钮，完成拉伸特征的创建。

图 3.25.2 拉伸特征

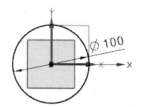

图 3.25.3 截面草图

Step3. 创建图 3.25.4 所示的拔模特征。选择命令。选择下拉菜单 插入(S) ➡ 细节特征(L) ▶ ➡ 拔模(T)... 命令（或单击 按钮），系统弹出"拔模"对话框。在 类型 区域中选择 面 选项，在 脱模方向 区域选择 ZC 按钮，选择图 3.25.5 所示的固定平面，选取图 3.25.6 所示的要拔模的面；在 角度 1 文本框中输入数值 5。单击"拔模"对话框中的 < 确定 > 按钮，完成拔模特征的创建。

图 3.25.4 拔模特征

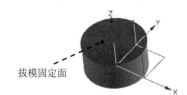

图 3.25.5 拔模固定面

图 3.25.6 要拔模的面

Step4. 创建图 3.25.7b 所示的边倒圆特征。选择命令。选择下拉菜单 插入(S) ➡ 细节特征(L) ▶ ➡ 边倒圆(E)... 命令，系统弹出"边倒圆"对话框。在 边 区域中单击"边"按钮，然后选取图 3.25.7a 所示的边，并在 半径 1 文本框中输入数值 5。单击 < 确定 > 按钮，完成边倒圆特征的创建。

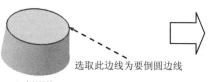

选取此边线为要倒圆边线

a）倒圆前

b）倒圆后

图 3.25.7 边倒圆特征

Step5. 创建图 3.25.8 所示的抽壳特征。选择下拉菜单 插入(S) ➡ 偏置/缩放(O) ▶ ➡

 命令，系统弹出"抽壳"对话框。在 类型 下拉菜单中选择 移除面，然后抽壳，在 要穿透的面 区域单击 按钮，选取图 3.25.9 所示的面为移除面，并在 厚度 文本框中输入数值 3。单击 ＜确定＞ 按钮，完成抽壳特征的创建。

图 3.25.8 抽壳特征　　　　　　　图 3.25.9 要抽壳面

Step6. 创建图 3.25.10 所示的草图 1。选择下拉菜单 插入(S) ➡ 在任务环境中绘制草图(V)... 命令，选取基准平面 XZ 为草图平面；单击 确定 按钮，进入草图环境，绘制图 3.25.10 所示的草图（通过"艺术样条"命令绘制草图）。然后退出草图环境。

Step7. 创建图 3.25.11 所示的基准平面 1。选择下拉菜单 插入(S) ➡ 基准/点(D) ▶ ➡ 基准平面(D)... 命令，系统弹出"基准平面"对话框。在 类型 区域选择 曲线和点 选项，选取截面草图 1，样条曲线的上端点为其对象。单击 ＜确定＞ 按钮，完成基准平面 1 的创建。

图 3.25.10 草图 1　　　　　　　图 3.25.11 基准平面 1

Step8. 创建图 3.25.12 所示的草图 2。选择下拉菜单 插入(S) ➡ 在任务环境中绘制草图(V)... 命令，选取基准平面 1 为草图平面，单击 确定 按钮，进入草图环境，绘制图 3.25.12 所示的草图。

Step9. 创建图 3.25.13 所示的扫掠特征 1。选择下拉菜单 插入(S) ➡ 扫掠(W) ➡ 沿引导线扫掠(G)... 命令，在绘图区选取草图 2 为扫掠的截面曲线串，在绘图区选取图 3.25.10 所示的草图 1 为扫掠的引导线串。在 布尔 区域的下拉列表中选择 合并 选项，采用系统默认的扫掠偏置值。单击"沿引导线扫掠"对话框中的 ＜确定＞ 按钮，完成扫掠特征 1 的创建。

Step10. 后面的详细操作过程请参见随书光盘中 video\ch03.25\reference\文件下的语音视频讲解文件 coffee_cupr-r01.exe。

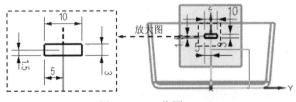 

图 3.25.12 草图 2　　　　　　　图 3.25.13 扫掠特征 1

3.26　UG 机械零件设计实际应用 3

范例概述：

　　本范例介绍了制动踏板的设计过程。通过练习本例，读者可以掌握实体的拉伸、旋转、孔、阵列和倒圆角等特征的应用。在创建特征的过程中，需要注意在特征的定位过程中用到的技巧和注意事项。零件模型如图 3.26.1 所示。

图 3.26.1　实际应用 3 的零件模型

　　说明：本范例的详细操作过程请参见随书光盘中 video\ch05\文件下的语音视频讲解文件。模型文件为 D:\ug11\work\ch03.26\footplate_braket_ok。

3.27　UG 机械零件设计实际应用 4

范例概述：

　　本范例介绍了手柄的设计过程。读者在学习本实例后，可以熟练掌握拉伸特征、旋转特征、圆角特征、倒斜角特征和镜像特征的创建。零件模型及相应的模型树如图 3.27.1 所示。

图 3.27.1　实际应用 4 的零件模型

　　说明：本范例的详细操作过程请参见随书光盘中 video\ch03\文件下的语音视频讲解文件。模型文件为 D:\ug11\work\ch03.27\handle_body。

第**4**章　曲　面　设　计

4.1　曲　线　设　计

曲线是曲面的基础，是曲面造型设计中必须用到的基础元素，并且曲线质量的好坏直接影响到曲面质量的高低。因此，了解和掌握曲线的创建方法，是学习曲面设计的基本要求。利用 UG 的曲线功能可以建立多种曲线，其中基本曲线包括点及点集、直线、圆及圆弧、倒圆角、倒斜角等，特殊曲线包括样条、二次曲线、螺旋线和规律曲线等。

4.1.1　基本空间曲线

UG 基本曲线的创建包括直线、圆弧、圆等规则曲线的创建，以及曲线的倒圆角等操作。下面一一对其进行介绍。

1. 直线

下面将分别介绍几种创建直线的方法。

方法一：点-相切

选择下拉菜单 插入(S) ➡ 曲线(C) ➡ / 直线(L)... 命令，系统弹出图 4.1.1 所示的"直线"对话框（一）。通过该对话框可以创建多种类型的直线，创建的直线类型取决于在该对话框的 起点选项 下拉列表中和 终点选项 下拉列表中选择不同选项的组合类型。

直线的创建只要确定两个端点的约束，就可以快速完成。

下面以图 4.1.2 所示的例子来说明通过"直线（点-切线）"创建直线的一般过程。

图 4.1.1　"直线"对话框（一）

创建的直线

图 4.1.2　创建的直线

说明：在不打开"直线"对话框的情况下，要迅速创建简单的关联或非关联的直线，可以选择下拉菜单 插入(S) ➡ 曲线(C) ▶ ➡ 直线和圆弧(A)▶ 下面相关的子命令。

Step1. 打开文件 D:\ug11\work\ch04.01\line01.prt。

Step2. 选择下拉菜单 插入(S) ➡ 曲线(C) ▶ ➡ ╱ 直线(L)... 命令，系统弹出"直线"对话框。

Step3. 定义起点。在 起点 区域的 起点选项 下拉列表中选择 点 选项（或者在图形区的空白处右击，在系统弹出的图 4.1.3 所示的快捷菜单中选择 点 命令），此时系统弹出图 4.1.4 所示的动态文本输入框，在 XC 、YC 、ZC 文本框中分别输入值 10、30、0，按 Enter 键确认。

图 4.1.3　快捷菜单　　　　　　图 4.1.4　动态文本输入框

说明：

- 第一次按键盘上的 F3 键，可以将动态文本输入框隐藏；第二次按，可将"直线"对话框隐藏；第三次按，则显示"直线"对话框和动态文本输入框。
- 在动态文本框中输入点坐标时需要按键盘上的 Tab 键切换，将坐标输入后按 Tab 键或 Enter 键确认。这里也可以通过"点"对话框输入点。

Step4. 定义终点。在图 4.1.5 所示的"直线"对话框（二）中 终点或方向 区域的 终点选项 下拉列表中选择 相切 选项（或者在图形区的空白处右击，在弹出的快捷菜单中选择 ⦿ 相切 命令）；选取图 4.1.6 所示的曲线 1，单击对话框中的 < 确定 > 按钮（或者单击鼠标中键），完成直线的创建。

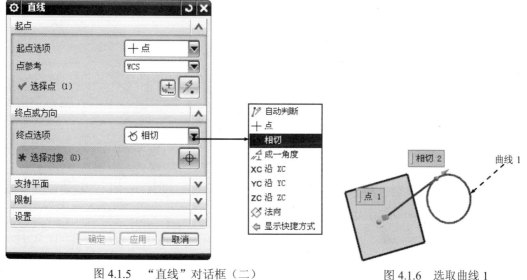

图 4.1.5　"直线"对话框（二）　　　　图 4.1.6　选取曲线 1

方法二：点-点

使用  命令绘制直线时，用户可以在系统弹出的动态输入框中输入起始点和终点相对于原点的坐标值来完成直线的创建。

下面以图 4.1.7 所示的例子来说明使用"直线（点-点）"命令创建直线的一般操作过程。

图 4.1.7　直线的创建

Step1. 打开文件 D:\ug11\work\ch04.01\line02.prt。

Step2. 选择下拉菜单 插入(S) ➡ 曲线(C) ➡ 直线和圆弧(A) ➡ 直线(点-点)(P)... 命令，系统弹出图 4.1.8 所示的"直线（点-点）"对话框。

Step3. 在图形区选取图 4.1.9 所示的坐标原点为直线起点，选取与坐标原点相对应的矩形对角点为直线终点。

Step4. 单击鼠标中键，完成直线的创建。

图 4.1.8　"直线（点-点）"对话框　　　图 4.1.9　选取直线起点和终点

方法三：点-平行

使用 直线(点-平行)(R)... 命令可以精确绘制一条与已有直线平行的平行线，下面通过图 4.1.10 所示的例子来说明使用"直线（点-平行）"命令创建直线的一般操作过程。

图 4.1.10　水平线的创建

Step1. 打开文件 D:\ug11\work\ch04.01\line04.prt。

Step2. 选择下拉菜单 插入(S) ➡ 曲线(C) ➡ 直线和圆弧(A) ➡ 直线(点-平行)(R)... 命令，系统弹出图 4.1.11 所示的动态输入框（一）。

Step3. 在动态输入框（一）中输入直线起始点的坐标（0，0，20），按 Enter 键确定。

Step4. 选取图 4.1.12 所示的直线，在动态输入框（二）中输入值 35，按 Enter 键确定；单击鼠标中键，完成直线的创建。

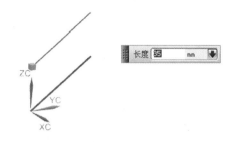

图 4.1.11 动态输入框（一）　　　　　图 4.1.12 动态输入框（二）

2. 圆弧/圆

选择下拉菜单 插入(S) ➡ 曲线(C) ➡ 圆弧/圆(C)... 命令，系统弹出图 4.1.13 所示的"圆弧/圆"对话框（一）。通过该对话框可以创建多种类型的圆弧或圆，创建的圆弧或圆的类型取决于对与圆弧或圆相关的点的不同约束。

说明：在不打开对话框的情况下，要迅速创建简单的关联或非关联的圆弧，可以选择下拉菜单 插入(S) ➡ 曲线(C) ➡ 直线和圆弧(A) ▸ 命令下的相关子命令。

图 4.1.13 "圆弧/圆"对话框（一）

方法一：三点画圆弧

下面通过图 4.1.14 所示的例子来介绍使用"相切-相切-相切"方式创建圆的一般操作过程。

a）创建前　　　　　　　　　　　　b）创建的切线圆

图 4.1.14 圆弧/圆的创建

Step1. 打开文件 D:\ug11\work\ch04.01\circul01.prt。

Step2. 选择下拉菜单 插入(S) ➡ 曲线(C) ➡ ⌒ 圆弧/圆(C)... 命令，系统弹出图 4.1.15 所示的"圆弧/圆"对话框（二）。

Step3. 定义圆弧类型。在 类型 区域的下拉列表中选择 三点画圆弧 选项。

Step4. 定义圆弧起点选项。在 起点 区域的 起点选项 下拉列表中选择 相切 选项（或者在图形区右击，在弹出的快捷菜单中选择 相切 命令），然后选取图 4.1.16 所示的曲线 1。

Step5. 定义端点选项。在 端点 区域的 终点选项 下拉列表中选择 相切 选项（或者在图形区右击，在弹出的快捷菜单中选择 相切 命令），然后选取图 4.1.17 所示的曲线 2。

Step6. 定义中点选项。在 中点 区域的 中点选项 下拉列表中选择 相切 选项（或者在图形区右击，在弹出的快捷菜单中选择 相切 命令），然后选取图 4.1.18 所示的曲线 3。

Step7. 定义限制属性。在 限制 区域选中 ☑整圆 复选框，然后在 设置 区域单击"备选解"按钮 ，切换至所需要的圆。

图 4.1.15 "圆弧/圆"对话框（二）

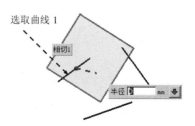

图 4.1.16 选取曲线 1

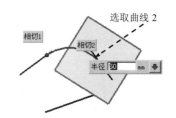

图 4.1.17 选取曲线 2

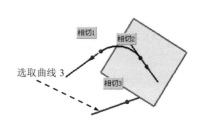

图 4.1.18 选取曲线 3

Step8. 单击对话框中的 < 确定 > 按钮，完成圆的创建。

说明：在"圆弧/圆"对话框的 限制 区域中取消选中 □整圆 复选框，系统弹出的"圆弧/圆"对话框（三）如图 4.1.19 所示，此时可以对圆弧进行限制。

图 4.1.19 所示的"圆弧/圆"对话框（三）中部分选项及按钮的功能说明如下。

- 起始限制 区域：定义弧的起始位置。
- 终止限制 区域：定义弧的终止位置。
- ☑整圆 （整圆）：该复选框被选中时，生成的曲线为一个整圆，如图 4.1.20b 所示。
- ◔ （补弧）：单击该按钮，图形区中的弧变为它的补弧，如图 4.1.20c 所示。
- ↻ （备选解）：有多种满足条件的曲线时，单击该按钮在几个备选解之间切换。

图 4.1.19 "圆弧/圆"对话框（三）

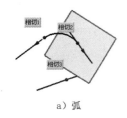

a）弧

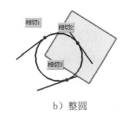

b）整圆

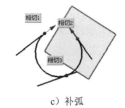

c）补弧

图 4.1.20 几种圆弧/圆的比较

方法二：点-点-点

使用"圆弧（点-点-点）"命令绘制圆弧时，用户可以分别在系统弹出的动态输入框中输入三个点的坐标来完成圆弧的创建。下面通过创建图 4.1.21 所示的圆弧来说明使用"圆弧（点-点-点）"命令创建圆弧的一般操作过程。

a）创建前 b）创建的圆弧

图 4.1.21　圆弧的创建

Step1. 打开文件 D:\ug11\work\ch04.01\circul02.prt。

Step2. 选择下拉菜单 插入(S) ➡ 曲线(C) ➡ 直线和圆弧(A) ➡ 圆弧(点-点-点)(O) 命令，系统弹出图 4.1.22 所示的动态输入框（一）。

Step3. 在动态输入框（一）中输入直线起始点的坐标（0，0，0），按 Enter 键确定，系统弹出图 4.1.23 所示的动态输入框（二）。

Step4. 在动态输入框（二）中输入直线终点的坐标（0，0，20），按 Enter 键确定，系统弹出图 4.1.24 所示的动态输入框（三）。

Step5. 在动态输入框（三）中输入直线中间点的坐标（10，0，10），按 Enter 键确定。

Step6. 单击鼠标中键，完成圆弧的创建。

图 4.1.22　动态输入框（一）　　图 4.1.23　动态输入框（二）　　图 4.1.24　动态输入框（三）

4.1.2　高级空间曲线

高级空间曲线在曲面建模中的使用非常频繁，主要包括螺旋线、样条曲线、二次曲线、规律曲线和文本曲线等。下面将分别对其进行介绍。

1. 样条曲线

艺术样条曲线的创建方法有两种：根据极点和通过点。下面将对"根据极点"和"通过点"两种方法进行说明。通过下面的两个例子可以观察出两种方法创建的艺术样条曲线——"根据极点"和"通过点"两个命令对曲线形状的控制不同。

方法一：根据极点

根据极点是指样条曲线不通过极点，其形状由极点形成的多边形控制。下面通过创建图 4.1.25 所示的样条曲线来说明通过"根据极点"方式创建样条曲线的一般操作过程。

图 4.1.25　"根据极点"方式创建样条曲线

Step1. 新建一个模型文件，文件名为 spline.prt。

Step2. 选择命令。选择下拉菜单 插入(S) ➡ 曲线(C)▸ ➡ 🌠 艺术样条(D)... 命令，系统弹出图 4.1.26 所示的 "艺术样条" 对话框。

Step3. 定义曲线类型。在 类型 区域的下拉列表中选择 根据极点 选项。

Step4. 定义极点。单击 极点位置 区域的 "点构造器" 按钮 ⬩，系统弹出 "点" 对话框；在 "点" 对话框 输出坐标 区域的 X 、 Y 、 Z 文本框中分别输入值 0、0、0，单击 确定 按钮，完成第一极点坐标的指定。

Step5. 参照 Step4 创建其余极点。依次输入值 10、-20、0；30、20、0；40、0、0，单击 确定 按钮。

Step6. 定义曲线次数。在 "艺术样条" 对话框 参数化 区域的 次数 文本框中输入值 3。

Step7. 单击 〈 确定 〉 按钮，完成样条曲线的创建。

图 4.1.26 "艺术样条" 对话框

方法二：通过点

艺术样条曲线的形状除了可以通过极点来控制外，还可以通过样条曲线所通过的点（即样条曲线的定义点）进行更精确地控制。下面通过创建图 4.1.27 所示的样条曲线来说明利用 "通过点" 方式创建样条曲线的一般操作过程。

Step1. 新建一个模型文件，文件名为 spline1.prt。

图 4.1.27 "通过点"方式创建样条

Step2. 选择命令。选择下拉菜单插入(S) ➡ 曲线(C) ➡ 艺术样条(D) 命令，系统弹出"艺术样条"对话框。

Step3. 定义曲线类型。在对话框的 类型 下拉列表中选择 通过点 选项。

Step4. 定义极点。单击 点位置 区域的"点构造器"按钮 ，系统弹出"点"对话框；在"点"对话框 输出坐标 区域的 X 、 Y 、 Z 文本框中分别输入值 0、0、0，单击 确定 按钮，完成第一极点坐标的指定。

Step5. 参照 Step4 创建其余极点。依次输入值 10、10、0；20、0、0；40、0、0，单击 确定 按钮。

Step6. 单击 〈 确定 〉 按钮，完成样条曲线的创建。

2. 螺旋线

在建模或者造型过程中，螺旋线经常被用到。UG NX 11.0 通过定义转数、螺距、半径方式、旋转方向和方位等参数来生成螺旋线。创建螺旋线的方法有两种：一种是沿矢量方式，另外一种是沿脊线方式。下面具体介绍这两种螺旋线的创建方法。

方法一：沿矢量螺旋线

图 4.1.28 所示螺旋线的一般创建过程如下。

图 4.1.28 螺旋线

Step1. 打开文件 D:\ug11\work\ch04.01\helix.prt。

Step2. 选择命令。选择下拉菜单插入(S) ➡ 曲线(C) ➡ 螺旋线(X) 命令，系统弹出"螺旋线"对话框（图 4.1.29）。

Step3. 设置参数。在"螺旋线"对话框的 类型 下拉列表中选择 沿矢量 选项，单击 方位 区域中的"CSYS 对话框"按钮 ，系统弹出"CSYS"对话框，在"CSYS"对话框 参考 CSYS 区域的 参考 下拉列表中选择 绝对 - 显示部件 选项，单击 确定 按钮，系统返回到"螺旋线"对话框，设置图 4.1.29 所示的参数，其他参数采用系统默认设置。单击 〈 确定 〉 按钮，完成螺旋线的创建。

图 4.1.29 "螺旋线"对话框

说明：因为本例中使用当前的 WCS 作为螺旋线的方位，使用当前的 XC=0、YC=0 和 ZC=0 作为默认基点，所以在此没有定义方位和基点的操作。

方法二：沿脊线螺旋线

图 4.1.30 所示的使用规律曲线方式创建的螺旋线的一般步骤如下。

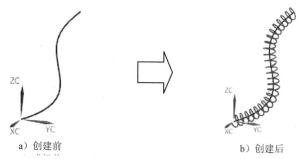

a）创建前   b）创建后

图 4.1.30 沿脊线螺旋线

Step1. 打开文件 D:\ug11\work\ch04.01\helix_02.prt。

Step2. 选择下拉菜单 插入(S) ➡ 曲线(C) ➡ 螺旋线(X)... 命令，系统弹出"螺旋线"对话框。

Step3. 定义类型。在"螺旋线"对话框的 类型 下拉列表中选择 沿脊线 选项，选取图 4.1.30a 所示的曲线为脊线。

Step4. 定义螺旋线参数。

（1）定义大小。在"螺旋线"对话框的 大小 区域中选中 ⊙ 直径 单选项，在 规律类型 下拉列表中选择 恒定 选项，然后输入直径值为 10。

（2）定义螺距。在"螺旋线"对话框 螺距 区域的 规律类型 下拉列表中选择 恒定 选项，然后输入螺距值为 5。

（3）定义长度。在"螺旋线"对话框 长度 区域的 方法 下拉列表中选择 圈数 选项，输入圈数值 25。

（4）定义旋转方向。在"螺旋线"对话框 设置 区域的 旋转方向 下拉列表中选择 右手 选项。

Step5. 单击对话框中的 ＜ 确定 ＞ 按钮，完成螺旋线的创建。

3. 文本曲线

使用 A 命令，可将本地 Windows 字体库中的 True Type 字体中的"文本"生成 NX 曲线。无论何时需要文本，都可以将此功能作为部件模型中的一个设计元素使用。在"文本"对话框中，允许用户选择 Windows 字体库中的任何字体，指定字符属性（粗体、斜体、类型、字母）；在"文本"对话框字段中输入文本字符串，并立即在 NX 部件模型内将字符串转换为几何体。文本将跟踪所选 True Type 字体的形状，并使用线条和样条生成文本字符串的字符外形，可以在平面、曲线或曲面上放置生成的几何体。下面通过创建图 4.1.31 所示的文本曲线来说明创建文本曲线的一般步骤。

图 4.1.31　创建的文本曲线

Step1. 打开文件 D:\ug11\work\ch04.01\text_line.prt。

Step2. 选择下拉菜单 插入(S) ➡ 曲线(C) ➡ A 文本(T)... 命令，系统弹出图 4.1.32 所示的"文本"对话框。

Step3. 在 类型 区域的下拉列表中选择 曲线上 选项，选取图 4.1.33 所示的曲线为文本放置曲线。

Step4. 在对话框 文本属性 区域的文本框中输入文本字符串"兆迪科技"；在 线型 下拉列

表中选择隶书选项；对话框中的其他设置保持系统默认参数设置值。调整文本曲线的控制手柄（图4.1.34），使其更贴合放置曲线。

图 4.1.32　"文本"对话框

Step5. 单击对话框中的 〈 确定 〉 按钮，完成文本曲线的创建。

图 4.1.33　定义放置曲线　　　　　图 4.1.34　调整文本曲线

图 4.1.32 所示 "文本" 对话框中的部分按钮说明如下。

- 类型区域：该区域的下拉列表中包括 平面的 、 曲线上 和 面上 三个选项，用于定义文本的放置类型。

    ☑ 平面的（平面的）：该选项用于创建在平面上的文本。

    ☑ 曲线上（曲线上）：该选项用于沿曲线创建文本。

    ☑ 面上（面上）：该选项用于在一个或多个相连面上创建文本。

4.1.3　派生曲线

来自曲线集的曲线是指利用现有的曲线，通过不同的方式而创建的新曲线。在 UG NX11.0 中，主要是通过在 插入(S) 下拉菜单的 派生曲线(U) 子菜单中选择相应的命令来进行操作。下面将分别对镜像、偏置、在面上偏置和投影等方法进行介绍。

1. 镜像

曲线的镜像复制是将源曲线相对于一个平面或基准平面（称为镜像中心平面）进行镜像，从而得到源曲线的一个副本。下面介绍创建图 4.1.35b 所示的镜像曲线的一般操作过程。

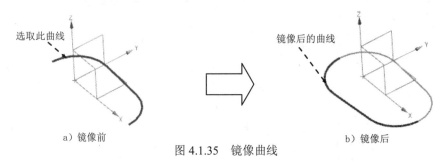

a）镜像前　　　　　　图 4.1.35　镜像曲线　　　　　　b）镜像后

Step1. 打开文件 D:\ug11\work\ch04.01\mirror_curves.prt。

Step2. 选择下拉菜单 插入(S) ➡ 派生曲线(U) ➡ 镜像(M)... 命令（或在 曲线 功能选项卡的 派生曲线 区域中单击 镜像曲线 按钮），此时系统弹出"镜像曲线"对话框，如图 4.1.36 所示。

图 4.1.36　"镜像曲线"对话框

Step3. 定义镜像曲线。在图形区选取图 4.1.35a 所示的曲线，然后单击中键确认。

Step4. 选取镜像平面。在"镜像曲线"对话框的 平面 下拉列表中选择 现有平面 选项，然后在图形区中选取 ZX 平面为镜像平面。

Step5. 单击 确定 按钮（或单击中键），完成镜像曲线的创建。

2. 偏置

偏置曲线是通过移动选中的曲线对象来创建新的曲线。使用下拉菜单 插入(S) ➡

派生曲线(U) ➡️ 偏置(O)...命令可以偏置由直线、圆弧、二次曲线、样条及边缘组成的线串。曲线可以在选中曲线所定义的平面内偏置，也可以使用 拔模 方法偏置到一个平行平面上，或者沿着使用 3D 轴向 方法时指定的矢量进行偏置。下面将对"拔模"和"3D 轴向"两种偏置方法分别进行介绍。

方式一：拔模

通过图 4.1.37 所示的例子来说明用"拔模"方式创建偏置曲线的一般过程。

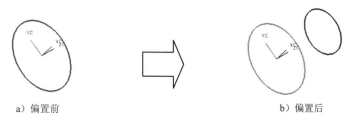

a）偏置前　　　　　　　　　　　　b）偏置后

图 4.1.37　偏置曲线的创建

Step1. 打开文件 D：\ug11\work\ch04.01\offset_curve1.prt。

Step2. 选择下拉菜单 插入(S) ➡️ 派生曲线(U) ➡️ 偏置(O)...命令，系统弹出图 4.1.38 所示的"偏置曲线"对话框（一）。

Step3. 在对话框 偏置类型 区域的下拉列表中选择 拔模 选项，选取图 4.1.39 所示的曲线为偏置对象。

Step4. 在对话框 偏置 区域的 高度 文本框中输入数值 10，在 角度 文本框中输入数值 10，在 副本数 文本框中输入数值 1。

注意： 可以单击对话框中的 ⤢ 按钮改变偏置的方向。

Step5. 在对话框中单击 <确定> 按钮，完成偏置曲线的创建。

图 4.1.38　"偏置曲线"对话框（一）

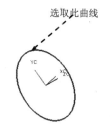

选取此曲线

图 4.1.39　定义偏置曲线

方式二：3D 轴向

通过图 4.1.40 所示的例子来说明用"3D 轴向"方式创建偏置曲线的一般过程。

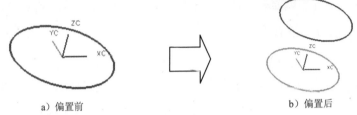

a）偏置前　　　　　　　　　　　　　　　　b）偏置后

图 4.1.40　偏置曲线的创建

Step1. 打开文件 D：\ug11\work\ch04.01\offset_curve2.prt。

Step2. 选择下拉菜单 插入(S) ➡ 派生曲线(U) ➡ 偏置(O)... 命令，系统弹出图 4.1.41 所示的"偏置曲线"对话框（二）。

Step3. 在对话框 偏置类型 区域的下拉列表中选择 3D 轴向 选项，选取图 4.1.42 所示的曲线为偏置对象。

图 4.1.41　"偏置曲线"对话框（二）

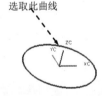

选取此曲线

图 4.1.42　定义偏置曲线

Step4. 在对话框 偏置 区域的 距离 文本框中输入数值 8；在 ✔ 指定方向 (1) 下拉列表中选择 ZC↑ 选项，定义 ZC 轴为偏置方向。

注意：可以单击对话框中的 ⤢ 按钮改变偏置的方向，以达到用户想要的方向。

Step5. 在对话框中单击 < 确定 > 按钮，完成偏置曲线的创建。

3．在面上偏置曲线

在面上偏置... 命令可以在一个或多个面上根据相连的边或曲面上的曲线创建偏置曲线，偏置曲线距源曲线或曲面边缘有一定的距离。下面介绍创建图 4.1.43b 所示的在面上偏置曲线的一般操作过程。

Step1. 打开文件 D:\ug11\work\ch04.01\offset_in_face.prt。

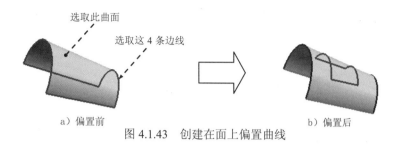

选取此曲面

选取这4条边线

a) 偏置前　　　　　　　　　　　　　b) 偏置后

图 4.1.43　创建在面上偏置曲线

Step2. 选择下拉菜单 插入(S) ➡ 派生曲线(U) ➡ ◆ 在面上偏置(F)... 命令（或在 曲线 功能选项卡的 派生曲线 区域中单击 ◆ 在面上偏置曲线 按钮），此时系统弹出"在面上偏置曲线"对话框，如图 4.1.44 所示。

Step3. 定义偏置类型。在对话框的 类型 下拉列表中选择 ┗ 恒定 选项。

Step4. 选取偏置曲线。在图形区的模型上依次选取图 4.1.43a 所示的 4 条边线为要偏置的曲线。

Step5. 定义偏置距离。在对话框的 截面线1:偏置1 文本框中输入偏置距离值为 15。

Step6. 定义偏置面。单击对话框 面或平面 区域中的"面或平面"按钮 ◻，然后选取图 4.1.43a 所示的曲面为偏置面。

Step7. 单击"在面上偏置曲线"对话框中的 < 确定 > 按钮，完成在面上偏置曲线的创建。

图 4.1.44　"在面上偏置曲线"对话框

说明：按 F3 键可以显示系统弹出的 截面线1:偏置1 动态输入文本框，再按一次则隐藏，再次按则显示。

图 4.1.44 所示的"在面上偏置曲线"对话框中部分选项的功能说明如下。

修剪和延伸偏置曲线 区域：此区域用于修剪和延伸偏置曲线，包括 ☑ 在截面内修剪至彼此 、

☑ 在截面内延伸至彼此 、 ☑ 修剪至面的边 、 ☑ 延伸至面的边 和 ☑ 移除偏置曲线内的自相交 五个复选框。

- ☑ ☑ 在截面内修剪至彼此：将偏置的曲线在截面内相互之间进行修剪。
- ☑ ☑ 在截面内延伸至彼此：对偏置的曲线在截面内进行延伸。
- ☑ ☑ 修剪至面的边：将偏置曲线裁剪到面的边。
- ☑ ☑ 延伸至面的边：将偏置曲线延伸到曲面边。
- ☑ ☑ 移除偏置曲线内的自相交：将偏置曲线中出现自相交的部分移除。

4. 投影

投影用于将曲线、边缘和点映射到曲面、平面和基准平面等上。投影曲线在孔或面边缘处都要进行修剪，投影之后可以自动合并输出的曲线。下面介绍创建图 4.1.45b 所示的投影曲线的一般操作过程。

选取该曲面

选取曲线

a）投影前

b）投影后

图 4.1.45　创建投影曲线

Step1. 打开文件 D:\ug11\work\ch04.01\project.prt。

Step2. 选择下拉菜单 插入(S) ➡ 派生曲线(U) ➡ ⊗ 投影(P)... 命令（或在 曲线 功能选项卡的 派生曲线 区域中单击 ⊗ 投影曲线 按钮），此时系统弹出图 4.1.46 所示的"投影曲线"对话框。

图 4.1.46　"投影曲线"对话框

Step3. 在图形区选取图 4.1.45a 所示的曲线，单击中键确认。

Step4. 定义投影面。在对话框 投影方向 区域的 方向 下拉列表中选择 沿面的法向 选项，然后选取图 4.1.45a 所示的曲面作为投影曲面。

Step5. 在对话框中单击 < 确定 > 按钮（或者单击中键），完成投影曲线的创建。

图 4.1.46 所示的"投影曲线"对话框 投影方向 区域的 方向 下拉列表中各选项的说明如下。

- 沿面的法向：此方式是沿所选投影面的法向投影面投射曲线。

- 朝向点：此方式用于从原定义曲线朝着一个点向选取的投影面投射曲线。

- 朝向直线：此方式用于从原定义曲线朝着一条直线向选取的投影面投射曲线。

- 沿矢量：此方式用于沿设定的矢量方向选取的投影面投射曲线。

- 与矢量成角度：此方式用于沿与设定矢量方向成一角度的方向，向选取的投影面投射曲线。

5. 组合投影

组合投影曲线是将两条不同的曲线沿着指定的方向进行投影和组合，而得到的第三条曲线。两条曲线的投影必须相交。在创建过程中，可以指定新曲线是否与输入曲线关联，以及对输入曲线作保留、隐藏等方式的处理。创建图 4.1.47b 所示的组合投影曲线的一般过程如下。

Step1. 打开文件 D:\ug11\work\ch04.01\project_1.prt。

Step2. 选择下拉菜单 插入(S) ➡ 派生曲线(U) ➡ 组合投影(C). 命令，系统弹出图 4.1.48 所示的"组合投影"对话框。

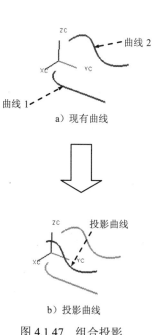

a）现有曲线

b）投影曲线

图 4.1.47 组合投影

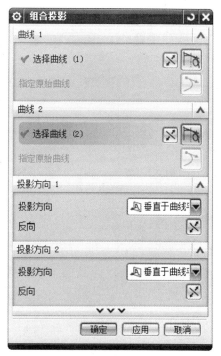

图 4.1.48 "组合投影"对话框

Step3. 在图形区选取图 4.1.47a 所示的曲线 1 作为第一曲线串，单击鼠标中键确认。

Step4. 选取图 4.1.47a 所示的曲线 2 作为第二曲线串。

Step5. 定义投影矢量。在投影方向1和投影方向2的下拉列表中选择垂直于曲线平面。

Step6. 单击 确定 按钮，完成组合投影曲线的创建。

6. 桥接

桥接(B)... 命令可以创建位于两曲线上用户定义点之间的连接曲线。输入曲线可以是片体或实体的边缘。生成的桥接曲线可以在两曲线确定的面上，或者在自行选择的约束曲面上。

下面通过创建图4.1.49b所示的桥接曲线来说明创建桥接曲线的一般过程。

a）桥接前　　　　　　　　　　　　　　　b）桥接后

图4.1.49　创建桥接曲线

Step1. 打开文件D:\ug11\work\ch04.01\bridge_curve.prt。

Step2. 选择下拉菜单 插入(S) ➡ 派生曲线(U) ➡ 桥接(B)... 命令，系统弹出图4.1.50所示的"桥接曲线"对话框。

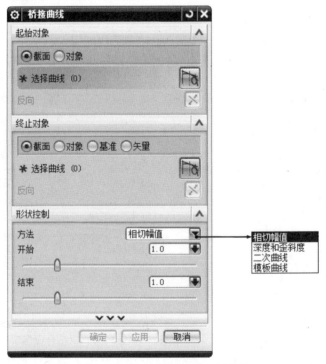

图4.1.50　"桥接曲线"对话框

Step3. 定义桥接曲线。在图形区依次选取图4.1.49a所示的曲线1和曲线2。

Step4. 完成曲线桥接的操作。对话框各选项可参考图 4.1.50。单击"桥接曲线"对话框中的 < 确定 > 按钮，完成曲线桥接的操作。

说明：通过在 形状控制 区域的 开始 、结束 文本框中输入数值或拖动相对应的滑块，可以调整桥接曲线端点的位置，图形区中显示的图形也会随之改变。

图 4.1.50 所示"桥接曲线"对话框中"形状控制"区域的部分选项说明如下。

- 相切幅值 ：用户通过使用滑块推拉第一条曲线及第二条曲线的一个或两个端点，或在文本框中键入数值来调整桥接曲线。滑块范围表示相切的百分比。初始值在 0.0 和 3.0 之间变化。如果在一个文本框中输入大于 3.0 的数值，则几何体将作相应的调整，并且相应的滑块将增大范围以包含这个较大的数值。

- 深度和歪斜 ：该滑块用于控制曲线曲率影响桥接的程度。在选中两条曲线后，可以通过移动滑块来调整深度和歪斜度。歪斜 滑块的值为曲率影响程度的百分比；深度 滑块控制最大曲率的位置。滑块的值是沿着桥接从曲线 1 到曲线 2 之间的距离数值。

- 二次曲线 ：用于通过改变二次曲线的饱满程度来更改桥接曲线的形状。将启用 Rho 值及滑块数据输入文本框。

  - ☑ Rho ：表示从曲线端点到顶点的距离比值。Rho 值的范围是 0.01 ～ 0.99。二次曲线形状控制只能和"相切"（方向 区域 ⊙ 相切 单选项）方法同时使用。小的 Rho 值会生成很平的二次曲线，而大的 Rho 值（接近 1）会生成很尖的二次曲线。

说明：此例中创建的桥接曲线可以约束在选定的曲面上。其操作步骤要增加：在"桥接曲线"对话框 约束面 区域中单击 按钮，选取图 4.1.51a 所示的曲面为约束面。结果如图 4.1.51b 所示。

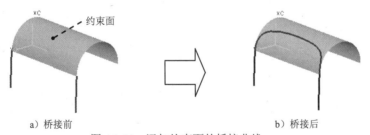

a）桥接前　　　　　　　　　　　　b）桥接后

图 4.1.51　添加约束面的桥接曲线

4.1.4　来自体的曲线

来自体的曲线主要是从已有模型的边，相交线等提取出来的曲线，主要类型包括相交曲线、截面线和抽取曲线等。

1. 相交曲线

利用 相交(I)... 命令可以创建两组对象之间的相交曲线。相交曲线可以是关联的或不关联的，关联的相交曲线会根据其定义对象的更改而更新。用户可以选择多个对象来创建相交曲线。下面以图 4.1.52 所示的例子来介绍创建相交曲线的一般过程。

曲面 1　曲面 2　　　　　　　　　　　　　　相交曲线

a）创建前　　　　　　　　　　　　　　　　b）创建后

图 4.1.52　相交曲线的创建

Step1. 打开文件 D:\ug11\work\ch04.01\inter_curve.prt。

Step2. 选择下拉菜单 插入(S) ➡ 派生曲线(U) ➡ 相交(I)... 命令，系统弹出"相交曲线"对话框，如图 4.1.53 所示。

Step3. 定义相交曲面。在图形区选取图 4.1.52a 所示的曲面 1，单击中键确认，然后选取曲面 2，其他选项均采用默认设置值。

Step4. 单击"相交曲线"对话框中的 确定 按钮，完成相交曲线的创建。

图 4.1.53　"相交曲线"对话框

2. 截面曲线

使用 截面(S) 命令可在指定平面与体、面、平面和（或）曲线之间创建相关或不相关的相交曲线。平面与曲线相交可以创建一个或多个点。下面以图 4.1.54 所示的例子来介绍创建截面曲线的一般过程。

Step1. 打开文件 D:\ug11\work\ch04.01\plane_curve.prt。

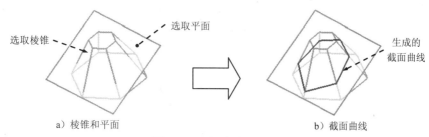

a) 棱锥和平面　　　　　　　　　b) 截面曲线

图 4.1.54　创建截面曲线

Step2. 选择下拉菜单 插入(S) ➡ 派生曲线(U) ➡ 截面(N) 命令，系统弹出"截面曲线"对话框，如图 4.1.55 所示。

Step3. 在图形区选取图 4.1.54a 所示的棱锥体，单击中键。

Step4. 在对话框 剖切平面 区域中单击 *指定平面 按钮，选取图 4.1.54a 所示的平面，其他选项均采用默认设置。

Step5. 单击"截面曲线"对话框中的 确定 按钮，完成截面曲线的创建。

图 4.1.55　"截面曲线"对话框

图 4.1.55 所示"截面曲线"对话框中的部分选项的说明如下。

- 类型 区域：该区域的下拉列表中包括 选定的平面 选项、 平行平面 选项、 径向平面 选项和 垂直于曲线的平面 选项，用于设置创建截面曲线的类型。

  ☑ 选定的平面 选项：该方法可以通过选定的单个平面或基准平面来创建截面曲线。

  ☑ 平行平面 选项：使用该方法可以通过指定平行平面集的基本平面、步长值和起始及终止距离来创建截面曲线。

  ☑ 径向平面 选项：使用该方法可以指定定义基本平面所需的矢量和点、步长值以及径向平面集的起始角和终止角。

☑ 　▣ 垂直于曲线的平面 选项：该方法允许用户通过指定多个垂直于曲线或边缘的剖截平面来创建截面曲线。

● 设置 区域的☑关联 复选框：如果选中该选项，则创建的截面曲线与其定义对象和平面相关联。

3. 抽取曲线

使用 🖳 抽取(E)... 命令可以通过一个或多个现有体的边或面创建直线、圆弧、二次曲线和样条曲线，而体不发生变化。大多数抽取曲线是非关联的，但也可选择创建相关的等斜度曲线或阴影外形曲线。选择下拉菜单 插入(S) ➡ 派生曲线(U) ➡ 🖳 抽取(E)... 命令，系统弹出"抽取曲线"对话框。

"抽取曲线"对话框中按钮的说明如下。

● 边曲线 ：从指定边抽取曲线。

● 轮廓曲线 ：利用轮廓边缘创建曲线。

● 完全在工作视图中 ：利用工作视图中体的所有可视边（包括轮廓边缘）创建曲线。

● 等斜度曲线 ：创建在面集上的拔模角为常数的曲线。

● 阴影轮廓 ：在工作视图中创建仅显示体轮廓的曲线。

● 精确轮廓 ：在工作视图中创建显示体轮廓的曲线。

下面以图 4.1.56 所示的例子来介绍利用"边缘曲线"创建抽取曲线的一般过程。

a）特征体　　　　　　　　　　　　　　b）创建的抽取曲线

图 4.1.56　抽取曲线的创建

Step1. 打开文件 D:\ug11\work\ch04.01\solid _curve.prt。

Step2. 选择下拉菜单 插入(S) ➡ 派生曲线(U) ➡ 🖳 抽取(E)... 命令，系统弹出"抽取曲线"对话框。

Step3. 单击 边曲线 按钮，系统弹出图 4.1.57 所示的"单边曲线"对话框。

Step4. 在"单边曲线"对话框中单击 实体上所有的 按钮，系统弹出图 4.1.58 所示的"实体中的所有边"对话框，选取图 4.1.56a 所示的拉伸体。

Step5. 单击 确定 按钮，系统返回"单边曲线"对话框。

Step6. 单击"单边曲线"对话框中的 确定 按钮，完成抽取曲线的创建。单击 取消 按钮退出对话框。

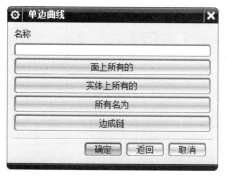

图 4.1.57　"单边曲线"对话框

图 4.1.58　"实体中的所有边"对话框

图 4.1.57 所示"单边曲线"对话框中各按钮的说明如下。

- 面上所有的 ：所选表面的所有边。
- 实体上所有的 ：所选实体的所有边。
- 所有名为 ：所有命名相似的曲线。
- 边成链 ：所选链的起始边与结束边按某一方

向连接而成的曲线。

4.2　曲线曲率分析

曲线质量的好坏对由该曲线产生的曲面、模型等的质量有重大的影响。曲率梳依附曲线存在，最直观地反映了曲线的连续特性。曲率梳是指系统用梳状图形的方式来显示样条曲线上各点的曲率变化情况。显示曲线的曲率梳后，能方便地检测曲率的不连续性、突变和拐点，在多数情况下这些是不希望存在的。显示曲率梳后，在对曲线进行编辑时，可以很直观地调整曲线的曲率，直到得出满意的结果为止。

下面以图 4.2.1 所示的曲线为例，说明显示样条曲线曲率梳的操作过程。

Step1. 打开文件 D:\ug11\work\ch04.02\combs.prt。

Step2. 选取图 4.2.1 所示的曲线。

Step3. 选择下拉菜单 分析(L) ➞ 曲线(C)▶ ➞ 显示曲率梳(C) 命令，在绘图区显示图 4.2.2 所示的曲率梳。

说明：再次选择下拉菜单 分析(L) ➞ 曲线(C)▶ ➞ 显示曲率梳(C) 命令，则绘图区中不再显示曲率梳。

选取该曲线

图 4.2.1 样条曲线   图 4.2.2 显示曲率梳

Step4. 选择下拉菜单 分析(L) ➡ 曲线(C)▶ ➡ 曲线分析(U) 命令，系统弹出图 4.2.3 所示的"曲线分析"对话框。

Step5. 在图中输入数值，如图 4.2.3 所示。

Step6. 在"曲线分析"对话框中单击 确定 按钮，完成曲率梳分析，如图 4.2.4 所示。

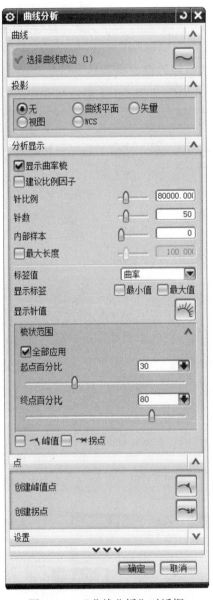

图 4.2.3 "曲线分析"对话框   图 4.2.4 显示曲率梳

4.3 创建简单曲面

UG NX 11.0 具有强大的曲面功能，并且对曲面的修改、编辑等非常方便。本节主要介绍一些简单曲面的创建，主要内容包括曲面网格显示、有界平面的创建、拉伸/旋转曲面的创建、偏置曲面的创建以及曲面的抽取。

4.3.1 曲面网格显示

曲面的显示样式除了常用的着色、线框等还可以用网格线的形式显示出来。与其他显示样式相同，网格显示仅仅是对特征的显示，而对特征没有丝毫的修改或变动。下面以图 4.3.1 所示的模型为例来说明曲面网格显示的一般操作过程。

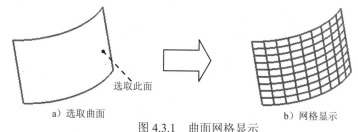

a）选取曲面　　　　　　　　b）网格显示

图 4.3.1　曲面网格显示

Step1. 打开文件 D:\ug11\work\ch04.03\static_wireframe.prt。

Step2. 调整视图显示。在图形区右击，在弹出的图 4.3.2 所示的快捷菜单中选择 渲染样式 (D)▶ ➡ 静态线框 (W) 命令，图形区中的模型变成线框状态。

说明：模型在"着色"状态下是不显示网格线的，网格线只在"静态线框""面分析"和"局部着色"三种状态下才可以显示出来。

Step3. 选择命令。选择下拉菜单 编辑 (E) ➡ 对象显示 (J)... 命令，系统弹出"类选择"对话框。

Step4. 选取网格显示的对象。在图形区选取图 4.3.1a 所示的曲面，单击"类选择"对话框中的 确定 按钮，系统弹出"编辑对象显示"对话框（图 4.3.3）。

Step5. 定义参数。在"编辑对象显示"对话框中设置图 4.3.3 所示的参数，其他参数采用默认设置值。

Step6. 单击"编辑对象显示"对话框中的 确定 按钮，完成曲面网格显示的设置。

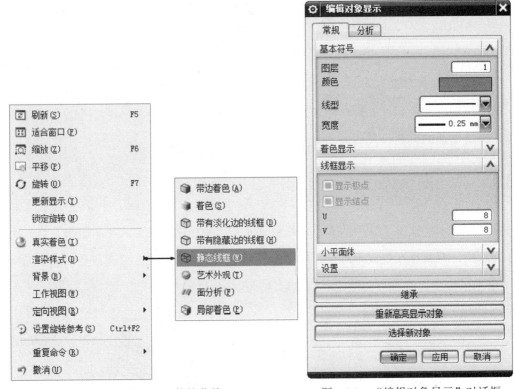

图 4.3.2　快捷菜单　　　　　　　图 4.3.3　"编辑对象显示"对话框

4.3.2　创建拉伸和旋转曲面

拉伸曲面和旋转曲面的创建方法与相应的实体特征相同，只是要求生成特征的类型不同。下面将对这两种方法作简单介绍。

1. 创建拉伸曲面

拉伸曲面是将截面草图沿着草图平面的垂直方向拉伸而成的曲面。下面介绍创建图 4.3.4b 所示的拉伸曲面特征的过程。

a）特征截面　　　　　　　　　　　　b）拉伸曲面

图 4.3.4　拉伸曲面

Step1.　打开文件 D:\ug11\work\ch04.03\extrude_surf.prt。

Step2.　选择下拉菜单 插入(S) ➡ 设计特征(E)▸ ➡ 拉伸(E)... 命令，此时系统弹出图 4.3.5 所示的"拉伸"对话框。

图 4.3.5　"拉伸"对话框

Step3. 定义拉伸截面。在图形区选取图 4.3.4a 所示的曲线串为特征截面。

Step4. 确定拉伸起始值和结束值。在 限制 区域的 开始 下拉列表中选择 值 选项，在 距离 文本框中输入值 0，在 结束 下拉列表中选择 值 选项，在 距离 文本框中输入值 5 并按 Enter 键。

Step5. 定义拉伸特征的体类型。在 设置 区域的 体类型 下拉列表中选择 片体 选项，其他采用默认设置。

Step6. 单击"拉伸"对话框中的 < 确定 > 按钮（或者单击中键），完成拉伸曲面的创建。

2. 创建旋转曲面

旋转曲面是将截面草图绕着一条中心轴线旋转而形成的曲面。下面介绍创建图 4.3.6b 所示的旋转曲面特征的过程。

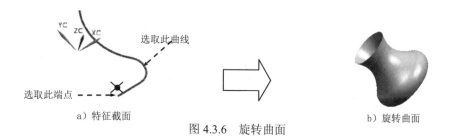

a）特征截面

图 4.3.6　旋转曲面

b）旋转曲面

Step1. 打开文件 D:\ug11\work\ch04.03\rotate_surf.prt。

Step2. 选择 插入(S) ➡ 设计特征(E) ➡ 旋转(R)... 命令，此时系统弹出"旋转"对话框。

Step3. 定义旋转截面。在图形区选取图 4.3.6a 所示的曲线为旋转截面，单击中键确认。

Step4. 定义旋转轴。选择 ⌐YC 作为旋转轴的矢量方向，然后选取图 4.3.6a 所示的端点定义指定点。

Step5. 定义旋转特征的体类型。在 设置 区域的 体类型 下拉列表中选择 片体 选项，其他采用默认设置。

Step6. 单击对话框中的 ＜ 确定 ＞ 按钮（或者单击中键），完成旋转曲面的创建。

4.3.3 有界平面的创建

有界平面(P)... 命令可以用于创建平整的曲面。利用拉伸也可以创建曲面，但拉伸创建的是有深度参数的二维或三维曲面，而有界平面创建的是没有深度参数的二维曲面。下面介绍创建图 4.3.7a 所示的有界平面的一般操作步骤。

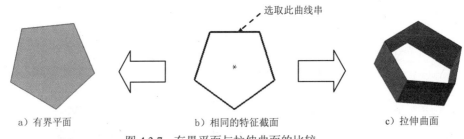

选取此曲线串

a）有界平面　　　　　b）相同的特征截面　　　　　c）拉伸曲面

图 4.3.7　有界平面与拉伸曲面的比较

Step1. 打开文件 D:\ug11\work\ch04.03\ambit_surf.prt。

Step2. 选择下拉菜单 插入(S) ➡ 曲面(R) ▶ ➡ 有界平面(B)... 命令，系统弹出"有界平面"对话框。

Step3. 定义边界线串。在图形区选取图 4.3.7b 所示的曲线串。

Step4. 在"有界平面"对话框中单击 ＜ 确定 ＞ 按钮（或者单击中键），完成有界平面的创建。

4.3.4 曲面的偏置

曲面的偏置用于创建一个或多个现有面的偏置曲面，从而得到新的曲面。下面分别对创建偏置曲面和偏移曲面进行介绍。

1. 创建偏置曲面

下面介绍创建图 4.3.8b 所示的偏置曲面的一般过程。

a）偏置前　　　　　　　　　　　　　　　　b）偏置后

图 4.3.8　偏置曲面的创建

Step1. 打开文件 D:\ug11\work\ch04.03\offset_surface.prt。

Step2. 选择下拉菜单 插入(S) ➡ 偏置/缩放(O) ➡ 偏置曲面(O)... 命令（或在 主页 功能选项卡 曲面 区域的 更多 下拉选项中单击 偏置曲面 按钮），此时系统弹出图 4.3.9 所示的"偏置曲面"对话框。

Step3. 在图形区选取图 4.3.10 所示的 5 个面，同时图形区中出现曲面的偏置方向，如图 4.3.10 所示。此时"偏置曲面"对话框中的"反向"按钮 被激活。

图 4.3.9 "偏置曲面"对话框

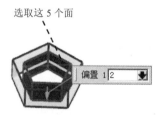

选取这 5 个面

图 4.3.10 选取 5 个面

Step4. 定义偏置方向。接受系统默认的方向。

Step5. 定义偏置的距离。在系统弹出的 偏置1 文本框中输入偏置距离值 2 并按 Enter 键，然后在"偏置曲面"对话框中单击 < 确定 > 按钮，完成偏置曲面的创建。

2. 偏置面

下面介绍图 4.3.11b 所示的偏置面的一般操作过程。

Step1. 打开文件 D:\ug11\work\ch04.03\offset_surf.prt。

Step2. 选择下拉菜单 插入(S) ➡ 偏置/缩放(O) ➡ 偏置面(F)... 命令，系统弹出图 4.3.12 所示的"偏置面"对话框。

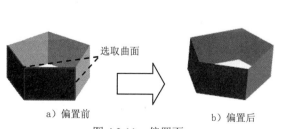

a）偏置前

选取曲面

b）偏置后

图 4.3.11 偏置面

图 4.3.12 "偏置面"对话框

Step3. 在图形区选择图 4.3.11a 所示的曲面，然后在"偏置面"对话框的偏置文本框中输入值 2 并按 Enter 键，单击 <确定> 按钮或者单击中键，完成曲面的偏置操作。

注意：单击对话框中的"反向"按钮，改变偏置的方向。

4.3.5 曲面的抽取

曲面的抽取即从一个实体或片体抽取曲面来创建片体，曲面的抽取就是复制曲面的过程。抽取独立曲面时，只需单击此面即可；抽取区域曲面时，通过定义种子曲面和边界曲面来创建片体，创建的片体是从种子面开始向四周延伸到边界曲面的所有曲面构成的片体（其中包括种子曲面，但不包括边界曲面），这种方法在加工中定义切削区域时特别重要。下面分别介绍抽取独立曲面和抽取区域曲面。

1. 抽取独立曲面

下面以图 4.3.13 所示的模型为例来说明创建抽取独立曲面的一般操作过程（图 4.3.13b 中实体模型已隐藏）。

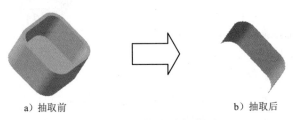

a）抽取前　　　　　　　　　　　b）抽取后

图 4.3.13　抽取独立曲面

Step1. 打开文件 D:\ug11\work\ch04.03\extracted_region.prt。

Step2. 选择下拉菜单 插入(S) ➡ 关联复制(A)▶ ➡ 抽取几何特征(E)... 命令，系统弹出"抽取几何特征"对话框。

Step3. 定义抽取类型。在对话框 类型 区域的下拉列表中选择 面 选项。

Step4. 定义选取类型。在对话框 面 区域的 面选项 下拉列表中选择 单个面 选项。

Step5. 选取图 4.3.14 所示的曲面。

Step6. 在对话框 设置 区域中选中 ☑隐藏原先的 复选框，其他参数接受系统默认设置。单击对话框中的 <确定> 按钮，完成抽取独立曲面的操作。

选取此面

图 4.3.14　选取曲面

2. 抽取区域曲面

抽取区域曲面就是通过定义种子曲面和边界曲面来选择曲面，这种方法将选取从种子曲面开始向四周延伸，直到边界曲面的所有曲面（其中包括种子曲面，但不包括边界曲面）。下面以图 4.3.15 所示的模型为例来说明创建抽取区域曲面的一般操作过程（图 4.3.15b 中的实体模型已隐藏）。

a) 抽取前　　　　图 4.3.15　抽取区域曲面　　　　b) 抽取后

Step1. 打开文件 D:\ug11\work\ch04.03\extracted_region01.prt。

Step2. 选择下拉菜单 插入(S) ➡️ 关联复制(A) ➡️ 抽取几何特征(E)... 命令，系统弹出"抽取几何特征"对话框。

Step3. 定义抽取类型。在对话框 类型 区域的下拉列表中选择 面区域 选项。

Step4. 定义种子面。在图形区选取图 4.3.16 所示的曲面作为种子面。

Step5. 定义边界曲面。选取图 4.3.17 所示的边界曲面。

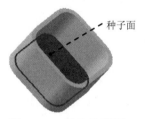

图 4.3.16　选取种子面

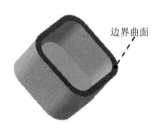

图 4.3.17　选取边界曲面

Step6. 在对话框 设置 区域中选中 ☑隐藏原先的 复选框，其他参数采用默认设置值。单击 〈 确定 〉 按钮，完成抽取区域曲面的操作。

"抽取几何特征"对话框中部分选项的说明如下。

- 区域选项 区域：包括 ☐遍历内部边 复选框和 ☐使用相切边角度 复选框。
  - ☑ ☐遍历内部边 复选框：该选项用于控制所选区域内部结构的组成面是否属于选择区域。
  - ☑ ☐使用相切边角度 复选框：如果选中该选项，则系统根据沿种子面的相邻面邻接边缘的法向矢量的相对角度，确定"曲面区域"中要包括的面。该功能主要用在 Manufacturing 模块中。

4.4 创建自由曲面

自由曲面的创建是 UG 建模模块的重要组成部分。本节中将学习 UG 中常用且较重要的曲面创建方法，其中包括网格曲面、扫掠曲面、桥接曲面、艺术曲面、截面体曲面、N 边曲面和弯边曲面。

4.4.1 网格曲面

在创建曲面的方法中网格曲面较为重要，尤其是四边面的创建。在四边面的创建中能够很好地控制面的连续性并且容易避免收敛点的生成，从而保证面的质量较高。这在后续的产品中尤为重要。下面分别介绍几种网格面的创建方法。

1. 直纹面

直纹面可以理解为通过一系列直线连接两组线串而形成的一张曲面。在创建直纹面时只能使用两组线串，这两组线串可以封闭，也可以不封闭。下面介绍创建图 4.4.1b 所示的直纹面的过程。

Step1. 打开文件 D:\ug11\work\ch04.04\ruled.prt。

Step2. 选择下拉菜单 插入(S) ➡ 网格曲面(M)▶ ➡ 直纹(R)...命令（或在 主页 功能选项卡 曲面 区域的 更多 下拉选项中单击 直纹 按钮），此时系统弹出图 4.4.2 所示的"直纹"对话框。

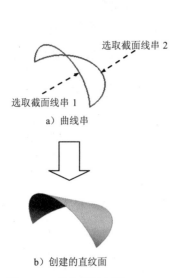

a）曲线串

b）创建的直纹面

图 4.4.1 直纹面的创建

图 4.4.2 "直纹"对话框

Step3. 定义截面线串1。在图形区中选择图4.4.1a所示的截面线串1，然后单击中键确认。

Step4. 定义截面线串2。在图形区中选择图4.4.1a所示的截面线串2，然后单击中键确认。

注意：在选取截面线串时，要在线串的同一侧选取，否则就不能达到所需要的结果。

Step5. 设置对话框的选项。在"直纹"对话框的 对齐 区域中取消选中 □ 保留形状 复选框。

Step6. 在"直纹"对话框中单击 < 确定 > 按钮（或单击中键），完成直纹面的创建。

说明：若选中 对齐 区域中的 ☑ 保留形状 复选框，则 对齐 下拉列表中的部分选项将不可用。

图4.4.2所示的"直纹"对话框中 对齐 下拉列表中各选项的说明如下。

- 参数：沿定义曲线将等参数曲线要通过的点以相等的参数间隔隔开。
- 弧长：两组截面线串和等参数曲线根据等弧长方式建立连接点。
- 根据点：将不同形状截面线串间的点对齐。
- 距离：在指定矢量上将点沿每条曲线以等距离隔开。
- 角度：在每个截面线上，绕着一个规定的轴等角度间隔生成。这样，所有等参数曲线都位于含有该轴线的平面中。
- 脊线：把点放在选择的曲线和正交于输入曲线的平面的交点上。
- 可扩展：可定义起始与终止填料曲面类型。

2. 通过曲线组

通过曲线组选项，用同一方向上的一组曲线轮廓线也可以创建曲面。曲线轮廓线称为截面线串，截面线串可由单个对象或多个对象组成，每个对象都可以是曲线、实体边等。下面介绍创建图4.4.3所示"通过曲线组"曲面的过程。

a）截面特征　　　　　　　　b）创建的曲面

图4.4.3　创建"通过曲线组"曲面

Step1. 打开文件 D:\ug11\work\ch04.04\through_curves.prt。

Step2. 选择下拉菜单 插入(S) ➡ 网格曲面(M)▶ ➡ 通过曲线组(T)... 命令（或在 曲面 下拉选项中单击 通过曲线组 按钮），系统弹出图4.4.4所示的"通过曲线组"对话框。

Step3. 在"上边框条"工具条的"曲线规则"下拉列表中选择 相连曲线 选项。

Step4. 定义截面线。在工作区中依次选择图4.4.5所示的曲线串1、曲线串2和曲线串3，并分别单击中键确认。

注意：选取截面线串后，图形区显示的箭头矢量应该处于截面线串的同侧（图4.4.5所示），否则生成的片体将被扭曲。后面介绍的通过曲线网格创建曲面也有类似的问题。

Step5. 设置对话框的选项。在"通过曲线组"对话框 设置 区域 放样 选项卡的 次数 文本框中将阶次值调整到 2，其他均采用默认设置。

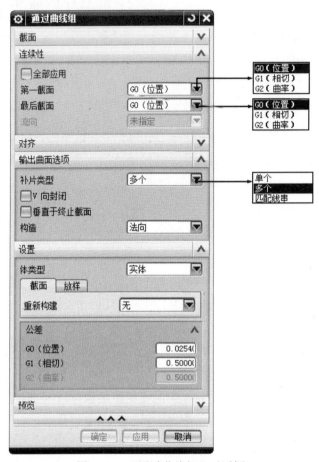

图 4.4.4 "通过曲线组"对话框

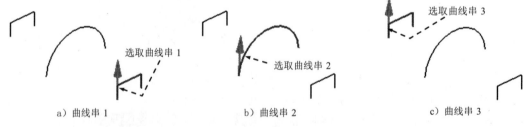

a）曲线串 1　　　　　　　　b）曲线串 2　　　　　　　　c）曲线串 3

图 4.4.5 选取的曲线串

Step6. 单击 < 确定 > 按钮，完成"通过曲线组"曲面的创建。

图 4.4.4 所示的"通过曲线组"对话框中的部分选项说明如下。

- 连续性 区域：该区域的下拉列表用于对通过曲线生成的曲面的起始端和终止端定义约束条件。
  - ☑ G0（位置）：生成的曲面与指定面点连续，无约束。
  - ☑ G1（相切）：生成的曲面与指定面相切连续。
  - ☑ G2（曲率）：生成的曲面与指定面曲率连续。

- <img alt="次数" /> 文本框：该文本框用于设置生成曲面的 V 向阶次。
- 当选取了截面线串后，在<img alt="列表" />区域中选择一组截面线串，则"通过曲线组"对话框中的一些按钮被激活，如图 4.4.6 所示。

图 4.4.6 "通过曲线组"对话框的激活按钮

图 4.4.6 所示的"通过曲线组"对话框中的部分按钮说明如下。

- <img alt="X" />（移除）：单击该按钮，选中的截面线串被删除。
- <img alt="向上" />（向上移动）：单击该按钮，选中的截面线串移至上一个截面线串的上级。
- <img alt="向下" />（向下移动）：单击该按钮，选中的截面线串移至下一个截面线串的下级。

3．通过曲线网格

使用"通过曲线网格"命令可以沿着不同方向的两组线串创建曲面。一组同方向的线串定义为主曲线，另外一组和主线串不在同一平面的线串定义为交叉线串，定义的主曲线与交叉线串必须在设定的公差范围内相交。这种创建曲面的方法定义了两个方向的控制曲线，可以很好地控制曲面的形状，因此它也是最常用的创建曲面的方法之一。下面将以图 4.4.7 为例说明通过曲线网格创建曲面的一般过程。

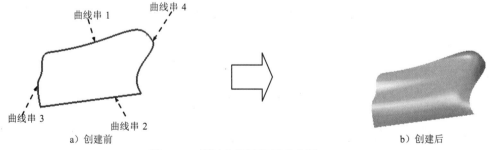

a）创建前   b）创建后

图 4.4.7 通过曲线网格创建曲面

Step1. 打开文件 D:\ug11\work\ch04.04\through_curves_mesh.prt。

Step2. 选择下拉菜单 插入(S) ➡ 网格曲面(M) ➡ <img alt="图标" /> 通过曲线网格(M)... 命令，系统弹出

图 4.4.8 所示的"通过曲线网格"对话框。

Step3. 定义主线串。在图形区中依次选取图 4.4.7a 所示的曲线串 1 和曲线串 2 为主线串，并分别单击中键确认。

Step4. 定义交叉线串。单击中键完成主线串的选取，在图形区选取图 4.4.7a 所示的曲线串 3 和曲线串 4 为交叉线串，分别单击中键确认。

Step5. 单击 〈 确定 〉 按钮，完成通过曲线网格曲面的创建。

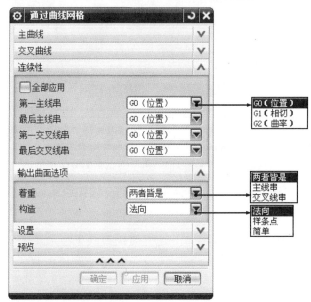

图 4.4.8　"通过曲线网格"对话框

图 4.4.8 所示"通过曲线网格"对话框的部分选项说明如下。

- 着重 下拉列表：该下拉列表用于控制系统在生成曲面的时候更强调主线串还是交叉线串，或者在两者有同样效果。
  - ☑ 两者皆是：系统在生成曲面的时候，主线串和交叉线串有同样效果。
  - ☑ 主线串：系统在生成曲面的时候，更强调主线串。
  - ☑ 交叉线串：系统在生成曲面的时候，交叉线串更有影响。
- 构造 下拉列表：
  - ☑ 法向：使用标准方法构造曲面，该方法比其他方法建立的曲面有更多的补片数。
  - ☑ 样条点：利用输入曲线的定义点和该点的斜率值来构造曲面。要求每条线串都要使用单根 B 样条曲线，并且有相同的定义点。该方法可以减少补片数，简化曲面。
  - ☑ 简单：用最少的补片数构造尽可能简单的曲面。

4.4.2 一般扫掠曲面

一般扫掠曲面就是用规定的方式沿一条（或多条）空间路径（引导线串）移动轮廓线（截面线串）而生成的曲面。

截面线串可以由单个或多个对象组成，每个对象可以是曲线、边缘或实体面，每组截面线串内的对象的数量可以不同。截面线串的数量可以是 1～150 之间的任意数值。

引导线串在扫掠过程中控制着扫掠体的方向和比例。在创建扫掠体时，必须提供一条、两条或三条引导线串。提供一条引导线不能完全控制剖面大小和方向变化的趋势，需要进一步指定截面变化的方法；提供两条引导线时，可以确定截面线沿引导线扫掠的方向趋势，但是尺寸可以改变，还需要设置截面比例变化；提供三条引导线时，完全确定了截面线被扫掠时的方位和尺寸变化，无需另外指定方向和比例就可以直接生成曲面。

下面将介绍扫掠曲面特征的一般创建过程。

1. 选取一组引导线的方式进行扫掠

下面通过创建图 4.4.9b 所示的曲面来说明用选取一组引导线方式进行扫掠的一般操作过程。

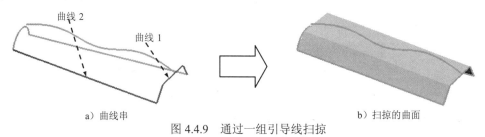

a）曲线串   b）扫掠的曲面

图 4.4.9 通过一组引导线扫掠

Step1. 打开文件 D:\ug11\work\ch04.04\swept.prt。

Step2. 选择下拉菜单 插入(S) ➡ 扫掠(W) ➡ ◇ 扫掠(S)··· 命令，系统弹出图 4.4.10 所示的"扫掠"对话框。

Step3. 定义截面线串。 在图形区选取图 4.4.9a 所示的曲线 1 作为截面线串，单击中键确认，本例中只选择一条截面线串。再次单击中键完成截面线串的选取，准备选取引导线。

Step4. 定义引导线串。在图形区选取图 4.4.9a 所示的曲线 2 作为引导线串，单击中键确认（本例中只选择一条引导线）。

Step5. 完成扫掠曲面的创建。对话框的其他设置采用系统默认设置值，单击对话框中的 ＜ 确定 ＞ 按钮，完成曲面的创建。

图 4.4.10 所示"扫掠"对话框中各个选项的说明如下。

- 截面选项 区域的 截面位置 下拉列表：包括 沿引导线任何位置 和 引导线末端 两个选项，用于定义截面的位置。

☑ 沿引导线任何位置 选项：截面位置可以在引导线的任意位置。

☑ 引导线末端 选项：截面位置位于引导线末端。

图 4.4.10 "扫掠"对话框

- 在扫掠时，截面线串的方向无法确定，所以需要通过添加约束来确定。"扫掠"对话框 定位方法 区域 方向 下拉列表的各选项即用来设置不同约束，下面是对此下拉列表各选项的说明。

☑ 固定：在截面线串沿着引导线串移动时，保持固定的方向，并且结果是简单平行的或平移的扫掠。

☑ 面的法向：局部坐标系的第二个轴与一个或多个沿着引导线串每一点指定公有基面的法向向量一致，这样约束截面线串保持和基面的固定联系。

☑ 矢量方向：局部坐标系的第二个轴和用户在整个引导线串上指定的矢量一致。

☑ 另一条曲线：通过连接引导线串上相应的点和另一条曲线来获得局部坐标系的第二个轴（就好像在它们之间建立了一个直纹片体）。

☑ 一个点：与另一条曲线相似，不同之处在于第二个轴的获取是通过引导线串和点之间的三面直纹片体的等价对象实现的。

☑ 角度规律：让用户使用规律子函数定义一个规律来控制方向。旋转角度规律的方向控制具有一个最大值（限制），为 100 圈（转），36000°。

- ☑ 强制方向：在沿导线串扫掠截面线串时，用户使用一个矢量固定截面的方向。

● 除了对要创建的曲面可以添加约束外，还可以控制要创建面的大小，这一控制是通过对话框 缩放方法 区域的 缩放 下拉列表及 比例因子 文本框来实现的。下面是对 缩放 下拉列表各选项及 比例因子 文本框的说明。

- ☑ 恒定：在扫掠过程中，使用恒定的比例对截面线串进行放大或缩小。

- ☑ 倒圆功能：定义引导线串的起点和终点的比例因子，并且在指定的起始和终止比例因子之间允许线性或三次比例。

- ☑ 另一曲线：使用比例线串与引导线串之间的距离作为比例参考值，但是此处在任意给定点的比例是以引导线串和其他的曲线或实边之间的直纹线长度为基础的。

- ☑ 一个点：使用选择点与引导线串之间的距离作为比例参考值，选择此种形式的比例控制的同时，还可以（在构造三面扫掠时）使用同一个点作方向的控制。

- ☑ 面积规律：用户使用规律函数定义截面线串的面积来控制截面线比例缩放，截面线串必须是封闭的。

- ☑ 周长规律：用户使用规律函数定义截面线串的周长来控制剖面线比例缩放。

● 比例因子 文本框：用于输入比例参数，大于 1 则是放大曲面。小于 1 则是缩小曲面。

注意：比例因子 文本框只有在引导线只有一条的情况下才能编辑。

2．选取两组引导线的方式进行扫掠

下面通过创建图 4.4.11b 所示的曲面来说明用选取两组引导线的方式进行扫掠的一般操作过程。

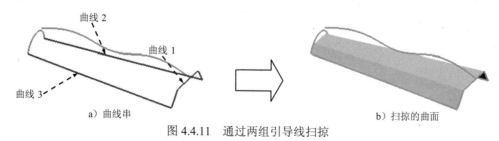

a）曲线串　　　　　　　　　　　　　　　　　b）扫掠的曲面

图 4.4.11　通过两组引导线扫掠

Step1. 打开文件 D:\ug11\work\ch04.04\swept01.prt。

Step2. 选择下拉菜单 插入(S) ➙ 扫掠(W) ➙ 扫掠(S)… 命令，系统弹出"扫掠"对话框。

Step3. 定义截面线串。在图形区中选取图 4.4.11a 所示的曲线 1 为截面线串，单击中键确认，本例只有一条截面线串。再次单击中键完成截面线串的选取。

Step4. 定义引导线串。在图形区分别选取图 4.4.11a 所示的曲线 2 和曲线 3 为引导线串，并分别单击中键确认。

Step5. 完成曲面的创建。其他设置保持系统默认值，单击对话框中的 < 确定 > 按钮，完成曲面的创建。

3. 选取三组引导线的方式进行扫掠

下面通过创建图 4.4.12b 所示的曲面来说明用选取三组引导线的方式进行扫掠的一般操作过程。

Step1. 打开文件 D:\ug11\work\ch04.04\swept02.prt。

Step2. 选择下拉菜单 插入(S) ➡ 扫掠(W) ➡ 扫掠(S)… 命令，系统弹出"扫掠"对话框。

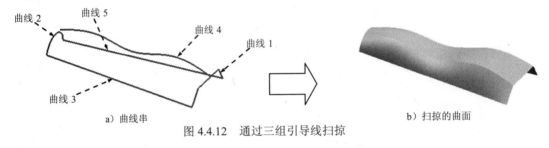

a）曲线串　　　　　　　　　　　　　　　b）扫掠的曲面

图 4.4.12　通过三组引导线扫掠

Step3. 定义截面线串。在图形区中分别选取图 4.4.12a 所示的曲线 1 和曲线 2 为截面线串，并分别单击中键确认。再次单击中键完成截面线串的选取。

Step4. 定义引导线串。在图形区依次选取图 4.4.12a 所示的曲线 3、曲线 4 和曲线 5 为引导线串，并分别单击中键确认。

注意：在选择截面线串时，一定要保证两个截面的方向相同，不然不能生成正确的曲面；同时引导线串的方向也应一致，避免扭曲曲面的产生或不能构建曲面（此例截面线串和引导线串方向如图 4.4.13 和图 4.4.14 所示）。

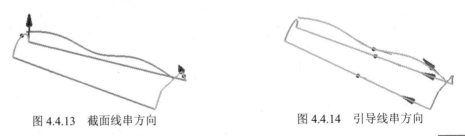

图 4.4.13　截面线串方向　　　　　　　　图 4.4.14　引导线串方向

Step5. 完成曲面创建。对话框的其他设置保持系统默认值，单击对话框中的 < 确定 > 按钮，完成曲面的创建。

4．扫掠脊线的作用

在扫掠过程中使用脊线的作用是为了更好地控制截面线串的方向。下面通过创建图4.4.15b所示的曲面来说明扫掠过程中脊线的作用。

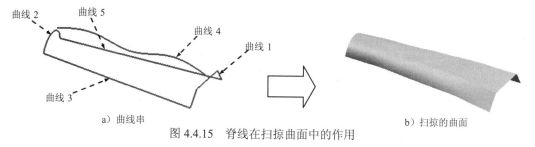

图 4.4.15　脊线在扫掠曲面中的作用

Step1．打开文件 D:\ug11\work\ch04.04\swept03.prt。

Step2．选择下拉菜单 插入(S) ➡️ 扫掠(W) ➡️ ◇ 扫掠(S)... 命令，系统弹出"扫掠"对话框。

Step3．定义截面线串。在图形区中分别选取图 4.4.15a 所示的曲线 1 和曲线 2 为截面线串，并分别单击中键确认。再次单击中键完成截面线串的选取。

Step4．定义引导线串。在图形区依次选取图 4.4.15a 所示的曲线 3 和曲线 5 为引导线串，并分别单击中键确认。

Step5．定义脊线串。单击对话框 脊线 区域中的 按钮，选取图 4.4.15a 所示的曲线 4 为脊线串。

Step6．完成曲面创建。对话框的其他设置保持系统默认值，单击对话框中的 ＜确定＞ 按钮，完成曲面的创建。

4.4.3　沿引导线扫掠

"沿引导线扫掠"命令是通过沿着引导线串移动截面线串来创建曲面（当截面线串封闭时，生成的则为实体）。其中引导线串可以由一个或一系列曲线、边或面的边缘线构成；截面线串可以由开放的或封闭的边界草图、曲线、边缘或面构成。下面通过创建图 4.4.16b 所示的曲面来说明沿引导线扫掠的一般操作步骤。

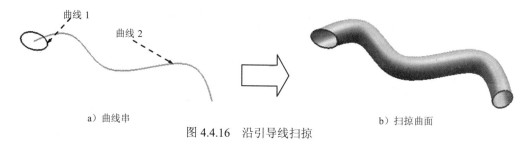

图 4.4.16　沿引导线扫掠

Step1. 打开文件 D:\ug11\work\ch04.04\sweep.prt。

Step2. 选择下拉菜单 插入(S) ➡ 扫掠(W) ➡ 沿引导线扫掠(G)... 命令，系统弹出图 4.4.17 所示的 "沿引导线扫掠" 对话框。

Step3. 选取图 4.4.16a 所示的曲线 1 为截面线串，单击鼠标中建。

Step4. 选取图 4.4.16a 所示的曲线 2 为引导线串，在 设置 区域的 体类型 下拉列表中选择 片体 选项，单击 〈 确定 〉 按钮。

图 4.4.17　"沿引导线扫掠" 对话框

4.4.4　变化的扫掠

使用 变化扫掠(V)... 命令可以沿着路径创建有变化地扫掠主截面线的实体或曲面。用户可从单个主横截面在一个特征中创建多个体。

主横截面是使用草图生成器中的路径上的草图选项创建的草图。为草图选择的路径定义草图在路径上的原点。用户可使用草图生成器的相交命令，添加可选导轨，以便在主横截面沿路径扫掠时用作其引导线，导轨可为曲线或边缘。

用户可定义路径上的草图的部分或全部几何体，以便用作扫掠的主横截面。在扫掠过程中，主横截面不能保持恒定；它可能随路径位置函数和草图内部约束而更改其几何形状。

只要参与操作的导轨没有明显偏离，扫掠就将跟随整个路径。如果导轨偏离过多，则系统能通过导轨和路径之间的最后一个可用的交点确定路径长度，系统可根据需要延伸导轨。下面通过创建图 4.4.18b 所示的曲面来说明变化的扫掠的一般步骤。

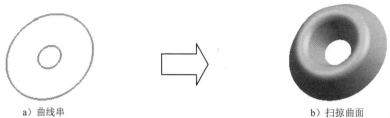

a) 曲线串   b) 扫掠曲面

图 4.4.18   根据变化的扫掠创建曲面

Step1. 打开文件 D:\ug11\work\ch04.04\variational_sweep.prt。

Step2. 选择下拉菜单 插入(S) —— 扫掠(W) —— 变化扫掠(V) 命令，系统弹出图 4.4.19 所示的"Variational Sweep"对话框。

Step3. 选择绘制草图截面命令。在"Variational Sweep"对话框中单击"绘制截面"按钮 。

Step4. 定义路径。在图形区较大圆上任意单击一点，在系统弹出的图 4.4.20 所示的 弧长 文本框中输入参数 0，单击 确定 按钮，进入草图环境。

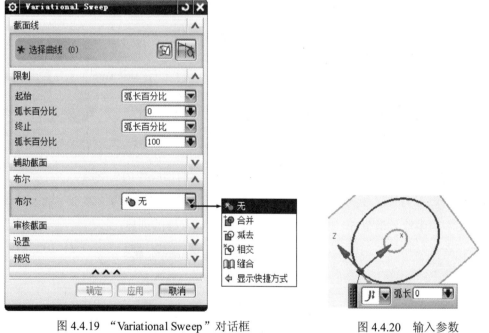

图 4.4.19   "Variational Sweep"对话框   图 4.4.20   输入参数

Step5. 选择下拉菜单 插入(S) —— 来自曲线集的曲线(F) —— 交点(N)... 命令，在图形区选取小圆弧线，创建图 4.4.21 所示的点。

Step6. 绘制截面线串。选择下拉菜单 插入(S) —— 曲线(C) —— 轮廓(O)... 命令，绘制图 4.4.22 所示的截面线串。

Step7. 单击 按钮，完成草图定义。

Step8. 在"Variational Sweep"对话框 设置 区域的 体类型 下拉列表中选择 片体 选项，单击

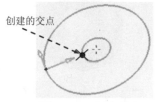按钮，完成扫掠曲面的创建。

图 4.4.21　创建交点

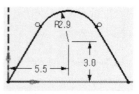

图 4.4.22　草图曲线

4.4.5　管道

使用 管道(T)... 命令可以通过沿着一个或多个曲线对象扫掠用户指定的圆形剖面来创建实体。系统允许用户定义剖面的外径值和内径值。用户可以使用此选项来创建线捆、电气线路、管、电缆或管路应用。图 4.4.23b 所示的管道创建步骤如下。

Step1. 打开文件 D:\ug11\work\ch04.04\tube.prt。

Step2. 选择下拉菜单 插入(S) → 扫掠(W)▶ → 管道(T)... 命令，系统弹出图 4.4.24 所示的"管"对话框。

a）引导线

图 4.4.23　创建管道

b）创建的管道

Step3. 定义引导线。在图形区选取图 4.4.23a 所示的曲线作为引导线。

Step4. 设置内外直径的大小。在"管"对话框 横截面 区域的 外径 文本框中输入数值 6，在 内径 文本框中输入数值 5，单击 确定 按钮，完成管道的创建。

图 4.4.24　"管"对话框

4.4.6　桥接曲面

使用 桥接(B)... 命令可以在两个曲面间建立一张过渡曲面，且可以在桥接和定义面之间指定相切连续性或曲率连续性。

下面通过创建图 4.4.25b 所示的桥接曲面来说明桥接操作的一般步骤。

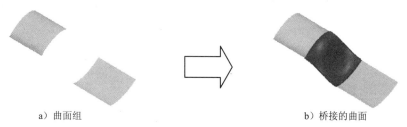

a）曲面组　　　　　　　　　　　　　b）桥接的曲面

图 4.4.25　创建桥接曲面

Step1. 打开文件 D:\ug11\work\ch04.04\bridge_surface01.prt。

Step2. 选择下拉菜单 插入(S) ➡ 细节特征(L)▶ ➡ 桥接(B)... 命令，系统弹出图 4.4.26 所示的"桥接曲面"对话框。

图 4.4.26　"桥接曲面"对话框

Step3. 分别选取两曲面相临近的两条边作为"边 1"和"边 2"。

Step4. 定义相切约束。在"桥接曲面"对话框的 连续性 区域中分别选择 G1（相切）单选项（一般情况此项为系统默认）。

Step5. 单击 〈 确定 〉 按钮，完成桥接曲面的创建。

4.4.7　艺术曲面

UG NX 11.0 允许用户使用预设置的曲面构造方法快速、简捷地创建艺术曲面。创建艺术曲面之后，通过添加或删除截面线串和引导线串，可以重新构造曲面。该工具还提供了连续性控制和方向控制选项。UG NX11.0 较之前的版本在艺术曲面的命令上有较大的改动，将之前的几个命令融合在一个命令当中，使操作更为简便。

下面通过图 4.4.27b 所示的实例来说明艺术曲面的一般操作过程。

Step1. 打开文件 D:\ug11\work\ch04.04\stidio_surface.prt。

Step2. 选择下拉菜单 插入(S) ➡ 网格曲面(M) ➡ 艺术曲面(U)... 命令，系统弹出图 4.4.28 所示的"艺术曲面"对话框。

a）曲线串　　　　　　　　　　　　　　　　　　　b）创建的曲面

图 4.4.27　艺术曲面

Step3. 定义截面线。在图形区依次选取图 4.4.29 所示的曲线 1 和曲线 2 为截面线，并分别单击中键确认。

Step4. 定义引导线。单击对话框 引导（交叉）曲线 区域中的 按钮，依次选取图 4.4.29 所示的曲线 3 和曲线 4 为引导线，并分别单击中键确认。

Step5. 完成曲面创建。对话框中的其他设置保持系统默认值，单击 〈 确定 〉 按钮，完成曲面的创建。

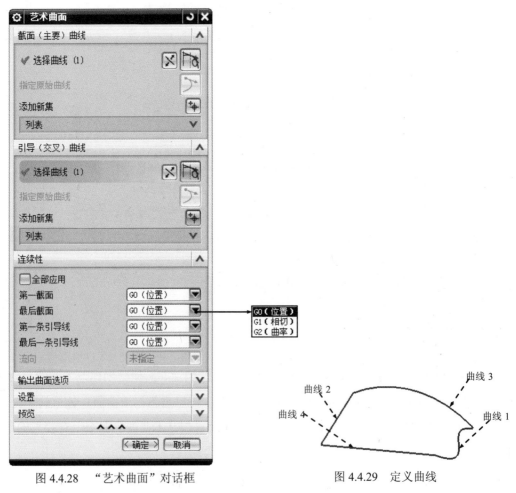

图 4.4.28　"艺术曲面"对话框　　　　　　图 4.4.29　定义曲线

图 4.4.28 所示"艺术曲面"对话框中部分选项说明如下。

● 截面（主要）曲线 区域：用于选取 艺术曲面(U)... 命令中需要的截面线串。

● 引导（交叉）曲线 区域：用于选取 艺术曲面(U)... 命令中需要的引导线串。

- ● <u>列表</u>区域：分为"截面曲线"和"引导线"两个区域。分别用于显示所选中的截面线串和引导线串；其中的按钮功能相同，列表中的按钮只有在选择线串后被激活。

  - ☑ **✕**（移除线串）：单击该图标可从滚动窗口的线串列表中删除当前选中的线串。

  - ☑ **⬆**（向上移动）：每次单击该图标时，当前选中的截面线串就会在滚动窗口中的线串列表中向上移动一层。

  - ☑ **⬇**（向下移动）：每次单击该图标时，当前选中的截面线串就会在滚动窗口中的线串列表中向下移动一层。

- ● <u>连续性</u>区域：此区域用于设置艺术曲面边界的约束情况，包括四个下拉列表，分别是：<u>第一截面</u>下拉列表、<u>最后截面</u>下拉列表、<u>第一条引导线</u>下拉列表和<u>最后一条引导线</u>下拉列表。四个下拉列表中的选项相同，分别是<u>G0（位置）</u>、<u>G1（相切）</u>和<u>G2（曲率）</u>选项。

- ● <u>输出曲面选项</u>区域：用于控制曲面的生成控制。此区域的<u>调整</u>下拉列表中包括"参数""圆弧长"和"根据点"三个选项。

说明：在选择截面线串和引导线串时可以选取多条，也可以分别选一条；甚至有时可以不选择引导线串。选择多条截面线串是为了更好地控制曲面的形状，而选择多条引导线串是为了更好地控制面的走势。这里要求截面线串没有必要一定光顺但必须连续（即 G0 连续）；引导线必须光顺（即 G1 连续）。图 4.4.30~图 4.4.33 是以本例曲线为基础但所选取的截面线串和引导线串各有不同而创建的曲面。

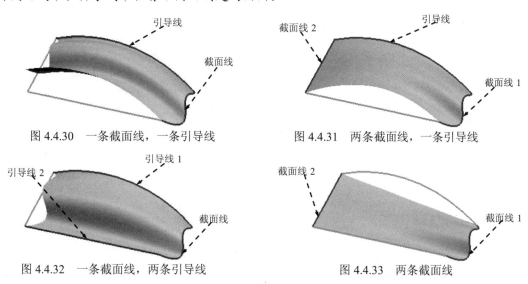

图 4.4.30　一条截面线，一条引导线　　　　图 4.4.31　两条截面线，一条引导线

图 4.4.32　一条截面线，两条引导线　　　　图 4.4.33　两条截面线

4.4.8　N 边曲面

使用 🔲 **N 边曲面** 命令可以通过使用不限数目的曲线或边建立一个曲面，并指定其与外部曲面的连续性，所用的曲线或边组成一个简单的、封闭的环，可以用来移除曲面上的洞。形状控制选项可用来修复中心点处的尖角，同时保持与原曲面之间的连续性约束。该操作

有两种生成曲面的类型，下面分别对其进行介绍。

1．已修剪的单个片体类型

已修剪的单个片体类型用于创建单个曲面，并且覆盖选定曲面的封闭环内的整个区域。下面通过创建图 4.4.34b 所示的曲面来说明单个片体类型创建 N 边曲面的步骤。

a）创建前　　　　　　　　　　　　b）创建后

图 4.4.34　单个片体创建 N 边曲面

Step1. 打开文件 D:\ug11\work\ch04.04\N_side_surface01.prt。

Step2. 选择下拉菜单 插入(S) ➡ 网格曲面(M)▶ ➡ N 边曲面 命令，系统弹出图 4.4.35 所示的"N 边曲面"对话框。

图 4.4.35　"N 边曲面"对话框

Step3. 在 类型 区域下单击 已修剪，在图形区选取图 4.4.36 所示的曲线作为边界曲线。选取图 4.4.37 所示的曲面作为边界面。

Step4. 在 UV 方位 区域选项组中选择 脊线 选项，在 设置 区域中选中 ☑ 修剪到边界 复选框。

Step5. 在"N 边曲面"对话框中单击 ＜确定＞ 按钮，完成 N 边曲面的创建。

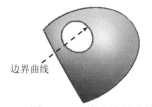

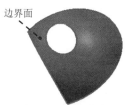

图 4.4.36　选取边界曲线　　　　　图 4.4.37　选取边界面

图 4.4.35 所示"N 边曲面"对话框中各个选项的说明如下。

● **类型** 区域：包括"已修剪"和"三角形"两个选项。

　　☑ **已修剪**：用于创建单个曲面，覆盖选定曲面中封闭环内的整个区域。

　　☑ **三角形**：用于创建一个由单独的、三角形补片构成的曲面，每个补片由各条
　　　　边和公共中心点之间的三角形区域组成。

● **UV 方位** 区域：包含脊线、矢量和面积三个选项。

　　☑ **脊线**：启用"UV 方向-脊线"选择步骤。

　　☑ **矢量**：启用"UV 方向-矢量"选择步骤。

　　☑ **区域**：启用"UV 方向-区域"选择步骤。

● ☑ **修剪到边界**：指定是否按边界曲线对所生成的曲面进行修剪。

● ☑ **尽可能合并面**：系统把环上相切连续的部分视为单个的曲线，并为每个相切连续的
　截面建立一个面。

2. 多个三角补片类型

多个三角补片类型可以创建一个由单独的、三角形补片构成的曲面，每个补片由各条
边和公共中心点之间的三角形区域组成。下面通过创建图 4.4.38b 所示的曲面来说明多个三
角补片类型创建 N 边曲面的步骤。

a）曲面　　　　　　　　　b）N 边曲面
图 4.4.38　多个三角补片创建 N 边曲面

Step1. 打开文件 D:\ug11\work\ch04.04\N_side_surface02.prt。

Step2. 选择下拉菜单 **插入(S)** ➞ **网格曲面(M)** ➞ **N 边曲面** 命令，在系统弹出的
"N 边曲面"对话框的 **类型** 区域下选择 **三角形** 选项。

Step3. 在图形区选取图 4.4.39 所示的曲线作为边界曲线，在图形区选取图 4.4.40 所示
的曲面作为边界面，并在 **形状控制** 中选择图 4.4.41 所示的选项。

Step4. 单击 < 确定 > 按钮，完成 N 边曲面的创建。

图 4.4.39　选取边界曲线

图 4.4.40　选取边界面

图 4.4.41　在"形状控制"中选择选项

图 4.4.41 所示 形状控制 下拉列表中选项的说明如下。

☑ G0（位置）：通过仅基于位置的连续性（忽略外部边界约束）连接轮廓曲线和曲面。

☑ G1（相切）：通过基于相切于边界曲面的连续性连接曲面的轮廓曲线。

☑ G2（曲率）：在延续边界曲面（仅限于多个三角补片）基础上，根据连续性连接曲面的轮廓曲线。

约束面 下各个选项生成曲面的不同形状，如图 4.4.42～图 4.4.44 所示。

● 中心控制 选项组：包含"位置"和"倾斜"两个选项。

☑ 位置：将 X、Y、Z 滑块设定为"位置"模式来移动曲面中心点的位置，当拖动 X、Y 或 Z 滑块时，中心点在指定的方向上移动。

☑ **倾斜**: 将 X 滑块和 Y 滑块设定为"倾斜"模式，用来倾斜曲面中心点所在的 X 平面和 Y 平面。当拖动 X 滑块或 Y 滑块时，中心点的平面法向在指定的方向倾斜，中心点的位置不改变。在使用"倾斜"模式时，Z 滑块不可用。

- **X**: 沿着曲面中心点的 X 法向轴重定位或倾斜。
- **Y**: 沿着曲面中心点的 Y 法向轴重定位或倾斜。
- **Z**: 沿着曲面中心点的 Z 法向轴重定位或倾斜。
- **中心平缓**: 用户可借助此滑块使曲面上下凹凸，如同泡沫的效果。如果用"多个三角补片"，则中心点不受此选项的影响。
- **↵**: 把"形状控制"对话框的所有设置返回到系统默认位置。
- **流向**下拉列表: 包含未指定、垂直、等 U/V 线和相邻边四个选项。
  - ☑ **未指定**: 生成片体的 UV 参数和中心点等距。
  - ☑ **垂直**: 生成曲面的 V 方向等参数，直线以垂直于该边的方向开始于外侧边。只有当环中所有的曲线或边至少连续相切时，才可用。
  - ☑ **等 U/V 线**: 生成曲面的 V 方向等参数，直线开始于外侧边并沿着外侧表面的 U/V 方向，只有当边界约束为斜率或曲率且已经选取了面时，才可用。
  - ☑ **相邻边**: 生成曲面的 V 方向等参数，直线将沿着约束面的侧边。

图 4.4.42　G0(位置)

图 4.4.43　G1（相切）

图 4.4.44　G2（曲率）

4.5　曲 面 分 析

曲面设计过程中或设计完成后要对曲面进行必要的分析，以检查是否达到设计过程的要求以及设计完成后的要求。曲面分析工具用于评估曲面品质，找出曲面的缺陷位置，从而方便修改和编辑曲面，以保证曲面的质量。下面将具体介绍 UG NX 11.0 中的一些曲面分析功能。

4.5.1　曲面连续性分析

曲面的连续性分析功能主要用于分析曲面之间的位置连续、斜率连续、曲率连续和曲率斜率的连续性。下面以图 4.5.1 所示的曲面为例，介绍如何分析曲面连续性。

Step1. 打开文件 D:\ug11\work\ch04.05\continuity.prt。

图 4.5.1 曲面模型

Step2. 选择下拉菜单 分析(L) ➡ 形状(S) ➡ 曲面连续性(C)... 命令，系统弹出图 4.5.2 所示的"曲面连续性"对话框。

图 4.5.2 "曲面连续性"对话框

图 4.5.2 所示"曲面连续性"对话框的选项及按钮说明如下。

- 类型 区域：包括 边到边、 边到面 和 多面，用于设置偏差类型。
  - ☑ 边到边：分析边缘与边缘之间的连续性。
  - ☑ 边到面：分析边缘与曲面之间的连续性。
  - ☑ 多面：分析曲面与曲面之间的连续性。
- 连续性检查 区域：包括"位置"按钮 G0（位置）、"相切"按钮 G1（相切）、"曲率"按钮 G2（曲率）和"加速度"按钮 G3（流），用于设置连续性检查的类型。
  - ☑ G0（位置）（位置）：分析位置连续性，显示两条边缘线之间的距离分布。
  - ☑ G1（相切）（相切）：分析斜率连续性，检查两组曲面在指定边缘处的斜率连续性。
  - ☑ G2（曲率）（曲率）：分析曲率连续性，检查两组曲面之间的曲率误差分布。
  - ☑ G3（流）（加速度）：分析曲率的斜率连续性，显示曲率变化率的分布。
- 曲率检查 下拉列表：用于指定曲率分析的类型。

Step3. 在"曲面连续性"对话框中选中 类型 区域的  边到面 。

Step4. 在图形区选取图 4.5.1 所示的曲线作为第一个边缘集,单击中键,然后选取图 4.5.1 所示的曲面作为第二个边缘集。

Step5. 定义连续性分析类型。在 连续性检查 区域中单击"位置"按钮 G0(位置) ,取消位置连续性分析;单击"曲率" 按钮 G2(曲率) ,开启曲率连续性分析。

Step6. 定义显示方式。在 分析显示 区域选中 ☑显示连续性针 复选框,则两曲面的交线上自动显示曲率梳,单击 确定 按钮,完成曲面连续性分析,如图 4.5.3 所示。

图 4.5.3 曲率连续性分析

4.5.2 反射分析

反射分析主要用于分析曲面的反射特性(从面的反射图中我们能观察曲面的光顺程度,通俗的理解是:面的光顺度越好,面的质量就越高),使用反射分析可显示从指定方向观察曲面上自光源发出的反射线。下面以图 4.5.4 所示的曲面为例,介绍反射分析的方法。

图 4.5.4 曲面模型

Step1. 打开文件 D:\ug11\work\ch04.05\reflection.prt。

Step2. 选择下拉菜单 分析(L) ➡ 形状(S)▶ ➡ 反射(F)... 命令,系统弹出图 4.5.5 所示的"反射分析"对话框。

图 4.5.5 所示"反射分析"对话框中的部分选项及按钮说明如下。

● 类型 下拉列表:用于指定图像显示的类型,包括 直线图像 、 场景图像 和 文件中的图像 三种类型。

   ☑ 直线图像 :用直线图形进行反射分析。

   ☑ 场景图像 :使用场景图像进行反射分析。

   ☑ 文件中的图像 :使用用户自定义的图像进行反射分析。

- 线的数量 ：在其后的下拉列表中选择数值可指定反射线条的数量。
- 线的方向 ：在其后的下拉列表中选择方式指定反射线的方向。
- 图像方位 ：在该区域拖动滑块，可以对反射图像进行水平、竖直的移动或旋转。
- 面的法向 区域：设置分析面的法向方向。
- 面反射率 ：拖动其后的滑块，可以调整反射图像的清晰度。
- 图像大小 ：下拉列表：用于调整反射图像在面上的显示比例。
- 显示分辨率 下拉列表：设置面分析显示的公差。
- ☑显示小平面的边 ：使用高亮显示边界来显示所选择的面。

Step3. 选取图 4.5.4 所示的曲面作为反射分析的对象。

Step4. 在 类型 下拉列表中选择 直线图像 选项，然后在 图像 区域单击"彩色线"按钮 ，其他参数采用系统默认设置。

Step5. 在"反射分析"对话框中单击 确定 按钮，完成反射分析（图 4.5.6）。

图 4.5.5   "反射分析"对话框

图 4.5.6   反射分析

说明：图 4.5.6 所示的结果与其所处的视图方位有关，如果调整模型的方位，会得到不同的显示结果。

4.6　曲面的编辑

完成曲面的分析，我们只是对曲面的质量有所了解。要想真正得到高质量、符合要求的曲面，就要在进行完分析后对面进行修整，这就涉及曲面的编辑。本节我们将学习 UG NX 11.0 中曲面编辑的几种工具。

4.6.1　曲面的修剪

曲面的修剪（Trim）就是将选定曲面上的某一部分去除。曲面的修剪有多种方法，下面将分别介绍。

1. 一般的曲面修剪

一般的曲面修剪就是在进行拉伸、旋转等操作时，通过布尔求差运算将选定曲面上的某部分去除。下面以图 4.6.1 所示手机盖曲面的修剪为例，说明一般的曲面修剪的操作过程。

说明：本例中的曲面存在收敛点，无法直接加厚，所以在加厚之前必须通过修剪、补片和缝合等操作去除收敛点。

Step1. 打开文件 D:\ug11\work\ch04.06\trim.prt。

图 4.6.1　一般的曲面修剪

Step2. 选择下拉菜单 插入(S) ➡ 设计特征(E) ➡ 拉伸(E)... 命令，系统弹出"拉伸"对话框。

Step3. 单击"拉伸"对话框 截面线 区域中的"草图"按钮，选取 XY 基准平面为草图平面，接受系统默认的方向。单击"创建草图"对话框中的 确定 按钮，进入草图环境。

Step4. 绘制图 4.6.2 所示的截面草图。

Step5. 选择下拉菜单 任务 ➡ 完成草图(K) 命令。

Step6. 在"拉伸"对话框 限制 区域的 开始 下拉列表中选择 值 选项，并在其下的 距离 文本框中输入数值 0；在 限制 区域的 终点 下拉列表中选择 值 选项，并在其下的 距离 文本框中输入数值 15，在 方向 区域的 *指定矢量 (0) 下拉列表中选择 ZC↑ 选项；在 布尔 区域的下拉列表中

选择 ■ 减去 选项，单击 ＜ 确定 ＞ 按钮，完成曲面的修剪。

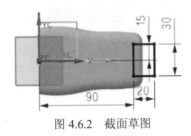

图 4.6.2　截面草图

说明： 用 "旋转" 命令也可以对曲面进行修剪，读者可以参照 "拉伸" 命令自行操作，这里就不再赘述。

2. 修整片体

修剪片体就是通过一些曲线和曲面作为边界，对指定的曲面进行修剪，形成新的曲面边界。所选的边界可以在将要修剪的曲面上，也可以在曲面之外通过投影方向来确定修剪的边界。图 4.6.3 所示的修剪片体的一般过程如下。

Step1. 打开文件 D:\ug11\work\ch04.06\trim_surface.prt。

Step2. 选择下拉菜单 插入(S) ➤ 修剪(T) ➤ 修剪片体(R)... 命令（或在 主页 功能选项卡 曲面 区域的 更多 下拉选项中单击 修剪片体 按钮），此时系统弹出图 4.6.4 所示的 "修剪片体" 对话框。

Step3. 设置对话框选项。在 "修剪片体" 对话框的 投影方向 下拉列表中选择 垂直于面 选项，然后选择 区域 选项组中的 保留 单选项，如图 4.6.4 所示。

Step4. 在图形区选取需要修剪的曲面和修剪边界，如图 4.6.5 所示。

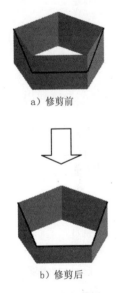

a) 修剪前

b) 修剪后

图 4.6.3　修剪片体

图 4.6.4　"修剪片体" 对话框

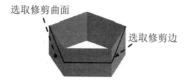

图 4.6.5　选取修剪曲面和修剪边界

Step5. 在"修剪片体"对话框中单击 确定 按钮（或者单击中键），完成曲面的修剪。

注意： 在选取需要修剪的曲面时，如果选取曲面的位置不同，则修剪的结果也将截然不同，如图 4.6.6 所示。

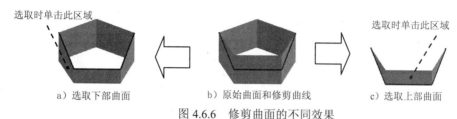

a）选取下部曲面　　　　b）原始曲面和修剪曲线　　　c）选取上部曲面

图 4.6.6　修剪曲面的不同效果

图 4.6.4 所示的"修剪片体"对话框中的部分选项说明如下。

- 投影方向 下拉列表：定义要做标记的曲面的投影方向。该下拉列表包含 垂直于面 、 垂直于曲线平面 和 沿矢量 选项。

- 区域 选项组：

  ☑ ⦿ 保留 ：定义修剪曲面是选定的保留区域。

  ☑ ⦿ 放弃 ：定义修剪曲面是选定的舍弃区域。

3. 分割表面

分割面就是用多个分割对象，如曲线、边缘、面、基准平面或实体，把现有体的一个面或多个面进行分割。在这个操作中，要分割的面和分割对象是关联的，即如果任一对象被更改，那么结果也会随之更新。图 4.6.7 所示的分割面的一般步骤如下。

Step1. 打开文件 D:\ug11\work\ch04.06\divide_face.prt。

a）分割前　　　　　　　　　图 4.6.7　分割面　　　　　　　　b）分割后

Step2. 选择下拉菜单 插入(S) ➡ 修剪(T)▶ ➡ 分割面(D)... 命令，此时系统弹出图 4.6.8 所示的"分割面"对话框。

Step3. 定义分割曲面。选取图 4.6.9 所示的曲面为需要分割的曲面，单击中键确认。

Step4. 定义分割对象。在图形区选取图 4.6.10 所示的曲线串为分割对象。曲面分割预览如图 4.6.11 所示。

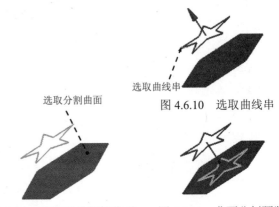

图 4.6.10 选取曲线串

图 4.6.8 "分割面"对话框　　图 4.6.9 选取要分割的曲面　　图 4.6.11 曲面分割预览

Step5. 在"分割面"对话框中单击 < 确定 > 按钮，完成分割面的操作。

4. 修剪与延伸

使用 修剪和延伸(N)... 命令可以创建修剪曲面，也可以通过延伸所选定的曲面创建拐角，以达到修剪或延伸的效果。选择下拉菜单 插入(S) ➡ 修剪(T) ➡ 修剪和延伸(N)... 命令，系统弹出图 4.6.12 所示的"修剪和延伸"对话框。该对话框提供了"距离""百分比"和"直至选定对象"三种修剪和延伸方式。"距离"和"百分比"方式与下一节中"相切的"延伸用法相同，这里不作介绍。下面将以图 4.6.13b 所示的曲面为例来说明修剪与延伸方式的一般操作过程。

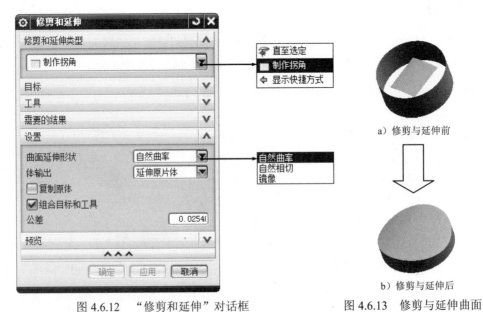

图 4.6.12 "修剪和延伸"对话框　　图 4.6.13 修剪与延伸曲面

Step1. 打开文件 D:\ug11\work\ch04.06\trim_and_extend.prt。

Step2. 选择下拉菜单 插入(S) ➡ 修剪(T) ➡ 修剪和延伸(N)... 命令，系统弹出"修剪和延伸"对话框，如图 4.6.12 所示。

Step3. 设置对话框选项。在 修剪和延伸类型 区域的下拉列表中选择 制作拐角 选项，在 设置区域的 曲面延伸形状 下拉列表中选择 自然曲率 选项，如图 4.6.13 所示。

Step4. 定义目标边缘。在"上边框条"工具栏的下拉列表中选择 片体边 选项，如图 4.6.14 所示，然后在图形区选取图 4.6.15 所示的片体边缘，单击中键确定。

图 4.6.14　"上边框条"工具栏　　　　图 4.6.15　选取片体边缘

Step5. 定义刀具面。在图形区选取图 4.6.16 所示的曲面。

Step6. 定义修剪方向。在图形区中出现了修剪与延伸预览和修剪方向箭头。双击图 4.6.17 所示的箭头，改变修剪的方向。在"修剪和延伸"对话框中单击 〈确定〉 按钮，完成曲面的修剪与延伸操作（图 4.6.13b）。

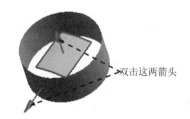

图 4.6.16　选取曲面　　　　　　图 4.6.17　改变修剪与延伸的方向

4.6.2　曲面的延伸

曲面的延伸就是在现有曲面的基础上，通过曲面的边界或曲面上的曲线进行延伸，扩大曲面。

1."相切的"延伸

"相切的"延伸是以参考曲面（被延伸的曲面）的边缘拉伸一个曲面，所生成的曲面与参考曲面相切。图 4.6.18 所示的延伸曲面的一般创建过程如下。

Step1. 打开文件 D:\ug11\work\ch04.06\extension_1.prt。

Step2. 选择下拉菜单 插入(S) ➡ 弯边曲面(G) ➡ 延伸(E)... 命令，系统弹出图 4.6.19 所示的"延伸曲面"对话框。

a）延伸前   b）延伸后

图 4.6.18   曲面延伸的创建

Step3. 定义延伸类型。在"延伸曲面"对话框的"类型"下拉列表中选择 边 选项。

Step4. 选取要延伸的边。在图形区图 4.6.20 所示的曲面边线附近选取面。

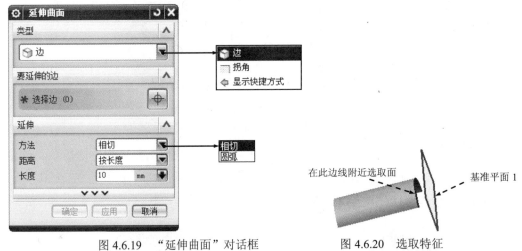

图 4.6.19   "延伸曲面"对话框   图 4.6.20   选取特征

Step5. 定义延伸方式。在"延伸曲面"对话框的"方法"下拉列表中选择"相切"选项，在"距离"下拉列表中选择"按长度"选项。

Step6. 定义延伸长度。在"延伸曲面"对话框中单击"长度"文本框后的 按钮，系统弹出图 4.6.21 所示的快捷菜单。在快捷菜单中选择"测量(M)..."命令，系统弹出"测量距离"对话框。在图形区选取图 4.6.22 所示的曲面边缘和基准平面 1 作为测量对象，单击"测量距离"对话框中的"确定"按钮，系统返回到"延伸曲面"对话框。单击"确定"按钮，完成延伸曲面的操作。

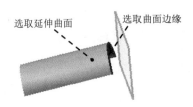

图 4.6.21   快捷菜单   图 4.6.22   选择延伸曲面

2. 扩大曲面

使用 扩大(L)... 命令可以更改未修剪过的曲面的大小。用户也可以设定"编辑一个副本"

选项使创建的新曲面与源曲面相关联，而且允许改变各个未修剪边的尺寸。图 4.6.23 所示创建扩大曲面的一般操作过程如下。

a) 扩大前　　　　　　　　　　　　　　　　　　　　b) 扩大后

图 4.6.23　曲面的扩大

Step1. 打开文件 D:\ug11\work\ch04.06\enlarge.prt。

Step2. 选择下拉菜单 编辑(E) ➡ 曲面(R) ➡ 扩大(L)... 命令，系统弹出"扩大"对话框（图 4.6.25）。

Step3. 在图形区选取图 4.6.23a 所示的曲面，图形区中显示图 4.6.24 所示的 U、V 方向。

Step4. 在"扩大"对话框中设置图 4.6.25 所示的参数，单击 < 确定 > 按钮，完成曲面的扩大操作。

图 4.6.24　U、V 方向　　　　　　图 4.6.25　"扩大"对话框

图 4.6.25 所示"扩大"对话框中的各选项说明如下。

● 类型区域：定义扩大曲面的方法。

☑ ◉ 线性：用于在单一方向上线性地延伸扩大片体的边。选择该单选项，则只能增大曲面，而不能减小曲面。

☑ ⊙ 自然：用于自然地延伸扩大片体的边。选择该单选项，可以增大曲面，也可以减小曲面。

● ☑ 全部：选中该复选框后，移动下面的任一单个的滑块，所有的滑块会同时移动且文本框中显示相同的数值。

4.6.3 曲面的边缘

UG NX 11.0 中提供了匹配边、编辑片体边界、更改片体边缘等方法，以对曲面边缘进行修改和编辑。使用这些命令编辑后的曲面将丢失参数，属于非参数化编辑命令。

1. 匹配边

使用 匹配边(H)... 命令可以修改选中的曲面，使它与参考对象的边界保持几何连续，并且能去除曲面间的缝隙，但只能用于编辑未修剪过的曲面，否则系统弹出"警告"信息。下面以图 4.6.26 为例来说明使用"匹配边"编辑曲面的一般操作过程。

Step1. 打开文件 D:\ug11\work\ch04.06\matching_edge.prt。

Step2. 选择下拉菜单 编辑(E) ➡ 曲面(R) ➡ 匹配边(H)... 命令，系统弹出图 4.6.27 所示的"匹配边"对话框。

Step3. 在绘图区选取图 4.6.28 所示的边缘，然后选取图 4.6.28 所示的曲面，其他选项参数可参考图 4.6.27。在"匹配边"对话框中单击 <确定> 按钮，完成匹配边操作。

图 4.6.27 "匹配边"对话框

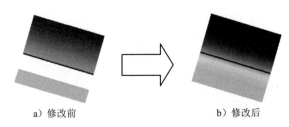

a）修改前　　　　　　　b）修改后

图 4.6.26 从片体中匹配边

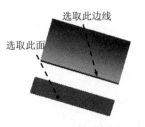

选取此边线

选取此面

图 4.6.28 选取边缘和曲面

2. 编辑片体边界

方式一：剪断为补片

使用"剪断为补片"功能允许用户移除曲面上的孔。下面以图 4.6.29 为例来说明从片体中移除孔的一般操作过程。

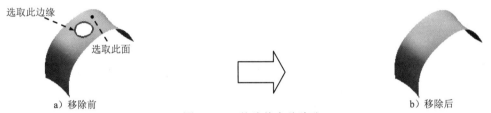

图 4.6.29　从片体中移除孔

Step1. 打开文件 D:\ug11\work\ch04.06\boundary_1.prt。

Step2. 选择下拉菜单 编辑(E) ➡ 曲面(R) ➡ 田 剪断为补片(P)... 命令，系统弹出"剪断为补片"对话框。

Step3. 在图形区选取图 4.6.29a 所示的曲面，在设置对话框中选中 ☑ 隐藏原片体 复选框，单击 确定 按钮，完成移除孔操作。

方式二：局部取消修剪和延伸

使用"局部取消修剪和延伸"功能可以移除在片体上所作的修剪（如边界修剪和孔），或将片体恢复至参数四边形的形状。下面以图 4.6.30 为例来说明从片体中移除修剪的一般操作过程。

Step1. 打开文件 D:\ug11\work\ch04.06\boundary_2.prt。

Step2. 选择下拉菜单 编辑(E) ➡ 曲面(R) ➡ ☷ 局部取消修剪和延伸(D)... 命令，系统弹出"局部取消修剪和延伸"对话框。

Step3. 在图形区选取图 4.6.31 所示的面，在系统弹出的"警告"信息对话框中单击 是(Y) 按钮，然后选择片体的外边缘为要删除的边，单击对话框中的 确定 按钮，完成曲面的移除修剪操作。

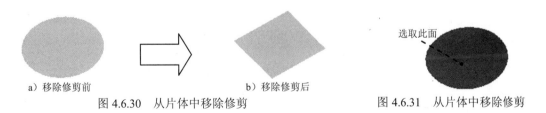

图 4.6.30　从片体中移除修剪　　　　图 4.6.31　从片体中移除修剪

方式三：替换边

替换边就是用片体内或片体外的新边来替换原来的边缘。下面以图 4.6.32 为例来说明利用片体替换边的一般操作过程。

　　　　a）替换前　　　　　　　　　　　　　　　　　　　b）替换后

图 4.6.32　片体替换边

Step1. 打开文件 D:\ug11\work\ch04.06\boundary_3.prt。

Step2. 选择下拉菜单 编辑(E) ➡ 曲面(R) ➡ 替换边(A)... 命令，系统弹出"替换边"对话框。

Step3. 在图形区选取图 4.6.32a 所示的曲面，在系统弹出的"确认"对话框中单击 是 按钮，此时系统弹出"类选择"对话框。

Step4. 在图形区选取图 4.6.33 所示的曲面边缘，然后单击 确定 按钮，系统弹出图 4.6.34 所示的"替换边"对话框。

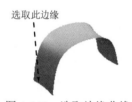

图 4.6.33　选取边缘曲线

图 4.6.34　"替换边"对话框

图 4.6.34 所示"替换边"对话框中的各按钮说明如下。

- 选择面 ：用于选择实体的面作为约束对象。
- 指定平面 ：单击该按钮，弹出"平面"对话框，可利用此对话框指定平面作为片体边界的一部分。
- 沿法向的曲线 ：沿片体的法向投影曲线和边，从而确定片体的边界。
- 沿矢量的曲线 ：沿指定的方向矢量投影曲线和边，从而确定片体的边界。
- 指定投影矢量 ：用于指定投影的方向。

Step5. 在图 4.6.34 中所示的"替换边"对话框中单击 指定平面 按钮，系统弹出"平面"对话框，在绘图区选取 XZ 基准平面，在 偏置 区域的 距离 文本框中输入数值 50，单击对话框中的 确定 按钮，系统返回到"替换边"对话框。

Step6. 单击图 4.6.34 中所示的"替换边"对话框中的 确定 按钮，系统再次弹出"类选择"对话框。

Step7. 单击"类选择"对话框中的 确定 按钮，在绘图区选取图 4.6.35 所示的曲面为保留部分，然后单击 确定 按钮，系统弹出"替换边"对话框。

Step8. 单击"替换边"对话框中的 取消 按钮，完成替换边操作。

图 4.6.35　选取保留部分

3.　更改片体边缘

使用 更改边 (C)... 命令可以用于修改曲面的边。下面以图 4.6.36 为例来说明更改片体边缘的一般操作过程。

Step1. 打开文件 D:\ug11\work\ch04.06\change_edge.prt。

Step2. 选择下拉菜单 编辑(E) ➡ 曲面(R) ➡ 更改边(C)... 命令，系统弹出"更改边"对话框（一）。

Step3. 在图形区选取图 4.6.36a 所示的曲面，系统弹出"更改边"对话框（二）。在图形区选取图 4.6.37 所示的曲面边缘，系统弹出图 4.6.38 所示的"更改边"对话框（三）。单击对话框中的 仅边 按钮，系统弹出图 4.6.39 所示的"更改边"对话框（四）。

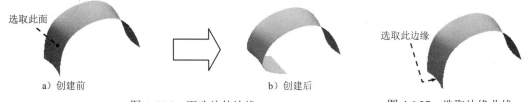

a）创建前　　　　　　　　　　b）创建后

图 4.6.36　更改片体边缘　　　　　　　　　　图 4.6.37　选取边缘曲线

Step4. 在"更改边"对话框（四）中单击 匹配到平面 按钮，系统弹出"平面"对话框。在绘图区选取 XZ 基准平面，在 偏置 区域的 距离 文本框中输入数值 30，单击对话框中的 确定 按钮，系统弹出"更改边"对话框（二）。

Step5. 单击"更改边"对话框（二）中的 取消 按钮，完成片体边缘的更改。

图 4.6.38 所示"更改边"对话框（三）中的各按钮说明如下。

- 仅边 ：用于修改选中的边。
- 边和法向 ：用于修改选中的边及其法向。
- 边和交叉切线 ：用于修改选中的边及它的横向斜率。
- 边和曲率 ：将选中的边及它的横向斜率与其他对象

相匹配，且可以使曲面间的曲率连续。

-  检查偏差 -- 否 ：当匹配用于定位和相切的自由曲面时，选择"检查偏差"可提供曲面变形程度的信息。

图 4.6.38　"更改边"对话框（三）　　　　图 4.6.39　"更改边"对话框（四）

图 4.6.39 所示"更改边"对话框（四）中的各按钮说明如下。

- 匹配到曲线 ：用于将曲面的边缘与选定的曲线匹配。
- 匹配到边 ：用于将曲面的边缘与其他实体的边缘匹配。
- 匹配到体 ：用于将实体的边缘与其他实体匹配。
- 匹配到平面 ：使实体边缘位于指定平面内。

4.6.4　曲面的缝合与实体化

1.　曲面的缝合

曲面的缝合功能可以将两个或两个以上的曲面连接形成一个曲面。图 4.6.40 所示的曲面缝合的一般过程如下。

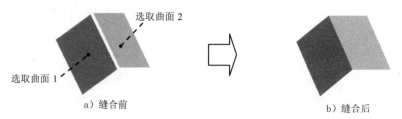

图 4.6.40　曲面的缝合

Step1. 打开文件 D:\ug11\work\ch04.06\sew.prt。

Step2. 选择下拉菜单 插入(S) ➡ 组合(B) ▶ ➡ 缝合(W)... 命令，此时系统弹出图 4.6.41 所示的"缝合"对话框。

Step3. 设置缝合类型。在"缝合"对话框 类型 区域的下拉列表中选择 片体 选项。

Step4. 定义目标片体和刀具片体。在图形区选取图 4.6.40a 所示的曲面 1 为目标片体，然后选取曲面 2 为刀具片体。

图 4.6.41 "缝合"对话框

Step5. 设置缝合公差。在"缝合"对话框的 公差 文本框中输入值 3，然后单击 确定 按钮（或者单击中键），完成曲面的缝合操作。

2. 曲面的实体化

曲面的创建最终是为了生成实体，所以曲面的实体化在设计过程中是非常重要的。曲面的实体化有多种类型，下面将分别介绍。

类型一：封闭曲面的实体化

封闭曲面的实体化就是将一组封闭的曲面转化为实体特征。图 4.6.42 所示的封闭曲面实体化的操作过程如下。

Step1. 打开文件 D:\ug11\work\ch04.06\surface_solid.prt。

Step2. 选择下拉菜单 视图(V) ➝ 截面(S) ➝ 新建截面(T)... 命令，系统弹出"视图剖切"对话框。在 类型 选项组中选取 一个平面 选项，然后单击 剖切平面 区域的"设置平面至 X"按钮 ，此时可看到在图形区中显示的特征为片体（图 4.6.43）。单击此对话框中的 取消 按钮。

图 4.6.42 封闭曲面的实体化

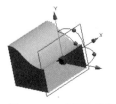

图 4.6.43 剖面视图

Step3. 选择下拉菜单 插入(S) ➡ 组合(B) ▶ ➡ 📖 缝合(W)... 命令，系统弹出"缝合"对话框。在绘图区选取图 4.6.44 所示的曲面和片体特征，其他均采用默认设置值。单击"缝合"对话框中的 确定 按钮，完成实体化操作。

Step4. 选择下拉菜单 视图(V) ➡ 截面(S) ▶ ➡ 🎐 新建截面(T)... 命令，系统弹出"视图剖切"对话框。在 类型 选项组中选取 🎐 一个平面 选项，在 剖切平面 区域中单击 🔽 按钮，此时可看到在图形区中显示的特征为实体（图 4.6.45）。单击此对话框中的 取消 按钮。

图 4.6.44　选取特征

图 4.6.45　剖面视图

类型二：使用补片创建实体

曲面的补片功能就是使用片体替换实体上的某些面，或者将一个片体补到另一个片体上。图 4.6.46 所示的使用补片创建实体的一般过程如下。

Step1. 打开文件 D:\ug11\work\ch04.06\ surface_solid_replace.prt。

Step2. 选择下拉菜单 插入(S) ➡ 组合(B) ▶ ➡ 🔵 修补(C)... 命令，系统弹出"补片"对话框。

Step3. 在绘图区选取图 4.6.46a 所示的实体为要修补的体特征，选取图 4.6.46a 所示的片体为用于修补的体特征。单击"反向"按钮 🔀 ，使其与图 4.6.47 所示的方向一致。

Step4. 单击"补片"对话框中的 确定 按钮，完成补片操作。

注意： 在进行补片操作时，工具片体的所有边缘必须在目标体的面上，而且工具片体必须在目标体上创建一个封闭的环，否则系统会提示出错。

图 4.6.46　创建补片实体

图 4.6.47　移除方向

类型三：开放曲面的加厚

曲面加厚功能可以将曲面进行偏置生成实体，并且生成的实体可以和已有的实体进行布尔运算。图 4.6.48 所示的曲面加厚的一般过程如下。

Step1. 打开文件 D:\ug11\work\ch04.06\thicken.prt。

Step2. 选择下拉菜单 插入(S) ➡ 偏置/缩放(O) ➡ 🔲 加厚(T)... 命令，系统弹出"加厚"对话框。

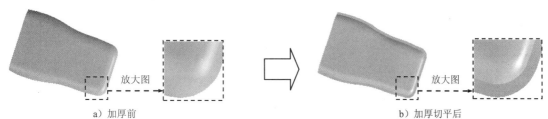

a）加厚前

放大图

b）加厚切平后

放大图

图 4.6.48　曲面的加厚

"加厚"对话框中的部分选项说明如下。

- ⬛（面）：选取需要加厚的面。

- 偏置 1：该选项用于定义加厚实体的起始位置。

- 偏置 2：该选项用于定义加厚实体的结束位置。

Step3. 在"加厚"对话框的 偏置 1 文本框中输入数值-2，其他采用默认设置值，在绘图区选取图 4.6.48a 所示的曲面为加厚的面，定义 ZC 基准轴的反方向为加厚方向。单击 ＜确定＞ 按钮，完成曲面加厚操作。

说明：曲面加厚完成后，它的剖面是不平整的，所以加厚后一般还需切平。

4.7　曲面中的倒圆角

倒圆角在曲面建模中具有相当重要的地位。倒圆角功能可以在两组曲面或者实体表面之间建立光滑连接的过渡曲面，创建过渡曲面的截面线可以是圆弧、二次曲线和等参数曲线等。在 UG NX 11.0 中，可以创建四种不同类型的圆角：边倒圆、面倒圆、软倒圆和样式圆角。在创建圆角时，应注意：为了避免创建从属于圆角特征的子项，标注时，不要以圆角创建的边或相切边为参照；在设计中要尽可能晚些添加圆角特征。

倒圆角的类型主要包括边倒圆、面倒圆、软倒圆和样式圆角四种。下面介绍这几种倒圆角的具体用法。

4.7.1　边倒圆

边倒圆可以使至少由两个面共享的选定边缘变光滑。倒圆时，就像它沿着被倒圆角的边缘（圆角半径）滚动一个球，同时使球始终与在此边缘处相交的各个面接触。边倒圆的方式有以下四种：恒定半径方式、变半径方式、空间倒角方式和突然停止点边倒圆方式。

下面通过创建图 4.7.1b 所示的模型对这四种方式一一进行说明。

a）倒圆前

b）倒圆后

图 4.7.1　边倒圆实例

1．恒定半径方式

创建图 4.7.2b 所示的恒定半径边倒圆的一般过程如下。

Step1. 打开文件 D:\ug11\work\ch04.07\blend.prt。

Step2. 选择下拉菜单 插入(S) ➡ 细节特征(L) ▶ ➡ 边倒圆(E) 命令，系统弹出"边倒圆"对话框。

a）倒圆角前   b）倒圆角后

图 4.7.2　恒定半径方式边倒圆

Step3. 在对话框的 形状 下拉列表中选择 圆形 选项，在绘图区选取图 4.7.2a 所示的边线，在 边 区域的 半径 1 文本框中输入数值 5。

Step4. 单击"边倒圆"对话框中的 〈确定〉 按钮，完成恒定半径方式的边倒圆操作。

2．变半径方式

下面通过变半径方式创建图 4.7.3b 所示的边倒圆（接上例继续操作）。

Step1. 选择下拉菜单 插入(S) ➡ 细节特征(L) ▶ ➡ 边倒圆(E) 命令，系统弹出"边倒圆"对话框。

Step2. 在绘图区选取图 4.7.3a 所示的边线，在 变半径 区域中单击 指定半径点 按钮，选取图 4.7.3a 所示的边线的上端点，在 V 半径 文本框中输入数值 5，在 位置 文本框中选择 弧长百分比 选项，在 弧长百分比 文本框中输入数值 100。

Step3. 单击图 4.7.3a 所示的边线的中点，在系统弹出的 V 半径 文本框中输入数值 10，在 弧长百分比 文本框中输入数值 50。

Step4. 单击图 4.7.3a 所示的边线的下端点，在系统弹出的 V 半径 文本框中输入数值 5，在 弧长百分比 文本框中输入数值 0。

Step5. 单击"边倒圆"对话框中的 〈确定〉 按钮，完成变半径边倒圆操作。

a）倒圆角前   b）倒圆角后

图 4.7.3　变半径方式边倒圆

3．空间倒角和拐角突然停止点边倒圆

下面通过空间倒角和拐角突然停止点创建图 4.7.4b 所示的边倒圆（接上例继续操作）。

Step1. 选择下拉菜单 插入(S) ➡ 细节特征(L) ▶ ➡ 边倒圆(E). 命令，系统弹出"边倒圆"对话框。

Step2. 在绘图区选取图 4.7.4a 所示的三条边线，在 拐角突然停止 区域中单击 选择端点 按钮，选取图 4.7.4a 所示的点 1，在 限制 下拉列表中选择 距离 选项，在 位置 文本框中选择 弧长百分比 选项，在 弧长百分比 文本框中输入数值 15。

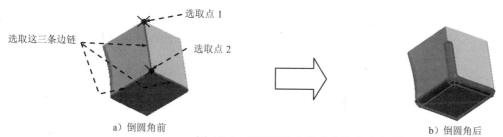

a）倒圆角前   b）倒圆角后

图 4.7.4 空间倒角和拐角突然停止点边倒圆

Step3. 在 拐角倒角 区域中单击 选择端点 按钮，选取图 4.7.4a 所示的点 2，分别在 拐角倒角 区域的 点 1 倒角 1 、点 1 倒角 2 和 点 1 倒角 3 文本框中输入数值 2.5、5 和 3.5。

Step4. 单击"边倒圆"对话框中的 ＜ 确定 ＞ 按钮，完成空间倒角和拐角突然停止点边倒圆操作。

4.7.2 面倒圆

面倒圆(F)... 命令可用于创建复杂的圆角面，该圆角面与两组输入曲面相切，并且可以对两组曲面进行裁剪和缝合。圆角面的横截面可以是圆弧或二次曲线。

1．用圆形横截面创建面倒圆

创建图 4.7.5b 所示的圆形横截面面倒圆的一般步骤如下。

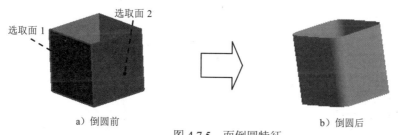

a）倒圆前   b）倒圆后

图 4.7.5 面倒圆特征

Step1. 打开文件 D:\ug11\work\ch04.07\face_blend01.prt。

Step2. 选择下拉菜单 插入(S) ➡ 细节特征(L) ▶ ➡ 面倒圆(F)... 命令，系统弹出图

4.7.6 所示的"面倒圆"对话框。

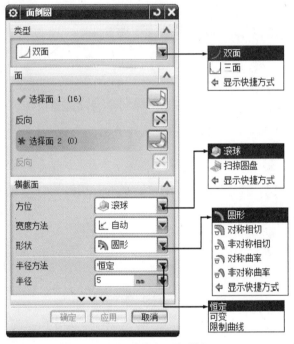

图 4.7.6   "面倒圆"对话框

Step3. 定义面倒圆类型。在"面倒圆"对话框的 类型 下拉列表中选择 双面 选项。

Step4. 在图形区选取图 4.7.5 所示的曲面 1 和曲面 2。

Step5. 定义面倒圆横截面。在 横截面 区域的 方位 下拉列表中选择 滚球 选项，在 形状 下拉列表中选择 圆形 选项，在 半径方法 下拉列表中选择 恒定 选项，在 半径 文本框中输入数值 10。

Step6. 单击"面倒圆"对话框中的 ＜ 确定 ＞ 按钮，完成面倒圆的创建。

图 4.7.6 所示"面倒圆"对话框中的各个选项的说明如下。

- 类型 选项组：可以定义 滚球 和 扫掠圆盘 两种面倒圆的方式。
  - ☑ 滚球 ：使用滚动的球体创建倒圆面，倒圆截面线由球体与两组曲面的交点确定。
  - ☑ 扫掠圆盘 ：沿着脊线曲线扫掠横截面，倒圆横截面的平面始终垂直于脊线曲线。
- 形状 下拉列表：用于控制倒圆角横截面的形状。
  - ☑ 圆形 ：横截面形状为圆弧。
  - ☑ 对称相切 ：横截面形状为对称二次曲线。
  - ☑ 非对称相切 ：横截面形状为不对称二次曲线。
- 原始半径为恒定的、规律控制的，或者为相切约束。
  - ☑ 恒定 ：使用恒定半径（正值）进行倒圆。

☑ 　可变　：依照规律函数在沿着脊线曲线的单个点处定义可变的半径。

☑ 　限制曲线　：控制倒圆半径，其中倒圆面与选定曲线/边缘保持相切约束。

● ☑修剪要倒圆的体：修剪输入曲面，使其终止于倒圆曲面。选中与不选中该复选框的区别如图 4.7.7 所示。

a) 选中修剪复选框

b) 不选中修剪复选框

图 4.7.7 选择修剪复选框的区别

● ☑缝合所有面：缝合所有输入曲面和倒圆曲面。

☑修剪要倒圆的体 和 ☑缝合所有面复选框被选中后，选择 修剪圆角 下拉列表中的四种不同选项时，修剪的结果如图 4.7.8 所示。

a) 修剪至全部

b) 修剪至短

c) 修剪至长

d) 不要修剪圆角面

图 4.7.8 圆角面下拉列表选项区别

2. 用规律控制创建面倒圆

创建图 4.7.9b 所示的规律控制的面倒圆的一般步骤如下。

Step1. 打开文件 D:\ug11\work\ch04.07\face_blend02.prt。

Step2. 选择下拉菜单 插入(S) ➡ 细节特征(L) ▶ ➡ 面倒圆(F)... 命令，系统弹出"面倒圆"对话框。

Step3. 在绘图区选取图 4.7.10 所示的面 1，单击鼠标中键，选取图 4.7.10 所示的面 2，在对话框 横截面 区域的 形状 下拉列表中选取 圆形 选项，在 半径方法 下拉列表中选取 可变 选项，在 规律类型 下拉列表中选取 三次 选项，在 半径起点 文本框中输入数值 20，在 半径终点 文本框中输入数值 10，选取图 4.7.9a 所示的边线作为脊线。

Step4. 单击"面倒圆"对话框中的 ＜确定 ＞ 按钮，完成面倒圆操作。

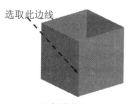
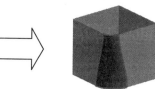
选取此边线

a) 创建前

b) 创建后

图 4.7.9 规律控制创建的面倒圆

选取面 2
选取面 1

图 4.7.10 面倒圆参照

说明：在选取图 4.7.9a 所示的边线时，显示的边线的方向会根据单击的位置不同而不同。单击位置靠上时，直线方向朝下；靠下的时候，方向是朝上的。边线的方向和在"规律控制的"对话框中输入的起始值和终止值是相对应的。

3．用二次曲线横截面创建面倒圆

创建图 4.7.11b 所示的二次曲线横截面方式的面倒圆的一般步骤如下。

Step1．打开文件 D:\ug11\work\ch04.07\face_blend03.prt。

Step2．选择下拉菜单 插入(S) ➡ 细节特征(L) ▶ ➡ 面倒圆(F)... 命令，系统弹出"面倒圆"对话框。

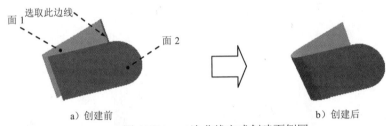

a）创建前   b）创建后

图 4.7.11　二次曲线方式创建面倒圆

Step3．在 横截面 区域的 形状 下拉列表中选取 对称相切 选项。在绘图区选取图 4.7.11 所示的面 1，单击鼠标中键确认；选取面 2；在 二次曲线法 的下拉菜单中选择 边界和 Rho，在 边界方法 的下拉菜单中选择 规律控制，在 规律类型 下拉列表中选取 线性 选项，在 边界起点 中输入数值 10，在 Rho 终点 中输入数值 15，在 Rho 方法 下拉列表中选取 恒定 选项；单击 ＊ 选择脊曲线 (0) 按钮，在绘图区选取图 4.7.11a 所示的边线，在 Rho 文本框中输入数值 0.5。

Step4．单击"面倒圆"对话框中的 ＜ 确定 ＞ 按钮，完成面倒圆操作。

注意：在选取图 4.7.11 所示的面 1 和面 2 时，可通过单击"反向"按钮 ，使箭头指向另一个方向。

4．用重合边缘创建面倒圆

创建图 4.7.12b 所示的重合边缘方式的面倒圆的一般步骤如下。

Step1．打开文件 D:\ug11\work\ch04.07\face_blend04.prt。

Step2．选择下拉菜单 插入(S) ➡ 细节特征(L) ▶ ➡ 面倒圆(F)... 命令，系统弹出"面倒圆"对话框。

a）创建前   b）创建后

图 4.7.12　重合边缘方式创建面倒圆

Step3. 在 横截面 区域的 形状 下拉列表中选取 圆形 选项；在 半径方法 下拉列表中选取 可变 选项；在 规律类型 下拉列表中选取 线性 选项；在 半径起点 文本框中输入数值 30，在 半径终点 文本框中输入数值 20；在绘图区选取图 4.7.13 所示的面 1，单击鼠标中键，选取面 2；在 横截面 区域中单击 选择脊线 (0) 按钮，在绘图区选取图 4.7.14 所示的边线 1；在 宽度限制 区域中单击 选择尖锐限制曲线 (0) 按钮，在绘图区选取图 4.7.14 所示的边线 2。

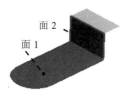 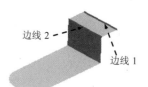

图 4.7.13 选取面　　　　　　　　　　图 4.7.14 选取边线

Step4. 单击"面倒圆"对话框中的 确定 按钮，完成面倒圆操作。

注意：在选取面 1 和面 2 时，要注意调整面的方向，使箭头指向另一个曲面。

5．用相切曲线创建面倒圆

创建图 4.7.15b 所示的相切曲线面倒圆的一般步骤如下。

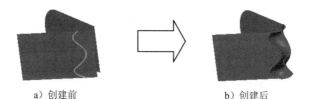

a）创建前　　　　　　　　　b）创建后

图 4.7.15 相切曲线方式创建面倒圆

Step1. 打开文件 D:\ug11\work\ch04.07\face_blend05.prt。

Step2. 选择下拉菜单 插入(S) ➡ 细节特征(L) ➡ 面倒圆(F)... 命令，系统弹出"面倒圆"对话框。

Step3. 在绘图区选取图 4.7.16 所示的面 1，单击鼠标中键，选取面 2；在 横截面 区域的 形状 下拉列表中选取 圆形 选项；在 半径方法 下拉列表中选取 限制曲线 选项；在 宽度限制 区域中单击 选择相切限制曲线 (0) 按钮，在绘图区选取图 4.7.16 所示的曲线。

Step4. 单击"面倒圆"对话框中的 确定 按钮，完成面倒圆操作。

注意：在选取面 1 和面 2 时，要注意调整面的方向，使箭头指向另一个曲面。

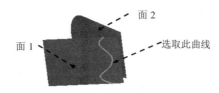

图 4.7.16 曲线和曲面的选择

263

4.8　UG 曲面产品设计实际应用 1

应用概述

　　本应用主要运用了"旋转""投影曲线""扫掠""有界平面""修剪和延伸"和"缝合"等命令，在设计此零件的过程中应注意基准面的创建，以便于特征截面草图的绘制。零件模型和模型树如图 4.8.1 所示。

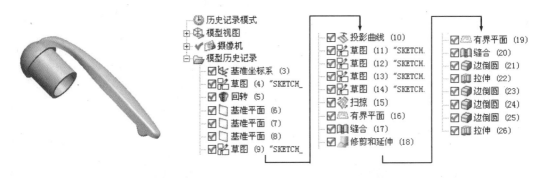

图 4.8.1　零件模型及模型树

　　Step1. 新建文件。选择下拉菜单 文件(F) ➡ 新建(N)... 命令，系统弹出"新建"对话框。在 模型 选项卡的 模板 区域中选取模板类型为 模型，在 名称 文本框中输入文件名称 CAP_PEN，单击 确定 按钮，进入建模环境。

　　Step2. 创建图 4.8.2 所示的旋转特征 1。选择 插入(S) ➡ 设计特征(E) ➡ 旋转(R)... 命令，单击 截面线 区域中的 按钮，在绘图区选取 XY 基准平面为草图平面，绘制图 4.8.3 所示的截面草图。在绘图区中选取 Y 轴为旋转轴。在"旋转"对话框 限制 区域的 开始 下拉列表中选择 值 选项，并在 角度 文本框中输入值 0，在 结束 下拉列表中选择 值 选项，并在 角度 文本框中输入值 360；在 设置 区域选择 片体 选项，单击 〈 确定 〉 按钮，完成旋转特征 1 的创建。

图 4.8.2　旋转特征 1

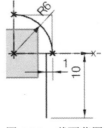

图 4.8.3　截面草图

Step3. 创建图 4.8.4 所示的基准平面 1。选择下拉菜单 插入(S) ➡ 基准/点(D) ➡ □ 基准平面(D)...命令，系统弹出"基准平面"对话框。在 类型 区域的下拉列表中选择 按某一距离 选项，在绘图区选取 XZ 基准平面，输入偏移值 3。单击"反向"按钮 ⤢ ，单击 < 确定 > 按钮，完成基准平面 1 的创建。

图 4.8.4 基准平面 1

Step4. 创建图 4.8.5 所示的基准平面 2。在 类型 区域的下拉列表中选择 按某一距离 选项，选取基准平面 1，输入偏移值 15。单击 < 确定 > 按钮，完成基准平面 2 的创建。

Step5. 创建图 4.8.6 所示的基准平面 3。在 类型 区域的下拉列表中选择 按某一距离 选项，选取基准平面 2，输入偏移值 25。单击 < 确定 > 按钮，完成基准平面 3 的创建。

Step6. 创建图 4.8.7 所示的草图 1。选择下拉菜单 插入(S) ➡ 品 在任务环境中绘制草图(V)... 命令，选取 YZ 为草图平面，进入草图环境绘制。

图 4.8.5 基准平面 2

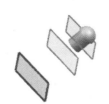

图 4.8.6 基准平面 3

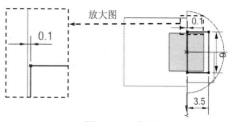

图 4.8.7 草图 1

Step7. 创建图 4.8.8 所示的零件特征——投影。选择下拉菜单 插入(S) ➡ 派生曲线(U) ➡ ⟋ 投影(P)...命令；在 要投影的曲线或点 区域选择图 4.8.8 所示的曲线为要投影的曲线，选取图 4.8.9 所示的平面为投影面；在 投影方向 的 方向 下拉列表中选择 沿矢量 选项，在指定矢量选择 X 轴的正方向，其他采用系统默认对象。单击 < 确定 > 按钮，完成投影特征的创建。

Step8. 创建图 4.8.10 所示的草图 2。选择下拉菜单 插入(S) ➡ 品 在任务环境中绘制草图(V)... 命令，选取基准平面 1 为草图平面，然后单击 ⤢ 按钮，进入草图环境绘制。

图 4.8.8 投影特征

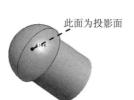

图 4.8.9 定义投影面

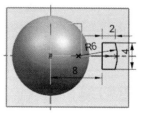

图 4.8.10 草图 2

Step9. 创建图 4.8.11 所示的草图 3。选择下拉菜单 插入(S) ➡ 📇 在任务环境中绘制草图(V)... 命令，选取基准平面 2 为草图平面，然后单击 📐 按钮，进入草图环境绘制。

Step10. 创建图 4.8.12 所示的草图 4。选择下拉菜单 插入(S) ➡ 📇 在任务环境中绘制草图(V)... 命令，选取基准平面 3 为草图平面，然后单击 📐 按钮，进入草图环境绘制。

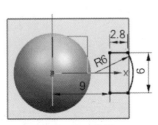

图 4.8.11 草图 3

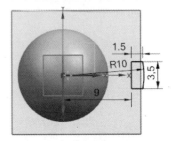

图 4.8.12 草图 4

Step11. 创建图 4.8.13 所示的草图 5。选择下拉菜单 插入(S) ➡ 📇 在任务环境中绘制草图(V)... 命令，选取 XY 面为草图平面，进入草图环境绘制。

Step12. 创建图 4.8.14 所示的扫掠特征。选择下拉菜单 插入(S) ➡ 扫掠(W) ➡ 🔶 扫掠(S)... 命令，在绘图区选取草图 1 为扫掠的截面曲线串，单击鼠标中键；选取草图 2，单击鼠标中键；选取草图 3，单击鼠标中键；选取草图 4，单击鼠标中键；在绘图区选取图 4.8.13 所示的草图 5 为扫掠的引导线串，采用系统默认的扫掠偏置值。单击"沿引导线扫掠"对话框中的 < 确定 > 按钮，完成扫掠特征的创建。

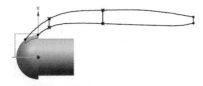

图 4.8.13 草图 5

图 4.8.14 扫掠特征

Step13. 创建图 4.8.15 所示的零件特征——有界平面 1。选择下拉菜单 插入(S) ➡ 曲面(R) ➡ 🔲 有界平面(B)... 命令，依次选取图 4.8.12 所示曲线，单击 < 确定 > 按钮，完成有界平面 1 的创建。

放大图

图 4.8.15 有界平面 1

Step14. 创建图 4.8.16 所示的缝合特征 1。选择下拉菜单 插入(S) ➡ 組合(B) ▶ ➡ 📖 缝合(W)... 命令，选取图 4.8.16 所示的片体特征为目标体，选取图 4.8.16 所示的有界平面 1 特征为刀具体。单击 < 确定 > 按钮，完成缝合特征 1 的创建。

图 4.8.16　缝合特征 1

Step15. 创建修剪特征。选择下拉菜单 插入(S) ➡ 修剪(T) ▶ ➡ 修剪与延伸(N)... 命令，在 类型 下拉列表中选择 制作拐角 选项，选取图 4.8.17 所示的旋转特征为目标体，选取图 4.8.17 所示的缝合特征 1 特征为工具体。调整方向保留图 4.8.17 所示的部分。单击 < 确定 > 按钮，完成修剪特征的创建。

图 4.8.17　修剪特征

Step16. 创建图 4.8.18 所示的零件特征——有界平面 2。选择下拉菜单 插入(S) ➡ 曲面(R) ➡ 有界平面(B)... 命令，依次选取图 4.8.19 所示边线，单击 < 确定 > 按钮，完成有界平面 2 的创建。

图 4.8.18　有界平面 2　　　　　　图 4.8.19　定义参照边

Step17. 创建图 4.8.20 所示的缝合特征 2。选择下拉菜单 插入(S) ➡ 组合(B) ▶ ➡ 缝合(W)... 命令，选取图 4.8.20 所示的特征为目标体，选取图 4.8.20 所示的特征为刀具体。单击 < 确定 > 按钮，完成缝合特征 2 的创建。

图 4.8.20　缝合特征 2

Step18. 创建图 4.8.21 所示的面倒圆特征。选择下拉菜单 插入(S) ➡ 细节特征(L) ▶ ➡ 面倒圆(F)... 命令，在 类型 下拉列表中选择 三面 选项，在 面链 区域选择图 4.8.22

所示的面链 1，选取图 4.8.22 所示的面链 2，选取图 4.8.22 所示的中间面，在 横截面 的 方位 下拉列表中选择 滚球 选项。单击 < 确定 > 按钮，完成面倒圆特征的创建。

图 4.8.21 面倒圆特征　　　　　　图 4.8.22 定义参照面

Step19. 创建图 4.8.23 所示的零件基础特征——拉伸 1。选择下拉菜单 插入(S) ➡ 设计特征(E) ➡ 拉伸(E)... 命令，系统弹出"拉伸"对话框。选取 XY 平面为草图平面，绘制图 4.8.24 所示的截面草图；在 ✔ 指定矢量 下拉列表中选择 ZC↑ 选项；在 限制 区域的 开始 下拉列表中选择 对称值 选项，并在其下的 距离 文本框中输入值 1，在 布尔 区域的下拉列表中选择 合并 选项，采用系统默认的求和对象。单击 < 确定 > 按钮，完成拉伸特征 1 的创建。

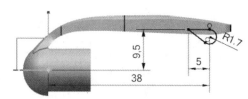

图 4.8.23 拉伸特征 1　　　　　　图 4.8.24 截面草图

Step20. 创建图 4.8.25 所示的边倒圆特征 1。选择图 4.8.26 所示的边链为边倒圆参照，并在 半径 1 文本框中输入值 1。单击 < 确定 > 按钮，完成边倒圆特征 1 的创建。

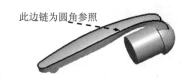

图 4.8.25 边倒圆特征 1　　　　　　图 4.8.26 定义参照边

Step21. 创建图 4.8.27 所示的边倒圆特征 2。选择图 4.8.28 所示的边链为边倒圆参照，并在 半径 1 文本框中输入值 0.2。单击 < 确定 > 按钮，完成边倒圆特征 2 的创建。

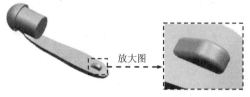

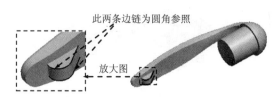

图 4.8.27 边倒圆特征 2　　　　　　图 4.8.28 定义参照边

Step22. 创建图 4.8.29 所示的边倒圆特征 3。选择图 4.8.30 所示的边链为边倒圆参照，并在 半径 1 文本框中输入值 0.5。单击 < 确定 > 按钮，完成边倒圆特征 3 的创建。

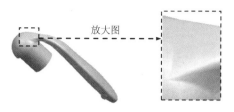
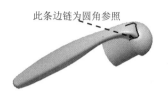

图 4.8.29　边倒圆特征 3　　　　　　图 4.8.30　定义参照边

Step23. 创建图 4.8.31 所示的零件基础特征——拉伸 2。选择下拉菜单 插入(S) ➡ 设计特征(E) ➡ 拉伸(E)... 命令，系统弹出"拉伸"对话框。选取图 4.8.32 所示的平面为草图平面，绘制图 4.8.33 所示的截面草图；在 ✓ 指定矢量 下拉列表中选择 ZC↑ 选项；在 限制 区域的 开始 下拉列表中选择 值 选项，并在其下的 距离 文本框中输入值 0，在 限制 区域的 结束 下拉列表中选择 值 选项，并在其下的 距离 文本框中输入值 10。在 布尔 区域的下拉列表中选择 减去 选项，采用系统默认的求差对象。单击 〈确定〉 按钮，完成拉伸 2 的创建。

图 4.8.31　拉伸特征 2　　　　图 4.8.32　草绘平面　　　　图 4.8.33　截面草图

Step24. 保存零件模型。选择下拉菜单 文件(F) ➡ 保存(S) 命令，即可保存零件模型。

4.9　UG 曲面产品设计实际应用 2

应用概述

本应用主要讲述勺子实体建模，建模过程中包括基准点、基准面、草绘、曲线网格、曲面合并和抽壳特征的创建。其中曲线网格的操作技巧性较强，需要读者用心体会。勺子模型和模型树如图 4.9.1 所示。

图 4.9.1　零件模型及模型树

Step1. 新建文件。选择下拉菜单 文件(F) ➡ 新建(N)... 命令，系统弹出"新建"对话框。在 模型 选项卡的 模板 区域中选取模板类型为 模型，在 名称 文本框中输入文件名称 SCOOP，单击 确定 按钮，进入建模环境。

Step2. 创建图 4.9.2 所示的草图 1。选择下拉菜单 插入(S) ➡ 在任务环境中绘制草图(V)... 命令，选取 XY 基准平面为草图平面，进入草图环境绘制草图。

Step3. 创建图 4.9.3 所示的基准平面。（注：具体参数和操作参见随书光盘）

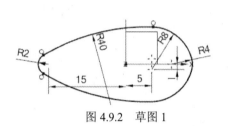

图 4.9.2 草图 1

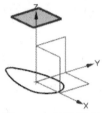

图 4.9.3 基准平面

Step4. 创建图 4.9.4 所示的草图 2。选择下拉菜单 插入(S) ➡ 在任务环境中绘制草图(V)... 命令，选取基准平面为草图平面，进入草图环境绘制草图。

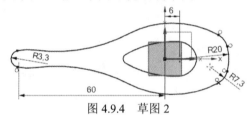

图 4.9.4 草图 2

Step5. 创建图 4.9.5 所示的草图 3。选择下拉菜单 插入(S) ➡ 在任务环境中绘制草图(V)... 命令，选取 XZ 基准平面为草图平面，进入草图环境绘制草图。

Step6. 创建图 4.9.6 所示的草图 4。选择下拉菜单 插入(S) ➡ 在任务环境中绘制草图(V)... 命令，选取 YZ 基准平面为草图平面，进入草图环境绘制草图。

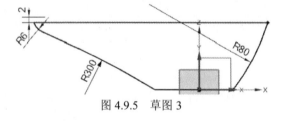

图 4.9.5 草图 3

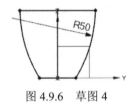

图 4.9.6 草图 4

Step7. 创建图 4.9.7 所示的零件特征——网格曲面。选择下拉菜单 插入(S) ➡ 网格曲面(M)▶ ➡ 通过曲线网格(M)... 命令；依次选取图 4.9.4 所示的曲线和图 4.9.2 所示的曲线为主线串，并分别单击中键确认；再次单击中键后选取图 4.9.6 所示的曲线和图 4.9.5 所示的曲线为交叉线串，并分别单击中键确认；在 连续性 区域的下拉列表中全部选择 G0（位置）选项；在 体类型 的下拉列表中选择 片体 选项，单击 确定 按钮，完成网格曲面的创建。

注意：在选取交叉曲线时需注意要按照一定的顺序选取，且在选取完四条曲线后需再次选取第一次选取的曲线。

Step8. 创建图 4.9.8 所示的零件基础特征——拉伸。选择下拉菜单 插入(S) ➡ 设计特征(E) ➡ [□] 拉伸(E)... 命令，系统弹出"拉伸"对话框。选取 XZ 平面为草图平面，绘制图 4.9.9 所示的截面草图；在 ✔ 指定矢量 下拉列表中选择 -YC 选项；在 限制 区域的 开始 下拉列表中选择 对称值 选项，并在其下的 距离 文本框中输入值 30，在 布尔 区域中选择 无 选项。单击 < 确定 > 按钮，完成拉伸特征的创建。

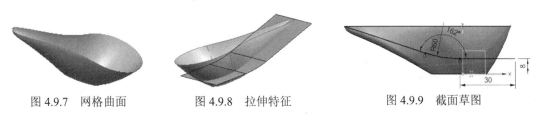

图 4.9.7 网格曲面　　　　图 4.9.8 拉伸特征　　　　图 4.9.9 截面草图

Step9. 创建修剪特征。选择下拉菜单 插入(S) ➡ 修剪(T) ▶ ➡ 修剪与延伸(N)... 命令，在 类型 下拉列表中选择 制作拐角 选项，选取图 4.9.10 所示的特征为目标体，选取图 4.9.10 所示的特征为工具体，单击 目标 区域中的 ✗ 按钮。单击 < 确定 > 按钮，完成修剪特征的创建。

Step10. 创建图 4.9.11 所示的零件特征——有界平面。选择下拉菜单 插入(S) ➡ 曲面(R) ➡ 有界平面(B)... 命令；依次选取图 4.9.12 所示曲线，单击 < 确定 > 按钮，完成有界平面的创建。

图 4.9.10 修剪特征　　　　图 4.9.11 有界平面　　　　图 4.9.12 定义参照曲线

Step11. 创建缝合特征。选择下拉菜单 插入(S) ➡ 组合(B) ▶ ➡ 缝合(W)... 命令，选取图 4.9.13 所示的目标体和刀具体。单击 < 确定 > 按钮，完成缝合特征的创建。

图 4.9.13 缝合特征

Step12. 后面的详细操作过程请参见随书光盘中 video\ch04.09\reference\文件下的语音视频讲解文件 SCOOP-r01.exe。

4.10　UG 曲面产品设计实际应用 3

应用概述

本应用介绍了遥控器控制面板的设计过程。通过对本实例的学习，能使读者熟练地掌握拉伸、偏置曲面、修剪片体、偏置曲线、桥接曲线、通过曲线网格、缝合、边倒圆和抽壳等特征的应用。零件模型如图 4.10.1 所示。

图 4.10.1　零件模型

说明：本范例的详细操作过程请参见随书光盘中 video\ch04\文件下的语音视频讲解文件。模型文件为 D:\ug11\work\ch04.10\remote_control.prt。

第 **5** 章 装 配 设 计

一个产品（组件）往往是由多个部件组合（装配）而成的，装配模块用来建立部件间的相对位置关系，从而形成复杂的装配体。部件间位置关系的确定主要通过添加约束实现。

一般的 CAD/CAM 软件包括两种装配模式：多组件装配和虚拟装配。多组件装配是一种简单的装配，其原理是将每个组件的信息复制到装配体中，然后将每个组件放到对应的位置。虚拟装配是建立各组件的链接，装配体与组件是一种引用关系。

相对于多组件装配，虚拟装配有明显的优点：

- 虚拟装配中的装配体是引用各组件的信息，而不是复制其本身，因此改动组件时，相应的装配体也自动更新。这样当对组件进行变动时，就不需要对与之相关的装配体进行修改，同时也避免了修改过程中可能出现的错误，提高了效率。

- 虚拟装配中，各组件通过链接应用到装配体中，比复制节省了存储空间。

- 控制部件可以通过引用集的引用，下层部件不需要在装配体中显示，简化了组件的引用，提高了显示速度。

UG NX 11.0 的装配模块具有下面一些特点。

- 利用装配导航器可以清晰地查询、修改和删除组件以及约束。

- 提供了强大的爆炸图工具，可以方便地生成装配体的爆炸图。

- 提供了很强的虚拟装配功能，有效地提高了工作效率。提供了方便的组件定位方法，可以快捷地设置组件间的位置关系。系统提供了八种约束方式，通过对组件添加多个约束，可以准确地把组件装配到位。

相关术语和概念

装配：是指在装配过程中建立部件之间的相对位置关系，由部件和子装配组成。

组件：在装配中按特定位置和方向使用的部件。组件可以是独立的部件，也可以是由其他较低级别的组件组成的子装配。装配中的每个组件仅包含一个指向其主几何体的指针，在修改组件的几何体时，装配体将随之发生变化。

部件：任何 prt 文件都可以作为部件添加到装配文件中。

工作部件：可以在装配模式下编辑的部件。在装配状态下，一般不能对组件直接进行修改，要修改组件，需要将该组件设为工作部件。部件被编辑后，所作修改的变化会反映到所有引用该部件的组件。

子装配：子装配是在高一级装配中被用作组件的装配，子装配也可以拥有自己的子装配。子装配是相对于引用它的高一级装配来说的，任何一个装配部件可在更高级装配中用作了装配。

引用集：定义在每个组件中的附加信息，其内容包括该组件在装配时显示的信息。每个部件可以有多个引用集，供用户在装配时选用。

5.1 装配环境中的下拉菜单及选项卡

装配环境中的下拉菜单中包含了进行装配操作的所有命令，而装配选项卡包含了进行装配操作的常用按钮。选项卡中的按钮都能在下拉菜单中找到与其对应的命令，这些按钮是进行装配的主要工具。

新建任意一个文件（如 work.prt）；在 应用模块 功能选项卡中确认 设计 区域 按钮处于按下状态，然后单击 装配 功能选项卡，如图 5.1.1 所示。如果没有显示，用户可以在功能选项卡空白的地方右击，在系统弹出的快捷菜单中选中 ✔ 装配 选项，即可调出"装配"功能选项卡。

图 5.1.1 所示的"装配"功能选项卡中各部分选项的说明如下。

查找组件：该选项用于查找组件。单击该按钮，系统弹出图 5.1.2 所示的"查找组件"对话框，利用该对话框中的 按名称 、 根据状态 、 根据属性 、 从列表 和 按大小 五个选项卡可以查找组件。

按邻近度打开：该选项用于按相邻度打开一个范围内的所有关闭组件。选择此选项，系统弹出"类选择"对话框，选择某一组件后，单击 确定 按钮，系统弹出图 5.1.3 所示的"按邻近度打开"对话框。用户在"按邻近度打开"对话框中可以拖动滑块设定范围，主对话框中会显示该范围的图形，应用后会打开该范围内的所有关闭组件。

显示产品轮廓：该按钮用于显示产品轮廓。单击此按钮，显示当前定义的产品轮廓。如果在选择显示产品轮廓选项时没有已生成的产品轮廓，系统会弹出一条消息"选择是否创建新的产品轮廓"。

：该选项用于加入现有的组件。在装配中经常会用到此选项，其功能是向装配体中添加已存在的组件，添加的组件可以是未载入系统中的部件文件，也可以是已载入系统中的组件。用户可以选择在添加组件的同时定位组件，设定与其他组件的装配约束，也可以不设定装配约束。

：该选项用于创建新的组件，并将其添加到装配中。

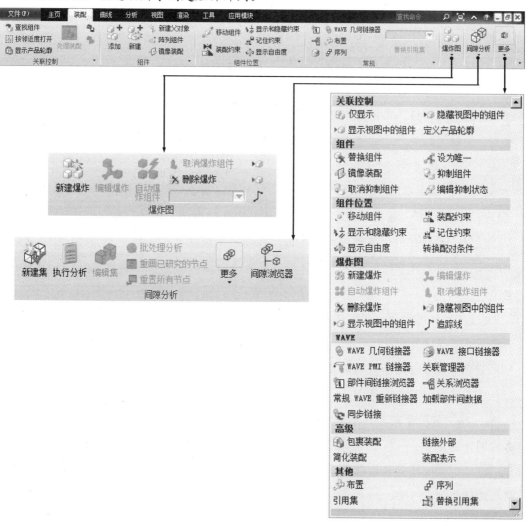

阵列组件：该选项用于创建组件阵列。

图 5.1.1 "装配" 功能选项卡

图 5.1.2 "查找组件"对话框

图 5.1.3 "按邻近度打开"对话框

镜像装配：该选项用于镜像装配。对于含有很多组件的对称装配，此命令是很有用的，只需要装配一侧的组件，然后进行镜像即可。可以对整个装配进行镜像，也可以选择个别组件进行镜像，还可指定要从镜像的装配中排除的组件。

抑制组件：该选项用于抑制组件。抑制组件将组件及其子项从显示中移去，但不删除被抑制的组件，它们仍存在于数据库中。

编辑抑制状态：该选项用于编辑抑制状态。选择一个或多个组件，选择此选项，系统弹出"抑制"对话框，其中可以定义所选组件的抑制状态。对于装配有多个布置或选定组件有多个控制父组件，则还可以对所选的不同布置或父组件定义不同的抑制状态。

移动组件：该选项用于移动组件。

装配约束：该选项用于在装配体中添加装配约束，使各零部件装配到合适的位置。

显示和隐藏约束：该按钮用于显示和隐藏约束及使用其关系的组件。

布置：该按钮用于编辑排列。单击此按钮，系统弹出"编辑布置"对话框，可以定义装配布置来为部件中的一个或多个组件指定备选位置，并将这些备选位置和部件保存在一起。

该按钮用于调出"爆炸视图"工具条，然后可以进行创建爆炸图、编辑爆炸图以及删除爆炸图等操作。

序列：该按钮用于查看和更改创建装配的序列。单击此按钮，系统弹出"序列导航器"和"装配序列"工具条。

该按钮用于定义其他部件可以引用的几何体和表达式、设置引用规则，并列出引用工作部件的部件。

WAVE 几何链接器：该按钮用于 WAVE 几何链接器。允许在工作部件中创建关联的或非关联的几何体。

WAVE PMI 链接器：将 PMI 从一个部件复制到另一个部件，或从一个部件复制到装配中。

该按钮用于提供有关部件间链接的图形信息。

该按钮用于快速分析组件间的干涉，包括软干涉、硬干涉和接触干涉。如果干涉存在，单击此按钮，系统会弹出干涉检查报告。在干涉检查报告中，用户可以选择某一干涉，隔离与之无关的组件。

5.2 装配导航器

为了便于用户管理装配组件，UG NX 11.0 提供了装配导航器功能。装配导航器在一个单独的对话框中，以图形的方式显示出部件的装配结构，并提供了在装配中操控组件的快捷方法。用户可以使用装配导航器选择组件进行各种操作，并且执行装配管理功能，如更改工作部件、更改显示部件、隐藏和不隐藏组件等。

装配导航器将装配结构显示为对象的树形图。每个组件都显示为装配树结构中的一个节点。

5.2.1 概述

打开文件 D:\ug11\work\ch05.02\general assembly.prt；单击用户界面资源工具栏区中的"装配导航器"选项卡，系统显示"装配导航器"窗口。在装配导航器的第一栏，可以方便地查看和编辑装配体和各组件的信息。

1. 装配导航器的按钮

装配导航器的模型树中各部件名称前后有很多图标，不同的图标表示不同的信息。

- ☑：选中此复选标记，表示组件至少已部分打开且未隐藏。
- ☑：取消此复选标记，表示组件至少已部分打开，但不可见。不可见的原因可能是由于被隐藏、在不可见的层上或在排除引用集中。单击该复选框，系统将完全显示该组件及其子项，图标变成☑。
- ☐：此复选标记表示组件关闭，在装配体中将看不到该组件，该组件的图标将变为 (当该组件为非装配或子装配时) 或 (当该组件为子装配时)。单击该复选框，系统将完全或部分加载组件及其子项，组件在装配体中显示，该图标变成☑。
- ☐：此标记表示组件被抑制。不能通过单击该图标编辑组件状态，如果要消除抑制状态，可右击，从系统弹出的快捷菜单中选择 抑制... 命令，在"抑制"对话框中选择 从不抑制 单选项，然后进行相应操作。
- ：此标记表示该组件是装配体。
- ：此标记表示装配体中的单个模型。

2. 装配导航器的操作

- 装配导航器窗口的操作。
  - ☑ 显示模式控制：通过单击左上角的 按钮，然后在弹出的快捷菜单中选中或取消选中 销住 选项，可以使装配导航器对话框在浮动和固定之间切换。
  - ☑ 列设置：装配导航器默认的设置只显示几列信息，大多数都被隐藏了。在装配导航器空白区域右键单击，在快捷菜单中选择 列 ▶ ，系统会展开所有列选项供用户选择。
- 组件操作。
  - ☑ 选择组件：单击组件的节点，可以选择单个组件。按住 Ctrl 键可以在装配导航器中选择多个组件。如果要选择的组件是相邻的，可以按住 Shift 键单击选择第一个组件和最后一个组件，则这中间的组件全部被选中。

☑ 拖放组件：可在按住鼠标左键的同时选择装配导航器中的一个或多个组件，将它们拖到新位置。松开鼠标左键，目标组件将成为包含该组件的装配体，其按钮也将变为 🔳 。

☑ 将组件设为工作组件：双击某一组件，可以将该组件设为工作组件，装配体中的非工作组件将变为浅蓝色，此时可以对工作组件进行编辑（这与在图形区域双击某一组件的效果是一样的）。要取消工作组件状态，只需在根节点处双击即可。

5.2.2　预览面板和依附性面板

1．预览面板

在"装配导航器"窗口中单击 预览 标题栏，可展开或折叠面板。选择装配导航器中的组件，可以在预览面板中查看该组件的预览。添加新组件时，如果该组件已加载到系统中，预览面板也会显示该组件的预览。

2．依附性面板

在"装配导航器"窗口中单击 相依性 标题栏，可展开或折叠面板。选择装配导航器中的组件，可以在依附性面板中查看该组件的相关性关系。

在依附性面板中，每个装配组件下都有两个文件夹：子级和父级。以选中组件为基础组件，定位其他组件时所建立的约束和配对对象属于子级；以其他组件为基础组件，定位选中的组件时所建立的约束和配对对象属于父级。单击"局部放大图"按钮 🔍 ，系统详细列出了其中所有的约束条件和配对对象。

5.3　组件的装配约束说明

装配约束用于在装配中定位组件，可以指定一个部件相对于装配体中另一个部件（或特征）的放置方式和位置。例如：可以指定一个螺栓的圆柱面与一个螺母的内圆柱面共轴。UG NX11.0 中装配约束的类型包括配对、对齐和中心等。每个组件都有唯一的装配约束，这个装配约束由一个或多个约束组成。每个约束都会限制组件在装配体中的一个或几个自由度，从而确定组件的位置。用户可以在添加组件的过程中添加装配约束，也可以在添加完成后添加约束。如果组件的自由度被全部限制，可称为完全约束；如果组件的自由度没有被全部限制，则称为欠约束。

5.3.1 "装配约束"对话框

在 UG NX 11.0 中，装配约束是通过"装配约束"对话框中的操作来实现的，下面对"装配约束"对话框进行介绍。

打开文件 D:\ug11\work\ch05.03.01\paradigm.prt，选择下拉菜单 装配(A) ➡ 组件位置(P) ▶ ➡ 装配约束(N)... 命令，系统弹出图 5.3.1 所示的"装配约束"对话框。

"装配约束"对话框中主要包括三个区域："约束类型"区域、"要约束的几何体"区域和"设置"区域。

图 5.3.1 "装配约束"对话框

图 5.3.1 所示"装配约束"对话框的 约束类型 区域中各约束类型按钮的说明如下。

- ⊯: 该约束用于两个组件，使其彼此接触或对齐。当选择该选项后，要约束的几何体区域的 方位 下拉列表中出现四个选项：
  - ☑ 首选接触: 若选择该选项，则当接触和对齐约束都可能时，显示接触约束（在大多数模型中，接触约束比对齐约束更常用）；当接触约束过度约束装配时，将显示对齐约束。
  - ☑ 接触: 若选择该选项，则约束对象的曲面法向在相反方向上。
  - ☑ 对齐: 若选择该选项，则约束对象的曲面法向在相同方向上。
  - ☑ 自动判断中心/轴: 该选项主要用于定义两圆柱面、两圆锥面或圆柱面与圆锥面同轴约束。

- 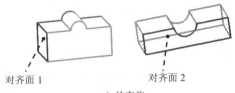：该约束用于定义两个组件的圆形边界或椭圆边界的中心重合，并使边界的面共面。

- ：该约束用于设定两个接触对象间的最小 3D 距离。选择该选项并选定接触对象后，距离 区域的 距离 文本框被激活，可以直接输入数值。

- ：该约束用于将组件固定在其当前位置，一般用在第一个装配元件上。

- ：该约束用于使两个目标对象的矢量方向平行。

- ：该约束用于使两个目标对象的矢量方向垂直。

- ：该约束用于使两个目标对象的边线或轴线重合。

- ：该约束用于定义将半径相等的两个圆柱面拟合在一起。此约束对确定孔中销或螺栓的位置很有用。如果以后半径变为不等，则该约束无效。

- ：该约束用于组件"焊接"在一起。

- ：该约束用于使一对对象之间的一个或两个对象居中，或使一对对象沿另一个对象居中。当选取该选项时，要约束的几何体 区域的 子类型 下拉列表中出现三个选项：

  - ☑ 1 对 2：该选项用于定义在后两个所选对象之间使第一个所选对象居中。

  - ☑ 2 对 1：该选项用于定义将两个所选对象沿第三个所选对象居中。

  - ☑ 2 对 2：该选项用于定义将两个所选对象在两个其他所选对象之间居中。

- ：该约束用于约束两对象间的旋转角。选取角度约束后，要约束的几何体 区域的 子类型 下拉列表中出现两个选项：

  - ☑ 3D 角：该选项用于约束需要"源"几何体和"目标"几何体。不指定旋转轴；可以任意选择满足指定几何体之间角度的位置。

  - ☑ 方向角度：该选项用于约束需要"源"几何体和"目标"几何体，还特别需要一个定义旋转轴的预先约束，否则创建定位角约束失败。为此，希望尽可能创建 3D 角度约束，而不创建方向角度约束。

5.3.2 "对齐"约束

"对齐"约束可使两个装配部件中的两个平面（图 5.3.2a）重合并且朝向相同方向，如图 5.3.2b 所示；同样，"对齐"约束也可以使其他对象对齐（相应的模型在 D:\ug11\work\ch05.03.02 中可以找到）。

对齐面 1   对齐面 2

a）约束前   b）约束后

图 5.3.2 "对齐"约束

5.3.3 "角度"约束

"角度"约束可使两个装配部件中的两个平面或实体以固定角度约束，如图 5.3.3b 所示（相应的模型在 D:\ug11\work\ch05.03.03 中可以找到）。

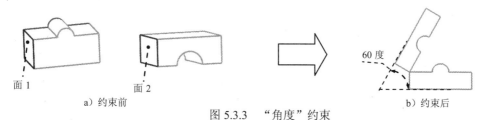

图 5.3.3　"角度"约束

5.3.4 "平行"约束

"平行"约束可使两个装配部件中的两个平面进行平行约束，如图 5.3.4b 所示（相应的模型在 D:\ug11\work\ch05.03.04 中可以找到）。

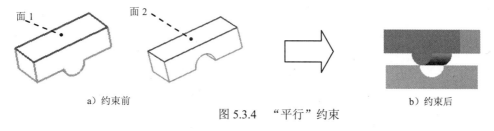

图 5.3.4　"平行"约束

说明：图 5.3.4b 所示的约束状态，除添加了"平行"约束以外还添加了"距离"约束，以便能更清楚地表示出"平行"约束。

5.3.5 "垂直"约束

"垂直"约束可使两个装配部件中的两个平面进行平行约束，如图 5.3.5b 所示（相应的模型在 D:\ug11\work\ch05.03.05 中可以找到）。

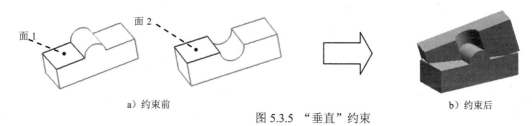

图 5.3.5　"垂直"约束

5.3.6 "中心"约束

"中心"约束可使两个装配部件中的两个旋转面的轴线重合，如图 5.3.6b 所示（相应的模型在 D:\ug11\work\ch05.03.06 中可以找到）。

图 5.3.6 "中心"约束

注意：两个旋转曲面的直径不要求相等。当轴线选取无效或不方便选取时，可以用此约束。

5.3.7 "距离"约束

"距离"约束可使两个装配部件中的两个平面保持一定的距离，可以直接输入距离值，如图 5.3.7b 所示（相应的模型在 D:\ug11\work\ch05.03.07 中可以找到）。

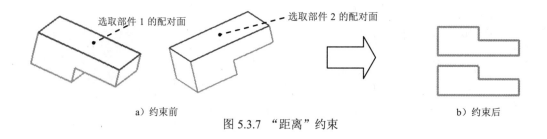

图 5.3.7 "距离"约束

5.4 装配的一般过程

部件的装配一般有两种基本方式：自底向上装配和自顶向下装配。如果首先设计好全部部件，然后将部件作为组件添加到装配体中，则称之为自底向上装配；如果首先设计好装配体模型，然后在装配体中创件组建模型，最后生成部件模型，则称之为自顶向下装配。

UG NX 11.0 提供了自底向上和自顶向下装配功能，并且两种方法可以混合使用。自底向上装配是一种常用的装配模式，本书主要介绍自底向上装配。

下面以两个轴类部件为例，说明自底向上创建装配体的一般过程。

5.4.1 添加第一个部件

Step1. 新建文件，单击 按钮，在弹出的"新建"对话框中选择 装配 模板，在 名称 文本框中输入 assemblage，将保存位置设置为 D:\ug11\work\ch05.04，单击 确定 按钮。系统弹出图 5.4.1 所示的"添加组件"对话框。

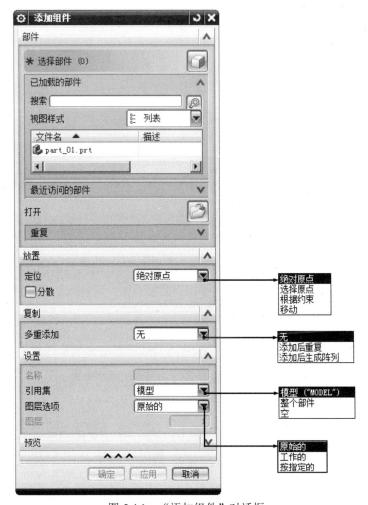

图 5.4.1 "添加组件"对话框

说明：在"添加组件"对话框中，系统提供了两种添加方式：一种是从硬盘中选择加载的文件；另一种方式是选择已加载或最近访问的部件。

Step2. 添加第一个部件。在"添加组件"对话框中单击"打开"按钮 ⌐️，选择 D:\ug11\work\ch05.04\part_01.prt，然后单击 OK 按钮。

Step3. 定义放置定位。在"添加组件"对话框 放置 区域的 定位 下拉列表中选取 根据约束 选项；选中预览区域的 ☑ 预览 复选框，单击 应用 按钮，阶梯轴模型 part_01 被添加到 assemblage 中，系统弹出"装配约束"对话框。

Step4. 添加固定约束。在"装配约束"对话框的 约束类型 区域中选择 ⊡ 选项，在组件预览区域中选取阶梯轴模型 part_01，单击 < 确定 > 按钮。

图 5.4.1 所示的"添加组件"对话框中主要选项的功能说明如下。

● 部件 区域：用于从硬盘中选取的部件或已经加载的部件。

　　☑ 已加载的部件：此文本框中的部件是已经加载到此软件中的部件。

- ☑ 最近访问的部件：此文本框中的部件是在装配模式下最近打开过的部件。

- ☑ 打开：单击"打开"按钮 🗁，可以从硬盘中选取要装配的部件。

- ☑ 重复：是指把同一部件多次装配到装配体中。

- ☑ 数量：在此文本框中输入重复装配部件的个数。

- 放置 区域：该区域中包含一个 定位 下拉列表，通过此下拉列表可以指定部件在装配体中的位置。

  - ☑ 绝对原点 是指在绝对坐标系下对载入部件进行定位，如果需要添加约束，可以在添加组件完成后设定。

  - ☑ 选择原点 是指在坐标系中给出一定点位置对部件进行定位。

  - ☑ 根据约束 是指在把添加组件和添加约束放在一个命令中进行，选择该选项并单击"确定"按钮后，系统弹出"装配约束"对话框，完成装配约束的定义。

  - ☑ 移动 是指重新指定载入部件的位置。

- 复制 区域：可以将选取的部件在装配体中创建重复和组件阵列。

- 设置 区域：此区域是设置部件的 名称 、引用集 和 图层选项 。

  - ☑ 名称 文本框：在文本框中可以更改部件的名称。

  - ☑ 图层选项 下拉列表：该下拉列表中包含 原始的 、工作的 和 按指定的 三个选项。原始的 是指将新部件放到设计时所在的层；工作的 是将新部件放到当前工作层；按指定的 是指将载入部件放入指定的层中，选择 按指定的 选项后，其下方的 图层 文本框被激活，可以输入层名。

- 预览 复选框：选中此复选框，单击"应用"按钮后，系统会自动弹出选中部件的预览对话框。

5.4.2 添加第二个部件

Step1. 添加第二个部件。在"添加组件"对话框中单击 🗁 按钮，选择文件 D:\ug11\work\ch05.04\part_02.prt，然后单击 OK 按钮。

Step2. 定义放置定位。在"添加组件"对话框 放置 区域的 定位 下拉列表中选取 根据约束 选项；选中预览区域的 ☑ 预览 复选框，单击 确定 按钮。此时系统弹出图 5.4.2 所示的"装配约束"对话框和图 5.4.3 所示的"组件预览"窗口。

说明：在图 5.4.3 所示的"组件预览"窗口中可单独对要装入的部件进行缩放、旋转和平移，这样就可以将要装配的部件调整到方便选取装配约束参照的位置。

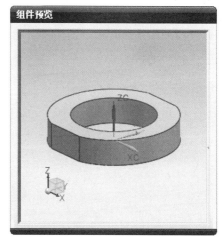

图 5.4.2 "装配约束"对话框　　　　图 5.4.3 "组件预览"窗口

Step3. 添加"接触"约束。在"装配约束"对话框的 约束类型 区域中选择 选项，在 要约束的几何体 区域的 方位 下拉列表中选择 首选接触 选项；在 预览 区域中选中 在主窗口中预览组件 复选框；在"组件预览"窗口中选取图 5.4.4 所示的接触平面 1，然后在图形区中选取接触平面 2。单击 应用 按钮，结果如图 5.4.5 所示。

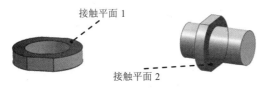

图 5.4.4 选取接触平面　　　　图 5.4.5 接触结果

Step4. 添加"对齐"约束。在"装配约束"对话框 要约束的几何体 区域的 方位 下拉列表中选择 对齐 选项，然后选取图 5.4.6 所示的对齐平面 1 和对齐平面 2，单击 应用 按钮，结果如图 5.4.7 所示。

图 5.4.6 选择对齐平面　　　　图 5.4.7 对齐结果

Step5. 添加"同轴"约束。在"装配约束"对话框 要约束的几何体 区域的 方位 下拉列表中选择 自动判断中心/轴 选项，然后选取图 5.4.8 所示的曲面 1 和曲面 2，单击 确定 按钮，则这两个圆柱曲面的轴重合，结果如图 5.4.9 所示。

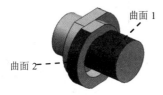

图 5.4.8 选择同轴曲面　　　　图 5.4.9 同轴结果

注意：

● 约束不是随意添加的，各种约束之间有一定的制约关系。如果后加的约束与先加的约束产生矛盾，那么将不能添加成功。

● 有时约束之间并不矛盾，但由于添加顺序不同可能导致不同的解或者无解。例如现在希望得到图 5.4.10 所示的假设装配关系：平面 1 和平面 2 对齐，圆柱面 1 和圆柱面 2 相切，现在尝试使用两种方法添加约束。

平面 2 — 平面 1

圆柱面 2 — 圆柱面 1

图 5.4.10　假设装配关系

方法一：先让两平面对齐，然后添加两圆柱面相切，如果得不到图中的位置，可以单击 按钮，这样就能得到图中 5.4.10 所示的装配关系。

方法二：先添加两圆柱面接触（相切）的约束，然后让两平面对齐。多操作几次会发现，两圆柱面的切线是不确定的，通过单击 按钮也只能得到两种解。在多数情况下，平面对齐是不能进行的。

由上面例子看出，组件装配约束的添加并不是随意的，不仅要求约束之间没有矛盾，而且选择合适的添加顺序也很重要。

5.4.3　引用集

在虚拟装配时，一般并不希望将每个组件的所有信息都引用到装配体中，通常只需要部件的实体图形，而很多部件还包含了基准平面、基准轴和草图等其他不需要的信息，这些信息会占用很大的内存空间，也会给装配带来不必要的麻烦。因此，UG NX 11.0 允许用户根据需要选取一部分几何对象作为该组件的代表参加装配，这就是引用集的作用。

用户创建的每个组件都包含了默认的引用集，默认的引用集有三种：模型、空 和整个部件。此外，用户可以修改和创建引用集；选择 格式(R) 下拉菜单中的 引用集(R)... 命令，系统弹出图 5.4.11 所示的"引用集"对话框，其中提供了对引用集进行创建、删除和编辑的功能。

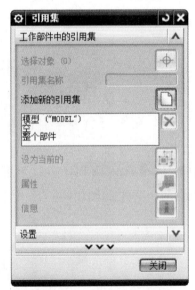

图 5.4.11　"引用集"对话框

5.5　部件的阵列

与零件模型中的特征阵列一样，在装配体中，也可以对部件进行阵列。部件阵列的类型主要包括"参考"阵列、"线性"阵列和"圆周"阵列。

5.5.1　部件的"参考"阵列

部件的"参考"阵列是以装配体中某一零件中的特征阵列为参照，进行部件的阵列，如图 5.5.1 所示。图 5.5.1c 所示的六个螺钉阵列是参照装配体中部件 1 上的六个阵列孔来进行创建的。所以在创建"参考"阵列之前，应提前在装配体的某个零件中创建某一特征的阵列，该特征阵列将作为部件阵列的参照。

下面以图 5.5.1a 所示的部件 2 为例，说明"参考"阵列部件的一般操作过程。

Step1.　打开文件 D:\ug11\work\ch05.05.01\mount。

Step2.　选择命令。选择下拉菜单 装配(A) ➡ 组件(C) ▶ ➡ 阵列组件(P)... 命令，系统弹出"阵列组件"对话框。

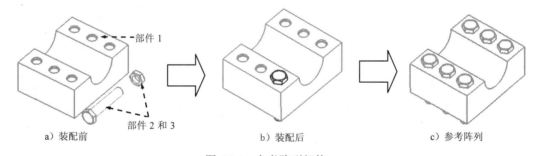

a）装配前　　　　　　　　　　b）装配后　　　　　　　　　c）参考阵列

图 5.5.1　参考阵列部件

Step3.　选取阵列对象。在图形区选取部件 2 作为阵列对象。

Step4.　定义阵列方式。在"阵列组件"对话框 阵列定义 区域的 布局 下拉列表中选中 参考 选项，单击 确定 按钮，系统自动创建图 5.5.1c 所示的部件阵列。

说明：如果修改阵列中的某一个部件，系统会自动修改阵列中的每一个部件。

5.5.2　部件的"线性"阵列

部件的"线性"阵列是使用装配中的约束尺寸创建阵列，所以只有使用诸如"接触""对齐"和"偏距"这样的约束类型才能创建部件的"线性"阵列。下面以图 5.5.2 为例来说明部件"线性"阵列的一般操作过程。

Step1.　打开文件 D:\ug11\work\ch05.05\02\linearity。

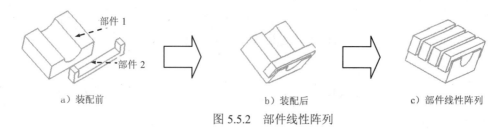

a）装配前　　　　　b）装配后　　　　　c）部件线性阵列

图 5.5.2　部件线性阵列

Step2. 选择命令。选择下拉菜单 装配(A) ➡ 组件(C) ➡ 阵列组件(P)... 命令，系统弹出"阵列组件"对话框。

Step3. 选取阵列对象。在图形区选取部件 2 为阵列对象。

Step4. 定义阵列方式。在"阵列组件"对话框 阵列定义 区域的 布局 下拉列表中选择中选中 线性 选项。

Step5. 定义阵列方向。在"阵列组件"对话框 方向 1 区域中确认 * 指定矢量 处于激活状态，然后选取图 5.5.3 所示的部件 1 的边线。

选择部件 1 的边缘

图 5.5.3　定义方向

Step6. 设置阵列参数。在"阵列组件"对话框 方向 1 区域的 间距 下拉列表中选择 数量和间隔 选项，在 数量 文本框中输入值 4，在 节距 文本框中输入值-20。

Step7. 单击 确定 按钮，完成部件的线性阵列。

5.5.3　部件的"圆周"阵列

部件的"圆形"阵列是使用装配中的中心对齐约束创建阵列，所以只有使用像"中心"这样的约束类型才能创建部件的"圆形"阵列。下面以图 5.5.4 为例来说明"圆形"阵列的一般操作过程。

a）装配后　　　　　b）部件圆形阵列

图 5.5.4　部件圆形阵列

Step1. 打开文件 D:\ug11\work\ch05.05.03\component_round.prt。

Step2. 选择命令。选择下拉菜单 装配(A) ➡ 组件(C) ➡ 阵列组件(P)... 命令，系统弹出"阵列组件"对话框。

Step3. 选取阵列对象。在图形区选取部件 2 为阵列对象。

Step4. 定义阵列方式。在"阵列组件"对话框 阵列定义 区域的 布局 下拉列表中选择 圆形 选项。

Step5. 定义阵列方向。在"阵列组件"对话框 旋转轴 区域中确认 * 指定矢量 处于激活状态，然后选取图 5.5.5 所示的部件 1 的边线。

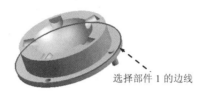

选择部件 1 的边线

图 5.5.5 选取边线

Step6. 设置阵列参数。在"阵列组件"对话框 方向 1 区域的 间距 下拉列表中选择 数里和间隔 选项，在 数里 文本框中输入值 4，在 节距角 文本框中输入值 90。

Step7. 单击 确定 按钮，完成部件圆形阵列的操作。

5.6 编辑装配体中的部件

装配体完成后，可以对该装配体中的任何部件（包括零件和子装配件）进行特征建模、修改尺寸等编辑操作。下面介绍编辑装配体中部件的一般操作过程。

Step1. 打开文件 D:\ug11\work\ch05.06\compile。

Step2. 定义工作部件。双击部件 round，将该部件设为工作组件，装配体中的非工作部件将变为透明，如图 5.6.1 所示，此时可以对工作部件进行编辑。

Step3. 切换到建模环境下。在 应用模块 功能选项卡中单击 设计 区域的 建模 按钮。

Step4. 选择命令。选择下拉菜单 插入(S) ➡ 设计特征(E) ➡ 孔(H)... 命令，系统弹出"孔"对话框。

Step5. 定义孔位置。选取图 5.6.2 所示圆心为孔的放置点。

Step6. 定义编辑参数。在"孔"对话框的 类型 下拉列表中选择 常规孔 选项，在 方向 区域的 孔方向 下拉列表中选择 沿矢量 选项，再选择 ZC↑ 选项，直径为 20，深度为 50，顶锥角为 118，位置为零件底面的圆心，单击 < 确定 > 按钮，完成孔的创建，结果如图 5.6.3 所示。

Step7. 双击装配导航器中的装配体 ☑ compile，取消组件的工作状态。

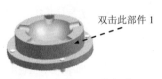

双击此部件 1

图 5.6.1 设置工作部件

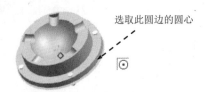

选取此圆边的圆心

图 5.6.2 设置工作部件

图 5.6.3 创建结果

5.7 爆 炸 图

爆炸图是指在同一幅图里，把装配体的组件拆分开，使各组件之间分开一定的距离，以便于观察装配体中的每个组件，清楚地反映装配体的结构。UG 具有强大的爆炸图功能，用户可以方便地建立、编辑和删除一个或多个爆炸图。

5.7.1 爆炸图工具栏

在 装配 功能选项卡中单击  爆炸图 ▾ 区域，系统弹出"爆炸图"工具栏，如图 5.7.1 所示。利用该工具栏，用户可以方便地创建、编辑爆炸图，便于在爆炸图与无爆炸图之间切换。

图 5.7.1 "爆炸图"工具栏

图 5.7.1 所示的"爆炸图"工具栏中的按钮功能说明如下。

：该按钮用于创建爆炸图。如果当前显示的不是一个爆炸图，单击此按钮，系统弹出"新建爆炸"对话框，输入爆炸图名称后单击 确定 按钮，系统创建一个爆炸图；如果当前显示的是一个爆炸图，单击此按钮，弹出的"创建爆炸图"对话框会询问是否将当前爆炸图复制到新的爆炸图里。

：该按钮用于编辑爆炸图中组件的位置。单击此按钮，系统弹出"编辑爆炸"对话框，用户可以指定组件，然后自由移动该组件，或者设定移动的方式和距离。

：该按钮用于自动爆炸组件。利用此按钮可以指定一个或多个组件，使其按照设定的距离自动爆炸。单击此按钮，系统弹出"类选择"对话框，选择组件后单击 确定 按钮，提示用户指定组件间距，自动爆炸将按照默认的方向和设定的距离生成爆炸图。

取消爆炸组件：该按钮用于不爆炸组件。此命令和自动爆炸组件刚好相反，操作也基本相同，只是不需要指定数值。

删除爆炸：该按钮用于删除爆炸图。单击该按钮，系统会列出当前装配体的所有爆炸图，选择需要删除的爆炸图后单击 确定 按钮，即可删除。

Explosion 2 ▼ ：该下拉列表显示了爆炸图名称，可以在其中选择某个名称。用户利用此下拉列表，可以方便地在各爆炸图以及无爆炸图状态之间切换。

：该按钮用于隐藏组件。单击此按钮，系统弹出"类选择"对话框，选择需要隐藏的组件并执行后，该组件被隐藏。

：该按钮用于显示组件，此命令与隐藏组件刚好相反。如果图中有被隐藏的组件，单击此按钮后，系统会列出所有隐藏的组件，用户选择后，单击 确定 按钮即可恢复组件显示。

：该按钮用于创建跟踪线，该命令可以使组件沿着设定的引导线爆炸。

以上按钮与下拉菜单 装配(A) ➡ 爆炸图(X) 中的命令一一对应。

5.7.2　爆炸图的建立和删除

Step1. 打开文件 D:\ug11\work\ch05.07.02\explosion.prt。

Step2. 选择命令。选择下拉菜单 装配(A) ➡ 爆炸图(X) ➡ 新建爆炸图(N)... 命令，系统弹出图 5.7.2 所示的"新建爆炸"对话框（一）。

Step3. 新建爆炸图。在 名称 文本框处可以输入爆炸图名称，接受系统默认的名称 Explosion1，然后单击 确定 按钮，完成爆炸图的新建。

新建爆炸图后，视图切换到刚刚创建的爆炸图，"爆炸图"工具条中的以下项目被激活："编辑爆炸视图"按钮、"自动爆炸组件"按钮、"取消爆炸组件"按钮 取消爆炸组件 和"工作视图爆炸"下拉列表 Explosion 2 ▼ 。

关于创建与删除爆炸图的说明：

● 如果用户在一个已存在的爆炸视图下创建新的爆炸视图，系统会弹出图 5.7.3 所示的"新建爆炸"对话框（二），提示用户是否将已存在的爆炸图复制到新建的爆炸图，单击 是(Y) 按钮后，新建立的爆炸图和原爆炸图完全一样；如果希望建立新的爆炸图，可以切换到无爆炸视图，然后进行创建即可。

图 5.7.2　"新建爆炸"对话框（一）

图 5.7.3　"新建爆炸"对话框（二）

● 可以按照上面方法建立多个爆炸图。
● 要删除爆炸图，可以选择下拉菜单 装配(A) ➡ 爆炸图(X) ➡ 删除爆炸(D)... 命令，系统会弹出图 5.7.4 所示的"爆炸图"对话框。选择要删除的爆炸图，单击

确定 按钮即可。如果所要删除的爆炸图正在当前视图中显示，系统会弹出图 5.7.5 所示的"删除爆炸"对话框，提示爆炸图不能删除。

图 5.7.4　"爆炸图"对话框

图 5.7.5　"删除爆炸"对话框

5.7.3　编辑爆炸图

爆炸图创建完成，创建的结果是产生了一个待编辑的爆炸图，在主窗口中的图形并没有发生变化，只是爆炸图编辑工具被激活，可对爆炸图进行编辑。

1. 自动爆炸

自动爆炸只需要用户输入很少的内容，就能快速生成爆炸图，如图 5.7.6b 所示。

a）自动爆炸前

b）自动爆炸后

图 5.7.6　自动爆炸

Step1. 打开文件 D:\ug11\work\ch05.07.03\explosion_01.prt，按照上一节步骤新建爆炸图。

Step2. 选择命令。选择下拉菜单 装配(A) ➡ 爆炸图(X) ➡ 自动爆炸组件(A)... 命令，系统弹出"类选择"对话框。

Step3. 选取爆炸组件。选取图中所有组件，单击 确定 按钮，系统弹出图 5.7.7 所示的"自动爆炸组件"对话框。

图 5.7.7　"自动爆炸组件"对话框

Step4. 在 距离 文本框中输入值 40，单击 确定 按钮，系统会自动生成该组件的爆炸图，结果如图 5.7.6b 所示。

关于自动爆炸组件的说明：

- 自动爆炸组件可以同时选取多个对象，如果将整个装配体选中，可以直接获得整个装配体的爆炸图。

- "取消爆炸组件"的功能刚好与"自动爆炸组件"相反，因此可以将两个功能放在一起记。选择下拉菜单 装配(A) ➡ 爆炸图(X) ➡ 取消爆炸组件(U) 命令，系统弹出"类选择"对话框。选取要爆炸的组件后单击 确定 按钮，选中的组件自动回到爆炸前的位置。

2. 编辑爆炸图

自动爆炸并不能总是得到满意的效果，因此系统提供了编辑爆炸功能。

Step1. 打开文件 D:\ug11\work\ch05.07.03\explosion_01.prt。

Step2. 选择下拉菜单 装配(A) ➡ 爆炸图(X) ➡ 新建爆炸(N) 命令，新建一个爆炸视图。

Step3. 选择下拉菜单 装配(A) ➡ 爆炸图(X) ➡ 编辑爆炸(E) 命令，系统弹出图 5.7.8 所示的"编辑爆炸"对话框。

Step4. 选取要移动的组件。在对话框中选中 ⊙ 选择对象 单选项，在图形区选取图 5.7.9 所示的轴套模型。

图 5.7.8　"编辑爆炸"对话框

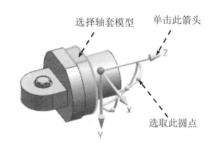

图 5.7.9　定义移动组件和方向

Step5. 移动组件。选中 移动对象 单选项，系统显示图 5.7.9 所示的移动手柄；单击手柄上的箭头（图 5.7.9），对话框中的 距离 文本框被激活，供用户选择沿该方向的移动距离；单击手柄上沿轴套轴线方向的箭头，在文本框中输入距离值 60；单击 确定 按钮，结果如图 5.7.10 所示。

说明：单击图 5.7.9 所示两箭头间的圆点时，对话框中的 角度 文本框被激活，供用户输入角度值，旋转的方向沿第三个手柄，符合右手定则；也可以直接用鼠标左键按住箭头或圆点，移动鼠标实现手工拖动。

Step6. 编辑螺栓位置。参照 Step4，输入距离值-60，结果如图 5.7.11 所示。

Step7. 编辑螺母位置。参照 Step4，输入距离值 40，结果如图 5.7.12 所示。

图 5.7.10　编辑轴套

图 5.7.11　编辑螺栓

图 5.7.12　编辑螺母

关于编辑爆炸图的说明：

- 选中 ⊙ 移动对象 单选项后， 按钮选项被激活。单击 按钮，手柄被移动到 WCS 位置。

- 单击手柄箭头或圆点后， ☑ 对齐增量 复选框被激活，该选项用于设置手工拖动的最小距离，可以在文本框中输入数值。例如设置为 10mm，则拖动时会跳跃式移动，每次跳跃的距离为 10mm，单击 取消爆炸 按钮，选中的组件移动到没有爆炸的位置。

- 单击手柄箭头后， 下拉列表框被激活，可以直接将选中手柄方向指定为某矢量方向。

3．隐藏和显示爆炸图

如果当前视图为爆炸图，选择下拉菜单 装配(A) ➡ 爆炸图(X) ➡ 隐藏爆炸(H) 命令，则视图切换到无爆炸图。

要显示隐藏的爆炸图，可以选择下拉菜单 装配(A) ➡ 爆炸图(X) ➡ 显示爆炸(S) 命令，则视图切换到爆炸图。

4．隐藏和显示组件

要隐藏组件，可以选择下拉菜单 装配(A) ➡ 关联控制(D) ➡ 隐藏视图中的组件(H) 命令，系统弹出"隐藏视图中的组件"对话框，选择要隐藏的组件后单击 确定 按钮，选中组件被隐藏。

要显示被隐藏的组件，可以选择下拉菜单 装配(A) ➡ 关联控制(D) ➡ 显示视图中的组件(M)... 命令，系统会列出所有隐藏的组件供用户选择。

5．删除爆炸图

选择下拉菜单 装配(A) ➡ 爆炸图(X) ➡ 删除爆炸(D)... 命令，系统会列出所有爆炸图，选择要删除的视图，单击 确定 按钮。

如果当前视图是所选的爆炸图，操作不能完成；如果当前视图不是所选视图，所选中的爆炸图可以被删除。

5.8　简化装配

5.8.1　简化装配概述

对于比较复杂的装配体，可以使用"简化装配"功能将其简化。被简化后，实体的内部细节被删除，但保留复杂的外部特征。当装配体只需要精确的外部表示时，可以将装配体进行简化，简化后可以减少所需的数据，从而缩短加载和刷新装配体的时间。

内部细节是指对该装配体的内部组件有意义，而对装配体与其他实体关联时没有意义的对象；外部细节则相反。简化装配主要就是区分内部细节和外部细节，然后省略掉内部细节的过程。在这个过程中，装配体被合并成一个实体。

5.8.2　简化装配操作

本节以轴和轴套装配体为例（图 5.8.1），说明简化装配的操作过程。

Step1. 打开文件 D:\ug11\work\ch05.08\simple.prt。

说明：为了清楚地表示内部细节被删除，首先在轴上创建一个图 5.8.1a 所示的孔特征（打开的文件中已完成该操作），作为要删除的内部细节。

Step2. 选择命令。选择下拉菜单 装配(A) ➡ 高级(E) ▶ ➡ 简化装配(M)... 命令，系统弹出最初的"简化装配"对话框，单击 下一步 > 按钮，系统弹出图 5.8.2 所示的"简化装配"对话框（一）。对话框的左侧显示操作步骤，右侧有三个单选项和两个复选框，供用户设置简化项。

a）简化前

b）简化后

图 5.8.1　简化装配

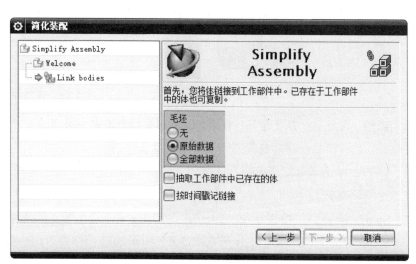

图 5.8.2　"简化装配"对话框（一）

Step3. 选取装配体中的所有组件，单击 下一步> 按钮，系统弹出图 5.8.3 所示的"简化装配"对话框（二）。

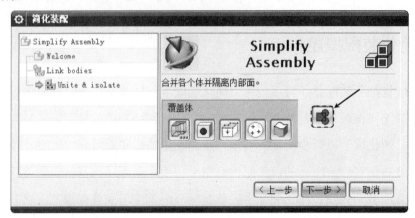

图 5.8.3 "简化装配"对话框（二）

图 5.8.3 所示的"简化装配"对话框（二）中的相关选项说明如下。

● 覆盖体 区域包含五个按钮，用于填充要简化的特征。有些孔在"修复边界"步骤（向导的后面步骤）中可以被自动填充，但并不是所有几何体都能被自动填充，因此有时需要用这些按钮进行手工填充。这里由于形状简单，可以自动填充。

● "全部合并"按钮 可以用来合并（或除去）模型上的实体，执行此命令时，系统会重复显示该步骤，供用户继续填充或合并。

Step4. 合并组件。单击"简化装配"对话框（二）中的"全部合并"按钮 ，选取所有组件，单击 下一步> 按钮，轴和轴套合并在一起，可以看到两平面的交线消失，如图 5.8.4 所示。

Step5. 单击 下一步> 按钮，选取图 5.8.5 所示的外部面（用户也可以选择除要填充的内部细节之外的任何一个面）。

图 5.8.4 轴和轴套合并后

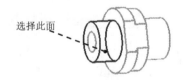

图 5.8.5 选择外部面

说明：在进行"修复边界"步骤时，应该先将所有部件合并成一个实体，如果仍有部件未被合并，则该步骤会将其隐藏。

Step6. 单击 下一步> 按钮，选取图 5.8.6 所示的边缘（通过选择一边缘，将内部细节与外部细节隔离开）。

Step7. 选择裂纹检查选项。单击 下一步> 按钮，选中 ⊙ 裂隙检查 单选项。

Step8. 单击 下一步> 按钮，选取图 5.8.7 所示的圆柱体内表面。选择要删除的内部细节。

Step9. 查看裂纹检查结果。单击 下一步> 按钮，可以通过选择 高亮显示 选项组中的

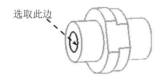

图 5.8.6 选择隔离边缘

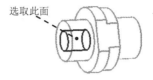

图 5.8.7 选择内部面

Step10. 单击 下一步 > 按钮，查看外部面。再单击 下一步 > 按钮，孔特征被移除。

Step11. 单击 完成 按钮，完成操作。

关于内部细节与外部细节的说明：内部细节与外部细节是用户根据需要确定的，不是由对象在集合体中的位置确定的。读者在本例中可以尝试将孔设为外部面，将轴的外表面设为内部面，结果会将轴和轴套移除，留下孔特征形成的圆柱体。

5.9 装配干涉检查

在实际的产品设计中，当产品中的各个零部件组装完成后，设计人员往往比较关心产品中各个零部件间的干涉情况：有无干涉？哪些零件间有干涉？干涉量是多大？下面以一个简单的装配体模型为例，说明干涉分析的一般操作过程。

Step1. 打开文件 D:\ug11\work\ch05.09\interference.prt。

Step2. 在装配模块中选择下拉菜单 分析(L) ➡ 简单干涉(I)... 命令，系统弹出图 5.9.1 所示的"简单干涉"对话框。

图 5.9.1 "简单干涉"对话框

Step3."创建干涉体"简单干涉检查。

（1）在"简单干涉"对话框 干涉检查结果 区域的 结果对象 下拉列表中选择 干涉体 选项。

（2）依次选取图 5.9.2 所示的对象 1 和对象 2，单击"简单干涉"对话框中的 应用 按钮，系统弹出图 5.9.3 所示的"简单干涉"提示框。

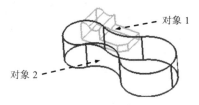

图 5.9.2　创建干涉实体　　　　　　图 5.9.3　"简单干涉"提示框

（3）单击"简单干涉" 提示框的 确定(0) 按钮，完成"创建干涉体"简单干涉检查。

Step4. "高亮显示面"简单干涉检查。

（1）在"简单干涉"对话框 干涉检查结果 区域的 结果对象 下拉列表中选择 高亮显示的面对 选项，如图 5.9.1 所示。

（2）在"简单干涉"对话框 干涉检查结果 区域的 要高亮显示的面 下拉列表中选择 仅第一对 选项，依次选取图 5.9.4a 所示的对象 1 和对象 2。模型中将显示图 5.9.4b 所示的干涉平面。

a）检查前　　　　　　　　　　　　　　　　b）检查后

图 5.9.4　"高亮显示面"干涉检查

（3）在"简单干涉"对话框 干涉检查结果 区域的 要高亮显示的面 下拉列表中选择 在所有对之间循环 选项，单击 显示下一对 按钮，模型中将依次显示所有干涉平面。

（4）单击"简单干涉"对话框中的 取消 按钮，完成"高亮显示面"简单干涉检查操作。

5.10　UG 装配设计综合实际应用

Task1. 部件装配

下面以图 5.10.1 所示为例，讲述一个多部件装配范例，使读者进一步熟悉 UG 的装配设计操作。

Step1. 新建文件。选择下拉菜单 文件(F) ➡ 新建(N)... 命令，系统弹出"新建"对话框。在 模型 选项卡的 模板 区域中选取模板类型为 装配，在 名称 文本框中输入文件名称 assemblies，在 文件夹 文本框后单击 按钮，选择 D:\ug11\work\ch05.10，单击 确定 按钮，进入装配环境。

Step2. 添加下基座。在"添加组件"对话框中单击 按钮，选择 D:\ug11\work\ch05.10\down_base.prt，然后单击 OK 按钮；在"添加组件"对话框 放置 区域的 定位 下拉列表中选取 根据约束 选项，选中预览区域的 ☑ 预览 复选框，单击 应用 按钮，此时系统弹出"装配约束"对话框；在"装配约束"对话框的 约束类型 区域中选择 选项，在图形区中选取基座模型，单击 〈 确定 〉 按钮。

图 5.10.1 综合装配范例

图 5.10.2 添加轴套

Step3. 添加轴套并定位，如图 5.10.2 所示。在"添加组件"对话框中单击 按钮，选择 D:\ug11\work\ch05.10\sleeve.prt，然后单击 OK 按钮，系统弹出"添加组件"对话框；在"添加组件"对话框 放置 区域的 定位 选项栏中选取 根据约束 选项，单击 应用 按钮，此时系统弹出"装配约束"对话框；在"装配约束"对话框的 预览 区域中选中 ☑ 在主窗口中预览组件 复选框；在 约束类型 区域中选择 选项，在 要约束的几何体 区域的 方位 下拉列表中选择 对齐 选项；在"组件预览"对话框中选择图 5.10.3 所示的面 1，然后在图形区选择图 5.10.4 所示的面 2，单击 应用 按钮，完成平面的对齐；在 要约束的几何体 区域的 方位 下拉列表中选择 首选接触 选项，选择图 5.10.5 所示的接触面 3 和面 4，单击 按钮，调整接触方向；单击 应用 按钮，完成平面的接触；在 要约束的几何体 区域的 方位 下拉列表中选择 自动判断中心/轴 选项，选择图 5.10.3 所示的同轴面 5 和图 5.10.4 所示的面 6，单击 〈 确定 〉 按钮，完成同轴的接触操作。

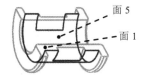

图 5.10.3 选择配对面 1

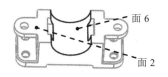

图 5.10.4 选择配对面 2

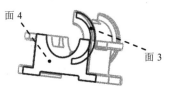

图 5.10.5 选择配对面 3

Step4. 添加楔块并定位，如图 5.10.6 所示。在"添加组件"对话框中单击 按钮，选择 D:\ug11\work\ch05.10\chock.prt，然后单击 OK 按钮，系统弹出"添加组件"对话框；在"添加组件"对话框 放置 区域的 定位 选项栏中选取 根据约束 选项，单击 应用 按钮，此时系统弹出"装配约束"对话框；在"装配约束"对话框的 约束类型 区域中选择 选项，在 要约束的几何体 区域的 方位 下拉列表中选择 首选接触 选项，选择图 5.10.7 所示的面 1 与面 4，单击 应用 按钮；选择面 2 与面 5，单击 应用 按钮；选择面 3 与面 6，单击 确定 按钮，完成接触关系，单击"添加组件"对话框中的 取消 按钮。

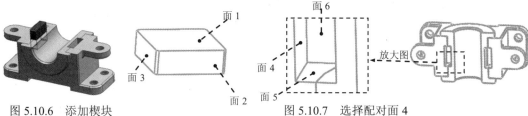

图 5.10.6 添加楔块　　　图 5.10.7 选择配对面 4

Step5. 镜像图 5.10.8 所示的楔块。选择下拉菜单 装配(A) ➡ 组件(C) ➡
镜像装配(I)... 命令，系统弹出"镜像装配向导"对话框，单击 下一步 > 按钮；选择上一
步添加的楔块，单击 下一步 > 按钮；单击"创建基准平面"按钮 , 系统弹出"基准平面"
对话框，在 类型 下拉列表中选择 二等分 选项，依次选取图 5.10.9 所示的两个平面，单击
< 确定 > 按钮，完成对称面的创建，如图 5.10.10 所示；单击 下一步 > 按钮，系统弹出"镜
像装配向导"对话框（一），单击 下一步 > 按钮，系统弹出"镜像装配向导"对话框（二）；
单击 完成 按钮，完成楔块的镜像操作。

图 5.10.8 镜像楔块

图 5.10.9 选取平面

选取这两个面

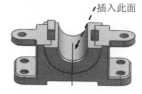

插入此面

图 5.10.10 创建对称面

Step6. 镜像轴套。单击"创建基准平面"按钮 , 系统弹出"基准平面"对话框，在
类型 下拉列表中选择 自动判断 选项，选取图 5.10.11 所示的平面为参照创建基准平面；参
照上面镜像楔块的步骤镜像轴套。

Step7. 将组件上基座添加到装配体中并定位，如图 5.10.12 所示。选择下拉菜单
装配(A) ➡ 组件(C) ➡ 添加组件(A)... 命令，系统弹出"添加组件"对话框；在"添
加组件"对话框中单击 按钮，选择 D:\ug11\work\ch05.10\top_cover.prt，然后单击 OK
按钮，系统弹出"添加组件"对话框；在"添加组件"对话框 放置 区域的 定位 选项栏中选
取 根据约束 选项，单击 应用 按钮，此时系统弹出"装配约束"对话框；在"装配约束"对
话框的 约束类型 区域中选择 选项，在 要约束的几何体 区域的 方位 下拉列表中选择
首选接触 选项，选择图 5.10.13 所示的平面 1 与平面 3，单击 应用 按钮，完成"接触"
约束；在 要约束的几何体 区域的 方位 下拉列表中选择 对齐 选项，选择图 5.10.13 所示的平
面 2 和平面 4，单击 应用 按钮，完成"对齐"约束；在 要约束的几何体 区域的 方位 下拉列
表中选择 自动判断中心/轴 选项，选择图 5.10.13 所示的圆柱面 1 和圆柱面 2，单击 < 确定 >
按钮，完成"同轴"约束，此时组件已完全定位。

选取此平面

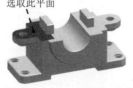

图 5.10.11 选取基准平面

图 5.10.12 添加组件上基座

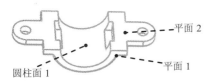
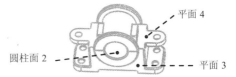

图 5.10.13 选择接触面

Step8. 将组件螺栓添加到装配体中并定位，如图 5.10.14 所示。在"添加组件"对话框中单击 按钮，选择 D:\ug11\work\ch05.10\bolt.prt，然后单击 OK 按钮，系统弹出"添加组件"对话框；在"添加组件"对话框 放置 区域的 定位 选项栏中选取 根据约束 选项，单击 应用 按钮，此时系统弹出"装配约束"对话框；在"装配约束"对话框的 约束类型 区域中选择 选项，在 要约束的几何体 区域的 方位 下拉列表中选择 首选接触 选项，选择图 5.10.15 所示的平面 1 和平面 2，单击 应用 按钮，完成"接触"约束；在 要约束的几何体 区域的 方位 下拉列表中选择 自动判断中心/轴 选项，选择图 5.10.16 所示的圆柱面 1 和圆柱面 2，单击 < 确定 > 按钮，完成"同轴"约束，此时组件已完全定位。

图 5.10.14 添加组件螺栓

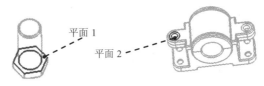

图 5.10.15 选择配对平面 1

Step9. 将组件螺母添加到装配体中并定位，如图 5.10.17 所示。在"添加组件"对话框中单击 按钮，选择 D:\ug11\work\ch05.10\nut.prt，然后单击 OK 按钮，系统弹出"添加组件"对话框；在"添加组件"对话框 放置 区域的 定位 选项栏中选取 根据约束 选项，选中预览区域的 ☑ 预览 复选框，单击 确定 按钮，此时系统弹出"装配约束"对话框；在"装配约束"对话框的 约束类型 区域中选择 选项，在 要约束的几何体 区域的 方位 下拉列表中选择 首选接触 选项，选择图 5.10.18 所示的平面 1 和平面 2，单击 应用 按钮，完成"接触"约束；在 要约束的几何体 区域的 方位 下拉列表中选择 自动判断中心/轴 选项，选择图 5.10.19 所示的圆柱面 1 和圆柱面 2，单击 < 确定 > 按钮，完成"同轴"约束，此时组件已完全定位。

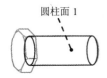
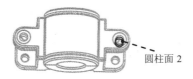

图 5.10.16 选择圆柱面

图 5.10.17 添加组件

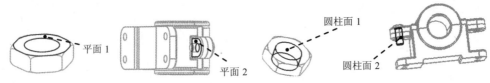

图 5.10.18　选择配对平面 2　　　　图 5.10.19　选择"中心"对齐圆柱面

Step10. 镜像图 5.10.20 所示的螺栓和螺母，步骤参照 Step5，镜像基准面选取 Step5 时创建的基准平面。

Step11. 完成组件的装配。

Task2. 创建爆炸图

装配体完成后，可以创建爆炸图，以便清楚查看部件间的装配关系。

Step1. 创建爆炸图。选择下拉菜单 装配(A) ➡ 爆炸图(X) ➡ 新建爆炸(N) 命令，系统弹出图 5.10.21 所示的"新建爆炸"对话框；接受系统默认的爆炸图名 Explosion1，单击 确定 按钮，完成爆炸图的创建。

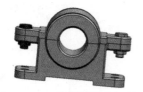

图 5.10.20　镜像螺栓和螺母　　　　图 5.10.21　"新建爆炸"对话框

Step2. 自动爆炸组件。选择下拉菜单 装配(A) ➡ 爆炸图(X) ➡ 自动爆炸组件(A)... 命令，系统弹出"类选择"对话框，选择整个装配体后单击 确定 按钮，系统弹出图 5.10.22 所示的"自动爆炸组件"对话框；在 距离 文本框中输入值 100，单击 确定 按钮，系统自动生成爆炸图，如图 5.10.23 所示。

Step3. 编辑组件的位置，结果如图 5.10.24 所示（编辑所有组件的方法雷同，读者根据实际需要进行编辑，这里就不再赘述）。

图 5.10.22　"自动爆炸组件"对话框　　　图 5.10.23　自动爆炸图　　　图 5.10.24　编辑组件位置

关于创建爆炸图时可能出现问题的说明：在创建爆炸图时，读者可根据模型的大小选择合适的爆炸距离；编辑爆炸图时，手柄箭头的方向应根据最终爆炸图中的组件位置确定，可以调整箭头方向，也可以输入负数数值使组件移至相反方向，还可以直接按住鼠标左键并拖动箭头来改变组件的位置。如果所选组件的手柄箭头难以选取，可以在"编辑爆炸图"对话框中选择 ⊙ 只移动手柄 单选项，拖动手柄到合适位置，以便选取手柄箭头；放在绝对原点（装配的第一个组件）的组件不能进行编辑。

第6章 工程图设计

6.1 工程图概述

使用 UG NX 11.0 的制图环境可以创建三维模型的工程图,且图样与模型相关联。因此,图样能够反映模型在设计阶段中的更改,可以使图样与装配模型或单个零部件保持同步。UG 工程图的主要特点如下。

- 用户界面直观、易用、简洁,可以快速、方便地创建图样。
- "在图纸上"工作的画图板模式。此方法类似于制图人员在绘图板上绘图。应用此方法可以极大地提高工作效率。
- 支持新的装配体系结构和并行工程。制图人员可以在设计人员对模型进行处理的同时,制作图样。
- 可以快速地将视图放置到图纸上,系统会自动正交对齐视图。
- 具有创建与自动隐藏线和剖面线完全关联的横剖面视图的功能。
- 具有从图形窗口编辑大多数制图对象(如尺寸、符号等)的功能。用户可以创建制图对象,并立即对其进行修改。
- 图样视图的自动隐藏线渲染。
- 在制图过程中,系统的反馈信息可减少许多返工和编辑工作。
- 使用对图样进行更新的用户控件,能有效地提高工作效率。

6.1.1 工程图的组成

在学习本节前,请打开 D:\ug11\work\ch06.01 中的 down_base_ok.prt 文件,然后在该文件夹中调用 A3.prt 图样,结果如图 6.1.1 所示。UG NX 11.0 的工程图主要由以下三个部分组成:

- 视图:包括六个基本视图(主视图、俯视图、左视图、右视图、仰视图和后视图)、放大图、各种剖视图、断面图、辅助视图等。在制作工程图时,根据实际零件的特点,选择不同的视图组合,以便简单清楚地表达各个设计参数。
- 尺寸、公差、注释说明及表面粗糙度:包括形状尺寸、位置尺寸、几何公差、注释说明、技术要求以及零件的表面粗糙度要求。
- 图框、标题栏等。

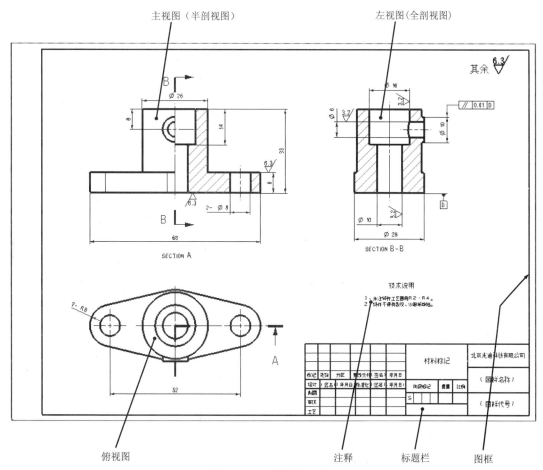

主视图（半剖视图）　　　　　　左视图（全剖视图）

俯视图　　　　　　　　注释　标题栏　图框

图 6.1.1　工程图的组成

6.1.2　工程图环境中的下拉菜单与选项卡

新建一个文件后，有三种方法进入工程图环境，分别介绍如下。

方法一： 在 应用模块 功能选项卡的 设计 区域单击 制图 按钮，如图 6.1.2 所示。

方法二： 利用<Ctrl+Shift+ D>组合键。

图 6.1.2　进入工程图环境的几种方法

进入工程图环境以后，主界面下拉菜单将会发生一些变化，系统为用户提供了一个方便、快捷的操作界面。下面对工程图环境中较为常用的下拉菜单和选项卡进行介绍。

1. 下拉菜单

（1）首选项(P)下拉菜单。该菜单主要用于在创建工程图之前对制图环境进行设置，如图 6.1.3 所示。

（2）插入(S)下拉菜单，如图 6.1.4 所示。

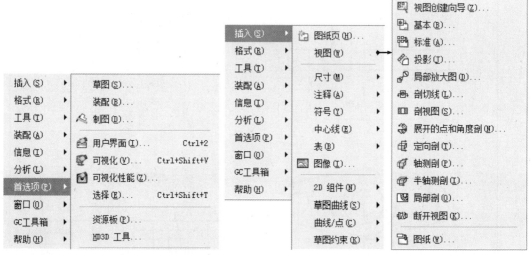

图 6.1.3　"首选项"下拉菜单　　　　　　图 6.1.4　"插入"下拉菜单

（3）编辑(E)下拉菜单，如图 6.1.5 所示。

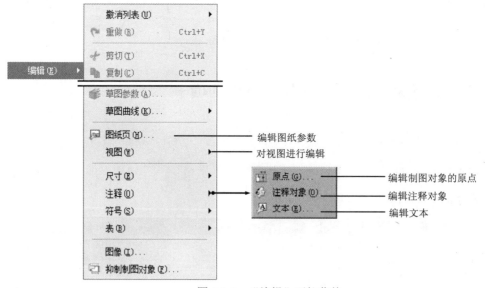

图 6.1.5　"编辑"下拉菜单

2. 选项卡

进入工程图环境以后，系统会自动增加许多与工程图操作有关的选项卡。下面对工程图环境中较为常用的选项卡分别进行介绍。

说明：

- 选择下拉菜单 工具(T) ➡ 定制(Z)... 命令，在弹出的"定制"对话框的 选项卡/条 选项卡中进行设置，可以显示或隐藏相关的选项卡。

- 选项卡中没有显示的按钮，可以通过下面的方法将它们显示出来：单击右下角的 · 按钮，在其下方弹出菜单中将所需的选项组选中即可。

"主页"选项卡，如图 6.1.6 所示。

图 6.1.6　"主页"选项卡

图 6.1.6 所示的"主页"选项卡中部分按钮的说明如下。

: 新建图纸页。

: 编辑图纸页。

: 视图创建向导。

: 创建基本视图。

: 创建投影视图。

: 创建局部放大图。

: 创建断开视图。

: 创建剖切线。

: 创建剖视图。

: 创建展开的点和角度剖视图。

: 创建定向剖视图。

: 创建轴测剖视图。

: 创建半轴测剖视图。

: 创建局部剖视图。

: 创建快速尺寸。

: 创建线性尺寸。

: 创建径向尺寸。

: 创建坐标参数。

: 创建注释。

: 创建特征控制框。

: 创建基准。

: 创建基准目标。

: 符号标注。

: 表面粗糙度符号。

: 焊接符号。

: 目标点符号。

: 相交符号。

: 中心标记。

: 图像。

: 剖面线。

: 表格注释。

: 零件明细表。

: 自动符号标注。

: 编辑设置。

: 隐藏视图中的组件。

: 显示视图中的组件。

: 视图中的剖切。

6.1.3　部件导航器

在学习本节前，请先打开文件 D:\ug11\work\ch06.01\down_base.prt。

在 UG NX 11.0 中，部件导航器（也可以称为图样导航器）如图 6.1.7 所示，可用于编辑、查询和删除图样（包括在当前部件中的成员视图），模型树包括零件的图纸页、成员视图、剖面线和表格。在工程图环境中，有以下几种方式可以编辑图样或者图样上的视图。

- 修改视图的显示样式。在模型树中双击某个视图，在系统弹出的"视图样式"对话框中进行编辑。
- 修改视图所在的图纸页。在模型树中选择视图，并拖至另一张图纸页。
- 打开某一图纸页。在模型树中双击该图纸页即可。

在部件导航器的模型树结构中提供了图、图片和视图节点，下面针对不同对象分别进行介绍。

（1）在部件导航器中的 图纸 节点上右击，系统弹出图 6.1.8 所示的快捷菜单（一）。

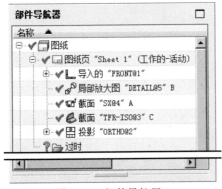

图 6.1.7 部件导航器

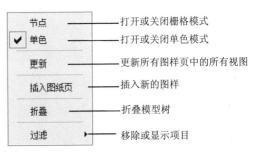

图 6.1.8 快捷菜单（一）

（2）在部件导航器中的 图纸页 节点上右击，系统弹出图 6.1.9 所示的快捷菜单（二）。

（3）在部件导航器中的 导入的 节点上右击，系统弹出图 6.1.10 所示的快捷菜单（三）。

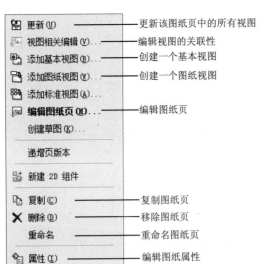

图 6.1.9 快捷菜单（二）

图 6.1.10 快捷菜单（三）

6.2　工程图参数预设置

UG NX 11.0 默认安装后提供了多个国际通用的制图标准，其中系统默认的制图标准"GB"（出厂设置）中的很多选项不满足企业的具体制图需要，所以在创建工程图之前，一般先要对工程图参数进行预设置。通过工程图参数的预设置，可以控制箭头的大小、线条的粗细、隐藏线的显示与否、标注的字体和大小等。用户可以通过预设置工程图的参数来改变制图环境，使所创建的工程图符合我国国标。

6.2.1　工程图参数设置

选择下拉菜单 首选项(P) ➡ 制图(D)... 命令，系统弹出图 6.2.1 所示的"制图首选项"对话框，该对话框的功能是：

● 设置视图和注释的版本。

● 设置成员视图的预览样式。

● 视图的更新和边界、显示抽取边缘的面及加载组件的设置。

● 保留注释的显示设置。

图 6.2.1　"制图首选项"对话框

6.2.2　原点参数设置

选择下拉菜单 编辑(E) ➡ 注释(D) ▶ ➡ 原点(G)... 命令，系统弹出图 6.2.2 所示的"原点工具"对话框。

图 6.2.2　"原点工具"对话框

图 6.2.2 所示"原点工具"对话框中的各选项说明如下。

- ⊞ (拖动)：通过光标来指示屏幕上的位置，从而定义制图对象的原点。如果选择 ☑ 关联 选项，可以激活 相对位置 下拉列表，以便用户可以将注释与某个参考点相关联。

- ⊟ (相对于视图)：定义制图对象相对于图样成员视图的原点移动、复制或旋转视图时，注释也随着成员视图移动。只有独立的制图对象（如注释、符号等）可以与视图关联。

- ⊟ (水平文本对齐)：该选项用于设置在水平方向与现有的某个基本制图对象对齐。此选项允许用户将源注释与目标注释上的某个文本定位位置相关联，让尺寸与选择的文本水平对齐。

- ⊟ (竖直文本对齐)：该选项用于设置在竖直方向与现有的某个基本制图对象的对齐。此选项允许用户将源注释与目标注释上的某个文本定位位置相关联。打开时，会让尺寸与选择的文本竖直对齐。

- ⊹ (对齐箭头)：该选项用来创建制图对象的箭头与现有制图对象的箭头对齐，来指定制图对象的原点。打开时，会让尺寸与选择的箭头对齐。

- ⊹ (点构造器)：通过"原点位置"下拉菜单来启用所有的点位置选项，以使注释与某个参考点相关联。打开时，可以选择控制点、端点、交点和中心点为尺寸和符号的放置位置。

- ⊠ (偏置字符)：该选项可设置当前字符大小（高度）的倍数，使尺寸与对象偏移指定的字符数后对齐。

6.2.3　注释参数设置

选择下拉菜单 首选项(P) ➡ 制图(D)... 命令，系统弹出图 6.2.1 所示的"制图首选项"对话框。在该对话框中的"公共""尺寸""注释"和"表"节点下，可调整文字属性、尺寸属性及表格属性等注释参数。

6.2.4 截面线参数设置

选择下拉菜单 首选项(P) ➡ 制图(D)... 命令，系统弹出图 6.2.1 所示的"制图首选项"对话框。在该对话框 视图 节点下选择 截面线 选项，如图 6.2.3 所示，通过设置"截面线"中的参数，既可以控制以后添加到图样中的剖切线显示，也可以修改现有的剖切线。

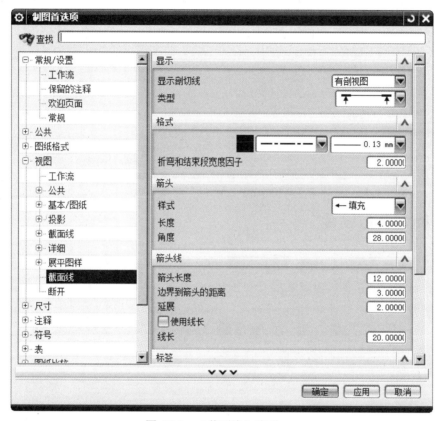

图 6.2.3 "截面线"选项

6.2.5 视图参数设置

选择下拉菜单 首选项(P) ➡ 视图(V)... 命令，系统弹出图 6.2.1 所示的"制图首选项"对话框。在该对话框 视图 节点下展开 公共 选项，如图 6.2.4 所示，通过对 公共 区域中参数的设置，可以控制图样上的视图显示，包括隐藏线、剖视图背景线、轮廓线和光顺边等。这些设置只对当前文件和设置以后添加的视图有效，而对于在设置之前添加的视图则可通过编辑视图样式修改。因此在创建工程图之前，最好先进行预设置，这样可以减少很多的编辑工作，提高工作效率。

图 6.2.4　"公共"选项

6.2.6　标记参数设置

选择下拉菜单 首选项(P) ➡ 制图(D)... 命令，系统弹出图 6.2.1 所示的"制图首选项"对话框。在该对话框 ⊟ 视图 节点下展开 ⊟ 基本/图纸 选项，然后单击 标签 选项，如图 6.2.5 所示，其功能如下。

图 6.2.5　"标签"选项

- 控制视图标签的显示，并查看图样上成员视图的视图比例标签。
- 控制视图标签的前缀名、字母、字母格式和字母比例因子的显示。
- 控制视图比例的文本位置、前缀名、前缀文本比例因子、数值格式和数值比例因子的显示。
- 使用"视图标签首选项"对话框设置添加到图样的后续视图的首选项，或者使用该对话框编辑现有视图标签的设置。

6.3 图样管理

UG NX 11.0 工程图环境中的图样管理包括工程图样的创建、打开、删除和编辑；下面主要对新建和编辑工程图进行简要介绍。

6.3.1 新建工程图

Step1. 打开零件模型。打开文件 D:\ug11\work\ch06.03\down_base.prt。

Step2. 进入制图环境。单击 应用模块 功能选项卡 设计 区域中的 制图 按钮。

Step3. 新建工程图。选择下拉菜单 插入(S) ➡ 图纸页(H)... 命令（或单击"新建图纸页"按钮），系统弹出"图纸页"对话框，如图 6.3.1 所示。在对话框中选择图 6.3.1 所示的选项。

图 6.3.1 所示"图纸页"对话框中的选项说明如下。

- 图纸页名称 文本框：指定新图样的名称，可以在该文本框中输入图样名；图样名最多可以包含 30 个字符；默认的图样名是 SHT1。
- A4 – 210 x 297 下拉列表：用于选择图纸大小，系统提供了 A4、A3、A2、A1、A0、A0+和 A0++七种型号的图纸。
- 比例 下拉列表：为添加到图样中的所有视图设定比例。
- 度量单位：指定 英寸 或 毫米 为单位。
- 投影角度：指定第一角投影 或第三角投影 ；按照国标，应选择 毫米 和第一角投影 。

说明：在 Step3 中，单击 确定 按钮之前，每单击一次 应用 按钮都会新建一张图样。

Step4. 在"图纸页"对话框中单击 确定 按钮，系统弹出图 6.3.2 所示的"视图创建向导"对话框。

Step5. 在"视图创建向导"对话框中单击 取消 按钮，完成图样的创建。

图 6.3.1　"图纸页"对话框

图 6.3.2　"视图创建向导"对话框

6.3.2　编辑已存图样

新建一张图样；在图 6.3.3 所示的部件导航器中选择图样并右击，在弹出的图 6.3.4 所示的快捷菜单中选择 编辑图纸页 (H)... 命令，系统弹出"图纸页"对话框；利用该对话框可以编辑已存图样的参数。

图 6.3.3　在部件导航器中选择图标

图 6.3.4　编辑图纸页

6.4 视图的创建与编辑

视图是按照三维模型的投影关系生成的，主要用来表达部件模型的外部结构及形状。在 NX 11.0 中，视图分为基本视图、局部放大图、剖视图、半剖视图、旋转剖视图、其他剖视图和局部剖视图。下面以具体的实例来说明各种视图的创建方法。

6.4.1 基本视图

基本视图是基于 3D 几何模型的视图，它可以独立放置在图纸页中，也可以成为其他视图类型的父视图。下面创建图 6.4.1 所示的基本视图，操作过程如下。

Step1. 打开零件模型。打开文件 D:\ug11\work\ch06.04\base.prt，零件模型如图 6.4.2 所示。

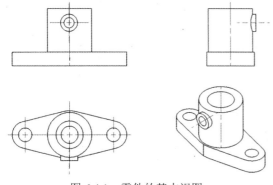

图 6.4.1 零件的基本视图　　　　　　　　图 6.4.2 零件模型

Step2. 进入制图环境。单击 应用模块 功能选项卡 设计 区域中的 制图 按钮。

Step3. 新建工程图。选择下拉菜单 插入(S) ➡ 图纸页(H)... 命令，系统弹出图 6.4.3 所示的"图纸页"对话框，在对话框中选择单选项，然后单击 确定 按钮，系统弹出图 6.4.4 所示的"基本视图"对话框。

Step4. 定义基本视图参数。在"基本视图"对话框 模型视图 区域的 要使用的模型视图 下拉列表中选择 前视图 选项，在 比例 区域的 比例 下拉列表中选择 1:1 选项。

图 6.4.4 所示的"基本视图"对话框中的选项说明如下。

- 部件 区域：该区域用于加载部件、显示已加载部件和最近访问的部件。

- 视图原点 区域：该区域主要用于定义视图在图形区的摆放位置，例如水平、垂直、鼠标在图形区的单击位置或系统的自动判断等。

- 模型视图 区域：该区域用于定义视图的方向，例如仰视图、前视图和右视图等；单击该区域的"定向视图工具"按钮，系统弹出"定向视图工具"对话框，通过该对话框可以创建自定义的视图方向。

- 比例 区域：用于在添加视图之前为基本视图指定一个特定的比例。默认的视图比例值等于图样比例。

- 设置 区域：该区域主要用于完成视图样式的设置，单击该区域的 按钮，系统弹出"设置"对话框。

图 6.4.3　"图纸页"对话框

图 6.4.4　"基本视图"对话框

Step5. 放置视图。在图形区中的合适位置（图 6.4.5）依次单击以放置主视图、俯视图和左视图，单击中键完成视图的放置。

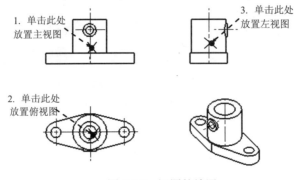

图 6.4.5　视图的放置

Step6. 创建正等测视图。

（1）选择命令。选择下拉菜单 插入(S) ➡ 视图(W) ➡ 基本(B)...命令（或单击"基本视图"按钮 ），系统弹出"基本视图"对话框。

（2）选择视图类型。在"基本视图"对话框 模型视图 区域的 要使用的模型视图 下拉列表中选择 正等测图 选项。

（3）定义视图比例。在 比例 区域的 比例 下拉列表中选择 1:1 选项。

（4）放置视图。选择合适的放置位置并单击，单击中键完成视图的放置，结果如图 6.4.5 所示。

说明：如果视图位置不合适，可将鼠标移至视图出现边框时，拖动视图的边框来调整视图的位置。

6.4.2　局部放大图

局部放大图是将现有视图的某个部位单独放大并建立一个新的视图，以便显示零件结构和便于标注尺寸。下面创建图 6.4.6 所示的局部放大图，操作过程如下。

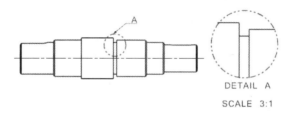

DETAIL A
SCALE 3:1

图 6.4.6　局部放大图

Step1. 打开文件 D:\ug11\work\ch06.04\magnify_view.prt。

说明：如果当前环境是建模环境，单击 应用模块 功能选项卡 设计 区域中的 制图 按钮，进入制图环境。

Step2. 选择命令。选择下拉菜单 插入(S) ➡ 视图(W) ➡ 局部放大图(D)...命令（或单击"局部放大图"按钮 ），系统弹出图 6.4.7 所示的"局部放大图"对话框。

Step3. 选择边界类型。在"局部放大图"对话框的 类型 下拉列表中选择 圆形 选项。

Step4. 绘制放大区域的边界，如图 6.4.8 所示。

图 6.4.7 所示"局部放大图"对话框的选项说明如下。

- 类型 区域：该区域用于定义绘制局部放大图边界的类型，包括"圆形""按拐角绘制矩形"和"按中心和拐角绘制矩形"。

- 边界 区域：该区域用于定义创建局部放大图的边界位置。

- 父项上的标签 区域：该区域用于定义父视图边界上的标签类型，包括"无""圆""注释""标签""内嵌"和"边界"。

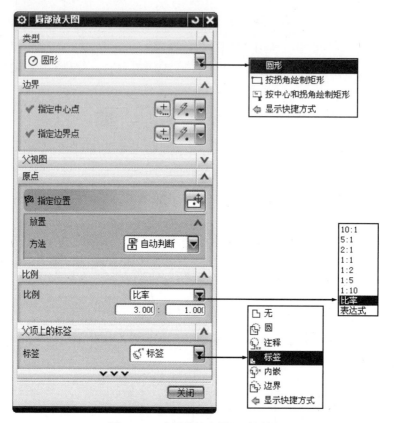

图 6.4.7　"局部放大图"对话框

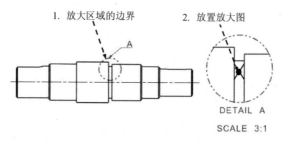

图 6.4.8　放大区域的边界

Step5. 指定放大图比例。在"局部放大图"对话框 比例 区域的 比例 下拉列表中选择 比率 选项，输入 3∶1。

Step6. 定义父视图上的标签。在对话框 父项上的标签 区域的 标签 下拉列表中选择 标签 选项。

Step7. 放置视图。选择合适的位置（图 6.4.8）并单击以放置放大图，然后单击 关闭 按钮。

Step8. 设置视图标签样式。双击父视图上放大区域的边界，系统弹出"设置"对话框，如图 6.4.9 所示。选择 详细 下的 标签 选项，然后设置图 6.4.9 所示的参数，完成设置后单击 确定 按钮。

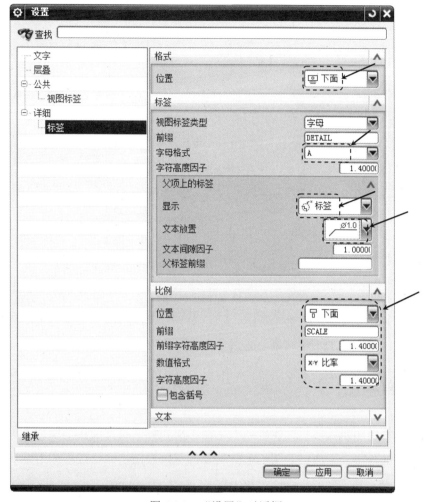

图 6.4.9　"设置"对话框

6.4.3　全剖视图

剖视图通常用来表达零件的内部结构和形状，在 UG NX 中可以使用简单/阶梯剖视图命令创建工程图中常见的全剖视图和阶梯剖视图。下面创建图 6.4.10 所示的全剖视图，操作过程如下。

Step1. 打开文件 D:\ug11\work\ch06.04\section_cut.prt。

Step2. 选择命令。选择下拉菜单 插入(S) ➡ 视图(V) ➡ 剖视图(S)... 命令（或单击"剖视图"按钮 ），系统弹出"剖视图"对话框。

Step3. 定义剖切类型。在 截面线 区域的 方法 下拉列表中选择 简单剖/阶梯剖 选项。

Step4. 选择剖切位置。确认"捕捉方式"工具条中的 按钮被按下，选取图 6.4.11 所示的圆，系统自动捕捉圆心位置。

说明：系统自动选择距剖切位置最近的视图作为创建全剖视图的父视图。

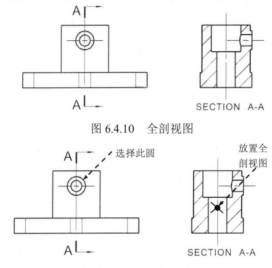

图 6.4.10　全剖视图

图 6.4.11　选择圆

Step5. 放置剖视图。在系统 指示图纸页上剖视图的中心 的提示下，在图 6.4.11 所示的位置单击放置剖视图，然后按 Esc 键结束，完成全剖视图的创建。

6.4.4　半剖视图

半剖视图通常用来表达对称零件，一半剖视图表达了零件的内部结构，另一半视图则可以表达零件的外形。下面创建图 6.4.12 所示的半剖视图，操作过程如下。

Step1. 打开文件 D:\ug11\work\ch06.04\half_section_cut.prt。

Step2. 选择命令。选择下拉菜单 插入(S) ➡ 视图(W) ➡ 剖视图(S)... 命令，系统弹出"剖视图"对话框。

Step3. 定义剖切类型。在 截面线 区域的 方法 下拉列表中选择 半剖 选项。

Step4. 选择剖切位置。确认"捕捉方式"工具条中的 ⊙ 按钮被按下，依次选取图 6.4.12 所示的 1 指示的圆弧和 2 指示的圆弧，系统自动捕捉圆心位置。

Step5. 放置半剖视图。移动鼠标到位置 3 单击，完成视图的放置。

6.4.5　旋转剖视图

旋转剖视图是采用相交的剖切面来剖开零件，然后将被剖切面剖开的结构等旋转到同一个平面上进行投影的剖视图。下面创建图 6.4.13 所示的旋转剖视图，操作过程如下。

Step1. 打开文件 D:\ug11\work\ch06.04\revolved_section_cut.prt。

Step2. 选择命令。选择下拉菜单 插入(S) ➡ 视图(W) ➡ 剖视图(S)... 命令，系统弹出"剖视图"对话框。

Step3. 定义剖切类型。在 截面线 区域的 方法 下拉列表中选择 ⊘ 旋转 选项。

Step4. 选择剖切位置。单击"捕捉方式"工具条中的 ⊙ 按钮，依次选取图 6.4.13 所示的 1 指示的圆弧和 2 所指示的圆弧，再取消选中"捕捉方式"工具条中的 ⊙ 按钮，并单击 ◎ 按钮，然后选取图 6.4.13 所示的 3 指示的圆弧的象限点。

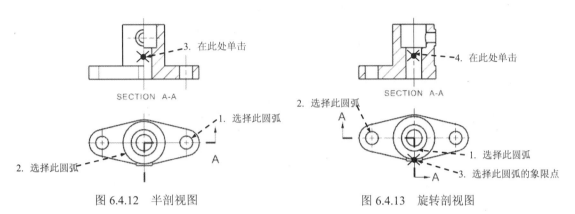

图 6.4.12 半剖视图　　　　　图 6.4.13 旋转剖视图

Step5. 放置剖视图。在系统 指示图纸页上剖视图的中心 的提示下，单击图 6.4.13 所示的位置 4，完成视图的放置。

Step6. 添加中心线。此例中孔的中心线不显示，要手动创建。

6.4.6 阶梯剖视图

阶梯剖视图也是一种全剖视图，只是阶梯剖的剖切平面一般是一组平行的平面，在工程图中，其剖切线为一条连续垂直的折线。下面创建图 6.4.14 所示的阶梯剖视图，操作过程如下。

Step1. 打开文件 D:\ug11\work\ch06.04\stepped_section_cut.prt。

Step2. 绘制剖面线。

（1）选择下拉菜单 插入(S) ➡ 视图(W) ➡ 剖切线(L)... 命令，系统弹出"截面线"对话框并自动进入草图环境。

说明： 如果当前图纸中不止一个视图，则需要先选择父视图才能进入草图环境。

（2）绘制图 6.4.15 所示的剖切线。

（3）退出草图环境，系统返回到"截面线"对话框，在该对话框的 方法 下拉列表中选择 ⊘ 简单剖/阶梯剖 选项，单击 确定 按钮，完成剖切线的创建。

Step3. 创建阶梯剖视图。

（1）选择下拉菜单 插入(S) ➡ 视图(W) ➡ 剖视图(S)... 命令，系统弹出"剖视图"

对话框。

（2）定义剖切类型。在 截面线 区域的 定义 下拉列表中选择 选择现有的 选项，然后选择以前绘制的剖切线。

（3）在原视图的上方单击放置阶梯剖视图。

（4）单击"剖视图"对话框中的 关闭 按钮。

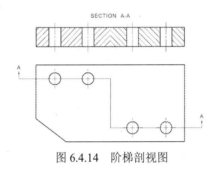

图 6.4.14　阶梯剖视图

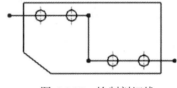

图 6.4.15　绘制剖切线

6.4.7　局部剖视图

局部剖视图是通过移除零件某个局部区域的材料来查看内部结构的剖视图，创建时需要提前绘制封闭或开放的曲线来定义要剖开的区域。下面创建图 6.4.16 所示的局部剖视图，操作过程如下。

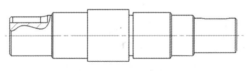

图 6.4.16　局部剖视图

Step1. 打开文件 D:\ug11\work\ch06.04\breakout_section.prt。

Step2. 绘制草图曲线。

（1）激活要创建局部剖的视图。在 部件导航器 中右击视图✔ 投影 "ORTHO@7"，在系统弹出的快捷菜单中选择 活动草图视图 命令，此时将激活该视图为草图视图。

说明：如果此时该视图已被激活，则无需进行此步操作。

（2）单击 布局 功能选项卡，然后在 草图 区域单击"艺术样条"按钮 ～，系统弹出"艺术样条"对话框，选择 通过点 类型，在 参数化 区域中选中 ☑ 封闭 复选框，绘制图 6.4.17 所示的样条曲线，单击对话框中的 < 确定 > 按钮。

（3）单击 完成草图 按钮，完成草图绘制。

Step3. 选择下拉菜单 插入(S) ➡ 视图(W) ➡ 局部剖(O)... 命令，系统弹出"局部剖"对话框（一）如图 6.4.18 所示。

Step4. 创建局部剖视图。

（1）选择视图。在"局部剖"对话框（一）中选中 ⊙ 创建 单选项，在系统 选择一个生成局部剖的视图 的提示下，在对话框中单击选取 ORTHO@7 为要创建的对象（也可以直接在图纸中选取），此时对话框变成图 6.4.19 所示的状态。

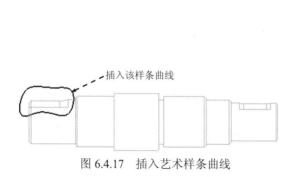

图 6.4.17　插入艺术样条曲线

图 6.4.18　"局部剖"对话框（一）

（2）定义基点。在系统 选择对象以自动判断点 的提示下，单击"捕捉方式"工具条中的 ✐ 按钮，选取图 6.4.20 所示的基点。

（3）定义拉出的矢量方向。接受系统的默认方向。

（4）选择剖切范围。单击图 6.4.19 所示"局部剖"对话框（二）中的"选择曲线"按钮 ，选择样条曲线作为剖切线，单击 应用 按钮，再单击 取消 按钮，完成局部剖视图的创建。

图 6.4.19　"局部剖"对话框（二）

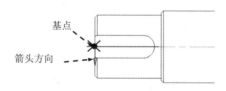

图 6.4.20　选取基点

6.4.8　显示与更新视图

1. 视图的显示

在"图纸"工具栏中单击 按钮（该按钮默认不显示在工具条中，需要手动添加），系统会在模型的三维图形和二维工程图之间进行切换。

2. 视图的更新

选择下拉菜单 编辑(E) ➡️ 视图(V) ➡️ 更新(U)... 命令（或单击"更新视图"按钮 ），可更新图形区中的视图。选择该命令后，系统弹出图 6.4.21 所示的"更新视图"对话框。

图 6.4.21　"更新视图"对话框

图 6.4.21 所示"更新视图"对话框中的按钮及选项说明如下。

- □ 显示图纸中的所有视图：列出当前存在于部件文件中所有图样页面上的所有视图，当该复选框被选中时，部件文件中的所有视图都在该对话框中可见并可供选择。如果取消选中该复选框，则只能选择当前显示的图样上的视图。

- 选择所有过时视图 ：用于选择工程图中的过期视图。单击 应用 按钮之后，这些视图将进行更新。

- 选择所有过时自动更新视图 ：用于选择工程图中的所有过期视图并自动更新。

6.4.9　对齐视图

UG NX 11.0 提供了比较方便的视图对齐功能。将鼠标移至视图的视图边界上并按住左键，然后移动，系统会自动判断用户的意图，显示可能的对齐方式，当移动至适合的位置时，松开鼠标左键即可。但是如果这种方法不能满足要求的话，则用户还可以利用 视图对齐 命令来对齐视图。下面以图 6.4.22 所示的视图为例来说明利用该命令对齐视图的一般过程。

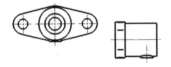

a) 对齐前

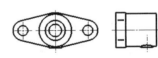

b) 对齐后

图 6.4.22　对齐视图

Step1. 打开文件 D:\ug11\work\ch06.04\level1.prt。

Step2. 选择命令。选择下拉菜单 编辑(E) ➡ 视图(W) ➡ 吕 对齐(I)... 命令，系统弹出图 6.4.23 所示的"视图对齐"对话框。

Step3. 选择要对齐的视图。选择图 6.4.24 所示的视图为要对齐的视图。

Step4. 定义对齐方式。在"视图对齐"对话框的 方法 下拉列表中选择 水平 选项。

Step5. 选择对齐视图。选择主视图为对齐视图。

Step6. 单击对话框中的 取消 按钮，完成视图的对齐。

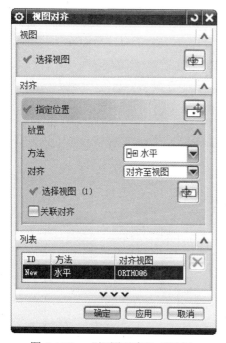

图 6.4.23 "视图对齐"对话框

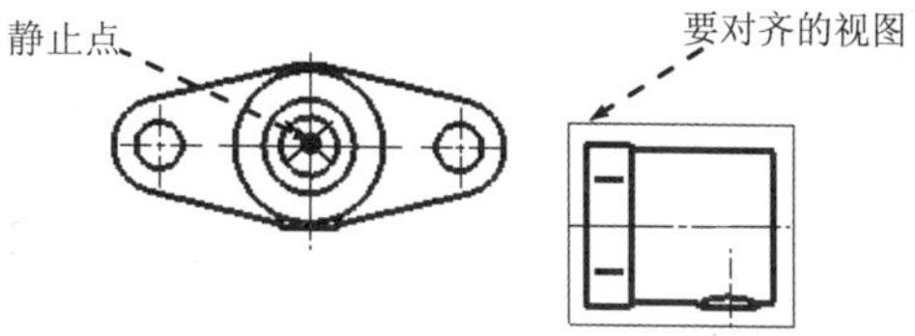

图 6.4.24 选择对齐视图

图 6.4.23 所示的"视图对齐"对话框中"方法"下拉列表的选项说明如下。

● 自动判断：自动判断两个视图可能的对齐方式。

● 水平：将选定的视图水平对齐。

● 竖直：将选定的视图垂直对齐。

● 垂直于直线：将选定视图与指定的参考线垂直对齐。

● 叠加：同时水平和垂直对齐视图，以便使它们重叠在一起。

6.4.10 编辑视图

1. 编辑整个视图

打开文件 D:\ug11\work\ch06.04\base_ok.prt；在视图的边框上右击，从弹出的快捷菜单中选择 设置(S)... 命令，系统弹出图 6.4.25 所示的"设置"对话框，使用该对话框可以改变视图的显示。

图 6.4.25 "设置"对话框

2. 视图细节的编辑

（1）编辑剖面线。

下面以图 6.4.26 为例来说明编辑剖切线的一般过程。

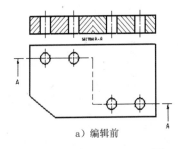

a）编辑前

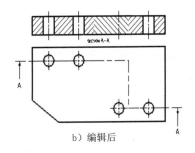

b）编辑后

图 6.4.26 编辑剖切线

Step1. 打开文件 D:\ug11\work\ch06.04\edit_section.prt。

Step2. 选择命令。在视图中双击要编辑的剖切线（或者双击剖切箭头），系统弹出图 6.4.27 所示的"截面线"对话框。

Step3. 选择剖视图。单击对话框中的 选择剖视图 按钮，选取图 6.4.26a 所示的剖视图，在对话框中选中 移动段 单选项。

Step4. 选择要移动的段（图 6.4.28 所示的一段剖切线）。

Step5. 选择放置位置，如图 6.4.28 所示。

说明：利用"截面线"对话框不仅可以增加、删除和移动剖切线，还可重新定义铰链线、剖切矢量和箭头矢量等。

Step6. 单击"剖切线"对话框中的 应用 按钮，再单击 取消 按钮，此时视图并未立即更新。

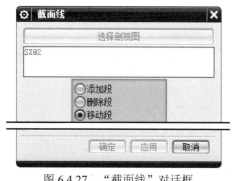

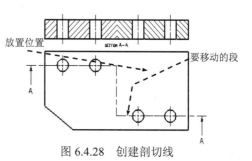

图 6.4.27 "截面线"对话框　　　　图 6.4.28 创建剖切线

Step7. 更新视图。选择下拉菜单 编辑(E) ➡ 视图(W) ➡ 更新(U)... 命令，系统弹出"更新视图"对话框，单击"选择所有过时视图"按钮，选择全部视图，再单击 确定 按钮，完成剖切线的编辑。

（2）定义剖面阴影线。

在工程图环境中，用户可以选择现有剖面线或自定义的剖面线填充剖面。与产生剖视图的结果不同，填充剖面不会产生新的视图。下面以图 6.4.29 为例来说明定义剖面线的一般操作过程。

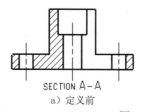

图 6.4.29 定义剖面线

Step1. 打开文件 D:\ug11\work\ch06.04\edit_section3.prt。

Step2. 选择命令。选择下拉菜单 插入(S) ➡ 注释(A) ➡ 剖面线(Q)... 命令，系统弹出图 6.4.30 所示的"剖面线"对话框，在该对话框 边界-区域 的 选择模式 下拉列表中选择 边界曲线 选项。

Step3. 定义剖面线边界。依次选择图 6.4.31 所示的边界为剖面线边界。

Step4. 设置剖面线。剖面线的设置如图 6.4.30 所示。

Step5. 单击 确定 按钮，完成剖面线的定义。

图 6.4.30 所示的"剖面线"对话框的边界区域说明如下。

● 边界曲线 选项：若选择该选项，则在创建剖面线时是通过在图形上选取一个封闭的边界曲线来得到。

● 区域中的点 选项：若选择该选项，则在创建剖面线时，只需要在一个封闭的边界曲线内部单击一下，系统就会自动选取此封闭边界作为创建剖面线边界。

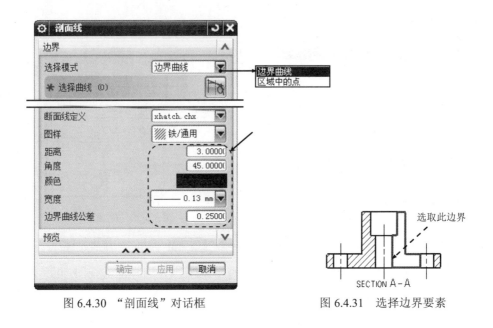

图 6.4.30 "剖面线"对话框   图 6.4.31 选择边界要素

6.5 标注与符号

6.5.1 尺寸标注

尺寸标注是工程图中一个重要的环节，本节将介绍尺寸标注的方法及注意事项。选择下拉菜单 插入(S) ➡ 尺寸(M)▶ 命令，系统弹出"尺寸"菜单，或者通过图 6.5.1 所示的 主页 功能选项卡 尺寸 区域的命令按钮进行尺寸标注。在标注的任一尺寸上右击，在弹出的快捷菜单中选择 编辑... 命令，系统会弹出图 6.5.2 所示的"尺寸编辑"界面。

图 6.5.1 "主页"功能选项卡"尺寸"区域

图 6.5.1 所示的"主页"功能选项卡"尺寸"区域的按钮说明如下。

: 允许用户使用系统功能创建尺寸，以便根据用户选取的对象以及光标位置自动判断尺寸类型创建一个尺寸。

: 在两个对象或点位置之间创建线性尺寸。

: 创建圆形对象的半径或直径尺寸。

: 在两条不平行的直线之间创建一个角度尺寸。

: 在倒斜角曲线上创建倒斜角尺寸。

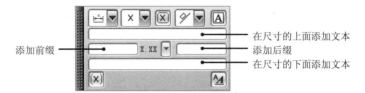：创建一个厚度尺寸，测量两条曲线之间的距离。

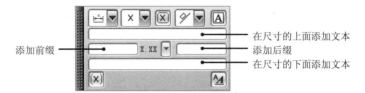：创建一个弧长尺寸来测量圆弧周长。

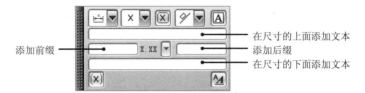：创建周长约束以控制选定直线和圆弧的集体长度。

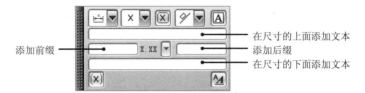：创建一个坐标尺寸，测量从公共点沿一条坐标基线到某一位置的距离。

图 6.5.2　"尺寸编辑"界面

图 6.5.2 所示的"尺寸编辑"界面的按钮及选项说明如下。

- ：用于设置尺寸类型。
- ：用于设置尺寸精度。
- ：检测尺寸。
- ：用于设置尺寸文本位置。
- ：单击该按钮，系统弹出"附加文本"对话框，用于添加注释文本。
- ：用于设置尺寸精度。
- ：用于设置参考尺寸。
- ：单击该按钮，系统弹出"设置"对话框，用于设置尺寸显示和放置等参数。

下面以图 6.5.3 为例来介绍创建尺寸标注的一般操作过程。

Step1. 打开文件 D:\ug11\work\ch06.05\dimension.prt。

Step2. 标注竖直尺寸。选择下拉菜单 插入(S) ➡ 尺寸(M)▶ ➡ 快速(P)... 命令，在所弹出对话框 测量 区域的 方法 下拉列表中选择 竖直 选项。

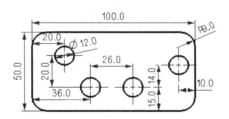

图 6.5.3　尺寸标注的创建

Step3. 单击"捕捉方式"工具栏中的 按钮，选取图 6.5.4 所示的边线 1 和边线 2，系统自动显示活动尺寸，单击合适的位置放置尺寸；确认"捕捉方式"工具栏中的 按钮被按下，然后选取图 6.5.4 所示的圆 1 和圆 2，系统自动显示活动尺寸，单击合适的位置放置尺寸，结果如图 6.5.5 所示。

Step4. 标注水平尺寸。选择下拉菜单 插入(S) ➡ 尺寸(M)▶ ➡ 快速(P)... 命令，在对话框 测量 区域的 方法 下拉列表中选择 水平 选项。

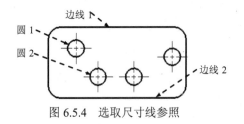

图 6.5.4　选取尺寸线参照

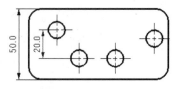

图 6.5.5　创建竖直尺寸

Step5. 单击"捕捉方式"工具栏中的 ![icon] 按钮，选取图 6.5.6 所示的边线 1 和边线 2，系统自动显示活动尺寸，单击合适的位置放置尺寸；确认"捕捉方式"工具栏中的 ![icon] 按钮被按下，然后选取图 6.5.6 所示的圆 1 和圆 2，系统自动显示活动尺寸，单击合适的位置放置尺寸，结果如图 6.5.7 所示。

Step6. 标注半径尺寸。选择下拉菜单 插入(S) ➡ 尺寸(M)▸ ➡ 径向(R)... 命令。

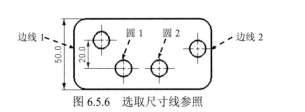

图 6.5.6　选取尺寸线参照

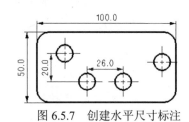

图 6.5.7　创建水平尺寸标注

Step7. 选取图 6.5.8 所示的圆弧，单击合适的位置放置半径尺寸，结果如图 6.5.9 所示。

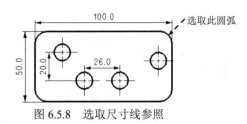

图 6.5.8　选取尺寸线参照

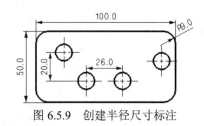

图 6.5.9　创建半径尺寸标注

Step8. 标注直径尺寸。选择下拉菜单 插入(S) ➡ 尺寸(M)▸ ➡ 快速(P)... 命令。

Step9. 选取图 6.5.10 所示的圆，单击合适的位置放置直径尺寸，结果如图 6.5.11 所示。

Step10. 选取其他图元创建尺寸标注，使其完全约束，结果如图 6.5.3 所示。

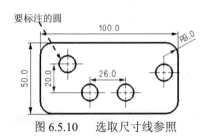

图 6.5.10　选取尺寸线参照

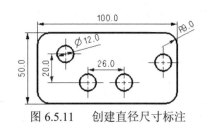

图 6.5.11　创建直径尺寸标注

6.5.2　注释编辑器

制图环境中的形位公差和文本注释都是通过注释编辑器来标注的，因此，在这里先介绍一下注释编辑器的用法。

选择下拉菜单 插入(S) ➡ 注释(A) ➡ A 注释(N)... 命令（或单击"注释"按钮 A ），系统弹出图 6.5.12 所示的"注释"对话框（一）。

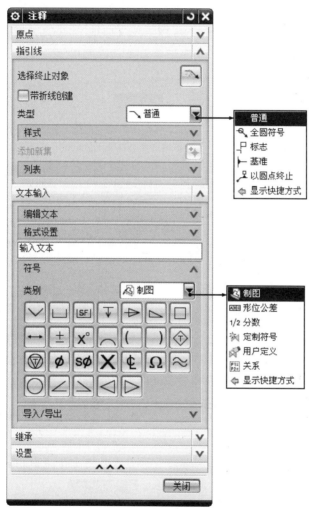

图 6.5.12　"注释"对话框（一）

图 6.5.12 所示的"注释"对话框（一）的部分选项说明如下。

- 编辑文本 区域：该区域（"编辑文本"工具栏）用于编辑注释，其主要功能和 Word 等软件的功能相似。

- 格式设置 区域：该区域包括"文本字体设置下拉列表 alien "、"文本大小设置下拉列表 0.25 "、"编辑文本按钮"和"多行文本输入区"。

- 符号 区域：该区域的 类别 下拉列表中主要包括"制图""形位公差""分数""定制

符号""用户定义"和"关系"几个选项。

☑ 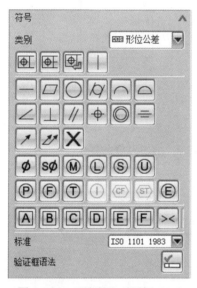 制图 选项：使用图 6.5.12 所示的 制图 选项可以将制图符号的控制字符输入到编辑窗口。

☑ 形位公差 选项：图 6.5.13 所示的 形位公差 选项可以将形位公差符号的控制字符输入到编辑窗口和检查形位公差符号的语法。形位公差窗格的上面有四个按钮，它们位于一排。这些按钮用于输入下列形位公差符号的控制字符："插入单特征控制框""插入复合特征控制框""开始下一个框"和"插入框分隔线"。这些按钮的下面是各种公差特征符号按钮、材料条件按钮和其他形位公差符号按钮。

☑ 分数 选项：图 6.5.14 所示的 分数 选项分为上部文本和下部文本，通过更改分数类型，可以分别在上部文本和下部文本中插入不同的分数类型。

图 6.5.13 "注释"对话框（二）

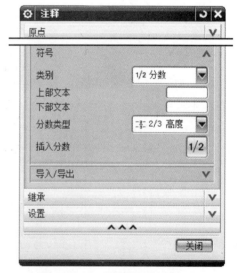

图 6.5.14 "注释"对话框（三）

☑ 定制符号选项：选择此选项后，可以在符号库中选取用户自定义的符号。

☑ 用户定义 选项：图 6.5.15 所示为 用户定义 选项。该选项的 符号库 下拉列表中提供了"显示部件""当前目录"和"实用工具目录"选项。单击"插入符号"按钮后，在文本窗口中显示相应的符号代码，符号文本将显示在预览区域中。

☑ 关系 选项：图 6.5.16 所示的 关系 选项包括四种：插入控制字符，以在文本中显示表达式的值；插入控制字符，以显示对象的字符串属性值；插入控制字符，以在文本中显示部件属性值；插入控制字符，以显示图纸页的属性值。

图 6.5.15 "注释"对话框（四）

图 6.5.16 "注释"对话框（五）

6.5.3 标识符号

符号标注是一种由规则图形和文本组成的符号，在创建工程图中也是必要的。下面介绍创建符号标注的一般操作过程。

Step1. 打开文件 D:\ug11\work\ch06.05\id symbol\id_symbol.prt。

Step2. 选择命令。选择下拉菜单 插入(S) —➤ 注释(A) —➤ 符号标注(B)... 命令，系统弹出"符号标注"对话框，如图 6.5.17 所示。

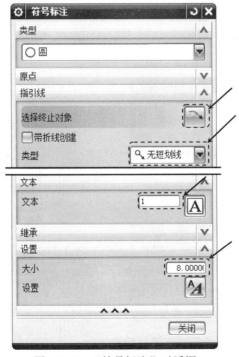

图 6.5.17 "符号标注"对话框

Step3. 设置符号标注的参数，如图 6.5.17 所示。

Step4. 指定指引线。单击对话框中的 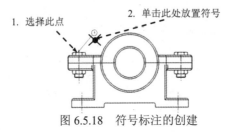 按钮，选择图 6.5.18 所示的点为引线的放置点。

Step5. 放置符号标注。选择图 6.5.18 所示的位置为符号标注的放置位置，单击 关闭 按钮。

1. 选择此点

2. 单击此处放置符号

图 6.5.18　符号标注的创建

6.5.4　自定义符号

利用"自定义符号"命令可以创建用户所需的各种符号，且可将其加入到自定义符号库中。下面将介绍创建自定义符号的一般操作过程。

Step1. 打开文件 D:\ug11\work\ch06.05\user-defined symbol.prt。

Step2. 选择命令。选择下拉菜单 插入(S) ➡ 符号(Y)▶ ➡ 用户定义(D)... 命令，系统弹出"用户定义符号"对话框。

说明： 用户定义(D)... 命令系统默认没有显示在下拉菜单中，需要通过定制才可以使用，具体定制方法参见"用户界面简介"章节内容。

Step3. 在"用户定义符号"对话框中设置图 6.5.19 所示的参数。

Step4. 放置符号。单击"用户定义符号"对话框中的 按钮，选取图 6.5.20 所示的尺寸和放置位置。

Step5. 单击 取消 按钮，结果如图 6.5.21 所示。

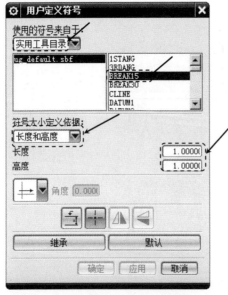

图 6.5.19　"用户定义符号"对话框

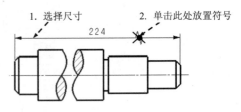

1. 选择尺寸

2. 单击此处放置符号

224

图 6.5.20　用户定义符号的创建

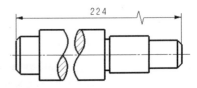

224

图 6.5.21　创建完的用户定义符号

图 6.5.19 所示"用户定义符号"对话框常用的按钮及选项说明如下。

● 使用的符号来自于：该下拉列表用于从当前部件或指定目录中调用"用户定义符号"。

   ☑ 部件：使用该项将显示当前部件文件中所使用的符号列表。

   ☑ 当前目录：使用该项将显示当前目录部件所用的符号列表。

   ☑ 实用工具目录：使用该项可以从"实用工具目录"中的文件选择符号。

● 符号大小定义依据：在该项中可以使用长度、高度或比例和宽高比来定义符号的大小。

● 符号方向：使用该项可以对图样上的独立符号进行定位。

   ☑ ⊞：用来定义与 XC 轴方向平行的矢量方向的角度。

   ☑ ⊞：用来定义与 YC 轴方向平行的矢量方向的角度。

   ☑ ⧄：用来定义与所选直线平行的矢量方向。

   ☑ ⬈：用从一点到另外一点所形成的直线来定义矢量方向。

   ☑ ◿：用来在显示符号的位置输入一个角度。

● ：用来将符号添加到制图对象中去。

● ：用来指明符号在图样中的位置。

6.5.5 基准特征符号

利用"基准符号"命令可以创建用户所需的各种基准符号。下面介绍创建基准符号的一般操作过程。

Step1. 打开文件 D:\ug11\work\ch06.05\benchmark.prt。

Step2. 选择命令。选择下拉菜单 插入(S) ➡ 注释(A) ➡ 基准特征符号(R) 命令，系统弹出"基准特征符号"对话框，如图 6.5.22 所示。

图 6.5.22 "基准特征符号"对话框

Step3. 在"基准特征符号"对话框 基准标识符 下的 字母 文本框中输入字母 A。

Step4. 放置基准特征符号。捕捉图 6.5.23 所示的边线，然后按下鼠标左键并拖动，把基准特征符号放到图 6.5.23 所示的位置。

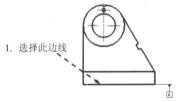

1. 选择此边线

图 6.5.23　创建基准特征符号

Step5. 单击 关闭 按钮，完成基准特征符号的创建。

6.5.6　形位公差

利用"特征控制框"命令可以创建用户所需的各种形位公差符号。下面介绍创建公差符号的一般操作过程。

Step1. 打开文件 D:\ug11\work\ch06.05\geometric_tolerance.prt。

Step2. 选择命令。选择下拉菜单 插入(S) ➡ 注释(A) ➡ 特征控制框(E) 命令，系统弹出"特征控制框"对话框，如图 6.5.24 所示。

图 6.5.24　"特征控制框"对话框

Step3. 设置公差符号的参数。在 特性 区域的下拉列表中选择 位置度 ，在 公差 区域的文本框中输入数值 0.02，在 第一基准参考 区域的第一个下拉列表中选择第一基准参考字母为 A。

Step4. 指定指引线。在 指引线 中单击 按钮，选取图 6.5.25 所示的边线为引线的放置点，选择适当的位置在图纸中单击；单击 关闭 按钮，完成公差符号的创建。

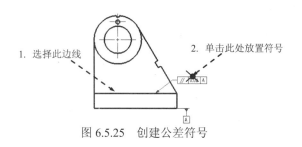

图 6.5.25　创建公差符号

6.6　UG 工程图设计综合实际应用

通过前面的学习，读者应该对 UG NX 11.0 的工程图环境有了总体的了解，在本节中将介绍创建 down_base.prt 零件模型工程图的完整过程。学习完本节后，读者将会对创建 UG NX 11.0 工程图的具体过程有更加详细的了解，完成后的工程图如图 6.6.1 所示。

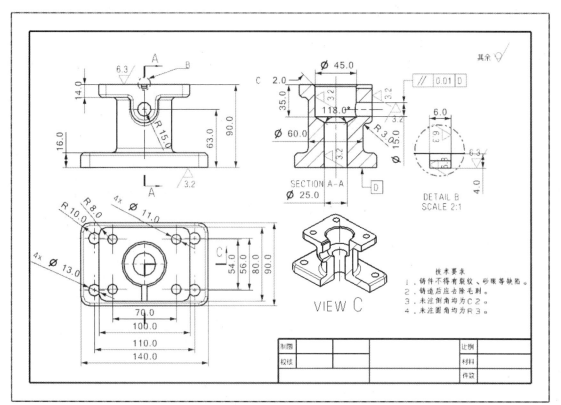

图 6.6.1　工程图

Task1. 创建视图前的准备

Step1. 打开文件 D:\ug11\work\ch06.06\down_base.prt。

Step2. 插入图纸页。在 应用模块 功能选项卡的 设计 区域单击 制图 按钮，进入制图环境；选择下拉菜单 插入(S) ➡ 图纸页(H)... 命令（或单击"新建图纸页"按钮 ），系统弹出"图纸页"对话框，如图 6.6.2 所示。在对话框中选择图 6.6.2 中所示的选项，然后单击 确定 按钮，再单击 取消 按钮。

Step3. 调用图框文件。选择下拉菜单 文件(F) ➡ 导入(M) ➡ 部件(P)... 命令，系统弹出图 6.6.3 所示的"导入部件"对话框，单击 确定 按钮，系统弹出第二个"导入部件"对话框；在第二个"导入部件"对话框中选择 A4.prt 文件，单击 OK 按钮，系统弹出"点"对话框，单击 确定 按钮，再单击 取消 按钮，完成图框文件的调用。

说明：若导入的部件标题栏中的文字不显示，可通过右击文字，在弹出的快捷菜单中选择"编辑"命令，将其文字改为宋体即可。

Task2. 创建视图

Step1. 设置视图显示。选择下拉菜单 首选项(P) ➡ 制图(D)... 命令，系统弹出"制图首选项"对话框，在该对话框 视图 节点下展开 公共 选项，在 隐藏线 选项卡中设置隐藏线为"不可见"，单击 确定 按钮。

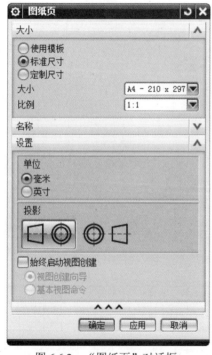

图 6.6.2 "图纸页"对话框

图 6.6.3 "导入部件"对话框

Step2．添加基本视图。选择下拉菜单 插入(S) ➡ 视图(W) ➡ 基本(B)... 命令（或单击"基本视图"按钮 ），系统弹出"基本视图"对话框。在"基本视图"对话框 模型视图 区域的 要使用的模型视图 下拉列表中选择 前视图 选项，在 比例 区域的 比例 下拉列表中选择 1:2 选项，在图形区的合适位置单击以放置主视图；选择合适的位置单击以放置俯视图，单击中键完成；选择下拉菜单 插入(S) ➡ 视图(W) ➡ 基本(B)... 命令，系统弹出"基本视图"对话框。在"基本视图"对话框 模型视图 区域的 要使用的模型视图 下拉列表中选择 正等测图 选项，并选择比例为 1:5 ，在图形区的合适位置单击以放置正等测视图，单击中键完成，结果如图6.6.4 所示。

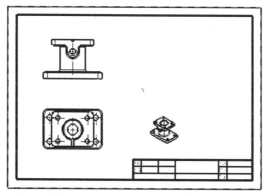

图 6.6.4　创建完成的基本视图

Step3．添加全剖左视图。选择下拉菜单 插入(S) ➡ 视图(W) ➡ 剖视图(S)... 命令，系统弹出"剖视图"对话框；在 截面线 区域的 定义 下拉列表中选择 动态 选项，在 方法 下拉列表中选择 简单剖/阶梯剖 选项；确认"捕捉方式"工具条中的 按钮被按下，选取图 6.6.5 所示的圆弧，在图 6.6.6 所示的位置单击放置剖视图；在"剖视图"话框中单击 关闭 按钮，完成全剖视图的创建。

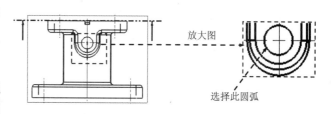

图 6.6.5　选取剖切位置

Step4．添加局部放大图。选择下拉菜单 插入(S) ➡ 视图(W) ➡ 局部放大图(D)... 命令，系统弹出"局部放大图"对话框；在"局部放大图"对话框的 类型 下拉列表中选择 圆形 选项；绘制图 6.6.7 所示的放大视图的区域，绘制完成后，在图形区选择合适的位置单击放置放大图，在对话框中单击 关闭 按钮；双击放大图的边框，系统弹出"设置"对话框，在 公共 节点下选择 常规 选项，在 比例 下拉列表中选择 2:1 选项，单击 确定 按钮；双击放大图的标签（B），系统弹出"设置"对话框，该对话框中的参数设置如图 6.6.8 所示，局部放大图的创建结果如图 6.6.9 所示。

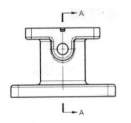

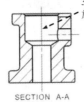

图 6.6.6　放置剖面视图

图 6.6.7　局部放大视图的放置步骤

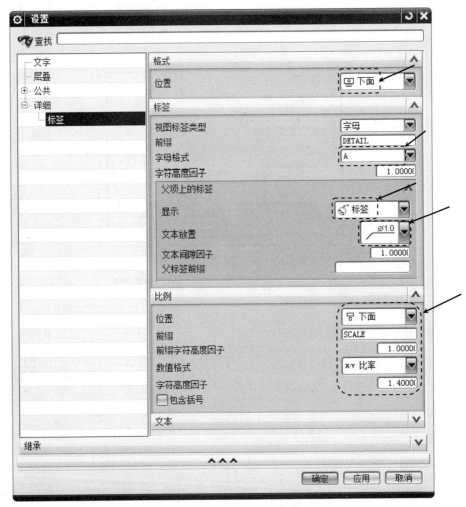

图 6.6.8　"设置"对话框

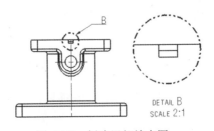

图 6.6.9　创建局部放大图

Step5.添加半剖正等测视图。选择下拉菜单 插入(S) ➡️ 视图(W) ➡️ 📷 剖视图(S) 命令，系统弹出"剖视图"对话框；在 截面线 区域的 方法 下拉列表中选择 ● 半剖 选项；单击"捕捉方式"工具条中的 ✏️ 按钮，依次选取图 6.6.10 所示的两条边线位剖切线参考；在"剖视图"对话框 放置 区域的 方法 下拉列表中选择 🔳 竖直 选项，保持鼠标处于剖切视图的上方，并在 方向 下拉列表中选择 剖切现有的 选项，然后选择正等测视图；在对话框中单击 关闭 按钮，完成视图的创建，如图 6.6.11 所示。

图 6.6.10 选取剖切位置   图 6.6.11 半剖正等测视图

Task3. 标注尺寸

Step1.标注图 6.6.12 所示的竖直尺寸。选择下拉菜单 插入(S) ➡️ 尺寸(M)▶ ➡️ ⊢⊣ 快速(P)... 命令，单击"捕捉方式"工具条中的 ✏️ 按钮；依次选取图 6.6.13 所示的边线 1 和图 6.6.14 所示的边线 2，单击图 6.6.14 所示的位置放置竖直尺寸。

Step2.标注图 6.6.15 所示的水平尺寸。选择下拉菜单 插入(S) ➡️ 尺寸(M)▶ ➡️ ⊢⊣ 快速(P)... 命令；选取图 6.6.16 所示的边线 1，然后选取图 6.6.17 所示的边线 2，单击图 6.6.17 所示的位置放置水平尺寸。

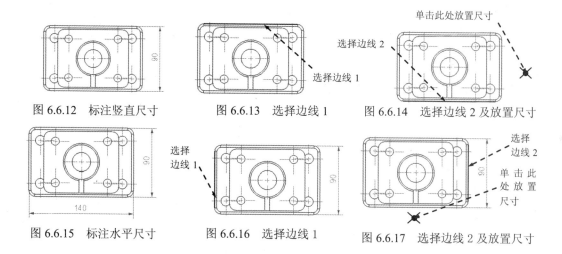

图 6.6.12 标注竖直尺寸   图 6.6.13 选择边线 1   图 6.6.14 选择边线 2 及放置尺寸

图 6.6.15 标注水平尺寸   图 6.6.16 选择边线 1   图 6.6.17 选择边线 2 及放置尺寸

Step3.标注图 6.6.18 所示的半径尺寸。选择下拉菜单 插入(S) ➡️ 尺寸(M)▶ ➡️ ⌐ 径向(R)... 命令（或单击"径向"按钮 ⌐），选取图 6.6.19 所示的圆弧，单击图 6.6.19 所示的位置放置圆弧半径尺寸。

Step4.标注图 6.6.20 所示的孔径尺寸。选择下拉菜单 插入(S) ➡️ 尺寸(M)▶ ➡️ ⊓ 线性(L)... 命令，在"线性尺寸"对话框 测量 区域的 方法 下拉列表中选择 🔲 圆柱式 选项，依次选取图 6.6.21 所示的边线 1 和图 6.6.22 所示的边线 2，单击图 6.6.22 所示的位置放置孔径尺寸。

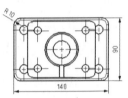

图 6.6.18　半径尺寸标注

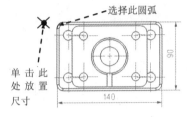

图 6.6.19　圆弧半径尺寸标注

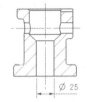

图 6.6.20　标注孔径尺寸

Step5. 参照 Step1～Step4 的方法标注其他尺寸，尺寸标注完成后的效果如图 6.6.23 所示。

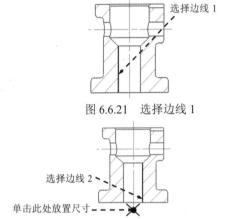

图 6.6.21　选择边线 1

图 6.6.22　选择边线 2 及放置尺寸

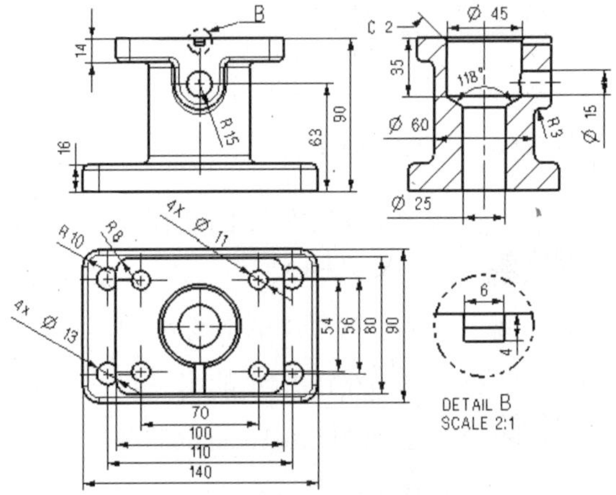

图 6.6.23　视图尺寸标注

Task4. 表面粗糙度标注

Step1. 选择命令。选择下拉菜单 插入(S) ➙ 注释(A) ➙ 表面粗糙度符号(S) 命令，系统弹出"表面粗糙度"对话框。

Step2. 选择表面粗糙度的样式。在"表面粗糙度"对话框中设置图 6.6.24 所示的参数。

Step3. 放置表面粗糙度符号，如图 6.6.25 所示。

Step4. 创建其他表面粗糙度标注，结果如图 6.6.26 所示。

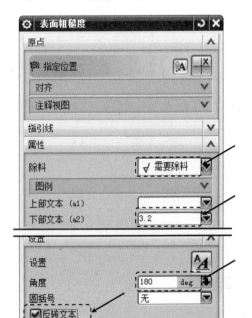

图 6.6.24　"表面粗糙度"对话框

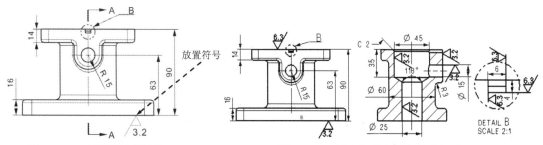

图 6.6.25 表面粗糙度标注

图 6.6.26 创建其他表面粗糙度标注

Task5. 标注形状位置公差

Step1. 选择命令。单击 注释 区域中的 按钮，系统弹出"基准特征符号"对话框。

Step2. 创建基准。在 基准标识符 区域的 字母 文本框中输入 D，在 指引线 区域的 类型 下拉列表中选择 普通 选项，单击 选择终止对象 按钮，选择图 6.6.27 所示的位置放置边线，放置基准后，单击中键确认，然后按住左键并将图框拖动到合适位置，结果如图 6.6.28 所示。

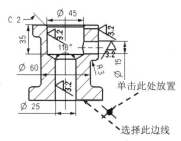

图 6.6.27 基准的创建

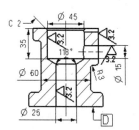

图 6.6.28 创建的基准

Step3. 编辑形位公差。单击 注释 区域中的 A 按钮，系统弹出"注释"对话框。在 符号 区域的 类别 下拉列表中选择 形位公差 选项，清空"文本"对话框中的内容，依次单击 和 // 按钮，输入公差值 0.01，然后单击 按钮，输入字母 D。

Step4. 放置形位公差。单击该对话框 指引线 区域的 按钮，选取图 6.6.29 所示的位置为指引线的起始位置，放置形位公差后单击中键确认，结果如图 6.6.30 所示。

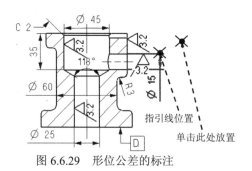

图 6.6.29 形位公差的标注

图 6.6.30 标注完成的形位公差

Task6. 创建注释

Step1. 选择命令。单击 注释 区域中的 A 按钮，系统弹出"注释"对话框（图 6.6.31）。在 符号 区域的 类别 下拉列表中选择 制图 选项，在 格式设置 区域的下拉列表中选择 chinesef_fs 选项。

Step2. 添加技术要求。清空"文本"对话框中的内容，然后输入图 6.6.31 所示的文字内容。选择合适的位置单击以放置注释，然后单击中键完成操作，结果如图 6.6.32 所示。

Step3. 参照前面的方法添加其他注释。

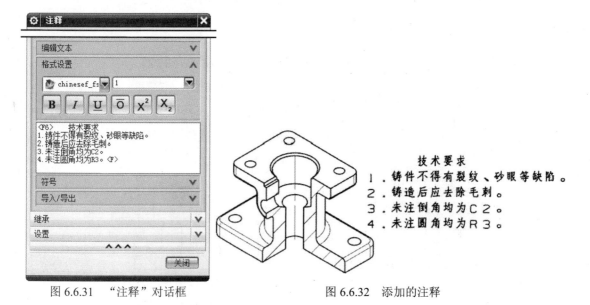

图 6.6.31 "注释"对话框   图 6.6.32 添加的注释

第 **7** 章 NX 钣金设计

7.1 NX 钣金模块导入

本章主要讲解 NX 钣金模块的菜单、工具栏，以及 NX 钣金首选项的设置。读者通过本章的学习，可以对 NX 钣金模块有一个初步的了解。

1. NX 钣金模块的菜单及工具栏

打开 UG NX 11.0 软件后，首先选择 文件(F) ➡ 新建(N)... 命令，然后在系统弹出的"新建"对话框中选择 NX 钣金 模板，进入 NX 钣金模块。选择下拉菜单 插入(S) 命令，系统则弹出钣金模块中的所有钣金命令（图 7.1.1）。

在 主页 功能选项卡中同时也出现了钣金模块的相关命令按钮，如图 7.1.2 所示。

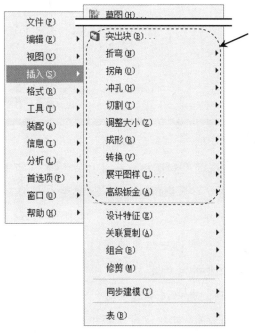

图 7.1.1 "插入"下拉菜单

图 7.1.2 "主页"功能选项卡

2. NX 钣金模块的首选项设置

为了提高钣金件的设计效率，以及使钣金件在设计完成后能顺利地加工及精确地展开，UG NX 11.0 提供了一些对钣金零件属性的设置，及其平面展开图处理的相关设置。通过对首选项的设置，极大提高了钣金零件的设计速度。这些参数设置包括材料厚度、折弯半径、让位槽深度、让位槽宽度和折弯许用半径公式的设置，下面详细讲解这些参数的作用。

进入钣金模块后，选择下拉菜单 首选项(P) ➡ 钣金(H)... 命令，系统弹出"钣金首选项"对话框（一），如图 7.1.3 所示。

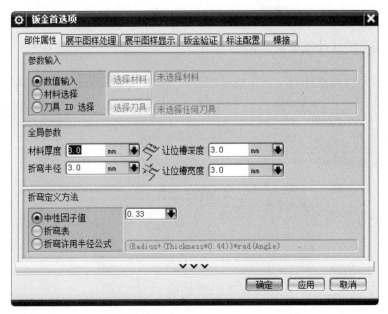

图 7.1.3 "钣金首选项"对话框（一）

图 7.1.3 所示的"钣金首选项"对话框（一）中 部件属性 选项卡各选项的说明如下。

● 参数输入 区域：该区域包含 ⊙ 数值输入 、⊙ 材料选择 和 ⊙ 刀具 ID 选择 单选项，可用于确定钣金折弯的定义方式。

☑ ⊙ 数值输入 单选项：当选中该单选项时，可直接以数值的方式在 折弯定义方法 区域中直接输入钣金折弯参数。

☑ ⊙ 材料选择 单选项：选中该单选项时，可单击右侧的 选择材料 按钮，系统弹出"选择材料"对话框，可在该对话框中选择一材料来定义钣金折弯参数。

☑ ⊙ 刀具 ID 选择 单选项：选中该单选项时，可单击右侧的 选择刀具 按钮，系统弹出"NX 钣金工具标准"对话框，可在该对话框中选择钣金标准工具，以定义钣金的折弯参数。

● 在 全局参数 区域中可以设置以下四个参数。

☑ 材料厚度 文本框：在该文本框中可以输入数值以定义钣金零件的全局厚度。

☑ 折弯半径文本框: 在该文本框中可以输入数值以定义钣金件折弯时默认的折弯半径值。

☑ 让位槽深度文本框: 在该文本框中可以输入数值以定义钣金件默认的让位槽的深度值。

☑ 让位槽宽度文本框: 在该文本框中可以输入数值以定义钣金件默认的让位槽的宽度值。

● 折弯定义方法区域: 该区域用于定义折弯定义方法, 包含 ⊙ 中性因子值、⊙ 折弯表 和 ⊙ 折弯许用半径公式 单选项。

☑ ⊙ 中性因子值单选项: 选中该单选项时, 采用中性因子定义折弯方法, 且其后的文本框可用, 可在该文本框中输入数值以定义折弯的中性因子。

☑ ⊙ 折弯表 单选项: 选中该单选项, 可在创建钣金折弯时使用折弯表来定义折弯参数。

☑ ⊙ 折弯许用半径公式 单选项: 当选中该单选项时, 使用半径公式来确定折弯参数。

在"钣金首选项"对话框（一）中单击 展平图样处理 选项卡,"钣金首选项"对话框（二）如图 7.1.4 所示。

图 7.1.4 "钣金首选项"对话框（二）

图 7.1.4 所示的"钣金首选项"对话框（二） 展平图样处理 选项卡中各选项的说明如下。

● 拐角处理选项 区域: 可以设置在展开钣金后内、外拐角的处理方式。外拐角是去除材料, 内拐角是创建材料。

● 外拐角处理 下拉列表: 该下拉列表中有 无、倒斜角和半径 三个选项, 用于设置钣金展开后外拐角的处理方式。

☑ 无选项: 选择该选项时, 不对内、外拐角做任何处理。

☑ 倒斜角 选项：选择该选项时，对、外拐角创建一个倒角，倒角的大小在其后的文本框中进行设置。

☑ 半径 选项：选择该选项时，对外拐角创建一个圆角，圆角的大小在后面的文本框中进行设置。

● 内拐角处理 下拉列表：该下拉列表中有 无 、倒斜角 和 半径 三个选项，用于设置钣金展开后内拐角的处理方式。

● 展平图样简化 区域：该区域用于在对圆柱表面或折弯处有裁剪特征的钣金零件进行展开时，设置是否生成 B 样条，当选中 ☑ 简化 B 样条 复选框后，可通过 最小圆弧 及 偏差公差 两个文本框对简化 B 样条的最大圆弧和偏差公差进行设置。

● ☑ 移除系统生成的折弯止裂口 复选框：选中 ☑ 移除系统生成的折弯止裂口 复选框后，钣金零件展开时将自动移除系统生成的缺口。

● ☑ 在展平图样中保持孔为圆形 复选框：选择该复选框时，在平面展开图中保持折弯曲面上的孔为圆形。

在"钣金首选项"对话框（一）中单击 展平图样显示 选项卡，"钣金首选项"对话框（三）如图 7.1.5 所示，可设置展平图样的各曲线的颜色以及默认选项的新标注属性。

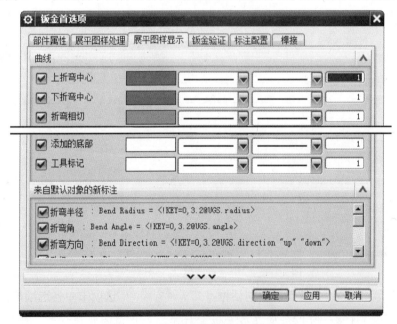

图 7.1.5 "钣金首选项"对话框（三）

在"钣金首选项"对话框（一）中单击 钣金验证 选项卡，此时"钣金首选项"对话框（四）如图 7.1.6 所示。在该选项卡中可设置钣金件验证的参数。

在"钣金首选项"对话框（一）中单击 标注配置 选项卡，此时"钣金首选项"对话框（五）如图 7.1.7 所示。在该选项卡中显示钣金中标注的一些类型。

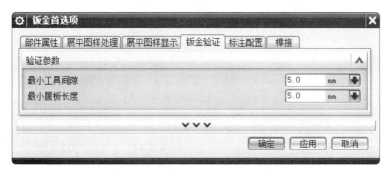

图 7.1.6　"钣金首选项"对话框（四）

图 7.1.7　"钣金首选项"对话框（五）

7.2　基础钣金特征

7.2.1　突出块

使用"突出块"命令可以创建出一个平整的薄板（图 7.2.1），它是一个钣金零件的"基础"，其他的钣金特征（如冲孔、成形、折弯等）都要在这个"基础"上构建，因此这个平整的薄板就是钣金件最重要的部分。

图 7.2.1　突出块钣金壁

1. 创建"平板"的两种类型

选择下拉菜单 插入(S) ➡ 突出块(B)... 命令后，系统弹出图 7.2.2a 所示的"突出块"对话框（一），创建完成后再次选择下拉菜单 插入(S) ➡ 突出块(B)... 命令时，系统弹出图 7.2.2b 所示的"突出块"对话框（二）。

a)"突出块"对话框(一)　　　　　　　　　　　　b)"突出块"对话框(二)

图 7.2.2　　"突出块"对话框

图 7.2.2 所示的"突出块"对话框的选项说明如下。

- 类型 区域:该区域的下拉列表中有 基本件 和 次要 选项,用以定义钣金的厚度。
  - ☑ 基本件 选项:选择该选项时,用于创建基础突出块钣金壁。
  - ☑ 次要 选项:选择该选项时,在已有钣金壁的表面创建突出块钣金壁,其壁厚与基础钣金壁相同。注意只有在部件中已存在基础钣金壁特征时,此选项才会出现。
- 截面 区域:该区域用于定义突出块的截面曲线,截面曲线必须是封闭的曲线。
- 厚度 区域:该区域用于定义突出块的厚度及厚度方向。
  - ☑ 厚度 文本框:可在该区域中输入数值以定义突出块的厚度。
  - ☑ 反向 按钮 ✕:单击 ✕ 按钮,可使钣金材料的厚度方向发生反转。

2. 创建平板的一般过程

基本突出块是创建一个平整的钣金基础特征,在创建钣金零件时,需要先绘制钣金壁的正面轮廓草图(必须为封闭的线条),然后给定钣金厚度值即可。次要突出块是在已有的钣金壁上创建平整的钣金薄壁材料,其壁厚无需用户定义,系统自动设定为与已存在钣金壁的厚度相同。

Task1. 创建基本突出块

下面以图 7.2.3 所示的模型为例来说明创建基本突出块钣金壁的一般操作过程。

Step1. 新建文件。

(1)选择下拉菜单 文件(F) ➡ 新建(N)... 命令,系统弹出"新建"对话框。

(2)在 模型 选项卡 模板 区域的下拉列表中选择 NX 钣金 模板;在 新文件名 区域的 名称 文本框中输入文件名称 tack;单击 文件夹 文本框后面的 按钮,选择文件保存路径 D:\ug11\work\ch07.02.01。

Step2. 选择命令。选择下拉菜单 插入(S) ➡ 🔲 突出块(B)... 命令，系统弹出"突出块"对话框。

Step3. 定义平板截面。单击 🔝 按钮，选取 XY 平面为草图平面，单击 确定 按钮，绘制图 7.2.4 所示的截面草图，选择下拉菜单 任务(K) ➡ 🏁 完成草图(K) 命令，退出草图环境。

Step4. 定义厚度。厚度方向采用系统默认的矢量方向，在文本框中输入厚度值 3.0。

说明：厚度方向可以通过单击"突出块"对话框中的 ✗ 按钮来调整。

Step5. 在"突出块"对话框中单击 < 确定 > 按钮，完成特征的创建。

Step6. 保存零件模型。选择下拉菜单 文件(F) ➡ 🔲 保存(S) 命令，即可保存零件模型。

图 7.2.3　 创建基本突出块钣金壁

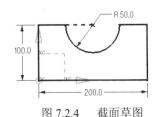

图 7.2.4　　截面草图

Task2. 创建次要突出块

下面继续以 Task1 的模型为例来说明创建次要突出块的一般操作过程。

Step1. 选择命令。选择下拉菜单 插入(S) ➡ 🔲 突出块(B)... 命令，系统弹出"突出块"对话框。

Step2. 定义平板类型。在"突出块"对话框 类型 区域的下拉列表中选择 ✓ 次要 选项。

Step3. 定义平板截面。单击 🔝 按钮，选取图 7.2.5 所示的模型表面为草图平面，单击 确定 按钮，绘制图 7.2.6 所示的截面草图。

Step4. 在"突出块"对话框中单击 < 确定 > 按钮，完成特征的创建。

Step5. 保存零件模型。选择下拉菜单 文件(F) ➡ 🔲 保存(S) 命令，即可保存零件模型。

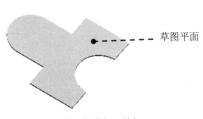

图 7.2.5　 创建附加平板

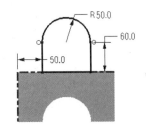

图 7.2.6　　截面草图

7.2.2　弯边

钣金弯边是在已存在的钣金壁的边缘上创建出简单的折弯，其厚度与原有钣金厚度相同。在创建弯边特征时，需先在已存在的钣金中选取某一条边线作为弯边钣金壁的附着边，其次需要定义弯边特征的截面、宽度、弯边属性、偏置、折弯参数和让位槽。

1. 弯边特征的一般操作过程

下面以图 7.2.7 所示的模型为例，说明创建弯边钣金壁的一般操作过程。

a）创建前   b）创建后

图 7.2.7   创建弯边特征

Step1. 打开文件 D：\ug11\work\ch07.02.02\practice01。

Step2. 选择命令。选择下拉菜单 插入(S) ➡ 折弯(N) ▶ ➡ 弯边(F) 命令，系统弹出图 7.2.8 所示的"弯边"对话框。

Step3. 选取线性边。选取图 7.2.9 所示的模型边线为折弯的附着边。

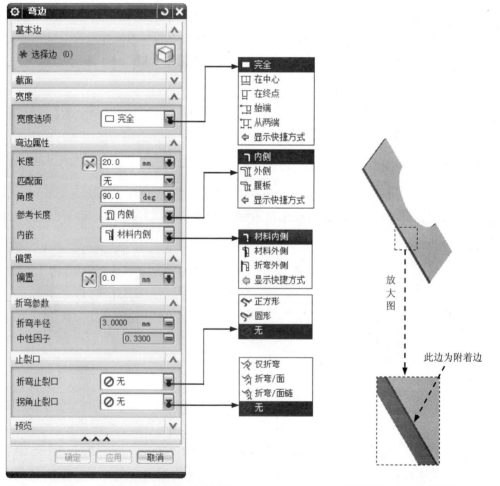

图 7.2.8   "弯边"对话框   图 7.2.9   定义线性边

Step4. 定义宽度。在 宽度 区域的 宽度选项 下拉列表中选择 □ 完全 选项。

Step5. 定义弯边属性。在 弯边属性 区域的 长度 文本框中输入数值40；在 角度 文本框中输入数值90；在 参考长度 下拉列表中选择 ⌐ 外侧 选项；在 内嵌 下拉列表中选择 ⌐ 材料内侧 选项。

Step6. 定义弯边参数。在 偏置 区域的 偏置 文本框中输入数值0；单击 折弯半径 文本框右侧的 ☰ 按钮，在弹出的菜单中选择 使用局部值 选项，然后在 折弯半径 文本框中输入数值3；在 止裂口 区域的 折弯止裂口 下拉列表中选择 ⊘ 无 选项，在 拐角止裂口 下拉列表中选择 ⊘ 无 选项。

Step7. 在"弯边"对话框中单击 ＜ 确定 ＞ 按钮，完成特征的创建。

图 7.2.8 所示的"弯边"对话框中各选项的说明如下。

● 基本边 区域：该区域用于选取一个或多个边线作为钣金弯边的附着边，当 ＊选择边 (0) 区域没有被激活时，可单击该区域后的 ⬡ 按钮将其激活。

● 截面 区域：该区域用于定义钣金弯边的轮廓形状。当定义完其他参数后可单击 编辑草图 后的 🖾 按钮进入草图环境，定义弯边的轮廓形状。

● 宽度选项 下拉列表：该下拉列表用于定义钣金弯边的宽度定义方式。

  ☑ ■ 完整 选项：当选择该选项时，在基础特征的整个线性边上都应用弯边。

  ☑ ■ 在中心 选项：当选择该选项时，在线性边的中心位置放置弯边，然后对称地向两边拉伸一定的距离，如图 7.2.10a 所示。

  ☑ ■ 在终点 选项：当选择该选项时，将弯边特征放置在选定直边的端点位置，然后以此端点为起点拉伸弯边的宽度，如图 7.2.10b 所示。

  ☑ ■ 从两端 选项：当选择该选项时，在线性边的中心位置放置弯边，然后利用距离1和距离2来设置弯边的宽度，如图 7.2.10c 所示。

  ☑ ■ 从端点 选项：当选择该选项时，在所选折弯边的端点定义距离来放置弯边，如图 7.2.10d 所示。

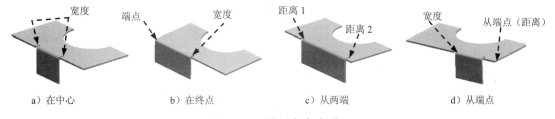

a) 在中心   b) 在终点   c) 从两端   d) 从端点

图 7.2.10　设置宽度选项

● 弯边属性 区域中包括 长度 文本框、匹配面 下拉列表、🗡 按钮、角度 文本框、参考长度 下拉列表和 内嵌 下拉列表。

  ☑ 长度：文本框中输入的值是指定弯边的长度，如图 7.2.11 所示。

  ☑ 🗡：单击"反向"按钮可以改变弯边长度的方向，如图 7.2.12 所示。

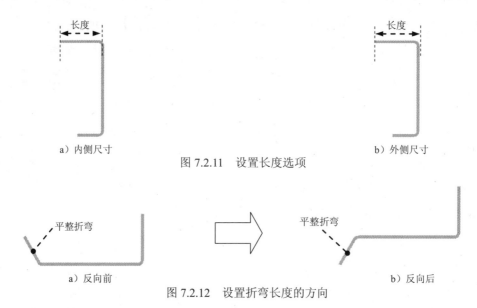

a）内侧尺寸   图 7.2.11　设置长度选项   b）外侧尺寸

a）反向前   图 7.2.12　设置折弯长度的方向   b）反向后

☑ **角度**：文本框输入的值是指定弯边的折弯角度，该值是与原钣金所成角度的补角，如图 7.2.13 所示。

☑ **参考长度**：下拉列表中包括 **内侧**、**外侧** 和 **腹板** 选项。**内侧**：选取该选项，输入的弯边长度值是从弯边的内部开始计算长度。**外侧**：选取该选项，输入的弯边长度值是从弯边的外部开始计算长度。**腹板**：选取该选项，输入的弯边长度值是从弯边圆角后开始计算长度。

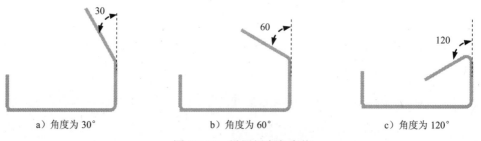

a）角度为 30°   b）角度为 60°   c）角度为 120°

图 7.2.13　设置折弯角度值

☑ **内嵌**：下拉列表中包括 **材料内侧**、**材料外侧** 和 **折弯外侧** 选项。**材料内侧**：选取该选项，弯边的外侧面与附着边平齐。**材料外侧**：选取该选项，弯边的内侧面与附着边平齐。**折弯外侧**：选取该选项，折弯特征直接创建在基础特征上，而不改变基础特征尺寸。

● **偏置** 区域包括 **偏置** 文本框和 按钮。

☑ **偏置**：该文本框中输入值是指定弯边以附着边为基准向一侧偏置一定值，如图 7.2.14 所示。

☑ ：单击该按钮可以改变"偏置"的方向。

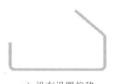

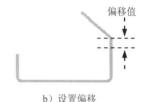
偏移值

a）没有设置偏移   b）设置偏移

图 7.2.14   设置偏置值

● 折弯参数 区域包括 折弯半径 文本框和 中性因子 文本框。

☑ 折弯半径 ：该文本框中输入的值指定折弯半径。

☑ 中性因子 ：该文本框中输入的值指定中性因子。

● 止裂口 区域包括 折弯止裂口 下拉列表、深度 文本框、宽度 文本框、☑延伸止裂口 复选框和 拐角止裂口 下拉列表。

☑ 折弯止裂口 ：下拉列表包括 正方形 、 圆形 和 无 三个选项。 正方形 ：选取该选项，在附加钣金壁的连接处，将主壁材料切割成矩形缺口来构建止裂口。 圆形 ：选取该选项，在附加钣金壁的连接处，将主壁材料切割成圆形缺口来构建止裂口。 无 ：选取该选项，在附加钣金壁的连接处，通过垂直切割主壁材料至折弯线处。

☑ ☑延伸止裂口 ：该复选框定义是否延伸折弯缺口到零件的边。

☑ 拐角止裂口 ：用于设置是否在特征相邻的表面创建拐角止裂口。该下拉列表包括 仅折弯 、 折弯/面 、 折弯/面链 和 无 选项。 仅折弯 ：仅在相邻特征的折弯部分创建拐角止裂口。 折弯/面 ：仅在相邻的折弯部分和面（平板）部分创建拐角止裂口。 折弯/面链 ：在整个折弯部分及与其相邻的面链上都创建拐角止裂口。 无 ：不创建止裂口。选择此选项后将会产生一个小缝隙，但是在展平钣金件时这个缝隙会被移除。

2．创建止裂口

当弯边部分与附着边相连，并且折弯角度不为 0 时，在连接处的两端创建止裂口。

在 NX 钣金模块中提供的止裂口分为两种：正方形止裂口和圆弧形止裂口。

方式一：正方形止裂口

在附加钣金壁的连接处，将材料切割成正方形缺口来构建止裂口，如图 7.2.15 所示。

方式二：圆弧形止裂口

在附加钣金壁的连接处，将主壁材料切割成长圆弧形缺口来构建止裂口，如图 7.2.16

所示。

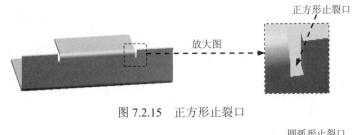

图 7.2.15　正方形止裂口

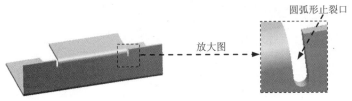

图 7.2.16　圆弧形止裂口

方式三：无止裂口

在附加钣金壁的连接处，通过垂直切割主壁材料至折弯线处，如图 7.2.17 所示。

图 7.2.17　无止裂口

下面以图 7.2.18 所示的模型为例，介绍创建止裂口的一般过程。

a）源模型　　　　　　　　　　　　　　　b）带止裂口的钣金特征

图 7.2.18　止裂口

Step1. 打开文件 D:\ug11\work\ch07.02.02\practice02。

Step2. 选择命令。选择下拉菜单 插入(S) ➡ 折弯(N) ▸ ➡ 弯边(F)...命令，系统弹出"弯边"对话框。

Step3. 选取线性边。选取图 7.2.19 所示的模型边线为折弯的附着边。

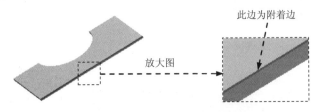

图 7.2.19　定义线性边

Step4. 定义宽度。在 宽度 区域的 宽度选项 下拉列表中选择 在中心 选项。宽度 文本框被激活，在 宽度 文本框中输入宽度值 100。

Step5. 定义弯边属性。在 弯边属性 区域的 长度 文本框中输入数值 40；在 角度 文本框中输入数值 90；在 参考长度 下拉列表中选择 外侧 选项；在 内嵌 下拉列表中选择 材料内侧 选项。

Step6. 定义弯边参数。在 偏置 区域的 偏置 文本框中输入数值 0；单击 折弯半径 文本框右侧的 按钮，在弹出的菜单中选择 使用局部值 选项，然后在 折弯半径 文本框中输入数值 3；在 止裂口 区域的 折弯止裂口 下拉列表中选择 正方形 ；在 拐角止裂口 下拉列表中选择 仅折弯 。

Step7. 在"弯边"对话框中单击 < 确定 > 按钮，完成特征的创建。

Step8. 保存零件模型。

3. 编辑弯边特征的轮廓

当用户在创建"弯边"特征时，若"弯边"对话框中的"草绘"按钮为灰色，说明此时不能对其轮廓进行编辑。只有在选取附着边后或重新编辑已创建的"弯边"特征时，"草绘"按钮 才能变亮，此时单击该按钮，用户可以重新定义弯边的正面形状。在绘制弯边正面形状截面草图时，系统会默认附着边的两个端点为截面草图的参照，用户还可选取任意线性边为截面草图的参照，草图的起点与终点都需位于附着边上（即与附着边对齐），截面草图应为开放形式（即不需在附着边上创建线条以封闭草图）。

下面以图 7.2.20 为例，说明编辑弯边钣金壁轮廓的一般过程。

图 7.2.20　编辑弯边钣金壁的轮廓

Step1. 打开文件 D:\ug11\work\ch07.02.02\amend。

Step2. 双击图 7.2.20a 所示的弯边特征，在系统弹出的"弯边"对话框中单击 按钮，修改弯边截面草图，如图 7.2.21 所示；退出草图环境。

Step3. 在"弯边"对话框中单击 < 确定 > 按钮，完成图 7.2.20b 所示的特征创建。

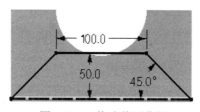

图 7.2.21　修改截面草图

7.2.3　法向除料

法向除料是沿着钣金件表面的法向，以一组连续的曲线作为裁剪的轮廓线进行裁剪。法向除料与实体拉伸切除都是在钣金件上切除材料。当草图平面与钣金面平行时，二者没有区别；当草图平面与钣金面不平行时，二者有很大的不同。法向除料的孔是垂直于该模型的侧面去除材料，形成垂直孔，如图 7.2.22a 所示；实体拉伸切除的孔是垂直于草图平面去除材料，形成斜孔，如图 7.2.22b 所示。

图 7.2.22　法向除料与实体拉伸切除的区别

1. 用封闭的轮廓线创建法向除料

下面以图 7.2.23 所示的模型为例，说明用封闭的轮廓线创建法向除料的一般操作过程。

Step1. 打开文件 D:\ug11\work\ch07.02.03\remove01。

Step2. 选择命令。选择下拉菜单 插入(S) ➡ 切削(T) ➡ 法向开孔(N)... 命令，系统弹出图 7.2.24 所示的"法向开孔"对话框。

图 7.2.23　法向除料

图 7.2.24　"法向开孔"对话框

Step3. 绘制除料截面草图。单击 按钮，选取图 7.2.25 所示的基准平面为草图平面，单击 确定 按钮，绘制图 7.2.26 所示的截面草图。

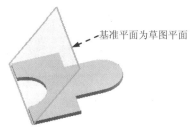

图 7.2.25 选取草图平面

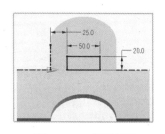

图 7.2.26 截面草图

Step4. 定义除料深度属性。在 切割方法 下拉列表中选择 厚度 选项，在 限制 下拉列表中选择 贯通 选项。

Step5. 在"法向开孔"对话框中单击 〈 确定 〉 按钮，完成特征的创建。

图 7.2.24 所示的"法向开孔"对话框中部分选项的功能说明如下。

- 开孔属性 区域包括 切割方法 下拉列表、限制 下拉列表和 按钮。
- 切割方法 下拉列表包括 厚度 、 中位面 和 最近的面 选项。
  - ☑ 厚度：选取该选项，在钣金件的表面沿厚度方向进行裁剪。
  - ☑ 中位面：选取该选项，在钣金件的中间面向两侧进行裁剪。
- 限制 下拉列表包括 值 、 介于 、 直至下一个 和 贯通 选项。
  - ☑ 值：选取该选项，特征将从草图平面开始，按照所输入的数值（即深度值）向特征创建的方向一侧进行拉伸。
  - ☑ 介于：选取该选项，草图沿着草图面向两侧进行裁剪。
  - ☑ 直至下一个：选取该选项，去除材料深度从草图开始直到下一个曲面上。
  - ☑ 贯通：选取该选项，去除材料深度贯穿所有曲面。

2．用开放的轮廓线创建法向除料

下面以图 7.2.27 所示的模型为例，说明用开放的轮廓线创建法向除料的一般操作过程。

Step1. 打开文件 D:\ug11\work\ch07.02.03\ remove02。

Step2. 选择命令。选择下拉菜单 插入(S) —> 剪切(T) —> 法向开孔(N)... 命令，系统弹出"法向开孔"对话框。

Step3. 绘制除料截面草图。单击 按钮，选取图 7.2.28 所示的钣金表面为草图平面，单击 确定 按钮，绘制图 7.2.29 所示的截面草图。

Step4. 定义除料属性。在 切割方法 下拉列表中选择 厚度 选项，在 限制 下拉列表中选择 贯通 选项。

Step5. 定义除料的方向。接受图 7.2.30 所示的切削方向。

Step6. 在"法向开孔"对话框中单击 确定 按钮，完成特征的创建。

图 7.2.27　用开放的轮廓线创建法向除料

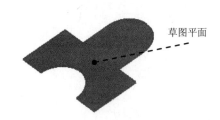

图 7.2.28　选取草图平面

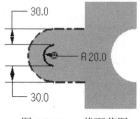

图 7.2.29　截面草图

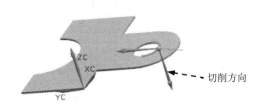

图 7.2.30　定义法向除料的切削方向

7.3　钣金的折弯与展开

7.3.1　钣金折弯

钣金折弯是将钣金的平面区域沿指定的直线弯曲某个角度。

钣金折弯特征包括如下三个要素：

- 折弯角度：控制折弯的弯曲程度。
- 折弯半径：折弯处的内半径或外半径。
- 折弯应用曲线：确定折弯位置和折弯形状的几何线。

1. 钣金折弯的一般操作过程

下面以图 7.3.1 所示的模型为例，说明"折弯"的一般过程。

a）折弯前

b）折弯后

图 7.3.1　折弯的一般过程

Step1. 打开文件 D:\ug11\work\ch07.03.01\ offsett01。

Step2. 选择命令。选择下拉菜单 插入(S) ➡ 折弯(N) ➡ 折弯(B)... 命令，系统弹出图 7.3.2 所示的"折弯"对话框。

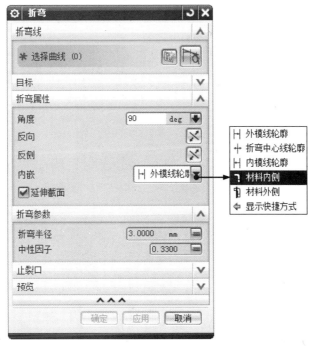

图 7.3.2 "折弯"对话框

图 7.3.2 所示的"折弯"对话框中部分区域功能说明如下。

● **折弯属性** 区域包括 角度 文本框、"反向"按钮 、"反侧"按钮 、内嵌 下拉列表和 ✓ 延伸截面 复选框。

    ☑ 角度：在该文本框中输入的数值用于设置折弯角度值。

    ☑   ："反向"按钮，单击该按钮，可以改变折弯的方向。

    ☑   ："反侧"按钮，单击该按钮，可以改变要折弯部分的方向。

● 内嵌 下拉列表中包括 外模具线轮廓 、 折弯中心线轮廓 、 内模具线轮廓 、 材料内侧 和 材料外侧 五个选项。

    ☑   外模具线轮廓：选择该选项，在展开状态时，折弯线位于折弯半径的第一相切边缘。

    ☑   折弯中心线轮廓：选择该选项，在展开状态时，折弯线位于折弯半径的中心。

    ☑   内模具线轮廓：选择该选项，在展开状态时，折弯线位于折弯半径的第二相切边缘。

    ☑   材料内侧：选择该选项，在成形状态下，折弯线位于折弯区域的外侧平面。

    ☑   材料外侧：选择该选项，在成形状态下，折弯线位于折弯区域的内侧平面。

● ✓ 延伸截面：选中该复选框，将弯边轮廓延伸到零件边缘的相交处；取消选择在创建弯边特征时不延伸。

Step3. 绘制折弯线。单击 按钮，选取图 7.3.3 所示的模型表面为草图平面，单击 确定 按钮，绘制图 7.3.4 所示的折弯线。

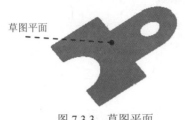

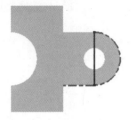

图 7.3.3　草图平面　　　　　　　图 7.3.4　绘制折弯线

Step4. 定义折弯属性。在"折弯"对话框 折弯属性 区域的 角度 文本框中输入数值 90；在 内嵌 下拉列表中选择 折弯中心线轮廓 选项；选中 延伸截面 复选框，折弯方向如图 7.3.5 所示。

说明：在模型中双击图 7.3.5 所示的折弯方向箭头可以改变折弯方向。

Step5. 在"折弯"对话框中单击 ＜ 确定 ＞ 按钮，完成特征的创建。

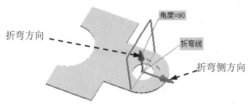

图 7.3.5　折弯方向

2．在钣金折弯处创建止裂口

在进行折弯时，由于折弯半径的关系，折弯面与固定面可能会产生互相干涉，此时用户可创建止裂口来解决干涉问题。下面以图 7.3.6 为例，介绍在钣金折弯处加止裂口的操作方法。

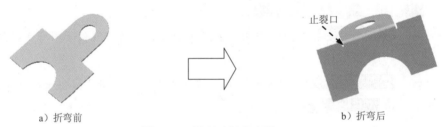

a）折弯前　　　　　　　　　　　　　　　　b）折弯后

图 7.3.6　折弯时创建止裂口

Step1. 打开文件 D:\ug11\work\ch07.03.01\ offset02。

Step2. 选择命令。选择下拉菜单 插入(S) ➡ 折弯(N) ▸ ➡ 折弯(B)… 命令，系统弹出"折弯"对话框。

Step3. 绘制折弯线。单击 按钮，选取图 7.3.7 所示的模型表面为草图平面，单击 确定 按钮，绘制图 7.3.8 所示的折弯线。

Step4. 定义折弯属性。在"折弯"对话框 折弯属性 区域的 角度 文本框中输入数值90；在 内嵌 下拉列表中选择 ⌐ 材料内侧 选项；取消选中 □ 延伸截面 复选框，折弯方向如图7.3.9所示。

图 7.3.7　草图平面　　　　图 7.3.8　绘制折弯线　　　　图 7.3.9　折弯方向

Step5. 定义止裂口。在 止裂口 区域的 折弯止裂口 下拉列表中选择 ⌐ 圆形 选项，在 拐角止裂口 下拉列表中选择 ◇ 无 选项。

Step6. 在"折弯"对话框中单击 ＜ 确定 ＞ 按钮，完成特征的创建。

7.3.2　将实体零件转换到钣金件

实体零件通过创建"壳"特征后，可以创建出壁厚相等的实体零件，若想将此类零件转换成钣金件，则必须使用"转换为钣金"命令。例如，图7.3.10a所示的实体零件通过抽壳方式转换为薄壁件后，其壁是完全封闭的，通过创建转换特征后，钣金件四周产生了裂缝，这样该钣金件便可顺利展开。

下面以图7.3.11所示的模型为例，说明"转换为钣金"的一般操作过程。

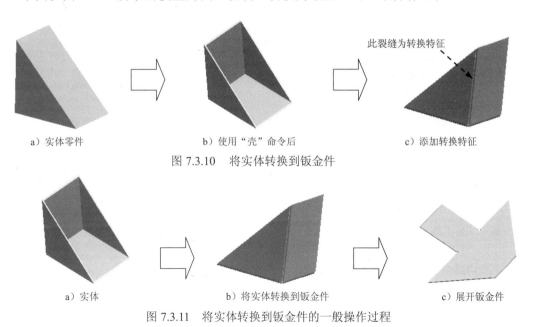

a）实体零件　　　　b）使用"壳"命令后　　　　c）添加转换特征

图 7.3.10　将实体转换到钣金件

a）实体　　　　b）将实体转换到钣金件　　　　c）展开钣金件

图 7.3.11　将实体转换到钣金件的一般操作过程

1．打开一个现有的零件模型，并将实体转换到钣金件

Step1. 打开文件 D:\ug11\work\ch07.03.02\transition。

Step2. 选择命令。选择下拉菜单 插入(S) ➡ 转换(V) ▶ ➡ 转换为钣金... 命令，系统弹出图 7.3.12 所示的"转换为钣金"对话框。

图 7.3.12　"转换为钣金"对话框

Step3. 选取基本面。确认"转换为钣金"对话框的"基本面"按钮 被按下，在系统 选择基本面 的提示下，选取图 7.3.13 所示的模型表面为基本面。

Step4. 选取要撕裂的边。在 要撕开的边 区域中单击"撕边"按钮 ，选取图 7.3.14 所示的两条边线为要撕裂的边。

Step5. 在"转换为钣金"对话框中单击 确定 按钮，完成特征的创建。

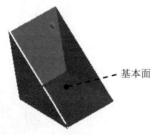

图 7.3.13　选取基本面

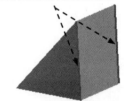

图 7.3.14　选取要撕裂的边

图 7.3.12 所示的"转换为钣金"对话框中按钮的功能说明如下。

● （基本面）：在"转换为钣金"对话框中此按钮默认被激活，用于选择钣金件的表平面作为固定面（基本面）来创建特征。

● （撕边）：单击此按钮后，用户可以在钣金件模型中选择要撕裂的边缘。

2．将转换后的钣金件伸直

Step1. 选择下拉菜单 插入(S) ➡ 成形(R) ▶ ➡ 伸直(U)... 命令，系统弹出"伸直"对话框。

Step2. 选取固定面。选取图 7.3.15 所示的表面为展开固定面。

Step3. 选取折弯。选取图 7.3.16 所示的三个面折弯。

Step4. 在"伸直"对话框中单击 〈确定〉 按钮，完成特征的创建。

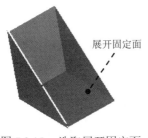

图 7.3.15　选取展开固定面

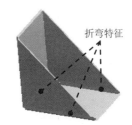

图 7.3.16　选取折弯

7.3.3　展平实体

在钣金零件的设计过程中，将成形的钣金零件展平为二维的平面薄板是非常重要的步骤，钣金件展开的作用如下。

- 钣金展开后，可更容易地了解如何剪裁薄板以及其各部分的尺寸。
- 有些钣金特征（如减轻切口）需要在钣金展开后创建。
- 钣金展开对于钣金的下料和创建钣金的工程图十分有用。

采用"取消折弯实体"命令可以在同一钣金零件中创建平面展开图。取消折弯实体特征与成形特征相关联。当采用"展平实体"命令展开钣金零件时，将展平实体特征作为"引用集"在"部件导航器"中显示。如果钣金零件包含变形特征，这些特征将保持原有的状态；如果钣金模型更改，平面展开图处理也自动更新并包含了新的特征。

展平实体的一般过程

下面以图 7.3.17 所示的模型为例，说明"展平实体"的一般操作过程。

Task1. 展平实体特征的创建

a）展平前　　　　　　图 7.3.17　展平实体　　　　　　b）展平后

Step1. 打开文件 D:\ug11\work\ch07.03.03\evolve。

Step2. 选择下拉菜单 插入(S) ➡ 展平图样(L)... ➡ 展平实体(S)... 命令，或在"NX 钣金特征"工具栏中单击"展平实体"按钮，系统弹出图7.3.18所示的"展平实体"对话框。

Step3. 定义固定面。此时"选择面"按钮处于激活状态，选取图7.3.19所示的模型表面为固定面。

Step4. 定义参考边。取消选中 移至绝对坐标系 复选框，使用系统默认的展平方位参考。

Step5. 在"展平实体"对话框中单击 确定 按钮，完成展平特征的创建。

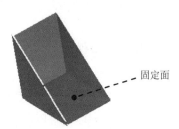

图7.3.18 "展平实体"对话框   图7.3.19 定义固定面

图7.3.18所示的"展平实体"对话框中的部分说明如下。

● （选择面）：固定面区域的选择面默认激活，用于选择钣金零件的平表面作为平板实体的固定面，在选定固定面后，系统将以该平面为固定面将钣金零件展开。

● （选择边）："方位"区域的选择边在选择固定面后被激活，选择实体边缘作为平板实体的参考轴(X轴)的方向及原点，并在视图区中显示参考轴方向；在选定参考轴后，系统将以该参考轴和已选择的固定面为基准将钣金零件展开，形成平面薄板。

Task2. 展平实体相关特征的验证

平板实体特征会随着钣金模型的更改发生相应的变化，下面通过图7.3.20在钣金模型上创建一个"法向除料"特征来验证这一变化。

Step1. 选择命令。选择下拉菜单 插入(S) ➡ 剪切(T) ➡ 法向除料(N)... 命令，系统弹出"法向开孔"对话框。

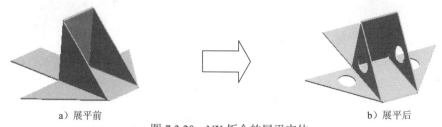

a）展平前   b）展平后
图7.3.20 NX钣金的展平实体

Step2. 绘制除料截面草图。单击 按钮，选取图7.3.21所示的模型表面为草图平面，

单击 确定 按钮，绘制图 7.3.22 所示的除料截面草图。

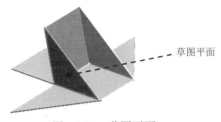

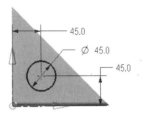

图 7.3.21　草图平面　　　　　　　　图 7.3.22　除料截面草图

Step3. 定义除料属性。在 除料属性 区域的 切割方法 下拉列表中选择 厚度 选项，在 限制 下拉列表中选择 贯通 选项。

Step4. 单击"法向开孔"对话框中的 < 确定 > 按钮，完成法向除料特征。

7.4　高级钣金特征

7.4.1　凹坑

凹坑就是用一组连续的曲线作为轮廓沿着钣金件表面的法线方向冲出凸起或凹陷的成形特征，如图 7.4.1 所示。

截面线是封闭的凹坑　　　　　　　　　　　　　　　　截面线是开放的凹坑

图 7.4.1　钣金的"凹坑"特征

Task1.　封闭的截面线创建"凹坑"的一般过程

下面以图 7.4.2 所示的模型为例，说明用封闭的截面线创建"凹坑"的一般过程。

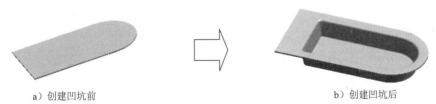

a）创建凹坑前　　　　　　　　　　　　　b）创建凹坑后

图 7.4.2　用封闭的截面线创建"凹坑"特征

Step1. 打开文件 D:\ug11\work\ch07.04.01\press。

Step2. 选择命令。选择下拉菜单 插入(S) → 冲孔(H) → 凹坑(D)... 命令，系统弹出图 7.4.3 所示的"凹坑"对话框。

Step3. 绘制凹坑截面。单击 ![按钮] 按钮,选取图 7.4.4 所示的模型表面为草图平面,单击 确定 按钮,绘制图 7.4.5 所示的截面草图。

说明:凹坑成形面的截面线可以是封闭的,也可以是开放的。

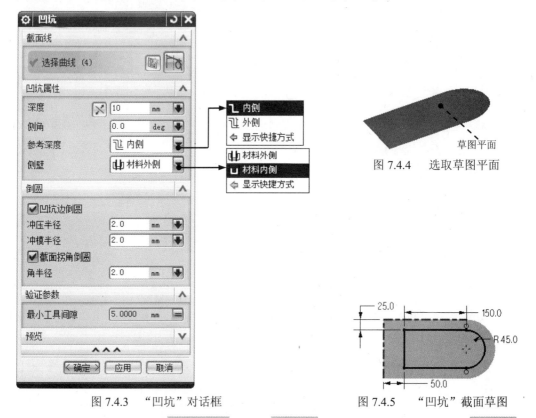

图 7.4.3　"凹坑"对话框　　　　图 7.4.5　"凹坑"截面草图

图 7.4.4　选取草图平面

Step4. 定义凹坑属性。在 凹坑属性 区域的 深度 文本框中输入数值 30;在 侧角 文本框中输入数值 10;在 参考深度 下拉列表中选择 内侧 选项;在 侧壁 下拉列表中选择 材料内侧 选项。

Step5. 定义倒圆属性。在 倒圆 区域选中 ☑凹坑边倒圆 复选框,在 冲压半径 文本框中输入数值 2;在 冲模半径 文本框中输入数值 2;在 倒圆 区域选中 ☑截面拐角倒圆 复选框,在 角半径 文本框中输入数值 2。

Step6. 在"凹坑"对话框中单击 < 确定 > 按钮,完成特征的创建。

图 7.4.3 所示的"凹坑"对话框中各选项的功能说明如下。

- 深度 :该文本框中输入的数值是从钣金件的放置面到弯边底部的深度距离,如图 7.4.6 所示。

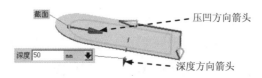

图 7.4.6　凹坑的创建深度

- **侧角** ：该文本框中输入的数值是设定凹坑在钣金件放置面法向的倾斜角度值（即拔模角度）。

- **参考深度** 下拉列表中包括 **∟外侧** 和 **∟内侧** 选项。

  - ☑ **∟外侧** ：选取该选项，凹坑的高度距离是从截面线的草图平面开始计算，延伸至总高，再根据材料厚度来偏置距离。

  - ☑ **∟内侧** ：选取该选项，凹坑的高度距离是从截面线的草图平面开始计算，延伸至总高。

- **侧壁** 下拉列表中包括 **∪材料内侧** 和 **∟」材料外侧** 两种选项。

  - ☑ **∪材料内侧** ：选取该选项，在截面线的内侧开始生成凹坑，如图 7.4.7a 所示。

  - ☑ **∟」材料外侧** ：选取该选项，在截面线的外侧开始生成凹坑，如图 7.4.7b 所示。

a）材料内侧 　　　　　　　　　　　　　　　　b）材料外侧

图 7.4.7 设置"侧壁"选项

- **倒圆** 区域包括 ☑ **凹坑边倒圆** 和 ☑ **截面拐角倒圆** 复选框。

  - ☑ ☑ **凹坑边倒圆** ：选中该复选框，**冲压半径** 和 **冲模半径** 文本框被激活。**冲压半径** 文本框中输入的数值是指定钣金件的放置面过渡到折弯部分设置倒圆角半径。**冲模半径** 文本框中输入的数值是指定凹坑底部与深度壁过渡圆角半径，如图 7.4.8 所示。

  - ☑ ☑ **截面拐角倒圆** ：选中该复选框，**角半径** 文本框被激活。**角半径** 文本框中输入的数值是指定凹坑壁之间过渡的圆角半径。

图 7.4.8 定义倒圆设置

Task2. 开放截面线创建"凹坑"的一般过程

下面以上一步创建的模型（图 7.4.9）为例，说明用开放的截面线创建"凹坑"的一般过程。

Step1. 选择命令。选择下拉菜单 **插入(S)** ➡ **冲孔(H)▶** ➡ **凹坑(D)...** 命令，系统

弹出"凹坑"对话框。

a）创建凹坑前　　　　　　　　　　　　　　　　　b）创建凹坑后

图 7.4.9　用开放的截面线创建"凹坑"特征

Step2. 绘制凹坑截面。单击  按钮，选取图 7.4.10 所示的模型表面为草图平面，绘制图 7.4.11 所示的截面草图。

图 7.4.10　选取草图平面　　　　　　　　　　　图 7.4.11　"凹坑"截面草图

Step3. 定义凹坑属性。在"凹坑"对话框 凹坑属性 区域的 深度 文本框中输入数值 30，深度方向如图 7.4.12 所示；在 侧角 文本框中输入数值 10；在 参考深度 下拉列表中选择 内侧 选项；在 侧壁 下拉列表中选择 材料内侧 选项。

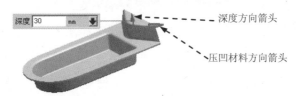

图 7.4.12　凹坑的创建方向

Step4. 定义倒圆属性。在 倒圆 区域选中 ☑ 凹坑边倒圆 复选框，在 冲压半径 文本框中输入数值 2；在 冲模半径 文本框中输入数值 2；在 倒圆 区域选中 ☑ 截面拐角倒圆 复选框，在 角半径 文本框中输入数值 2。

Step5. 在"凹坑"对话框中单击 〈确定〉 按钮，完成特征的创建。

7.4.2 实体冲压

钣金实体冲压是通过模具等对板料施加外力，使板料分离或者成形而得到工件的一种工艺。在钣金特征中，通过冲压成形的钣金特征在钣金件成形中占很大比例。

钣金实体特征包括如下三个要素：

● **目标面**：实体冲压特征的创建面。

- 工具体：使目标体具有预期形状的体。

- 冲裁面：指定要穿透的工具体表面。

1."凸模"类型

下面以图 7.4.13 为例，讲述实体冲压中的"凸模"类型的一般操作过程。

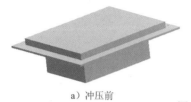

a）冲压前   图 7.4.13 实体冲压   b）冲压后

Step1. 打开文件 D:\ug11\work\ch07.04.02\pressing01。

说明：由于使用实体冲压时，工具体大多在"钣金"以外的环境中创建，所以在创建钣金冲压时需将当前钣金模型转换至其他设计环境中。本例采用的工具体需在"建模"环境中创建，因而在打开模型后，需要单击 应用模块 功能选项卡 设计 区域中的 按钮，以切换至"建模"环境。

Step2. 创建图 7.4.14 所示的拉伸特征 1。

（1）选择下拉菜单 插入(S) ➡ 设计特征(E)▶ ➡ 拉伸(E)... 命令。

（2）定义拉伸截面草图。单击 按钮，选取图 7.4.14 所示的模型表面为草图平面，单击 确定 按钮，绘制图 7.4.15 所示的截面草图。

（3）定义拉伸属性。在对话框 限制 区域的 开始 下拉列表中选择 值 选项，并在其下的 距离 文本框中输入数值 0；在 结束 下拉列表中选择 值 选项，并在其下的 距离 文本框中输入数值 10；在 布尔 区域中选择 无 选项，其他采用系统默认设置值。

（4）单击"拉伸"对话框中的 < 确定 > 按钮，完成拉伸特征的创建。

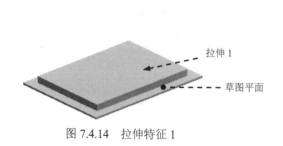

图 7.4.14 拉伸特征 1

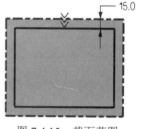

图 7.4.15 截面草图

Step3. 创建图 7.4.16 所示的拉伸特征 2。选择下拉菜单 插入(S) ➡ 设计特征(E)▶ ➡ 拉伸(E)... 命令；选取图 7.4.14 所示的模型表面为草图平面，绘制图 7.4.17 所示的截面草图。拉伸方向如图 7.4.16 所示（与第一个拉伸方向相反）；在 限制 区域的 开始 下拉列表中选择

![值] 选项，并在其下的 ![距离] 文本框中输入数值 0；在 ![结束] 下拉列表中选择 ![值] 选项，并在其下的 ![距离] 文本框中输入数值 40；在 ![布尔] 区域的 ![布尔] 下拉列表中选择 ![合并] 选项，选取上步创建的拉伸特征 1 作为求和对象；单击 ![＜确定＞] 按钮，完成拉伸特征的创建。

Step4. 创建实体冲压特征（将模型切换至"钣金"环境）。

（1）选择下拉菜单 ![插入(S)] ➡ ![冲孔(H)] ➡ ![实体冲压(S)...] 命令，系统弹出图 7.4.18 所示的"实体冲压"对话框。

（2）定义实体冲压类型。在"实体冲压"对话框 ![类型] 区域的下拉列表中选择 ![凸模] 选项，即采用冲孔类型创建钣金特征。

（3）定义目标面。此时，在"实体冲压"对话框中"目标面"按钮 ![图标] 已处于激活状态，选取图 7.4.19 所示的面为目标面。

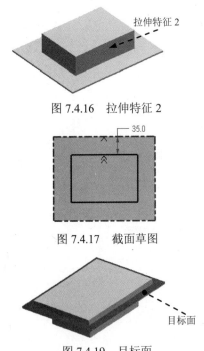

图 7.4.16 拉伸特征 2

图 7.4.17 截面草图

图 7.4.19 目标面

图 7.4.18 "实体冲压"对话框

（4）定义工具体。此时，在"实体冲压"对话框中"工具体"按钮 ![图标] 已处于激活状态，选取图 7.4.20 所示的面为工具体。

（5）定义冲裁面。此时，单击"实体冲压"对话框中的"冲裁面"按钮 ![图标]，选取图 7.4.21 所示的面为冲裁孔面。

图 7.4.20 工具体

图 7.4.21 冲裁面

（6）单击"实体冲压"对话框中的 < 确定 > 按钮，完成实体冲压特征的创建。

Step5. 保存零件模型。

图 7.4.18 所示"实体冲压"对话框中各选项说明如下。

- 类型 下拉列表中包括 凸模 和 冲模 选项。

  - ☑ 凸模：选择此选项，即采用冲压类型创建钣金特征，如图 7.4.22 所示。

  - ☑ 冲模：选择此选项，即采用凹模类型创建钣金特征，如图 7.4.23 所示。

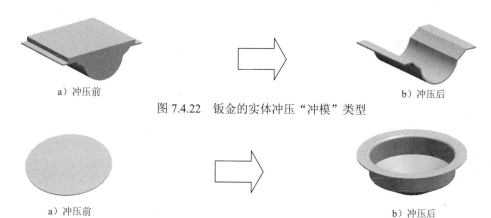

a）冲压前

b）冲压后

图 7.4.22 钣金的实体冲压"冲模"类型

a）冲压前

b）冲压后

图 7.4.23 钣金的实体冲压"凹模"类型

注意：实体冲压特征 冲模 类型的工具体必须为中空的，否则不能进行冲压。

- （目标面）：在钣金冲压的创建中，选择进行冲压的面。

- （工具体）：工具体是使目标体具有预期形状的几何体，相当于钣金的成形模具。

- （冲裁面）：冲裁面是指创建实体冲压特征时，指定穿透钣金件某个表面的工具体表面。

- ☑ 倒圆边：选中此复选框，冲模半径 被激活。可以对凹模半径的大小进行编辑，如图 7.4.24 所示。当对内半径进行编辑时，外半径的大小也相应地发生变化。

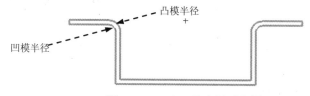

图 7.4.24 内、外半径示意图

- ☑ 恒定厚度：如果工具体具有锐边，在创建钣金实体冲压特征时需要设置该选项，如图 7.4.25a 所示。如果不选择该选项，创建的钣金实体冲压特征仍然包含锐边，如图 7.4.25b 所示。

- ☑ 质心点：选中此复选框，可以通过对放置面轮廓线的二维自动产生一个刀具中心位置创建冲压特征。

- ☑ 隐藏工具体：选中此复选框，则在创建钣金冲压特征后，工具体不可见，否则工具体可见，如图 7.4.26 所示。

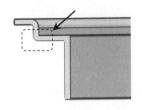

a）设置恒定厚度

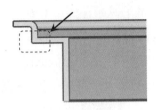

b）不设置恒定厚度

图 7.4.25　设置"恒定厚度"创建钣金实体冲压示意图

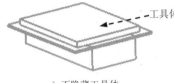

a）不隐藏工具体

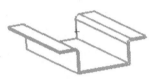

b）隐藏工具体

图 7.4.26　设置"隐藏工具体"

2."冲模"类型

下面以图 7.4.27 为例，讲述实体冲压中"冲模"类型的一般操作过程。

a）冲压前

图 7.4.27　实体冲压

b）冲压后

Step1. 打开文件 D:\ug11\work\ch07.04.05\pressing02，并确认该模型处于"建模"环境中。

Step2. 创建图 7.4.28 所示的旋转体。

（1）选择命令。选择下拉菜单 插入(S) ➡ 设计特征(E)▶ ➡ 旋转(R)... 命令，系统弹出"旋转"对话框。

（2）定义截面草图。单击 按钮，选取 ZX 基准平面为草图平面；绘制图 7.4.29 所示的截面草图。

（3）定义旋转轴。选取图 7.4.29 所示的边线作为旋转轴。

图 7.4.28　旋转体

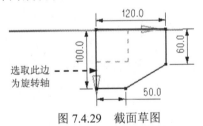

图 7.4.29　截面草图

（4）定义旋转角度。在"旋转"对话框 限制 区域的 开始 下拉列表中选择 值 选项，并在 角度 文本框中输入数值 0，在 结束 下拉列表中选择 值 选项，并在 角度 文本框中输入数值 360。

（5）单击 < 确定 > 按钮，完成旋转特征的创建。

Step3. 创建图 7.4.30b 所示的圆角特征。

（1）选择下拉菜单 插入(S) ➡ 细节特征(L) ➡ 边倒圆(E)... 命令，系统弹出"边倒圆"对话框。

（2）选取倒圆参照边。选取图 7.4.30a 所示的两条边线为边倒圆参照，在弹出的动态输入框中输入圆角半径值 1.5。

（3）单击"边倒圆"对话框中的 〈确定〉 按钮，完成圆角特征的创建。

a）圆角前　　　　　　　　　　　　　　　　　　　b）圆角后

图 7.4.30　圆角特征

Step4. 创建图 7.4.31b 所示的抽壳特征。选择下拉菜单 插入(S) ➡ 偏置/缩放(O) ➡ 抽壳(H)... 命令，系统弹出"抽壳"对话框；在"抽壳"对话框 类型 区域的下拉列表中选择 移除面，然后抽壳 选项；选取图 7.4.31a 所示的面为移除面，并在 厚度 文本框中输入数值 3，采用系统默认抽壳方向；单击 〈确定〉 按钮，完成抽壳特征的创建。

a）抽壳前　　　　　　　　　　　　　　　　　　　b）抽壳后

图 7.4.31　抽壳特征

Step5. 创建实体冲压特征（将模型切换至"钣金"环境）。

（1）选择下拉菜单 插入(S) ➡ 冲孔(H) ▶ ➡ 实体冲压(N)... 命令，系统弹出"实体冲压"对话框。

（2）定义实体冲压类型。在弹出的"实体冲压"对话框中选择 冲模 选项，即选取实体冲压类型为凹模。

（3）定义目标面。此时，在"实体冲压"对话框中"目标面"按钮 已处于激活状态，选取图 7.4.32 所示的面为目标面。

（4）定义工具体。此时，在"实体冲压"对话框中"工具体"按钮 已处于激活状态，选取图 7.4.33 所示的抽壳体为工具体。

（5）单击"实体冲压"对话框中的 〈确定〉 按钮，完成实体冲压特征的创建。

Step6. 保存零件模型。

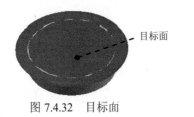

图 7.4.32　目标面

图 7.4.33　工具体

7.5　UG 钣金设计综合实际应用

范例概述：

　　本应用详细讲解了图 7.5.1 所示钣金支架的初步设计过程，主要应用了弯边、法向除料等命令。需要读者注意的是使用"弯边"命令在创建弯边时的操作过程及使用方法。零件模型及相应的模型树如图 7.5.1 所示。

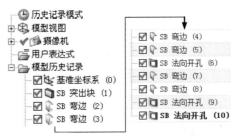

图 7.5.1　零件模型及模型树

　　说明：本范例的详细操作过程请参见随书光盘中 video\ch07\文件下的语音视频讲解文件。模型文件为 D:\ug11\work\ch07.05\sm_bracket.prt。

第**8**章　渲染功能及应用

在创建零件和装配的三维模型时，能够进行简单的着色和显示不同的线框状态，但在实际的产品设计中，那些显示状态是远远不够的，因为它们无法表达产品的颜色、光泽、质感等特点，因此要进行进一步的渲染处理，才能使模型达到真实的效果。UG NX 11.0 具有强大的渲染功能，为设计人员提供了一个很有效的工具。本章主要讲述了如何对材料/纹理、灯光效果、展示室环境、基本场景和视觉效果进行设置，如何生成高质量图像和艺术图像。

8.1　材料/纹理

材料及纹理功能是指将指定的材料或纹理应用到相应的零件上，使零件表现出特定的效果，从而在感观上更具有真实性。UG NX 11.0 的材料本质上是描述特定材料表面光学特性的参数集合，纹理是对零件表面粗糙度、图样的综合性描述。

8.1.1　材料/纹理对话框

材料/纹理的设置是通过"材料/纹理"对话框来实现的。选择下拉菜单 视图(V) ➡ 可视化(V) ➡ 材料/纹理(M)... 命令，系统弹出图 8.1.1 所示的"材料/纹理"对话框。下面对该对话框进行介绍。

说明：在进行此操作之前，因为已选定材料，所以才会出现图 8.1.1 所示的"材料/纹理"对话框为激活状态。若未选定材料，"材料/纹理"对话框中的部分按钮为灰色（即未激活状态）。

图 8.1.1　"材料/纹理"对话框

图 8.1.1 所示"材料/纹理"对话框中的部分按钮说明如下。

- ● ：用于启用材料编辑器。
- ● ：用于显示指定对象的材料属性。
- ● ：用于通过继承选定的实体材料。

8.1.2　材料编辑器

材料编辑器功能是用来对零件材料进行编辑，通过材料编辑器可实现对材料的亮度、纹理及颜色的设置。单击图 8.1.1 所示的"材料/纹理"对话框中的 <img> 按钮，系统弹出图 8.1.2 所示的"材料编辑器"对话框。"材料编辑器"对话框中主要包括 常规 、 凹凸 、 图样 、 透明度 和 纹理空间 选项卡，通过这些选项卡可直接对材料进行设置，现逐一对它们进行说明。

说明：此处需要找到软件安装目录 Program Files\Siemens\NX 11.0\UGII 文件夹中的 ugii_env_ug 文件，然后以记事本的方式打开，将里面的环境变量 NX_RTS_IRAY 的值设为 0 时，才可以使用。

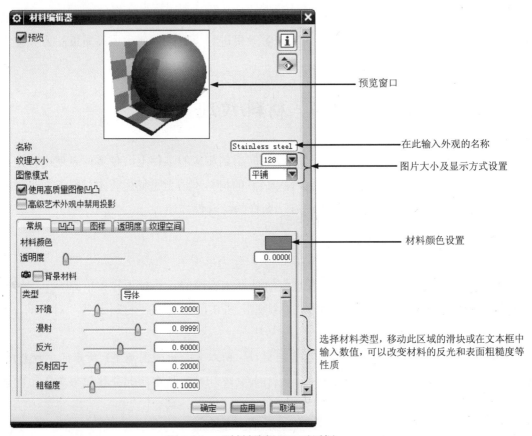

图 8.1.2 "材料编辑器"对话框

1. 常规 选项卡

单击"材料编辑器"对话框中的 常规 选项卡，此时的"材料编辑器"对话框如图 8.1.3 所示。通过该对话框可以对材料的颜色、材料背景、透明度和类型进行设置。

图 8.1.3 所示的"材料编辑器"常规对话框说明如下。

- 材料颜色：用于定义系统材料颜色。

- 透明度：用于定义材料透明度。

- 背景材料：若选中此项，系统会自动将选定的材料作为渲染图片的背景，从而达到特定的效果。

- 类型：用于定义要渲染的材料类型。

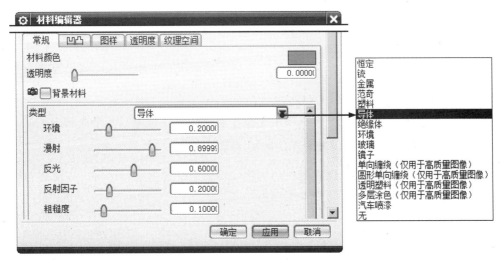

图 8.1.3 "材料编辑器"常规对话框

2. 凹凸 选项卡

单击"材料编辑器"对话框中的 凹凸 选项卡，此时的"材料编辑器"凹凸对话框如图 8.1.4 所示。通过该对话框可以设置凹凸的类型及相对应的参数。

图 8.1.4 "材料编辑器"凹凸对话框

图 8.1.4 所示的"材料编辑器"凹凸对话框类型中的选项说明如下。

- 无：该选项用于不设置材料纹理。

- 铸造面（仅用于高质量图像）：该选项用于将材料设置成铸造面效果。其中包括比例、浇注范围、凹进比例、凹进幅度、凹进阈值和详细 6 个选项的参数设置。

- 粗糙面（仅用于高质量图像）：该选项用于将材料设置成粗糙面效果。其中包括比例、粗糙值、详细和锐度 4 个选项的参数设置。

- 缠绕凹凸点：该选项用于将材料设置成缠绕的凸凹效果。其中包括比例、分隔、半径、中心深度和圆角 5 个选项的参数设置。

- 缠绕粗糙面：该选项用于将材料设置成缠绕粗糙面的效果。其中包括比例、粗糙值、详细和锐度 4 个选项的参数设置。

- 缠绕图像：该选项用于设置材料的缠绕图像效果。其中包括柔软度、幅值和图像

3 个选项的参数设置。

● **缠绕隆起**：该选项用于设置材料的缠绕隆起效果。其中包括比例、圆角和幅值 3 个选项的参数设置。

● **缠绕螺纹**：该选项用于设置材料的缠绕螺纹效果。其中包括比例、圆角、半径和幅值 4 个选项的参数设置。

● **皮革（仅用于高质量图像）**：该选项用于设置材料的皮革效果。其中包括比例、不规则和粗糙值等选项的参数设置。

● **缠绕皮革**：该选项用于设置材料的缠绕皮革效果。其中包括比例、不规则和粗糙值等选项的参数设置。

3. **图样** 选项卡

单击"材料编辑器"对话框中的 **图样** 选项卡，此时的"材料编辑器"对话框如图 8.1.5 所示。通过该对话框可以设置图样的类型及相对应的参数。

图 8.1.5 "材料编辑器"图样对话框

4. **透明度** 选项卡

单击"材料编辑器"对话框中的 **透明度** 选项卡，此时的"材料编辑器"对话框如图 8.1.6 所示。通过该对话框可以设置透明度的类型及相对应的参数。

图 8.1.6 "材料编辑器"透明度对话框

5. **纹理空间** 选项卡

单击"材料编辑器"对话框中的 **纹理空间** 选项卡，此时的"材料编辑器"对话框如图 8.1.7 所示。通过该对话框可以设置纹理空间的类型及相对应的参数。

图 8.1.7 "材料编辑器"纹理空间对话框

图 8.1.7 所示的"材料编辑器"对话框中 纹理空间 选项卡的部分说明如下。

● 类型 ：该下拉列表中包括 任意平面 、 圆柱坐标系 、 球坐标系 、 自动定义 WCS 轴 、 Uv 和 摄像机方向平面 选项。

    ☑ 任意平面 ：选择该选项，以平面形式投影。

    ☑ 圆柱坐标系 ：选择该选项，以圆柱形的形式投影。

    ☑ 球坐标系 ：选择该选项，以球形的形式投影。

    ☑ 自动定义 WCS 轴 ：选择该选项，根据曲面法向选择 X、Y 或 Z 轴。

    ☑ Uv ：从几何体的 UV 坐标映射，将参数坐标系分配到纹理空间。

    ☑ 摄像机方向平面 ：选择该选项，以摄像机所在平面方向进行投影。

● 中心-点 ：可以任意指定纹理空间的原点。可用于"任意平面""圆柱形"和"球形"纹理空间。

● 法向矢量 ：可以任意指定圆锥形或球形的垂直或主要轴。

● 向上矢量 ：可以任意指定纹理空间的参考轴。仅可用于"任意平面"纹理空间。

● 比例 ：指定纹理空间的总体大小。

● 宽高比 ：指定纹理空间的高度和宽度的比率。

● ☑ 绘制反馈矢量 ：可动态地调整对象的纹理放置。其效果取决于所应用的纹理空间类型。

8.2 灯 光 效 果

在渲染的过程中，为了得到各种特效的渲染图像，需要添加各种灯光效果来反映图形的特征，利用光源可加亮模型的一部分或创建背光以提高图像质量。在 UG NX 11.0 里面，灯光分为基本光源和高级光源两种。

8.2.1 基本光源

基本光源功能可以简单地设置渲染场景，其方法快捷方便。因为基本光源只有 8 个场景光源，并且场景光源在场景中的位置是固定不变的，所以基本光源存在一定的局限性。

选择下拉菜单 视图(V) ➡ 可视化(V) ➡ 基本光(B)... 命令，系统弹出图 8.2.1 所示的"基本光"对话框。通过该对话框可以对 8 个场景光源进行编辑。

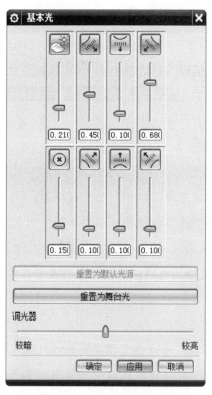

图 8.2.1 "基本光"对话框

图 8.2.1 所示"基本光"对话框中的相关按钮说明如下。

● ：此按钮是为了设置场景环境灯光，在系统默认为选中状态。

● ：此按钮是为了设置场景左上部方向灯光，在系统默认为选中状态。

● ：用于添加场景顶部方向灯光。

- ● ：此按钮用于添加场景右上部方向灯光，在系统默认为选中状态。

- ● ：此按钮用于添加场景正前部方向灯光。

- ● ：此按钮用于添加场景左下部方向灯光。

- ● ：此按钮用于添加场景底部方向灯光。

- ● ：此按钮用于添加场景右下部方向灯光。

- ● 重置为默认光源 ：单击此按钮，系统将自动设置为默认的光源。在系统默认的状态下，只打开 、 和 。

- ● 重置为舞台光 ：单击此按钮，系统将重新设置所有光源，此时所有基本光源全部打开。

8.2.2　高级光源

高级光源功能可以创建新的光源，并且可设置和修改新的光源，因此高级光源与基本光源相比具有更高的灵活性和多样性。

选择下拉菜单 视图(V) ➡ 可视化(V) ➡ 高级光(A)... 命令，系统弹出图 8.2.2 所示的 "高级光" 对话框。

图 8.2.2　"高级光" 对话框

图 8.2.2 所示的"高级光"对话框的部分说明如下。

- ⬚（标准视线）：该光源放在 Z 轴或者位于视点上，该光源在场景中不能产生阴影效果。
- ⬚（标准 Z 平行光）：该光源可以理解成在无限远处光源产生的光照效果。
- 开：此区域用于显示已经在渲染区域内的光源。在系统默认的状态下，只打开 ⬚、⬚ 和 ⬚。在该区域内选中一指定的光源，单击 ⬇ 按钮，此时被选中的光源将会被关闭。
- 关：此区域用于显示不在渲染区域内的光源。系统默认已经关闭的光源有 ⊗、⬚、⬚、⬚、⬚ 和 ⬚ 等等。在该区域内选中一指定的光源，单击 ⬆ 按钮，此时被选中的光源将会被显示在渲染区域内。
- 名称：用于定义灯光名称。
- 类型：用于定义灯光类型。
- 颜色：用于定义灯光的颜色。
- 强度：用于定义灯光照射的强度。

8.3　展示室环境设置

展示室环境是渲染的背景，它为渲染设置舞台，是渲染图像的一个组成部分。展示室环境包括"编辑器""查看转台"和"矢量构造器"。

8.3.1　编辑器

通过编辑器能够完成对环境立方体的编辑与设置操作。

选择下拉菜单 视图(V) ➡ 可视化(V) ➡ 展示室环境(E)... 命令，系统弹出图 8.3.1 所示的"展示室环境"对话框。单击对话框中的 按钮，系统弹出图 8.3.2 所示的"编辑环境立方体图像"对话框。

图 8.3.1　"展示室环境"对话框

8.3.2　查看转台

查看转台功能能够从指定的旋转方位来观察每个壁的反射效果。

选择下拉菜单 视图(V) ➡️ 可视化(V) ➡️ 🔷 展示室环境(W)... 命令，系统弹出"展示室环境"对话框。单击对话框中的 按钮，系统弹出图 8.3.3 所示的"转台设置"对话框。

图 8.3.3 所示的"转台设置"对话框中的按钮和下拉列表说明如下。

- 类型：用于定义旋转类型。主要包括以下三种类型。
  - ☑ 无：选取该选项，模型和展示室都保持相对静止。
  - ☑ 部件旋转：选取该选项，模型相对于展示室运动。
  - ☑ 环绕：选取该选项，展示室相对于模型运动。
- 速度：用于定义旋转快慢，主要包括 慢、中 和 快 三种。
- 任意旋转轴 ：任意指定一轴线为旋转中心轴线。
- 将旋转轴重置为屏幕 Y 轴 ：重置轴线，指定 Y 轴为旋转中心轴线。
- 运行转台 ：选定旋转类型和旋转中心轴线后，单击此按钮转台产生旋转运动。

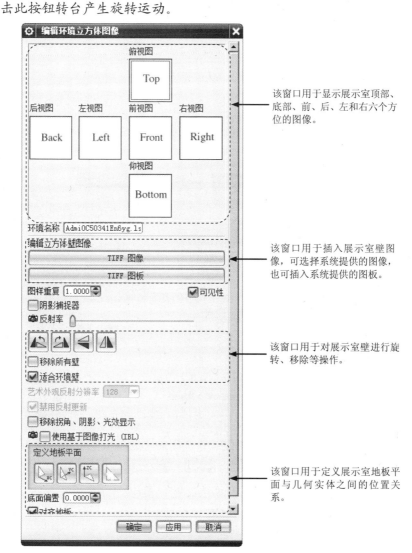

图 8.3.2 "编辑环境立方体图像"对话框

图 8.3.3　"转台设置"对话框

8.4　基本场景设置

在渲染的过程中常常需要对基本场景进行设置，从而达到更加逼真的效果。基本场景的设置包括"背景""舞台""反射""光源"和"基本图像的打光"。下面对它们逐一进行介绍。

8.4.1　背景

在渲染的过程中想要表现出模型的特征，添加一个特定的背景，往往能达到很好的效果。

选择下拉菜单 视图(V) ➡ 可视化(V) ➡ 场景编辑器(N)... 命令，系统弹出"场景编辑器"对话框；单击对话框中的 背景 选项卡，此时的对话框如图 8.4.1 所示。

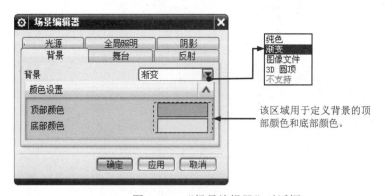

图 8.4.1　"场景编辑器"对话框

图 8.4.1 所示的"场景编辑器"对话框中"背景"选项卡的部分说明如下。

- 背景 下拉列表中包括：纯色 、渐变 、图像文件 和 3D 圆顶 选项。
  - ☑ 纯色：选择该选项，用单色设置背景色。
  - ☑ 渐变：选择该选项，设置背景色渐变，顶部显示一种颜色，底部显示另一种颜色。

☑　图像文件：选择该选项，使用系统 NX 提供的图片或自己创建的图片来设置
　　背景色。

8.4.2　舞台

舞台是一个壁面有反射的、不可见的或带有阴影捕捉器功能的立方体。

舞台的大小、位置、地板和壁纸等各项参数的设置是通过"场景编辑器"中的 舞台
选项卡来实现的。

选择下拉菜单 视图(V) ➡ 可视化(V) ➡ 场景编辑器(N)... 命令，系统弹出"场景
编辑器"对话框；单击对话框中的 舞台 选项卡，此时的对话框如图 8.4.2 所示。

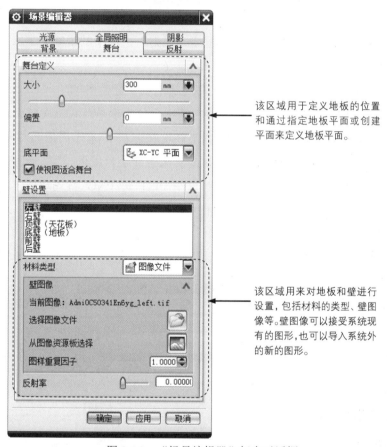

图 8.4.2　"场景编辑器"舞台对话框

图 8.4.2 所示的"场景编辑器"对话框中"舞台"选项卡的部分说明如下。

- 大小：指定舞台的大小。
- 偏置：用于指定舞台与模型的位置偏移。
- 材料类型：指定选定的底面/壁面的一种材料类型。该下拉列表包括阴影捕捉器、
  图像文件和不可见三种选项。

8.4.3　反射

通过光的反射将背景、舞台地板、舞台壁或用户指定的图像在模型中表现出来。

选择下拉菜单 视图(V) ➡️ 可视化(V) ➡️ 🖼 场景编辑器(N)... 命令，系统弹出"场景编辑器"对话框；单击对话框中的 反射 选项卡，此时的对话框如图 8.4.3 所示。

图 8.4.3　"场景编辑器"反射对话框

图 8.4.3 所示的"场景编辑器"对话框中"反射"选项卡的说明如下。

- 反射图 ：该下拉列表包括以下几项：
  - ☑ 2D 背景 ：该选项用于指定环境反射基于背景图像。
  - ☑ 舞台地板/壁 ：该选项用于指定环境反射基于舞台底面或壁面。
  - ☑ 基于图像打光 ：该选项用于指定环境反射基于"基于图像的灯光"设置。
  - ☑ 用户指定图像 ：该选项用于指定不同于背景的图像、"基于图像的灯光"，并将其用于反射，还可以指定 TIFF、JPG 或 PNG 格式的任何图像，或从 NX 提供的反射图像选项板中指定。

8.4.4　光源

在"基本场景编辑器"中可以对场景光源的类型、强度、光源的位置等属性进行设置。

选择下拉菜单 视图(V) ➡️ 可视化(V) ➡️ 🖼 场景编辑器(N)... 命令，系统弹出"场景编辑器"对话框；单击对话框中的 光源 选项卡，此时的对话框如图 8.4.4 所示。

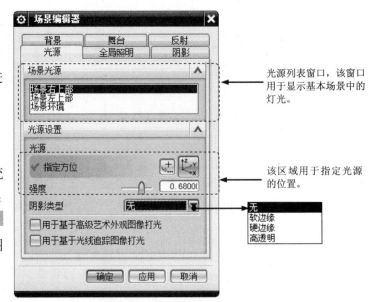

光源列表窗口，该窗口用于显示基本场景中的灯光。

该区域用于指定光源的位置。

图 8.4.4　"场景编辑器"光源对话框

图 8.4.4 所示的 "场景编辑器" 对话框中 光源 选项卡的部分说明如下。

- 强度 ：定义光照的强度。

- 阴影类型 ：该下拉列表用于设置阴影效果，其中包括 无 、 软边缘 、 硬边缘 和 高透明 四种选项。

- ☑用于基于高级艺术外观图像打光 ：若选中该复选框，则在光照列表中的单个光照的灯光效果不可用。

8.4.5 全局照明

全局照明是对于 2D 图像场景定义复杂打光方案的一种方法。例如：可以使用室外场景图像获得 "天空" 环境下的打光，也可以用室内图像设置 "屋内" 或 "照相馆" 打光环境。从 IBL 的图像也可以反射来自场景中的闪耀对象。

选择下拉菜单 视图(V) ➡ 可视化(V) ➡ 场景编辑器(N)... 命令，系统弹出 "场景编辑器" 对话框；单击对话框中的 全局照明 选项卡，此时的对话框如图 8.4.5 所示。

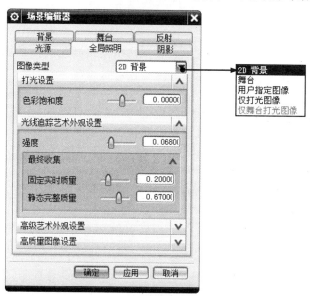

图 8.4.5 "场景编辑器" 全局照明对话框

8.5 视 觉 效 果

8.5.1 前景

选择下拉菜单 视图(V) ➡ 可视化(V) ➡ 视觉效果(V)... 命令，系统弹出 "视觉效果" 对话框；单击对话框中的 前景 按钮，此时的对话框如图 8.5.1 所示。

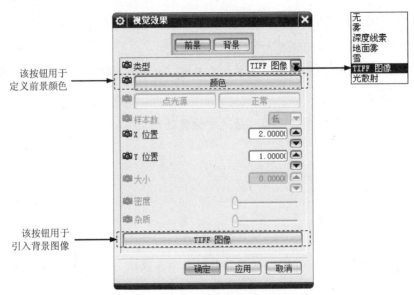

图 8.5.1 "视觉效果"对话框

图 8.5.1 所示的"视觉效果"对话框中"前景"选项卡的部分说明如下。

- **类型**：该下拉列表用于设置场景的光源类型。其中包括：
  - ☑ **无**：选取该选项，没有前景。
  - ☑ **雾**：选取该选项，更改距离时，此项提供颜色的指数性衰减。
  - ☑ **深度线索**：此项提供颜色在指定范围的线性衰减。
  - ☑ **地面雾**：此项模拟一层随高度增加而变淡的雾。
  - ☑ **雪**：此项提供在照相机前有雪花飘落的效果。
  - ☑ **TIFF 图像**：此项在生成的着色图片前面放置一个 Tiff 图片。
  - ☑ **光散射**：生成一种光在大气中散射并衰减的效果。

8.5.2 背景

背景属性可以设置背景的总体类型、主要背景和次要背景三种类型。

选择下拉菜单 **视图(V)** ➡ **可视化(V)** ➡ **视觉效果(V)...** 命令，系统弹出"视觉效果"对话框；单击对话框中的 **背景** 按钮，此时的对话框如图 8.5.2 所示。

图 8.5.2 所示的"视觉效果"对话框中"背景"选项卡的部分说明如下。

- **类型**：该下拉列表用于设置背景的光源类型。其中包括：
  - ☑ **简单**：该选项仅使用主要背景。
  - ☑ **混合**：选中该选项，混合使用主要背景和次要背景。
  - ☑ **光线立方体**：选中该选项，主要背景显示于该部件之后，而次要背景设置在视点之后，且仅在反射中可见。背景和反射复选框在选择此选项后才可用。

☑ **两平面**: 选中该选项，主要背景显示于该部件之后，而次要背景设置在视点之后，且仅在反射中可见。

图 8.5.2　"视觉效果"对话框

8.6　高质量图像

高质量图像功能可以制作出 24 位颜色，类似于照片效果的图片，能够更加真实地反映出模型的外观，准确而有效地表达出设计人员的设计理念。使用"高质量图像"对话框创建的静态的渲染图像，可以保存到外部文件或进行绘制，也可以生成一组图像以创建动画电影文件。

选择下拉菜单 视图(V) ➡ 可视化(V) ➡ 高质量图像(H)... 命令，系统弹出图 8.6.1 所示的"高质量图像"对话框。

图 8.6.1　"高质量图像"对话框

图 8.6.1 所示的"高质量图像"对话框中相关说明如下。

● **方法**：该下拉列表指的是渲染图片的方式，主要包括以下几种。

☑ 平面 ：将模型的表面分成若干个小平面，每一个小平面都着上不同亮度的相同颜色，通过不同亮度的相同颜色来表现模型面的明暗变化。

☑ 哥拉得 ：使用光滑的差值颜色来渲染，曲面的明暗连接比较光滑，但着色速度比平面方法要慢。

☑ 范奇 ：曲面的明暗连接连续光滑，但着色速度相对于"哥拉得"方法较慢。

☑ 改进 ：该方法在 范奇 的基础上增加了材料、纹理、高亮反光和阴影的表现能力。

☑ 预览 ：该方法在"改进"的基础上增加了材料透明性。

☑ 照片般逼真的 ：该方法在"预览"的基础上增加了反锯齿设置的功能。

☑ 光线追踪 ：该方法采用光线跟踪方式，根据反射光和折射光影响的增加了消减镜像边缘的锯齿能力。

☑ 光线追踪/FFA ：与"光线追踪"方法相同，增加了消减镜像边缘的锯齿能力。

☑ 辐射 ：指场景中的间接灯光派生到自渲染图像上，从表面反射的直接光。

☑ 混和辐射 ：使用标准渲染技术计算打光的辐射处理。

● 保存 ：单击该按钮，系统保存当前渲染的图像，保存格式为"tif"，但用户可通过更改扩展名来保存其他格式的图像，如 GIF 或 JPEG。

● 绘图 ：单击该按钮，系统通过打印设备打印渲染图像。

● 开始着色 ：单击该按钮，系统开始自动进行渲染操作。

● 取消着色 ：单击该按钮，取消已经渲染的颜色。

8.7 艺术图像

艺术图像功能可以制作出艺术化图像，渲染成卡通、颜色衰减、铅笔着色、手绘、喷墨打印、线条、阴影和点刻八种特殊效果的图像。

选择下拉菜单 视图(V) ➡ 可视化(V) ➡ 艺术图像(I)... 命令，系统弹出图 8.7.1 所示的"艺术图像"对话框。

图 8.7.1 所示的"艺术图像"对话框的相关说明如下。

● "艺术图像"的八种样式说明如下。

☑ 卡通：一种动画式样效果，轮廓和边缘用粗线表示，颜色有所简化并有一定程式，可以控制线条的颜色和宽度。

☑ 颜色衰减：和"动画式样"一样，这种样式用线条显示边缘，用单一颜色填充线条之间的空间。用户可以指定线条的宽度和颜色。

☑ 铅笔着色：这种样式产生一种真正的"绘画"效果，用笔画和色彩漩涡反映并表现下属几何体的方向。用户可以更改笔画的长度和密度。

☑ 手绘：这种样式中的对象使用线条渲染，线条看起来是由各种笔画组成的。

这种样式可以指定墨水颜色和缝隙大小。

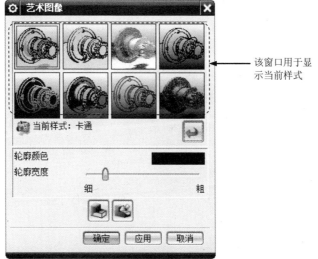

该窗口用于显示当前样式

图 8.7.1　"艺术图像"对话框

- ☑ 喷墨打印：这种样式的显示效果非常类似其他基于线条样式的照相底片。这种样式允许用户指定墨水颜色和缝隙大小。
- ☑ 线条和阴影：这种样式将几何对象的简单线条表示与阴影区的单色着色效果结合在一起，可以控制线条的颜色和宽度以及阴影区的颜色。
- ☑ 粗糙铅笔：这种类型的效果，就好像对每个线条进行了多次润色，每个线条都带有一些小的误差，可以控制线条的颜色、宽度和数量、线条偏差以及线条的均匀性。
- ☑ 点刻：这种效果将图像渲染为一系列不规则的点或点画。用户还可以使用每条点画的下属几何体颜色。

- ● 　：单击该按钮，系统将重置为默认选项。
- ● 　：单击该按钮，进行渲染操作。
- ● 　：单击该按钮，进行取消渲染操作。
- ● 轮廓颜色：用于定义轮廓线颜色。
- ● 轮廓宽度：用于定义轮廓线宽度。

8.8　渲染范例 1——机械零件的渲染

本节介绍一个零件模型渲染成钢材质效果的详细操作过程。

Task1. 打开模型文件

打开文件 D:\ug11\work\ch08.08\romance.prt。

Task2. 设置材料/纹理

Step1. 添加材料到部件中材料。选择下拉菜单 视图(V) ➡ 可视化(V) ➡ 材料/纹理(M)...命令，单击左侧工具栏中的"系统艺术外观材料"按钮，系统弹出图 8.8.1 所示的"系统艺术外观材料"窗口。单击 金属 文件夹，然后在弹出的子文件中右击"碳钢"，在系统弹出的快捷菜单中选择 复制 命令。

图 8.8.1 "系统艺术外观材料"窗口

Step2. 将材料添加到模型当中。单击左侧工具栏中的"部件中的艺术外观材料"按钮，系统弹出"部件中的艺术外观材料"窗口（图 8.8.2）。用鼠标在空白处右击，在系统弹出的快捷菜单中选择 粘贴 命令，此时窗口中已经出现"碳钢"材料，如图 8.8.2 所示。用鼠标拖动 step1 所选的材料"碳钢"至模型当中，模型材料自动更改成所选材料，如图 8.8.3 所示。

此时的模型外观如果去除模型材料，可将图 8.8.2 所示的"None"图标拖动到模型当中。

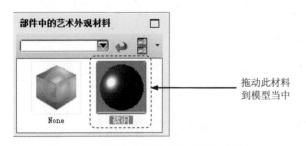
拖动此材料到模型当中

图 8.8.2 "部件中的艺术外观材料"窗口　　图 8.8.3 添加材料后的模型

Task 3. 灯光设置

Step1. 选择命令。选择下拉菜单 视图(V) ➡ 可视化(V) ➡ 高级光(A)...命令，系统弹出"高级光"对话框。

Step2. 定义环境光源。光源的设置方案如下。

（1）添加"标准 Z 聚光"。选中"高级光"对话框 灯光列表 中 关 区域的"标准 Z 聚光"按钮 ，然后单击 按钮，此时"标准 Z 聚光"被添加到环境光源 开 区域中。

（2）添加"标准 Z 点光源"。添加方法同上。

（3）创建新的点光源，并添加到 开 区域中。单击"高级光"对话框 操作 区域的"新建" 按钮，在 基本设置 区域的 名称 文本框中输入名称为"p1"，在 类型 下拉列表中选择 点光源 选项，单击 应用 按钮，点光源创建完成，然后将其添加到 开 区域中。

（4）调节光源强度与位置。在 开 区域中选中"p1"点光源，在 强度 选项中定义其强度为 0.70；单击 定向灯光 区域的 按钮，系统弹出"点"对话框；在图 8.8.4 所示的区域中输入坐标位置。使用相同的方法定义"标准 Z 点光源"点光源强度为 0.5，调节到图 8.8.5 所示的位置。其余灯光参数接受系统默认的强度与位置。

说明：在图形区域拖动光源，可以调整光源位置。

Step3. 单击对话框中的 确定 按钮，完成高级灯光的设置。

图 8.8.4 "p1"点光源位置坐标　　图 8.8.5 "标准 Z 点光源"位置坐标

Task 4. 展示室环境的设置

Step1. 选择命令。选择下拉菜单 视图(V) ➡ 可视化(V) ➡ 展示室环境(W)... 命令，系统弹出"展示室环境"对话框。

Step2. 定义编辑器。单击"展示室环境"对话框中的"编辑器" 按钮，系统弹出"编辑环境立方体图像"对话框。

Step3. 修改"底"图像。按图 8.8.6 和图 8.8.7 所示的编号（1～6）依次操作。其余方位图像的创建步骤和该步骤相同，选取图 8.8.6 所示的相对应图像。

Task 5. 设置高质量图像

Step1. 选择命令。选择下拉菜单 视图(V) ➡ 可视化(V) ➡ 高质量图像(H)... 命令，系统弹出"高质量图像"对话框。

Step2. 定义渲染方法。在 方法 下拉列表中选择 照片般逼真的 选项。

Step3. 定义渲染操作。单击 开始着色 按钮，系统开始自动着色。此时能看到模型的变化（此操作后，对话框中的按钮均为激活状态）。

Step4. 保存渲染后模型图像。单击 保存 按钮，系统弹出图 8.8.8 所示的"保存图像"对话框；单击"保存图像"对话框中的 列出文件 按钮，系统弹出保存路径对话框；在该对话框中单击 OK 按钮，然后单击"保存图像"对话框中的 确定 按钮。

Step5. 单击 确定 按钮，完成高质量图像的设置，如图 8.8.9 所示。

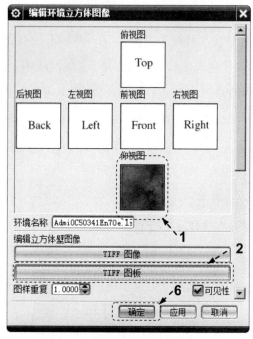

图 8.8.6 编辑环境立方体图像

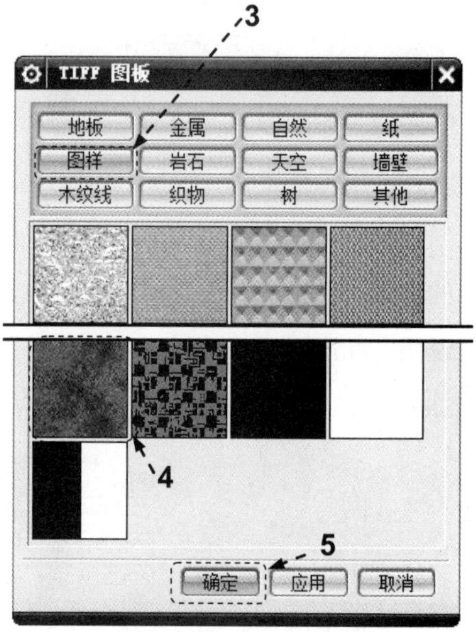

图 8.8.7 TIFF 图板

图 8.8.8 "保存图像"对话框

图 8.8.9 高质量图像

Task6. 保存零件模型

说明：在随书光盘中可以找到本例完成后的效果图（D:\ug11\work\ch08.08\ok\romance）。

8.9 渲染范例 2——图像渲染

本节介绍一个在零件模型上贴图渲染效果的详细操作过程。

Step1. 打开文件 D:\ug11\work\ch08.09\paster.prt。

Step2. 添加材料到部件中材料。选择下拉菜单 视图(V) ➡ 可视化(V) ➡

材料/纹理(M)... 命令，单击工具栏中的"系统艺术外观材料"按钮，系统弹出图 8.9.1 所示的"系统艺术外观材料"窗口；在窗口中选中青铜金属材料右击，在系统弹出的快捷菜单中选择 复制 命令。

图 8.9.1 "系统艺术外观材料"窗口

Step3. 将材料添加到"部件中的艺术外观材料"中。单击工具栏中的"部件中的艺术外观材料"按钮，系统弹出"部件中的艺术外观材料"窗口（图 8.9.2）；用鼠标在空白处右击，在系统弹出的快捷菜单中选择 粘贴 命令，此时"部件中的艺术外观材料"窗口中已经出现"青铜"材料，如图 8.9.2 所示。

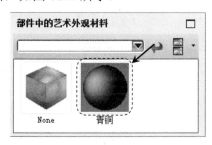

图 8.9.2 "部件中的艺术外观材料"窗口

Step4. 在"部件中的艺术外观材料"中创建贴图文件材料。

（1）创建新的材料文件。再次在空白区域中右击，在弹出的快捷菜单中选择 新建条目 ➡ 可视化材料 命令，此时系统已经自动创建了一个空白的零件材料。

（2） 编辑定义新建材料文件。选中新建的文件并右击，在弹出的快捷菜单中选择 命令，系统弹出图 8.9.3 所示的 "材料编辑器" 对话框；在 名称 文本框中将材料名称改为 picture；在 图像模式 下拉列表中选取 单个图像 选项；在 "材料编辑器" 对话框中单击 图样 选项卡，在 类型 下拉列表中选择 简单贴花 选项；单击 图像 按钮，系统弹出 "图像文件" 对话框，在其中选取 D:\ug11\work\ch08.09\picture.tif 文件；单击 应用 按钮，单击 "材料编辑器" 对话框中的 确定 按钮，完成贴图材料的创建，如图 8.9.3 所示。

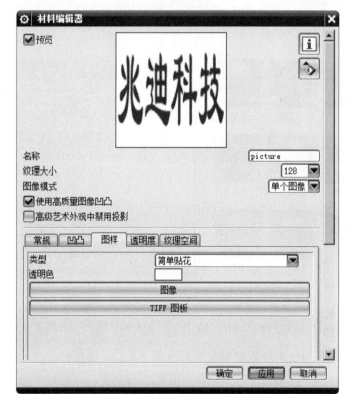

图 8.9.3　"材料编辑器" 对话框

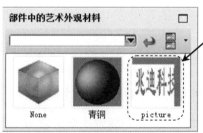

图 8.9.4　"部件中的艺术外观材料" 窗口

Step5. 给零件添加金属材料。在 "部件中的艺术外观材料" 窗口（图 8.9.4）选中青铜材料并右击，在系统弹出的快捷菜单中选取 应用 命令，选取图 8.9.5 所示的模型，单击中键确认；添加完成后的模型效果图像如图 8.9.6 所示。

图 8.9.5　添加材料模型

图 8.9.6　添加材料后的模型

Step6. 给模型表面贴图。在 "部件中的艺术外观材料" 窗口选中材料 PICTURE 并右击，在弹出的快捷菜单中选取 应用 命令，再选取图 8.9.7 所示的模型表面，单击中键确认；添加完成后的模型效果图像如图 8.9.8 所示。

图 8.9.7　添加材料模型

图 8.9.8　添加材料后的模型（一）

Step7. 编辑贴图在模型中的位置。单击"材料/纹理"对话框中的"编辑器"按钮 ，系统弹出"材料编辑器"对话框；在该对话框中单击 纹理空间 选项卡，在 类型 下拉列表中选择 任意平面 选项，单击 中心-点 按钮，选取图 8.9.9 所示的圆弧的圆心为中心点，单击 法向矢量 按钮，系统弹出"矢量"对话框；在对话框的 类型 下拉列表中选择 XC 轴 为矢量方向；单击该对话框中的 确定 按钮；单击 向上矢量 按钮，在"矢量"对话框的 类型 下拉列表中选择 YC 轴 为向上矢量方向；单击"矢量"对话框中的 确定 按钮；单击"材料编辑器"对话框中的 应用 按钮，再次单击 中心-点 按钮，系统弹出"点"对话框；在 输出坐标 区域的 参考 下拉列表中选择 WCS 选项，在 XC 文本框中输入坐标值 95，在 YC 文本框中输入坐标值 80，在 ZC 文本框中输入坐标值 160，单击"点"对话框中的 确定 按钮；在 比例 文本框中输入比例值120，并按 Enter 键确认；在 宽高比 文本框中输入宽高比值为 0.6，并按 Enter 键确认；最后单击对话框中的 确定 按钮，完成图 8.9.10 所示的贴图材料的创建。

图 8.9.9　添加材料后的模型（二）

图 8.9.10　添加材料后的模型（三）

说明：在随书光盘中可以找到本例完成后的效果图（D:\ug11\work\ch08.09\ok\paster_ok）。

第 **9** 章　运动仿真与分析

9.1　概　　述

运动仿真模块是 UG NX 主要的组成部分，它主要讲述机构的干涉分析，跟踪零件的运动轨迹，分析机构中零件的速度、加速度、作用力和力矩等。分析结果可以用于指导修改零件的结构设计或调整零件的材料。

9.1.1　机构运动仿真流程

通过 UG NX 11.0 进行机构的运动仿真大致流程如下。

Step1. 将创建好的模型调入装配模块进行装配。

Step2. 进入机构运动仿真模块。

Step3. 新建一个动力学仿真文件。

Step4. 为机构指定连杆。

Step5. 为连杆设置驱动。

Step6. 添加运算器。

Step7. 开始仿真。

Step8. 获取运动分析结果。

9.1.2　进入运动仿真模块

Step1. 打开文件 D:\ug11\work\ch09.01\asm。

Step2. 在 应用模块 功能选项卡的 仿真 区域单击 运动 按钮，进入运动仿真模块；在运动导航窗口选择 motion_2，右击，在弹出的快捷菜单中选择 设为工作状态 命令。

9.1.3　运动仿真模块中的菜单及按钮

在运动仿真模块中，与"机构"相关的操作命令主要位于 插入(S) 下拉菜单中，如图 9.1.1 所示。

进入到运动仿真模块，在"主页"功能选项卡中列出了运动仿真的"常用"工具栏，如图 9.1.2 所示。

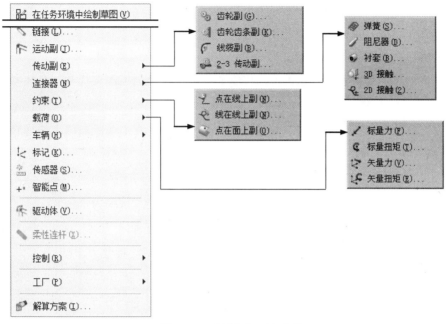

图 9.1.1   "插入"下拉菜单

图 9.1.2   "常用"工具栏

注意：在"运动导航器"中右击 ᵃˢᵐ，然后在弹出的快捷菜单中选择 新建仿真 命令，系统会弹出"环境"对话框。在"环境"对话框中单击 确定 按钮，然后在系统弹出的"机构运动副向导"对话框中单击 确定 或 取消 按钮，此时运动仿真模块的所有命令才被激活。

图 9.1.2 所示的"常用"工具栏中各按钮的说明如下。

- ：设置运动仿真的类型为运动学或动力学。

- $f(x)$：创建相应的函数并绘制图表，用于确定运动驱动的标量力、矢量力或扭矩。

- 连杆：用于定义机构中刚性体的部件。

- 运动副：用于定义机构中连杆之间的受约束的情况。

- ：用于定义两个旋转副之间的相对旋转运动。

- ：用于定义滑动副和旋转副之间的相对运动。

- ：用于定义两个滑动副之间的相对运功。

- ：用于定义两个或三个旋转副、滑动副和柱面副之间的相对运动。

- ：在两个连杆之间、连杆和框架之间创建一个柔性部件，使用运动副施加力或扭矩。

- [图标]：在两个连杆、一个连杆和框架、一个可平移的运动副或在一个旋转副上创建一个反作用力或扭矩。

- [图标]：创建圆柱衬套，用于在两个连杆之间定义柔性关系。

- [图标]：在一个体和一个静止体、在两个移动体或一个体来支撑另一个体之间定义接触关系。

- [图标]：在共面的两条曲线之间创建接触关系，使附着于这些曲线上的连杆产生与材料有关的影响。

- [图标] 点在线上副：将连杆上的一个点与曲线建立接触约束。

- [图标] 线在线上副：将连杆上的一条曲线与另一曲线建立接触约束。

- [图标] 点在面上副：将连杆上的一个点与面建立接触约束。

- [图标]：用于在两个连杆或在一个连杆和框架之间创建标量力。

- [图标]：在围绕旋转副和轴之间创建标量扭矩。

- [图标]：用于在两个连杆或在一个连杆和框架之间创建一个力，力的方向可保持恒定或相对于一个移动体而发生变化。

- [图标]：在两个连杆或在一个连杆和一个框之间创建一个扭矩。

- [图标]：用于创建与选定几何体关联的一个点。

- [图标]：用于创建一个标记，该标记必须位于需要分析的连杆上。

- [图标]：创建传感器对象以监控运动对象相对仿真条件的位置。

- [图标] 驱动体：为机构中的运动副创建一个独立的驱动。

- [图标]：定义该机构中的柔性连接。

- [图标] 干涉：用于检测整个机构是否与选中的几何体之间在运动中存在碰撞。

- [图标] 测量：用于检测计算运动中的每一步中两组几何体之间的最小距离或最小夹角。

- [图标] 追踪：在运动的每一步创建选中几何体对象的副本。

- [图标]：用于编辑连杆、运动副、力、标记或运动约束。

- [图标] 模型检查：用于验证所有运动对象。

- [图标] 动画：根据机构在指定时间内的仿真步数，执行基于时间的运动仿真。

- [图标] XY 结果：为选定的运动副和标记创建指定可观察量的图表。

- [图标]：将仿真中每一步运动副的位移数据填充到一个电子表格文件。

- [图标] 创建序列：为所有被定义为机构连杆的组件创建运动动画装配序列。

- [图标] 载荷传递：计算反作用载荷以进行结构分析。

- [图标] 解算方案：创建一个新解算方案，其中定义了分析类型、解算方案类型以及特定于解算方案的载荷和运动驱动。

- 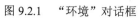：创建求解运动和解算方案并生成结果集。

9.2 连杆和运动副

机构装配完成后，各个部件并不能按装配模块中的连接关系连接起来，还必须再为每个部件赋予一定的运动学特性，即为机构指定连杆及运动副。在运动学中，连杆和运动副两者是相辅相成，缺一不可的。运动是基于连杆和运动副的，而运动副是创建于连杆上的副。

9.2.1 连杆

连杆是具有机构特征的刚体，它代表了实际中的杆件，所以连杆就有了相应的属性，如质量、惯性、初始位移和速度等。连杆相互连接，构成运动机构，它在整个机构中主要是进行运动的传递等。

下面以一个实例来讲解指定连杆的一般过程。

Step1. 打开文件 D:\ug11\work\ch09.02\assemble.prt。

Step2. 在 应用模块 功能选项卡的 仿真 区域单击 运动 按钮，进入运动仿真模块。

Step3. 新建仿真文件。

（1）在"运动导航器"中右击 assemble ，在弹出的快捷菜单中选择 新建仿真 命令，系统弹出图 9.2.1 所示的"环境"对话框。

（2）在"环境"对话框中选中 动力学 单选项，单击 确定 按钮，在系统弹出的图 9.2.2 所示的"机构运动副向导"对话框中单击 取消 按钮。

图 9.2.1 "环境"对话框

图 9.2.2 "机构运动副向导"对话框

图 9.2.1 所示的"环境"对话框说明如下。

- ⊙ 运动学 ：选中该单选项，指在不考虑运动原因状态下，研究机构的位移、速度、加速度与时间的关系。

- ⊙ 动力学 ：选中该选项，指考虑运动的真正因素，即力、摩擦力、组件的质量和惯性及其他影响运动的因素。

图 9.2.2 所示的"机构运动副向导"对话框说明如下。

- 确定 ：单击该按钮，接受系统自动对机构进行分析而生成的机构运动副向导，且为系统中的每一个相邻零件创建一个运动副，这些运动副可以根据分析需要进行激活或不激活。

- 取消 ：单击该按钮，不接受系统自动生成的机构运动副。

Step4. 选择下拉菜单 插入(S) ➡ ↖ 链接(L)... 命令，系统弹出图 9.2.3 所示的"连杆"对话框。

Step5. 在 选择几何对象以定义连杆 的提示下，选取图 9.2.4 所示的部件为连杆。

Step6. 在"连杆"对话框中单击 确定 按钮，完成连杆的指定。

图 9.2.3 "连杆"对话框

选取此部件为连杆

图 9.2.4 选取连杆

图 9.2.3 所示"连杆"对话框的选项说明如下。

- 连杆对象 ：该区域用于选取零部件作为连杆。

- 质量属性选项 ：用于设置连杆的质量属性。

  - ☑ 自动 ：选择该选项，系统将自动为连杆设置质量。

  - ☑ 用户定义 ：选择该选项，将由用户设置连杆的质量。

- 质量 ：在 质量属性选项 区域中的下拉列表中选择 用户定义 选项后，质量与力矩 区域中的选项即被激活，用于设置质量的相关属性。

- 初始平移速度 ：用于设置连杆最初的移动速度。

- **初始旋转速度**：用于设置连杆最初的转动速度。

- **设置**：用于设置连杆的基本属性。

  ☑ □**固定连杆**：选中该复选框后，连杆将固定在当前位置不动。

  ☑ **名称**：通过该文本框可以为连杆指定一个名称。

9.2.2　运动副

为了组成一个具有运动作用的机构，必须把两个相邻连杆以一种方式连接起来，这种连接必须是可动连接，不能是固定连接，这种使两个连杆接触而又保持某些相对运动的可动连接，即称为运动副。运动副的类型有很多种，下面将着重介绍 UG 中常用的几种运动副类型。选择下拉菜单 **插入(S)** ➡ **运动副(J)...** 命令，系统弹出图 9.2.5 所示的"运动副"对话框（一）。单击"运动副"对话框（一）中的 **驱动** 选项卡，系统弹出图 9.2.6 所示的"运动副"对话框（二）。

图 9.2.5　"运动副"对话框（一）

图 9.2.6 所示"运动副"对话框（二）的 **驱动** 选项卡中各选项说明如下。

- **旋转**下拉列表：该下拉列表用于选取为运动副添加驱动的类型。

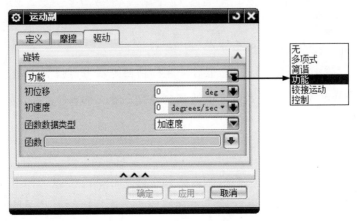

图 9.2.6 "运动副"对话框（二）

☑ **多项式**：设置运动副为等常运动（旋转或者是线性运动），需要的参数是位移、速度、加速度和加加速度。

☑ **简谐**：选择该选项，运动副产生一个正弦运动，需要的参数是振幅、频率、相位角和位移。

☑ **铰接运动**：选择该选项，设置运动副以特定的步长和特定的步数的运动，需要的参数是步长和位移。

● **初位移** 文本框：该文本框中输入数值定义初始位移。

● **初速度** 文本框：该文本框中输入数值定义运动副的初始速度。

● **加速度** 文本框：该文本框中输入数值定义运动副的加速度。

● **函数** 文本框：将给运动副添加一个复杂的、符合数学规律的函数运动。

1. 旋转副

通过旋转副可以实现两个杆件绕同一轴作相对转动，如图 9.2.7 所示。旋转副又可分为两种形式：一种是两个连杆绕同一轴作相对转动，另一种则是一个连杆绕固定的轴进行旋转。

2. 滑动副

滑动副可以实现两个相连的部件互相接触并进行直线滑动，如图 9.2.8 所示。滑动副又可分为两种形式：一种是两个部件同时作相对的直线滑动，另一种则是一个部件在固定的机架表面进行直线滑动。

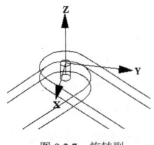

图 9.2.7 旋转副

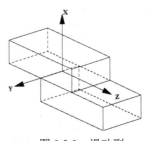

图 9.2.8 滑动副

3．柱面副

通过柱面副可以连接两个部件，使其中一个部件绕另一个部件进行相对转动，并可以沿旋转轴进行直线运动，如图 9.2.9 所示。

4．螺旋副

螺旋副可以实现一个部件绕另一个部件作相对螺旋运动。用于模拟螺母在螺杆上的运动，如图 9.2.10 所示。

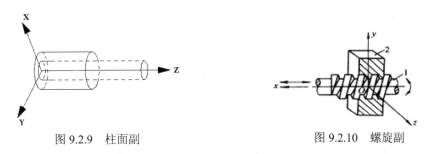

图 9.2.9   柱面副   图 9.2.10   螺旋副

5．万向节

万向节可以连接两个成一定角度的转动连杆，且它有两个转动自由度。它实现了两个部件绕互相垂直的两根轴作相对转动，如图 9.2.11 所示。

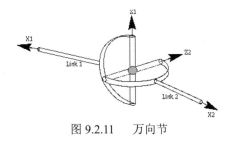

图 9.2.11   万向节

6．球面副

球面副实现了一个部件绕另一个部件（或机架）作相对 3 个自由度的运动，它只有一种形式，必须是两个连杆相连，如图 9.2.12 所示。

7．平面副

平面副是两个连杆在相互接触的平面上自由滑动，并可以绕平面的法向作自由转动。平面副可以实现两个部件之间以平面相接触，互相约束，如图 9.2.13 所示。

8．点在线上副

点在线上副实现一个部件始终与另一个部件或者机架之间有点接触。点在线上副有 4

个运动自由度，如图 9.2.14 所示。

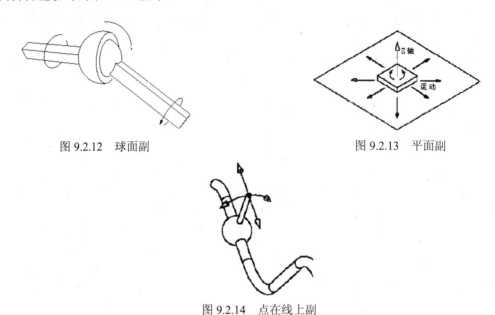

图 9.2.12　球面副　　　　　　　　　　图 9.2.13　平面副

图 9.2.14　点在线上副

9．线在线上副

线在线上副模拟了两个连杆的常见凸轮运动关系。线在线上副不同于点在线上副，点在线上副中，接触点位于同一平面中；而线在线上副中，第一个连杆中的曲线必须和第二个连杆保持接触且相切，如图 9.2.15 所示。

图 9.2.15　线在线上副

9.3　力　学　对　象

在 UG NX 11.0 的运动仿真环境中，允许用户给运动机构添加一定的力或载荷，使整个运动仿真处在一个真实的环境中，尽可能使其运动状态与真实的情况相一致。力或载荷只能应用于运动机构的两个连杆、运动副或连杆与机架之间，用来模拟两个零件之间的弹性连接、弹簧或阻尼状态，以及传动力与原动力等零件之间的相互作用。

9.3.1 类型

1．弹簧

弹簧是一个弹性元件，就是在两个零件之间、连杆和框架之间或在平移的运动副内施加力或扭矩。

2．阻尼器

阻尼器是一个机构对象，它消耗能量，逐步降低运动的影响，对物体的运动起反作用力。阻尼器经常用于控制弹簧反作用力的行为。

3．衬套

衬套是定义两个连杆之间弹性关系的机构对象。它同时还可以起到力和力矩的效果。

4．3D 接触

3D 接触可以实现一个球与连杆或是机架上所选定的一个面之间发生碰撞的效果。

5．2D 接触

2D 接触结合了线线运动副类型的特点和碰撞载荷类型的特点。可以将 2D 接触作用在连杆上的两条平面曲线之间。

6．标量力

标量力可以使一个物体运动，也可以作为限制和延缓物体运动的反作用力。

7．标量力矩

标量力矩只能作用在转动副上。正的标量力矩是添加在旋转副上绕轴的顺时针方向旋转的力矩。

8．矢量力

矢量力是有一定大小、以某方向作用的力，且其方向在两坐标中，其中在一个坐标保持不变。标量力的方向是可以改变的，矢量力的方向在某一坐标中始终保持不变。

9．矢量力矩

矢量力矩是作用在连杆上设定了一定方向和大小的力矩。

9.3.2 创建解算方案

创建解算方案就是创建一个新的解算方案，可以定义分析类型、解算方案类型及特定于解算方案的载荷和运动驱动。选择下拉菜单 插入(S) ➡ 解算方案(I)...命令，系统弹出图 9.3.1 所示的"解算方案"对话框。

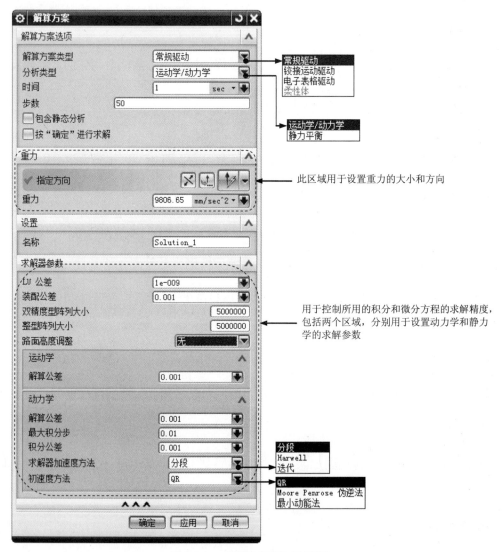

图 9.3.1 "解算方案"对话框

图 9.3.1 所示的"解算方案"对话框的说明如下。

- 解算方案选项：该下拉列表用于选取解算方案的类型。
  - ☑ 常规驱动：选择该选项，解算方案是基于时间的一种运动形式，在这种运动形式中，机构在指定的时间段内按指定的步数进行运动仿真。
  - ☑ 铰接运动驱动：选择该选项，解算方案是基于位移的一种运动形式，在这种运动形式中，机构以指定的步数和步长进行运动。

- ☑ **电子表格驱动**：选择该选项，解算方案是用电子表格功能进行常规和关节运动驱动的仿真。

- **分析类型**：该下拉列表用于选取解算方案的分析类型。

- **时间**：该文本框用于设置所用时间段的长度。

- **步数**：该文本框用于设置在上述时间段内分成几个瞬态位置（各个步数）进行分析和显示。

- **解算公差**：该文本框用于控制求解结果与微分方程之间的误差，最大求解误差越小，求解精度越高。

- **最大积分步**：该文本框用于设置运动仿真模型时，在该选项控制积分和微分方程的DX 因子，最大步长越小，精度越高。

- **最大准迭代次数**：当分析类型为静力平衡时，才出现该文本框。该文本框用于控制解算器在进行动力学或者静力学分析的最大迭代次数，如果解算器的迭代次数超过了最大迭代次数，而结果与微分方程之间的误差未到达要求，解算就结束。

- **求解器加速度方法**：该下拉列表用于指定求解运动学或动力学加速度的方法，其中包括 **分段**、**Harwell** 和 **迭代** 选项。

- **初速度方法**：该下拉列表用于指定求解运动学或动力学初速度的方法，其中包括 **QR**、**Moore Penrose 伪逆法** 和 **最小动能法** 选项。

9.4　模　型　准　备

9.4.1　标记与智能点

标记与智能点用于分析机构中某些点的运动状态。当要测量某一点的位移、速度、加速度、接触力、弹簧的位移、弯曲量和其他动力学因子时，都会用到标记和智能点。

1. 标记

标记不仅与连杆有关，而且有明确的方向定义。标记的方向特性在复杂的动力学分析中有特别的作用，如需要分析某个点的线性速度和加速度以及绕某个特定轴的角度和角加速度。

2. 智能点

智能点是没有方向的点，只作为空间的一个点来创建，它没有附着在连杆上且与连杆无关。智能点在空间的作用是非常大的，如用智能点识别弹簧的附着点，当弹簧的自由端是"附着在框架上"（接地），智能点能精确地定位接地点。

注意： 在图表创建中，智能点不是可选对象，只有标记才能用于图表功能中。

9.4.2 编辑运动对象

编辑运动对象用于重新定义连杆、运动副、力学对象、标记和运动约束。该特征是可编辑 UG 运动分析模块特有的对象和特征。其操作与创建过程是一样的，这里就不详细讲解。

9.4.3 干涉、测量和跟踪

干涉、测量和跟踪都是调用相应的复选框，处理所要解算的问题。

1. 干涉

干涉检测功能是检测一对实体或片体的干涉重叠量。在 主页 功能选项卡的 分析 区域中单击 干涉 按钮，系统弹出图 9.4.1 所示的"干涉"对话框。

图 9.4.1 "干涉"对话框

图 9.4.1 所示的"干涉"对话框说明如下。

- 类型 下拉列表中包括 高亮显示 、 创建实体 和 显示相交曲线 选项。

☑ 　🔲 高亮显示：选择该选项，在分析时出现干涉，干涉物体会变亮显示。

☑ 　🔲 创建实体：选择该选项，在分析时出现干涉，系统会生成一个非参数化的相交实体用来描述干涉体积。

☑ 　🔲 显示相交曲线：选择该选项，在分析时出现干涉，系统会生成曲线来显示干涉部分。

● 　模式：下拉列表中包括 小平面 和 精确实体 选项。

☑ 　小平面：选择该选项，是以小平面为干涉对象进行干涉分析。

☑ 　精确实体：选择该选项，是以精确的实体为干涉对象进行干涉分析。

● 　间隙：该文本框中输入的数值是定义分析时的安全参数。

2. 测量

测量检测功能是测量一对几何体的最小距离和角度。在 主页 功能选项卡的 分析 区域中单击 测量 按钮，系统弹出图 9.4.2 所示的"量纲"对话框。

图 9.4.2　"量纲"对话框

图 9.4.2 所示的"量纲"对话框说明如下。

● 　类型 下拉列表中包括 最小距离 和 角度 两种选项。

☑ 　最小距离：选择该选项，测量的是两连杆的最小距离值。

☑ 　角度：选择该选项，测量的是两连杆的角度值。

- 阈值：该文本框中输入的数值用来定义阈值（参照值）。
- 测量条件：下拉列表中包括 小于 、 大于 和 目标 选项。
  - ☑ 小于：选择该选项，测量值小于参照值。
  - ☑ 大于：选择该选项，测量值大于参照值。
  - ☑ 目标：选择该选项，测量值等于参照值。
- 公差：在该文本框中输入的数值用来定义比参照值大或小的一个定值都能符合测量条件。

3. 追踪

追踪就是在运动的每一步创建选定几何体的副本。选择追踪对象后，追踪对象就会出现在列表窗口中。如果被追踪的对象有专有的名称，则该名称就会出现在列表窗口中，对象的名称可指定。如果未指定名称，则系统会用默认名称。在 主页 功能选项卡的 分析 区域中单击 追踪 按钮，系统弹出图 9.4.3 所示的"追踪"对话框。

图 9.4.3 "追踪"对话框

图 9.4.3 所示的"追踪"对话框说明如下。

- 参考框：指定被跟踪对象以一个坐标为中心运动。
- 目标层：指定被跟踪对象的放置层。
- ☑ 激活：选中该复选框，激活目标层。

9.4.4 函数编辑器

函数编辑器是创建运动函数的工具。当使用解算运动函数或高级数学功能时，函数编辑器是非常有用的。在 主页 功能选项卡的 设置 区域中单击 $f(x)$ 按钮，系统弹出图 9.4.4 所示的 "XY 函数管理器" 对话框。

图 9.4.4 "XY 函数管理器" 对话框

9.5 运 动 分 析

运动分析用于建立运动机构模型，分析其运动规律。运动分析自动复制主模型的装配文件，并建立一系列不同的运动分析方案，每个分析方案都可以独立修改，而不影响装配模型。一旦完成优化设计方案，就可以直接更新装配模型，达到分析目的。

9.5.1 动画

动画是基于时间的一种运动形式。机构在指定的时间中运动，并指定该时间段中的步数进行运动分析。

Step1. 打开文件 D:\ug11\work\ch09.05\asm.prt。

Step2. 在 应用模块 功能选项卡的 仿真 区域单击 运动 按钮，进入运动仿真模块。在 "运动导航器" 窗口中选择 motion_2，右击，在系统弹出的快捷菜单中选择 设为工作状态 命令。在 主页 功能选项卡的 分析 区域中单击 动画 按钮，系统弹出图 9.5.1 所示的 "动画" 对话框。

图 9.5.1 所示 "动画" 对话框的选项说明如下。

- 滑动模式 ：该下拉列表用于选择滑动模式，其中包括 时间（秒） 和 步数 两种选项。
  - ☑ 时间（秒） ：指动画以设定的时间进行运动。
  - ☑ 步数 ：指动画以设定的步数进行运动。
- （设计位置）：单击此按钮，可以使运动模型回到运动仿真前置处理之前的初始三维实体设计状态。

- （装配位置）：单击此按钮，可以使运动模型回到运动仿真前置处理后的 ADAMS
  运动分析模型状态。

图 9.5.1　"动画"对话框

9.5.2　图表

图表是将生成的电子表格数据，即位移、速度、加速度和力以图表的形式表达仿真结果。图表是从运动分析中提取这些信息的唯一方法。

Step1.　打开文件 D:\ug11\work\ch09.05\asm.prt。

Step2.　在"运动导航器"窗口中选择 motion_2，右击，在系统弹出的快捷菜单中选择 设为工作状态 命令。在 主页 功能选项卡的 分析 区域中单击 XY 结果 按钮。

Step3.　选择要生成图表的对象。在"运动导航器"窗口 运动副 节点下选择 J001，此时在 XY 结果视图窗口中会显示图 9.5.2 所示的信息。

图 9.5.2 所示的"XY 结果视图"窗口的选项说明如下。

- 绝对：该下拉列表用于定义分析模型的数据类型，其中包括 位移 、 速度 、 加速度 和 力 选项。若用此下拉列表中的数据，则图表显示的数值是按绝对坐标系测量获得的。

- ● 相对 ：该下拉列表用于定义分析模型的数据类型，其中包括 位移 、 速度 、 加速度 和 力 选项。若用此下拉列表中的数据，则图表显示的数值是按所选取的运动副或标记的坐标系测量获得的。
- ● 位移 、 速度 、 加速度 和 力 选项的下拉列表用来定义要分析的数据的值，也就是图表中竖直轴上的值，其中包括 幅值 、 X 、 Y 、 Z 、 欧拉角 1 、 欧拉角 2 、 欧拉角 3 、 RX 、 RY 和 RZ 选项等。

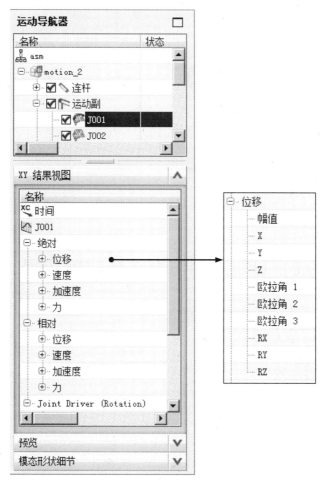

图 9.5.2　"XY 结果视图"窗口

Step4. 定义参数。在"XY 结果视图"窗口中依次展开 绝对 ➡ 力 节点，然后右击 力幅值 选项，在弹出的快捷菜单中选择 绘图 命令，在绘图区域单击即可。

9.5.3　填充电子表格

机构在运动时，系统内部将自动生成一组数据表。在运动分析过程中，该数据表连续记录数据，在每一次更新分析时，数据表都将重新记录数据。

说明：生成的电子表格的数据与图表设置中的参数数据是一致的。

在 主页 功能选项卡的 分析 区域中单击 █ 按钮，系统弹出图 9.5.3 所示的"填充电子表格"对话框。单击 确定 按钮，系统自动生成图 9.5.4 所示的电子表格。

说明：该操作是生成电子表格后的步骤。

图 9.5.3 "填充电子表格"对话框

Time Step	Elapsed Time	机构驱动
		drv J001, revolute
0	0.000	-1E-10
1	1.000	30.00001286
2	2.000	60.00002572
3	3.000	90.00003857
4	4.000	120.0000514
5	5.000	150.0000643
6	6.000	180.0000771
7	7.000	210.00009
8	8.000	240.0001029
9	9.000	270.0001157
10	10.000	300.0001286
11	11.000	330.0001414
12	12.000	360.0001543

图 9.5.4 电子表格

9.6 UG 运动仿真综合实际应用

本范例讲述了一个四杆机构的运动过程，其主要操作过程。

- 在装配体中添加连杆。
- 在连杆上创建运动副。
- 添加解算器。
- 求解。
- 动画。

下面详细介绍图 9.6.1 所示的创建四杆机构的一般操作过程。

图 9.6.1 四杆机构

Step1. 打开文件 D:\ug11\work\ch09.06\asm.prt。

Step2. 在 应用模块 功能选项卡的 仿真 区域单击 △ 运动 按钮，进入运动仿真模块。

Step3. 新建仿真文件。

（1）在"运动导航器"中右击 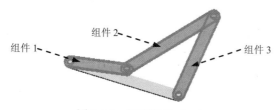，在弹出的快捷菜单中选择 新建仿真 命令，系统弹出"环境"对话框。

（2）在"环境"对话框中选中 动力学 单选项，单击 确定 按钮，在弹出的"机构运动副向导"对话框中单击 取消 按钮。

Step4. 指定连杆。选择下拉菜单 插入(S) ➡ 链接(L)... 命令，系统弹出"连杆"对话框，选取图 9.6.2 所示的组件 1 为连杆 1，采用系统默认的设置值，在"连杆"对话框中单击 应用 按钮。选取图 9.6.2 所示的组件 2 为连杆 2，采用系统默认的设置，在"连杆"对话框中单击 应用 按钮。选取图 9.6.2 所示的组件 3 为连杆 3，采用系统默认的设置值，在"连杆"对话框中单击 确定 按钮。

图 9.6.2 指定连杆（一）

Step5. 添加运动副。

（1）选择下拉菜单 插入(S) ➡ 运动副(J)... 命令，系统弹出"运动副"对话框。

（2）定义运动副类型。在"运动副"对话框 定义 选项卡的 类型 下拉列表中选择 旋转副 选项。

（3）定义连杆。选取图 9.6.3 所示的连杆 1。

（4）定义移动方向。在"运动副"对话框的 指定原点 下拉列表中选取"圆弧中心" ⊙ 选项，在模型中选取图 9.6.3 所示的圆弧为定位原点参照。在 指定矢量 下拉列表中选择 为矢量。

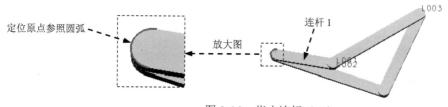

图 9.6.3 指定连杆（二）

（5）定义驱动。在"运动副"对话框中单击 驱动 选项卡，在 旋转 下拉列表中选择 多项式 选项，并在其下的 初速度 文本框中输入值 30。

（6）单击 应用 按钮，完成第一个运动副的添加。

（7）定义连杆。在"运动副"对话框中再选取图 9.6.4 所示的连杆 1。

（8）定义移动方向。在"运动副"对话框的 指定原点 下拉列表中选择"圆弧中心" ⊙ 定位原点，在模型中选取图 9.6.4 所示的圆弧为定位原点参照；在 指定矢量 下拉列表中选择为矢量。

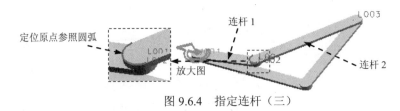

图 9.6.4 指定连杆（三）

（9）定义连杆。在"运动副"对话框的 基本件 区域中单击 ✎ 按钮，选取图 9.6.4 所示的连杆 2。

（10）单击 应用 按钮，完成第二个运动副的添加。

（11）定义连杆。在"运动副"对话框中选取图 9.6.5 所示的连杆 2。

（12）定义移动方向。在"运动副"对话框的 ✔ 指定原点 下拉列表中选取"圆弧中心" ⊙ 定位原点，在模型中选取图 9.6.5 所示的圆弧为定位原点参照；在 指定矢量 下拉列表中选择 ᶻᶜ↑ 为矢量。

（13）定义连杆。在"运动副"对话框的 基本件 区域中单击按钮 ✎ ，选取连杆 3。

（14）单击 应用 按钮，完成第三个运动副的添加。

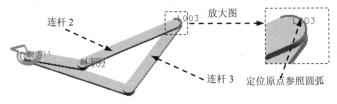

图 9.6.5 指定连杆（四）

（15）定义连杆。在"运动副"对话框中选取图 9.6.6 所示的连杆 3。

（16）定义移动方向。在"运动副"对话框的 ✔ 指定原点 下拉列表中选取"圆弧中心" ⊙ 定位原点，在模型中选取图 9.6.6 所示的圆弧为定位原点参照；在 ✔ 指定矢量 下拉列表中选择 ᶻᶜ↑ 为矢量。

（17）单击 确定 按钮，完成整个运动副的创建。

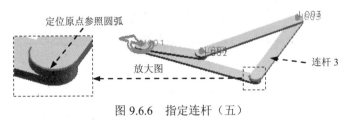

图 9.6.6 指定连杆（五）

Step6. 添加运算器。

（1）选择下拉菜单 插入(S) ➡ 解算方案(I)... 命令，系统弹出"运算方案"对话框。

（2）在"运算方案"对话框 解算方案选项 区域的 时间 文本框中输入数值 30，在 步数 文本框中输入数值 30。

（3）单击 确定 按钮，完成运算器的添加。

Step7. 对运算器进行求解。选择下拉菜单 分析(L) ➡ 运动(N)▶ ➡ 求解(S)... 命令，对运算器进行求解。

Step8. 播放动画。在 结果 功能选项卡的 动画 区域中单击"播放" 按钮 ▶，即可播放动画。

注意： 只有在 动画 区域中单击"完成动画" 按钮 之后，才可修改动画的相关属性。

Step9. 单击 （完成动画）按钮，保存动画模型文件。

第 10 章 电 缆 设 计

10.1 概 述

10.1.1 电缆设计的作用

在产品设计的流程中，除了传统的零件设计、结构设计以及出工程图外，我们还应该寻求更高级的功能使产品设计地更加完整。比如很多电气类产品中有大量的线缆，这些线缆对产品的结构布局有很大的影响。现在电气产品结构设计越来越紧凑，产品内能否容纳所需的线缆、内部元件的结构能否满足线缆的布置要求、线缆在产品内如何固定，都是需要考虑的问题。这些问题都可以通过 UG 电缆设计这个高级模块来解决。UG 电缆设计模块应用十分广泛，如通信、电子电力、工控、汽车以及家电等，凡是与线缆有关的产品均可以应用该模块。

UG 电缆设计以产品的结构为基础，在其中根据要求添加 3D 线缆，最终生成完整的数字产品模型。有了完整的产品模型，可以方便地检查线缆、元件间的干涉，各设计部门之间也可以很直观地根据模型进行交流、评估，对设计中可能存在的问题能够及时指出并修改。

UG 电缆设计还可以将加工过程提前。线缆布置完成后，在出产品结构图的同时，也可以制作线束的钉板图，指导线束加工与制造。这样，结构件完成加工的同时，线缆也可以完成加工，极大地提高研发速度。

10.1.2 UG 电缆设计的工作界面

电缆设计必须在一个装配文件的基础上进行，一般的思路是在总的产品装配模型中创建一个电缆设计节点（子装配），采用 WAVE 链接将相关结构件几何复制到电缆设计节点中。进行电缆设计时一般只需要和电缆相关的结构件，如各种端子、接插件即可。

打开文件 D:\ug11\work\ch10.01\routing_elec.prt，即可显示 UG 电缆设计界面，如图 10.1.1 所示。

10.1.3 UG 电缆设计的工作流程

UG 电缆设计的核心流程是根据接线表以及参考路径生成电线，其中接线表可以根据布线要求直接创建文本文件，然后导入到模型中，也可以直接在模型中进行连接。

UG 布线的一般工作流程如下。

（1）在产品模型中创建电气系统节点。

（2）在电气系统节点中创建各种路径参考。

（3）元件端口设置。

（4）在布线系统中放置元件。

（5）建立元件表和接线表。

（6）导入元件表和接线表。

（7）创建布线路径。

（8）自动布线。

（9）创建接线表及工程图。

图 10.1.1　电缆设计界面

10.2　UG 电缆设计实际应用

下面以图 10.2.1 所示的模型为例，介绍在 UG 中手动布线的一般过程。

Task1. 进入电缆设计模块

Step1. 打开文件 D:\ug11\work\ch10.02\ex\ routing_elec.prt，电缆设计模型如图 10.2.2 所示。

图 10.2.1　电缆设计模型

图 10.2.2　装配模型

Step2. 在 应用模块 功能选项卡的 管线布置 区域中单击 电气管线布置 按钮，进入电缆设计模块。

Task2. 设置元件端口

Stage1. 在元件 jack1 中创建连接件端口

Step1. 在装配导航器中双击 ☑ jack1 节点，将其激活。

Step2. 选择命令。在图 10.2.3 所示的"主页"功能选项卡的 部件 区域中单击 审核部件 按钮，系统弹出"审核部件"对话框。

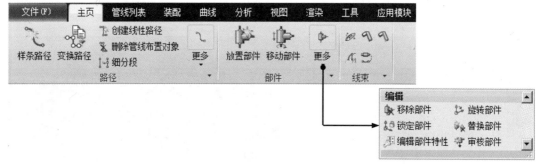

图 10.2.3　"主页"功能选项卡

Step3. 定义连接件端口。

（1）在"审核部件"对话框的 管线部件类型 区域中选中 连接件 单选项，在右侧的下拉列表中选择 连接器 选项，如图 10.2.4 所示。

（2）右击 端口 下方的 连接件 选项，在弹出的快捷菜单中选择 新建 命令，系统弹出图 10.2.5 所示的"连接件端口"对话框。

（3）在"连接件端口"对话框的 选择步骤 区域中按下"原点"按钮 （左起第一个按钮，默认被按下），在 过滤 下拉列表中选择 点 选项，在模型中选取图 10.2.6 所示的边线为参考，定义该边线的圆心为原点。

（4）在"连接件端口"对话框中按下"对齐矢量"按钮 ，在 矢量方法 下拉列表中选择 ↑ZC 为对齐矢量。

（5）在"连接件端口"对话框中按下"旋转矢量"按钮 ，在 过滤 下拉列表中选择 矢量 为对齐矢量，在 矢量方法 下拉列表中选择 XC 为旋转矢量。

图 10.2.4 "审核部件"对话框的连接器选项

图 10.2.5 "连接件端口"对话框

（6）选中"连接件端口"对话框中的 ☑ 允许多连接 复选框，单击 确定 按钮，结束连接件端口的创建，如图 10.2.7 所示。

（7）单击"审核部件"对话框中的 确定 按钮。

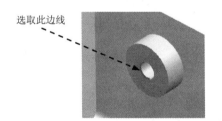

图 10.2.6 定义原点参考（一）

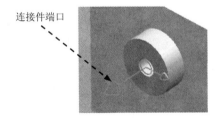

图 10.2.7 定义连接件端口（一）

Stage2. 在元件 jack2 中创建连接件端口

Step1. 在装配导航器中双击 ☑ jack2 节点，将其激活。

Step2. 在 主页 功能选项卡的 部件 区域中单击 审核部件 按钮，系统弹出"审核部件"对话框。

Step3. 定义连接件端口。

（1）在"审核部件"对话框的 管线部件类型 区域中选中 ⊙ 连接件 单选项，在右侧的下拉列

表中选择 连接器 选项；右击 端口 下方的 连接件 选项，在弹出的快捷菜单中选择 新建 命令，系统弹出"连接件端口"对话框。

（2）在"连接件端口"对话框的 选择步骤 区域中按下"原点"按钮 🔩，在 过滤 下拉列表中选择 面 选项，在模型中选取图 10.2.8 所示的面为参考，定义该面的中心为原点。

（3）在"连接件端口"对话框中按下"对齐矢量"按钮 🔩，选择 ⟦xc⟧ 为对齐矢量；按下"旋转矢量"按钮 🔩，选择 ⟦↑zc⟧ 为旋转矢量。

（4）单击 确定 按钮，结束连接件端口的创建，如图 10.2.9 所示。

（5）单击"审核部件"对话框中的 确定 按钮。

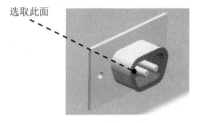

图 10.2.8　定义原点参考（二）

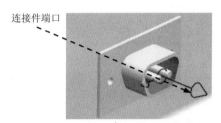

图 10.2.9　定义连接件端口（二）

Stage3. 在元件 jack3 中创建连接件端口

Step1. 在装配导航器中双击 ☑📦 jack3 节点，将其激活。

Step2. 在 主页 功能选项卡的 部件 区域中单击 审核部件 按钮，系统弹出"审核部件"对话框。

Step3. 定义连接件端口。

（1）在"审核部件"对话框的 管线部件类型 区域中选中 ⊙ 连接件 单选项，在右侧的下拉列表中选择 连接器 选项；右击 端口 下方的 连接件 选项，在弹出的快捷菜单中选择 新建 命令，系统弹出"连接件端口"对话框。

（2）在"连接件端口"对话框的 选择步骤 区域中按下"原点"按钮 🔩，在 过滤 下拉列表中选择 两直线 选项，在模型中选取图 10.2.10 所示的两条边线为参考，定义这两条边线连线的中点为原点。

（3）在"连接件端口"对话框中按下"对齐矢量"按钮 🔩，选择 ⟦xc⟧ 为对齐矢量；按下"旋转矢量"按钮 🔩，选择 ⟦↑zc⟧ 为旋转矢量。

（4）单击 确定 按钮，结束连接件端口的创建，如图 10.2.11 所示。

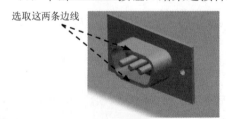

图 10.2.10　定义原点参考（三）

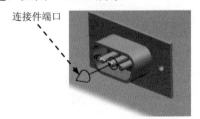

图 10.2.11　定义连接件端口（三）

（5）单击"审核部件"对话框中的 确定 按钮。

Stage4．在元件 clip 中创建固定件端口

Step1．在装配导航器中双击 ☑ clip 节点，将其激活。

Step2．在 主页 功能选项卡的 部件 区域中单击 审核部件 按钮，系统弹出"审核部件"对话框。

Step3．定义连接件端口。

（1）在"审核部件"对话框的 管线部件类型 区域中选中 连接件 单选项，在右侧的下拉列表中选择 连接器 选项；右击 端口 下方的 固定件 选项，在弹出的快捷菜单中选择 新建 命令，系统弹出"固定件端口"对话框。

（2）在"固定件端口"对话框的 选择步骤 区域中按下"原点"按钮 ，在 过滤 下拉列表中选择 点 选项，在模型中选取图 10.2.12 所示的边线为参考，定义该边线的圆心为原点。

（3）在"固定件端口"对话框中按下"对齐矢量"按钮 ，选择 XC 为对齐矢量。

（4）单击 确定 按钮两次，结束固定件端口的创建，如图 10.2.13 所示。

（5）单击"审核部件"对话框中的 确定 按钮。

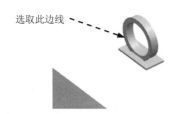

图 10.2.12　定义原点参考（四）

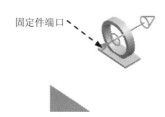

图 10.2.13　定义固定件端口

Step4．在装配导航器中双击总装配节点 ☑ routing_elec ，将其激活，然后保存装配体模型。

Stage5．在元件 port1 中创建连接件端口与多端口

Step1．打开文件 D:\ug11\work\ch10.02\ex\ port1.prt。

Step2．确认在电缆设计模块，在 主页 功能选项卡的 部件 区域中单击 审核部件 按钮，系统弹出"审核部件"对话框。

Step3．定义连接件端口。

（1）在"审核部件"对话框的 管线部件类型 区域中选中 连接件 单选项，在右侧的下拉列表中选择 连接器 选项；右击 端口 下方的 连接件 选项，在弹出的快捷菜单中选择 新建 命令，系统弹出"连接件端口"对话框。

（2）在"连接件端口"对话框的 选择步骤 区域中按下"原点"按钮 🔧 ，在 过滤 下拉列表中选择 面 选项，在模型中选取图 10.2.14 所示的面为参考，定义该面的中心为原点。

（3）在"连接件端口"对话框中按下"对齐矢量"按钮 🔧 ，选择 YC 为对齐矢量；按下"旋转矢量"按钮 🔧 ，选择 XC 为旋转矢量。

（4）单击 确定 按钮，结束连接件端口的创建，如图 10.2.15 所示。

Step4. 定义"多个"端口。

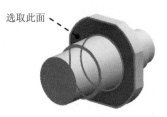

图 10.2.14 定义原点参考（五）

图 10.2.15 定义连接件端口（四）

说明："连接件端口"用于定义插接器、元件之间的连接，"多个"端口用于定义插接器、插头与导线之间的连接。

（1）在"审核部件"对话框中右击端口下方的 多个 选项，在弹出的快捷菜单中选择 新建 命令，系统弹出"多个端口"对话框。

（2）在"多个端口"对话框的 选择步骤 区域中按下"原点"按钮 🔧 ，在 过滤 下拉列表中选择 面 选项，在模型中选取图 10.2.16 所示的面为参考，定义该面的中心为原点；在"多个端口"对话框中按下"对齐矢量"按钮 🔧 ，选择 -YC 为对齐矢量；单击 确定 按钮两次，系统弹出图 10.2.17 所示的"指派管端"对话框（一）。

图 10.2.16 定义原点参考（六）

图 10.2.17 "指派管端"对话框（一）

（3）在"指派管端"对话框的 管端名称 文本框中输入数值 1，按 Enter 键，在"指派管端"对话框中选择 1 ，单击 放置管端 按钮，系统弹出图 10.2.18 所示的"放置管端"对话框，在 过滤 下拉列表中选择 面 选项，选取图 10.2.16 所示的面为参考，单击 循环方向 按钮调整端口方向（指向零件外部），如图 10.2.19 所示。

图 10.2.18 "放置管端"对话框

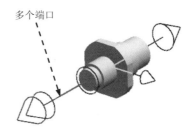

图 10.2.19 定义多个端口（一）

（4）单击 确定 按钮三次，结束多个端口的创建。

Step5. 保存零件模型，然后关闭零件窗口。

Stage6. 在元件 port2 中创建连接件端口与多端口

Step1. 打开文件 D:\ug11\work\ch10.02\ex\ port2.prt。

Step2. 确认在电缆设计模块，在 主页 功能选项卡的 部件 区域中单击 审核部件 按钮，系统弹出"审核部件"对话框。

Step3. 定义连接件端口。

（1）在"审核部件"对话框的 管线部件类型 区域中选中 连接件 单选项，在右侧的下拉列表中选择 连接器 选项；右击 端口 下方的 连接件 选项，在弹出的快捷菜单中选择 新建 命令，系统弹出"连接件端口"对话框。

（2）在"连接件端口"对话框的 选择步骤 区域中按下"原点"按钮，在 过滤 下拉列表中选择 面 选项，在模型中选取图 10.2.20 所示的面为参考，定义该面的中心为原点。

（3）在"连接件端口"对话框中按下"对齐矢量"按钮，选择 -xc 为对齐矢量；按下"旋转矢量"按钮，选择 zc 为旋转矢量。

（4）单击 确定 按钮，结束连接件端口的创建，如图 10.2.21 所示。

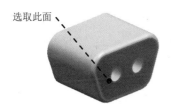

图 10.2.20 定义原点参考（七）

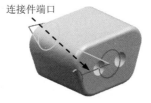

图 10.2.21 定义连接件端口（五）

Step4. 定义"多个"端口。

（1）在"审核部件"对话框中右击 端口 下方的 多个 选项，在弹出的快捷菜单中选择 新建 命令，系统弹出"多个端口"对话框。

（2）在"多个端口"对话框的 选择步骤 区域中按下"原点"按钮 🔘，在 过滤 下拉列表中选择 面 选项，在模型中选取图 10.2.20 所示的面为参考，定义该面的中心为原点；在"多个端口"对话框中按下"对齐矢量"按钮 🔘，选择 ⌜XC⌝ 为对齐矢量；单击 确定 按钮两次，系统弹出"指派管端"对话框。

（3）单击"指派管端"对话框中的 生成序列 按钮，系统弹出"序列名称"对话框（一），在该对话框中设置图 10.2.22 所示的参数，然后单击 确定 按钮，系统返回到"指派管端"对话框（二），如图 10.2.23 所示。

图 10.2.22　"序列名称"对话框（一）

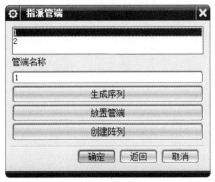

图 10.2.23　"指派管端"对话框（二）

（4）在"指派管端"对话框中选择 1，单击 放置管端 按钮，系统弹出"放置管端"对话框，在 过滤 下拉列表中选择 点 选项，选取图 10.2.24 所示的边线 1 为管端 1 的参考，单击 循环方向 按钮调整端口方向，然后单击 确定 按钮。

（5）在"指派管端"对话框中选择 2，单击 放置管端 按钮，系统弹出"放置管端"对话框，在 过滤 下拉列表中选择 点 选项，选取图 10.2.24 所示的边线 2 为管端 2 的参考，单击 循环方向 按钮调整端口方向，然后单击 确定 按钮。

（6）单击 确定 按钮两次，结束多个端口的创建，如图 10.2.24 所示。

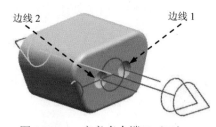

图 10.2.24　定义多个端口（二）

Step5. 保存零件模型，然后关闭零件窗口。

Stage7. 在元件 port3 中创建连接件端口与多端口

Step1. 打开文件 D:\ug11\work\ch10.02\ex\ port3.prt。

Step2. 确认在电缆设计模块，在 主页 功能选项卡的 部件 区域中单击 审核部件 按钮，系统弹出"审核部件"对话框。

Step3. 定义连接件端口。

（1）在"审核部件"对话框的 管线部件类型 区域中选中 连接件 单选项，在右侧的下拉列表中选择 连接器 选项；右击 端口 下方的 连接件 选项，在弹出的快捷菜单中选择 新建 命令，系统弹出"连接件端口"对话框。

（2）在"连接件端口"对话框的 选择步骤 区域中按下"原点"按钮 ，在 过滤 下拉列表中选择 面 选项，在模型中选取图 10.2.25 所示的面为参考，定义该面的中心为原点。

（3）在"连接件端口"对话框中按下"对齐矢量"按钮 ，选择 $-XC$ 为对齐矢量；按下"旋转矢量"按钮 ，选择 $\uparrow ZC$ 为旋转矢量。

（4）单击 确定 按钮，结束连接件端口的创建，如图 10.2.26 所示。

图 10.2.25　定义原点参考（八）

图 10.2.26　定义连接件端口（六）

Step4. 定义"多个"端口。

（1）在"审核部件"对话框中右击 端口 下方的 多个 选项，在弹出的快捷菜单中选择 新建 命令，系统弹出"多个端口"对话框。

（2）在"多个端口"对话框的 选择步骤 区域中按下"原点"按钮 ，在 过滤 下拉列表中选择 面 选项，在模型中选取图 10.2.25 所示的面为参考，定义该面的中心为原点；在"多个端口"对话框中按下"对齐矢量"按钮 ，选择 XC 为对齐矢量；单击 确定 按钮两次，系统弹出"指派管端"对话框。

（3）单击"指派管端"对话框中的 生成序列 按钮，系统弹出"序列名称"对话框（二），在该对话框中设置图 10.2.27 所示的参数，然后单击 确定 按钮，系统返回到"指派管端"对话框。

（4）在"指派管端"对话框中选择 1，单击 放置管端 按钮，系统弹出"放置管端"对话框，在 过滤 下拉列表中选择 点 选项，选取图 10.2.28 所示的边线 1 为管端 1 的参考，单击 循环方向 按钮调整端口方向，然后单击 确定 按钮。

（5）在"指派管端"对话框中选择 2，单击 放置管端 按钮，系统弹出"放置管端"对话框，在 过滤 下拉列表中选择 点 选项，选取图 10.2.28 所示的边线 2 为管端 2 的参考，单击

循环方向 按钮调整端口方向，然后单击 确定 按钮。

（6）在"指派管端"对话框中选择 3 ，单击 放置管端 按钮，系统弹出"放置管端"对话框，在 过滤 下拉列表中选择 点 选项，选取图 10.2.28 所示的边线 3 为管端 3 的参考，单击 循环方向 按钮调整端口方向，然后单击 确定 按钮。

（7）单击 确定 按钮两次，结束多个端口的创建，如图 10.2.28 所示。

图 10.2.27 "序列名称"对话框（二）

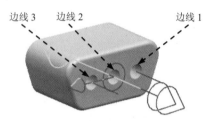

图 10.2.28 定义多个端口（三）

Step5. 保存零件模型，然后关闭零件窗口。

Task3. 放置元件

Step1. 确认当前显示总装配窗口，且 ☑ routing_elec 节点处于激活状态。

Step2. 选择命令。在 主页 功能选项卡的 部件 区域中单击"放置部件"按钮 ，系统弹出图 10.2.29 所示的"指定项"对话框。

图 10.2.29 "指定项"对话框

Step3. 放置元件 port1。

（1）单击"指定项"对话框中的"打开"按钮 ，打开文件 port1.prt，单击 确定 按钮，系统弹出图 10.2.30 所示的"放置部件"对话框。

图 10.2.30 "放置部件"对话框

（2）在模型中选取图 10.2.31 所示的插接器端口为放置参考，单击 确定 按钮，完成元件的放置，结果如图 10.2.32 所示。

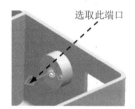

图 10.2.31 选取放置参考（一）

图 10.2.32 放置元件 port1

Step4. 参考 Step2 和 Step3 的操作步骤放置元件 port2，选取图 10.2.33 所示的插接器端口为放置参考，结果如图 10.2.34 所示。

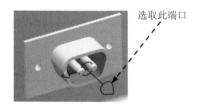

图 10.2.33 选取放置参考（二）

图 10.2.34 放置元件 port2

Step5. 参考 Step2 和 Step3 的操作步骤放置元件 port3，选取图 10.2.35 所示的插接器端口为放置参考，结果如图 10.2.36 所示。

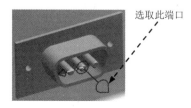

图 10.2.35 选取放置参考（三）

图 10.2.36 放置元件 port3

Task4. 创建连接

Stage1. 创建连接 1

Step1. 在导航器中单击"电气连接导航器"按钮，然后单击 管线列表 功能选项卡，如图 10.2.37 所示。

图 10.2.37 "管线列表"功能选项卡

Step2. 定义连接属性。单击 管线列表 功能选项卡 连接 区域中的 创建 按钮，系统弹出"创建连接向导：连接属性"对话框，在该对话框中设置图 10.2.38 所示的参数。

图 10.2.38 "创建连接向导：连接属性"对话框

Step3. 定义起始组件属性。单击 下一步 > 按钮，系统进入"创建连接向导：起始组件属性"对话框（一），在模型中选取元件 port1，然后在 From Device 文本框中输入 J1，在 From Conn 文本框中输入 P1，在 From Pin 下拉列表中选择 **1**，如图 10.2.39 所示。

图 10.2.39 "创建连接向导：起始组件属性"对话框

Step4. 定义目标组件属性。单击 下一步> 按钮，系统进入"创建连接向导：目标组件属性"对话框（二），在模型中选取元件 port3，然后在 To Device 文本框中输入 J3，在 To Conn 文本框中输入 P3，在 To Pin 下拉列表中选择 3，如图 10.2.40 所示。

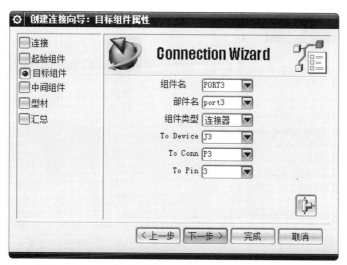

图 10.2.40　"创建连接向导：目标组件属性"对话框

Step5. 定义中间组件属性。单击 下一步> 按钮，系统进入"创建连接向导：中间组件属性"对话框，在模型中选取元件 CLIP，如图 10.2.41 所示。

图 10.2.41　"创建连接向导：中间组件属性"对话框

Step6. 定义电线属性。

（1）单击 下一步> 按钮，系统进入"创建连接向导：电线属性"对话框。

（2）单击 选择电线 按钮，系统弹出图 10.2.42 所示的"指定项"对话框，选择 Wires 节点，在 成员视图 下拉列表中选择"列表"选项 ，选中 W-100，单击 确定 按钮，系统返回到"创建连接向导：电线属性"对话框（图 10.2.43）。

（3）单击 显示颜色 右侧的"颜色"按钮，在"颜色"对话框中选择红色（red）为显示颜色，单击 确定 按钮，如图 10.2.43 所示。

图 10.2.42　"指定项"对话框　　　　图 10.2.43　"创建连接向导：电线属性"对话框

Step7. 单击 下一步 > 按钮，系统进入"创建连接向导：汇总报告"对话框，在该对话框中显示当前连接的详细信息，如图 10.2.44 所示。

Step8. 单击 完成 按钮，关闭系统弹出的信息提示文本，结束连接 1 的创建。

图 10.2.44　"创建连接向导：汇总报告"对话框

Stage2. 创建连接 2

Step1. 定义连接属性。单击 管线列表 功能选项卡 连接 区域中的 创建 按钮，系统弹出"创建连接向导：连接属性"对话框，在 Wire ID 文本框中输入 Connection_2，在 型材类型 下拉列表中选择 电线 选项，在 切割长度 文本框中输入数值 3。

Step2. 定义起始组件属性。单击 下一步 > 按钮，系统进入"创建连接向导：起始组件属性"对话框，在模型中选取元件 port2，然后在 From Device 文本框中输入 J2，在 From Conn 文本框中输入 P2，在 From Pin 下拉列表中选择 1。

Step3. 定义目标组件属性。单击 下一步 > 按钮，系统进入"创建连接向导：目标组件属性"对话框，在模型中选取元件 port3，然后在 To Device 文本框中输入 J3，在 To Conn 文本框中输入 P3，在 To Pin 下拉列表中选择 2。

Step4. 定义中间组件属性。单击 下一步 > 按钮，系统进入"创建连接向导：中间组件属性"对话框。

Step5. 定义电线属性。单击 下一步 > 按钮，系统进入"创建连接向导：电线属性"对话框；选取电线 W-100，颜色设置为绿色（Green）。

Step6. 单击 完成 按钮，关闭系统弹出的信息提示文本，结束连接 2 的创建。

Stage3. 创建连接 3

Step1. 定义连接属性。单击"管线列表"工具栏中的"创建连接"按钮，系统弹出"创建连接向导：连接属性"对话框，在 Wire ID 文本框中输入 Connection_3，在 型材类型 下拉列表中选择 电线 选项，在 切割长度 文本框中输入数值 3。

Step2. 定义起始组件属性。单击 下一步 > 按钮，系统进入"创建连接向导：起始组件属性"对话框，在模型中选取元件 port2，然后在 From Device 文本框中输入 J2，在 From Conn 文本框中输入 P2，在 From Pin 下拉列表中选择 2。

Step3. 定义目标组件属性。单击 下一步 > 按钮，系统进入"创建连接向导：目标组件属性"对话框，在模型中选取元件 port3，然后在 To Device 文本框中输入 J3，在 To Conn 文本框中输入 P3，在 To Pin 下拉列表中选择 1。

Step4. 定义中间组件属性。单击 下一步 > 按钮，系统进入"创建连接向导：中间组件属性"对话框。

Step5. 定义电线属性。单击 下一步 > 按钮，系统进入"创建连接向导：电线属性"对话框；选取电线 W-100，颜色设置为蓝色（Blue）。

Step6. 单击 完成 按钮，关闭系统弹出的信息提示文本，结束连接 3 的创建。

Stage4. 显示所有连接

Step1. 切换导航器。在装配导航器中单击连接导航器（图 10.2.45），系统显示图 10.2.46 所示的"电气连接导航器"。

Step2. 在"电气连接导航器"中选中所有连接，右击，在弹出的快捷菜单中选择 显示 命令，此时在模型中显示所有连接，如图 10.2.47 所示。

图 10.2.45　装配导航器

图 10.2.46　电气连接导航器

图 10.2.47　显示所有连接

Step3. 刷新图形区，取消连接的显示。

Task5. 创建路径

Stage1. 创建样条路径 1

Step1. 在 主页 功能选项卡的 路径 区域中单击"样条路径"按钮 ，系统弹出"样条路径"对话框。

Step2. 在模型中依次选取图 10.2.48 所示的多端口 1、固定端口、边线中心和多端口 2 为路径点，此时"样条路径"对话框如图 10.2.49 所示。

Step3. 在"样条路径"对话框中选择 点 1 ，在 向前延伸 文本框中输入数值 2；选择 点 2 ，在 向后延伸 文本框中输入数值 2；选择 点 4 ，在 向后延伸 文本框中输入数值 2；单击 确定 按钮，完成样条路径 1 的创建，如图 10.2.50 所示。

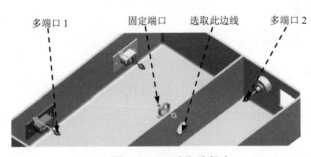

图 10.2.48　选取路径点

图 10.2.50　创建样条路径 1

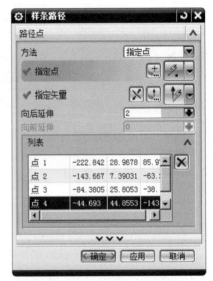

图 10.2.49　"样条路径"对话框

Stage2.　创建样条路径 2

Step1. 在 主页 功能选项卡的 路径 区域中单击"样条路径"按钮 ，系统弹出"样条路径"对话框。

Step2. 在模型中依次选取图 10.2.51 所示的点 1 和多端口 3 为路径点，在"样条路径"对话框中选择 点 2 ，在 向后延伸 文本框中输入数值 2；单击 确定 按钮，完成样条路径 2 的创建，如图 10.2.51 所示。

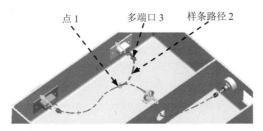

图 10.2.51　创建样条路径 2

Stage3.　创建端子

Step1. 在 主页 功能选项卡的 线束 区域中单击"创建端子"按钮 ，系统弹出图 10.2.52 所示的"创建端子"对话框。

Step2. 创建端子 1。在模型中选取图 10.2.53 所示的多端口 3，在 端子段 区域的 管端延伸 和 管端接线 下拉列表中选择 均匀值 选项，然后在 管端端口 区域的 均匀接线 文本框中输入数值 15，在"创建端子"对话框中单击"全部建模"按钮 ，单击 应用 按钮，完成端子 1 的创建，如图 10.2.54 所示。

图 10.2.52　"创建端子"对话框

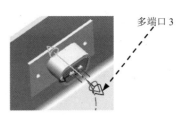

图 10.2.53　选取多端口（一）

图 10.2.54　创建端子 1

Step3. 创建端子 2。在模型中选取图 10.2.55 所示的多端口 1，在 端子段 区域的 管端延伸 和

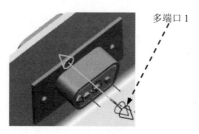 下拉列表中选择  选项，然后在 管端端口 区域的 均匀接线 文本框中输入数值 15，在 "创建端子"对话框中单击"全部建模"按钮 ，单击 确定 按钮，完成端子 2 的创建，如图 10.2.56 所示。

图 10.2.55　选取多端口（二）　　　　图 10.2.56　创建端子 2

Task6. 自动布线

Step1. 在电气连接导航器中选中所有连接，右击，在弹出的快捷菜单中选择 自动管线布置 ➡️ 引脚级别 命令，此时在模型中自动布置所有线缆，如图 10.2.57 所示。

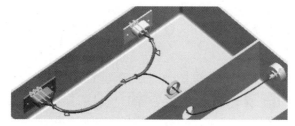

图 10.2.57　自动布线

Step2. 保存模型。

第 **11** 章 模 具 设 计

11.1 模具设计概述

注塑模具设计一般包括两大部分：模具元件（Mold Component）设计和模架（Moldbase）设计。模具元件主要包括上模（型腔）、下模（型芯）、浇注系统（主流道、分流道、浇口和冷料穴）、滑块和销等；而模架则包括固定和移动侧模板、顶出销、回位销、冷却水道、加热管、止动销、定位螺栓、导柱以及导套等。

UG NX 11.0/ Mold Wizard（注塑模向导）是 UG NX 进行注塑模具设计专用的应用模块，具有功能强大的注塑模具设计功能，用户可以使用它方便地进行模具设计。

MoldWizard 应用于塑料注射模具设计及其他类型模具设计。注塑模向导的高级建模工具可以创建型腔、型芯、滑块、斜顶和镶件，而且非常容易使用。注塑模向导可以提供快速、全相关的以及 3D 实体的解决方案。

Mold Wizard 提供设计工具和程序来自动进行高难度的、复杂的模具设计任务。它能够帮助用户节省设计的时间，同时还提供完整的 3D 模型用来加工。如果产品设计发生变更，也不会浪费多余的时间，因为产品模型的变更与模具设计是相关联的。

分型是基于一个塑料零件模型生成型腔和型芯的过程。分型过程是塑料模具设计的一个重要组成部分，特别对于外形复杂的零件来说，通过关键的自动工具及分型模块可以让这个过程自动化。此外，分型操作与原始塑料模型是完全相关的。

模架及组件库包含在多个目录(catalog)里。自定义组件包括滑块和抽芯、镶件和电极，这些在标准件模块里都能找到，并生成合适大小的腔体，而且能够保持相关性。

11.2 模具创建的一般过程

使用 UG NX 11.0 中的注塑模向导进行模具设计的一般流程为：

Step1. 初始化项目。包括加载产品模型、设置产品材料、设置项目路径及名称等。

Step2. 确定开模方向，设置模具坐标系。

Step3. 设置模具模型的收缩率。

Step4. 创建模具工件。

Step5. 定义模具型腔布局。

Step6. 模具分型。包括创建分型线、创建分型面、抽取分型区域、创建型腔和型芯。

Step7. 加载标准件。加载模架、加载滑块/抽芯机构、加载顶杆及拉料杆等。

Step8. 创建浇注系统和冷却系统。创建浇口、流道和冷却系统。

Step9. 创建电极。

Step10. 创建材料清单及模具装配图。

本节将以一个钟壳零件为例，通过本实例的学习，读者能够清楚地了解模具设计的整体思路，并能理解其中的原理。下面以图 11.2.1 所示的钟壳零件（clock_surface）为例，说明用 UG NX 11.0 软件设计模具的一般过程和方法。

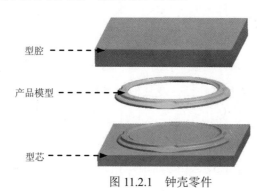

图 11.2.1　钟壳零件

11.2.1　初始化项目

初始化项目是 UG NX 11.0 中使用 Mold Wizard（注塑模向导）设计模具的源头，是把产品模型装配到模具模块中并在整个模具设计中起着关键性的作用。初始化项目的操作将会影响到模具设计的后续工作，所以在初始化项目之前应仔细分析产品模型的结构及材料，主要包括：产品模型的加载、模具坐标系的定义、收缩率的设置和模具工件（毛坯）的创建。

Task1. 加载产品模型

通过"注塑模向导"工具条中的"初始化项目"按钮 来完成产品模型的加载。下面介绍加载产品模型的一般操作过程。

Step1. 打开 UG NX 11.0 软件，在功能选项卡右侧空白的位置右击，系统弹出图 11.2.2 所示的快捷菜单。

图 11.2.2　快捷菜单

Step2. 在弹出的快捷菜单中选择 注塑模向导 命令，系统弹出"注塑模向导"功能选项卡，如图 11.2.3 所示。

图 11.2.3 "注塑模向导"功能选项卡

Step3. 在"注塑模向导"功能选项卡中单击"初始化项目"按钮 ，系统弹出"打开"对话框，选择 D:\ug11\work\ch11.02\clock_surface.prt 文件，单击 OK 按钮，载入模型后系统弹出图 11.2.4 所示的"初始化项目"对话框。

Step4. 定义项目单位。在"初始化项目"对话框 设置 区域的 项目单位 下拉列表中选择 毫米 选项。

Step5. 设置项目路径和名称。

（1）设置项目路径。接受系统默认的项目路径。

（2）设置项目名称。在"初始化项目"对话框 项目设置 区域的 Name 文本框中输入 clock_surface_mold。

Step6. 单击 确定 按钮，完成加载后的产品模型如图 11.2.5 所示。

图 11.2.4 "初始化项目"对话框

图 11.2.5 加载后的产品模型

图 11.2.4 所示"初始化项目"对话框中各选项的说明如下。

- **项目单位** 下拉列表：用于设定模具尺寸单位制，此处"项目单位"的翻译有误，应翻译为"模具单位"。系统默认的模具尺寸单位为毫米，用户可以根据需要选择不同的尺寸单位制。

- **路径** 文本框：用于设定模具项目中零部件的存储位置。用户可以通过单击 按钮来更改零部件的存储位置，系统默认将项目路径设置在产品模型存放的文件中。

- **Name** 文本框：用于定义当前创建的模型项目名称，系统默认的项目名称与产品模型名称是一样的。

- **☑ 重命名组件** 复选框：选中该复选框后，在加载模具文件时系统将会弹出"部件名管理"对话框，编辑该对话框可以对模具装配体中的各部件名称进行灵活更改。该复选框用于控制在载入模具文件时是否显示"部件名称管理"对话框。

- **材料** 下拉列表：用于定义产品模型的材料。通过该下拉列表可以选择不同的材料。

- **收缩** 文本框：用于指定产品模型的收缩率。若在部件材料下拉列表中定义了材料，则系统自动设置产品模型的收缩率。用户也可以直接在该文本框中输入相应的数值来定义产品模型的收缩率。

- **编辑材料数据库** 按钮：单击 按钮，系统将弹出图 11.2.6 所示的材料明细表。用户可以通过编辑该材料明细表来定义材料的收缩率，也可以添加材料及其收缩率。

MATERIAL	SHRINKAGE
NONE	1.000
NYLON	1.016
ABS	1.006
PPO	1.010
PS	1.006
PC+ABS	1.0045
ABS+PC	1.0055
PC	1.0045
PC	1.006
PMMA	1.002
PA+60%GF	1.001
PC+10%GF	1.0035

图 11.2.6　材料明细表

Step7. 完成产品模型加载后，系统会自动载入一些装配文件，并且都会自动保存在项目路径下。单击屏幕左侧的"装配导航器"按钮 ，系统弹出图 11.2.7 所示的"装配导航器"面板。

说明：该模具的项目装配名称为 **clock_ surface_mold_top_000**，其中 **clock_surface_mold** 为该模具名称，**top** 为项目总文件，**000** 为系统自动生成的模具编号。

对"装配导航器"面板中系统生成的文件说明如下。

加载模具文件的过程实际上是复制两个子装配：项目装配结构和产品装配结构，如图

11.2.7 所示。

● 项目装配结构：项目装配名称为 clock_surface_mold_top，是模具装配结构的总文件，主要由 top、var、cool、fill、misc、layout 等部件组成。

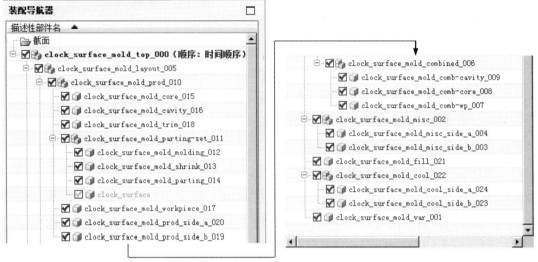

a）项目装配结构　　　　　　　　　　　　　　　　　b）产品装配结构

图 11.2.7　"装配导航器"面板

☑ top：项目的总文件，包含所有的模具零部件和定义模具设计所必需的相关数据。

☑ var：包含模架和标准件所用的参考值。

☑ cool：用于存储在模具中创建的冷却管道实体，并且冷却管道的标准件也默认存储在该节点下。

☑ fill：用于存储浇注系统的组件，包含流道和浇口的实体。

☑ misc：该节点分为两部分：side_a 对应的是模具定模的组件，side_b 对应的是动模的组件，用于存储没有定义或单独部件的标准件，包括定位圈、锁紧块和支撑柱等。

☑ layout：包含一个或多个 prod 节点，一个项目的多个产品装配结构位于同一个 layout 节点下。

● 产品装配结构：产品装配名称为 clock_surface_mold_prod，主要由 prod、shrink、parting、core、catvity、trim、molding 等部件组成。

☑ prod：用于将单独的特定部件文件集合成一个装配的子组件。

☑ shrink：包含产品模型的几何连接体。

☑ parting：用于存储修补片体、分型面和提取的型芯/型腔的面。

☑ core：用于存储模具中的型芯。

☑ cavity: 用于存储模具中的型腔。

☑ trim: 用于存储模具修剪的几何体。

☑ molding: 用于保存源产品模型的链接体，使源产品模型不受收缩率的影响。

Task2. 模具坐标系

模具坐标系在整个模具设计中的地位非常重要，它不仅是所有模具装配部件的参考基准，而且还直接影响到模具的结构设计，所以在定义模具坐标系前，首先要分析产品的结构，弄清产品的开模方向（规定坐标系的+Z 轴方向为开模方向）和分型面（规定 XC-YC 平面设在分型面上，原点设定在分型面的中心）；其次，通过移动及旋转将产品坐标系调整到与模具坐标系相同的位置；最后，通过"注塑模向导"工具条中的"模具坐标系"按钮来锁定坐标系。继续以前面的模型为例，设置模具坐标系的一般操作过程如下。

Step1. 在"注塑模向导"功能选项卡的 主要 区域中单击"模具 CSYS"按钮 ，系统弹出图 11.2.8 所示的"模具 CSYS"对话框。

Step2. 在"模具 CSYS"对话框中选择 当前 WCS 单选项，单击 确定 按钮，完成模具坐标系的定义，结果如图 11.2.9 所示。

图 11.2.8 "模具 CSYS"对话框

图 11.2.9 定义后的模具坐标系

图 11.2.8 所示"模具 CSYS"对话框中部分选项的说明如下。

- 当前 WCS：选择该单选项后，模具坐标系即为产品坐标系，与当前的产品坐标系相匹配。

- 产品实体中心：选择该单选项后，模具坐标系定义在产品体的中心位置。

- 选定面的中心：选择该单选项后，模具坐标系定义在指定的边界面的中心。

说明：本例中，产品坐标系不需要调整即符合模具坐标系的要求。当产品坐标系不符合模具坐标系的要求时，就需要进行调整。通过 格式(R) 下拉菜单中 WCS 下拉菜单中的 原点(O)... 、 动态(D)... 和 旋转(R)... 命令即可完成坐标系的调整。也可以通过双击坐标系来调整，调整坐标系的方法与建模环境下的调整方法一致，在此不再赘述。

Task3. 设置收缩率

从模具中取出注塑件后，由于温度及压力的变化塑件会产生收缩，为此 UG 软件提供了收缩率（Shrinkage）功能来纠正注塑成品零件体积收缩所造成的尺寸偏差。用户通过设置适当的收缩率来放大参照模型，便可以获得正确尺寸的注塑零件。一般它受塑料品种、产品结构、模具结构和成型工艺等多种因素的影响。继续以前面的模型为例，设置收缩率的一般操作过程如下。

Step1. 定义收缩率类型。

（1）在"注塑模向导"功能选项卡 主要 区域中单击"收缩"按钮 ，产品模型会高亮显示，同时系统弹出图 11.2.10 所示的"缩放体"对话框。

（2）定义类型。在"缩放体"对话框的 类型 下拉列表中选择 均匀 选项。

Step2. 定义缩放体和缩放点。接受系统默认的设置。

说明：因为前面只加载了一个产品模型，所以此处系统会自动将该产品模型定义为缩放体，并默认缩放点位于坐标原点。

图 11.2.10　"缩放体"对话框

图 11.2.10 所示"缩放体"对话框 类型 区域下拉列表的说明如下。

● 均匀：产品模型在各方向的轴向收缩均匀一致。

● 轴对称：产品模型的收缩呈轴对称分布，一般应用在柱形产品模型中。

● 常规：材料在各方向的收缩率分布呈一般性，收缩时可沿 X、Y、Z 方向计算不同的收缩比例。

● 显示快捷键：选中此选项，系统会将"类型"的快捷图标显示出来。

Step3. 定义比例因子。在"缩放体"对话框 比例因子 区域的 均匀 文本框中输入收缩率值 1.006。

Step4. 单击 确定 按钮，完成收缩率的设置。

Step5. 在设置完收缩率后，还可以对产品模型的尺寸进行检查。

（1）选择命令。选择下拉菜单 分析(L) ➡️ 测量距离(D)... 命令，系统弹出图 11.2.11 所示的"测量距离"对话框。

图 11.2.11 "测量距离"对话框

（2）定义测量类型及对象。在 类型 下拉列表中选择 半径 选项，选取图 11.2.12b 所示的边线，显示零件的半径值为 100.6000。

（3）检测收缩率。由图 11.2.12a 可知，产品模型在设置收缩率前的尺寸值为 100，设置后的产品模型尺寸为 100×1.006=100.6000，说明设置收缩没有失误。

（4）单击"测量距离"对话框中的 ＜ 确定 ＞ 按钮，退出测量。

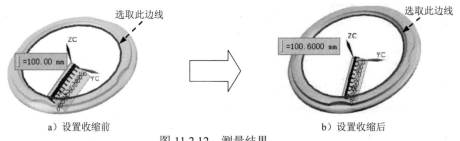

a）设置收缩前   b）设置收缩后

图 11.2.12 测量结果

Task4. 创建模具工件

继续以前面的模型为例来介绍创建模具工件的一般操作过程。

Step1. 在"注塑模向导"功能选项卡的 主要 区域中单击"工件"按钮 ，系统弹出图 11.2.13 所示的"工件"对话框。

Step2. 在"工件"对话框的 类型 下拉列表中选择 产品工件 选项，在 工件方法 下拉列表中选择 用户定义的块 选项，然后在 限制 区域中进行图 11.2.13 所示的设置，单击 ＜ 确定 ＞ 按钮，完成工件的定义，结果如图 11.2.14 所示。

图 11.2.13 所示"工件"对话框中各选项的说明如下。

● 类型 区域：用于定义创建工件的类型。

☑ 产品工件：选择该选项，则在产品模型最大外形尺寸的基础上沿 X、Y 和 Z 轴的 6 个方向分别加上相应的尺寸作为成型工件的尺寸，并且系统提供 4 种定义工件的方法。

图 11.2.13 "工件"对话框

图 11.2.14 创建后的工件

☑ 组合工件：通过该类型来定义工件，和"产品工件"类型中"用户定义的块"方法类似，不同的是在工件草图截面定义方法。

● 工件方法区域：用于定义创建工件的方法。

☑ 用户定义的块：选择该选项，则系统以提供草图的方式来定义截面。

☑ 型腔-型芯：选择该选项，则将自定义的创建实体作为成型工件。有时系统提供的标准长方体不能满足实际需要，这时可以将自定义的实体作为工件的实体。自定义的成型工件必须保存在 parting 部件中。

☑ 仅型腔和仅型芯："仅型腔"和"仅型芯"配合使用，可以分别创建型腔和型芯。

11.2.2 模型修补

在进行模具分型前，有些产品体上有开放的凹槽或孔，此时就要对产品模型进行修补，否则无法进行模具的分型。继续以前面的模型为例来介绍模型修补的一般操作过程。

Step1. 选择命令。在"注塑模向导"功能选项卡的 注塑模工具 区域中单击"曲面补片"按钮 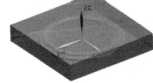，系统弹出图 11.2.15 所示的"边补片"对话框和图 11.2.16 所示的"分型导航器"窗口。

图 11.2.15　"边补片"对话框

图 11.2.16　"分型导航器"窗口

Step2. 定义修补边界。在对话框的 类型 下拉列表中选择 ⬦ 体 选项，然后在图形区选取产品实体，系统将自动识别出破孔的边界线并以加亮形式显示出来，如图 11.2.17 所示。

Step3. 单击 确定 按钮，隐藏工件和工件线框后修补结果如图 11.2.18 所示。

说明：图 11.2.16 中的"分型导航器"窗口的打开或关闭，可以通过在"注塑模向导"功能选项卡的 分型刀具 区域中单击 ▤ 按钮来进行切换状态。

高亮显示边界

图 11.2.17　高亮显示破孔的边界

图 11.2.18　修补结果

11.2.3　模具分型

通过分型工具可以完成模具设计中很多重要的工作，包括对产品模型的分析，分型线、分型面、型芯、型腔的创建、编辑，以及设计变更等。

Task1. 设计区域

设计区域的主要功能是对产品模型进行区域分析。继续以前面的模型为例来介绍设计区域的一般操作过程。

Step1. 在"注塑模向导"功能选项卡的 分型刀具 区域中单击"检查区域"按钮 ，系统弹出图 11.2.19 所示的"检查区域"对话框（一），同时模型被加亮并显示开模方向，如图 11.2.20 所示，在对话框中选中 保持现有的 单选项。

说明：图 11.2.20 所示的开模方向可以通过"检查区域"对话框中的"矢量对话框"按钮来更改，由于在前面定义模具坐标系时已经将开模方向设置好了，因此系统将自动识别出产品模型的开模方向。

Step2. 在"检查区域"对话框（一）中单击"计算"按钮 ，系统开始对产品模型进行分析计算。在"检查区域"对话框（一）中单击 面 选项卡，系统弹出图 11.2.21 所示的"检查区域"对话框（二），在该对话框中可以查看分析结果。

图 11.2.19　"检查区域"对话框（一）

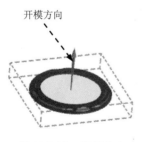

图 11.2.20　开模方向

图 11.2.21　"检查区域"对话框（二）

说明：单击对话框中的"设置所有面的颜色"按钮 ，系统可根据分析结果对不同的面着色，便于观察。

Step3. 设置区域颜色。在"检查区域"对话框（二）中单击 区域 选项卡，系统弹出图 11.2.22 所示的"检查区域"对话框（三），在其中单击"设置区域颜色"按钮 ，然后取消选中 □内环 、 □分型边 和 □不完整的环 三个复选框，结果如图 11.2.23 所示。

Step4. 定义型腔区域。在"检查区域"对话框（三）的 未定义的区域 区域中选中 ☑交叉竖直面 复选框，此时未定义区域曲面加亮显示，在 指派到区域 区域中选中 ⊙型腔区域 单选项，单击 应用 按钮，此时系统自动将未定义的区域指派到型腔区域中，同时对话框中的 未定义的区域 显示为 0，创建结果如图 11.2.24 所示。

说明：此处系统自动识别出型芯区域（图 11.2.25），即接受默认设置。

Step5. 单击 确定 按钮，完成区域设置。

图 11.2.22　"检查区域"对话框（三）

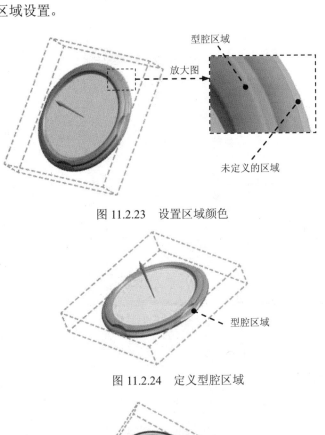

图 11.2.23　设置区域颜色

图 11.2.24　定义型腔区域

图 11.2.25　定义型芯区域

Task2. 创建区域和分型线

完成产品模型的型芯面和型腔面定义后，接下来要进行型芯区域、型腔区域和分型线的创建工作。继续以前面的模型为例来介绍创建区域和分型线的一般操作过程。

Step1. 在"注塑模向导"功能选项卡的 分型刀具 区域中单击"定义区域"按钮 ，系统弹出图 11.2.26 所示的"定义区域"对话框。

Step2. 在"定义区域"对话框的 设置 区域中选中 ☑ 创建区域 和 ☑ 创建分型线 复选框，单击 确定 按钮，完成分型线的创建，结果如图 11.2.27 所示。

图 11.2.26　"定义区域"对话框

图 11.2.27　创建的分型线

Task3. 创建分型面

分型面的创建是在分型线的基础上完成的。继续以前面的模型为例来介绍创建分型面的一般操作过程。

Step1. 在"注塑模向导"功能选项卡的 分型刀具 区域中单击"设计分型面"按钮 ，系统弹出图 11.2.28 所示的"设计分型面"对话框。

Step2. 定义分型面创建方法。在"设计分型面"对话框的 创建分型面 区域中单击"有界平面"按钮 。

Step3. 定义分型面大小。确认工件线框处于显示状态，在"设计分型面"对话框中接受系统默认的公差值；拖动图 11.2.29 所示分型面的宽度方向控制按钮使分型面大小超过工件大小，单击 确定 按钮，结果如图 11.2.30 所示。

图 11.2.28   "设计分型面"对话框

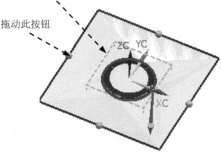

图 11.2.29   定义分型面大小

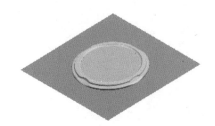

图 11.2.30   创建的分型面

图 11.2.28 所示"设计分型面"对话框中各选项的说明如下。

- 公差 文本框: 用于定义两个或多个需要进行合并的分型面之间的公差值。

- 分型面长度 文本框: 用于定义分型面的长度, 以保证分型面区域能够全部超出工件。

Task4. 创建型腔和型芯

型腔是成型塑件外表面的主要零件, 型芯是成型塑件内表面的主要零件。继续以前面的模型为例来介绍创建型腔和型芯的一般操作过程。

Step1. 在"注塑模向导"功能选项卡的 分型刀具 区域中单击"定义型腔和型芯"按钮 ，系统弹出图 11.2.31 所示的"定义型腔和型芯"对话框。

Step2. 创建型腔零件。

（1）在"定义型腔和型芯"对话框中选择 选择片体 区域中的 型腔区域 选项, 单击 应用 按钮（此时系统自动将型腔片体选中）。

（2）系统弹出如图 11.2.32 所示的"查看分型结果"对话框, 接受系统默认的方向。

（3）创建的型腔零件如图 11.2.33 所示，单击 确定 按钮，完成型腔零件的创建。

图 11.2.31 "定义型腔和型芯"对话框

图 11.2.32 "查看分型结果"对话框

图 11.2.33 创建的型腔零件

Step3. 创建型芯零件。

（1）在"定义型腔和型芯"对话框选择 选择片体 区域中的 型芯区域 选项，单击 确定 按钮（此时系统自动将型芯片体选中）。

（2）系统弹出"查看分型结果"对话框，接受系统默认的方向。

（3）创建的型芯零件如图 11.2.34 所示，单击 确定 按钮，完成型芯零件的创建。

图 11.2.34 创建的型芯零件

说明：查看型腔和型芯零件可以通过以下两种方式。

☑ 选择下拉菜单 窗口(0) ➡ 1. clock_surface_mold_core_006.prt 命令，系统切换到型芯窗口。

☑ 选择下拉菜单 窗口(0) ➡ 2. clock_surface_mold_cavity_002.prt 命令，系统切换到型腔窗口。

Task5. 创建模具分解视图

通过创建模具分解视图，可以模拟模具的开启过程，还可以进一步观察模具结构设计是否合理。继续以前面的模型为例来说明开模的一般操作方法和步骤。

Step1. 切换窗口。选择下拉菜单 窗口(0) ➡ `6. clock_surface_mold_top_000.prt` 命令，切换到总装配文件窗口并将其设为工作部件。

说明：如果当前工作环境处于总装配窗口中，则此步操作可以省略。

Step2. 移动型腔。

（1）选择下拉菜单 装配(A) ➡ 爆炸图(X) ➡ 新建爆炸(N) 命令，系统弹出图 11.2.35 所示的"新建爆炸"对话框，接受默认的名字，单击 确定 按钮。

说明：如果 装配(A) 下拉菜单中没有 爆炸图(X) 命令，则需要在 应用模块 功能选项卡的 设计 区域单击 按钮，切换到装配工作环境。

（2）选择命令。选择下拉菜单 装配(A) ➡ 爆炸图(X) ➡ 编辑爆炸(E) 命令，系统弹出"编辑爆炸"对话框。

（3）选取移动对象。选取图 11.2.36 所示的型腔为移动对象。

图 11.2.35 "新建爆炸"对话框

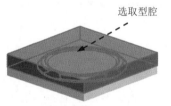

图 11.2.36 定义移动对象

（4）定义移动方向。在对话框中选择 ⊙ 移动对象 单选项，选择图 11.2.37 所示的轴为移动方向，此时对话框下部区域被激活。

（5）定义移动距离。在 距离 文本框中输入值 100，单击 确定 按钮，完成型腔的移动（图 11.2.38）。

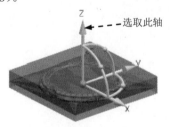

图 11.2.37 定义移动方向

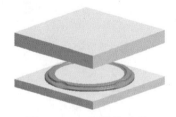

图 11.2.38 型腔移动后

Step3. 移动型芯。

（1）选择命令。选择下拉菜单 装配(A) ➡ 爆炸图(X) ➡ 编辑爆炸(E) 命令，系统弹出"编辑爆炸"对话框。

（2）定义移动对象。选取图 11.2.39 所示的型芯为移动对象。

（3）定义移动方向和距离。在对话框中选择 ⊙ 移动对象 单选项，在模型中选中 Z 轴，在距离文本框中输入值-100，单击 确定 按钮，完成型芯的移动（如图 11.2.40 所示）。

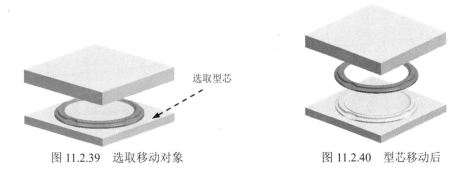

图 11.2.39　选取移动对象　　　　　　图 11.2.40　型芯移动后

Step4. 保存文件。选择下拉菜单 文件(F) ➡ 保存(S) ➡ 全部保存(V) 命令，保存所有文件。

11.3　模　具　工　具

11.3.1　概述

在进行模具分型前，有些产品体上有开放的凹槽或孔，此时就要对产品模型进行修补，否则就无法识别具有这样特征的分型面。MW NX 11.0（注塑模向导）具有强大的修补孔、槽等能力，本节将主要介绍注塑模工具栏中各个命令的功能。

MW NX 11.0 的"注塑模工具"区域如图 11.3.1 所示。

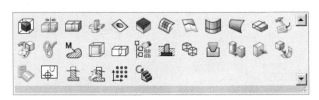

图 11.3.1　"注塑模工具"区域

由图 11.3.1 可知，MW 的"注塑模工具"区域中包含了很多功能，在模具设计中要灵活掌握、运用这些功能，以提高模具设计速度。

11.3.2　创建包容体

创建包容体是指创建一个长方体、正方体或圆柱体，将某些局部开放的区域进行填充，一般用于不适合使用曲面修补法和边线修补法的区域。创建包容体也是创建滑块的一种方法。MW 提供了三种创建包容体的方法，下面将介绍常用的两种。

打开文件：D:\ug11\work\ch11.03.02\cover_mold_parting_017.prt。

方法 1——中心和长度法。

中心和长度法是指选择一基准点，然后以此基准点来定义包容体的各个方向的边长。下面介绍使用中心和长度法创建包容体的一般过程。

Step1. 在"注塑模向导"功能选项卡的 注塑模工具 区域中单击"包容体"按钮 ▣ ，系统弹出"包容体"对话框（一）。

Step2. 选择类型。在弹出的对话框的 类型 下拉列表中选择 中心和长度 选项，如图 11.3.2 所示。

图 11.3.2　"包容体"对话框（一）

Step3. 选取参考点。在模型中选取图 11.3.3 所示边线的中点。

Step4. 设置包容体的尺寸。在"包容体"对话框的 尺寸 文本框中输入图 11.3.2 所示的尺寸参数。

Step5. 单击 〈 确定 〉 按钮。

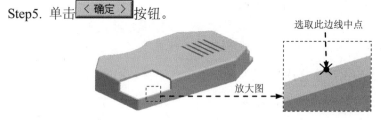

图 11.3.3　选取点

方法 2——有界长方体法。

有界长方体法是指以需要修补的孔或槽的边界面来定义包容体的大小，此方法是包容体的常用方法。继续以前面的模型为例，下面介绍使用有界长方体法包容体的一般过程。

说明：在创建前读者需将使用"中心和长度法"创建出的包容体删除或撤销至原始状态，否则后续创建的包容体将与前面创建的包容体重合。

Step1. 在"注塑模向导"功能选项卡的 注塑模工具 区域中单击"包容体"按钮 ▣ ，系统弹出图 11.3.4 所示的"包容体"对话框（二），在对话框的 类型 下拉列表中选择 块 选项。此时，方法一创建的包容体已隐藏。

图 11.3.4　"包容体"对话框（二）

Step2. 选取边界面。选取图 11.3.5 所示的 3 个平面，在 偏置 文本框中输入偏置值 1。

Step3. 单击 < 确定 > 按钮，创建结果如图 11.3.6 所示。

图 11.3.5　选取边界面

图 11.3.6　创建包容体

11.3.3　分割实体

使用"分割实体"命令可以完成对实体（包括包容体）的修剪工作。下面介绍分割实体的一般操作过程。

Step1. 打开文件 D:\ug11\work\ch11.03.03\cover_mold_parting_017.prt。

Step2. 确认在建模环境，在"注塑模向导"功能选项卡的 注塑模工具 区域中单击"分割实体"按钮 ，系统弹出图 11.3.7 所示的"分割实体"对话框。

Step3. 定义分割类型。在 类型 下拉列表中选择 修剪 选项。

Step4. 选择目标体。选取图 11.3.8 所示的包容体为目标体。

图 11.3.7　"分割实体"对话框

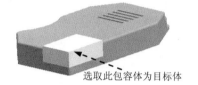

图 11.3.8　选取目标体

Step5. 选择工具体。选取图 11.3.9 所示的曲面 1 为工具体，单击 ⊠ 按钮来调整修剪方向，如图 11.3.10 所示，单击对话框中的 应用 按钮，修剪结果如图 11.3.11 所示。

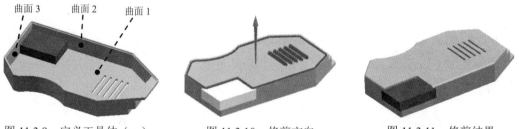

图 11.3.9　定义工具体（一）　　　图 11.3.10　修剪方向　　　图 11.3.11　修剪结果

Step6. 参见 Step4~Step5，分别选取曲面 2、曲面 3、曲面 4、曲面 5 和曲面 6 为工具体，如图 11.3.12 所示，修剪结果如图 11.3.13 所示。

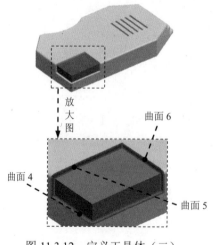

图 11.3.12　定义工具体（二）

图 11.3.13　修剪结果

11.3.4 实体修补

通过"实体修补"命令可以完成一些形状不规则的孔或槽的修补工作。"实体修补"的一般创建过程是：第一，创建一个实体（包括包容体）作为工具体；第二，对创建的实体进行必要的修剪；最后，通过前面创建的工具体修补不规则的孔或槽。下面介绍创建"实体修补"的一般操作方法。

Step1. 打开文件 D:\ug11\work\ch11.03.04\cover_mold_parting_017.prt。

Step2. 确认在建模环境，创建工具体。参照 11.3.2 节中介绍包容体的"方法 2"，选取图 11.3.14 所示的 2 个边界面，单击 〈 确定 〉 按钮，完成图 11.3.15 所示的包容体创建。

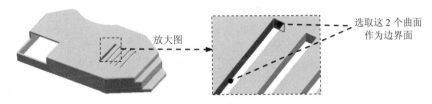

图 11.3.14 定义边界面

Step3. 修剪包容体。参照 11.3.3 节介绍的分割实体方法，将包容体修剪成图 11.3.16 所示的结果。

注意：分别选取凹槽的上下表面和四个侧面为工具体。

图 11.3.15 创建箱体

图 11.3.16 修剪箱体

Step4. 选择命令。在"注塑模向导"功能选项卡的 注塑模工具 区域中单击"实体补片"按钮 ，此时系统弹出"实体补片"对话框。

Step5. 选择目标体。采用系统默认图 11.3.17 所示的模型为目标体。

Step6. 选择刀具体。选取图 11.3.17 所示的包容体为工具体，单击 应用 按钮，完成实体修补的结果，如图 11.3.18 所示。

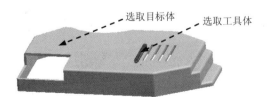

图 11.3.17 选取修补对象

图 11.3.18 修补结果

11.3.5　边补片

通过"曲面补片"命令可以完成产品模型上缺口位置的修补，在修补过程中主要通过选取缺口位置的一周边界线来完成。下面介绍图 11.3.19 所示边补片的一般创建过程。

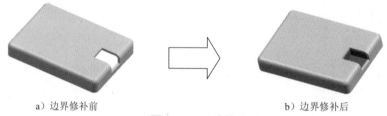

a）边界修补前　　　　　　　　　　　　b）边界修补后

图 11.3.19　边补片

Step1. 打开文件。选择文件目录：D:\ug11\work\ch11.03.05\housing_ parting_131.prt。

Step2. 确认在建模环境，在"注塑模向导"功能选项卡的 注塑模工具 区域中单击"曲面补片"按钮 ，此时系统弹出图 11.3.20 所示的"边补片"对话框。

Step3. 选择缺口边线。在 遍历环 区域的 设置 展开区域中取消选中 □ 按面的颜色遍历 复选框，选取图 11.3.21 所示的缺口的边线。

Step4. 通过对话框中的"接受"按钮 和"循环候选项" 按钮，完成图 11.3.22 所示的边界环选取。

注意：若边界环没有形成可单击 按钮。

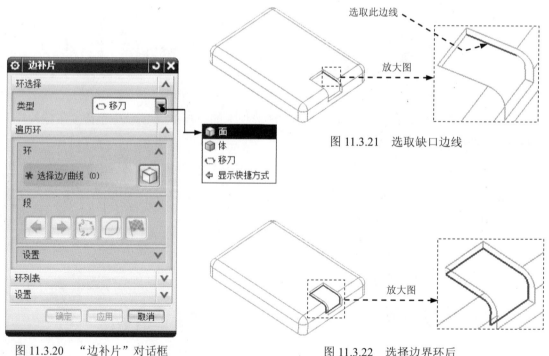

图 11.3.20　"边补片"对话框

图 11.3.21　选取缺口边线

图 11.3.22　选择边界环后

图 11.3.20 所示的"边补片"对话框的说明：

● □按面的颜色遍历：选中该复选框进行修补破孔时，必须先进行分型处理，完成型腔面和型芯面的定义，并在产品模型上以不同的颜色标识出来，此时，该修补方式才可使用。

Step5. 确定面的修补方式。完成边界环选取后，单击"切换面侧"按钮 ⊠，单击 [确定] 按钮，完成修补后结果如图 11.3.19b 所示。

Step6. 保存文件。选择下拉菜单 文件(F) ➡ [全部保存(V)] 命令，保存所有文件。

11.3.6 修剪区域补片

"修剪区域补片"通过选取实体的边界环来完成修补片体的创建。下面介绍图 11.3.23 所示的修剪区域修补的一般创建过程。

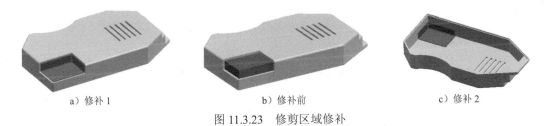

a）修补1 b）修补前 c）修补2

图 11.3.23 修剪区域修补

Step1. 打开文件。选择文件目录：D:\ug11\work\ch11.03.06\cover_mold_parting_017.prt。

Step2. 确认在建模环境，在"注塑模向导"功能选项卡的 注塑模工具 区域中单击"修剪区域补片"按钮 ，此时系统弹出图 11.3.24 所示的"修剪区域补片"对话框。

Step3. 选择目标体。选取图 11.3.25 所示的包容体为目标体。

图 11.3.24 "修剪区域补片"对话框

目标体

图 11.3.25 选择目标体

Step4. 选取边界。在对话框 边界 区域的 类型 下拉列表中选择 体/曲线 选项，然后在图形区选取图 11.3.26 所示的边线作为边界。

　　说明：选取边界环方法是按顺序依次用鼠标单击方式选取图 11.3.26 所示的边界环。

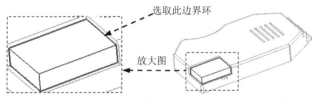

图 11.3.26　选择修补环

Step5. 定义区域。在对话框中激活 * 选择区域 (0) 区域，然后在图 11.3.27 所示的位置单击片体，选中 ⊙放弃 单选项，单击 确定 按钮，补片后的结果如图 11.3.23a 所示。

　　说明：此处在图 11.3.27 所示的位置单击片体后再选中 ⊙保留 单选项，则最终的结果如图 11.3.23c 所示。

图 11.3.27　定义区域

11.3.7　扩大曲面

　　通过"扩大曲面"命令可以完成图 11.3.28 所示的扩大曲面创建。扩大曲面是通过产品模型上的已有面来获取的面，并且扩大曲面的大小是通过控制所选的面在 U 和 V 两个方向的扩充百分比来实现的。在某些情况下，扩大曲面可以作为工具体来修剪实体，还可以作为分型面来使用。继续以前面的模型为例，介绍扩大曲面的一般创建过程。

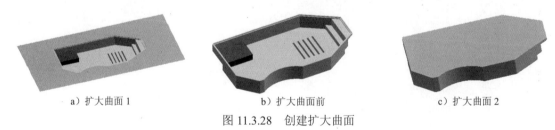

　　a）扩大曲面 1　　　　　　　　　b）扩大曲面前　　　　　　　　　c）扩大曲面 2

图 11.3.28　创建扩大曲面

Step1. 确认在建模环境，在"注塑模向导"功能选项卡的 注塑模工具 区域中单击"扩大曲面补片"按钮 ，系统弹出图 11.3.29 所示的"扩大曲面补片"对话框。

图 11.3.29   "扩大曲面补片"对话框

Step2. 选择扩大面。选取图 11.3.30 所示的模型的底面为扩大曲面,并在模型中显示出扩大曲面的扩展方向,如图 11.3.31 所示。

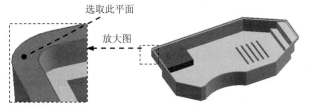

图 11.3.30   选取底面为扩展面

图 11.3.31   扩大曲面方向(一)

Step3. 指定区域。在对话框中激活 ＊选择区域 (0) 区域,然后在图 11.3.32 所示的位置单击生成的片体,在对话框中选中 ⦿放弃 单选项,单击 确定 按钮,结果如图 11.3.28a 所示。

Step4. 保存文件。选择下拉菜单 文件(F) ➡ 全部保存(V) ,保存所有文件。

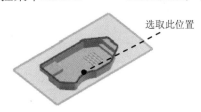

图 11.3.32   扩大曲面方向(二)

11.3.8   拆分面

使用"拆分面"命令可以完成曲面分割的创建,主要用于分割跨越区域面(是指一部分在型芯区域而另一部分在型腔区域的面,如图 11.3.33 所示)。如果产品模型上存在这样的跨越区域面,首先,对跨越区域面进行分割;其次,将完成分割的跨越区域面分别定义在型腔区域上和型芯区域上；最后，完成模具的分型。

图 11.3.33　跨越区域面

创建"拆分面"有三种方式：方式一，通过被等斜度线拆分；方式二，通过基准面来拆分；方式三，通过现有的曲线来拆分。下面分别介绍这三种拆分面方式的一般创建过程。

方式一：等斜度线拆分面

Step1. 打开文件 D:\ug11\work\ch11.03.08\shell _parting_055.prt。

Step2. 确认在建模环境，在"注塑模向导"功能选项卡的 注塑模工具 区域中单击"拆分面"图标 ，系统弹出图 11.3.34 所示的"拆分面"对话框。

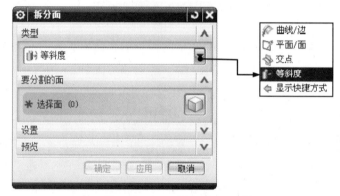

图 11.3.34　"拆分面"对话框

Step3. 定义拆分面。在对话框的 类型 下拉列表中选择 等斜度 选项，选取图 11.3.35 所示的曲面 1 和曲面 2 为拆分对象。

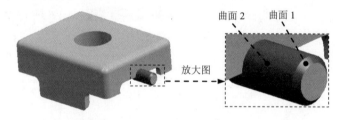

图 11.3.35　定义拆分曲面

Step4. 单击对话框中的 <确定> 按钮，完成图 11.3.36 所示的拆分面。

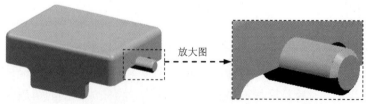

图 11.3.36　拆分面结果

方式二：通过基准面来拆分

继续以前面的模型为例，介绍通过方式二来创建拆分面的一般过程。

Step1. 选择命令。在"注塑模向导"功能选项卡的 注塑模工具 区域中单击"拆分面"按钮 🗐，系统弹出"拆分面"对话框。

Step2. 定义拆分面类型。在该对话框的 类型 下拉列表中选择 📄 平面/面 选项，并选取图 11.3.37 所示的曲面为拆分对象。

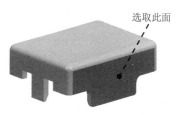

图 11.3.37 定义拆分面

Step3. 添加基准平面。在该对话框中单击"添加基准平面"按钮 🗔，系统弹出"基准平面"对话框，在 类型 下拉列表中选择 🗐 点和方向 选项，选取图 11.3.38 所示的点，然后设置 -ZC 方向为矢量方向，单击 〈 确定 〉 按钮。创建的基准面如图 11.3.38 所示。

Step4. 单击"拆分面"对话框中的 〈 确定 〉 按钮，完成拆分面的创建，结果如图 11.3.39 所示。

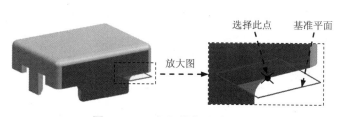

图 11.3.38 定义基准平面

图 11.3.39 拆分面结果

方式三：通过现有的曲线来拆分

继续以前面的模型为例，介绍通过现有的曲线创建拆分面的一般过程。

Step1. 选择命令。在"注塑模向导"功能选项卡的 注塑模工具 区域中单击"拆分面"按钮 🗐，系统弹出图 11.3.40 所示的"拆分面"对话框。

Step2. 定义拆分面类型。在对话框的 类型 下拉列表中选择 🗐 曲线/边 选项。

Step3. 定义拆分面。选取图 11.3.41 所示的曲面为拆分对象。

图 11.3.40 "拆分面"对话框

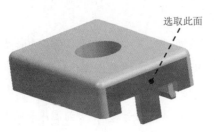

图 11.3.41　定义拆分面

Step4. 定义拆分直线。单击对话框中的"添加直线"按钮 ∠，系统弹出"直线"对话框，选取图 11.3.42 所示的点 1 和点 2，单击 < 确定 > 按钮，创建的直线如图 11.3.42 所示。

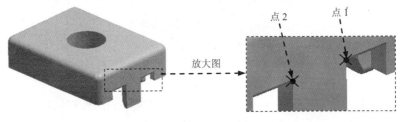

图 11.3.42　定义点

Step5. 在"拆分面"对话框中激活 * 选择对象 (0) 区域（若被选中可不用再选取），选取创建的直线，单击对话框中的 < 确定 > 按钮，结果如图 11.3.43 所示。

Step6. 保存文件。选择下拉菜单 文件(F) ➡ 全部保存(V)，保存所有文件。

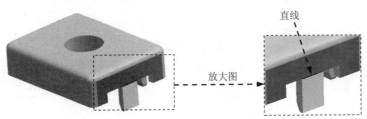

图 11.3.43　拆分面结果

11.4　在模具中创建浇注系统

浇注系统是指模具中由注射机喷嘴到型腔之间的进料通道，一般由主流道、分流道、浇口和冷料穴四部分组成。在学习本节之后，读者能了解浇注系统的操作方法，并理解其中的原理。下面以图 11.4.1 所示的旋钮模型为例，介绍在模具中创建分流道和浇口的一般过程。

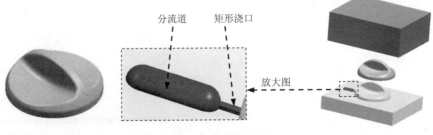

图 11.4.1　旋钮模具

Task1. 初始化项目

Step1. 加载模型。在功能选项卡右侧空白的位置右击，在弹出的快捷菜单中选择 注塑模向导 命令，系统弹出"注塑模向导"功能选项卡。在"注塑模向导"功能选项卡中单击"初始化项目"按钮 ，系统弹出"打开"对话框。选择 D:\ug11\work\ch11.04\switch.prt，单击 OK 按钮，调入模型，系统弹出"初始化项目"对话框。

Step2. 定义投影单位。在"初始化项目"对话框 设置 区域的 项目单位 下拉菜单中选择 毫米 选项。

Step3. 设置项目路径和名称。

（1）设置项目路径。接受系统默认的项目路径。

（2）设置项目名称。在"初始化项目"对话框的 Name 文本框中输入 fancy_soap_box。

Step4. 在该对话框中单击 确定 按钮，完成项目路径和名称的设置，加载的零件如图 11.4.2 所示。

Task2. 模具坐标系

Step1. 在"注塑模向导"功能选项卡的 主要 区域中单击"模具 CSYS"按钮 ，系统弹出"模具 CSYS"对话框，如图 11.4.3 所示。

Step2. 在"模具 CSYS"对话框中选择 ⊙ 当前 WCS 单选项，单击 确定 按钮，完成坐标系的定义。

图 11.4.2 加载的零件

图 11.4.3 "模具 CSYS"对话框

Task3. 设置收缩率

Step1. 定义收缩率类型。

（1）选择命令。在"注塑模向导"功能选项卡的 主要 区域中单击"收缩"按钮 ，产品模型会高亮显示，同时系统弹出"缩放体"对话框。

（2）定义类型。在"缩放体"对话框 类型 区域的下拉列表中选择 均匀 选项。

Step2. 定义缩放体和缩放点。接受系统默认的设置值。

Step3. 定义比例因子。在"缩放体"对话框 比例因子 区域的 均匀 文本框中输入收缩率值 1.006。

Step4. 单击 确定 按钮，完成收缩率的位置。

Task4. 创建模具工件

Step1. 在"注塑模向导"功能选项卡的 主要 区域中单击"工件"按钮 ◇ ，系统弹出 "工件"对话框。

Step2. 在"工件"对话框的 类型 下拉菜单中选择 产品工件 选项，在 工件方法 的下拉菜单中 选择 用户定义的块 选项，开始和结束的距离值分别设定为-20 和 40。

Step3. 单击 〈确定〉 按钮，完成创建的模具工件，如图 11.4.4 所示。

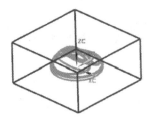

图 11.4.4 完成创建的模具工件

Task5. 模具分型

Stage1. 设计区域

Step1. 在"注塑模向导"功能选项卡的 分型刀具 区域中单击"检查区域"按钮 ◻ ，系统 弹出"检查区域"对话框，并显示开模方向。在"检查区域"对话框中选中 ⊙ 保持现有的 单选项。

Step2. 拆分面。

（1）计算设计区域。在"检查区域"对话框中单击"计算"按钮 ⊞ ，系统开始对产品 模型进行分析计算。单击"检查区域"对话框中的 面 选项卡，可以查看分析结果。

（2）设置区域颜色。在"检查区域"对话框中单击 区域 选项卡，在 设置 区域中取消选 中 □ 内环 、 □ 分型边 和 □ 不完整的环 三个复选框，然后单击"设置区域颜色"按钮 ❖ ，设置各 区域颜色。结果如图 11.4.5 所示。

Step3. 在对话框的未定义的区域中选中 ☑ 交叉竖直面 复选框，然后选中 ⊙ 型腔区域 单选 项，单击 应用 按钮。设置后的区域颜色如图 11.4.6 所示。

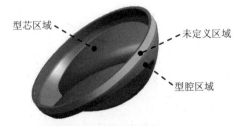

图 11.4.5 着色的模型区域

图 11.4.6 设置后的模型区域

说明：此时在"检查区域"对话框的未定义的区域中显示结果为 0，同时在型腔区域中显示结果为 17，即将未定义的区域转换为型腔区域。

Step4. 在"检查区域"对话框中单击 确定 按钮，关闭"检查区域"对话框。

Stage2. 抽取分型线

Step1. 在"注塑模向导"功能选项卡的 分型刀具 区域中单击"定义区域"按钮 ，系统弹出"定义区域"对话框。

Step2. 在"定义区域"对话框的 定义区域 区域选择 所有面 选项，在 设置 区域选中 ☑ 创建区域 和 ☑ 创建分型线 复选框，单击 确定 按钮，完成分型线的创建。创建分型线结果如图 11.4.7 所示。

Stage3. 创建分型面

Step1. 在"注塑模向导"功能选项卡的 分型刀具 区域中单击"设计分型面"按钮 ，系统弹出"设计分型面"对话框。

Step2. 在"设计分型面"对话框的 创建分型面 区域中单击"有界平面"按钮 ， 拖动小球，使分型面大于工件边框，单击 确定 按钮，创建结果如图 11.4.8 所示。

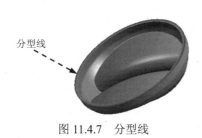

图 11.4.7　分型线

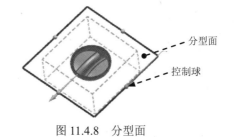

图 11.4.8　分型面

Stage4. 创建型腔和型芯

Step1. 在"注塑模向导"功能选项卡的 分型刀具 区域中单击"定义型腔和型芯"按钮 ，系统弹出"定义型腔和型芯"对话框。

Step2. 创建型腔。

（1）在"定义型腔和型芯"对话框中选取 选择片体 区域下的 所有区域 选项，单击 确定 按钮，系统弹出"查看分型结果"对话框，并在图形区显示出图 11.4.9 所示的型腔。单击"查看分型结果"对话框中的 确定 按钮，系统再一次弹出"查看分型结果"对话框，并在图形区显示出图 11.4.10 所示的型芯。

（2）单击 确定 按钮，完成型腔和型芯的创建。

图 11.4.9 型腔

图 11.4.10 型芯

Task6. 浇注系统设计

下面讲述如何在旋钮模型中创建分流道和浇口，以下是操作过程。

Stage1. 设计流道

Step1. 在"装配导航器"对话框中右击 ☑ 🔲 fancy_soap_box_parting_022，在弹出的菜单中选择 显示父项 ▶ ➡ fancy_soap_box_prod_003 选项。

Step2. 选择命令。在"注塑模向导"功能选项卡的 主要 区域中单击"流道"按钮 🖳，系统弹出"流道"对话框和"信息"窗口。

Step3. 绘制流道草图。

（1）隐藏型芯元件。选择下拉菜单 编辑(E) ➡ 显示和隐藏(H) ➡ 🔷 隐藏(H)... 命令，选取型芯元件，在弹出的对话框中单击 确定 按钮。

（2）单击对话框中的"绘制截面"按钮 🔢，在弹出的对话框的 类型 下拉列表中选择 🔲 在平面上 选项，选取图 11.4.11 所示平面为草图平面，单击 确定 按钮，绘制图 11.4.12 所示的截面草图。绘制完成后，退出草图环境。

说明：如果此时选择草图平面选不中时，可在"上边框条"将选择范围改为整个装配。

Step4. 定义流道通道类型。

（1）定义流道截面。在 截面类型 下拉列表中选择 Circular 选项。

（2）定义流道截面参数。在 详细信息 区域双击 🅓 将值改为 8，单击 < 确定 > 按钮，完成分流道的创建，如图 11.4.13 所示。

Step5. 创建流道通道。

（1）在"注塑模向导"功能选项卡的 主要 区域中单击"腔"按钮 🖳，系统弹出"开腔"对话框。

图 11.4.11 定义草绘平面

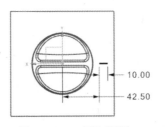

10.00
42.50

图 11.4.12 草绘截面

图 11.4.13 流道通道特征

（2）选择目标体。选取图 11.4.14 所示的型腔为目标体，然后单击鼠标中键。

（3）选取刀具体。在 工具类型 下拉列表中选择 ⬛ 实体 ，选取图 11.4.14 所示的流道为刀具体，单击 确定 按钮。

说明：观察结果时，可将流道隐藏，结果如图 11.4.15 所示。

图 11.4.14　选取特征　　　　　　　　　图 11.4.15　创建后的流道

Stage2. 设计浇口

Step1.　选择命令。在"注塑模向导"功能选项卡的 主要 区域中单击"设计填充"按钮 🔲 ，系统弹出图 11.4.16 所示的"设计填充"对话框（将产品实体隐藏）和"信息"窗口。

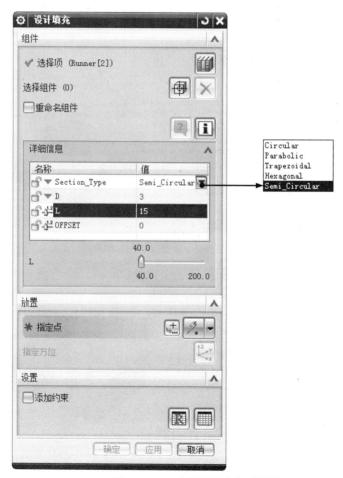

图 11.4.16　"设计填充"对话框

Step2. 定义类型属性。

（1）选择类型。在"设计填充"对话框 详细信息 区域的 Section_Type 下拉列表中选择 Semi_Circular 选项。

（2）定义尺寸。分别将"D""L"和"OFFSET"的参数改写为3、15和0。

Step3. 定义浇口起始点。单击"设计填充"对话框的 ＊ 指定点 区域，选取图11.4.17所示的圆弧边线。

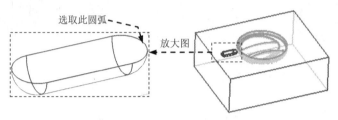

选取此圆弧   放大图

图 11.4.17　创建后的流道

Step4. 拖动YC-ZC面上的旋转小球，让其绕着XC轴旋转180度。

Step5. 单击 确定 按钮，在流道末端创建的浇口特征如图11.4.18所示。

Step6. 创建浇口槽，如图11.4.19所示。

（1）在"注塑模向导"功能选项卡的 主要 区域中单击"腔"按钮 ，系统弹出"开腔"对话框。

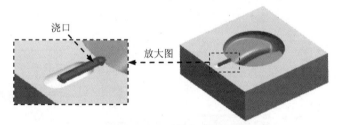

浇口   放大图

图 11.4.18　浇口

（2）选择目标体。选取型腔为目标体，然后单击鼠标中键。

（3）选取刀具体。在 工具类型 下拉列表中选择 实体，选取浇口特征为刀具体，单击 确定 按钮。

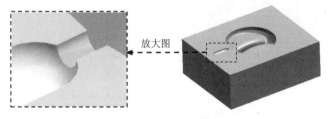

放大图

图 11.4.19　浇口槽

说明：观察结果时，将流道隐藏，同时将产品零件隐藏起来。

Step7. 将产品零件和型芯显示出来。

Stage3. 创建模具爆炸视图

Step1. 选择命令。选择下拉菜单 窗口(0) ➡ fancy_soap_box_top_000 ，在装配导航器中将部件转换成工作部件。

Step2. 移动型腔。

（1）选择命令。选择下拉菜单 装配(A) ➡ 爆炸图(X) ▶ ➡ 新建爆炸(N)...命令，系统弹出"新建爆炸"对话框，接受默认的名字，单击 确定 按钮。

（2）选择命令。选择下拉菜单 装配(A) ➡ 爆炸图(X) ▶ ➡ 编辑爆炸(E)...命令，系统弹出"编辑爆炸"对话框。

（3）选择移动对象（一）。选取图 11.4.20 所示的型腔元件。

（4）在"编辑爆炸"对话框中选中 ⊙ 移动对象 单选项，沿 Z 方向移动 90，单击 确定 按钮。结果如图 11.4.21 所示。

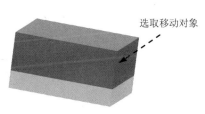

图 11.4.20　选取移动对象（一）　　　　图 11.4.21　移动后（一）

Step3. 移动产品模型。

（1）选择命令。选择下拉菜单 装配(A) ➡ 爆炸图(X) ▶ ➡ 编辑爆炸(E)...命令，系统弹出"编辑爆炸"对话框。

（2）选择移动对象（二）。选取图 11.4.22 所示的产品模型元件。

（3）在"编辑爆炸"对话框中选中 ⊙ 选择对象 单选项，选取图 11.4.22 所示的对象，选中 ⊙ 移动对象 单选项，沿 Z 方向移动 35，结果如图 11.4.23 所示。

图 11.4.22　选取移动对象（二）　　　　图 11.4.23　移动后（二）

Step4. 保存文件。选择下拉菜单 文件(F) ➡ 全部保存(V) ，保存所有文件。

11.5　UG 模具设计实际应用

本节将介绍一个水杯的模具设计（图 11.5.1）。在设计该水杯的模具时，如果仍然将模具的开模方向定义为竖直方向，那么水杯中不通孔的轴线方向就与开模方向垂直，这就需要设计型芯模具元件才能构建该孔，因而该水杯的设计过程将会复杂一些。下面介绍该模具的设计过程。

图 11.5.1　水杯的模具设计

Task1. 初始化项目

Step1. 加载模型。在功能选项卡右侧空白的位置右击，在弹出的快捷菜单中选择 注塑模向导 命令，在"注塑模向导"功能选项卡中单击"初始化项目"按钮 ，系统弹出"打开"对话框。选择 D:\ug11\work\ch11.05\cup.prt，单击 OK 按钮，调入模型，系统弹出"初始化项目"对话框。

Step2. 定义投影单位。在"初始化项目"对话框 设置 区域的 项目单位 下拉列表中选择 毫米 单选项。

Step3. 设置项目路径和名称。

（1）设置项目路径。接受系统默认的项目路径。

（2）设置项目名称。在"初始化项目"对话框的 Name 文本框中输入 cup_mold。

Step4. 在该对话框中单击 确定 按钮，完成项目路径和名称的设置。

Task2. 模具坐标系

Step1. 旋转模具坐标系。

（1）选择命令。选择下拉菜单 格式(R) ➡ WCS ➡ 旋转(R)... 命令，系统弹出图 11.5.2a 所示的"旋转 WCS 绕..."对话框。

（2）在弹出的对话框中选中 + XC 轴 单选项，单击 确定 按钮，定义后的坐标系如图 11.5.2b 所示。

Step2. 锁定模具坐标系。

（1）在"注塑模向导"功能选项卡的 主要 区域中单击 按钮，系统弹出"模具 CSYS"对话框。

（2）在"模具 CSYS"对话框中选中 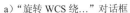当前 WCS 单选项，单击 确定 按钮，完成坐标系的定义。

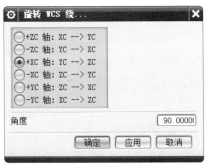

a）"旋转 WCS 绕..."对话框

b）定义后的模具坐标系

图 11.5.2 定义模具坐标系

Task3. 设置收缩率

Step1. 定义收缩率类型。

（1）在"注塑模向导"功能选项卡的 主要 区域中单击"收缩"按钮 ，产品模型会高亮显示，同时系统弹出"缩放体"对话框。

（2）在"缩放体"对话框的 类型 下拉列表中选择 均匀 选项。

Step2. 定义缩放体和缩放点。接受系统默认的设置。

Step3. 在"缩放体"对话框 比例因子 区域的 均匀 文本框中输入数值 1.006。

Step4. 单击 确定 按钮，完成收缩率的位置。

Task4. 创建模具工件

Step1. 在"注塑模向导"功能选项卡的 主要 区域中单击"工件"按钮 ，系统弹出"工件"对话框。

Step2. 在"工件"对话框的 类型 下拉菜单中选择 产品工件 选项，在 工件方法 下拉菜单中选择 用户定义的块 选项。

Step3. 修改尺寸。在 限制 区域的开始和结束文本框中分别输入数值-50 和 50。 其余参数值保持系统默认设置值不变，单击 确定 按钮，完成创建的模具工件如图 11.5.3 所示。

Task5. 模具分型

Stage1. 设计区域

Step1. 切换窗口。选择下拉菜单 窗口(0) ➡ cup_mold_parting_022.prt 命令。

Step2. 选择命令。在 应用模块 功能选项卡的 设计 区域单击 建模 按钮，进入到建模环境中。

Step3. 创建基准平面

（1）选择命令。选择下拉菜单 插入(S) ➡ 基准/点(D)▶ ➡ 基准平面(D)... 命令，系统弹出 "基准平面" 对话框。

（2）在 "基准平面"对话框的 类型 下拉列表中选择 XC-ZC 平面，在该对话框的 偏置和参考 区域的 距离 文本框中输入数值 0，单击 〈确定〉 按钮，创建结果如图 11.5.4 所示。

Step4. 在"注塑模向导"功能选项卡的 注塑模工具 区域中单击"拆分面"按钮 。

Step5. 在"拆分面"对话框的 类型 下拉列表中选择 平面/面 选项。

Step6. 选取要分割的面。选取图 11.5.5 所示的面。

Step7. 选取分割对象。单击"选择对象"按钮 。选择 Step3 中创建的基准平面。然后单击 〈确定〉 按钮，完成拆分面的创建。

Step8. 在"注塑模向导"功能选项卡的 分型刀具 区域中单击"检查区域"按钮 ，系统弹出"检查区域"对话框，同时模型被加亮，并显示开模方向，如图 11.5.6 所示。单击 "计算"按钮 ，系统开始对产品模型进行分析计算。

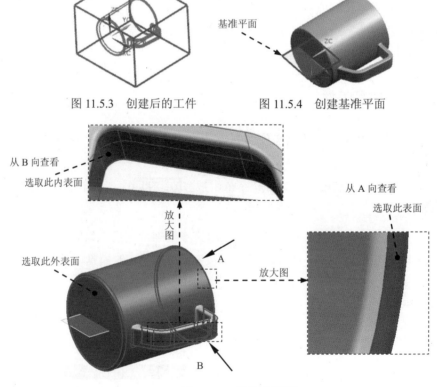

图 11.5.3　创建后的工件　　　图 11.5.4　创建基准平面

图 11.5.5　选取分割面

Step9. 在"检查区域"对话框中单击 区域 选项卡，在该对话框的 设置 区域中取消选中 □内环 、 □分型边 和 □不完整的环 三个复选框。

Step10. 设置区域颜色。在"检查区域"对话框中单击"设置区域颜色"按钮 ，设置区域颜色。

Step11. 设定区域。定义型芯区域。在"检查区域"对话框的 指派到区域 区域中选中 ⊙ 型芯区域 单选项，单击"选择区域面"按钮 ，选取图 11.5.7 所示的表面。单击 应用 按钮，创建结果如图 11.5.8 所示。

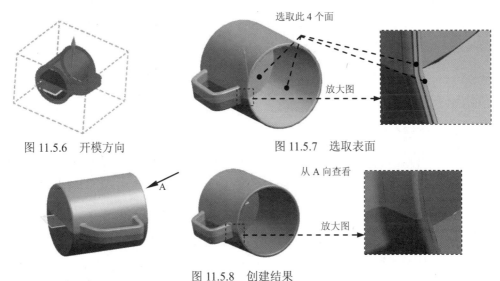

图 11.5.6 开模方向　　图 11.5.7 选取表面

图 11.5.8 创建结果

Step12. 其他参数接受系统默认设置值；单击 取消 按钮，关闭"检查区域"对话框。

Stage2. 抽取分型线

Step1. 在"注塑模向导"功能选项卡的 分型刀具 区域中单击"定义区域"按钮 ，系统弹出"定义区域"对话框。

Step2. 在"定义区域"对话框中选中 设置 区域的 ☑创建区域 和 ☑创建分型线 复选框，单击 确定 按钮，完成型腔/型芯区域分型线的创建；创建分型线如图 11.5.9 所示。

Stage3. 创建曲面补片

Step1. 在"注塑模向导"功能选项卡的 注塑模工具 区域中单击"曲面补片"按钮 ，系统弹出"边补片"对话框。

Step2. 在该对话框的 类型 下拉列表中选择 体 选项，然后在绘图区域选取实体零件。单击 确定 按钮，补片后的结果如图 11.5.10 所示。

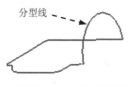

图 11.5.9　创建分型线

图 11.5.10　创建补片后

Stage4. 编辑分型段

Step1. 在"注塑模向导"功能选项卡的 分型刀具 区域中单击"设计分型面"按钮，系统弹出"设计分型面"对话框。

Step2. 在"分型线"对话框的 编辑分型段 区域中单击 ✔ 选择分型或引导线 (1) 按钮，选取图 11.5.11 所示的圆弧 1、圆弧 2 和对应的两条圆弧为编辑对象。

说明: 此图只显示了两条圆弧，还有对应的两条没有显示出来。

Stage5. 创建分型面

Step1. 创建拉伸 1。在"设计分型面"对话框的 分型段 区域选择 ！ 段1 选项，在 创建分型面 区域的 方法 中选择 选项，方向如图 11.5.12 所示，在图 11.5.12a 中单击"延伸距离"文本框，然后在活动的文本框中输入数值 80 并按 Enter 键，结果如图 11.5.12b 所示。单击 应用 按钮，创建后如图 11.5.13 所示。

图 11.5.11　选取圆弧

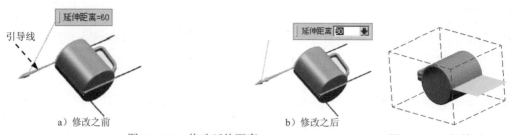

图 11.5.12　修改延伸距离　　　　　图 11.5.13　拉伸后 1

说明: 图 11.5.12a 所示的引导线即为当前分型面拉伸的方向。

Step2. 创建拉伸 2。在 创建分型面 区域的 方法 中选择 选项，方向如图 11.5.14 所示，然后单击 应用 按钮，结果如图 11.5.15 所示。

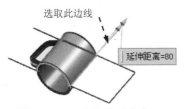
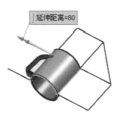

图 11.5.14　选取移动方向 1　　　　图 11.5.15　拉伸后 2

Step3. 创建拉伸 3。在 创建分型面 区域的 方法 中选择 选项，方向如图 11.5.16 所示，然后单击 应用 按钮，结果如图 11.5.17 所示。

Step4. 创建拉伸 4。在 创建分型面 区域的 方法 中选择 选项，在 ✔ 拉伸方向 区域的 ▷· 下拉列表中选择 ZC 选项，拉伸方向如图 11.5.18 所示，然后单击 确定 按钮，结果如图 11.5.19 所示。

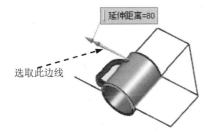
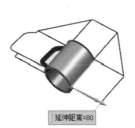

图 11.5.16　选取移动方向 2　　　　图 11.5.17　拉伸后 3

图 11.5.18　选取移动方向 3　　　　图 11.5.19　拉伸后 4

Stage6. 创建型腔和型芯

Step1. 在"注塑模向导"功能选项卡的 分型刀具 区域中单击"定义型腔和型芯"按钮，系统弹出"定义型腔和型芯"对话框。

Step2. 在"定义型腔和型芯"对话框中选取 选择片体 区域下的 所有区域 选项，单击 确定 按钮。

Step3. 系统弹出"查看分型结果"对话框，并在图形区显示出创建的型腔，单击"查看分型结果"对话框中的 确定 按钮，系统再一次弹出"查看分型结果"对话框。在对话框中单击 确定 按钮，关闭对话框。

Step4. 选择下拉菜单 窗口(0) ➡ cup_mold_core_006，显示型芯零件如图 11.5.20 所示；选择下拉菜单 窗口(0) ➡ cup_mold_cavity_002，显示型腔零件如图 11.5.21 所示。

说明：为了显示清晰、明了，可将基准面隐藏起来。

Task6. 创建滑块

Step1. 选择下拉菜单 窗口(O) ➡ cup_mold_core_006 ，系统将在工作区中显示出型芯工作零件。

Step2. 定义草图平面。

（1）选择命令。选择下拉菜单 插入(S) ➡ 设计特征(E) ➡ Ⅲ 拉伸(E)... 命令，系统弹出"拉伸"对话框。

（2）选取草图平面。选取图 11.5.22 所示的平面为草图平面。

图 11.5.20　型芯

图 11.5.21　型腔

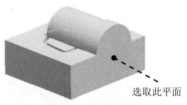
选取此平面

图 11.5.22　选取草图平面

Step3. 创建草图截面。

（1）选择命令。选择下拉菜单 插入(S) ➡ 配方曲线(U) ▶ ➡ 投影曲线(T)... 命令，此时系统弹出"投影曲线"对话框。

（2）选取要投影的曲线。选取图 11.5.23 所示的圆为投影对象，单击 确定 按钮。

（3）单击"完成草图"按钮 完成 。

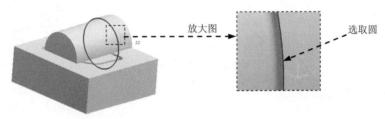
放大图　　　选取圆

图 11.5.23　选取投影曲线

Step4. 定义拉伸属性。

（1）定义拉伸方向。在"拉伸"对话框中单击"反向"按钮 ⤢ 。

（2）定义拉伸类型。在"拉伸"对话框 限制 区域的 开始 下拉列表中选择 直至延伸部分 类型。

（3）定义被延伸面。选取图 11.5.24 所示的平面为被延伸的曲面，在"结束"的 距离 文本框中输入数值 0。

（4）定义布尔运算。在 布尔 区域下拉列表中选择 无 选项。

（5）单击 < 确定 > 按钮，拉伸结果如图 11.5.25 所示。

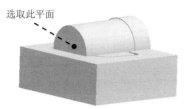

选取此平面

图 11.5.24 定义被延伸曲面

图 11.5.25 拉伸后

Step5. 求交特征。

（1）选择命令。选择下拉菜单 插入(S) ➡ 组合(B) ▶ ➡ 相交(I). 命令，此时系统弹出"相交"对话框。

（2）选取目标体。选取图 11.5.26 所示的特征为目标体。

（3）选取刀具体。选取图 11.5.26 所示的特征为刀具体，并在设置区域选中 ☑ 保存目标 复选框。

（4）单击 < 确定 > 按钮，完成求交特征的创建，如图 11.5.27 所示。

Step6. 求差特征。

（1）选择命令。选择下拉菜单 插入(S) ➡ 组合(B) ▶ ➡ 减去(S). 命令，此时系统弹出"减去"对话框。

（2）选取目标体。选取图 11.5.28 所示的特征为目标体。

（3）选取刀具体。选取图 11.5.28 所示的特征为刀具体，并选中 ☑ 保存工具 复选框。

（4）单击 < 确定 > 按钮，完成求差特征的创建。

说明：观察显示结果时，可将创建的拉伸特征隐藏起来。

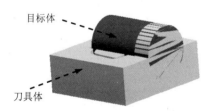

目标体

刀具体

图 11.5.26 选取特征 1

图 11.5.27 求交特征

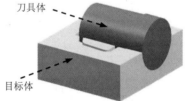

刀具体

目标体

图 11.5.28 选取特征 2

Step7. 将滑块转为工作部件。

（1）选择命令。单击装配导航器中的 按钮，系统弹出图 11.5.29 所示的"装配导航器"对话框，在对话框中右击空白处，然后在弹出的菜单中选择 WAVE 模式 选项。

（2）在"装配导航器"对话框中右击 ☑ cup_mold_core_006，在弹出的菜单中选择 WAVE ▶ ➡ 新建层 命令，系统弹出"新建层"对话框。

（3）在"新建层"对话框中单击 指定部件名 按钮，在弹出的"选择部件名"对话框的 文件名(N) 文本框中输入"cup_mold_slide.prt"，单击 OK

按钮。

（4）单击"新建层"对话框中的 类选择 按钮，选择图 11.5.30 所示的滑块特征，单击 确定 按钮。

（5）单击"新建层"对话框中的 确定 按钮，此时在"装配导航器"对话框中显示出上一步创建的滑块的名字。

Step8. 隐藏拉伸特征。

（1）选择命令。选择下拉菜单 格式(R) —— 图层设置(S)... 命令，系统弹出"图层设置"对话框。

图 11.5.29　"装配导航器"对话框

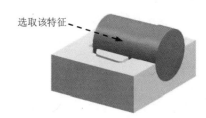

选取该特征

图 11.5.30　选取特征 3

（2）在"工作图层"的文本框中输入数值 10，单击 Enter 键，将层 10 作为当前的工作层，单击 关闭 按钮，退出"图层设置"对话框。

（3）选取要移动的特征。单击"部件导航器"中的 按钮，系统弹出"部件导航器"对话框，在该对话框中选择 相交 (4)。

（4）选择下拉菜单 格式(R) —— 移动至图层(M)... 命令，系统弹出"图层移动"对话框，在该对话框的 图层 区域中选择层 10，单击 确定 按钮。

（5）选择下拉菜单 格式(R) —— 图层设置(S)... 命令，系统弹出"图层设置"对话框。

（6）在该对话框中将层 1 设置为工作层，将层 10 设置为不可见，单击 关闭 按钮。

Task7. 创建模具爆炸视图

Step1. 移动滑块。

（1）选择下拉菜单 窗口(O) —— cup_mold_top_000.prt，在装配导航器中将部件转换成工作部件。

（2）选择命令。选择下拉菜单 装配(A) —— 爆炸图(X) ▶ —— 新建爆炸(N)... 命令，系统弹出"新建爆炸"对话框，接受默认的名字，单击 确定 按钮。

（3）选择命令。选择下拉菜单 装配(A) —— 爆炸图(X) ▶ —— 编辑爆炸(E)... 命令，系统弹出"编辑爆炸"对话框。

（4）选择对象。在对话框中选中 选择对象 单选项。选取图 11.5.31 所示的滑块元件。

（5）在该对话框中选中 ⊙ 移动对象 单选项，沿 Y 方向移动 100，单击 确定 按钮。结果如图 11.5.32 所示。

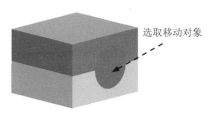

图 11.5.31　选取移动对象 1

图 11.5.32　移动后 1

Step2. 移动型腔。

（1）选择命令。选择下拉菜单 装配(A) ➡ 爆炸图(X) ▸ ➡ 编辑爆炸(E)... 命令，系统弹出"编辑爆炸"对话框。

（2）选择对象。选取图 11.5.33 所示的型腔元件。

（3）在该对话框中选中 ⊙ 移动对象 单选项，沿 Z 方向移动 100，结果如图 11.5.34 所示。

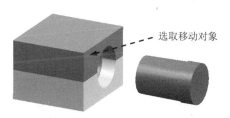

图 11.5.33　选取移动对象 2

图 11.5.34　移动后 2

Step3. 移动产品模型。

（1）选择命令。选择下拉菜单 装配(A) ➡ 爆炸图(X) ▸ ➡ 编辑爆炸(E)... 命令，系统弹出"编辑爆炸"对话框。

（2）选择对象。选取图 11.5.35 所示的产品模型元件。

（3）在该对话框中选中 ⊙ 移动对象 单选项，沿 Z 方向移动 50，结果如图 11.5.36 所示。

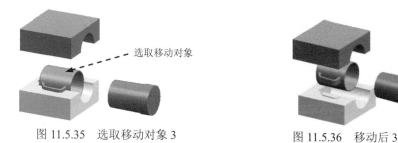

图 11.5.35　选取移动对象 3

图 11.5.36　移动后 3

Step4. 保存文件。选择下拉菜单 文件(F) ➡ 全部保存(V)，保存所有文件。

11.6 Mold Wizard 标准模架设计

本实例将介绍一个完整的带侧抽机构的 Mold Wizard 模具设计过程（图 11.6.1），包括模具的分型、斜抽机构的创建、模架的加载、标准件和顶出系统的添加等。在完成本实例的学习后，希望读者能够熟练掌握带侧抽机构模具的设计方法和技巧，并能够掌握在模架中添加顶出系统及组件的设计思路。下面介绍该模具的设计过程。

a) 产品模型——方位 1　　　b) 产品模型——方位 2　　　c) 定模侧状态

d) 动模侧状态　　　e) 模架——方位 1　　　f) 模架——方位 2

图 11.6.1 塑料凳子的模具设计过程

Task1. 初始化项目

Step1. 加载模型。在功能选项卡右侧的空白位置右击，在弹出的快捷菜单中选择 注塑模向导 命令，在"注塑模向导"功能选项卡中单击"初始化项目"按钮 ，系统弹出 "打开"对话框，选择 D:\ug11\work\ch11.06\plastic_stool.prt，单击 OK 按钮，调入模型，系统弹出"初始化项目"对话框。

Step2. 定义项目单位。在"初始化项目"对话框的 项目单位 下拉列表中选择 毫米 选项。

Step3. 设置项目路径和名称。接受系统默认的项目路径和名称。

Step4. 在该对话框中单击 确定 按钮，完成项目路径和名称的设置。

Task2. 模具坐标系

Step1. 选择命令。在"注塑模向导"功能选项卡的 主要 区域中单击"模具 CSYS"按钮 ，系统弹出"模具 CSYS"对话框。

Step2. 在"模具 CSYS"对话框中选中 ⊙ 当前 WCS 单选项。

Step3. 单击 确定 按钮，完成坐标系的定义，如图 11.6.2 所示。

图 11.6.2　定义后的模具坐标系

Task3. 设置收缩率

Step1. 定义收缩率类型。

（1）在"注塑模向导"功能选项卡的 主要 区域中单击"收缩"按钮，产品模型会高亮显示，同时系统弹出"缩放体"对话框。

（2）在"缩放体"对话框的 类型 下拉列表中选择 均匀 选项。

Step2. 定义缩放体和缩放点。接受系统默认的参数设置值。

Step3. 定义比例因子。在"缩放体"对话框 比例因子 区域的 均匀 文本框中输入数值 1.006。

Step4. 单击 确定 按钮，完成收缩率的设置。

Task4. 创建模具工件

Step1. 在"注塑模向导"功能选项卡的 主要 区域中单击"工件"按钮，系统弹出"工件"对话框。

Step2. 在"工件"对话框的 类型 下拉菜单中选择 产品工件 选项，在 工件方法 下拉菜单中选择 用户定义的块 选项，其他参数采用系统默认设置值。

Step3. 修改尺寸。

（1）单击 定义工件 区域的"绘制截面"按钮，系统进入草图环境，然后修改截面草图的尺寸，如图 11.6.3 所示。

（2）在"工件"对话框 限制 区域的 开始 下拉列表中选择 值 选项，并在其下的 距离 文本框中输入数值-50；在 限制 区域的 结束 下拉列表中选择 值 选项，并在其下的 距离 文本框中输入数值 250。

Step4. 单击 < 确定 > 按钮，完成创建的模具工件如图 11.6.4 所示。

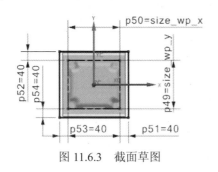

图 11.6.3　截面草图

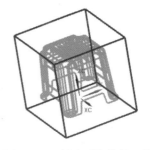

图 11.6.4　创建后的模具工件

Task5. 模型修补

Stage1. 曲面修补 1

Step1. 选择命令。在"注塑模向导"功能选项卡的 注塑模工具 区域中单击"曲面补片"按钮 ◈，系统弹出"边补片"对话框。

Step2. 选择轮廓边界。在 设置 区域取消选中 □ 按面的颜色遍历 复选框，选取图 11.6.5 所示的边线为起始边线。

Step3. 单击对话框中的"接受"按钮 ⇨ 和"关闭环"按钮 ○，完成图 11.6.6 所示的边界环的选取。

Step4. 单击 确定 按钮，系统将自动生成图 11.6.7 所示的曲面修补。

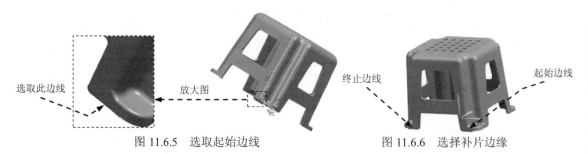

图 11.6.5　选取起始边线　　　　　　图 11.6.6　选择补片边缘

Stage2. 曲面修补 2

参照 Stage1，创建其他 3 个曲面修补，结果如图 11.6.8 所示。

图 11.6.7　曲面修补 1　　　　　　　图 11.6.8　曲面修补 2

Task6. 模具分型

Stage1. 设计区域

Step1. 在"注塑模向导"功能选项卡的 分型刀具 区域中单击"检查区域"按钮 ◭，系统弹出"检查区域"对话框，并显示图 11.6.9 所示的开模方向。在"检查区域"对话框中选中 ⊙ 保持现有的 单选项。

Step2. 计算设计区域。在"检查区域"对话框中单击"计算"按钮 ▤，系统开始对产品模型进行分析计算。单击"检查区域"对话框中的 面 选项卡，可以查看分析结果。

Step3. 设置区域颜色。

（1）在"检查区域"对话框中单击 区域 选项卡，取消选中□ 内环 、□ 分型边 和□ 不完整的环 三个复选框，然后单击"设置区域颜色"按钮 ，设置各区域颜色。

（2）在 未定义的区域 区域中选中☑ 交叉竖直面 复选框，此时系统将所有的未定义区域面加亮显示；在 指派到区域 区域中选中⊙ 型腔区域 单选项，单击 应用 按钮，此时系统将加亮显示的未定义区域面指派到型腔区域。

（3）选取图 11.6.10 所示的模型表面为型腔区域，单击 应用 按钮，结果如图 11.6.11 所示。

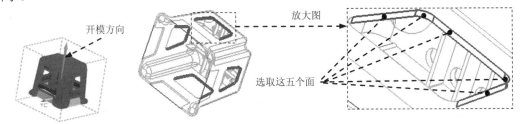

图 11.6.9　开模方向　　　　　　　　图 11.6.10　定义型腔区域

说明：在选取表面时，要选取模型中四个相同特征的表面，图 11.6.10 中高亮显示了这四个特征的表面。

（4）接受系统默认的其他参数设置值，单击 取消 按钮，关闭"检查区域"对话框。

Step4. 创建曲面补片。

（1）在"注塑模向导"功能选项卡的 注塑模工具 区域中单击"曲面补片"按钮 ，系统弹出"边补片"对话框。

（2）在"边补片"对话框的 类型 下拉列表中选择 体 选项，然后在图形区中选择产品实体。

（3）单击"边补片"对话框中的 确定 按钮，系统自动创建曲面补片，结果如图 11.6.12 所示。

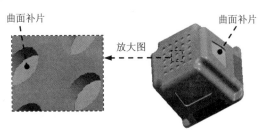

图 11.6.11　设置区域颜色　　　　　　图 11.6.12　创建曲面补片

Stage2. 创建分型线

Step1. 在"注塑模向导"功能选项卡的 分型刀具 区域中单击"设计分型面"按钮 ，系统弹出"设计分型面"对话框。

Step2. 在"设计分型面"对话框的 编辑分型线 区域中单击"遍历分型线"按钮 🔧，此时系统弹出"遍历分型线"对话框。

Step3. 选取遍历边线。选取图 11.6.13 所示的边线为起始边线，单击对话框中的"接受"按钮 ⇨ 和"循环候选项"按钮 🔄，完成图 11.6.14 所示的边界环选取，单击 确定 按钮，在"设计分型面"对话框中单击 确定 按钮。

说明：如果系统不能自动捕捉下一线段，则需要手动选取。

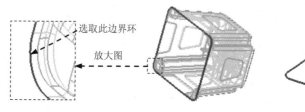

选取此边界环

放大图

图 11.6.13　选取边界环　　　　　　　图 11.6.14　创建分型线

Stage3. 创建分型面（显示产品体和曲面补片）

Step1. 在"注塑模向导"功能选项卡的 分型刀具 区域中单击"设计分型面"按钮 📐，系统弹出"设计分型面"对话框。

Step2. 定义分型面创建方法。在"设计分型面"对话框的 创建分型面 区域中单击"条带曲面"按钮 📐。

Step3. 在"设计分型面"对话框中接受系统默认的公差值；拖动分型面的宽度方向控制按钮，使分型面大小超过工件大小，单击 确定 按钮，结果如图 11.6.15 所示。

Stage4. 创建型腔和型芯

Step1. 创建区域。

（1）在"注塑模向导"功能选项卡的 分型刀具 区域中单击"定义区域"按钮 ⚒，系统弹出"定义区域"对话框。

（2）在"定义区域"对话框中选中 设置 区域的 ☑创建区域 复选框，单击 确定 按钮。

Step2. 在"注塑模向导"功能选项卡的 分型刀具 区域中单击"定义型腔和型芯"按钮 ⌂，系统弹出"定义型腔和型芯"对话框。

Step3. 在"定义型腔和型芯"对话框中选取 选择片体 区域下的 所有区域 选项，单击 确定 按钮，系统弹出"查看分型结果"对话框并在图形区显示出创建的型腔，单击"查看分型结果"对话框中的 确定 按钮，系统再一次弹出"查看分型结果"对话框并在图形区显示出创建的型芯，单击 确定 按钮。

Step4. 选择下拉菜单 窗口(0) ➡ plastic_stool_core_006.prt 命令，显示型芯零件，结果如图

11.6.16 所示；选择下拉菜单 窗口(O) ➡ plastic_stool_cavity_002.prt 命令，显示型腔零件，结果如图 11.6.17 所示。

图 11.6.15　创建分型面　　　图 11.6.16　型芯零件　　　图 11.6.17　型腔零件

Task7. 创建滑块

Stage1. 创建滑块 1

Step1. 选择命令。在 应用模块 功能选项卡的 设计 区域单击 建模 按钮，进入到建模环境中。

说明： 如果此时系统已经进入到建模环境下，则用户可不需要进行此步操作。

Step2. 创建拉伸特征 1。

（1）选择命令。选择下拉菜单 插入(S) ➡ 设计特征(E) ➡ 拉伸(E)... 命令（或单击 按钮），系统弹出"拉伸"对话框。

（2）单击"拉伸"对话框中的"绘制截面"按钮，系统弹出"创建草图"对话框。

① 定义草图平面。选取图 11.6.18 所示的模型表面为草图平面，单击 确定 按钮。

② 进入草图环境，选择下拉菜单 插入(S) ➡ 配方曲线(U) ▶ ➡ 投影曲线(T)... 命令，系统弹出"投影曲线"对话框；选取图 11.6.19 所示的曲线为投影对象；单击 确定 按钮，完成投影曲线的选取。

选取此面

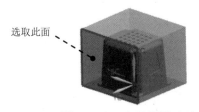

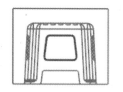

图 11.6.18　定义草图平面　　　　　　图 11.6.19　截面草图

③ 单击 完成 按钮，退出草图环境。

（3）确定拉伸开始值和结束值。在"拉伸"对话框 限制 区域的 开始 下拉列表中选择 值 选项，并在其下的 距离 文本框中输入数值 0；在 限制 区域的 结束 下拉列表中选择 直至延伸部分 选项；选取图 11.6.20 所示的面为拉伸终止面，并确认 布尔 下拉列表中选择的是 无 选项，其他参数采用系统默认设置值。

（4）在"拉伸"对话框中单击 〈 确定 〉 按钮，完成拉伸特征 1 的创建。

Step3. 创建拉伸特征 2。

（1）选择命令。选择下拉菜单 插入(S) ➡ 设计特征(E) ➡ 拉伸(E)... 命令（或单击 按钮），系统弹出"拉伸"对话框。

（2）单击"拉伸"对话框中的"绘制截面"按钮 ，系统弹出"创建草图"对话框。

① 定义草图平面。选取图 11.6.18 所示的模型表面为草图平面，单击 确定 按钮。

② 进入草图环境，绘制图 11.6.21 所示的截面草图。

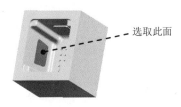

选取此面

图 11.6.20　拉伸终止面

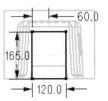

图 11.6.21　截面草图

③ 单击 按钮，退出草图环境。

（3）确定拉伸开始值和结束值。在"拉伸"对话框 限制 区域的 开始 下拉列表中选择 值 选项，并在其下的 距离 文本框中输入数值 0；在 限制 区域的 结束 下拉列表中选择 值 选项，并在其下的 距离 文本框中输入数值 25；使拉伸方向朝向-Y 轴；在 布尔 区域中选择 无 选项。

（4）在"拉伸"对话框中单击 〈 确定 〉 按钮，完成拉伸特征 2 的创建。

Step4. 创建求和特征。

（1）选择命令。选择下拉菜单 插入(S) ➡ 组合(B) ▸ ➡ 合并(U)... 命令，系统弹出"合并"对话框。

（2）选取目标体。选取 Step2 中创建的拉伸特征 1 为目标体。

（3）选取工具体。选取 Step3 中创建的拉伸特征 2 为工具体。

（4）单击 〈 确定 〉 按钮，完成求和特征的创建。

Step5. 创建求差特征。

（1）选择命令。选择下拉菜单 插入(S) ➡ 组合(B) ▸ ➡ 减去(S)... 命令，此时系统弹出"减去"对话框。

（2）选取目标体。选取型腔为目标体。

（3）选取工具体。选取求和特征为工具体，并选中 ☑ 保存工具 复选框。

（4）单击 〈 确定 〉 按钮，完成求差特征的创建。

Stage2. 创建滑块 2

Step1. 创建基准平面。

（1）选择命令。选择下拉菜单 插入(S) ➝ 基准/点(D) ➝ 基准平面(D)... 命令。

（2）在系统弹出的"基准平面"对话框的 类型 下拉列表中选择 XC-ZC 平面 ，在该对话框 偏置和参考 区域的 距离 文本框中输入数值 0，单击 < 确定 > 按钮，创建结果如图 11.6.22 所示。

Step2. 镜像合并特征。

（1）选择命令。选择下拉菜单 插入(S) ➝ 关联复制(A) ➝ 镜像几何体(G)... 命令，系统弹出"镜像几何体"对话框。

（2）选取要镜像的特征。选取图 11.6.22 所示的滑块 1。

（3）选取镜像平面。选取图 11.6.22 所示的基准平面为镜像平面。

（4）单击 确定 按钮，完成滑块 1 的镜像。

Step3. 创建求差特征。

（1）选择命令。选择下拉菜单 插入(S) ➝ 组合(B) ▶ ➝ 减去(S)... 命令，此时系统弹出"减去"对话框。

（2）选取目标体。选取型腔为目标体。

（3）选取工具体。选取镜像后的特征为工具体，并选中 ☑ 保存工具 复选框。

（4）单击 < 确定 > 按钮，完成求差特征的创建。

Stage3. 创建滑块 3

Step1. 创建拉伸特征 1。

（1）选择命令。选择下拉菜单 插入(S) ➝ 设计特征(E) ➝ 拉伸(E)... 命令（或单击 按钮），系统弹出"拉伸"对话框。

（2）单击对话框中的"绘制截面"按钮 ，系统弹出"创建草图"对话框。

① 定义草图平面。选取图 11.6.23 所示的模型表面为草图平面，单击 确定 按钮。

② 进入草图环境，选择下拉菜单 插入(S) ➝ 配方曲线(U) ▶ ➝ 投影曲线(T)... 命令，系统弹出"投影曲线"对话框；选取图 11.6.24 所示的曲线为投影对象；单击 确定 按钮，完成投影曲线的选取。

③ 单击 完成 按钮，退出草图环境。

图 11.6.22　创建基准平面

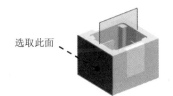

图 11.6.23　定义草图平面

图 11.6.24　截面草图

（3）确定拉伸开始值和结束值。在"拉伸"对话框 限制 区域的 开始 下拉列表中选择 值 选项，并在其下的 距离 文本框中输入数值 0；在 限制 区域的 结束 下拉列表中选择

▨ 直至延伸部分 选项；选取图 11.6.25 所示的面为拉伸终止面，在 布尔 区域中选择 ▨ 无 选项。

（4）在"拉伸"对话框中单击 < 确定 > 按钮，完成拉伸特征 1 的创建。

Step2. 创建拉伸特征 2。

（1）选择命令。选择下拉菜单 插入(S) ➡ 设计特征(E) ➡ ▥ 拉伸(E)... 命令（或单击 ▥ 按钮），系统弹出"拉伸"对话框。

（2）单击对话框中的"绘制截面"按钮 ▨，系统弹出"创建草图"对话框。

① 定义草图平面。选取图 11.6.23 所示的模型表面为草图平面，单击 确定 按钮。

② 进入草图环境，绘制图 11.6.26 所示的截面草图。

③ 单击 ▨ 按钮，退出草图环境。

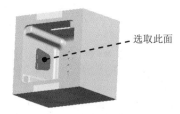
图 11.6.25 拉伸终止面

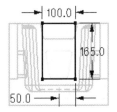
图 11.6.26 截面草图

（3）确定拉伸开始值和结束值。在"拉伸"对话框 限制 区域的 开始 下拉列表中选择 ▥ 值 选项，并在其下的 距离 文本框中输入数值 0；在 限制 区域的 结束 下拉列表中选择 ▥ 值 选项，并在其下的 距离 文本框中输入数值 25；使拉伸方向指向-X 轴方向；在 布尔 区域中选择 ▨ 无 选项。

（4）在"拉伸"对话框中单击 < 确定 > 按钮，完成拉伸特征 2 的创建。

Step3. 创建合并特征。

（1）选择命令。选择下拉菜单 插入(S) ➡ 组合(B) ▸ ➡ ▨ 合并(U)... 命令，系统弹出"合并"对话框。

（2）选取目标体。选取 Step1 中创建的拉伸特征 1 为目标体。

（3）选取工具体。选取 Step2 中创建的拉伸特征 2 为工具体。

（4）单击 < 确定 > 按钮，完成求和特征的创建。

Step4. 创建求差特征。

（1）选择命令。选择下拉菜单 插入(S) ➡ 组合(B) ▸ ➡ ▨ 减去(S)... 命令，此时系统弹出"减去"对话框。

（2）选取目标体。选取型腔为目标体。

（3）选取工具体。选取合并特征为工具体，并选中 ☑ 保存工具 复选框。

（4）单击 < 确定 > 按钮，完成求差特征的创建。

Stage4. 创建滑块 4

Step1. 创建基准平面。

（1）选择命令。选择 插入(S) ➡ 基准/点(D) ➡ 基准平面(D)... 命令。

（2）在系统弹出的"基准平面"对话框的 类型 下拉列表中选择 YC-ZC 平面 ，在该对话框 偏置和参考 区域的 距离 文本框中输入数值 0，单击 < 确定 > 按钮，完成基准平面 2 的创建。

Step2. 镜像合并特征。

（1）选择命令。选择下拉菜单 插入(S) ➡ 关联复制(A) ➡ 镜像几何体(G)... 命令，系统弹出"镜像几何体"对话框。

（2）选取要镜像的特征。选取图 11.6.27 所示的滑块 3 为要镜像的特征。

（3）选取镜像平面。选取基准平面 2 为镜像平面。

（4）单击 确定 按钮，完成滑块 3 的镜像。

Step3. 创建求差特征。

（1）选择命令。选择下拉菜单 插入(S) ➡ 组合(B) ▶ ➡ 减去(S)... 命令，此时系统弹出"减去"对话框。

（2）选取目标体。选取型腔为目标体。

（3）选取工具体。选取镜像后的特征为工具体，并选中 ☑ 保存工具 复选框。

（4）单击 < 确定 > 按钮，完成求差特征的创建。

Stage5. 将滑块转化为型腔子零件

Step1. 转换滑块 1。

（1）单击"装配导航器"中的 选项卡，系统弹出"装配导航器"窗口，在该窗口中空白处右击，然后在系统弹出的菜单中选择 WAVE 模式 选项。

（2）在"装配导航器"对话框中右击 ☑ plastic_stool_cavity_002，在系统弹出的菜单中选择 WAVE▶ ➡ 新建级别 命令，系统弹出"新建层"对话框。

（3）在"新建层"对话框中单击 指定部件名 按钮，在系统弹出的"选择部件名"对话框的 文件名(N): 文本框中输入 plastic_stool_slide_001.prt，单击 OK 按钮，系统返回至"新建层"对话框。

（4）在"新建层"对话框中单击 类选择 按钮，选取图 11.6.28 所示的滑块 1，单击 确定 按钮。系统返回至"新建层"对话框，单击 确定 按钮。

图 11.6.27 选取镜像特征

图 11.6.28 选取特征

Step2. 转换滑块 2，参照 Step1，将部件名命名为 plastic_stool_slide_002.prt。

Step3. 转换滑块 3，参照 Step1，将部件名命名为 plastic_stool_slide_003.prt。

Step4. 转换滑块 4，参照 Step1，将部件名命名为 plastic_stool_slide_004.prt。

Step5. 将滑块移动至图层。

（1）单击"装配导航器"中的 选项卡，在该选项卡中分别取消选中☑ plastic_stool_slide_001 、☑ plastic_stool_slide_002 、 ☑ plastic_stool_slide_003 和☑ plastic_stool_slide_004 部件。

（2）选取图 11.6.28 所示的四个滑块，选择下拉菜单 格式(R) ➡ 移动至图层(M)... 命令，系统弹出"图层移动"对话框。

（3）在 目标图层或类别 文本框中输入数值 10，单击 确定 按钮，退出"图层移动"对话框。将图层第 10 层设置为不可见。

（4）单击"装配导航器"中的 选项卡，在该选项卡中分别选中☑ plastic_stool_slide_001 、☑ plastic_stool_slide_002 、 ☑ plastic_stool_slide_003 和☑ plastic_stool_slide_004 部件。

Task8. 创建斜抽机构

Stage1. 创建第一个斜抽机构

Step1. 转化显示部件。在"装配导航器"中右击☑ plastic_stool_slide_001 图标，在系统弹出的快捷菜单中选择 设为显示部件 命令。

Step2. 创建拉伸 1。

（1）选择命令。选择下拉菜单 插入(S) ➡ 设计特征(E) ➡ 拉伸(E)... 命令（或单击 按钮），系统弹出"拉伸"对话框。

（2）单击对话框中的"绘制截面"按钮 ，系统弹出"创建草图"对话框。

① 定义草图平面。选取图 11.6.29 所示的模型表面为草图平面，单击 确定 按钮。

② 进入草图环境，绘制图 11.6.30 所示的截面草图。

③ 单击 完成 按钮，退出草图环境。

选取此面

图 11.6.29　草图平面

图 11.6.30　截面草图

（3）确定拉伸开始值和结束值。在"拉伸"对话框 限制 区域的 开始 下拉列表中选择 值 选项，并在其下的 距离 文本框中输入数值 0；在 限制 区域的 结束 下拉列表中选择 直至延伸部分 选项；选取图 11.6.31 所示的面为拉伸终止面，其他参数采用系统默认设置值。

（4）定义布尔运算。在 布尔 下拉列表中选择 合并 选项。

（5）在"拉伸"对话框中单击 < 确定 > 按钮，完成拉伸 1 的创建，结果如图 11.6.32 所示。

Step3. 创建基准坐标系。选择下拉菜单 插入(S) ➡ 基准/点(D) ▶ ➡ 基准 CSYS... 命令，系统弹出"基准 CSYS"对话框，单击 < 确定 > 按钮，完成基准坐标系的创建。

Step4. 创建拉伸 2。

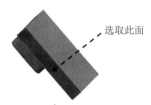

图 11.6.31 拉伸终止面

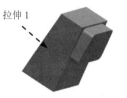

图 11.6.32 创建拉伸 1

（1）选择命令。选择下拉菜单 插入(S) ➡ 设计特征(E) ➡ 拉伸(E)... 命令（或单击 按钮），系统弹出"拉伸"对话框。

（2）单击对话框中的"绘制截面"按钮 ，系统弹出"创建草图"对话框。

① 定义草图平面。选取 YZ 基准平面为草图平面，单击 确定 按钮。

② 进入草图环境，绘制图 11.6.33 所示的截面草图。

③ 单击 完成 按钮，退出草图环境。

（3）确定拉伸开始值和结束值。在 限制 区域的 开始 下拉列表中选择 对称值 选项，并在其下的 距离 文本框中输入数值 15；其他参数采用系统默认设置值。

（4）定义布尔运算。在 布尔 下拉列表中选择 合并 选项。

（5）在"拉伸"对话框中单击 < 确定 > 按钮，完成拉伸 2 的创建，结果如图 11.6.34 所示。

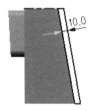

图 11.6.33 截面草图

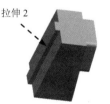

图 11.6.34 创建拉伸 2

Step5. 创建拉伸 3。

（1）选择命令。选择下拉菜单 插入(S) ➡ 设计特征(E) ➡ 拉伸(E)... 命令（或单击 按钮），系统弹出"拉伸"对话框。

（2）单击对话框中的"绘制截面"按钮 ，系统弹出"创建草图"对话框。

① 定义草图平面。选取 YZ 基准平面为草图平面，单击 确定 按钮。

② 进入草图环境，绘制图 11.6.35 所示的截面草图。

③ 单击 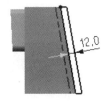 按钮，退出草图环境。

（3）确定拉伸开始值和结束值。在 限制 区域的 开始 下拉列表中选择 对称值 选项，并在其下的 距离 文本框中输入数值 40；其他参数采用系统默认设置值。

（4）定义布尔运算。在 布尔 下拉列表中选择 合并 选项。

（5）在"拉伸"对话框中单击 确定 按钮，完成拉伸 3 的创建，结果如图 11.6.36 所示。

图 11.6.35　截面草图

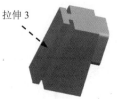
图 11.6.36　创建拉伸 3

Step6. 创建拉伸 4。

（1）选择命令。选择下拉菜单 插入(S) ➡ 设计特征(E) ➡ 拉伸(E)... 命令（或单击 按钮），系统弹出"拉伸"对话框。

（2）单击对话框中的"绘制截面"按钮，系统弹出"创建草图"对话框。

① 定义草图平面。选取 YZ 基准平面为草图平面，单击 确定 按钮。

② 进入草图环境，绘制图 11.6.37 所示的截面草图。

③ 单击 按钮，退出草图环境。

（3）确定拉伸开始值和结束值。在 限制 区域的 开始 下拉列表中选择 对称值 选项，并在其下的 距离 文本框中输入数值 70；其他参数采用系统默认设置值。

（4）定义布尔运算。在 布尔 下拉列表中选择 合并 选项。

（5）在"拉伸"对话框中单击 确定 按钮，完成拉伸 4 的创建，结果如图 11.6.38 所示。

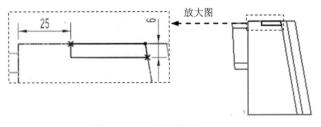
图 11.6.37　截面草图

图 11.6.38　创建拉伸 4

Stage2. 创建第二个斜抽机构

Step1. 切换窗口。选择下拉菜单 窗口(O) ➡ plastic_stool_cavity_002.prt 命令，切换至型腔操作环境。

Step2. 转化显示部件。在"装配导航器"中右击 ☑ plastic_stool_slide_002 图标，在系统弹出的快捷菜单中选择 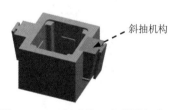设为显示部件 命令。

Step3. 参照 Stage1，创建拉伸 1、拉伸 2、拉伸 3 和拉伸 4，系统返回至型腔操作环境中，创建结果如图 11.6.39 所示。

Stage3. 创建第三个斜抽机构

Step1. 选择下拉菜单 窗口(O) ➡ plastic_stool_cavity_002.prt 命令，切换至型腔操作环境。

Step2. 转化显示部件。在"装配导航器"中右击 ☑⬡plastic_stool_slide_003 选项，在系统弹出的快捷菜单中选择 设为显示部件 命令。

Step3. 创建拉伸 1。

（1）选择命令。选择下拉菜单 插入(S) ➡ 设计特征(E) ➡ 拉伸(E)... 命令（或单击 按钮），系统弹出"拉伸"对话框。

（2）单击对话框中的"绘制截面"按钮 ，系统弹出"创建草图"对话框。

① 定义草图平面。选取图 11.6.40 所示的模型表面为草图平面，单击 确定 按钮。

② 进入草图环境，绘制图 11.6.41 所示的截面草图。

③ 单击 完成 按钮，退出草图环境。

（3）确定拉伸开始值和结束值。在"拉伸"对话框 限制 区域的 开始 下拉列表中选择 值 选项，并在其下的 距离 文本框中输入数值 0；在 限制 区域的 结束 下拉列表中选择 直至延伸部分 选项；选取图 11.6.42 所示的面为拉伸终止面，其他参数采用系统默认设置值。

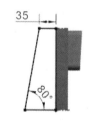

图 11.6.39　创建第二个斜抽机构　　　图 11.6.40　草图平面　　　图 11.6.41　截面草图

（4）定义布尔运算。在 布尔 下拉列表中选择 合并 选项。

（5）在"拉伸"对话框中单击 〈确定〉 按钮，完成拉伸 1 的创建，结果如图 11.6.43 所示。

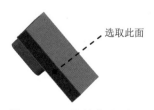

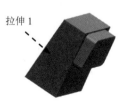

图 11.6.42　拉伸终止面　　　　　　　图 11.6.43　创建拉伸 1

Step4. 创建基准坐标系。选择下拉菜单 插入(S) ➡ 基准/点(D) ▶ ➡ 基准 CSYS... 命令，系统弹出"基准 CSYS"对话框，单击 < 确定 > 按钮，完成基准坐标系的创建。

Step5. 创建拉伸 2。

（1）选择命令。选择下拉菜单 插入(S) ➡ 设计特征(E) ➡ 拉伸(E)... 命令（或单击 按钮），系统弹出"拉伸"对话框。

（2）单击对话框中的"绘制截面"按钮 ，系统弹出"创建草图"对话框。

① 定义草图平面。选取 XZ 基准平面为草图平面，单击 确定 按钮。

② 进入草图环境，绘制图 11.6.44 所示的截面草图。

③ 单击 按钮，退出草图环境。

（3）确定拉伸开始值和结束值。在 限制 区域的 开始 下拉列表中选择 对称值 选项，并在其下的 距离 文本框中输入数值 15；其他参数采用系统默认设置值。

（4）定义布尔运算。在 布尔 下拉列表中选择 合并 选项。

（5）在"拉伸"对话框中单击 < 确定 > 按钮，完成拉伸 2 的创建，结果如图 11.6.45 所示。

Step6. 创建拉伸 3。

（1）选择命令。选择下拉菜单 插入(S) ➡ 设计特征(E) ➡ 拉伸(E)... 命令（或单击 按钮），系统弹出"拉伸"对话框。

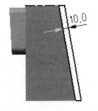

图 11.6.44 截面草图

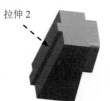

图 11.6.45 创建拉伸 2

（2）单击对话框中的"绘制截面"按钮 ，系统弹出"创建草图"对话框。

① 定义草图平面。选取 XZ 基准平面为草图平面，单击 确定 按钮。

② 进入草图环境，绘制图 11.6.46 所示的截面草图。

③ 单击 按钮，退出草图环境。

（3）确定拉伸开始值和结束值。在 限制 区域的 开始 下拉列表中选择 对称值 选项，并在其下的 距离 文本框中输入数值 30；其他参数采用系统默认设置值。

（4）定义布尔运算。在 布尔 下拉列表中选择 合并 选项。

（5）在"拉伸"对话框中单击 < 确定 > 按钮，完成拉伸 3 的创建，结果如图 11.6.47 所示。

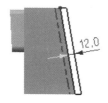

图 11.6.46 截面草图

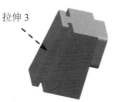

图 11.6.47 创建拉伸 3

Step7. 创建拉伸 4。

（1）选择命令。选择下拉菜单 插入(S) ➡ 设计特征(E) ➡ 拉伸(E)... 命令（或单击 按钮），系统弹出"拉伸"对话框。

（2）单击对话框中的"绘制截面"按钮 ，系统弹出"创建草图"对话框。

① 定义草图平面。选取 XZ 基准平面为草图平面，单击 确定 按钮。

② 进入草图环境，绘制图 11.6.48 所示的截面草图。

③ 单击 完成 按钮，退出草图环境。

（3）确定拉伸开始值和结束值。在 限制 区域的 开始 下拉列表中选择 对称值 选项，并在其下的 距离 文本框中输入数值 60；其他参数采用系统默认设置值。

（4）定义布尔运算。在 布尔 下拉列表中选择 合并 选项。

（5）在"拉伸"对话框中单击 < 确定 > 按钮，完成拉伸 4 的创建，结果如图 11.6.49 所示。

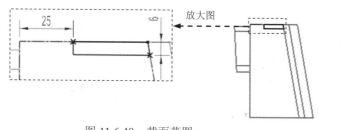

图 11.6.48 截面草图

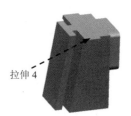

图 11.6.49 创建拉伸 4

Stage4. 创建第四个斜抽机构

Step1. 切换窗口。选择下拉菜单 窗口(0) ➡ plastic_stool_cavity_002.prt 命令，切换至型腔操作环境。

Step2. 转化显示部件。在"装配导航器"中右击 plastic_stool_slide_004 图标，在系统弹出的快捷菜单中选择 设为显示部件 命令。

Step3. 参照 Stage3，创建拉伸 1、拉伸 2、拉伸 3 和拉伸 4，系统返回至型腔操作环境中，创建结果如图 11.6.50 所示。

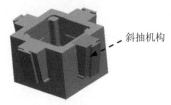

图 11.6.50　创建第四个斜抽机构

Task9. 创建滑块锁紧块

Stage1. 创建第一个滑块锁紧块

Step1. 选择下拉菜单 窗口(O) ➡ plastic_stool_cavity_002.prt 命令，切换至型腔操作环境。

Step2. 转化工作部件。在"装配导航器"中右击 ☑ plastic_stool_cavity_002 图标，在系统弹出的快捷菜单中选择 设为工作部件(W) 命令。

Step3. 创建拉伸 1。

（1）选择命令。选择下拉菜单 插入(S) ➡ 设计特征(E) ➡ 拉伸(E).. 命令（或单击 按钮），系统弹出"拉伸"对话框。

（2）单击对话框中的"绘制截面"按钮 ，系统弹出"创建草图"对话框。

（3）选取 YZ 平面为草图平面。绘制图 11.6.51 所示的截面草图，然后退出草图环境。

（4）确定拉伸开始值和结束值。在 限制 区域的 开始 下拉列表中选择 对称值 选项，并在其下的 距离 文本框中输入数值 55；在 布尔 下拉列表中选择 无 选项；其他参数采用系统默认设置值。

（5）在"拉伸"对话框中单击 < 确定 > 按钮，完成拉伸 1 的创建，结果如图 11.6.52 所示。

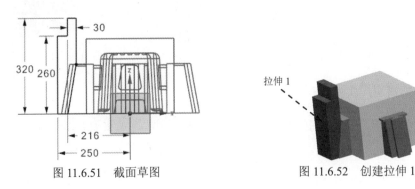

图 11.6.51　截面草图　　　　　　　　　图 11.6.52　创建拉伸 1

Step4. 创建拉伸 2。

（1）选择命令。选择下拉菜单 插入(S) ➡ 设计特征(E) ➡ 拉伸(E).. 命令（或单击 按钮），系统弹出"拉伸"对话框。

（2）单击对话框中的"绘制截面"按钮，系统弹出"创建草图"对话框。

（3）选取 YZ 平面为草图平面。绘制图 11.6.53 所示的截面草图，然后退出草图环境。

（4）确定拉伸开始值和结束值。在限制区域的开始下拉列表中选择对称值选项，并在其下的距离文本框中输入数值41；其他参数采用系统默认设置值。

（5）定义布尔运算。在布尔下拉列表中选择减去选项，选取图 11.6.52 所示的拉伸1。

（6）在"拉伸"对话框中单击 < 确定 > 按钮，完成拉伸 2 的创建，结果如图 11.6.54 所示。

图 11.6.53 截面草图

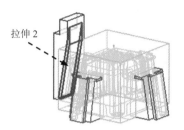

图 11.6.54 创建拉伸 2

Step5. 创建拉伸 3。

（1）选择命令。选择下拉菜单 插入(S) —— 设计特征(E) —— 拉伸(E)...命令（或单击按钮），系统弹出"拉伸"对话框。

（2）单击对话框中的"绘制截面"按钮，系统弹出"创建草图"对话框。

（3）选取 YZ 平面为草图平面，绘制图 11.6.55 所示的截面草图，然后退出草图环境。

（4）确定拉伸开始值和结束值。在限制区域的开始下拉列表中选择对称值选项，并在其下的距离文本框中输入数值16；其他参数采用系统默认设置值。

（5）定义布尔运算。在布尔下拉列表中选择减去选项，选取图 11.6.52 所示的拉伸1。

（6）在"拉伸"对话框中单击 < 确定 > 按钮，完成拉伸 3 的创建，结果如图 11.6.56 所示。

Step6. 创建倒斜角特征 1。

（1）选择命令。选择下拉菜单 插入(S) —— 细节特征(L) ▶ —— 倒斜角(C)...命令，系统弹出"倒斜角"对话框。

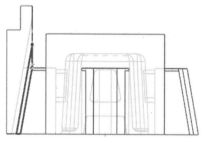

图 11.6.55 截面草图

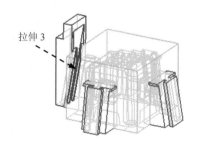

图 11.6.56 创建拉伸 3

（2）定义倒角边。选取图 11.6.57 所示的边链为倒角边。

（3）定义倒斜角偏置方法。在 偏置 区域的 横截面 下拉列表中选择 ┃ 对称 选项，在 距离 文本框中输入数值 10。

（4）在"倒斜角"对话框中单击 〈 确定 〉 按钮，完成倒斜角特征的创建，结果如图 11.6.57 所示。

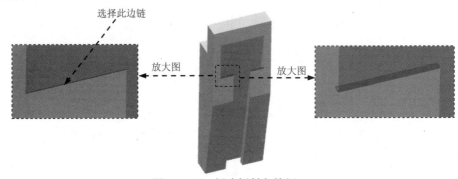

选择此边链

放大图　　　　放大图

图 11.6.57　创建倒斜角特征

Stage2.创建第二个滑块锁紧块

Step1. 选择命令。选择下拉菜单 插入(S) ➡ 关联复制(A) ➡ 🪞 镜像几何体(G)... 命令，系统弹出"镜像几何体"对话框。

Step2. 选取要镜像的特征。选取图 11.6.58a 所示的锁紧块 1。

Step3. 选取镜像平面。选取基准平面 1 为镜像平面。

Step4. 单击 确定 按钮，完成锁紧块 1 的镜像，如图 11.6.58b 所示。

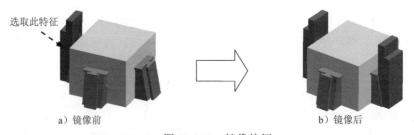

选取此特征

a）镜像前　　　　　　　　b）镜像后

图 11.6.58　镜像特征

Stage3.创建第三个滑块锁紧块

Step1. 创建拉伸 1。

（1）选择命令。选择下拉菜单 插入(S) ➡ 设计特征(E) ➡ 📖 拉伸(E)..命令（或单击 📖 按钮），系统弹出"拉伸"对话框。

（2）单击对话框中的"绘制截面"按钮 🖼，系统弹出"创建草图"对话框。

（3）选取 ZX 平面为草图平面。绘制图 11.6.59 所示的截面草图，然后退出草图环境。

（4）确定拉伸开始值和结束值。在 限制 区域的 开始 下拉列表中选择 对称值 选项，并在其下的 距离 文本框中输入数值 45；在 布尔 下拉列表中选择 无 选项；其他参数采用系统默认设置值。

（5）在"拉伸"对话框中单击 < 确定 > 按钮，完成拉伸 1 的创建，结果如图 11.6.60 所示。

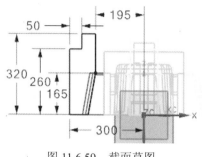

图 11.6.59　截面草图

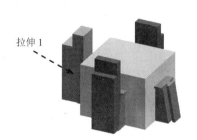

图 11.6.60　创建拉伸 1

Step2. 创建拉伸 2。

（1）选择命令。选择下拉菜单 插入(S) —— 设计特征(E) —— 拉伸(E)... 命令（或单击 按钮），系统弹出"拉伸"对话框。

（2）单击对话框中的"绘制截面"按钮 ，系统弹出"创建草图"对话框。

（3）选取 ZX 平面为草图平面，绘制图 11.6.61 所示的截面草图，然后退出草图环境。

（4）确定拉伸开始值和结束值。在 限制 区域的 开始 下拉列表中选择 对称值 选项，并在其下的 距离 文本框中输入数值 31；其他参数采用系统默认设置值。

（5）定义布尔运算。在 布尔 下拉列表中选择 减去 选项，选取图 11.6.60 所示的拉伸 1 特征。

（6）在"拉伸"对话框中单击 < 确定 > 按钮，完成拉伸 2 的创建，结果如图 11.6.62 所示。

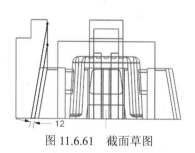

图 11.6.61　截面草图

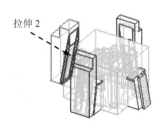

图 11.6.62　创建拉伸 2

Step3. 创建拉伸 3。

（1）选择命令。选择下拉菜单 插入(S) —— 设计特征(E) —— 拉伸(E)... 命令（或单击 按钮），系统弹出"拉伸"对话框。

（2）单击对话框中的"绘制截面"按钮 ，系统弹出"创建草图"对话框。

（3）选取 ZX 平面为草图平面。绘制图 11.6.63 所示的截面草图，然后退出草图环境。

（4）确定拉伸开始值和结束值。在 限制 区域的 开始 下拉列表中选择 🌐 对称值 选项，并在其下的 距离 文本框中输入数值 16；其他参数采用系统默认设置值。

（5）定义布尔运算。在 布尔 下拉列表中选择 🔳 减去 选项，选取图 11.6.60 所示的拉伸 1。

（6）在"拉伸"对话框中单击 〈 确定 〉 按钮，完成拉伸 3 的创建，结果如图 11.6.64 所示。

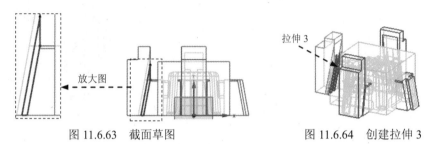

图 11.6.63　截面草图　　　　　图 11.6.64　创建拉伸 3

Step4. 创建倒斜角特征。

（1）选择命令。选择下拉菜单 插入(S) ➡ 细节特征(L) ▶ ➡ 🔷 倒斜角(C)... 命令，系统弹出"倒斜角"对话框。

（2）定义倒角边。选取图 11.6.65 所示的边线为倒斜角边。

（3）定义倒斜角偏置方法。在 偏置 区域的 横截面 下拉列表中选择 🔳 对称 选项，在 距离 文本框中输入数值 10。

（4）在"倒斜角"对话框中单击 〈 确定 〉 按钮，完成倒斜角特征的创建，结果如图 11.6.65 所示。

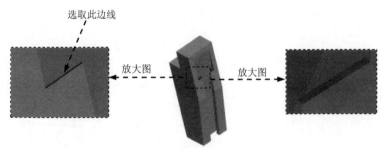

图 11.6.65　创建倒斜角特征

Stage4. 创建第四个滑块锁紧块

Step1. 选择命令。选择下拉菜单 插入(S) ➡ 关联复制(A) ➡ 🔷 镜像几何体(G)... 命令，系统弹出"镜像几何体"对话框。

Step2. 选取要镜像的特征。选取图 11.6.66a 所示的锁紧块 3。

Step3. 选取镜像平面。选取基准平面 2 为镜像平面。

Step4. 单击 确定 按钮，完成锁紧块 3 的镜像，结果如图 11.6.66b 所示。

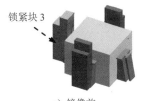 

锁紧块3

a）镜像前　　　　　　　　　　　　　　b）镜像后

图 11.6.66　镜像特征

Task10. 添加模架

Stage1. 模架的加载和编辑

Step1. 切换窗口。选择下拉菜单 窗口(0) ➡ plastic_stool_top_000.prt 命令，切换至总装配操作环境。

Step2. 转化工作部件。在"装配导航器"中右击 ☑ plastic_stool_top_000 图标，在系统弹出的快捷菜单中选择 设为工作部件 命令。

Step3. 在"注塑模向导"功能选项卡的 主要 区域中单击"模架库"按钮 ，系统弹出"模架库"对话框。

Step4. 选择目录和类型。在"资源条"面板的 重用库 区域中选择 FUTABA_FG 选项，然后在下面的 成员选择 区域中选择 GC 选项。

Step5. 定义模架的编号及标准参数。在"模架库"对话框 详细信息 区域的 index 下拉列表中选择 5060 选项；在该区域中单击 EJA_h ，在列表框中选择 EJA_h = 25 选项，在 EJA_h = 后的文本框中输入数值 35。单击 EJB_h ，在 EJB_h = 后的文本框中输入数值 40。单击 AP_h ，在 AP_h = 后的文本框中输入数值 260。单击 BP_h ，在 BP_h = 后的文本框中输入数值 80。单击 CP_h ，在 CP_h = 后的文本框中输入数值 280。

Step6. 在"模架库"对话框中单击 应用 按钮，加载后的模架如图 11.6.67 所示。

图 11.6.67　模架加载后

说明：如果模架方位不合理，可以在"模架设计"对话框中单击"旋转模架"按钮 ，对模架方位进行旋转。

Stage2. 创建模仁刀槽

Step1. 在"注塑模向导"功能选项卡的 主要 区域中单击"型腔布局"按钮 🔲，系统弹出"型腔布局"对话框。

Step2. 在"型腔布局"对话框中单击"编辑插入腔"按钮 ◈，此时系统弹出"插入腔体"对话框。

Step3. 在"插入腔体"对话框的 R 下拉列表中选择 15 选项，然后在 type 下拉列表中选择 2 选项，单击 确定 按钮；系统返回至"型腔布局"对话框，单击 关闭 按钮，完成刀槽的创建，结果如图 11.6.68 所示。

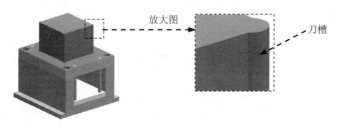

图 11.6.68　创建刀槽

Stage3. 在动模板上开槽

Step1. 单击"装配导航器"按钮 ，隐藏组件。隐藏后的结果如图 11.6.69 所示。

Step2. 在"注塑模向导"功能选项卡的 主要 区域中单击"腔"按钮 ，系统弹出"开腔"对话框；选取图 11.6.69 所示的动模板为目标体，然后单击鼠标中键；选取图 11.6.69 所示的模仁为工具体，单击 确定 按钮。

说明：观察结果时，可将模仁隐藏起来，结果如图 11.6.70 所示。

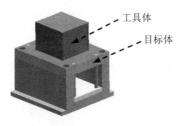　　

图 11.6.69　隐藏后的组件　　　　图 11.6.70　动模板开槽（隐藏模仁）

Stage4. 在定模板及座板上开槽

Step1. 单击"装配导航器"按钮 ，将动模侧模架组件隐藏，将定模侧显示出来，隐藏设置后的结果如图 11.6.71 所示。

Step2. 在"注塑模向导"功能选项卡的 主要 区域中单击"腔"按钮 ，系统弹出"开腔"对话框；选取图 11.6.71 所示的定模板和定模座板为目标体，然后单击鼠标中键；在该对话框的 工具类型 下拉列表中选择 实体 选项，然后选取图 11.6.72 所示的组件为工具体，单击 确定 按钮。

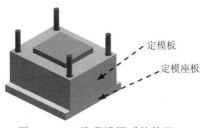

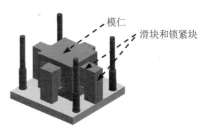

图 11.6.71　隐藏设置后的装配　　　　　图 11.6.72　选取工具体

说明：图 11.6.72 中只指出了一组滑块和锁紧块，要选取四组工具体时，可将定模板隐藏，这样便于选取。在观察结果时，可将模仁和型腔隐藏起来，结果如图 11.6.73 所示。

图 11.6.73　定模板开槽（隐藏模仁和型腔）

Stage5. 在定模板上删除第一侧特征

Step1. 转化显示部件。在"装配导航器"中右击 ☑️ plastic_stool_fixhalf_027 节点下的
☑️ plastic_stool_a_plate_031 选项，在系统弹出的快捷菜单中选择 设为显示部件 命令。

Step2. 创建拉伸 1。

（1）选择命令。选择下拉菜单 插入(S) ➡️ 设计特征(E) ➡️ 拉伸(E) 命令（或单击 按钮），系统弹出"拉伸"对话框。

（2）单击对话框中的"绘制截面"按钮 ，系统弹出"创建草图"对话框。

① 定义草图平面。选取图 11.6.74 所示的模型表面为草图平面，单击 确定 按钮。

② 进入草图环境，绘制图 11.6.75 所示的截面草图。

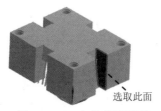
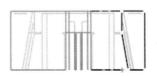

选取此面

图 11.6.74　定义草图平面　　　　　图 11.6.75　截面草图

（3）确定拉伸开始值和结束值。在"拉伸"对话框 限制 区域的 开始 下拉列表中选择 值 选项，并在其下的 距离 文本框中输入数值 0 ；在 限制 区域的 结束 下拉列表中选择 直至延伸部分 选项；选取图 11.6.76 所示的面为拉伸终止面，其他参数采用系统默认设置值。

（4）定义布尔运算。在 布尔 下拉列表中选择 减去 选项。

（5）在"拉伸"对话框中单击 < 确定 > 按钮，完成拉伸 1 的创建。

Step3. 创建拉伸 2。

（1）选择命令。选择下拉菜单 插入(S) ➡ 设计特征(E) ➡ 拉伸(E)... 命令（或单击 按钮），系统弹出"拉伸"对话框。

（2）单击对话框中的"绘制截面"按钮 ，系统弹出"创建草图"对话框。

① 定义草图平面。选取图 11.6.77 所示的模型表面为草图平面，单击 确定 按钮。

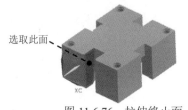

图 11.6.76　拉伸终止面　　　　　图 11.6.77　定义草图平面

② 进入草图环境，绘制图 11.6.78 所示的截面草图。

③ 单击 完成 按钮，退出草图环境。

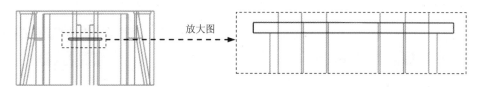

图 11.6.78　截面草图

（3）确定拉伸开始值和结束值。在 限制 区域的 开始 下拉列表中选择 直至延伸部分 选项；选取图 11.6.79 所示的面为拉伸终止面；在 限制 区域的 结束 下拉列表中选择 值 选项，并在其下的 距离 文本框中输入数值 0；其他参数采用系统默认设置值。

（4）定义布尔运算。在 布尔 下拉列表中选择 减去 选项。

（5）在"拉伸"对话框中单击 < 确定 > 按钮，完成拉伸 2 的创建，结果如图 11.6.80 所示。

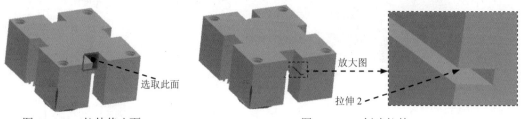

图 11.6.79　拉伸终止面　　　　　图 11.6.80　创建拉伸 2

Stage6. 在定模板上删除第二、三、四侧特征

参照 Stage5 中的 Step1 和 Step2，在其他三侧创建拉伸特征，结果如图 11.6.81 所示。

Stage7. 在定模座板上删除第一个特征

Step1. 切换窗口。选择下拉菜单 窗口(0) ➡ plastic_stool_top_000.prt 命令，切换至总装配操作环境。

Step2. 转化显示部件。在"装配导航器"中右击 ☑ 🗐 plastic_stool_t_plate_036 图标，在系统弹出的快捷菜单中选择 🗊 设为显示部件 命令。

Step3. 创建替换面特征。

（1）选择命令。选择下拉菜单 插入(S) ➡ 同步建模(I) ▸ ➡ 🗐 替换面(R)... 命令，系统弹出"替换面"对话框。

（2）定义替换对象。选取图 11.6.82 所示的要替换的面和替换面。

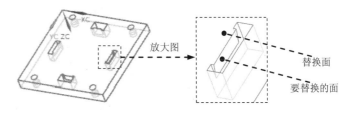

图 11.6.81　拉伸特征　　　　　　　　　　图 11.6.82　修正平面

（3）单击 〈 确定 〉 按钮，完成替换面特征的创建。

Stage8. 在定模座板上删除第二、第三和第四个特征

参照 Stage7 中的 Step3 ，替换其他三个特征，结果如图 11.6.83 所示。

Task11. 添加标准件

Stage1. 加载定位圈

Step1. 切换窗口(显示所有组件)。选择下拉菜单 窗口(0) ➡ plastic_stool_top_000.prt 命令，切换至总装配操作环境。

Step2. 转化工作部件。在"装配导航器"中右击 ☑ 🗐 plastic_stool_top_000 图标，在系统弹出的快捷菜单中选择 🗊 设为工作部件 命令，将所有隐藏的组件显示出来。

Step3. 在"注塑模向导"功能选项卡的 主要 区域中单击"标准件库"按钮 🗐，系统弹出"标准件管理"对话框。在"资源条"面板 重用库 区域中选中 ⊞ 🗐 FUTABA_MM 节点下的 🗐 Locating Ring Interchangeable 选项，在 成员选择 区域中选择 ⬇ Locating Ring 选项，系统弹出"信息"窗口，在"标准件管理"对话框的 详细信息 区域中选择 🗐 ▼ TYPE 选项，在后面的下拉列表中选择 M_LRB 选项，在 DIAMETER 下拉列表中选择 120 选项，单击 BOTTOM_C_BORE_DIA 并在其下面的文本框中输入值 50；选择 SHCS_LENGTH 选项，单击 SHCS_LENGTH 并在其下面的文本框中输入数值 20；单击 确定 按钮。加载定位圈后的结果如图 11.6.84 所示。

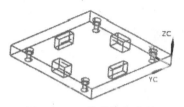

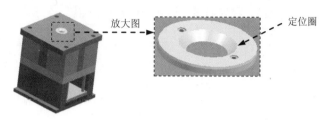

放大图　　　定位圈

图 11.6.83　修剪特征的结果　　　　　图 11.6.84　加载定位圈

Stage2. 创建定位圈槽

Step1. 在"注塑模向导"功能选项卡的 主要 区域中单击"腔"按钮，系统弹出"开腔"对话框。

Step2. 选取目标体。选取图 11.6.85 所示的定模座板为目标体，然后单击鼠标中键。

Step3. 选取工具体。在 工具类型 下拉菜单中选择 组件 选项，然后选取图 11.6.85 所示的定位圈为工具体。

Step4. 单击 确定 按钮，完成定位圈槽的创建。

说明：观察结果时可将定位圈隐藏，结果如图 11.6.86 所示。

工具体　　　目标体

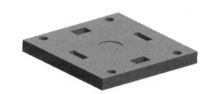

图 11.6.85　选取特征　　　　　图 11.6.86　创建定位圈槽后的定模座板

Stage3. 添加浇口套

Step1. 在"注塑模向导"功能选项卡的 主要 区域中单击"标准件库"按钮，系统弹出"标准件管理"对话框。

Step2. 选择浇口套类型。在"资源条"面板的 重用库 区域中选中 ⊞ FUTABA_MM 节点下的 Sprue Bushing 选项。在 成员选择 列表中选择 Sprue Bushing 选项，系统弹出"信息"窗口。

Step3. 在 详细信息 区域的 CATALOG 下拉列表中选择 M-SBI 选项；选择 CATALOG_DIA 选项，在 CATALOG_DIA 文本框中输入数值 12，并按 Enter 键确认；双击 ▼ 0，将值改为 3.5；双击 CATALOG_LENGTH 将其值改为 100；双击 CATALOG_LENGTH1，将其值改为 30；双击 HEAD_HEIGHT，将值改为 20；选择 RADIUS_DEEP 选项，在 RADIUS_DEEP 文本框中输入数值 6，并按 Enter 键确认。

Step4. "标准件管理"对话框中的其他参数设置值保持系统默认值，单击 确定 按钮，完成浇口套的添加，如图 11.6.87 所示。

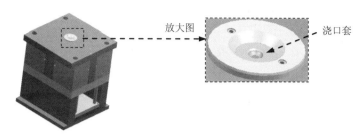

放大图

浇口套

图 11.6.87 加载浇口套

Stage4. 创建浇口套槽

Step1. 隐藏部件。只显示图 11.6.88 所示的零件。

Step2. 在"注塑模向导"功能选项卡的 主要 区域中单击"腔"按钮 ，系统弹出"开腔"对话框。

Step3. 选取目标体。选取图 11.6.88 所示的定模仁、定模板和定模座板为目标体，然后单击鼠标中键。

Step4. 选取工具体。在 工具类型 下拉菜单中选择 组件 选项，选取浇口套为工具体。

Step5. 单击 确定 按钮，系统弹出警报对话框，关闭对话框，完成浇口套槽的创建。

说明：观察结果时可将浇口套隐藏，结果如图 11.6.89 所示。

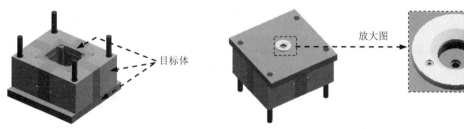

目标体

放大图

图 11.6.88 隐藏后的结果 　　　　图 11.6.89 定模座板和定模板避开孔（隐藏浇口套）

Step6. 创建旋转特征。

（1）选择下拉菜单 窗口(0) ➡ plastic_stool_cavity_002.prt ，系统在工作区中显示出型腔工作零件。

（2）选择命令。选择下拉菜单 插入(S) ➡ 设计特征(E) ➡ 旋转(R)... 命令，系统弹出"旋转"对话框。

（3）单击对话框中的"绘制截面"按钮 ，系统弹出"创建草图"对话框。

① 定义草图平面。选取图 11.6.90 所示的基准平面为草图平面，单击 确定 按钮。

② 进入草图环境，绘制图 11.6.91 所示的截面草图。

③ 单击 完成 按钮，退出草图环境。

（4）定义旋转轴和布尔运算。选取图 11.6.91 所示的轴线为旋转轴；在 布尔 下拉列表中

选择 ⬛ 减去 选项，然后选取定模仁为求差体。

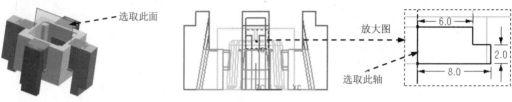

图 11.6.90　定义草图平面　　　　　　图 11.6.91　截面草图

（5）在"旋转"对话框中单击 〈 确定 〉 按钮，完成旋转特征的创建，结果如图 11.6.92 所示。

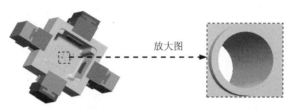

图 11.6.92　创建旋转特征

Task12. 在动模侧上添加标准件

Stage1. 添加复位弹簧

Step1. 切换窗口。选择下拉菜单 窗口(O) ➡ plastic_stool_top_000.prt 命令，切换至总装配操作环境，将其转换为工作部件，并将所有隐藏的组件显示出来。

Step2. 在"注塑模向导"功能选项卡的 主要 区域中单击"标准件库"按钮 🔳 ，系统弹出"标准件管理"对话框。

Step3. 定义弹簧类型。在"资源条"面板 重用库 区域中选中 ⊞🗀 FUTABA_MM 节点下的 🗀 Springs 选项，在 成员选择 列表中选择 Spring [M-FSB] 选项，系统弹出"信息"窗口。

Step4. 修改弹簧尺寸。在 详细信息 区域中选择 DIAMETER 选项，在后面的下拉列表中选择 45.5 选项，在 DISPLAY 下拉列表中选择 DETAILED 选项，选择 CATALOG_LENGTH 选项，在 CATALOG_LENGTH 文本框中输入数值 210，并按 Enter 键确认；选择 UNDERSIZE 选项，在 UNDERSIZE 文本框中输入数值 0。取消选中 ☐ 关联位置 复选框。

Step5. 定义放置平面。在 放置 区域激活 ＊ 选择面或平面 (0) ，选取图 11.6.93 所示的面为放置面，单击 确定 按钮，系统弹出"点"对话框。

Step6. 在 类型 区域的下拉列表中选择 圆弧中心/椭圆中心/球心 选项，选取图 11.6.94 所示的圆弧（注意将选择范围改为"整个装配"），系统返回至"点"对话框。继续选择其他三个圆弧，加载弹簧，如图 11.6.95 所示。单击 取消 按钮。

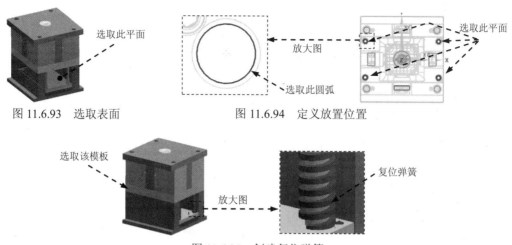

图 11.6.93　选取表面　　　　图 11.6.94　定义放置位置

图 11.6.95　创建复位弹簧

Step7. 创建复位弹簧腔。

（1）选择命令。在"注塑模向导"功能选项卡的 主要 区域中单击"腔"按钮 ，系统弹出"开腔"对话框。

（2）选取目标体。选取图 11.6.95 所示的动模板为目标体，然后单击鼠标中键。

（3）选取工具体。在 工具类型 下拉菜单中选择 组件 选项，选取四个复位弹簧为工具体。

（4）单击 确定 按钮，完成复位弹簧腔的创建。

Stage2. 添加支撑柱

Step1. 在"注塑模向导"功能选项卡的 主要 区域中单击"标准件库"按钮 ，系统弹出"标准件管理"对话框。

Step2. 定义支撑柱类型。在"资源条"面板 重用库 区域中选中 FUTABA_MM 节点下的 Support 选项，在 成员选择 列表中选择 Support Pillar (M-SRB,M-SRD,M-SRC) 选项，系统弹出"信息" 窗口。

Step3. 修改支撑柱尺寸。在 详细信息 区域中选择 CATALOG 选项，在后面的下拉列表中选择 M-SRB 选项，选择 SUPPORT_DIA 选项，在后面的下拉列表中选择 60 选项，选择 LENGTH 选项，在 LENGTH 文本框中输入数值 280，并按 Enter 键确认。

Step4. 单击"标准件管理"对话框中的 确定 按钮，此时系统弹出"点"对话框。

Step5. 定义支撑柱放置位置 1。在 XC 文本框中输入数值 100，在 YC 文本框中输入数值 0，在 ZC 文本框中输入数值 0，单击 确定 按钮，系统返回至"点"对话框。

Step6. 定义支撑柱放置位置 2。在 XC 文本框中输入数值-100，在 YC 文本框中输入数值 0，在 ZC 文本框中输入数值 0，单击 确定 按钮，系统返回至"点"对话框。

Step7. 单击 取消 按钮，完成支架的放置位置的定义。

Step8. 创建支撑柱腔。

（1）选择命令。在"注塑模向导"功能选项卡的 主要 区域中单击"腔"按钮 ，系统弹出"开腔"对话框。

（2）选取目标体。选取动模座板、推板和推杆固定板为目标体（图 11.6.96），然后单击鼠标中键。

（3）选取工具体。在 工具类型 下拉菜单中选择 组件 选项，选取两个支撑柱为工具体。

（4）单击 确定 按钮，完成支撑柱腔的创建。

说明：观察结果时，可将支撑柱隐藏，结果如图 11.6.97 所示。

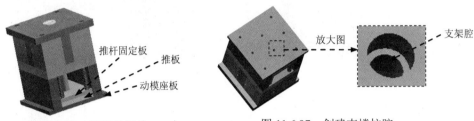

图 11.6.96　选取目标体　　　　　图 11.6.97　创建支撑柱腔

Task13. 添加顶出系统

Stage1. 添加顶杆 1

Step1. 隐藏组件。将定模侧组件、型腔、产品模型和添加的标准件进行隐藏。

Step2. 在"注塑模向导"功能选项卡的 主要 区域中单击"标准件库"按钮 ，系统弹出"标准件管理"对话框。

Step3. 定义顶杆类型。在"资源条"面板 重用库 区域中选中 DME_MM 节点下的 Ejection 选项，在 成员选择 列表中选择 Ejector Pin [Straight] 选项，系统弹出"信息"窗口。

Step4. 在 详细信息 区域选择 CATALOG_DIA 选项，在后面的下拉列表中选择 5 选项。在 CATALOG_LENGTH 下拉列表中选择 630 选项。单击 确定 按钮，系统弹出"点"对话框。

Step5. 在"点"对话框 类型 区域的下拉列表中选择 圆弧中心/椭圆中心/球心 选项，选取图 11.6.98 所示的八条圆弧，系统自动创建顶杆并返回至"点"对话框。单击 取消 按钮，完成顶杆的添加，如图 11.6.99 所示。

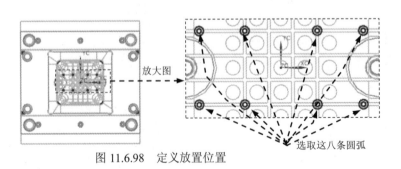

图 11.6.98　定义放置位置

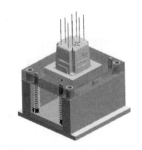

图 11.6.99　添加顶杆 1

Stage2. 添加顶杆 2

Step1. 在"注塑模向导"功能选项卡的 主要 区域中单击"标准件库"按钮 ，系统弹出"标准件管理"对话框。

Step2. 定义顶杆类型。在"资源条"面板 重用库 区域中选中 DME_MM 节点下的 Ejection 选项，在 成员选择 列表中选择 Ejector Pin [Straight] 选项，系统弹出"信息"窗口。

Step3. 在 详细信息 区域选择 CATALOG_DIA 选项，在后面的下拉列表中选择 10 选项。在 CATALOG_LENGTH 下拉列表中选择 400 选项。单击 确定 按钮，系统弹出"点"对话框。

Step4. 在"点"对话框 类型 区域的下拉列表中选择 圆弧中心/椭圆中心/球心 选项，选取图 11.6.100 所示的四条圆弧，系统自动创建顶杆并返回至"点"对话框。单击 取消 按钮，完成顶杆的添加。

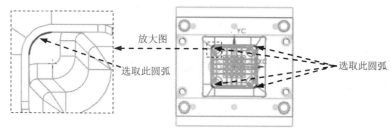

图 11.6.100　定义放置位置

Stage3. 创建顶杆腔

Step1. 在"注塑模向导"功能选项卡的 主要 区域中单击"腔"按钮 ，系统弹出"开腔"对话框。

Step2. 选取目标体。选取动模板、推杆固定板和型芯为目标体，如图 11.6.101 所示，然后单击鼠标中键。

Step3. 选取工具体。在 工具类型 下拉菜单中选择 组件 选项。选取 Stage1 和 Stage2 中创建的顶杆为工具体。

Step4. 单击 确定 按钮，完成顶杆腔的创建。

Stage4. 修剪顶杆

Step1. 选择命令。在"注塑模向导"功能选项卡的 主要 区域中单击"顶杆后处理"按钮 ，系统弹出"顶杆后处理"对话框。

Step2. 选取修剪对象。选取 Stage1 和 Stage2 中创建的顶杆为修剪目标体。

Step3. 在"顶杆后处理"对话框中单击 确定 按钮，完成顶杆的修剪，结果如图 11.6.102 所示。

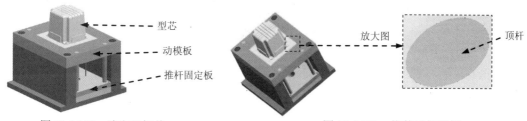

图 11.6.101　选取目标体　　　　　　　　　图 11.6.102　修剪后的顶杆

Task14. 在定模侧上添加标准件

Stage1. 添加螺钉

Step1. 显示/隐藏组件。将定模侧组件显示出来，同时将动模侧组件和添加的标准件隐藏，隐藏后的显示结果如图 11.6.103 所示。

Step2. 在"注塑模向导"功能选项卡的 主要 区域中单击"标准件库"按钮 ，系统弹出"标准件管理"对话框。

Step3. 定义螺钉类型。在"资源条"面板 重用库 区域中选中 ⊞ 🗀 FUTABA_MM 节点下的 🗀 Screws 选项，在 成员选择 列表中选择 SHSB [M-PBB] 选项，系统弹出"信息"窗口。

Step4. 修改螺钉尺寸。在 详细信息 区域的 THREAD 下拉列表中选择 16 选项，在 SHOULDER_LENGTH 下拉列表中选择 240 选项。取消选中 □ 关联位置 复选框。

Step5. 定义放置平面。在 放置 区域激活 ＊ 选择面或平面 (0)，选取图 11.6.103 所示的面为放置面，单击 确定 按钮，系统弹出"点"对话框。

Step6. 定义螺钉放置位置。

（1）放置位置1。在 XC 文本框中输入数值 200，在 YC 文本框中输入数值 180，在 ZC 文本框中输入数值 0，在"点"对话框中单击 确定 按钮，系统弹出"位置"对话框，单击 确定 按钮，系统返回"点"对话框。

（2）放置位置2。在 XC 文本框中输入数值-200，在 YC 文本框中输入数值 180，在 ZC 文本框中输入数值 0，在"点"对话框中单击 确定 按钮，系统弹出"位置"对话框，单击 确定 按钮，系统返回"点"对话框。

（3）放置位置3。在 XC 文本框中输入数值-200，在 YC 文本框中输入数值-180，在 ZC 文本框中输入数值 0，在"点"对话框中单击 确定 按钮，系统弹出"位置"对话框，单击 确定 按钮，系统返回"点"对话框。

（4）放置位置4。在 XC 文本框中输入数值 200，在 YC 文本框中输入数值-180，在 ZC 文本框中输入数值 0，在"点"对话框中单击 确定 按钮，系统弹出"位置"对话框，单击 确定 按钮，系统返回"点"对话框。

（5）单击 取消 按钮，完成螺钉放置位置的定义。

说明：观察结果时，可将定模板隐藏，结果如图 11.6.104 所示。

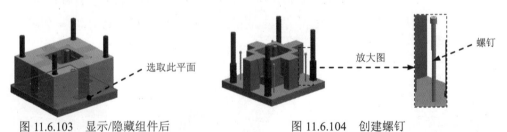

图 11.6.103　显示/隐藏组件后　　　　图 11.6.104　创建螺钉

Stage2. 创建螺钉腔

Step1. 在"注塑模向导"功能选项卡的 主要 区域中单击"腔"按钮 ，系统弹出 "开腔"对话框。

Step2. 选取目标体。选取定模板和定模座板为目标体，然后单击鼠标中键。

Step3. 选取工具体。在 工具类型 下拉菜单中选择 组件 选项，选取图 11.6.104 所示的四个螺钉为工具体。

Step4. 单击 确定 按钮，完成螺钉腔的创建。

Stage3. 添加复位弹簧

Step1. 将定模板隐藏。

Step2. 在"注塑模向导"功能选项卡的 主要 区域中单击"标准件库"按钮 ，系统弹出"标准件管理"对话框。

Step3. 定义弹簧类型。在"资源条"面板 重用库 区域中选中 ⊞ FUTABA_MM 节点下的 Springs 选项，在 成员选择 列表中选择 Spring [M-FSB] 选项，系统弹出"信息"窗口。

Step4. 修改弹簧尺寸。在 详细信息 区域的 DIAMETER 下拉列表中选择 39.5 选项，在列表中选择 CATALOG_LENGTH = 50 选项，在 CATALOG_LENGTH 下拉列表中选择 120 选项，在 DISPLAY 下拉列表中选择 DETAILED 选项。

Step5. 定义放置平面。在 放置 区域激活 ✱ 选择面或平面 (0)，选取图 11.6.105 所示的面为放置面，单击 确定 按钮。系统弹出"点"对话框。在 类型 区域的下拉列表中选择 圆弧中心/椭圆中心/球心 选项，选取图 11.6.106 所示的圆弧 1，系统返回至"点"对话框，然后选取图 11.6.106 所示的另外四个圆弧。单击 取消 按钮，结果如图 11.6.107 所示。

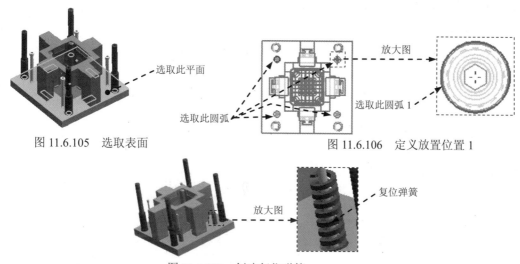

图 11.6.105 选取表面　　　　图 11.6.106 定义放置位置 1

图 11.6.107 创建复位弹簧

Step6. 创建复位弹簧腔（显示定模板）。

（1）选择命令。在"注塑模向导"功能选项卡的 主要 区域中单击"腔"按钮 ，系统弹出"开腔"对话框。

（2）选取目标体。选取图 11.6.108 所示的定模板为目标体，然后单击鼠标中键。

（3）选取工具体。在 工具类型 下拉菜单中选择 组件 选项，选取四个复位弹簧为工具体。

（4）单击 确定 按钮，完成复位弹簧腔的创建。

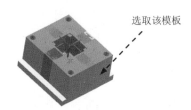

选取该模板

图 11.6.108 建腔的目标体选择

Stage4. 添加开闭器

Step1. 显示/隐藏组件。将动模侧组件显示出来，同时将定模侧组件和添加的标准件隐藏，隐藏后的结果如图 11.6.109 所示。

Step2. 在"注塑模向导"功能选项卡的 主要 区域中单击"标准件库"按钮，系统弹出"标准件管理"对话框。在"资源条"面板 重用库 区域中选中 FUTABA_MM 节点下的 Pull Pin 选项。在 成员选择 列表中选择 M-PLL 选项，系统弹出"信息"窗口，在 详细信息 区域中选择 DIAMETER 选项，在后面的下拉列表中选择 16，取消选中 关联位置 复选框。

Step3. 定义放置面。在 放置 区域激活 选择面或平面 (0)，选取图 11.6.109 所示的面为放置面，单击 确定 按钮。系统弹出"点"对话框。

（1）放置位置 1。在 XC 文本框中输入数值 200，在 YC 文本框中输入数值 140，在 ZC 文本框中输入数值 0，单击 确定 按钮，系统返回至"点"对话框。

（2）放置位置 2。在 XC 文本框中输入数值-200，在 YC 文本框中输入数值 140，在 ZC 文本框中输入数值 0，单击 确定 按钮，系统返回至"点"对话框。

（3）放置位置 3。在 XC 文本框中输入数值-200，在 YC 文本框中输入数值-140，在 ZC 文本框中输入数值 0，单击 确定 按钮，系统返回至"点"对话框。

（4）放置位置 4。在 XC 文本框中输入数值 200，在 YC 文本框中输入数值-140，在 ZC 文本框中输入数值 0，单击 确定 按钮，系统返回至"点"对话框。

（5）单击 取消 按钮，完成开闭器放置位置的定义，结果如图 11.6.110 所示。

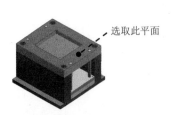

选取此平面

图 11.6.109 显示/隐藏组件后

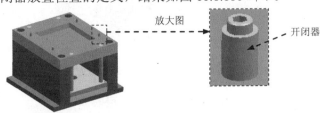

放大图

开闭器

图 11.6.110 创建开闭器

Step4. 创建开闭器腔。

（1）选择命令。在"注塑模向导"功能选项卡的 主要 区域中单击"腔"按钮 ，系统弹出"开腔"对话框。

（2）选取目标体。选取动模板和定模板为目标体，然后单击鼠标中键。

（3）选取工具体。在 工具类型 下拉菜单中选择 组件 选项，选取四个开闭器为工具体。

（4）单击 确定 按钮，完成开闭器腔的创建。

说明：在选取定模板时，要将定模板显示出来。

Task15. 显示隐藏零部件

Step1. 显示所用模型。选择下拉菜单 编辑(E) ➡ 显示和隐藏(H)▶ ➡ 全部显示(A) 命令，系统将所有模型部件显示在当前窗口中。

Step2. 保存设计结果。选择下拉菜单 文件(F) ➡ 全部保存(V) 命令，保存模具设计结果。

第 12 章　数 控 加 工

12.1　数控加工概述

数控技术即数字控制技术（Numerical Control Technology），指用计算机以数字指令方式控制机床动作的技术。

数控加工具有产品精度高、自动化程度高、生产效率高、生产成本低等特点，在制造业及航天加工业，数控加工是所有生产技术中相当重要的一环。尤其是汽车和航天产业零部件，其几何外形复杂且精度要求较高，更突出了 NC 加工制造技术的优点。

数控加工技术集传统的机械制造、计算机、信息处理、现代控制和传感检测等光机电技术于一体，是现代机械制造技术的基础。

数控编程一般可以分为手工编程和自动编程。手工编程是指从零件图样分析、工艺处理、数值计算、编写程序单直到程序校核等各步骤的数控编程工作，均由人工完成的全过程。该方法适用于零件形状不太复杂、加工程序较短的情况。而对于复杂形状的零件，如具有非圆曲线、列表曲面和组合曲面的零件，或者零件形状虽不复杂但是程序很长的情况，则比较适合于自动编程。

自动数控编程是从零件的设计模型（即参考模型）获得数控加工程序的全部过程。其主要任务是计算加工走刀过程中的刀位点（Cutter Location Point，简称 CL 点），从而生成 CL 数据文件。采用自动编程技术可以帮助人们解决复杂零件的数控加工编程问题，其大部分工作由计算机来完成，编程效率大大提高，还能解决手工编程无法解决的许多复杂形状零件的加工编程问题。

12.2　数控加工的一般过程

12.2.1　UG NX 数控加工流程

UG NX 能够模拟数控加工的全过程，其一般流程为（图 12.2.1）：

（1）创建制造模型，包括创建或获取设计模型。

（2）进行工艺规划。

（3）进入加工环境。

（4）创建 NC 操作（如创建程序、几何体、刀具等）。

（5）生成刀具路径文件，进行加工仿真。

（6）利用后处理器生成 NC 代码。

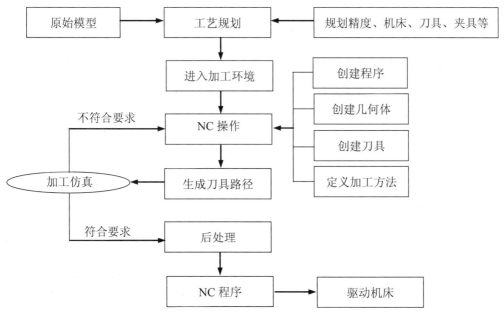

图 12.2.1 UG NX 数控加工流程图

12.2.2 进入 UG NX 11.0 的加工模块

在进行数控加工操作之前首先需要进入 UG NX 11.0 数控加工环境，其操作如下。

Step1. 打开模型文件 D:\ug11\work\ch12.02\ pocketing.prt。

Step2. 进入加工环境。在 应用模块 功能选项卡的 制造 区域单击 ▶ 按钮，系统弹出图 12.2.2 所示的"加工环境"对话框。

加工环境中的所有操作模板类型。必须在此指定一种操作模板类型，不过在进入加工环境后，可以随时改选此环境中的其他操作模板类型

图 12.2.2 "加工环境"对话框

Step3. 选择操作模板类型。在"加工环境"对话框的 要创建的 CAM 组装 列表框中选择 mill_contour 选项，单击 确定 按钮，系统进入加工环境。

说明：当加工零件第一次进入加工环境时，系统将弹出"加工环境"对话框，在 要创建的 CAM 组装 列表中选择好操作模板类型后，单击 确定 按钮，系统将根据指定的操作模板类型，调用相应的模块和相关的数据进行加工环境的设置。在以后的操作中，选择下拉菜单 工具(T) ➡ 工序导航器(O) ▸ ➡ 删除组装(S) 命令，在系统弹出的"组装删除确认"对话框中单击 确定(O) 按钮，此时系统将再次弹出"加工环境"对话框，可以重新进行操作模板类型的选择。

12.2.3 创建程序

程序主要用于排列各加工操作的次序，并可方便地对各个加工操作进行管理，某种程度上相当于一个文件夹。例如，一个复杂零件的所有加工操作（包括粗加工、半精加工、精加工等）需要在不同的机床上完成，将在同一机床上加工的操作放置在同一个程序组，就可以直接选取这些操作所在的父节点程序组进行后处理。

下面还是以模型 pocketing.prt 为例，紧接上节的操作来继续说明创建程序的一般步骤。

Step1. 选择下拉菜单 插入(S) ➡ 程序(P)... 命令（或单击"插入"区域中的 按钮），系统弹出图 12.2.3 所示的"创建程序"对话框。

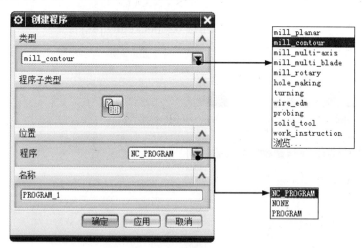

图 12.2.3 "创建程序"对话框

Step2. 在"创建程序"对话框的 类型 下拉列表中选择 mill_contour 选项，在 位置 区域的 程序 下拉列表中选择 NC_PROGRAM 选项，在 名称 文本框中输入程序名称 PROGRAM_1，单击 确定 按钮，在系统弹出的"程序"对话框中单击 确定 按钮，完成程序的创建。

图 12.2.3 所示的"创建程序"对话框中各选项的说明如下。

● mill_planar：平面铣加工模板。

- `mill_contour`：轮廓铣加工模板。
- `mill_multi-axis`：多轴铣加工模板。
- `mill_multi_blade`：多轴铣叶片模板。
- `mill_rotary`：旋转铣削模板。
- `hole_making`：钻孔模板。
- `turning`：车加工模板。
- `wire_edm`：电火花线切割加工模板。
- `probing`：探测模板。
- `solid_tool`：整体刀具模板。
- `work_instruction`：工作说明模板。

12.2.4　创建几何体

创建几何体主要是定义要加工的几何对象（包括部件几何体、毛坯几何体、切削区域、检查几何体、修剪几何体）和指定零件几何体在数控机床上的机床坐标系（MCS）。几何体可以在创建工序之前定义，也可以在创建工序过程中指定。其区别是提前定义的加工几何体可以为多个工序使用，而在创建工序过程中指定加工几何体只能为该工序使用。

Stage1.　创建机床坐标系

在创建加工操作前，应首先创建机床坐标系，并检查机床坐标系与参考坐标系的位置和方向是否正确，要尽可能地将参考坐标系、机床坐标系、绝对坐标系统一到同一位置。

下面以前面的模型 pocketing.prt 为例，紧接着上节的操作来继续说明创建机床坐标系的一般步骤。

Step1. 选择下拉菜单 插入(S) ➡ 几何体(G)...命令，系统弹出图 12.2.4 所示的"创建几何体"对话框。

Step2. 在"创建几何体"对话框的 几何体子类型 区域中单击"MCS"按钮 ，在 位置 区域的 几何体 下拉列表中选择 GEOMETRY 选项，在 名称 文本框中输入 CAVITY_MCS。

Step3. 单击 确定 按钮，系统弹出图 12.2.5 所示的"MCS"对话框。

图 12.2.4 所示的"创建几何体"对话框中的各选项说明如下。

- （MCS 机床坐标系）：使用此选项可以建立 MCS（机床坐标系）和 RCS（参考坐标系）、设置安全距离和下限平面以及避让参数等。
- （WORKPIECE 工件几何体）：用于定义部件几何体、毛坯几何体、检查几何体和部件的偏置。所不同的是，它通常位于 MCS_MILL 父级组下，只关联 MCS_MILL 中指定的坐标系、安全平面、下限平面和避让等。

图 12.2.4　"创建几何体"对话框

图 12.2.5　"MCS"对话框

- （MILL_AREA 切削区域几何体）：使用此按钮可以定义部件、检查、切削区域、壁和修剪等几何体。切削区域也可以在以后的操作对话框中指定。

- （MILL_BND 边界几何体）：使用此按钮可以指定部件边界、毛坯边界、检查边界、修剪边界和底平面几何体。在某些需要指定加工边界的操作，如表面区域铣削、3D 轮廓加工和清根切削等操作中会用到此按钮。

- A（MILL_TEXT 文字加工几何体）：使用此按钮可以指定"平面文本"和"曲面文本"工序中的雕刻文本。

- （MILL_GEOM 铣削几何体）：此按钮可以通过选择模型中的体、面、曲线和切削区域来定义部件几何体、毛坯几何体、检查几何体，还可以定义零件的偏置、材料，存储当前的视图布局与层。

- 在 位置 区域的 几何体 下拉列表中提供了如下选项。

  - ☑　GEOMETRY：几何体中的最高节点，由系统自动产生。
  - ☑　MCS_MILL：选择加工模板后系统自动生成，一般是工件几何体的父节点。
  - ☑　NONE：未用项。当选择此选项时，表示没有任何要加工的对象。
  - ☑　WORKPIECE：选择加工模板后，系统在 MCS_MILL 下自动生成的工件几何体。

图 12.2.5 所示的"MCS"对话框中的主要选项和区域说明如下。

- 机床坐标系 区域：单击此区域中的"CSYS 对话框"按钮 ，系统弹出"CSYS"对话框，在此对话框中可以对机床坐标系的参数进行设置。机床坐标系即加工坐标系，它是所有刀路轨迹输出点坐标值的基准，刀路轨迹中所有点的数据都是根据机床坐标系生成的。在一个零件的加工工艺中，可能会创建多个机床坐标系，但在每个工序中只能选择一个机床坐标系。系统默认的机床坐标系定位在绝对坐标系的位置。

- 参考坐标系 区域：选中该区域中 ☑ 链接 RCS 与 MCS 复选框，即指定当前的参考坐标系为机床坐标系，此时 指定 RCS 选项将不可用；取消选中 □ 链接 RCS 与 MCS 复选框，单击 指定 RCS 右侧的 "CSYS 对话框" 按钮，系统弹出 "CSYS" 对话框，在此对话框中可以对参考坐标系的参数进行设置。参考坐标系主要用于确定所有刀具轨迹以外的数据，如安全平面、对话框中指定的起刀点、刀轴矢量以及其他矢量数据等，当正在加工的工件从工艺各截面移动到另一个截面时，将通过搜索已经存储的参数，使用参考坐标系重新定位这些数据。系统默认的参考坐标系定位在绝对坐标系上。

- 安全设置 区域的 安全设置选项 下拉列表提供了如下选项。
  - ☑ 使用继承的：选择此选项，安全设置将继承上一级的设置，可以单击此区域中的 "显示" 按钮，显示出继承的安全平面。
  - ☑ 无：选择此选项，表示不进行安全平面的设置。
  - ☑ 自动平面：选择此选项，可以在 安全距离 文本框中设置安全平面的距离。
  - ☑ 平面：选择此选项，可以单击此区域中的 按钮，在系统弹出的 "平面" 对话框中设置安全平面。

- 下限平面 区域：此区域中的设置可以采用系统的默认值，不影响加工操作。

说明：在设置机床坐标系时，该对话框中的设置可以采用系统的默认值。

Step4. 在 "MCS" 对话框的 机床坐标系 区域中单击 "CSYS 对话框" 按钮，系统弹出图 12.2.6 所示的 "CSYS" 对话框，在 类型 下拉列表中选择 动态。

说明：系统弹出 "CSYS" 对话框的同时，在图形区会出现图 12.2.7 所示的待创建坐标系，可以通过移动原点球来确定坐标系原点的位置，拖动圆弧边上的圆点可以分别绕相应轴进行旋转以调整角度。

图 12.2.6　"CSYS" 对话框

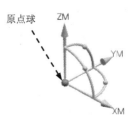

图 12.2.7　创建坐标系

Step5. 单击"CSYS"对话框 操控器 区域中的"点对话框"按钮 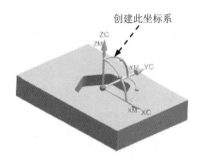，系统弹出图 12.2.8 所示的"点"对话框，在 Z 文本框中输入值 10.0，单击 确定 按钮，此时系统返回至"CSYS"对话框，单击 确定 按钮，完成图 12.2.9 所示的机床坐标系的创建，系统返回到"MCS"对话框。

图 12.2.8 "点"对话框

图 12.2.9 机床坐标系

Stage2. 创建安全平面

设置安全平面可以避免在创建每一道工序时都设置避让参数。可以选取模型的表面或者直接选择基准面作为参考平面，然后设定安全平面相对于所选平面的距离。下面以前面的模型 pocketing.prt 为例，紧接上节的操作，说明创建安全平面的一般步骤。

Step1. 在"MCS"对话框 安全设置 区域的 安全设置选项 下拉列表中选择 平面 选项。

Step2. 单击"平面对话框"按钮 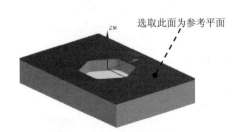，系统弹出图 12.2.10 所示的"平面"对话框，选取图 12.2.11 所示的模型表面为参考平面，在 偏置 区域的 距离 文本框中输入值 3.0。

图 12.2.10 "平面"对话框

图 12.2.11 选取参考平面

Step3. 单击"平面"对话框中的 确定 按钮，完成图 12.2.12 所示的安全平面的创建。

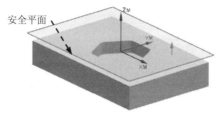

图 12.2.12 安全平面

Step4. 单击"MCS"对话框中的 确定 按钮，完成安全平面的创建。

Stage3. 创建工件几何体

下面以模型 pocketing.prt 为例，紧接着上节的操作，说明创建工件几何体的一般步骤。

Step1. 选择下拉菜单 插入(S) ➡ 几何体(G)... 命令，系统弹出"创建几何体"对话框。

Step2. 在 几何体子类型 区域中单击"WORKPIECE"按钮 ，在 位置 区域的 几何体 下拉列表中选择 CAVITY_MCS 选项，在 名称 文本框中输入 CAVITY_WORKPIECE，然后单击 确定 按钮，系统弹出图 12.2.13 所示的"工件"对话框。

Step3. 创建部件几何体。

（1）单击"工件"对话框中的 按钮，系统弹出图 12.2.14 所示的"部件几何体"对话框。

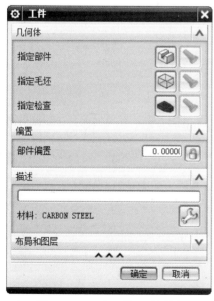

图 12.2.13 "工件"对话框

图 12.2.14 "部件几何体"对话框

图 12.2.13 所示的"工件"对话框中的主要按钮说明如下。

- 按钮：单击此按钮，在弹出的"部件几何体"对话框中可以定义加工完成后的几何体，即最终的零件，它可以控制刀具的切削深度和活动范围，可以通过设置选择过滤器来选择特征、几何体（实体、面、曲线）和小平面体来定义部件几何体。

- ◆ 按钮：单击此按钮，在弹出的"毛坯几何体"对话框中可以定义将要加工的原材料，可以设置选择过滤器来选择特征、几何体（实体、面、曲线）以及偏置部件几何体来定义毛坯几何体。

- ◆ 按钮：单击此按钮，在弹出的"检查几何体"对话框中可以定义刀具在切削过程中要避让的几何体，如夹具和其他已加工过的重要表面。

- ◆ 按钮：当部件几何体、毛坯几何体或检查几何体被定义后，其后的 ◆ 按钮将高亮度显示，此时单击此按钮，已定义的几何体对象将以不同的颜色高亮度显示。

- 部件偏置 文本框：用于设置在零件实体模型上增加或减去指定的厚度值。正的偏置值在零件上增加指定的厚度，负的偏置值在零件上减去指定的厚度。

- ◆ 按钮：单击该按钮，系统弹出"搜索结果"对话框，在此对话框中列出了材料数据库中的所有材料类型，材料数据库由配置文件指定。选择合适的材料后，单击 确定 按钮，则为当前创建的工件指定材料属性。

- 布局和图层 区域提供了如下选项。

    - ☑ ☑ 保存图层设置 复选框：选中该复选框，则在选择"保存布局/图层"选项时，保存图层的设置。

    - ☑ 布局名 文本框：用于输入视图布局的名称，如果不更改，则使用默认名称。

    - ☑ 💾 按钮：用于保存当前的视图布局和图层。

（2）在图形区选取整个零件实体为部件几何体，如图 12.2.15 所示。

（3）单击 确定 按钮，系统返回到"工件"对话框。

Step4. 创建毛坯几何体。

（1）在"工件"对话框中单击 ◆ 按钮，系统弹出图 12.2.16 所示的"毛坯几何体"对话框（一）。

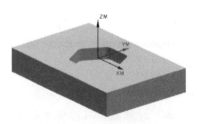

图 12.2.15　部件几何体

图 12.2.16　"毛坯几何体"对话框（一）

（2）在 类型 下拉列表中选择 包容块 选项，此时毛坯几何体如图 12.2.17 所示，显示"毛坯几何体"对话框（二），如图 12.2.18 所示。

（3）单击 确定 按钮，系统返回到"工件"对话框。

Step5. 单击"工件"对话框中的 确定 按钮，完成工件的设置。

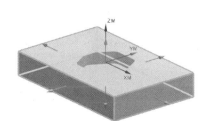

图 12.2.17　毛坯几何体

图 12.2.18　"毛坯几何体"对话框（二）

Stage4. 创建切削区域几何体

Step1. 选择下拉菜单 插入(S) ➡ 几何体(G)... 命令，系统弹出"创建几何体"对话框。

Step2. 在 几何体子类型 区域中单击"MILL_AREA"按钮，在 位置 区域的 几何体 下拉列表中选择 CAVITY_WORKPIECE 选项，在 名称 文本框中输入 CAVITY_AREA，然后单击 确定 按钮，系统弹出图 12.2.19 所示的"铣削区域"对话框。

Step3. 单击 指定切削区域 右侧的 按钮，系统弹出图 12.2.20 所示的"切削区域"对话框。

图 12.2.19　"铣削区域"对话框

图 12.2.20　"切削区域"对话框

图 12.2.19 所示的 "铣削区域" 对话框中的各按钮说明如下。

- 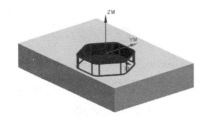（选择或编辑检查几何体）：用于检查几何体是否为在切削加工过程中要避让的几何体，如夹具或重要加工平面。

- （选择或编辑切削区域几何体）：使用该按钮可以指定具体要加工的区域，可以是零件几何的部分区域；如果不指定，系统将认为是整个零件的所有区域。

- （选择或编辑壁几何体）：通过设置侧壁几何体来替换工件余量，表示除了加工面以外的全局工件余量。

- （选择或编辑修剪边界）：使用该按钮可以进一步控制需要加工的区域，一般是通过设定剪切侧来实现的。

- 部件偏置：用于在已指定的部件几何体的基础上进行法向的偏置。

- 修剪偏置：用于对已指定的修剪边界进行偏置。

Step4. 选取图 12.2.21 所示的模型表面（共 13 个面）为切削区域，然后单击 "切削区域" 对话框中的 确定 按钮，系统返回到 "铣削区域" 对话框。

Step5. 单击 确定 按钮，完成切削区域几何体的创建。

图 12.2.21　指定切削区域

12.2.5　创建刀具

在创建工序前，必须设置合理的刀具参数或从刀具库中选取合适的刀具。刀具的定义直接关系到加工表面质量的优劣、加工精度以及加工成本的高低。下面以模型 pocketing.prt 为例，紧接着上节的操作，说明创建刀具的一般步骤。

Step1. 选择下拉菜单 插入(S) ➡ 刀具(T) 命令（或单击 "插入" 区域中的 按钮），系统弹出图 12.2.22 所示的 "创建刀具" 对话框。

Step2. 在 刀具子类型 区域中单击 "MILL" 按钮 ，在 名称 文本框中输入刀具名称 D6R0，然后单击 确定 按钮，系统弹出 "铣刀-5 参数" 对话框（图 12.2.23）。

Step3. 设置刀具参数。设置刀具参数如图 12.2.23 所示，在图形区可以观察所设置的刀具，如图 12.2.24 所示。

Step4. 单击 确定 按钮，完成刀具的设定。

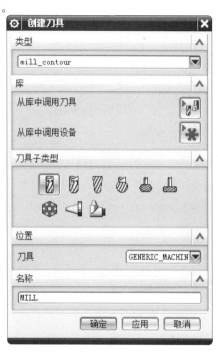

图 12.2.22 "创建刀具"对话框

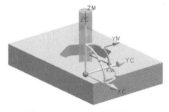

图 12.2.24 刀具预览

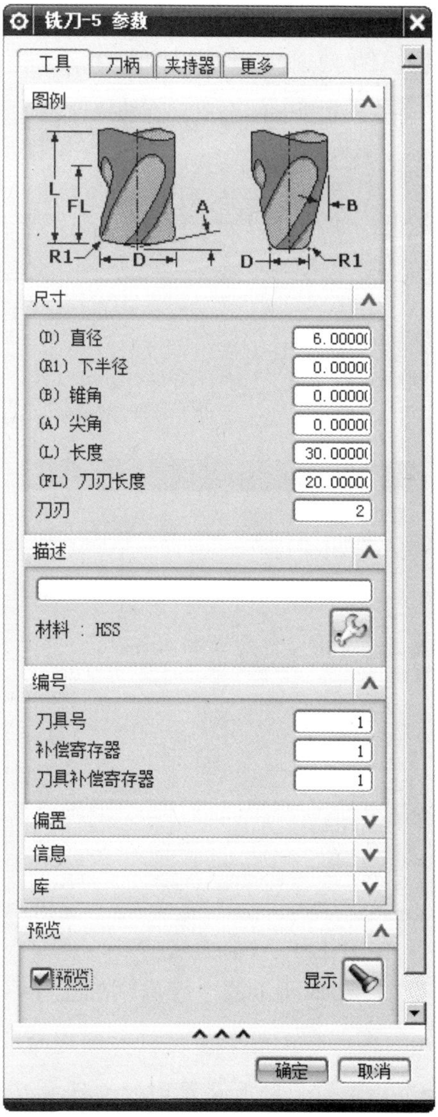

图 12.2.23 "铣刀-5 参数"对话框

12.2.6 创建加工方法

在零件加工过程中，通常需要经过粗加工、半精加工、精加工几个步骤，而它们的主要差异在于加工后残留在工件上的余料的多少以及表面粗糙度。在加工方法中可以通过对加工余量、几何体的内外公差和进给速度等选项进行设置，从而控制加工残留余量。下面紧接着上节的操作，说明创建加工方法的一般步骤。

Step1. 选择下拉菜单 插入(S) ➡️ 方法(M)... 命令（或单击"插入"区域中的 按钮），系统弹出图 12.2.25 所示的"创建方法"对话框。

Step2. 在 方法子类型 区域中单击"MOLD_FINISH_HSM"按钮 ，在 位置 区域的 方法下拉列表中选择 MILL_SEMI_FINISH 选项，在 名称 文本框中输入 FINISH；然后单击 确定 按钮，系统弹出图 12.2.26 所示的"模具精加工 HSM"对话框。

Step3. 设置部件余量。在 余量 区域的 部件余量 文本框中输入值 0.4，其他参数采用系统默认值。

Step4. 单击 确定 按钮，完成加工方法的设置。

图 12.2.25 "创建方法"对话框

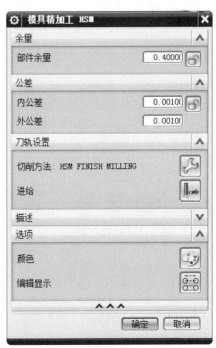

图 12.2.26 "模具精加工 HSM"对话框

图 12.2.26 所示的"模具精加工 HSM"对话框中的各按钮说明如下。

- 部件余量：用于为当前所创建的加工方法指定零件余量。

- 内公差：用于设置切削过程中刀具穿透曲面的最大量。

- 外公差：用于设置切削过程中刀具避免接触曲面的最大量。

- （切削方法）：单击该按钮，在系统弹出的"搜索结果"对话框中系统为用户提供了七种切削方法，分别是 FACE MILLING（面铣）、END MILLING（端铣）、SLOTING（台阶加工）、SIDE/SLOT MILL（边和台阶铣）、HSM ROUTH MILLING（高速粗铣）、HSM SEMI FINISH MILLING（高速半精铣）、HSM FINISH MILLING（高速精铣）。

- （进给）：单击该按钮后，可以在弹出的"进给"对话框中设置切削进给量。

- （颜色）：单击该按钮，可以在弹出的"刀轨颜色"对话框中对刀轨的显示颜色进行设置。

- （编辑显示）：单击该按钮，系统弹出"显示选项"对话框，可以设置刀具显示方式、刀轨显示方式等。

12.2.7 创建工序

在 UG NX 11.0 加工中，每个加工工序所产生的加工刀具路径、参数形态及适用状态有所不同，所以用户需要根据零件图样及工艺技术状况，选择合理的加工工序。下面以模型 pocketing.prt 为例，紧接着上节的操作，说明创建工序的一般步骤。

Step1. 选择操作类型。

（1）选择下拉菜单 插入(S) ➡ 工序(E)... 命令（或单击"插入"区域中的 按钮），系统弹出图 12.2.27 所示的"创建工序"对话框。

（2）在 类型 下拉列表中选择 mill_contour 选项，在 工序子类型 区域中单击"型腔铣"按钮 ，在 程序 下拉列表中选择 PROGRAM_1 选项，在 刀具 下拉列表中选择 D6R0 (铣刀-5 参数) 选项，在 几何体 下拉列表中选择 CAVITY_AREA 选项，在 方法 下拉列表中选择 FINISH 选项，接受系统默认的名称。

（3）单击 确定 按钮，系统弹出图 12.2.28 所示的"型腔铣"对话框。

图 12.2.28 所示的"型腔铣"对话框的选项说明如下。

- 刀轨设置 区域的 切削模式 下拉列表中提供了如下七种切削方式。
  - ☑ 跟随部件：根据整个部件几何体并通过偏置来产生刀轨。与"跟随周边"方式不同的是，"跟随周边"只从部件或毛坯的外轮廓生成并偏移刀轨，"跟随部件"方式是根据整个部件中的几何体生成并偏移刀轨。"跟随部件"可以根据部件的外轮廓生成刀轨，也可以根据岛屿和型腔的外围环生成刀轨，所以无须进行"岛清理"的设置。另外，"跟随部件"方式无须指定步距的方向，一般来讲，型腔的步距方向总是向外的，岛屿的步距方向总是向内的。此方式也十分适合带有岛屿和内腔零件的粗加工，当零件只有外轮廓这一条边界几何时，它和"跟随周边"方式是一样的，一般优先选择"跟随部件"方式进行加工。
  - ☑ 跟随周边：沿切削区域的外轮廓生成刀轨，并通过偏移该刀轨形成一系列的同心刀轨，并且这些刀轨都是封闭的。当内部偏移的形状重叠时，这些刀轨将被合并成一条轨迹，然后再重新偏移产生下一条轨迹。和往复式切削一样，也能在步距运动间连续地进刀，因此效率也较高。设置参数时需要设定步距的方向是"向内"（外部进刀，步距指向中心）还是"向外"（中间进刀，步距指向外部）。此方式常用于带有岛屿和内腔零件的粗加工，如模具的型芯和型腔等。

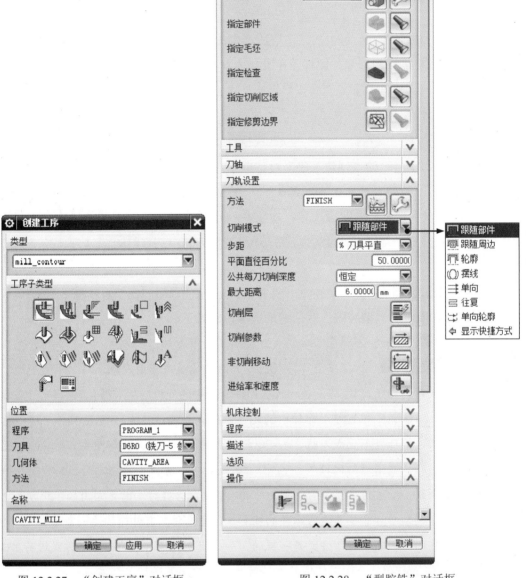

图 12.2.27　"创建工序"对话框　　　　　图 12.2.28　"型腔铣"对话框

☑ **轮廓**：用于创建一条或者几条指定数量的刀轨来完成零件侧壁或外形轮廓的加工。生成刀轨的方式和"跟随部件"方式相似，主要以精加工或半精加工为主。

☑ **摆线**：刀具会以圆形回环模式运动，生成的刀轨是一系列相交且外部相连的圆环，像一个拉开的弹簧。它控制了刀具的切入，限制了步距，以免在切削时因刀具完全切入受冲击过大而断裂。选择此选项，需要设置步距（刀轨中相邻两圆环的圆心距）和摆线的路径宽度（刀轨中圆环的直径）。此方式比较适合部件中的狭窄区域，如岛屿和部件及两岛屿之间区域的加工。

☑ **单向**：刀具在切削轨迹的起点进刀，切削到切削轨迹的终点，然后抬刀至转换平面高度，平移到下一行轨迹的起点，刀具开始以同样的方向进行下一行切削。切削轨迹始终维持一个方向的顺铣或者逆铣，在连续两行平行刀轨间没有沿轮廓的切削运动，从而会影响切削效率。此方式常用于岛屿的精加工和无法运用往复式加工的场合，如一些陡壁的筋板。

☑ **往复**：是指刀具在同一切削层内不抬刀，在步距宽度的范围内沿着切削区域的轮廓维持连续往复的切削运动。往复式切削方式生成的是多条平行直线刀轨，连续两行平行刀轨的切削方向相反，但步进方向相同，所以在加工中会交替出现顺铣切削和逆铣切削。在加工策略中指定顺铣或逆铣不会影响此切削方式，但会影响其中的"壁清根"的切削方向（顺铣和逆铣是会影响加工精度的，逆铣的加工精度比较高）。这种方法在加工时刀具在步进时始终保持进刀状态，能最大化地对材料进行切除，是最经济和高效的切削方式，通常用于型腔的粗加工。

☑ **单向轮廓**：与单向切削方式类似，但在进刀时将进刀点设在前一行刀轨的起始点位置，然后沿轮廓切削到当前行的起点进行当前行的切削，切削到端点时，仍然沿轮廓切削到前一行的端点，然后抬刀转移平面，再返回到起始边当前行的起点进行下一行的切削。其中抬刀回程是快速横越运动，在连续两行平行刀轨间会产生沿轮廓的切削壁面刀轨（步距），因此壁面加工的质量较高。此方法切削比较平稳，对刀具冲击很小，常用于粗加工后对要求余量均匀的零件进行精加工，如一些对侧壁要求较高的零件和薄壁零件等。

● **步距**：是指两个切削路径之间的水平间隔距离，而在环形切削方式中是指两个环之间的距离。其方式分别是 **恒定**、**残余高度**、**% 刀具平直** 和 **多个** 四种。

☑ **恒定**：选择该选项后，用户需要定义切削刀路间的固定距离。如果指定的刀路间距不能平均分割所在区域，系统将减小这一刀路间距以保持恒定步距。

☑ **残余高度**：选择该选项后，用户需要定义两个刀路间剩余材料的高度，从而在连续切削刀路间确定固定距离。

☑ **% 刀具平直**：选择该选项后，用户需要定义刀具直径的百分比，从而在连续切削刀路之间建立起固定距离。

☑ **多个**：选择该选项后，可以设定几个不同步距大小的刀路数以提高加工效率。

● **平面直径百分比**：步距方式选择 **% 刀具平直** 时，该文本框可用，用于定义切削刀路之间的距离为刀具直径的百分比。

- 公共每刀切削深度：用于定义每一层切削的公共深度。

选项 区域中的选项说明如下。

- 编辑显示 选项：单击此选项后的"编辑显示"按钮 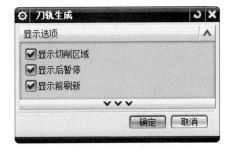，系统弹出图 12.2.29 所示的"显示选项"对话框，在此对话框中可以进行刀具显示、刀轨显示以及其他选项的设置。在系统默认的情况下，在"显示选项"对话框的 刀轨生成 区域中，使 □显示切削区域、□显示后暂停、□显示前刷新 和 □抑制刀轨显示 四个复选框为取消选中状态。

图 12.2.29　"显示选项"对话框

图 12.2.30　"刀轨生成"对话框

说明：在系统默认情况下，刀轨生成 区域中的四个复选框均为取消选中状态，选中这四个复选框，在"型腔铣"对话框的 操作 区域中单击"生成"按钮 后，系统会弹出图 12.2.30 所示的"刀轨生成"对话框。

图 12.2.30 所示的"刀轨生成"对话框中的各选项说明如下。

- ☑显示切削区域：若选中该复选框，在切削仿真时，则会显示切削加工的切削区域。但从实践效果来看，选中或不选中，仿真时的区别不是很大。为了测试选中和不选中之间的区别，可以选中 ☑显示前刷新 复选框，这样可以很明显地看出选中和不选中之间的区别。

- ☑显示后暂停：若选中该复选框，处理器将在显示每个切削层的可加工区域和刀轨后暂停。此复选框只对平面铣、型腔铣和固定可变轮廓铣三种加工方法有效。

● 〔✔〕显示前刷新：若选中该复选框，系统将移除所有临时屏幕显示。此复选框只对平面铣、型腔铣和固定可变轮廓铣三种加工方法有效。

Step2. 设置一般参数。在"型腔铣"对话框的〔切削模式〕下拉列表中选择〔▦跟随部件〕选项，在〔步距〕下拉列表中选择〔% 刀具平直〕选项，在〔平面直径百分比〕文本框中输入值 50.0，在〔公共每刀切削深度〕下拉列表中选择〔恒定〕选项，在〔最大距离〕文本框中输入值 1.0。

Step3. 设置切削参数。

（1）单击"切削参数"按钮〔⇄〕，系统弹出图 12.2.31 所示的"切削参数"对话框。

（2）单击"切削参数"对话框中的〔余量〕选项卡，在〔部件侧面余量〕文本框中输入值 0.1，在〔公差〕区域的〔内公差〕文本框中输入值 0.02，在〔外公差〕文本框中输入值 0.02。

（3）其他参数采用系统默认设置值，单击〔确定〕按钮，完成切削参数的设置，系统返回到"型腔铣"对话框。

Step4. 设置非切削移动参数。

（1）单击"型腔铣"对话框中的"非切削移动"按钮〔⊞〕，系统弹出图 12.2.32 所示的"非切削移动"对话框。

图 12.2.31　"切削参数"对话框

图 12.2.32　"非切削移动"对话框

（2）单击"非切削移动"对话框中的 进刀 选项卡，在 封闭区域 区域的 进刀类型 下拉列表中选择 螺旋 选项，其他参数采用系统默认设置值，单击 确定 按钮，完成非切削移动参数的设置。

Step5. 设置进给率和速度。

（1）单击"型腔铣"对话框中的"进给率和速度"按钮 ，系统弹出图 12.2.33 所示的"进给率和速度"对话框。

（2）在"进给率和速度"对话框中选中 主轴速度 (rpm) 复选框，然后在其文本框中输入值 1500.0，在 进给率 区域的 切削 文本框中输入值 2500.0，并单击该文本框右侧的 按钮计算表面速度和每齿进给量，其他参数采用系统默认设置值。

（3）单击 确定 按钮，完成进给率和速度参数的设置，系统返回到"型腔铣"对话框。

图 12.2.33　　"进给率和速度"对话框

12.2.8　生成刀路轨迹并确认

刀路轨迹是指在图形窗口中显示已生成的刀具运动路径。刀路确认是指在计算机屏幕上对毛坯进行去除材料的动态模拟。下面还是紧接上节的操作，说明生成刀路轨迹并确认的一般步骤。

Step1. 在"型腔铣"对话框的 操作 区域中单击"生成"按钮 ，在图形区中生成图 12.2.34 所示的刀路轨迹。

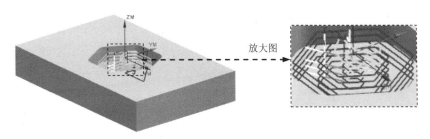

图 12.2.34　刀路轨迹

Step2. 在 操作 区域中单击"确认"按钮 ，系统弹出图 12.2.35 所示的"刀轨可视化"对话框。

Step3. 单击 2D 动态 选项卡，然后单击"播放"按钮 ，即可进行 2D 动态仿真，完成仿真后的模型如图 12.2.36 所示。

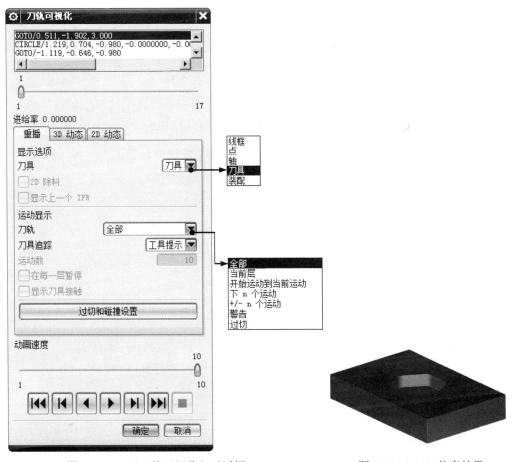

图 12.2.35　"刀轨可视化"对话框　　　　图 12.2.36　2D 仿真结果

说明：刀轨可视化中的 2D 动态 选项卡在默认安装后是不显示的，需要通过设置才可以显示出来。具体设置方法是：选择下拉菜单 文件(F) ▶ ➡ 实用工具 (U) ▶ ➡ 🔲 用户默认设置(D)... 命令，在系统弹出的"用户默认设置"对话框中单击 加工 节点下的 仿真与可视化 节点，然后在右侧单击 常规 选项卡，并选中 ☑显示 2D 动态页面 复选框，单击 确定 按钮，最后将软件关闭重新启动即可。

Step4. 单击 确定 按钮，系统返回到"型腔铣"对话框，单击 确定 按钮，完成型腔铣操作。

刀具路径模拟有三种方式：刀具路径重播、动态切削过程和静态显示加工后的零件形状，它们分别对应于图 12.2.35 对话框中的 重播 、3D 动态 和 2D 动态 选项卡。

1. 刀具路径重播

刀具路径重播是指沿一条或几条刀具路径显示刀具的运动过程。通过刀具路径模拟中的重播，用户可以完全控制刀具路径的显示，既可查看程序对应的加工位置，又可查看各个刀位点的相应程序。

当在图 12.2.35 所示的"刀轨可视化"对话框中选择 重播 选项卡时，对话框上部的路径列表框列出了当前操作所包含的刀具路径命令语句。如果在列表框中选择某一行命令语句时，则在图形区中显示对应的刀具位置；反之也可在图形区中选取任何一个刀位点，则刀具自动在所选位置显示，同时在刀具路径列表框中高亮显示相应的命令语句行。

图 12.2.35 所示的"刀轨可视化"对话框中的各选项说明如下。

- 显示选项：该选项可以指定刀具在图形窗口中的显示形式。
  - ☑ 线框：刀具以线框形式显示。
  - ☑ 点：刀具以点形式显示。
  - ☑ 轴：刀具以轴线形式显示。
  - ☑ 刀具：刀具以三维实体形式显示。
  - ☑ 装配：一般情况下与实体类似，不同之处在于，当前位置的刀具显示是一个从数据库中加载的 NX 部件。
- 运动显示：该选项可以指定在图形窗口显示所有刀具路径运动的那一部分。
  - ☑ 全部：在图形窗口中显示所有刀具路径运动。
  - ☑ 当前层：显示属于当前切削层的刀具路径运动。
  - ☑ 开始运动到当前运动：显示从开始位置到当前切削层的刀具路径运动。
  - ☑ 下 n 个运动：显示从当前位置起的 n 个刀具路径运动。
  - ☑ +/- n 运动：仅显示当前刀位前后指定数目的刀具路径运动。

☑ ▉警告▉：显示引起警告的刀具路径运动。

☑ ▉过切▉：只显示过切的刀具路径运动。如果已找到过切，选择该选项，则只

显示产生过切的刀具路径运动。

● ▉运动数▉：显示刀具路径运动的个数，该文本框只有在"运动显示"选择为 ▉下 n 个运动▉

时才被激活。

● ▉　　过切和碰撞设置　　▉：该选项用于设置过切和碰撞设置的相关选项，单击

该按钮后，系统会弹出"过切和碰撞设置"对话框，其中各复选框介绍如下。

☑ ▉☑ 过切检查▉：选中该复选框后，可以进行过切检查。

☑ ▉☑ 检查刀具和夹持器▉：选中该复选框，则可以检查刀具夹持器间的碰撞。

☑ ▉☑ 显示过切▉：选中该复选框后，图形窗口中将高亮显示发生过切的刀具路径。

☑ ▉☑ 过切间刷新▉：选中该复选框，则检查刀具路径存在过切时，只高亮显示最近

找到的刀具路径。该复选框只有在选中 ▉☑ 显示过切▉ 复选框时才被激活。

☑ ▉☑ 完成时列出过切▉：选中该复选框，在检查结束后，刀具路径列表框中将列出所

有找到的过切。

● ▉动画速度▉：该区域用于改变刀具路径仿真的速度。可以通过移动其滑块的位置调整

动画的速度，"1"表示速度最慢，"10"表示速度最快。

说明：刀轨可视化中的 ▉2D 动态▉ 选项卡在默认安装后是不显示的，需要通过设置

才可以显示出来。具体设置方法是：选择下拉菜单 ▉文件(F)▉ ▶ ➡ ▉实用工具(U)▉ ▶ ➡

▉🔳 用户默认设置(D)...▉ 命令，在系统弹出的"用户默认设置"对话框中单击 加工 节点下的

▉仿真与可视化▉ 节点，然后在右侧单击 ▉常规▉ 选项卡，并选中 ▉☑显示 2D 动态页面▉ 复选框，单击

▉确定▉ 按钮，最后将软件关闭重新启动即可。

2. 3D 动态切削

在"刀轨可视化"对话框中单击 ▉3D 动态▉ 选项卡，对话框切换为图 12.2.37 所示的形式。

选择对话框下部的播放图标，则在图形窗口中动态显示刀具切除工件材料的过程。此模式

以三维实体方式仿真刀具的切削过程，非常直观，并且播放时允许用户在图形窗口中通过

放大、缩小、旋转、移动等功能显示细节部分。

3. 2D 动态切削

在"刀轨可视化"对话框中单击 ▉2D 动态▉ 选项卡，对话框切换为图 12.2.38 所示的形式。

选择对话框下部的播放图标，则在图形窗口中显示刀具切除运动过程。此模式是采用固定

视角模拟，播放时不支持图形的缩放和旋转。

图 12.2.37　"3D 动态"选项卡

图 12.2.38　"2D 动态"选项卡

12.2.9　生成车间文档

UG NX 提供了一个车间工艺文档生成器，它从 NC part 文件中提取对加工车间有用的 CAM 文本和图形信息，包括数控程序中用到的刀具参数清单、加工工序、加工方法清单和切削参数清单。它们可以用文本文件（TEXT）或超文本链接语言（HTML）两种格式输出。操作工、刀具仓库的工人或其他需要了解有关信息的人员都可方便地在网上查询并使用车间工艺文档。这些文件多半用于提供给生产现场的机床操作人员，免除了手工撰写工艺文件的麻烦。同时可以将自己定义的刀具快速加入到刀具库中，供以后使用。

NX CAM 车间工艺文档可以包含零件几何和材料、控制几何、加工参数、控制参数、加工次序、机床刀具设置、机床刀具控制事件、后处理命令、刀具参数和刀具轨迹信息等。创建车间文档的一般步骤如下。

Step1. 单击"工序"区域中的"车间文档"按钮，系统弹出图 12.2.39 所示的"车间文档"对话框。

Step2. 在 报告格式 区域选择 Operation List Select (TEXT) 选项。

说明：工艺文件模板用来控制文件的格式，扩展名为 HTML 的模板生成超文本链接网页格式的车间文档，扩展名为 TEXT 的模板生成纯文本格式的车间文档。

Step3. 单击 确定 按钮，系统弹出图 12.2.40 所示的"信息"窗口，并在当前模型所在的文件夹中生成一个记事本文件，该文件即车间文档。

图 12.2.39　"车间文档"对话框

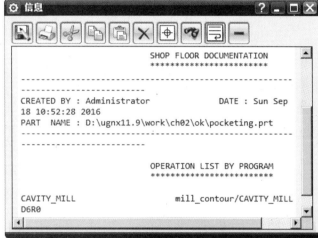

图 12.2.40　"信息"窗口中生成的车间文档

12.2.10　输出 CLSF 文件

CLSF 文件也称为刀具位置源文件，是一个可用第三方后置处理程序进行后置处理的独立文件。它是一个包含标准 APT 命令的文本文件，其扩展名为 cls。

由于一个零件可能包含多个用于不同机床的刀具路径，因此在选择程序组进行刀具位置源文件输出时，应确保程序组中包含的各个操作可在同一机床上完成。如果一个程序组包含多个用于不同机床的刀具路径，则在输出刀具路径的 CLSF 文件前，应首先重新组织程序结构，使同一机床的刀具路径处于同一个程序组中。

输出 CLSF 文件的一般步骤如下。

Step1. 在工序导航器中选择 CAVITY_MILL 节点，然后单击"工序"区域 更多 下拉选项中的 输出 CLSF 按钮，系统弹出图 12.2.41 所示的"CLSF 输出"对话框。

Step2. 在 CLSF 格式 区域选择系统默认的 CLSF_STANDARD 选项。

Step3. 单击 确定 按钮，系统弹出"信息"窗口，如图 12.2.42 所示，在当前模型所在的文件夹中生成一个名为 pocketing.cls 的 CLSF 文件，可以用记事本打开该文件。

说明：输出 CLSF 文件时，可以根据需要指定 CLSF 文件的名称和路径，或者单击 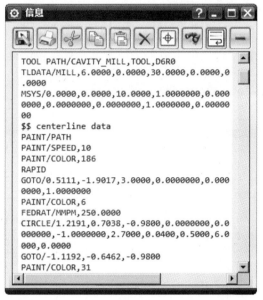 按钮，指定输出文件的名称和路径。

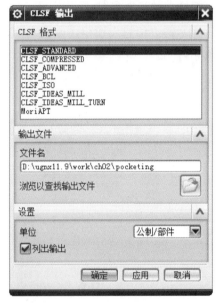

图 12.2.41   "CLSF 输出"对话框

图 12.2.42   "信息"窗口中生成的 CLSF 文件

12.2.11 后处理

在工序导航器中选中一个操作或者一个程序组后，用户可以利用系统提供的后处理器来处理程序，其中利用 Post Builder（后处理构造器）建立特定机床定义文件以及事件处理文件后，可用 NX/Post 进行后置处理，将刀具路径生成为合适的机床 NC 代码。用 NX/Post 进行后置处理时，可在 NX 加工环境下进行，也可在操作系统环境下进行。后处理的一般操作步骤如下。

Step1. 在工序导航器中选择 CAVITY_MILL 节点，然后单击"工序"区域中的"后处理"按钮，系统弹出图 12.2.43 所示的"后处理"对话框。

Step2. 在后处理器区域中选择 MILL_3_AXIS 选项，在单位下拉列表中选择公制/部件选项。

Step3. 单击 确定 按钮，系统弹出"后处理"警告对话框，单击 确定(0) 按钮，系统弹出"信息"窗口，如图 12.2.44 所示，并在当前模型所在的文件夹中生成一个名为 pocketing.ptp 的加工代码文件。

Step4. 保存文件。关闭"信息"窗口，选择下拉菜单文件(F) ➡ 保存(S) 命令，即可保存文件。

图 12.2.43 "后处理"对话框

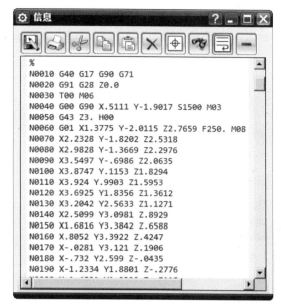

图 12.2.44 "信息"窗口中生成的加工代码文件

12.3 铣削加工

铣削加工是机械加工中最常用的加工方法之一,它主要包括平面铣削和轮廓铣削,也可以对零件进行孔以及螺纹等加工。本节将通过范例来介绍一些铣削加工方法,其中包括轮廓铣削、平面铣削、曲面铣削、孔加工和螺纹铣削等。通过本节的学习,希望读者能够熟练掌握一些铣削加工方法。

12.3.1 深度轮廓加工铣

深度轮廓加工铣是一种固定的轴铣削操作,通过多个切削层来加工零件表面轮廓。在创建轮廓操作中,除了可以指定零件几何体外,还可以指定切削区域作为零件几何体的子集,方便限制切削区域;如果没有指定切削区域,则整个零件进行切削。在创建深度轮廓加工铣削刀路径时,系统自动追踪零件几何体,检查几何体的陡峭区域,定制追踪形状,识别可加工的切削区域,并在所有的切削层上生成不过切的刀具路径(对于深度轮廓加工铣来说,曲面越陡峭,其加工越有优势)。下面以图 12.3.1 所示的模型为例,讲解创建深度轮廓加工铣的一般过程。

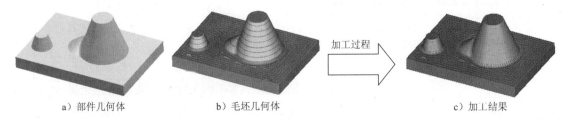

a）部件几何体　　　　　　b）毛坯几何体　　　　　　c）加工结果

图 12.3.1　深度轮廓加工铣

Task1.　打开模型文件

打开文件 D:\ug11\work\ch12.03\zlevel_profile.prt。

Task2.　创建深度轮廓加工铣

Stage1.　创建工序

Step1.　选择下拉菜单 插入(S) ➡ 工序(E)... 命令，系统弹出"创建工序"对话框。

Step2.　在"创建工序"对话框的 类型 下拉列表中选择 mill_contour 选项，在 工序子类型 区域中单击"深度轮廓加工"按钮 ，在 程序 下拉列表中选择 NC_PROGRAM 选项，在 刀具 下拉列表中选择 D12 (铣刀-球头铣)，在 几何体 下拉列表中选择 WORKPIECE，在 方法 下拉列表中选择 MILL_FINISH 选项，采用系统默认的名称。

Step3.　在"创建工序"对话框中单击 确定 按钮，此时，系统弹出图 12.3.2 所示的"深度轮廓加工"对话框。

图 12.3.2 所示的"深度轮廓加工"对话框 刀轨设置 区域中的选项及按钮说明如下。

- 陡峭空间范围 下拉列表包括 无 和 仅陡峭的 选项。

  - ☑ 无：当选择此选项时，表示没有陡峭角。

  - ☑ 仅陡峭的：当选择此选项时，系统会出现 角度 文本框，在此文本框中可以对切削的陡峭角进行设置。

- 合并距离 文本框：用于定义在不连贯的切削运动切除时，在刀具路径中出现的缝隙的距离。

- 最小切削长度 文本框：该文本框用于定义生成刀具路径时的最小长度值。当切削运动的距离比指定的最小切削长度值小时，系统不会在该处创建刀具路径。

- 公共每刀切削深度 文本框：用于设置加工区域内每次切削的最大深度。系统将计算等于且不超出指定的 公共每刀切削深度 值的实际切削层。

- 按钮：单击该按钮，系统弹出"切削层"对话框，可以在此对话框中对切削层的参数进行设置。

Stage2.　指定切削区域

Step1.　单击"深度轮廓加工"对话框 指定切削区域 右侧的 按钮，系统弹出"切削区域"对话框。

Step2.　在图形区中选取图12.3.3所示的切削区域，单击 确定 按钮，系统返回到"深度轮廓加工"对话框。

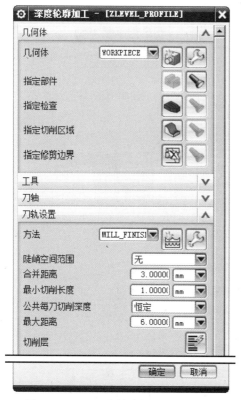

图12.3.2　"深度轮廓加工"对话框

图12.3.3　指定切削区域

Stage3.　设置刀具路径参数和切削层

Step1.　设置刀具路径参数。在"深度轮廓加工"对话框的 合并距离 文本框中输入值2.0，在 最小切削长度 文本框中输入值 1.0，在 公共每刀切削深度 下拉列表中选择 恒定 选项，然后在 最大距离 文本框中输入值0.2。

Step2.　设置切削层。单击"切削层"按钮，系统弹出图12.3.4所示的"切削层"对话框，这里采用系统默认参数，单击 确定 按钮，系统返回到"深度轮廓加工"对话框。

图12.3.4所示的"切削层"对话框中部分选项的说明如下。

● 范围类型 下拉列表中提供了如下三种选项。

　　☑　 自动：使用此类型，系统将通过与零件有关联的平面自动生成多个切削深度区间。

☑ **用户定义**：使用此类型，用户可以通过定义每一个区间的底面生成切削层。

☑ **单侧**：使用此类型，用户可以通过零件几何和毛坯几何定义切削深度。

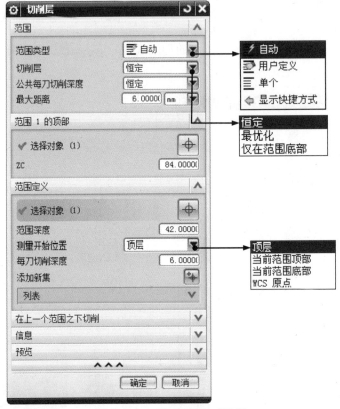

图 12.3.4 "切削层"对话框

- **切削层**下拉列表中提供了如下三种选项。

  ☑ **恒定**：将切削深度恒定保持在 **公共每刀切削深度** 的设置值。

  ☑ **最优化**：优化切削深度，以便在部件间距和残余高度方面更加一致。最优化在斜度从陡峭或几乎竖直变为表面或平面时创建其他切削，最大切削深度不超过全局每刀深度值，仅用于深度加工操作。

  ☑ **仅在范围底部**：仅在范围底部切削不细分切削范围，选择此选项将使全局每刀深度选项处于非活动状态。

- **公共每刀切削深度**：用于设置每个切削层的最大深度。通过对 **公共每刀切削深度** 进行设置，系统将自动计算分几层进行切削。

- **测量开始位置**下拉列表中提供了如下四种选项。

  ☑ **顶层**：选择该选项后，测量切削范围深度从第一个切削顶部开始。

  ☑ **当前范围顶部**：选择该选项后，测量切削范围深度从当前切削顶部开始。

  ☑ **当前范围底部**：选择该选项后，测量切削范围深度从当前切削底部开始。

☑ WCS 原点 ：选择该选项后，测量切削范围深度从当前工作坐标系原点开始。

- 范围深度 文本框：在该文本框中，通过输入一个正值或负值距离，定义的范围在指定的测量位置的上部或下部，也可以利用范围深度滑块来改变范围深度，当移动滑块时，范围深度值跟着变化。

- 每刀切削深度 文本框：用来定义当前范围的切削层深度。

Stage4．设置切削参数

Step1．单击"深度轮廓加工"对话框中的"切削参数"按钮 ，系统弹出"切削参数"对话框。

Step2．单击 策略 选项卡，在 切削顺序 下拉列表中选择 深度优先 选项。

Step3．单击 连接 选项卡，参数设置值如图 12.3.5 所示，单击 确定 按钮，系统返回到"深度轮廓加工"对话框。

图 12.3.5 所示的"切削参数"对话框中 连接 选项卡的部分选项说明如下。

层之间 区域：专门用于定义深度铣的切削参数。

- 使用转移方法 ：使用进刀/退刀的设定信息，默认刀路会抬刀到安全平面。

- 直接对部件进刀 ：将以跟随部件的方式来定位移动刀具。

- 沿部件斜进刀 ：将以跟随部件的方式，从一个切削层到下一个切削层，需要指定 斜坡角 ，此时刀路较完整。

- 沿部件交叉斜进刀 ：与 沿部件斜进刀 相似，不同的是在斜削进下一层之前完成每个刀路。

- ☑层间切削 ：可在深度铣中的切削层间存在间隙时创建额外的切削，消除在标准层到层加工操作中留在浅区域中的非常大的残余高度。

图 12.3.5 "连接"选项卡

Stage5．设置非切削移动参数

Step1．在"深度轮廓加工"对话框中单击"非切削移动"按钮 ，系统弹出"非切削移动"对话框。

Step2．单击 进刀 选项卡，其参数设置值如图 12.3.6 所示，单击 确定 按钮，完成非切削移动参数的设置。

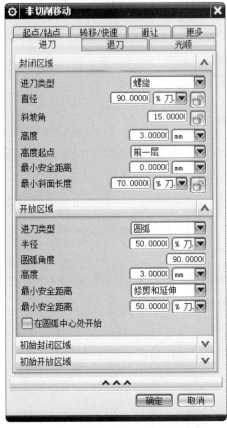

图 12.3.6 "进刀"选项卡

Stage6. 设置进给率和速度

Step1. 在"深度轮廓加工"对话框中单击"进给率和速度"按钮 ，系统弹出"进给率和速度"对话框。

Step2. 选中 ☑ 主轴速度（rpm）复选框，在其后的文本框中输入值 1200.0，在 切削 文本框中输入值 1250.0，按 Enter 键，然后单击 按钮。

Step3. 在 更多 区域的 进刀 文本框中输入值 1000.0，在 第一刀切削 文本框中输入值 300.0，其他选项均采用系统默认参数设置值。

Step4. 单击 确定 按钮，完成进给率和速度的设置，系统返回到"深度轮廓加工"对话框。

Task3. 生成刀路轨迹并仿真

Step1. 在"深度轮廓加工"对话框中单击"生成"按钮 ，在图形区中生成图 12.3.7 所示的刀路轨迹。

Step2. 单击"确认"按钮 ，系统弹出"刀轨可视化"对话框。单击 2D 动态 选项卡，采用系统默认设置值，调整动画速度后单击"播放"按钮 ，即可演示刀具刀轨运行，完成演示后的模型如图 12.3.8 所示，仿真完成后单击 确定 按钮，完成仿真操作。

Step3. 单击 确定 按钮，完成操作。

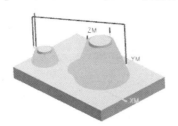 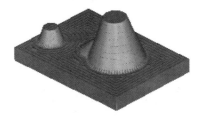

图 12.3.7　刀路轨迹　　　　　图 12.3.8　2D 仿真结果

Task4. 保存文件

选择下拉菜单 文件(F) ➡ 保存(S) 命令，保存文件。

12.3.2　陡峭区域深度轮廓加工铣

陡峭区域深度轮廓加工铣是一种能够指定陡峭角度的深度轮廓加工铣，它是通过多个切削层来加工零件表面轮廓的一种固定轴铣操作。对于此种方式既可以通过指定切削区域几何来切削，也可以通过指定切削零件来切削，一般情况下如果没有指定切削区域几何就表示要对整个零件进行切削。如果需要加工的表面既有平缓的曲面又有陡峭的曲面或者是非常陡峭的斜面，特别适合这种加工方式，而且一般用于精加工。下面以图 12.3.9 所示的模型为例，讲解创建陡峭区域深度轮廓加工铣的一般过程。

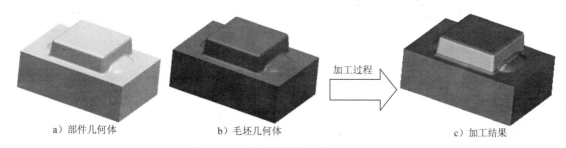

a）部件几何体　　　　b）毛坯几何体　　加工过程　　c）加工结果

图 12.3.9　陡峭区域深度轮廓加工铣

Task1. 打开模型文件并进入加工模块

Step1. 打开文件 D:\ug11\work\ch12.03\zlevel_profile_steep.prt。

Step2. 进入加工环境。在 应用模块 功能选项卡的 制造 区域单击 按钮，在系统弹出的"加工环境"对话框的 要创建的 CAM 组装 下拉列表中选择 mill_contour 选项，然后单击 确定按钮，进入加工环境。

Task2. 创建几何体

Stage1. 创建机床坐标系和安全平面

Step1. 进入几何体视图。在工序导航器的空白处右击鼠标，在快捷菜单中选择 几何视图 命令，在工序导航器中双击节点⊞ MCS_MILL ，系统弹出"MCS 铣削"对话框。

Step2. 定义机床坐标系。在机床坐标系区域中单击"CSYS 对话框"按钮 ，在类型下拉列表中选择 动态 选项。

Step3. 单击 操控器 区域中的 按钮，系统弹出"点"对话框，在参考下拉列表中选择 WCS 选项，然后在 XC 文本框中输入值 0.0，在 YC 文本框中输入值 0.0，在 ZC 文本框中输入值 60.0，单击两次 确定 按钮，系统返回到"MCS 铣削"对话框，完成图 12.3.10 所示的机床坐标系的创建。

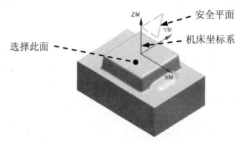

图 12.3.10　创建机床坐标系及安全平面

Step4. 创建安全平面。在 安全设置 区域的 安全设置选项 下拉列表中选择 平面 选项，单击"平面对话框"按钮 ，系统弹出"平面"对话框；选取图 12.3.10 所示的模型平面为参照，在 偏置 区域的 距离 文本框中输入值 20.0，单击 确定 按钮，完成图 12.3.10 所示的安全平面的创建，然后单击 确定 按钮。

Stage2. 创建部件几何体

Step1. 在工序导航器中单击⊞ MCS_MILL 节点前的"+"，双击节点 WORKPIECE，系统弹出"工件"对话框。

Step2. 选取部件几何体。在"工件"对话框中单击 按钮，系统弹出"部件几何体"对话框，在图形区选取整个零件实体为部件几何体。

Step3. 单击 确定 按钮，完成部件几何体的创建，同时系统返回到"工件"对话框。

Stage3. 创建毛坯几何体

Step1. 在"工件"对话框中单击 按钮，系统弹出"毛坯几何体"对话框。

Step2. 确定毛坯几何体。在 类型 下拉列表中选择 部件的偏置 选项，在 偏置 文本框中输入值 0.5。单击 确定 按钮,完成毛坯几何体的创建。

Step3. 单击 确定 按钮。

Stage4. 创建切削区域几何体

Step1. 右击工序导航器中的节点 WORKPIECE,在快捷菜单中选择 插入 ➡️ 几何体 命令,系统弹出"创建几何体"对话框。

Step2. 在 类型 下拉列表中选择 mill_contour 选项,在 几何体子类型 区域中单击 "MILL_AREA"按钮 ,在 几何体 下拉列表中选择 WORKPIECE 选项,采用系统默认名称 MILL_AREA,单击 确定 按钮,系统弹出"铣削区域"对话框。

Step3. 单击 按钮,系统弹出"切削区域"对话框,采用系统默认的选项,选取图 12.3.11 所示的切削区域,单击 确定 按钮,系统返回到"铣削区域"对话框。

Step4. 单击 确定 按钮。

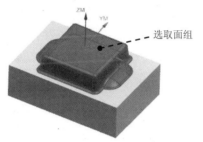

图 12.3.11 指定切削区域

Task3. 创建刀具

Step1. 选择下拉菜单 插入(S) ➡️ 刀具(T)... 命令,系统弹出"创建刀具"对话框。

Step2. 在 类型 下拉列表中选择 mill_contour 选项,在 刀具子类型 区域中单击"MILL"按钮 , 在 位置 区域的 刀具 下拉列表中选择 GENERIC_MACHINE 选项,在 名称 文本框中输入刀具名称 D10R2,然后单击 确定 按钮,系统弹出"铣刀-5 参数"对话框。

Step3. 设置刀具参数。在 尺寸 区域的 (D) 直径 文本框中输入值 10.0,在 (R1) 下半径 文本 框中输入值 2.0,其他参数采用系统默认设置值,设置完成后单击 确定 按钮,完成刀 具的创建。

Task4. 创建工序

Stage1. 创建工序

Step1. 选择下拉菜单 插入(S) ➡️ 工序(E)... 命令,系统弹出"创建工序"对话框。

Step2. 确定加工方法。在 类型 下拉列表中选择 mill_contour 选项,在 工序子类型 区域中单击"深度 轮廓加工"按钮 ,在 刀具 下拉列表中选择 D10R2 (铣刀-5 参数) 选项,在 几何体 下拉列表中选择

MILL AREA 选项，在 方法 下拉列表中选择 MILL_FINISH 选项，采用系统默认的名称。

Step3. 单击 确定 按钮，系统弹出"深度轮廓加工"对话框。

Stage2. 显示刀具和几何体

Step1. 显示刀具。在 工具 区域中单击"编辑/显示"按钮 🎲，系统弹出"铣刀-5 参数"对话框，同时在图形区会显示当前刀具的形状及大小，单击 确定 按钮，系统返回到"深度轮廓加工"对话框。

Step2. 显示几何体。在 几何体 区域中单击相应的"显示"按钮 🖎，在图形区会显示当前的部件几何体以及切削区域。

Stage3. 设置刀具路径参数

Step1. 设置陡峭角。在"深度轮廓加工"对话框的 陡峭空间范围 下拉列表中选择 仅陡峭的 选项，并在 角度 文本框中输入值 45.0。

说明：这里是通过设置陡峭角来进一步确定切削范围的，只有陡峭角大于设定值的切削区域才能被加工到，因此后面可以看到两侧较平坦的切削区域部分没有被切削。

Step2. 设置刀具路径参数。在 合并距离 文本框中输入值 3.0，在 最小切削长度 文本框中输入值 1.0，在 公共每刀切削深度 下拉列表中选择 恒定 选项，然后在 最大距离 文本框中输入值 1.0。

Stage4. 设置切削参数

Step1. 单击"深度轮廓加工"对话框中的"切削参数"按钮 🗐，系统弹出"切削参数"对话框。

Step2. 单击 策略 选项卡，在 切削顺序 下拉列表中选择 层优先 选项，

Step3. 单击 余量 选项卡，取消选中 ☐ 使底面余量与侧面余量一致 复选框，在 部件底面余量 文本框中输入值 0.5，其余参数采用系统默认设置。

Step4. 单击 确定 按钮，系统返回到"深度轮廓加工"对话框。

Stage5. 设置非切削移动参数

Step1. 在"深度轮廓加工"对话框中单击"非切削移动"按钮 🖾，系统弹出"非切削移动"对话框。

Step2. 单击 进刀 选项卡，其参数设置值如图 12.3.12 所示，单击 确定 按钮，完成非切削移动参数的设置。

Stage6. 设置进给率和速度

Step1. 在"深度轮廓加工"对话框中单击"进给率和速度"按钮 🕂，系统弹出"进给

率和速度"对话框。

Step2. 选中 ☑ 主轴速度（rpm）复选框，在其后方的文本框中输入值 1800.0，在 切削 文本框中输入值 1250.0，按 Enter 键，然后单击 按钮。

Step3. 在 更多 区域的 进刀 文本框中输入值 500.0，在 第一刀切削 文本框中输入值 2000.0，在其后面的单位下拉列表中选择 mmpm 选项；其他选项均采用系统默认参数设置值。

Step4. 单击 确定 按钮，完成进给率和速度的设置，系统返回到"深度轮廓加工"对话框。

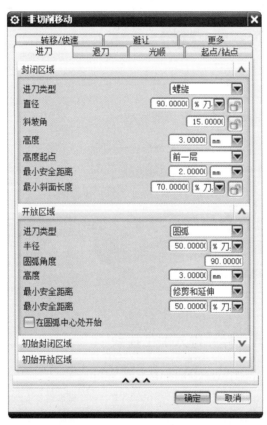

图 12.3.12 "进刀"选项卡

Task5. 生成刀路轨迹并仿真

Step1. 在"深度轮廓加工"对话框中单击"生成"按钮 ，在图形区中生成图 12.3.13 所示的刀路轨迹。

Step2. 单击"确认"按钮 ，系统弹出"刀轨可视化"对话框。单击 2D 动态 选项卡，调整动画速度后单击"播放"按钮 ，即可演示 2D 动态仿真加工，完成演示后的模型如图 12.3.14 所示，单击 确定 按钮，完成仿真操作。

Step3. 单击 确定 按钮，完成操作。

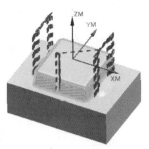

图 12.3.13　刀路轨迹

图 12.3.14　2D 仿真结果

Task6．保存文件

选择下拉菜单 文件(F) ➡ ■ 保存(S) 命令，保存文件。

12.3.3　表面铣

表面铣是通过定义面边界来确定切削区域的，在定义边界时可以通过面，或者面上的曲线以及一系列的点来得到一个封闭的边界几何体。

下面以图 12.3.15 所示的零件介绍创建表面铣加工的一般步骤。

a）部件几何体　　　　　　　b）毛坯几何体　　　加工过程　　　　　c）加工结果

图 12.3.15　表面铣

Task1．打开模型文件并进入加工模块

Step1．打开文件 D:\ug11\work\ch12.03\face_milling.prt。

Step2．进入加工环境。在 应用模块 功能选项卡的 制造 区域单击 ▦ 按钮，在系统弹出的"加工环境"对话框的 要创建的 CAM 组装 列表框中选择 mill_planar 选项，然后单击 确定 按钮，进入加工环境。

Task2．创建几何体

Stage1．创建机床坐标系

Step1．在工序导航器中将视图调整到几何视图状态，双击坐标系⊕ ⡇⇱ MCS_MILL 节点，系统弹出"MCS 铣削"对话框。

Step2．创建机床坐标系。

（1）在 机床坐标系 区域中单击"CSYS 对话框"按钮 ⬢，系统弹出"CSYS"对话框，确

认在 类型 下拉列表中选择 动态 选项。

（2）单击 操控器 区域中的"点"对话框按钮 +，系统弹出"点"对话框，在 Z 文本框中输入值 60.0，单击 确定 按钮，此时系统返回至"CSYS"对话框，单击 确定 按钮，完成图 12.3.16 所示的机床坐标系的创建。

Stage2. 创建安全平面

Step1. 在"MCS 铣削"对话框 安全设置 区域的 安全设置选项 下拉列表中选择 平面 选项，单击"平面对话框"按钮 ，系统弹出"平面"对话框。

Step2. 选取图 12.3.17 所示的参考平面，在 偏置 区域的 距离 文本框中输入值 10.0，单击 确定 按钮，系统返回到"MCS 铣削"对话框，完成安全平面的创建。

Step3. 单击 确定 按钮，完成安全平面的创建。

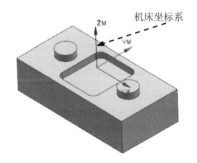

图 12.3.16 创建机床坐标系

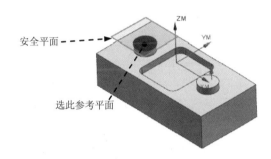

图 12.3.17 创建安全平面

Stage3. 创建部件几何体

Step1. 在工序导航器中双击 MCS_MILL 节点下的 WORKPIECE，系统弹出"工件"对话框。

Step2. 选取部件几何体。单击 按钮，系统弹出"部件几何体"对话框。确认"上边框条"工具条中的"类型过滤器"设置为"实体"类型，在图形区选取整个零件为部件几何体。

Step3. 单击 确定 按钮，完成部件几何体的创建，同时系统返回到"工件"对话框。

Stage4. 创建毛坯几何体

Step1. 在"工件"对话框中单击 按钮，系统弹出"毛坯几何体"对话框。

Step2. 在 类型 下拉列表中选择 包容块 选项。

Step3. 单击 确定 按钮，然后单击"工件"对话框中的 确定 按钮。

Task3. 创建刀具

Step1. 选择下拉菜单 插入(S) → 刀具(T)... 命令，系统弹出"创建刀具"对话框。

Step2. 确定刀具类型。在图 12.3.18 所示的"创建刀具"对话框的 刀具子类型 区域中单击"CHAMFER_MILL"按钮 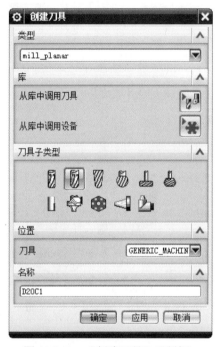，在 位置 区域的 刀具 下拉列表中选择 GENERIC_MACHINE 选项，在 名称 文本框中输入 D20C1，然后单击 确定 按钮，系统弹出"倒斜铣"对话框（图12.3.19）。

Step3. 设置刀具参数。设置图 12.3.19 所示的刀具参数，设置完成后单击 确定 按钮，完成刀具参数的设置。

图 12.3.18　"创建刀具"对话框

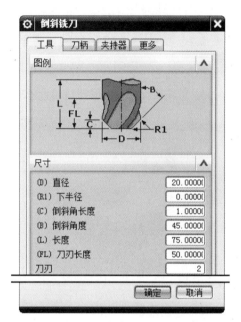

图 12.3.19　"倒斜铣刀"对话框

Task4. 创建表面铣工序

Stage1. 创建工序

Step1. 选择下拉菜单 插入(S) ➔ 工序(E)... 命令，系统弹出"创建工序"对话框（图12.3.20）。

Step2. 确定加工方法。在 类型 下拉列表中选择 mill_planar 选项，在 工序子类型 区域中单击"使用边界面铣削"按钮 ，在 程序 下拉列表中选择 PROGRAM 选项，在 刀具 下拉列表中选择 D20C1 (倒斜铣刀) 选项，在 几何体 下拉列表中选择 WORKPIECE 选项，在 方法 下拉列表中选择 MILL_FINISH 选项，采用系统默认的名称，如图 12.3.20 所示。

Step3. 单击 确定 按钮，此时系统弹出图 12.3.21 所示的"面铣"对话框。

图 12.3.20 所示的"创建工序"对话框中的各选项说明如下。

- 程序 下拉列表中提供了 NC_PROGRAM、NONE 和 PROGRAM 三种选项，分别介绍如下。
  - ☑ NC_PROGRAM：采用系统默认的加工程序根目录。

☑ <u>NONE</u>: 系统将提供一个不含任何程序的加工目录。

☑ <u>PROGRAM</u>: 采用系统提供的一个加工程序的根目录。

● <u>刀具</u>下拉列表: 用于选取该操作所用的刀具。

● <u>方法</u>下拉列表: 用于确定该操作的加工方法。

☑ <u>METHOD</u>: 采用系统给定的加工方法。

☑ <u>MILL_FINISH</u>: 铣削精加工方法。

☑ <u>MILL_ROUGH</u>: 铣削粗加工方法。

☑ <u>MILL_SEMI_FINISH</u>: 铣削半精加工方法。

☑ <u>NONE</u>: 选取此选项后, 系统不提供任何加工方法。

● <u>名称</u>文本框: 用户可以在该文本框中定义工序的名称。

图 12.3.20 "创建工序"对话框　　　　图 12.3.21 "面铣"对话框

图 12.3.21 所示的"面铣"对话框<u>刀轴</u>区域中的各选项说明如下。

<u>轴</u>下拉列表中提供了四种刀轴方向的设置方法。

● <u>+ZM 轴</u>: 设置刀轴方向为机床坐标系 ZM 轴的正方向。

● <u>指定矢量</u>: 选择或创建一个矢量作为刀轴方向。

● <u>垂直于第一个面</u>: 设置刀轴方向垂直于第一个面, 此为默认选项。

● <u>动态</u>: 通过动态坐标系来调整刀轴的方向。

Stage2. 指定面边界

Step1. 在 几何体 区域中单击"选择或编辑面几何体"按钮 ，系统弹出图 12.3.22 所示的"毛坯边界"对话框。

Step2. 在 选择方法 下拉列表中选择 面 选项，其余采用系统默认的参数设置值，选取图 12.3.23 所示的模型表面，此时系统将自动创建三条封闭的毛坯边界。

图 12.3.22 "毛坯边界"对话框

图 12.3.23 选择面边界几何体

Step3. 单击 确定 按钮，系统返回到"面铣"对话框。

说明：如果在"毛坯边界"对话框的 选择方法 下拉列表中选择 曲线 选项，可以依次选取图 12.3.24 所示的曲线为边界几何体。但要注意选择曲线边界几何时，刀轴方向不能设置为 垂直于第一个面 选项，否则在生成刀轨时会出现图 12.3.25 所示的"工序编辑"对话框，此时应将刀轴方向改为 +ZM 轴 选项。

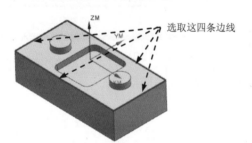

图 12.3.24 选择线边界几何体

图 12.3.25 "工序编辑"对话框

Stage3. 设置刀具路径参数

Step1. 选择切削模式。在"面铣"对话框的 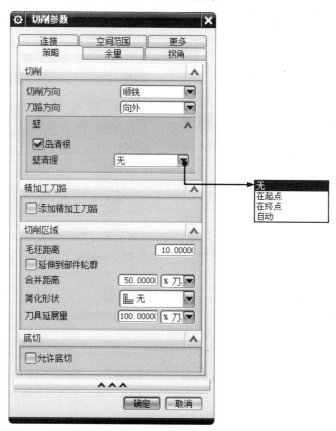切削模式 下拉列表中选择 跟随周边 选项。

Step2. 设置一般参数。在 步距 下拉列表中选择 % 刀具平直 选项，在 平面直径百分比 文本框中输入值 50.0，在 毛坯距离 文本框中输入值 10，在 每刀切削深度 文本框中输入值 2.0，其他参数采用系统默认设置值。

Stage4．设置切削参数

Step1. 在 刀轨设置 区域中单击"切削参数"按钮 ，系统弹出"切削参数"对话框。

Step2. 单击 策略 选项卡，设置参数如图 12.3.26 所示。

图 12.3.26　"策略"选项卡

图 12.3.26 所示的"切削参数"对话框中"策略"选项卡的部分选项说明如下。

- 刀路方向：用于设置刀路轨迹是否沿部件的周边向中心切削，系统默认值是"向外"。

- ☑ 岛清根 复选框：选中该复选框后将在每个岛区域都包含一个沿该岛的完整清理刀路，可确保在岛的周围不会留下多余的材料。

- 壁清理：用于创建清除切削平面的侧壁上多余材料的刀路，系统提供了以下四种类型。

  ☑　无：不移除侧壁上的多余材料，此时侧壁的留量小于步距值。

  ☑　在起点：在切削各个层时，先在周边进行清壁加工，然后再切削中心区域。

☑ 　**在终点**：在切削各个层时，先切削中心区域，然后再进行清壁加工。

☑ 　**自动**：在切削各个层时，系统自动计算何时添加清壁加工刀路。

Step3. 单击 **余量** 选项卡，设置图 12.3.27 所示的参数，单击 **确定** 按钮，系统返回到"面铣"对话框。

Stage5. 设置非切削移动参数

Step1. 在"面铣"对话框 **刀轨设置** 区域中单击"非切削移动"按钮 ，系统弹出"非切削移动"对话框。

Step2. 单击 **进刀** 选项卡，其参数设置值如图 12.3.28 所示，其他选项卡中的设置采用系统默认值，单击 **确定** 按钮，完成非切削移动参数的设置。

图 12.3.27 "余量"选项卡

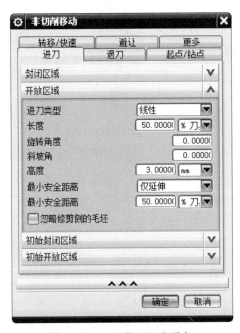

图 12.3.28 "进刀"选项卡

Stage6. 设置进给率和速度

Step1. 单击"面铣"对话框中的"进给率和速度"按钮，系统弹出"进给率和速度"对话框（图 12.3.29）。

Step2. 在 **主轴速度** 区域中选中 ☑ **主轴速度 (rpm)** 复选框，在其后的文本框中输入值 1500.0，在 **进给率** 区域的 **切削** 文本框中输入值 600.0，按 Enter 键，然后单击 按钮，其他参数的设置如图 12.3.29 所示。

Step3. 单击 **确定** 按钮，完成进给率和速度的设置。

Task5. 生成刀路轨迹并仿真

Step1. 生成刀路轨迹。在"面铣"对话框中单击"生成"按钮 <img>，在图形区中生成图 12.3.30 所示的刀路轨迹。

Step2. 使用 2D 动态仿真。完成演示后的模型如图 12.3.31 所示。

Task6. 保存文件

选择下拉菜单 文件(E) ➡ 🖫 保存(S) 命令，保存文件。

图 12.3.29 "进给率和速度"对话框

图 12.3.30 刀路轨迹

图 12.3.31 2D 仿真结果

12.3.4 表面区域铣

表面区域铣是平面铣操作中比较常用的铣削方式之一，它是通过选择加工平面来确定在不过切情况下的加工区域。一般选用平底立铣刀或端铣刀。使用表面区域铣方法可以进行粗加工，也可以进行精加工，在没大量的切除材料，又要提高加工效率的情况下，多采用这样的加工方式（平面加工中）。对于加工余量大而不均匀的表面，采用粗加工，其铣刀直径应较大，以加大切削面积，提高加工效率；对于精加工，其铣刀直径应适当减小，以提高切削速度，从而提高加工质量。下面以图 12.3.32 所示的零件来介绍表面区域铣加工的一般创建过程。

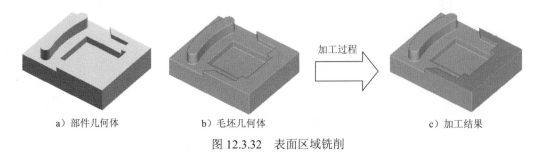

a）部件几何体　　　　b）毛坯几何体　　　　c）加工结果

图 12.3.32　表面区域铣削

Task1．打开模型文件并进入加工模块

Step1．打开文件 D:\ug11\work\ch12.03\face_milling_area.prt。

Step2．进入加工环境。在 应用模块 功能选项卡的 制造 区域单击 按钮，在系统弹出的"加工环境"对话框的 要创建的 CAM 组装 列表框中选择 mill_planar 选项，然后单击 确定 按钮，进入加工环境。

Task2．创建几何体

Stage1．创建机床坐标系和安全平面

Step1．进入几何视图。在工序导航器的空白处右击鼠标，在系统弹出的快捷菜单中选择 几何视图 命令，在工序导航器中双击 MCS_MILL 节点，系统弹出"MCS 铣削"对话框。

Step2．创建机床坐标系。

（1）在"MCS 铣削"对话框的 机床坐标系 区域中单击"CSYS 对话框"按钮 ，系统弹出"CSYS"对话框，确认在 类型 下拉列表中选择 动态 选项。

（2）单击"CSYS"对话框 操控器 区域中的"点对话框"按钮 ，系统弹出"点"对话框，在"点"对话框的 Z 文本框中输入值 65.0，单击 确定 按钮，此时系统返回至"CSYS"对话框。单击 确定 按钮，完成图 12.3.33 所示机床坐标系的创建，系统返回到"MCS 铣削"对话框。

Step3．创建安全平面。

（1）在"MCS 铣削"对话框 安全设置 区域的 安全设置选项 下拉列表中选择 平面 选项，单击"平面对话框"按钮 ，系统弹出"平面"对话框。

（2）选取图 12.3.34 所示的平面参照，在 偏置 区域的 距离 文本框中输入值 10.0，单击 确定 按钮，系统返回到"MCS 铣削"对话框，完成图 12.3.34 所示的安全平面的创建。

（3）单击"MCS 铣削"对话框中的 确定 按钮，完成安全平面的创建。

Stage2. 创建部件几何体

Step1. 在工序导航器中双击 ⊞ 📌 MCS_MILL 节点下的 ⬡ WORKPIECE ，系统弹出"工件"对话框。

Step2. 选取部件几何体。单击 ⬡ 按钮，系统弹出"部件几何体"对话框。在"上边框条"工具条中确认"类型过滤器"设置为"实体"，在图形区选取整个零件为部件几何体。

Step3. 单击 确定 按钮，完成部件几何体的创建，同时系统返回到"工件"对话框。

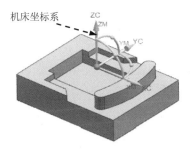

图 12.3.33　创建机床坐标系

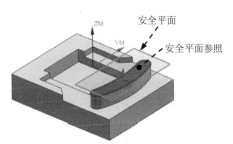

图 12.3.34　创建安全平面

Stage3. 创建毛坯几何体

Step1. 在"工件"对话框中单击 ⬡ 按钮，系统弹出"毛坯几何体"对话框。

Step2. 在 类型 下拉列表中选择 ⬡ 部件的偏置 选项，在 偏置 文本框中输入值 1.0。

Step3. 单击 确定 按钮，系统返回到"工件"对话框。

Step4. 单击 确定 按钮，完成毛坯几何体的创建。

Task3. 创建刀具

Step1. 选择下拉菜单 插入(S) ➡ 🔧 刀具(T)... 命令，系统弹出"创建刀具"对话框。

Step2. 确定刀具类型。在 类型 下拉列表中选择 mill_planar 选项，在 刀具子类型 区域中单击"MILL"按钮 🔧 ，在 位置 区域的 刀具 下拉列表中选择 GENERIC_MACHINE 选项，在 名称 文本框中输入刀具名称 D15R0，单击 确定 按钮，系统弹出"铣刀-5 参数"对话框。

Step3. 设置刀具参数。在 尺寸 区域的 (D) 直径 文本框中输入值 15.0，其他参数采用系统默认设置值，单击 确定 按钮，完成刀具的创建。

Task4. 创建底壁加工工序

Stage1. 插入工序

Step1. 选择下拉菜单 插入(S) ➡ 工序(E)... 命令，系统弹出"创建工序"对话框。

Step2. 确定加工方法。在"创建工序"对话框的 类型 下拉列表中选择 mill_planar 选项，在 工序子类型区域中单击"底壁加工"按钮 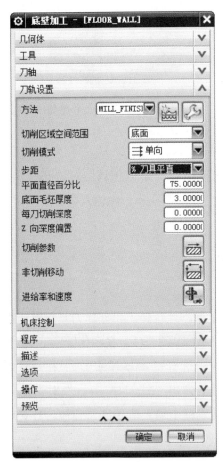，在 程序 下拉列表中选择 PROGRAM 选项，在 刀具 下拉列表中选择 D15R0（铣刀-5 参数）选项，在 几何体 下拉列表中选择 WORKPIECE 选项，在 方法 下拉列表中选择 MILL_FINISH 选项，采用系统默认的名称。

Step3. 单击 确定 按钮，系统弹出图 12.3.35 所示的"底壁加工"对话框。

Stage2. 指定切削区域

Step1. 在 几何体 区域中单击"选择或编辑切削区域几何体"按钮，系统弹出图 12.3.36 所示的"切削区域"对话框。

Step2. 选取图 12.3.37 所示的面为切削区域，单击 确定 按钮，完成切削区域的创建，同时系统返回到"底壁加工"对话框。

图 12.3.35　"底壁加工"对话框

图 12.3.36　"切削区域"对话框

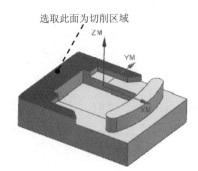

选取此面为切削区域

图 12.3.37　指定切削区域

图 12.3.35 所示的"底壁加工"对话框中的各按钮说明如下。

- （新建）：用于创建新的几何体。

- （编辑）：用于对部件几何体进行编辑。

- （选择或编辑检查几何体）：检查几何体是在切削加工过程中需要避让的几何

体，如夹具或重要的加工平面。

- （选择或编辑切削区域几何体）：指定部件几何体中需要加工的区域，该区域可以是部件几何体中的几个重要部分，也可以是整个部件几何体。
- （选择或编辑壁几何体）：通过设置侧壁几何体来替换工件余量，表示除了加工面以外的全局工件余量。
- （切削参数）：用于切削参数的设置。
- （非切削移动）：用于进刀、退刀等参数的设置。
- （进给率和速度）：用于主轴速度、进给率等参数的设置。

Stage3. 显示刀具和几何体

Step1. 显示刀具。在 工具 区域中单击"编辑/显示"按钮 ，系统弹出"铣刀-5 参数"对话框，同时在图形区会显示当前刀具，在弹出的对话框中单击 取消 按钮。

Step2. 显示几何体。在 几何体 区域中单击"显示"按钮 ，在图形区中会显示当前的部件几何体以及切削区域。

说明：这里显示的刀具和几何体用于确认前面的设置是否正确，如果能保证前面的设置无误，可以省略此步操作。

Stage4. 设置刀具路径参数

Step1. 设置切削模式。在 刀轨设置 区域的 切削模式 下拉列表中选择 跟随周边 选项。

Step2. 设置步进方式。在 步距 下拉列表中选择 刀具平直 选项，在 平面直径百分比 文本框中输入值 50.0，在 底面毛坯厚度 文本框中输入值 1.0，在 每刀切削深度 文本框中输入值 0.5。

Stage5. 设置切削参数

Step1. 单击"底壁加工"对话框 刀轨设置 区域中的"切削参数"按钮 ，系统弹出"切削参数"对话框。单击 策略 选项卡，设置参数如图 12.3.38 所示。

图 12.3.38 "策略"选项卡

Step2. 单击 余量 选项卡，设置参数如图 12.3.39 所示。

Step3. 单击 拐角 选项卡，设置参数如图 12.3.40 所示。

图 12.3.39 "余量"选项卡

图 12.3.40 "拐角"选项卡

Step4. 单击 连接 选项卡，设置参数如图 12.3.41 所示。

Step5. 单击 空间范围 选项卡，设置参数如图 12.3.42 所示；单击 确定 按钮，系统返回到"底壁加工"对话框。

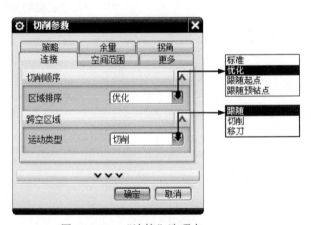

图 12.3.41 "连接"选项卡

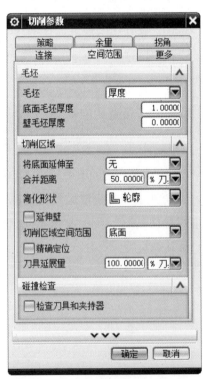

图 12.3.42 "空间范围"选项卡

Stage6．设置非切削移动参数

Step1．单击"底壁加工"对话框 刀轨设置 区域中的"非切削移动"按钮 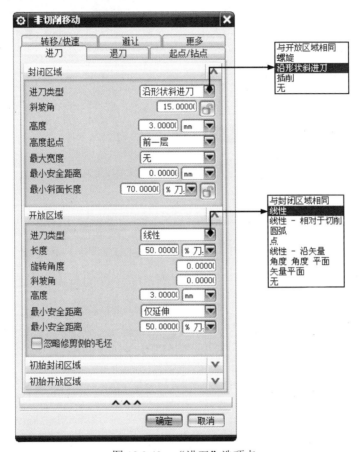，系统弹出"非切削移动"对话框。

Step2．单击 进刀 选项卡，其参数的设置如图 12.3.43 所示，其他选项卡中的参数设置值采用系统的默认值，单击 确定 按钮，完成非切削移动参数的设置。

图 12.3.43 "进刀"选项卡

Stage7．设置进给率和速度

Step1．单击"底壁加工"对话框中的"进给率和速度"按钮 ，系统弹出"进给率和速度"对话框。

Step2．选中 主轴速度 区域中的 ☑ 主轴速度 (rpm) 复选框，在其后的文本框中输入值 1500.0，在 进给率 区域的 切削 文本框中输入值 800.0，按 Enter 键，然后单击 按钮。

Step3．单击 确定 按钮，系统返回到"底壁加工"对话框。

Task5．生成刀路轨迹并仿真

Step1．在"底壁加工"对话框中单击"生成"按钮 ，在图形区中生成图 12.3.44 所示的刀路轨迹。

Step2. 使用 2D 动态仿真。完成演示后的模型如图 12.3.45 所示。

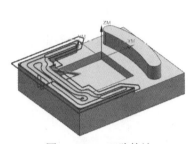

图 12.3.44　刀路轨迹

图 12.3.45　2D 仿真结果

Task6. 保存文件

选择下拉菜单 文件(F) ➡ 保存(S) 命令，保存文件。

12.3.5　精铣侧壁

精铣侧壁是用于侧壁加工的一种平面切削方式，要求侧壁和底平面垂直，并且要求加工表面和底面平行，加工的侧壁是加工表面和底面之间的部分。下面来介绍侧壁加工的一般过程。

Task1. 打开模型

打开文件 D:\ug11\work\ch12.03\finish_walls.prt，系统自动进入加工环境。

Task2. 创建精铣侧壁操作

Stage1. 创建几何体边界

Step1. 选择下拉菜单 插入(S) ➡ 工序(E)... 命令，系统弹出"创建工序"对话框，如图 12.3.46 所示。

Step2. 确定加工方法。在 类型 下拉列表中选择 mill_planar 选项，在 工序子类型 区域中单击"精加工壁"按钮 ，在 程序 下拉列表中选择 PROGRAM 选项，在 刀具 下拉列表中选择 D8R0（铣刀-5 参数）选项，在 几何体 下拉列表中选择 WORKPIECE 选项，在 方法 下拉列表中选择 MILL_FINISH 选项，采用系统默认的名称 FINISH_WALLS。

Step3. 单击 确定 按钮，系统弹出图 12.3.47 所示的"精加工壁"对话框，在 几何体 区域中单击"选择或编辑部件边界"按钮 ，系统弹出"边界几何体"对话框。

Step4. 在 模式 下拉列表中选择 面 选项，在 材料侧 下拉列表中选择 内侧 选项，其余参数采用系统默认设置值，在零件模型上选取图 12.3.48 所示的两个平面，单击 确定 按钮，系统返回到"精加工壁"对话框。

图 12.3.46　"创建工序"对话框

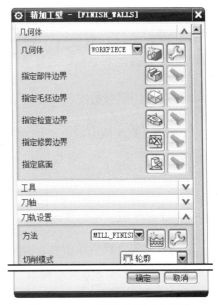

图 12.3.47　"精加工壁"对话框

Step5. 在 几何体 区域中单击 指定修剪边界 右侧的 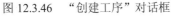 按钮，系统弹出"边界几何体"对话框，在 模式 下拉列表中选择 面 选项，在 修剪侧 下拉列表中选择 外侧 选项，其余参数采用默认设置值，在零件模型上选取图 12.3.48 所示的模型底面，单击 确定 按钮，系统返回到"精加工壁"对话框。

Step6. 单击 指定底面 右侧的 按钮，系统弹出"平面"对话框，在 类型 下拉列表中选择 自动判断 选项。在模型上选取图 12.3.49 所示的底面参照，在 偏置 区域的 距离 文本框中输入值 0.0，单击 确定 按钮，完成底面的指定，系统返回到"精加工壁"对话框。

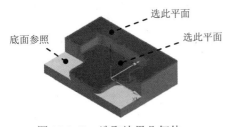

图 12.3.48　选取边界几何体

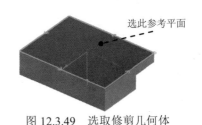

图 12.3.49　选取修剪几何体

Stage2. 设置刀具路径参数

在 刀轨设置 区域的 切削模式 下拉列表中采用系统默认的 轮廓 选项，在 步距 下拉列表中选择 %刀具平直 选项，在 平面直径百分比 文本框中输入值 50.0，其他参数采用系统默认设置值。

Stage3. 设置切削层参数

Step1. 在 刀轨设置 区域中单击"切削层"按钮 ，系统弹出"切削层"对话框。

Step2. 在 类型 下拉列表中选择 临界深度 选项，其他参数采用系统默认设置值，单击 确定 按钮，完成切削层参数的设置。

Stage4. 设置切削参数

Step1. 在 刀轨设置 区域中单击"切削参数"按钮 ，系统弹出"切削参数"对话框。

Step2. 单击 策略 选项卡，参数设置值如图 12.3.50 所示，然后单击 确定 按钮，系统返回到"精加工壁"对话框。

Stage5. 设置非切削移动参数

Step1. 在 刀轨设置 区域中单击"非切削移动"按钮 ，系统弹出"非切削移动"对话框。

Step2. 单击 进刀 选项卡，参数设置值如图 12.3.51 所示，其他选项卡中的参数采用系统默认的设置值，单击 确定 按钮，完成非切削移动参数的设置。

图 12.3.50 "策略"选项卡

图 12.3.51 "进刀"选项卡

Stage6. 设置进给率和速度

Step1. 在"精加工壁"对话框的 刀轨设置 区域中单击"进给率和速度"按钮 ，系统弹出"进给率和速度"对话框。

Step2. 选中 ☑ 主轴速度 (rpm) 复选框，然后在其后的文本框中输入值 3000.0，在 切削 文本框中输入值 250.0，按 Enter 键，然后单击 按钮，其他参数采用系统默认的设置值。

Step3. 单击 确定 按钮，完成进给率和速度的设置。

Task3. 生成刀路轨迹并仿真

生成的刀路轨迹如图 12.3.52 所示，2D 动态仿真加工后的零件模型如图 12.3.53 所示。

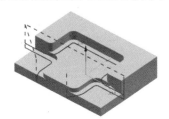 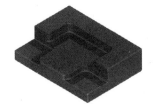

图 12.3.52　刀路轨迹　　　　　图 12.3.53　2D 仿真结果

Task4. 保存文件

选择下拉菜单 文件(F) ➞ 保存(S) 命令，保存文件。

12.3.6　轮廓区域铣

轮廓区域铣是通过指定切削区域并且在需要的情况下添加陡峭包含和裁剪边界约束来进行切削的，它不同于曲面区域驱动方式，如果不指定切削区域，系统将使用完整定义的部件几何体为切削区域。轮廓区域铣可以使用往复提升切削类型。下面以图 12.3.54 所示的模型为例，讲解创建轮廓区域铣的一般过程。

a）部件几何体　　　　　b）毛坯几何体　　　　　c）加工结果

图 12.3.54　轮廓区域铣

Task1. 打开模型文件并进入加工模块

Step1. 打开文件 D:\ug11\work\ch12.03\contour_area.prt。

Step2. 进入加工环境。在 应用模块 功能选项卡的 制造 区域单击 按钮，在系统弹出的"加工环境"对话框的 要创建的 CAM 组装 列表框中选择 mill_contour 选项，然后单击 确定 按钮，进入加工环境。

Task2. 创建几何体

Step1. 在工序导航器中右击，在快捷菜单中选择 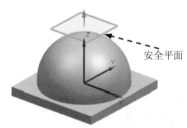**几何视图** 命令，双击坐标系节点 **MCS_MILL**，系统弹出"MCS 铣削"对话框。

Step2. 创建安全平面。

（1）在"MCS 铣削"对话框 **安全设置** 区域的 **安全设置选项** 下拉列表中选择 **平面** 选项，单击"平面对话框"按钮 ，系统弹出"平面"对话框。

（2）在 **类型** 下拉列表中选择 **XC-YC 平面** 选项，在 **距离** 文本框中输入数值 65.0，单击 **确定** 按钮，系统返回到"MCS 铣削"对话框，完成图 12.3.55 所示的安全平面的创建。

（3）单击"MCS 铣削"对话框中的 **确定** 按钮。

图 12.3.55　创建安全平面

Step3. 创建部件几何体。

（1）在工序导航器中的几何视图状态下双击 **WORKPIECE** 节点，系统弹出"工件"对话框。

（2）选取部件几何体。在"工件"对话框中单击 按钮，系统弹出"部件几何体"对话框。

（3）在图形区选取图 12.3.56 所示的零件模型，单击 **确定** 按钮，完成部件几何体的创建，同时系统返回到"工件"对话框。

Step4. 创建毛坯几何体。

（1）在"工件"对话框中单击 按钮，系统弹出"毛坯几何体"对话框。

（2）在 **类型** 下拉列表中选择 **部件的偏置** 选项，在 **偏置** 文本框中输入数值 0.2。

图 12.3.56　部件几何体

（3）单击"毛坯几何体"对话框中的 **确定** 按钮，完成毛坯几何体的创建，系统返回到"工件"对话框。

（4）单击"工件"对话框中的 **确定** 按钮。

Task3．创建刀具

Step1．选择下拉菜单 插入(S) ➡️ 刀具(T)... 命令，系统弹出"创建刀具"对话框。

Step2．确定刀具类型。在"创建刀具"对话框的 类型 选项中选择 mill_contour 选项，在 刀具子类型 区域中选择"BALL_MILL"按钮 🔨，在 位置 区域的 刀具 下拉列表中选择 GENERIC_MACHINE 选项，在 名称 文本框中输入 D5，单击 确定 按钮，系统弹出"铣刀-球头铣"对话框。

Step3．设置刀具参数。在"铣刀-球头铣"对话框的 (D) 球直径 文本框中输入数值 5.0，其余参数按系统默认设置值，单击 确定 按钮，完成刀具的创建。

Task4．创建轮廓区域铣操作

Step1．选择下拉菜单 插入(S) ➡️ 工序(E)... 命令，系统弹出"创建工序"对话框。

Step2．在"创建工序"对话框的 类型 下拉列表中选择 mill_contour 选项，在 工序子类型 区域中单击"COUNTOUR_AREA"按钮 🔧，在 程序 下拉列表中选择 PROGRAM 选项，在 刀具 下拉列表中选择 D5 (铣刀-球头铣)，在 几何体 下拉列表中选择 WORKPIECE，在 方法 下拉列表中选择 MILL_FINISH 选项，采用系统默认的名称。

Step3．在"创建工序"对话框中单击 确定 按钮，此时，系统弹出图 12.3.57 所示的"区域轮廓铣"对话框。

图 12.3.57　"区域轮廓铣"对话框

Step4. 指定切削区域。

（1）单击"区域轮廓铣"对话框 几何体 区域中的 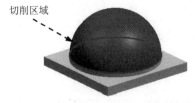 按钮，系统弹出"切削区域"对话框，选取图 12.3.58 所示的模型表面为切削区域。

（2）单击"切削区域"对话框中的 确定 按钮，系统返回到"区域轮廓铣"对话框。

Step5. 设置驱动方法。

（1）在"区域轮廓铣"对话框 驱动方式 区域的 方法 下拉列表中选取 区域铣削 选项，单击 按钮，系统弹出图 12.3.59 所示的"区域铣削驱动方法"对话框。

图 12.3.58　指定切削区域　　　　图 12.3.59　"区域铣削驱动方法"对话框

图 12.3.59 所示"区域铣削驱动方法"对话框中各选项的说明如下。

- 陡峭空间范围 区域的 方法 下拉列表中提供了如下三种方法：
  - ☑ 无 ：刀具路径不使用陡峭约束，即加工所有指定的切削区域。
  - ☑ 非陡峭 ：选择此选项时，可以激活 陡峭壁角度 文本框，可以在其中设置刀具路径的陡峭角度，在加工过程中只加工陡峭角度小于或等于指定角度的区域。
  - ☑ 定向陡峭 ：当创建不带有陡峭包含的往复路径，并且需要沿着带有定向陡峭空间范围和由第一个刀轨旋转 90° 形成的切削角的往复移动时，常用到此方法。

说明：图 12.3.60 所示为指定陡峭角为 60° 的非陡峭切削与定向陡峭切削的刀具轨迹。

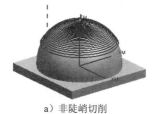
a）非陡峭切削

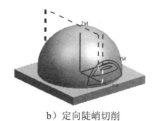
b）定向陡峭切削

图 12.3.60　刀具轨迹对比

● 非陡峭切削模式 下拉列表为用户提供了多种刀具切削模式。

● 步距已应用 下拉列表为用户提供了如下两种步进方式：

　　☑ 在平面上：刀具步进是在垂直于刀具轴的平面上进行测量的，此种步进方式适用于非陡峭区域的切削。

　　☑ 在部件上：刀具步进是沿着部件进行测量的，此种步进方式适用于陡峭区域的切削。

（2）在 陡峭空间范围 区域的 方法 下拉列表中选择 无 选项；在 驱动设置 区域的 非陡峭切削模式 下拉列表中选择 跟随周边 选项，在 刀路方向 下拉列表中选择 向外 选项，在 切削方向 下拉列表中选择 顺铣 选项，在 步距 下拉列表中选择 恒定 选项，在 最大距离 文本框中输入数值 1.0，在 步距已应用 下拉列表中选择 在部件上 选项。

（3）单击"区域铣削驱动方法"对话框中的 确定 按钮，系统返回到"区域轮廓铣"对话框。

Step6. 设置切削参数。所有切削参数均采用系统默认设置。

Step7. 设置进刀/退刀参数。

（1）在 刀轨设置 区域中单击"非切削移动"按钮 ，系统弹出"非切削移动"对话框。

（2）单击"非切削移动"对话框中的 进刀 选项卡，在 开放区域 区域的 进刀类型 下拉列表中选择 圆弧 - 相切逼近 选项，在 根据部件/检查 区域的 进刀类型 下拉列表中选择 线性 选项，在 初始 区域的 进刀类型 下拉列表中选择 与开放区域相同 选项，其他参数采用系统的默认设置值，单击 确定 按钮，完成进刀/退刀的设置。

Step8. 设置进给率和速度。

（1）在"区域轮廓铣"对话框中单击"进给率和速度"按钮 ，系统弹出"进给率和速度"对话框。

（2）在"进给率和速度"对话框的 ☑ 主轴速度（rpm）文本框中输入值 1500，在 切削 文本框中输入数值 250，其他采用系统默认设置值。

（3）单击"进给率和速度"对话框中的 确定 按钮，完成切削参数的设置。

Task5. 生成刀具轨迹并仿真

生成的刀具轨迹如图 12.3.61 所示，2D 仿真加工后的模型如图 12.3.62 所示。

图 12.3.61 刀具轨迹　　　　　　　　　图 12.3.62 2D 仿真结果

Task6. 保存文件

选择下拉菜单 文件(F) ➡ 保存(S) 命令，保存文件。

12.3.7 钻孔加工

创建钻孔加工操作的一般步骤：

（1）创建几何体以及指定刀具。

（2）指定选项，如循环类型、进给率、进刀和退刀运动、部件表面等。

（3）指定几何体参数，如选择点或孔、优化加工顺序、避让障碍等。

（4）生成刀轨及刀路仿真。

下面以图 12.3.63 所示的模型为例，说明钻孔加工操作的创建过程。

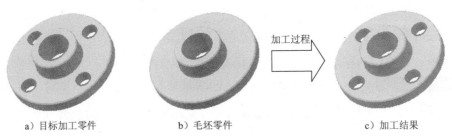

a）目标加工零件　　　　　　b）毛坯零件　　　　　　c）加工结果

图 12.3.63 钻孔加工

Task1. 打开模型文件并进入加工环境

Step1. 打开文件 D:\ug11\work\ch12.03\drilling.prt。

Step2. 进入加工环境。在 应用模块 功能选项卡的 制造 区域单击 按钮，在系统弹出的"加工环境"对话框的 要创建的 CAM 组装 列表框中选择 hole_making 选项，然后单击 确定 按钮，进入加工环境。

Task2. 创建几何体

Stage1. 创建机床坐标系

Step1. 在工序导航器中进入几何体视图，然后双击节点 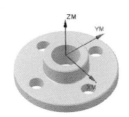MCS，系统弹出"MCS"对话框。

Step2. 创建机床坐标系。在 机床坐标系 区域中单击"CSYS 对话框"按钮 ，在系统弹出的"CSYS"对话框的 类型 下拉列表中选择 动态 。

Step3. 单击 操控器 区域中的"点对话框"按钮 ，在"点"对话框的 Z 文本框中输入值 13.0，单击 确定 按钮，此时系统返回至"CSYS"对话框，单击 确定 按钮，完成机床坐标系的创建，如图 12.3.64 所示；系统返回至"MCS"对话框，然后单击 确定 按钮。

图 12.3.64 创建机床坐标系

Stage2. 创建部件几何体

Step1. 在工序导航器中单击 MCS 节点前的"+"，双击节点 WORKPIECE，系统弹出"工件"对话框。

Step2. 选取部件几何体。单击 按钮，系统弹出"部件几何体"对话框。

Step3. 选取全部零件为部件几何体，单击 确定 按钮，完成部件几何体的创建，同时系统返回到"工件"对话框。

Stage3. 创建毛坯几何体

Step1. 进入模型的部件导航器，单击节点 模型历史记录 展开模型历史记录，在 体 (0) 节点上右击，在弹出的快捷菜单中选择 隐藏(H) 命令，在 体 (1) 节点上右击鼠标，在弹出的快捷菜单中选择 显示(S) 命令。

Step2. 单击 按钮，系统弹出"毛坯几何体"对话框。

Step3. 选取 体 (1) 为毛坯几何体，完成后单击 确定 按钮。

Step4. 单击"工件"对话框中的 确定 按钮，完成毛坯几何体的创建。

Step5. 进入模型的部件导航器，在 体 (0) 节点上右击鼠标，在弹出的快捷菜单中选择 显示(S) 命令，在 体 (1) 节点上右击鼠标，在弹出的快捷菜单中选择 隐藏(H) 命令。

Step6. 切换到工序导航器。

Task3. 创建刀具

Step1. 选择下拉菜单 插入(S) ➡️ 刀具(T)... 命令，系统弹出"创建刀具"对话框，如图 12.3.65 所示。

Step2. 在 类型 下拉列表中选择 hole_making 选项，在 刀具子类型 区域中选择"STD_DRILL"按钮 🔩，在 名称 文本框中输入 Z7，单击 确定 按钮，系统弹出图 12.3.66 所示的"钻刀"对话框。

Step3. 设置刀具参数。在 (D) 直径 文本框中输入值 7.0，在 刀具号 文本框中输入值 1，其他参数采用系统默认设置值，单击 确定 按钮，完成刀具的创建。

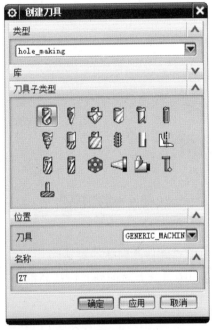

图 12.3.65　"创建刀具"对话框

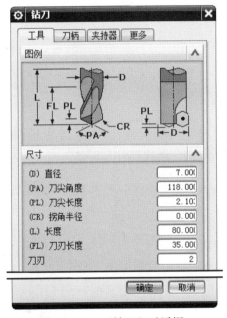

图 12.3.66　"钻刀"对话框

Task4. 创建工序

Stage1. 插入工序

Step1. 选择下拉菜单 插入(S) ➡️ 工序(E)... 命令，系统弹出"创建工序"对话框，如图 12.3.67 所示。

Step2. 在 类型 下拉列表中选择 hole_making 选项，在 工序子类型 区域中选择"DRILLING"🔽 按钮，在 刀具 下拉列表中选择前面设置的刀具 Z7 (钻刀) 选项，在 几何体 下拉列表中选择 WORKPIECE 选项，其他参数可参考图 12.3.67。

Step3. 单击 确定 按钮，系统弹出图 12.3.68 所示的"钻孔"对话框。

图 12.3.67 "创建工序"对话框

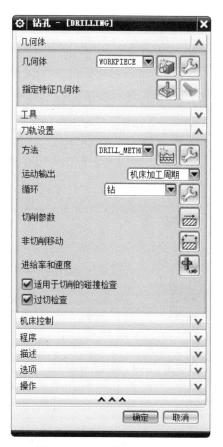

图 12.3.68 "钻孔"对话框

Stage2. 指定几何体

Step1. 单击"钻孔"对话框 指定特征几何体 右侧的 按钮，系统弹出图 12.3.69 所示的"特征几何体"对话框。

Step2. 采用系统默认的参数设置，在图形区选取图 12.3.70 所示的圆柱面，单击"特征几何体"中的 确定 按钮，系统返回到"钻孔"对话框。

Stage3. 设置循环参数

Step1. 在"钻孔"对话框 刀轨设置 区域的 循环 下拉列表中选择 钻 选项，单击"编辑循环" 按钮，系统弹出图 12.3.71 所示的"循环参数"对话框。

说明：在孔加工中，不同类型的孔的加工需要采用不同的加工方式。这些加工方式有的属于连续加工，有的属于断续加工，它们的刀具运动参数也各不相同，为了满足这些要求，用户可以选择不同的循环类型（如啄钻循环、标准钻循环、标准镗循环等）来控制刀具切削运动过程。

Step2. 在"循环参数"对话框中采用系统默认的参数，单击 确定 按钮，系统返回到

"钻孔"对话框。

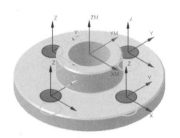

图 12.3.70 选择孔位

图 12.3.69 "特征几何体"对话框

图 12.3.71 "循环参数"对话框

Stage4. 设置切削参数

Step1. 单击"钻孔"对话框中的"切削参数"按钮，系统弹出图 12.3.72 所示的"切削参数"对话框。

Step2. 采用系统默认的参数设置，单击 **确定** 按钮，系统返回到"钻孔"对话框。

Stage5. 设置非切削参数

Step1. 单击"钻孔"对话框中的"非切削参数"按钮，系统弹出图 12.3.73 所示的"非切削移动"对话框。

Step2. 单击 退刀 选项卡，采用默认的退刀参数设置。

Step3. 单击 转移/快速 选项卡，采用默认的转移快速参数设置，如图 12.3.74 所示。

图 12.3.72　"切削参数"对话框

图 12.3.73　"非切削移动"对话框

Step4. 单击 避让 选项卡，采用默认的避让参数设置，如图 12.3.75 所示。

图 12.3.74　"转移/快速"选项卡

图 12.3.75　"避让"选项卡

图 12.3.74 所示的"转移快速"选项卡的各按钮说明如下。

● 间隙：用于指定在切削的开始、切削的过程中或完成切削后，刀具为了避让所需要的安全距离。

● 特征之间：用于指定在加工多个特征几何体之间的转移方式。

● 初始和最终：用于指定在切削的开始、最终完成切削后，刀具为了避让所需要的安全距离。

图 12.3.75 所示的"避让"选项卡的各按钮说明如下。

● 出发点 区域：用于指定加工轨迹起始段的刀具位置，通过其下的 点选项 和 刀轴 指定点坐标和刀轴方向来完成。

　　☑ 点选项 下拉列表：默认为 无 ，选择 指定 选项后，其下会出现 指定点 选项，可以指定出发点的坐标。

☑ 　刀轴　下拉列表：默认为 无 ，选择 指定 选项后，其下会出现 指定点 选项，可以指定出发点的刀轴方向。

● 起点 ：用于指定刀具移动到加工位置上方的位置，通过其下的 点选项 指定点坐标。这个刀具的起始加工位置的指定可以避让夹具或避免产生碰撞。

● 返回点 ：用于指定切削完成后，刀具返回到位置，通过其下的 点选项 指定点坐标。

● 回零点 ：用于指定刀具的最终位置，即刀路轨迹中的回零点。通过其下的 点选项 和 刀轴 指定点坐标和刀轴方向来完成。

Stage6．设置进给率和速度

Step1. 单击"钻孔"对话框中的"进给率和速度"按钮 🔧，系统弹出"进给率和速度"对话框。

Step2. 选中 ☑ 主轴速度 (rpm) 复选框，然后在其后方的文本框中输入值 500.0，按 Enter 键，然后单击 ▣ 按钮，在 切削 文本框中输入值 50.0，按 Enter 键，然后单击 ▣ 按钮，其他选项采用系统默认设置值，单击 确定 按钮。

Task5．生成刀具轨迹并仿真

生成的刀路轨迹如图 12.3.76 所示，3D 动态仿真加工后的结果如图 12.3.77 所示。

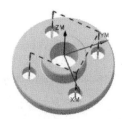
图 12.3.76　刀路轨迹

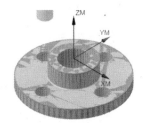
图 12.3.77　3D 仿真结果

Task6．保存文件

选择下拉菜单 文件(F) ➡ 保存(S) 命令，保存文件。

12.3.8　攻丝

下面以图 12.3.78 所示的零件为例，说明攻丝（"攻丝"应为"攻螺纹"，软件汉化中未改，故书中保留"攻丝"一词）加工操作的创建过程。

Task1．打开模型文件

Step1. 打开文件 D:\ug11\work\ch12.03\tapping.prt 并进入加工环境。

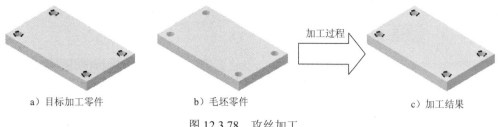

a）目标加工零件   b）毛坯零件   c）加工结果

图 12.3.78　攻丝加工

Step2. 进入加工环境。在 应用模块 功能选项卡的 制造 区域单击 按钮，在系统弹出的 "加工环境" 对话框的 要创建的 CAM 组装 列表框中选择 hole_making 选项，单击 确定 按钮，进入加工环境。

Task2．创建几何体

Step1. 创建机床坐标系。将默认的机床坐标系沿 ZC 方向偏置，偏置值为 10.0。

Step2. 在工序导航器中单击 MCS 节点前的 "+"，双击节点 WORKPIECE，系统弹出 "工件" 对话框。

Step3. 单击 按钮，系统弹出 "部件几何体" 对话框，选取全部零件为部件几何体。

Step4. 单击 确定 按钮，完成部件几何体的创建，同时系统返回到 "工件" 对话框。

Step5. 单击 按钮，系统弹出 "毛坯几何体" 对话框，选取全部零件为毛坯几何体，完成后单击 确定 按钮。

Step6. 单击 确定 按钮，完成几何体的创建。

Task3．创建刀具

Step1. 选择下拉菜单 插入(S) ➡ 刀具(T) 命令，系统弹出图 12.3.79 所示的 "创建刀具" 对话框。

Step2. 在 类型 下拉列表中选择 hole_making 选项，在 刀具子类型 区域中选择 "TAP" 按钮 ，在 名称 文本框中输入 TAP8，单击 确定 按钮，系统弹出图 12.3.80 所示的 "丝锥" 对话框。

Step3. 在 (D) 直径 文本框中输入值 8.0，在 (ND) 颈部直径 文本框中输入值 6.5，在 (P) 螺距 文本框中输入值 1.25，在 刀具号 文本框中输入值 1，其他参数采用系统默认设置值，单击 确定 按钮，完成刀具的设置。

Task4．创建工序

Stage1．创建工序

Step1. 选择下拉菜单 插入(S) ➡ 工序(E)... 命令，系统弹出 "创建工序" 对话框（图 12.3.81）。

Step2. 在 工序子类型 区域中选择 "攻丝" 按钮 ，在 刀具 下拉列表中选用前面设置的刀

具 **TAP8 (丝锥)** 选项，其他参数可参考图 12.3.81 所示。

Step3. 单击 **确定** 按钮，系统弹出图 12.3.82 所示的"攻丝"对话框。

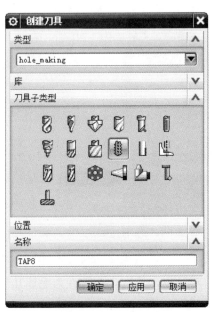

图 12.3.79 "创建刀具"对话框

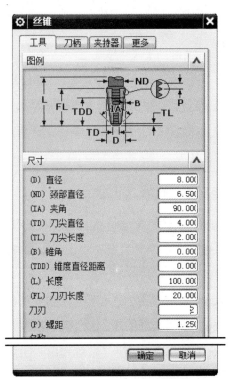

图 12.3.80 "丝锥"对话框

图 12.3.81 "创建工序"对话框

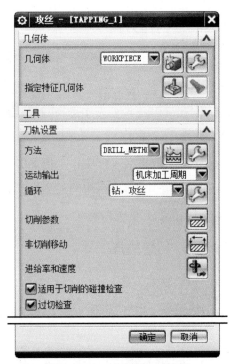

图 12.3.82 "攻丝"对话框

Stage2.　指定加工点

Step1. 单击"攻丝"对话框 指定特征几何体 右侧的 按钮，系统弹出图 12.3.83 所示的"特征几何体"对话框。

Step2. 采用默认的参数设置，在图形中选取图 12.3.84 所示的圆柱面，系统自动识别各个孔的螺纹参数，完成后单击 确定 按钮，系统返回到"攻丝"对话框。

Stage3.　设置循环参数

Step1. 在"攻丝"对话框 循环类型 区域的 循环 下拉列表中选择 钻，攻丝 选项，单击"编辑循环"按钮 ，系统弹出图 12.3.85 所示的"循环参数"对话框。

Step2. 采用系统默认的参数设置值，单击 确定 按钮，系统返回到"攻丝"对话框。

图 12.3.84　选取圆柱面

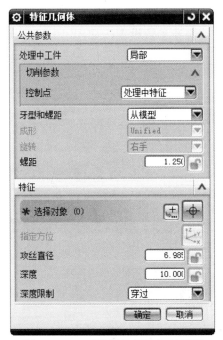

图 12.3.83　"特征几何体"对话框

图 12.3.85　"循环参数"对话框

Stage4.　设置切削参数

Step1. 单击"攻丝"对话框中的"切削参数"按钮 ，系统弹出图 12.3.86 所示的"切削参数"对话框。

Step2. 采用系统默认的参数设置，单击 确定 按钮，系统返回到"攻丝"对话框。

Stage5.　设置非切削参数

Step1. 单击"钻孔"对话框中的"非切削参数"按钮 ，系统弹出"非切削参数"对话框。

Step2. 单击 退刀 选项卡，如图 12.3.87 所示，采用默认的退刀参数设置。

图 12.3.86　"切削参数"对话框　　　　图 12.3.87　"退刀"选项卡

Step3. 单击 转移/快速 选项卡，采用默认的转移快速参数设置，如图 12.3.88 所示，单击 确定 按钮，系统返回到"攻丝"对话框。

Stage6. 设置进给率和速度

Step1. 单击"攻丝"对话框中的"进给率和速度"按钮，系统弹出"进给率和速度"对话框（图 12.3.89）。

Step2. 设置进给率参数如图 12.3.89 所示，单击 确定 按钮，系统返回到"攻丝"对话框。

图 12.3.88　"转移/快速"选项卡　　　图 12.3.89　"进给率和速度"对话框

Task5. 生成刀路轨迹

生成的刀路轨迹如图 12.3.90 所示。

Task6. 保存文件

选择下拉菜单 文件(F) ━━➤ 保存(S) 命令，保存文件。

图 12.3.90 刀路轨迹

12.3.9 埋头孔加工

下面以图 12.3.91 所示的模型为例，说明创建埋头孔加工操作的一般步骤。

a）目标加工零件　　　　b）毛坯零件　　　　　c）加工结果

图 12.3.91 埋头孔加工

Task1. 打开模型文件并进入加工环境

打开文件 D:\ug11\work\ch12.03\countersinking.prt，系统进入加工环境。

Task2. 创建刀具

Step1. 选择下拉菜单 插入(S) ━━➤ 刀具(T)... 命令，系统弹出"创建刀具"对话框。

Step2. 在 类型 下拉列表中选择 hole_making 选项，在 刀具子类型 区域中选择 "COUNTER_SINK"按钮，在 名称 文本框中输入 COUNTER_SINK_2，单击 确定 按钮，系统弹出"埋头切削"对话框。

Step3. 设置刀具参数。在 (D) 直径 文本框中输入值 20.0，在 刀具号 文本框中输入值 2，其他参数采用系统默认设置值，单击 确定 按钮，完成刀具的创建。

Task3. 创建加工工序

Stage1. 创建工序

Step1. 选择下拉菜单 插入(S) ━━➤ 工序(E)... 命令，系统弹出图 12.3.92 所示的"创建工序"对话框。

Step2. 确定加工方法。在 类型 下拉列表中选择 hole_making 选项，在 工序子类型 区域中选择 "钻埋头孔"按钮，在 刀具 下拉列表中选择前面设置的刀具 COUNTER_SINK_20 (埋头切削) 选项，

591

在 几何体 下拉列表中选择 WORKPIECE 选项，在 方法 下拉列表中选择 DRILL_METHOD 选项，其他参数采用系统默认设置值。

图 12.3.92 "创建工序"对话框

Step3. 单击"创建工序"对话框中的 确定 按钮，系统弹出"钻埋头孔"对话框。

Stage2. 指定几何体

Step1. 单击"钻埋头孔"对话框 指定特征几何体 右侧的 按钮，系统弹出"特征几何体"对话框。

Step2. 采用系统默认的参数设置，在图形区依次选取图 12.3.93 所示的圆柱面，系统自动检测出各个孔的参数，单击 确定 按钮，系统返回到"钻埋头孔"对话框。

图 12.3.93 指定孔位

Stage3. 设置循环控制参数

Step1. 在"钻埋头孔"对话框 刀轨设置 区域的 循环 下拉列表中选择 钻，埋头孔 选项，单击"编辑循环"按钮 ，系统弹出"循环参数"对话框。

Step2. 在"循环参数"对话框中采用图 12.3.94 所示的参数，单击 确定 按钮，系统返回到"钻埋头孔"对话框。

Stage4. 设置切削参数

Step1. 单击"钻埋头孔"对话框中的"切削参数"按钮，系统弹出图 12.3.95 所示的"切削参数"对话框。

图 12.3.94 "循环参数"对话框

图 12.3.95 "切削参数"对话框

Step2. 采用系统默认的参数设置，单击 确定 按钮，系统返回到"钻埋头孔"对话框。

Stage5. 设置非切削参数

采用系统默认的非切削参数设置。

Stage6. 设置进给率和速度

Step1. 单击"钻埋头孔"对话框中的"进给率和速度"按钮，系统弹出"进给率和速度"对话框。

Step2. 选中 ☑ 主轴速度 (rpm) 复选框，然后在其后方的文本框中输入值 600.0，按 Enter 键，然后单击 按钮，在"进给率"区域的 切削 文本框中输入值 100.0，按 Enter 键，然后单击 按钮，其他参数采用系统默认设置值，单击 确定 按钮。

Task4. 生成刀路轨迹

生成的刀路轨迹如图 12.3.96 所示。

图 12.3.96 刀路轨迹

Task5. 保存文件

选择下拉菜单 文件(F) ➡️ 🖫 保存(S) 命令，保存文件。

12.4 UG 数控编程与加工综合实际应用

在机械零件的加工中，从毛坯零件到目标零件的加工一般都要经过多道工序，工序安排是否合理对加工后零件的质量有较大的影响。一般先进行粗加工，然后再进行精加工。粗加工时，刀具进给量大，机床主轴的转速较低，以便切除大量的材料，提高加工的效率。在进行精加工时，刀具进给量小，主轴的转速较高，加工的精度高，以达到零件加工精度的要求。本实例讲解了烟灰缸凸模的加工过程，工艺路线如图 12.4.1 所示。

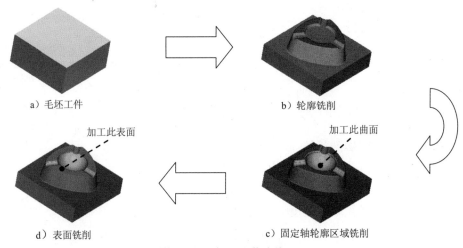

a）毛坯工件　　　　　　　　　　　b）轮廓铣削

加工此表面　　　　　　　　　　　　加工此曲面

d）表面铣削　　　　　　　　　c）固定轴轮廓区域铣削

图 12.4.1　加工工艺路线

Task1. 打开模型文件并进入加工模块

Step1. 打开文件 D:\ug11\work\ch12.04\ashtray.prt。

Step2. 在 应用模块 功能选项卡的 制造 区域单击 ▶ 按钮，在系统弹出的"加工环境"对话框的 要创建的 CAM 组装 列表框中选择 mill_contour 选项，单击 确定 按钮，系统进入加工环境。

Task2. 创建几何体

Step1. 将工序导航器调整到几何视图，双击 ⊞ 🔩 MCS_MILL 节点，系统弹出"MCS 铣削"对话框。

Step2. 创建机床坐标系。在"MCS 铣削"对话框的 参考坐标系 区域中选中 ☑ 链接 RCS 与 MCS 复选框。

Step3. 创建安全平面。

（1）在"MCS 铣削"对话框 安全设置 区域的 安全设置选项 下拉列表中选择 平面 选项，单击"平面对话框"按钮 🖳，系统弹出"平面"对话框。

（2）在 类型 下拉列表中选择 XC-YC 平面 选项，在 距离 文本框中输入数值65，单击 确定 按钮，系统返回到"MCS 铣削"对话框，完成图 12.4.2 所示的安全平面的创建。

（3）单击"MCS 铣削"对话框中的 确定 按钮。

Step4. 创建部件几何体。

（1）在工序导航器中的几何视图下双击 ⊞ 📳 MCS_MILL 节点下的 🔩 WORKPIECE，系统弹出"工件"对话框。

（2）选取部件几何体。在"工件"对话框中单击 📦 按钮，系统弹出"部件几何体"对话框。在绘图区选取图 12.4.3 所示的几何体为部件几何体，在"部件几何体"对话框中单击 确定 按钮，完成部件几何体的创建。

Step5. 创建毛坯几何体。

（1）在"工件"对话框中单击 📦 按钮，系统弹出"毛坯几何体"对话框。

（2）在 类型 下拉列表中选择 包容块 选项，在 ZM+ 文本框中输入数值2.0，其余采用系统默认参数设置值，此时图形区显示图 12.4.4 所示的毛坯几何体，单击 确定 按钮，系统返回到"工件"对话框。

Step6. 单击"工件"对话框中的 确定 按钮，完成几何体的创建。

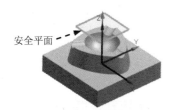
图 12.4.2 设置安全平面

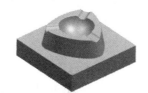
图 12.4.3 部件几何体

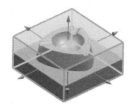
图 12.4.4 毛坯几何体

Task3. 创建刀具（一）

Step1. 选择下拉菜单 插入(S) ➡ 🔧 刀具(T) 命令，系统弹出"创建刀具"对话框。

Step2. 在"创建刀具"对话框的 类型 下拉列表中选择 mill_contour 选项，在"创建刀具"对话框的 刀具子类型 区域中单击"MILL"按钮 📳，在 位置 区域的 刀具 下拉列表中选择 GENERIC_MACHINE 选项，在 名称 文本框中输入刀具名称 MILL，然后单击 确定 按钮，系统弹出"铣刀-5 参数"对话框。

Step3. 设置刀具参数。在"铣刀-5 参数"对话框的 (D) 直径 文本框中输入数值8.0，在 (R1) 下半径 文本框中输入数值1.0，其他参数采用系统的默认值。

Step4. 单击对话框中的 确定 按钮，完成刀具的创建。

Task4. 创建刀具（二）

Step1. 选择下拉菜单 插入(S) ➡ 刀具(T) 命令，系统弹出"创建刀具"对话框。

Step2. 在"创建刀具"对话框的 类型 下拉列表中选择 mill_contour 选项，在"创建刀具"对话框的 刀具子类型 区域中单击"BALL_MILL"按钮 ，在 位置 区域的 刀具 下拉列表中选择 GENERIC_MACHINE 选项，在 名称 文本框中输入刀具名称 BALL_MILL，然后单击 确定 按钮，系统弹出"铣刀-5 参数"对话框。

Step3. 设置刀具参数。在"铣刀-5 参数"对话框的 (D) 球直径 文本框中输入数值 5.0，其他参数采用系统的默认值。

Step4. 单击对话框中的 确定 按钮，完成刀具的创建。

Task5. 创建轮廓铣操作

Step1. 插入工序。选择下拉菜单 插入(S) ➡ 工序(E)... 命令，系统弹出"创建工序"对话框。

Step2. 在"创建工序"对话框的 类型 下拉列表中选择 mill_contour 选项，在 工序子类型 区域中单击"CAVITY_MILL"按钮 ，在 程序 下拉列表中选择 PROGRAM 选项，在 刀具 下拉列表中选择 MILL (铣刀-5 参数)，在 几何体 下拉列表中选择 WORKPIECE，在 方法 下拉列表中选择 MILL_ROUGH 选项，采用系统默认的名称。

Step3. 在"创建工序"对话框中单击 确定 按钮，此时，系统弹出"型腔铣"对话框。

Step4. 指定切削区域。

（1）单击"型腔铣"对话框 几何体 区域中的 按钮，系统弹出"切削区域"对话框，选取图 12.4.5 所示的面为切削区域。

（2）单击"切削区域"对话框中的 确定 按钮，系统返回到"型腔铣"对话框。

Step5. 设置刀具路径参数。

在"型腔铣"对话框 刀轨设置 区域的 切削模式 下拉列表中选择 跟随部件 选项，在 步距 下拉列表中选择 % 刀具平直 选项，在 平面直径百分比 文本框中输入数值 20.0，在 公共每刀切削深度 下拉列表中选择 恒定 选项，在 最大距离 文本框中输入数值 0.5。

Step6. 设置切削参数。

（1）在"型腔铣"对话框的 刀轨设置 区域中单击"切削参数"按钮 ，系统弹出"切削参数"对话框。

（2）在"切削参数"对话框中单击 策略 选项卡，在 切削 区域的 切削方向 下拉列表中选择 顺铣 选项，在 切削顺序 下拉列表中选择 深度优先 选项，其他采用系统默认设置值。

（3）在"切削参数"对话框中单击 连接 选项卡，在 切削顺序 区域的 区域排序 下拉列表中选择 标准 选项，其他选项卡中的设置采用系统的默认值，单击 确定 按钮，系统返回到"型腔铣"对话框。

Step7. 设置进刀/退刀参数。

（1）在"型腔铣"对话框的 刀轨设置 区域中单击"非切削移动"按钮 ▨ ，系统弹出"非切削移动"对话框。

（2）单击"非切削移动"对话框中的 进刀 选项卡，在 封闭区域 区域的 进刀类型 下拉列表中选择 螺旋 选项，在 开放区域 区域的 类型 下拉列表中选择 圆弧 选项，其他参数按系统默认设置值，单击 确定 按钮，完成进刀/退刀的设置。

Step8. 设置进给率和速度。

（1）在"型腔铣"对话框中单击"进给率和速度"按钮 ⬚ ，系统弹出"进给率和速度"对话框。

（2）在"进给率和速度"对话框的 主轴速度（rpm） 文本框中输入值800，在 切削 文本框中输入数值250，其他采用系统默认设置值。

（3）单击"进给率和速度"对话框中的 确定 按钮，完成切削参数的设置，系统返回到"型腔铣"对话框。

Task6. 生成刀具轨迹并仿真

生成的刀具轨迹如图12.4.6所示，2D仿真加工后的模型如图12.4.7所示。

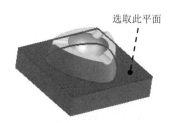

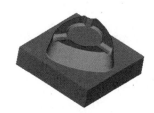

图12.4.5 指定切削区域　　　图12.4.6 刀具轨迹　　　图12.4.7 2D仿真结果

Task7. 创建轮廓区域铣操作

Step1. 插入工序。选择下拉菜单 插入(S) ➡ 工序(E)... 命令，系统弹出"创建工序"对话框。

Step2. 在"创建工序"对话框的 类型 下拉列表中选择 mill contour 选项，在 工序子类型 区域中单击"CONTOUR_AREA"按钮 ⬚ ，在 程序 下拉列表中选择 PROGRAM 选项，在 刀具 下拉列表中选择 BALL_MILL ，在 几何体 下拉列表中选择 WORKPIECE ，在 方法 下拉列表中选择 MILL_FINISH 选项，采用系统默认的名称。

Step3. 单击 确定 按钮，此时系统弹出"区域轮廓铣"对话框。

Step4. 指定切削区域。

（1）单击"区域轮廓铣"对话框 几何体 区域的 ⬚ 按钮，系统弹出"切削区域"对话框，选取图 12.4.8 所示的面为切削区域。

（2）单击"切削区域"对话框中的 确定 按钮，系统返回到"区域轮廓铣"对话框。

Step5. 设置驱动方式。

（1）选择"区域轮廓铣"对话框 驱动方式 区域的 方法 下拉列表中的 区域铣削 选项，单击 ⚙ 按钮，系统弹出"区域铣削驱动方式"对话框。

（2）在 陡峭空间范围 区域的 方法 下拉列表中选择 无 选项；在 驱动设置 区域的 非陡峭切削模式 下拉列表中选择 跟随周边 选项，在 刀路方向 下拉列表中选择 向内 选项，在 切削方向 下拉列表中选择 顺铣 选项，在 步距 下拉列表中选择 恒定 选项，在 最大距离 文本框中输入数值 0.1，在 步距已应用 下拉列表中选择 在平面上 选项。

（3）单击 确定 按钮，系统返回到"区域轮廓铣"对话框。

Step6. 设置切削参数。所有切削参数均采用系统默认设置。

Step7. 设置进刀/退刀参数。

（1）在"区域轮廓铣"对话框的 刀轨设置 区域中单击"非切削移动"按钮 ⬚，系统弹出"非切削移动"对话框。

（2）单击 进刀 选项卡，在 开放区域 区域的 进刀类型 下拉列表中选择 圆弧 - 相切逼近 选项，在 根据部件/检查 区域的 进刀类型 下拉列表中选择 线性 选项，在 初始 区域的 进刀类型 下拉列表中选择 与开放区域相同 选项，其他参数采用系统的默认设置值，单击 确定 按钮，完成进刀/退刀的设置。

Step8. 设置进给率和速度。

（1）在"区域轮廓铣"对话框中单击"进给率和速度"按钮 ⬛，系统弹出"进给率和速度"对话框。

（2）在"进给率和速度"对话框的 主轴速度（rpm）文本框中输入数值 1000，在 切削 文本框中输入数值 250，其他采用系统默认设置值。

（3）单击"进给率和速度"对话框中的 确定 按钮，完成切削参数的设置。

Task8. 生成刀具轨迹并仿真

生成的刀具轨迹如图 12.4.9 所示，2D 仿真加工后的模型如图 12.4.10 所示。

图 12.4.8　指定切削区域　　　图 12.4.9　刀具轨迹　　　图 12.4.10　2D 仿真结果

Task9. 创建面铣削操作

Step1. 插入工序。选择下拉菜单 插入(S) ━━➤ ⏣ 工序(E)... 命令，系统弹出"创建工序"对话框。

Step2. 在"创建工序"对话框的 类型 下拉列表中选择 mill_planar 选项，在 工序子类型 区域中单击"FACE_MILLING"按钮⏚，在 程序 下拉列表中选择 PROGRAM 选项，在 刀具 下拉列表中选择 MILL (铣刀-5 参数)，在 几何体 下拉列表中选择 WORKPIECE，在 方法 下拉列表中选择 MILL_FINISH 选项，采用系统默认的名称。

Step3. 在"创建工序"对话框中单击 确定 按钮，系统弹出"面铣"对话框。

Step4. 指定面边界。

（1）在"面铣"对话框的 几何体 区域中单击"选择或编辑面几何体"按钮⬙，系统弹出"毛坯边界"对话框。

（2）在 选择方法 下拉列表中选择 ▨ 面 选项，选取图 12.4.11 所示的模型的平面 1，单击⊕按钮，选择平面 2；然后单击⊕按钮，选择平面 3 为面边界。

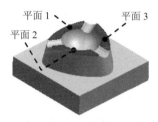

图 12.4.11　指定面边界

（3）单击"毛坯边界"对话框中的 确定 按钮，系统返回到"面铣"对话框。

Step5. 设置刀具路径参数。

（1）在"面铣"对话框 刀轨设置 区域的 切削模式 下拉列表中选择 往复 选项，在 步距 下拉列表中选择 % 刀具平直 选项，在 平面直径百分比 文本框中输入数值 75.0，

（2）在 毛坯距离 文本框中输入数值 1.0，在 每刀深度 文本框中输入数值 0.0，在 最终底面余量 文本框中输入数值 0.0。

Step6. 设置切削参数。

（1）在"面铣"对话框的 刀轨设置 区域中单击"切削参数"按钮⛛，系统弹出"切削参数"对话框。

（2）在"切削参数"对话框中单击 策略 选项卡，在 切削 区域的 切削方向 下拉列表中选择 顺铣 选项，在 切削角 下拉列表中选择 指定 选项，在 与 XC 的夹角 文本框输入数值 180.0，其他参数采用系统的默认设置值。

（3）在"切削参数"对话框中单击 连接 选项卡，在 区域排序 区域的 切削顺序 下拉列表中选择 标准 选项，在 跨空区域 区域的 运动类型 下拉列表中选择 切削 选项，单击 确定 按钮，系

统返回到"面铣"对话框。

Step7. 设置进刀/退刀参数。

（1）在"面铣"对话框的 刀轨设置 区域中单击"非切削移动"按钮 ，系统弹出"非切削移动"对话框。

（2）单击"非切削移动"对话框中的 进刀 选项卡，在 封闭区域 区域的 进刀类型 下拉列表中选择 螺旋 选项，其他参数采用系统的默认设置值，单击 确定 按钮，完成进刀/退刀的设置。

Step8. 设置进给率和速度。

（1）在"面铣"对话框的 刀轨设置 区域中单击"进给率和速度"按钮 ，系统弹出"进给率和速度"对话框。

（2）在"进给率和速度"对话框的 主轴速度（rpm）文本框中输入数值 1500，在 切削 文本框中输入数值 250，其他采用系统默认设置值。

（3）单击"进给率和速度"对话框中的 确定 按钮，完成切削参数的设置，系统返回到"面铣"对话框。

Task10. 生成刀具轨迹并仿真

生成的刀具轨迹如图 12.4.12 所示，2D 仿真加工后的模型如图 12.4.13 所示。

　　　　　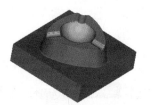

图 12.4.12　刀具轨迹　　　　　图 12.4.13　2D 仿真结果

Task11. 保存文件

选择下拉菜单 文件(F) ➡ 保存(S) 命令，保存文件。

第13章　同步建模方法及工程应用

13.1　概　　述

13.1.1　同步建模的作用

同步建模（Synchronous Modeling）技术主要用于修改一个模型，而与模型的由来、相关性或特征历史无关。模型可以从其他 CAD 系统读入，是无参数的、非相关的，可以没有特征，也可以是 NX 创建的包含特征的模型。

同步建模在设计时具有灵活性与自由性，而且继承了由约束与尺寸驱动以及系统获得知识的能力，使得工程师与设计师可以专注于他们的工作而不必考虑如何去操控一个 CAD 系统，大大减少了浪费在重构或转换几何体上的时间。

同步建模技术主要适用于由解析面，如平面、柱面、锥面、球面和环面组成的模型。但这并不意味着同步建模技术只适用于简单模型创建，因为不管多么复杂的面，都是由这些解析面组合而成的，所以在使用同步建模之前需要对模型表面进行拆分。

13.1.2　同步建模工具栏介绍

选择下拉菜单 插入(S) ➡ 同步建模(Y) ▶ 命令，系统弹出图 13.1.1 所示的同步建模子菜单。

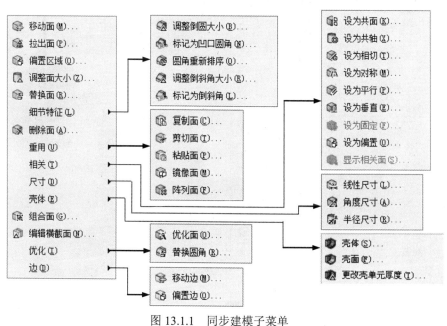

图 13.1.1　同步建模子菜单

13.2 同步建模工具

13.2.1 移动面

使用"移动面"命令可以移动一个或多个面并调整要适应的相邻面。下面以图 13.2.1 所示的模型为例介绍移动面的一般操作过程。

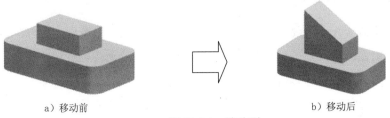

a）移动前　　　　　　　　　　　　　　　　　　b）移动后

图 13.2.1　移动面

Step1. 打开文件 D:\ug11\work\ch13.02.01\move_face.prt。

Step2. 选择下拉菜单 插入(S) ➡ 同步建模(Y) ▶ ➡ 移动面(M)... 命令，系统弹出图 13.2.2 所示的"移动面"对话框。

Step3. 选取移动对象。选取图 13.2.3 所示的模型表面为移动对象，此时在图形区中出现图 13.2.3 所示的操纵手柄与动态文本框。

说明：使用操纵手柄可以任意变换选择的面对象，在动态文本框中可以输入移动面的变换参数。

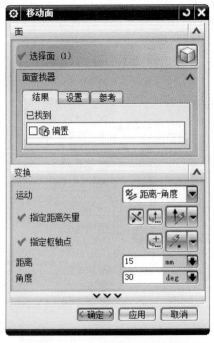

图 13.2.2　"移动面"对话框

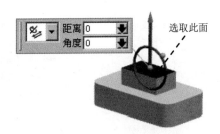

图 13.2.3　选取移动对象

图 13.2.4　偏置移动结果

Step4. 定义变换参数。在对话框 变换 区域的 运动 下拉列表中选择 距离-角度 选项，在 距离 文本框中输入移动距离值 15.0，在 角度 文本框中输入移动角度值 30。

Step5. 单击对话框中的 ＜ 确定 ＞ 按钮，完成移动面的操作。

说明：在"移动面"对话框 面查找器 区域的 结果 选项卡列表区域中选中 ☑ 偏置 ⑵ 选项，系统将对与选定曲面平行的面进行同样的移动操作，本例中如果选中该选项，其移动结果如图 13.2.4 所示。

13.2.2 拉出面

使用"拉出面"命令可以从模型中抽取面以添加材料，或将面抽取到模型中以减去材料。下面以图 13.2.5 所示的模型为例介绍拉出面的一般操作过程。

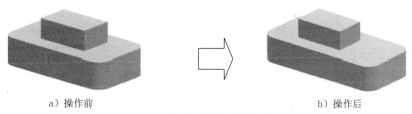

a）操作前　　　　　　　　　　b）操作后

图 13.2.5　拉出面

Step1. 打开文件 D:\ug11\work\ch13.02.02\pull_face.prt。

Step2. 选择下拉菜单 插入(S) ➡ 同步建模(Y) ▶ ➡ 拉出面(F)... 命令，系统弹出图 13.2.6 所示的"拉出面"对话框。

Step3. 选取拉出面对象。选取图 13.2.7 所示的模型表面，此时在图形区中出现图 13.2.7 所示的操纵手柄与动态文本框。

图 13.2.6　"拉出面"对话框

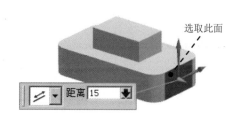

图 13.2.7　选取移动对象

Step4. 定义变换参数。在对话框 变换 区域的 运动 下拉列表中选择 距离 选项，在 距离 文本框中输入拉出距离值 15.0。

Step5. 单击对话框中的 〈 确定 〉 按钮，完成拉出面的操作。

13.2.3 偏置区域

使用"偏置区域"命令可以使一组面偏移当前位置。下面以图 13.2.8 所示的模型为例介绍偏置区域的一般操作过程。

a）操作前　　　　　　　　　　　　　　　　b）操作后

图 13.2.8　偏置区域

Step1. 打开文件 D:\ug11\work\ch13.02.03\offset_region.prt。

Step2. 选择下拉菜单 插入(S) ➡ 同步建模(Y) ▶ ➡ 偏置区域(O)... 命令，系统弹出图 13.2.9 所示的"偏置区域"对话框。

Step3. 选取偏置曲面对象。选取图 13.2.10 所示的模型侧面（共 6 个面），此时在图形区中出现图 13.2.10 所示的操纵手柄与动态文本框。

图 13.2.9　"偏置区域"对话框

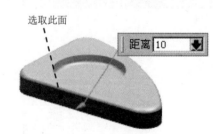

图 13.2.10　选取移动对象

Step4. 定义偏置参数。在对话框 偏置 区域的 距离 文本框中输入偏置距离值 50.0。

Step5. 单击对话框中的 〈 确定 〉 按钮，完成偏置区域的操作。

说明：使用偏置区域命令还可以对分割面区域进行偏置。

13.2.4　调整面大小

使用"调整面大小"命令可以用来更改柱形曲面或球形曲面的直径大小，并自动更新相邻的倒圆角尺寸。下面以图 13.2.11 所示的模型为例介绍调整面大小的一般操作过程。

a）操作前　　　　　　　　　　　　　　　b）操作后

图 13.2.11　调整面大小

Step1. 打开文件 D:\ug11\work\ch13.02.04\resize_face.prt。

Step2. 选择下拉菜单 插入(S) ➡ 同步建模(Y) ▸ ➡ ⬜ 调整大小(Z)... 命令，系统弹出图 13.2.12 所示的"调整面大小"对话框。

Step3. 选取曲面对象。选取图 13.2.13 所示的圆柱面为调整对象。

图 13.2.12　"调整面大小"对话框

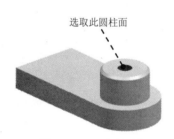

图 13.2.13　选取对象

Step4. 定义参数。在对话框 大小 区域的 直径 文本框中输入值 12.0。

Step5. 单击对话框中的 < 确定 > 按钮，完成调整面大小的操作。

13.2.5　替换面

使用"替换面"命令可以将模型上的某个面替换成其他的面。下面以图 13.2.14 所示的模型为例介绍替换面的一般操作过程。

a）替换前　　　　　　　　　　　　　　　b）替换后

图 13.2.14　替换面

Step1. 打开文件 D:\ug11\work\ch13.02.05\replace_face.prt。

Step2. 选择下拉菜单 插入(S) ➡ 同步建模(Y) ▶ ➡ 替换面(R)... 命令，系统弹出图 13.2.15 所示的"替换面"对话框。

Step3. 选取要替换的曲面对象。选取图 13.2.16 所示的模型表面为要替换的面。

Step4. 选取替换面。单击鼠标中键，选取图 13.2.16 所示的曲面为替换面。

注意：替换的曲面可以是曲面，也可以是实体的某个表面。

Step5. 单击对话框中的 〈确定〉 按钮，完成替换面的操作。

说明：要替换的面一般来自不同的模型，也可以与被替换面位于同一模型；选择的替换面必须在同一模型上且形成一边缘连接的组合。

图 13.2.15　"替换面"对话框

图 13.2.16　选取替换对象

13.2.6　组合面与删除面

使用"组合面"命令可以将模型上若干个独立的面组合成一整张面组；使用删除面命令可以将模型中选中的模型表面删除。下面以图 13.2.17 所示的模型为例介绍组合面和删除面的一般操作过程。

a）替换前　　　　　　　　　　　　　　b）替换后

图 13.2.17　组合面和删除面

Task1. 创建组合面

Step1. 打开文件 D:\ug11\work\ch13.02.06\com_delete_face.prt。

Step2. 选择下拉菜单 插入(S) ➡ 同步建模(Y) ▶ ➡ 组合面(G)... 命令，系统弹出图 13.2.18 所示的"组合面"对话框。

Step3. 选取要组合的曲面对象。选取图 13.2.19 所示的模型表面为要组合的面（一共三个模型表面）。

Step4. 单击对话框中的 < 确定 > 按钮，完成组合面的创建。

图 13.2.18 "组合面"对话框

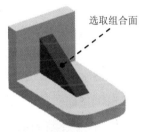

选取组合面

图 13.2.19 选取组合面

Task2. 创建删除面

Step1. 选择下拉菜单 插入(S) ➡ 同步建模(Y) ▶ ➡ 删除面(A)... 命令，系统弹出图 13.2.20 所示的"删除面"对话框。

Step2. 选取删除对象。在模型树中选择 Task1 中创建的组合面为删除对象。

Step3. 单击对话框中的 < 确定 > 按钮，完成删除面的创建。

图 13.2.20 "删除面"对话框

13.2.7　细节特征

使用"细节特征"命令可以对模型中的倒圆角特征和倒斜角特征进行编辑和标识。下面具体介绍调整倒圆角和倒斜角的一般操作过程。

1. 调整圆角大小

使用"调整圆角大小"命令可以调整模型中倒圆角的大小。下面以图 13.2.21 所示的模型为例介绍调整圆角大小的一般操作过程。

a）替换前　　　　　　　　　　　　b）替换后

图 13.2.21　调整圆角大小

Step1. 打开文件 D:\ug11\work\ch13.02.07\edit_round.prt。

Step2. 选择命令。选择下拉菜单 插入(S) ➡ 同步建模(Y) ▸ ➡ 细节特征(L) ▸ ➡
🔧 调整倒圆大小(B)... 命令，系统弹出图 13.2.22 所示的"调整圆角大小"对话框。

Step3. 选取圆角面对象。选取图 13.2.23 所示的圆角面对象。

图 13.2.22　"调整圆角大小"对话框

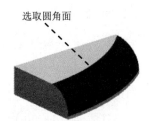

选取圆角面

图 13.2.23　选取圆角面对象

Step4. 定义圆角大小。在对话框的 半径 文本框中输入圆角半径值 15.0。

Step5. 单击对话框中的 ＜确定＞ 按钮，完成调整圆角面大小的操作。

2. 调整倒斜角大小

使用"调整倒斜角大小"命令可以调整模型中倒斜角的大小。下面以图 13.2.24 所示的模型为例介绍调整倒斜角大小的一般操作过程。

a）替换前　　　　　　　　　　　　b）替换后

图 13.2.24　调整倒斜角大小

Step1. 打开文件 D:\ug11\work\ch13.02.07\edit_chamber.prt。

Step2. 选择命令。选择下拉菜单 插入(S) ➡ 同步建模(Y) ▸ ➡ 细节特征(L) ▸ ➡
🔲 调整倒斜角大小(R)... 命令，系统弹出图 13.2.25 所示的"调整倒斜角大小"对话框。

Step3. 选取倒斜角面对象。选取图 13.2.26 所示的斜角面对象。

图 13.2.25 "调整倒斜角大小"对话框

图 13.2.26 选取斜角面对象

Step4. 定义倒斜角参数。在对话框的 横截面 下拉列表中选择 对称偏置 选项，在 偏置 1 文本框中输入值 5.0。

Step5. 单击对话框中的 ⟨确定⟩ 按钮，完成调整倒斜角大小的操作。

13.2.8　相关变换

使用"相关变换"命令可以在模型中的选定对象之间添加相关几何约束，包括共面、共轴、相切、对称、平行和垂直等。下面具体介绍相关变换的一般操作过程。

1. 共面变换

使用"共面变换"命令可以调整模型中的两个模型表面共面。下面以图 13.2.27 所示的模型为例介绍共面变换操作的一般过程。

a) 操作前

b) 操作后

图 13.2.27 共面变换

Step1. 打开文件 D:\ug11\work\ch13.02.08\make_coplanar.prt。

Step2. 选择下拉菜单 插入(S) ➡ 同步建模(Y) ▸ ➡ 相关(T) ▸ ➡ 🔲 设为共面(K)...
命令，系统弹出图 13.2.28 所示的"设为共面"对话框。

Step3. 选取面对象。选取图 13.2.29 所示的运动面对象，然后选取图 13.2.29 所示的固定面对象。

图 13.2.28　"设为共面"对话框

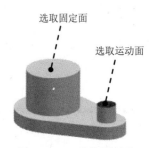

图 13.2.29　选取面对象

Step4. 单击对话框中的 〈 确定 〉 按钮，完成共面变换操作。

2．共轴变换

使用"共轴变换"命令可以调整模型中的两个圆柱模型表面共轴。下面以图 13.2.30 所示的模型为例介绍共轴变换操作的一般过程。

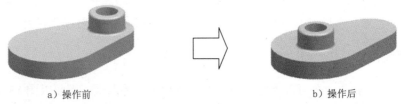

a）操作前　　　　　　　　　　　　　　　b）操作后

图 13.2.30　共轴变换

Step1. 打开文件 D:\ug11\work\ch13.02.08\make_coaxial.prt。

Step2. 选择下拉菜单 插入(S) ➡ 同步建模(Y) ▸ ➡ 组合面(G)... 命令，系统弹出"组合面"对话框。

Step3. 选取要组合的曲面对象。选取图 13.2.31 所示的模型表面为要组合的面（图 13.2.31 所示的圆形凸台的内外表面（共五个面）。

Step4. 单击对话框中的 〈 确定 〉 按钮，完成组合面的创建。

Step5. 选择下拉菜单 插入(S) ➡ 同步建模(Y) ▸ ➡ 相关(T) ▸ ➡ 设为共轴(X)... 命令，系统弹出图 13.2.32 所示的"设为共轴"对话框。

Step6. 选取运动组曲面对象。单击"设为共轴"对话框 运动组 区域后的 按钮，在"部件导航器"中选取 Step3 中创建的组合面为运动组对象。

Step7. 选取固定对象。单击"设为共轴"对话框中 固定面 区域后的 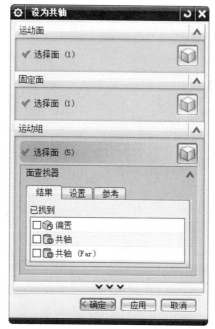 按钮，选取图 13.2.33 所示的曲面为固定面。

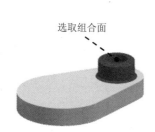

图 13.2.31　选取组合面

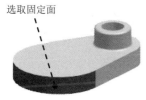

图 13.2.33　选取固定面

图 13.2.32　"设为共轴"对话框

Step8. 单击对话框中的 〈 确定 〉 按钮，完成共轴变换操作。

3. 相切变换

使用"相切变换"命令可以调整模型中的两个模型表面相切。下面以图 13.2.34 所示的模型为例介绍相切变换操作的一般过程。

a）操作前

b）操作后

图 13.2.34　相切变换

Step1. 打开文件 D:\ug11\work\ch13.02.08\make_tangent.prt。

Step2. 选择下拉菜单 插入(S) ➜ 同步建模(Y) ▶ ➜ 相关(T) ▶ ➜ 设为相切(T)... 命令，系统弹出图 13.2.35 所示的"设为相切"对话框。

Step3. 选取运动面对象。单击"设为相切"对话框中 运动面 区域后的 按钮，选取图 13.2.36 所示的运动面。

Step4. 选取固定对象。单击"设为相切"对话框中 固定面 区域后的 按钮，选取图 13.2.36 所示的固定面。

图 13.2.35 "设为相切"对话框

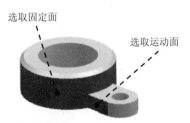

图 13.2.36 选取曲面对象

Step5. 单击对话框中的 〈 确定 〉 按钮，完成相切变换操作。

4．对称变换

使用"对称变换"命令可以修改模型中一个面关于另外一个面对称。下面以图 13.2.37 所示的模型为例介绍对称变换操作的一般过程。

a）操作前   b）操作后

图 13.2.37 对称变换

Step1. 打开文件 D:\ug11\work\ch13.02.08\make_symmetric.prt。

Step2. 选择下拉菜单 插入(S) ➡ 同步建模(Y) ▶ ➡ 相关(T) ▶ ➡ 设为对称(M)...
命令，系统弹出图 13.2.38 所示的"设为对称"对话框。

Step3. 选取对称参考。单击"设为对称"对话框中 运动面 区域后的 按钮，选取图 13.2.39 所示的面 1 为运动面；选取图 13.2.39 所示的平面为对称平面；选取图 13.2.39 所示的面 2 为固定面。

说明：对称操作后，运动面和固定面关于对称平面对称。

Step4. 单击对话框中的 〈 确定 〉 按钮，完成对称变换的操作。

图 13.2.38 "设为对称"对话框

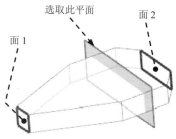

图 13.2.39 选取曲面对象

5. 平行变换

使用"平行变换"命令可以调整模型中的两个模型表面平行。下面以图 13.2.40 所示的模型为例介绍平行变换操作的一般过程。

a)操作前   b)操作后

图 13.2.40 平行变换

Step1. 打开文件 D:\ug11\work\ch13.02.08\make_parallel.prt。

Step2. 选择下拉菜单 插入(S) ➡ 同步建模(Y) ▶ ➡ 相关(T) ▶ ➡ 设为平行(P)... 命令，系统弹出图 13.2.41 所示的"设为平行"对话框。

Step3. 选取运动面对象。单击"设为平行"对话框中 运动面 区域后的 按钮，选取图 13.2.42 所示的运动面。

Step4. 选取固定对象。单击"设为平行"对话框中 固定面 区域后的 按钮，选取图 13.2.42 所示的固定面。

Step5. 单击对话框中的 〈确定〉 按钮，完成平行变换操作。

图 13.2.41　"设为平行"对话框

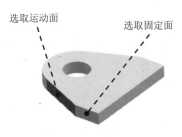

图 13.2.42　选取曲面对象

6．垂直变换

使用"垂直变换"命令可以调整模型中的两个模型表面垂直。下面以图 13.2.43 所示的模型为例介绍垂直变换操作的一般过程。

a）操作前　　　　　　　　　　　　b）操作后

图 13.2.43　垂直变换

Step1. 打开文件 D:\ug11\work\ch13.02.08\make_perpendicular.prt。

Step2. 选择下拉菜单 插入(S) ➡ 同步建模(Y)▶ ➡ 相关(T)▶ ➡ 设为垂直(E)... 命令，系统弹出图 13.2.44 所示的"设为垂直"对话框。

Step3. 选取运动面对象。单击"设为垂直"对话框中 运动面 区域后的 按钮，选取图 13.2.45 所示的运动面。

Step4. 选取固定对象。单击"设为垂直"对话框中 固定面 区域后的 按钮，选取图 13.2.45 所示的固定面。

Step5. 选取通过点对象。在"设为垂直"对话框中激活 通过点 区域，选取图 13.2.45 所示的模型顶点为通过点。

Step6. 选取运动组对象。单击"设为垂直"对话框中 运动组 区域后的 按钮，选取图 13.2.45 所示的运动组曲面对象。

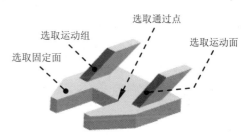

图 13.2.44 "设为垂直"对话框   图 13.2.45 选取曲面对象

Step7. 单击对话框中的 〈 确定 〉 按钮，完成垂直变换操作。

13.2.9 重用数据

使用"重用数据"命令可以对模型中选定对象进行复制、剪切、粘贴、镜像和阵列处理。下面具体介绍重用数据的一般操作过程。

1. 复制面

使用"复制面"命令可以在一个实体中复制一组面到其他的位置，下面以图 13.2.46 所示的模型为例介绍复制面的一般过程。

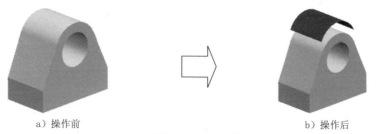

a）操作前   b）操作后

图 13.2.46 复制面

Step1. 打开文件 D:\ug11\work\ch13.02.09\copy_face.prt。

Step2. 选择下拉菜单 插入(S) ➡ 同步建模(Y) ▶ ➡ 重用(U) ▶ ➡ 🔲 复制面(C)... 命令，系统弹出图 13.2.47 所示的"复制面"对话框。

Step3. 选取面对象。选取图 13.2.48 所示的曲面对象。

Step4. 定义变换参数。在对话框 变换 区域的 运动 下拉列表中选择 距离 选项,选择-XC 轴为矢量方向,在 距离 文本框中输入移动距离值 60.0。

图 13.2.47 "复制面"对话框

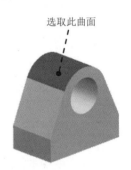

选取此曲面

图 13.2.48 选取面对象

Step5. 单击对话框中的 < 确定 > 按钮,完成复制面操作。

2. 剪切面

使用"剪切面"命令可以将模型中的一组面剪切然后粘贴到其他的位置。下面以图 13.2.49 所示的模型为例介绍剪切面的一般过程。

a)操作前　　　　　　　　　　　　　　　　　　　b)操作后

图 13.2.49 剪切面

Step1. 打开文件 D:\ug11\work\ch13.02.09\cut_face.prt。

Step2. 选择下拉菜单 插入(S) ➡ 同步建模(Y) ▸ ➡ 重用(U) ▸ ➡ 剪切面(T)... 命 令,系统弹出图 13.2.50 所示的"剪切面"对话框。

Step3. 选取剪切面组。选取图 13.2.51 所示的面组对象(隔板的所有表面)。

Step4. 定义变换参数。在对话框 变换 区域的 运动 下拉列表中选择 距离 选项,选择-YC 轴为矢量方向,在 距离 文本框中输入移动距离值 100.0;选中对话框中的 ☑ 粘贴剪切的面 复 选框。

说明：在"剪切面"对话框中取消选中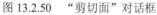复选框，系统将按照原样对选中的剪切面组进行粘贴，此时结果如图 13.2.52 所示。

图 13.2.50 "剪切面"对话框

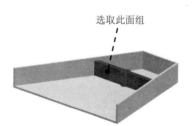

图 13.2.51 选取面对象

图 13.2.52 剪切面结果

Step5. 单击对话框中的 < 确定 > 按钮，完成剪切面操作。

3．粘贴面

使用"粘贴面"命令可以粘贴一个面组到一个目标体上，使其成为一个整体的实体，相当于一个布尔运算操作。下面以图 13.2.53 所示的模型为例介绍粘贴面的一般过程。

a）操作前　　　　　　　　　　　　　　　　　　　b）操作后

图 13.2.53 粘贴面

Step1. 打开文件 D:\ug11\work\ch13.02.09\paste_face.prt。

Step2. 选择下拉菜单 插入(S) ➡ 同步建模(Y) ▶ ➡ 重用(U) ▶ ➡ 粘贴面(P)... 命令，系统弹出图 13.2.54 所示的"粘贴面"对话框。

Step3. 选取面对象。选取图 13.2.55 所示的目标对象和工具对象。

Step4. 单击对话框中的 < 确定 > 按钮，完成粘贴面操作。

图 13.2.54　"粘贴面"对话框

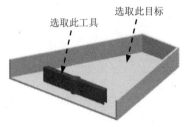

图 13.2.55　选取对象

4．镜像面

使用"镜像面"命令可以复制一组面绕一平面镜像，并将其粘贴到同一实体或片体上。下面以图 13.2.56 所示的模型为例介绍镜像面的一般过程。

a）操作前　　　　　　　　　　　　　　　　b）操作后

图 13.2.56　镜像面

Step1．打开文件 D:\ug11\work\ch13.02.09\mirror_face.prt。

Step2．选择下拉菜单 插入(S) ➡ 同步建模(Y) ▶ ➡ 重用(U) ▶ ➡ 镜像面(M)... 命令，系统弹出图 13.2.57 所示的"镜像面"对话框。

Step3．选取镜像对象。选取图 13.2.58 所示的面组为要镜像的面（共 7 个面）对象，选取图 13.2.58 所示的平面为镜像平面。

图 13.2.57　"镜像面"对话框

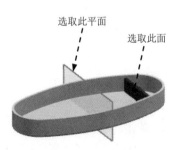

图 13.2.58　选取镜像对象

Step4. 单击对话框中的 〈 确定 〉 按钮，完成镜像面操作。

5. 阵列面

使用"阵列面"命令可以将选中的曲面对象进行矩形、圆形阵列，并且将阵列后的对象添加到实体中。下面以图 13.2.59 所示的模型为例介绍阵列面的一般过程。

a）操作前　　　　　　　　　　　　　　　b）操作后

图 13.2.59　阵列面

Step1. 打开文件 D:\ug11\work\ch13.02.09\pattern_face.prt。

Step2. 选择下拉菜单 插入(S) ➞ 同步建模(Y) ▶ ➞ 重用(U) ▶ ➞ 阵列面(F)... 命令，系统弹出图 13.2.60 所示的"阵列面"对话框。

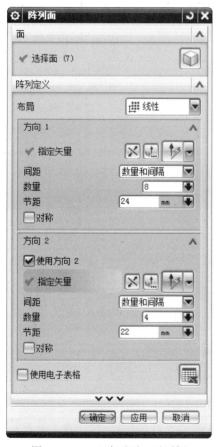

图 13.2.60　"阵列面"对话框

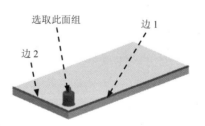

图 13.2.61　选取面对象

Step3. 定义阵列类型。在 阵列定义 下的 布局 中选择 线性 。

Step4. 定义阵列参考。选取图 13.2.61 所示的面组为阵列对象；选取图 13.2.61 所示的边 1 为方向 1 矢量方向，并单击"反向"按钮 ；选取图 13.2.61 所示的边 2 为方向 2 矢量方向。

Step5. 定义阵列参数。在 方向 1 区域的 间距 下拉列表中选择 数量和间隔 选项，然后在 数量 文本框中输入阵列数量值 8，在 节距 文本框中输入阵列节距值 24；在 方向 2 区域的 间距 下拉列表中选择 数量和间隔 选项，然后在 数量 文本框中输入阵列数量值 4，在 节距 文本框中输入阵列节距值 22。

Step6. 单击对话框中的 ＜ 确定 ＞ 按钮，完成阵列面操作。

13.3 同步建模范例

范例概述：

本范例介绍了使用同步建模方法对模型进行"修复设计"的全过程，主要使了移动面、复制面、阵列和镜像等同步建模命令。零件模型及模型树如图 13.3.1 所示。

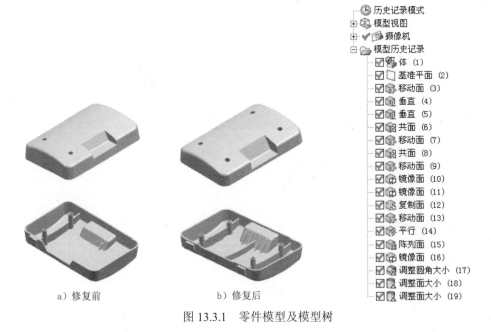

a) 修复前   b) 修复后

图 13.3.1 零件模型及模型树

Step1. 打开文件 D:\ug11\work\ch13.03\ele_cover.prt。

Step2. 创建图 13.3.2 所示的基准平面 1。选择下拉菜单 插入(S) ➡ 基准/点(D) ▶ ➡ 基准平面(D)... 命令，系统弹出"基准平面"对话框，在对话框的 类型 下拉列表中选择 点和方向 选项，选取图 13.3.3 所示的直线中点为参考点，矢量方向为 ZC 方向。

图 13.3.2 基准平面 1

图 13.3.3 选取基准平面参考

Step3. 创建图 13.3.4 所示的移动面 1。选择下拉菜单 插入(S) ➡ 同步建模(Y) ▶ ➡
移动面(M)... 命令，系统弹出"移动面"对话框。选取图 13.3.5 所示的模型表面为移动对
象，在对话框 变换 区域的 运动 下拉列表中选择 距离 选项，在 ✓ 指定矢量 后的下拉列表中单
击 按钮，在 距离 文本框中输入移动距离值 8.0；单击对话框中的 〈确定〉 按钮，完成移
动面的操作。

图 13.3.4 移动面 1

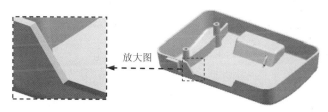

图 13.3.5 选取移动对象

Step4. 创建图 13.3.6 所示的垂直 1。选择下拉菜单 插入(S) ➡ 同步建模(Y) ▶ ➡
相关(T) ▶ ➡ 设为垂直(E)... 命令，系统弹出"设为垂直"对话框；单击对话框中 运动面 区
域后的 按钮，选取图 13.3.7 所示的运动面；单击 固定面 区域后的 按钮，选取图 13.3.7
所示的固定面；单击对话框中的 〈确定〉 按钮，完成垂直变换操作。

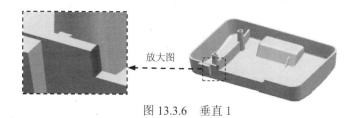

图 13.3.6 垂直 1

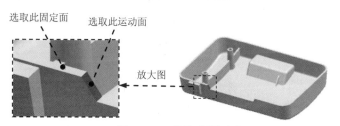

图 13.3.7 选取曲面对象

Step5. 创建图 13.3.8 所示的垂直 2。详细步骤参照 Step4 操作步骤。

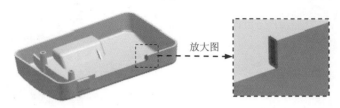

图 13.3.8　垂直 2

Step6. 创建图 13.3.9 所示的共面 1。选择下拉菜单 插入(S) ➞ 同步建模(Y) ▸ ➞

相关(T) ▸ ➞ 设为共面(K)... 命令，系统弹出"设为共面"对话框；选取图 13.3.10 所示的

运动面和固定面对象，单击对话框中的 < 确定 > 按钮，完成共面变换操作。

图 13.3.9　共面 1

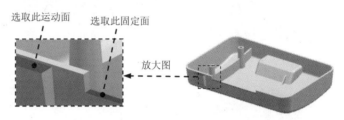

图 13.3.10　选取曲面对象

Step7. 创建图 13.3.11 所示的移动面 2。选择下拉菜单 插入(S) ➞ 同步建模(Y) ▸ ➞

移动面(M)... 命令，选取图 13.3.12 所示的模型表面为移动对象；在对话框 变换 区域的 运动

下拉列表中选择 距离 选项，在 ✔ 指定矢量 后的下拉列表中单击 YC 按钮，在 距离 文本框中输

入移动距离值 3.0；单击对话框中的 < 确定 > 按钮，完成移动面的操作。

图 13.3.11　移动面 2

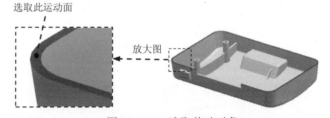

图 13.3.12　选取移动对象

Step8. 创建图 13.3.13 所示的共面 2。选择下拉菜单 插入(S) ➞ 同步建模(Y) ▸ ➞

相关(T) ▸ ➞ 设为共面(K)... 命令，选取图 13.3.14 所示的运动面和固定面对象，然后选取

图 13.3.14 所示的运动组面；单击对话框中的 < 确定 > 按钮，完成共面变换操作。

图 13.3.13　共面 2

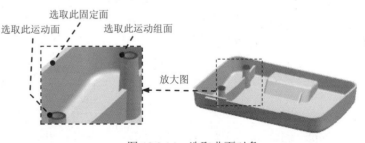

图 13.3.14　选取曲面对象

Step9. 创建图 13.3.15 所示的移动面 3。选择下拉菜单 插入(S) ➡ 同步建模(Y) ▸ ➡ 移动面(M)... 命令，选取图 13.3.16 所示的模型表面为移动对象（包括正反两个面）；在对话框 变换 区域的 运动 下拉列表中选择 距离 选项，在 ✔指定矢量 后的下拉列表中单击 YC 按钮，在 距离 文本框中输入移动距离值 5.0；单击对话框中的 < 确定 > 按钮，完成移动面的操作。

Step10. 创建图 13.3.17 所示的镜像面 1。选择下拉菜单 插入(S) ➡ 同步建模(Y) ▸ ➡ 重用(U) ▸ ➡ 镜像面(M)... 命令，系统弹出"镜像面"对话框；选取图 13.3.18 所示的面组为要镜像的曲面对象，选取基准平面 1 为镜像平面；单击对话框中的 < 确定 > 按钮，完成镜像面操作。

图 13.3.15 移动面 3

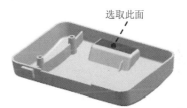

选取此面

图 13.3.16 选取移动对象

图 13.3.17 镜像面 1

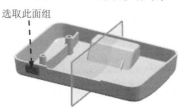

选取此面组

图 13.3.18 选取镜像对象

Step11. 创建图 13.3.19 所示的镜像面 2。选择下拉菜单 插入(S) ➡ 同步建模(Y) ▸ ➡ 重用(U) ▸ ➡ 镜像面(M)... 命令，选取图 13.3.20 所示的面组为要镜像的曲面（共 19 个面）对象，选取基准平面 1 为镜像平面；单击对话框中的 < 确定 > 按钮，完成镜像面操作。

图 13.3.19 镜像面 2

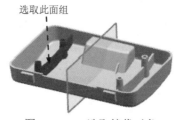

选取此面组

图 13.3.20 选取镜像对象

Step12. 创建图 13.3.21 所示的复制面 1。选择下拉菜单 插入(S) ➡ 同步建模(Y) ▸ ➡ 重用(U) ▸ ➡ 复制面(C)... 命令，系统弹出"复制面"对话框；选取图 13.3.22 所示的面组对象（一共三个面）；在对话框 变换 区域的 运动 下拉列表中选择 距离 选项，选择 -ZC 轴为矢量方向，在 距离 文本框中输入移动距离值 48.0，选中 ☑ 粘贴剪切的面 复选框；单击 < 确定 > 按钮，完成复制面操作。

图 13.3.21 复制面 1

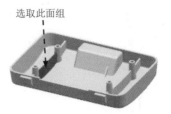

选取此面组

图 13.3.22 选取镜像对象

Step13. 创建图 13.3.23 所示的移动面 4。选择下拉菜单 插入(S) ➡ 同步建模(Y) ▶
➡ 移动面(M)... 命令，选取图 13.3.24 所示的模型表面为移动对象，在对话框 变换 区域
的 运动 下拉列表中选择 距离 选项，在 指定矢量 后的下拉列表中单击 YC 按钮，在 距离 文
本框中输入移动距离值 4.0；单击对话框中的 < 确定 > 按钮，完成移动面的操作。

图 13.3.23 移动面 4

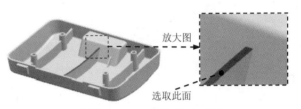

放大图

选取此面

图 13.3.24 选取移动对象

Step14. 创建图 13.3.25 所示的平行 1。选择下拉菜单 插入(S) ➡ 同步建模(Y) ▶ ➡
相关(T) ▶ ➡ 设为平行(P)... 命令，系统弹出"设为平行"对话框；单击对话框中 运动面
区域后的 按钮，选取图 13.3.26 所示的运动面；单击 固定面 区域后的 按钮，选取图
13.3.26 所示的固定面；单击 指定点 区域，选取图 13.3.26 所示的通过点；单击对话框中的
< 确定 > 按钮，完成平行变换的操作。

图 13.3.25 平行 1

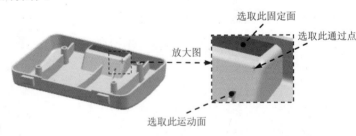

选取此固定面

选取此通过点

放大图

选取此运动面

图 13.3.26 选取变换对象

Step15. 创建图 13.3.27 所示的阵列面 1。选择下拉菜单 插入(S) ➡ 同步建模(Y) ▶
➡ 重用(U) ▶ ➡ 阵列面(P)... 命令，系统弹出"阵列面"对话框；选取图 13.3.28 所
示的阵列对象；在 阵列定义 下的 布局 中选择 线性；在对话框 方向 1 区域单击 指定矢量 后的
下拉列表中的 ZC 按钮；在 方向 1 区域的 间距 下拉列表中选择 数量和间隔 选项，然后在 数量 文
本框中输入阵列数量值 2，在 节距 文本框中输入阵列节距值 10；单击对话框中的 < 确定 >
按钮，完成阵列面操作。

图 13.3.27　阵列面 1

图 13.3.28　选取阵列对象

Step16. 创建图 13.3.29 所示的镜像面 3。选择下拉菜单 插入(S) ➡ 同步建模(Y) ▶ ➡ 重用(U) ▶ ➡ 镜像面(M)... 命令，选取图 13.3.30 所示的面组为要镜像的曲面对象，选取基准平面 1 为镜像平面，单击对话框中的 < 确定 > 按钮，完成镜像面操作。

图 13.3.29　镜像面 3

选取此面组

图 13.3.30　选取镜像对象

Step17. 调整圆角大小。选择下拉菜单 插入(S) ➡ 同步建模(Y) ▶ ➡ 细节特征(L) ▶ ➡ 调整倒圆大小(B)... 命令，系统弹出"调整圆角大小"对话框；选取图 13.3.31 所示的圆角面对象，在对话框的 半径 文本框中输入圆角半径值 6.0；单击对话框中的 < 确定 > 按钮，完成调整圆角大小的操作。

放大图　　放大图

图 13.3.31　调整圆角大小

Step18. 调整面大小 1。选择下拉菜单 插入(S) ➡ 同步建模(Y) ▶ ➡ 调整面大小(Z)... 命令，系统弹出"调整面大小"对话框；选取图 13.3.32 所示的沉孔圆柱曲面对象为调整对象，在对话框 大小 区域的 直径 文本框中输入值 7.5；单击对话框中的 < 确定 > 按钮，完成调整面大小的操作。

Step19. 调整面大小 2。选择下拉菜单 插入(S) ➡ 同步建模(Y) ▶ ➡ 调整面大小(Z)... 命令，系统弹出"调整面大小"对话框；选取图 13.3.33 所示的圆柱曲面对象为调整对象。在对话框 大小 区域的 直径 文本框中输入值 4.5；单击对话框中的 < 确定 > 按钮，完成调整面大小的操作。

图 13.3.32　调整面大小 1

图 13.3.33　调整面大小 2

第 14 章　GC 工具箱

14.1　GC 工具箱概述

GC 工具箱是 UG NX 提供给用户快速设置一些常用参数、配置以及快速建模的一个非常有用的工具。使用 GC 工具箱，可以对系统中的 GC 数据规范、加工准备、注释、批量创建等常用参数进行设置；使用 GC 工具箱中的齿轮建模和弹簧设计工具可以快速创建齿轮和弹簧零件。

GC 工具箱下拉子菜单介绍

选择下拉菜单 GC 工具箱 命令，系统弹出图 14.1.1 所示的 GC 工具箱下拉子菜单。

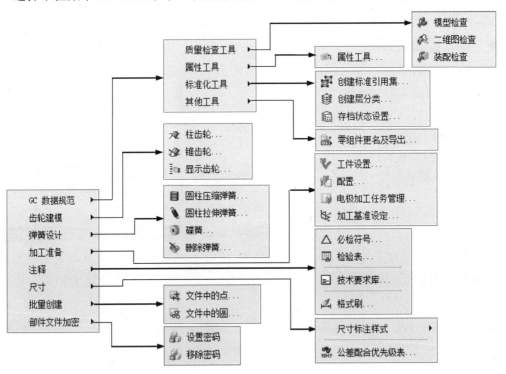

图 14.1.1　GC 工具箱子菜单

14.2　齿　轮　建　模

14.2.1　圆柱齿轮

使用 GC 工具箱中的"圆柱齿轮"命令可以根据齿轮各项参数快速创建圆柱齿轮模型，

还可以修改已经创建的圆柱齿轮的各项参数。下面以图 14.2.1 所示的圆柱齿轮为例介绍圆柱齿轮创建的一般操作过程。

 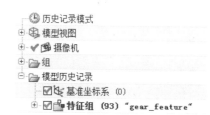

图 14.2.1　创建圆柱齿轮

Step1. 新建文件。选择下拉菜单 文件(F) ➡ 新建(N)... 命令，系统弹出"新建"对话框。在 模型 选项卡的 模板 区域中选取模板类型为 模型，在 名称 文本框中输入文件名称 columnar -gear，单击 确定 按钮，进入建模环境。

Step2. 选择命令。选择下拉菜单 GC 工具箱 ➡ 齿轮建模 ▶ ➡ 柱齿轮 命令，系统弹出图 14.2.2 所示的"渐开线圆柱齿轮建模"对话框。

Step3. 定义齿轮操作方式。在"渐开线圆柱齿轮建模"对话框中选中 ⊙ 创建齿轮 单选项，单击对话框中的 确定 按钮，系统弹出图 14.2.3 所示的"渐开线圆柱齿轮类型"对话框。

Step4. 定义齿轮类型。在"渐开线圆柱齿轮类型"对话框中选中 ⊙ 直齿轮 、⊙ 外啮合齿轮 和 ⊙ 滚齿 单选项，单击对话框中的 确定 按钮，系统弹出图 14.2.4 所示的"渐开线圆柱齿轮参数"对话框（一）。

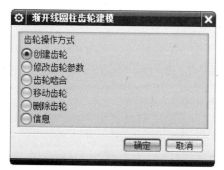 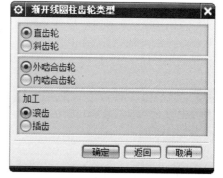

图 14.2.2　"渐开线圆柱齿轮建模"对话框　　　　图 14.2.3　"渐开线圆柱齿轮类型"对话框

Step5. 定义齿轮参数。在"渐开线圆柱齿轮参数"对话框（一）中单击 标准齿轮 选项卡，在 名称 文本框中输入齿轮名称 gear；在 模数（毫米） 文本框中输入齿轮模数 2.5；在 牙数 文本框中输入齿轮齿数值 45；在 齿宽（毫米） 文本框中输入轮齿宽度值 60；在 压力角（度数） 文本框中输入齿轮压力角 20，单击对话框中的 确定 按钮，系统弹出图 14.2.5 所示的"矢量"对话框。

Step6. 定义齿轮矢量和原点。在"矢量"对话框的 类型 下拉列表中选择 ZC 轴 选项，单击 确定 按钮，系统弹出"点"对话框，采用坐标原点为齿轮原点，单击 确定 按钮，完成圆柱齿轮的创建。

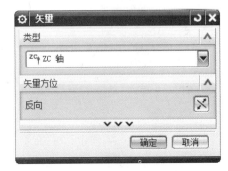

图 14.2.4　"渐开线圆柱齿轮参数"对话框（一）　　　　图 14.2.5　"矢量"对话框

说明：若需要修改齿轮的参数，可选择下拉菜单 GC 工具箱 ➡ 齿轮建模 ▶ ➡

柱齿轮 命令，在弹出的"渐开线圆柱齿轮建模"对话框中选中 修改齿轮参数 单选项，单击

确定 按钮，系统弹出图 14.2.6 所示的"选择齿轮进行操作"对话框，在对话框中选择需要

修改的齿轮对象，单击 确定 按钮，在弹出的图 14.2.3 所示的"渐开线圆柱齿轮类型"对话

框中可以修改齿轮类型；单击 确定 按钮，系统弹出图 14.2.7 所示的"渐开线圆柱齿轮参数"

对话框（二），在该对话框中可以修改齿轮各项参数。

图 14.2.6　"选择齿轮进行操作"对话框　　　　图 14.2.7　"渐开线圆柱齿轮参数"对话框（二）

14.2.2　圆锥齿轮

使用 GC 工具箱中的"圆锥齿轮"命令可以根据齿轮各项参数快速创建圆锥齿轮模型，
还可以修改已经创建的圆锥齿轮的各项参数。下面以图 14.2.8 所示的模型为例介绍圆锥齿
轮创建的一般操作过程。

图 14.2.8　创建圆锥齿轮

Step1. 新建文件。选择下拉菜单 文件(F) ➡ 新建(N)... 命令，系统弹出"新建"对话框。在 模型 选项卡的 模板 区域中选取模板类型为 模型，在 名称 文本框中输入文件名称 cone-gear，单击 确定 按钮，进入建模环境。

Step2. 选择命令。选择下拉菜单 GC 工具箱 ➡ 齿轮建模 ▶ ➡ 锥齿轮... 命令，系统弹出图 14.2.9 所示的"锥齿轮建模"对话框。

Step3. 定义齿轮操作方式。在"锥齿轮建模"对话框中选中 创建齿轮 单选项，单击对话框中的 确定 按钮，系统弹出图 14.2.10 所示的"圆锥齿轮类型"对话框。

Step4. 定义齿轮类型。在"圆锥齿轮类型"对话框中选中 直齿轮 和 等顶隙收缩齿 单选项，单击对话框中的 确定 按钮，系统弹出图 14.2.11 所示的"圆锥齿轮参数"对话框。

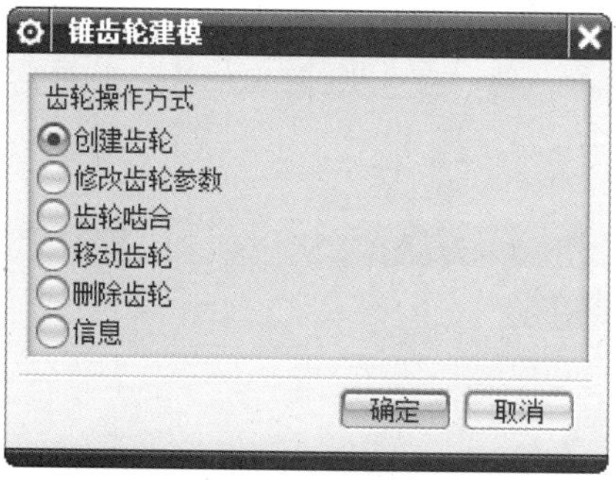

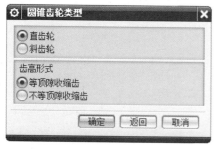

图 14.2.9　"锥齿轮建模"对话框

图 14.2.10　"圆锥齿轮类型"对话框

图 14.2.11　"圆锥齿轮参数"对话框

Step5. 定义齿轮参数。在"圆锥齿轮参数"对话框的 名称 文本框中输入齿轮名称 gear；在 大端模数（毫米）: 文本框中输入齿轮模数 2.5；在 牙数 文本框中输入齿轮齿数值 30；在 齿宽（毫米）: 文本框中输入轮齿宽度值 28；在 压力角（度数）: 文本框中输入齿轮压力角 20；其他参数设置如图 14.2.11 所示。单击对话框中的 确定 按钮，系统弹出"矢量"对话框。

Step6. 定义齿轮矢量和原点。在"矢量"对话框的 类型 下拉列表中选择 ZC 轴 选项，单击 确定 按钮，系统弹出"点"对话框，采用坐标原点为齿轮原点，单击 确定 按钮，完成圆锥齿轮的创建。

14.3 弹 簧 设 计

使用 GC 工具箱中的弹簧设计工具，可以方便创建各种标准弹簧，包括圆柱压缩弹簧、圆柱拉伸弹簧及碟形弹簧，下面一一介绍使用 GC 工具箱创建弹簧的一般操作过程。

14.3.1 圆柱压缩弹簧

使用 GC 工具箱中的"圆柱压缩弹簧"命令可以创建圆柱形压缩弹簧，下面以图 14.3.1 所示的模型为例介绍圆柱压缩弹簧的一般创建过程。

Step1. 选择下拉菜单 文件(F) ➡ 新建(N)...命令，系统弹出"新建"对话框。在 模型 选项卡的 模板 区域中选取模板类型为 模型，在 名称 文本框中输入文件名称 cylinder-spring01，单击 确定 按钮，进入建模环境。

Step2. 选择下拉菜单 GC 工具箱 ➡ 弹簧设计 ▶ ➡ 圆柱压缩弹簧...命令，系统弹出图 14.3.2 所示的"圆柱压缩弹簧"对话框（一）。

图 14.3.1 创建圆柱压缩弹簧　　　图 14.3.2 "圆柱压缩弹簧"对话框（一）

Step3. 定义弹簧类型。在"圆柱压缩弹簧"对话框（一）中选中 ⊙ 输入参数 和 ⊙ 在工作部件中单选项，其他采用系统默认设置值，单击对话框中的 下一步 > 按钮，系统弹出图 14.3.3 所示的"圆柱压缩弹簧"对话框（二）。

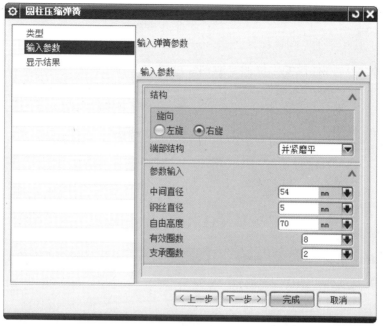

图 14.3.3　"圆柱压缩弹簧"对话框（二）

Step4. 定义弹簧参数。在"圆柱压缩弹簧"对话框（二）中选中 ⊙ 右旋 单选项，在对话框的 参数输入 区域输入图 14.3.3 所示的弹簧各项参数；单击 下一步 > 按钮，系统弹出图 14.3.4 所示的"圆柱压缩弹簧"对话框（三），在该对话框的 显示结果 区域中显示弹簧各项参数。

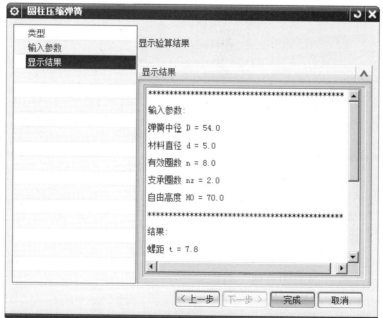

图 14.3.4　"圆柱压缩弹簧"对话框（三）

Step5. 单击对话框中的 完成 按钮，完成圆柱压缩弹簧的创建。

14.3.2 圆柱拉伸弹簧

使用 GC 工具箱中的"圆柱拉伸弹簧"命令可以创建圆柱形拉伸弹簧，下面以图 14.3.5 所示的模型为例介绍圆柱拉伸弹簧的一般创建过程。

图 14.3.5 创建圆柱拉伸弹簧

Step1. 选择下拉菜单 文件(F) ➔ 新建(N)...命令，系统弹出"新建"对话框。在 模型 选项卡的 模板 区域中选取模板类型为 模型，在 名称 文本框中输入文件名称 cylinder-spring02，单击 确定 按钮，进入建模环境。

Step2. 选择下拉菜单 GC 工具箱 ➔ 弹簧设计 ▶ ➔ 圆柱拉伸弹簧...命令，系统弹出图 14.3.6 所示的"圆柱拉伸弹簧"对话框（一）。

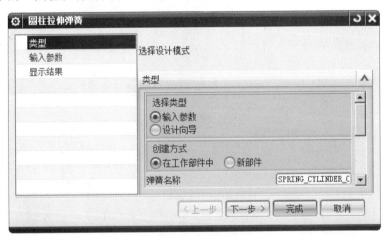

图 14.3.6 "圆柱拉伸弹簧"对话框（一）

Step3. 定义弹簧类型。在"圆柱拉伸弹簧"对话框（一）中选中 设计向导 和 在工作部件中 单选项，单击对话框中的 下一步 > 按钮，系统弹出图 14.3.7 所示的"圆柱拉伸弹簧"对 话框（二）。

Step4. 定义弹簧初始条件。在"圆柱拉伸弹簧"对话框（二）的 初始条件 区域输入图 14.3.7 所示的初始条件；单击 下一步 > 按钮，系统弹出图 14.3.8 所示的"圆柱拉伸弹簧" 对话框（三）。

Step5. 定义弹簧材料与许用应力。在"圆柱拉伸弹簧"对话框（三）的 材料 下拉列表中选择 不锈钢钢丝 选项，其他设置如图 14.3.8 所示。单击 下一步 > 按钮，系统弹出图 14.3.9 所示的"圆柱拉伸弹簧"对话框（四）。

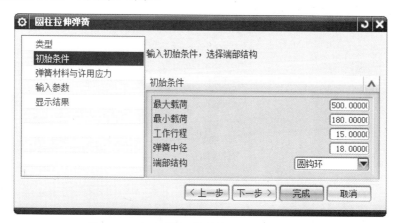

图 14.3.7　"圆柱拉伸弹簧"对话框（二）

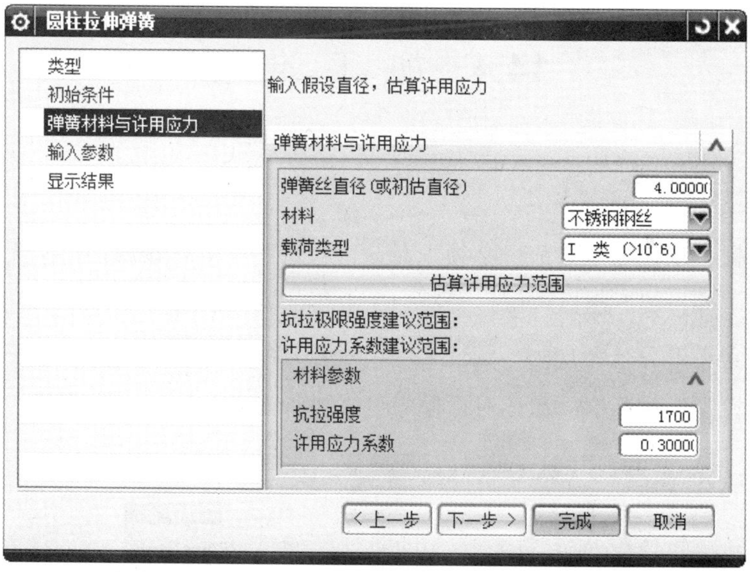

图 14.3.8　"圆柱拉伸弹簧"对话框（三）

说明：在图 14.3.8 所示的"圆柱拉伸弹簧"对话框（三）的 弹簧材料与许用应力 区域中单击 估算许用应力范围 按钮，系统将自动给出"抗拉极限强度建议范围"和"许用应力系数建议范围"。

Step6. 定义弹簧参数。在"圆柱拉伸弹簧"对话框（四）中选中 ⊙ 右旋 单选项，在对话框的 参数输入 区域输入图 14.3.9 所示的弹簧各项参数。

Step7. 单击对话框中的 完成 按钮，完成圆柱拉伸弹簧的创建。

说明：若结果显示的不符合要求，可重新编辑。

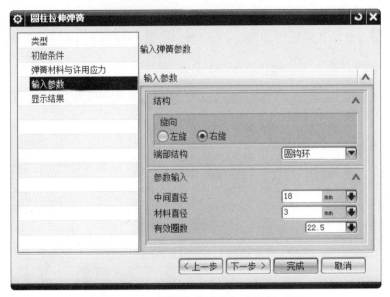

图 14.3.9　"圆柱拉伸弹簧"对话框（四）

14.4　加 工 准 备

14.4.1　工件设置

在进行电极自动化加工之前，必须先对该电极进行标准化设置，否则无法进行自动化加工；使用"工件设置"命令可以设置待加工电极的属性。

选择下拉菜单 GC 工具箱 ➡ 加工准备 ▶ ➡ 工件设置... 命令，系统弹出图 14.4.1 所示的"工件设置"对话框，在该对话框中可以进行工件设置。

图 14.4.1　"工件设置"对话框

14.4.2　配置

使用"配置"命令可以设置电极加工的参数，包括加工配置文件的选择、后处理和车间文档的选择，以及设置与材料对应的加工模板。

选择下拉菜单 GC 工具箱 ➡ 加工准备 ▶ ➡ ▦ 配置... 命令，系统弹出图 14.4.2 所示的"CAM 组装"对话框，在该对话框中可以设置配置。

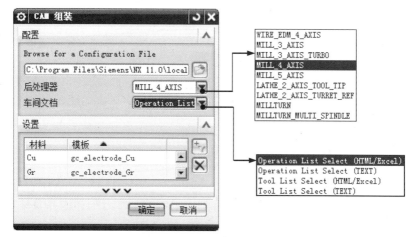

图 14.4.2　"CAM 组装"对话框

14.4.3　电极加工任务管理

使用"电极加工任务管理"命令主要设置电极加工材料、刀具、火花间隙、是否输出后处理、车间文档以及输出的路径。根据设置，加载材料对应的加工模板，自动化生成电极的加工部件，输出后处理和车间文档。

选择下拉菜单 GC 工具箱 ➡ 加工准备 ▶ ➡ ▦ 电极加工任务管理... 命令，系统弹出"电极加工任务管理"对话框，在该对话框中设置电极加工材料等参数。

14.4.4　加工基准设定

使用"加工基准设定"命令可以设定基准，用户需要指定工件的 X 基准方向和 Y 基准方向。

选择下拉菜单 GC 工具箱 ➡ 加工准备 ▶ ➡ ✎ 加工基准设定... 命令，系统弹出图 14.4.3 所示的"加工基准设定"对话框。在该对话框中设置加工基准。

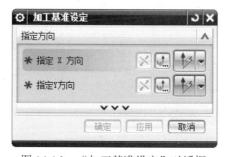

图 14.4.3　"加工基准设定"对话框

第 15 章 有限元分析

15.1 概 述

15.1.1 有限元分析的作用

在现代先进制造领域中，我们经常会碰到的问题是计算和校验零部件的强度、刚度，以及对装配体整体或部件进行结构分析等。

一般情况下，我们运用力学原理已经得到了它们的基本方程和边界条件，但是能用解析方法求解的只是少数方程，性质比较简单，边界条件比较规则的问题。绝大多数工程技术问题很少有解析解。

处理这类问题通常有以下两种方法。

一种是引入简化假设，使达到能用解析解法求解的地步，求得在简化状态下的解析解，这种方法并不总是可行的，通常可能导致不正确的解答。

另一种途径是保留问题的复杂性，利用数值计算的方法求得问题的近似数值解。

随着电子计算机的飞跃发展和广泛使用，已逐步趋向于采用数值方法来求解复杂的工程实际问题，而有限元法是这方面的一个比较新颖并且十分有效的数值方法。

有限元法（Finite Element Analysis）是根据变分法原理来求解数学物理问题的一种数值计算方法。由于工程上的需要，特别是高速电子计算机的发展与应用，有限元法才在结构分析矩阵方法基础上迅速地发展起来，并得到越来越广泛的应用。

15.1.2 UG NX 有限元分析

UG NX 是一套 CAD/CAM/CAE 一体化的高端工程软件，它的功能覆盖从概念设计到产品生产的整个过程。其高级仿真模块包含 NX 前、后处理和 NX Nastran 求解 3 个基本组成部分，在该模块中可以完成有限元分析。

NX Nastran 源于有限元软件 MSC.Nastran，通过多年的发展和版本的不断升级，也集成了其他优秀的有限元分析软件，其分析种类越来越多，解算功能也越来越强。

15.1.3 UG NX 有限元分析流程

UG NX 高级仿真和其他有限元分析软件操作上基本一致，主要分为前处理、求解和后处理三大步骤，还可以完成结构优化、疲劳耐久预测等分析任务，其一般操作流程如下。

（1）创建主模型或者导入三维模型。

（2）进入高级仿真模块。在 应用模块 功能选项卡的 仿真 区域单击 前/后处理 按钮，即可进入到高级仿真环境。

（3）优化/理想化模型。对几何模型进行简化，方便求解计算。

（4）创建有限元模型。对优化模型赋予材料属性、定义模型的物理属性、定义单元类型和网格类型并划分网格。

（5）创建仿真模型。设置仿真模型的约束条件、载荷条件，根据需要还可以设置接触条件。

（6）仿真模型检查。

（7）仿真模型求解。

（8）仿真模型后处理。

15.2 有限元分析的一般过程

下面以运动仿真机构中的连杆零件（图 15.2.1）为例，介绍在 UG 中进行有限元分析的一般过程。

连杆零件材料为 Steel，其左端圆孔部位完全固定约束，在连杆右端圆孔面上表面承受一个大小为 1000N，方向与零件侧面呈 60° 夹角的均布载荷力作用，在这种工况下分析连杆零件应力和位移分布情况。

图 15.2.1 连杆零件

Task1. 进入高级仿真模块

Step1. 打开文件 D:\ug11\work\ch15.02\analysis-part.prt。

Step2. 在 应用模块 功能选项卡的 仿真 区域单击 前/后处理 按钮，进入到高级仿真环境。

Task2. 创建有限元模型

Step1. 在仿真导航器中右击 analysis-part.prt ，在弹出的快捷菜单中选择 新建 FEM...

命令，系统弹出图 15.2.2 所示的"新建部件文件"对话框，采用系统默认的文件名称，单击 确定 按钮。

说明：创建有限元模型一共有以下三种类型。

- 新建 FEM...：在主模型或者优化模型的基础上创建一个有限元模型节点，需要设置模型材料属性、单元网格属性和网格类型。

- 新建 FEM 和仿真...：同时创建有限元模型节点和仿真模型节点，其中仿真模型需要定义边界约束条件（包括模型与模型之间的网格连接方式）、载荷类型。

- 新建装配 FEM...：像装配 Part 模型一样对 FEM 模型进行装配，比较适合对大装配部件进行高级仿真之前的前处理。

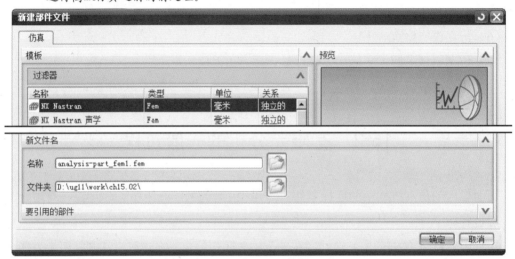

图 15.2.2　"新建部件文件"对话框

Step2. 定义求解器环境。在图 15.2.3 所示的"新建 FEM"对话框的 求解器 下拉列表中选择 NX Nastran 选项，在 分析类型 下拉列表中选择 结构 选项，单击 确定 按钮。

图 15.2.3　"新建 FEM"对话框

对图 15.2.3 所示的"新建 FEM"对话框中的部分选项说明如下。

- 求解器 下拉列表：用于设置解算的求解器类型，选择不同的求解器可以完成不同情况下对有限元模型的求解任务，还可以借助于其他有限元分析软件的求解器完成求解，提高求解的精确程度；主要有以下几种求解器可供选择。

☑ NX Nastran：NX Nastran 解算器，也是 UG NX 进行有限元分析的常规解算器。

☑ Simcenter 热/流：NX 热/流体解算器。

☑ Simcenter 空间系统热：NX 空间系统热解算器。

☑ Simcenter 电子系统冷却：电子系统冷却解算器。

☑ NX Nastran 设计：NX Nastran 设计解算器。

☑ MSC Nastran：MSC Nastran 解算器。

☑ ANSYS：使用 ANSYS 解算器（确认计算机安装有 ANSYS 分析软件）。

☑ ABAQUS：使用 ABAQUS 解算器（确认计算机安装有 ABAQUS 分析软件）。

● 分析类型下拉列表：用于设置分析类型，包括以下四种分析类型。

☑ 结构：主要应用于结构分析。

☑ 热：主要应用于热分析。

☑ 轴对称结构：主要应用于轴对称的结构分析。

☑ 轴对称热：主要应用于轴对称的热分析。

Step3. 定义材料属性。选择下拉菜单 工具(T) ➡ 材料(M) ▶ ➡ 指派材料(A)... 命令，系统弹出图 15.2.4 所示的"指派材料"对话框，选择零件模型为指派材料对象，在对话框的 材料 列表区域中选择 Steel 材料，单击 确定 按钮。

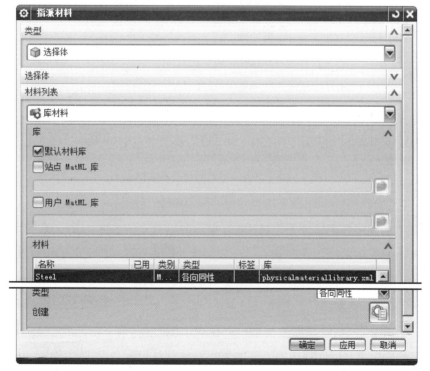

图 15.2.4　"指派材料"对话框

说明：材料库中的材料是非常有限的，如果材料库中的材料不能满足设计要求，就需要创建新材料；选择下拉菜单 工具(T) ➡ 材料(M) ▸ ➡ 管理材料(M). 命令，在系统弹出"管理材料"对话框的 新建材料 区域中单击"创建材料"按钮 🗐，系统弹出图 15.2.5 所示的"各向同性材料"对话框，在该对话框中输入新材料各项参数，即可创建一种各向同性材料（创建其他类型的材料，需要在 新建材料 区域的 类型 下拉列表中选择合适的类型，此处不再赘述）。

图 15.2.5 "各向同性材料"对话框

Step4. 定义物理属性。选择下拉菜单 插入(S) ➡ 物理属性(H)... 命令，系统弹出图 15.2.6 所示的"物理属性表管理器"对话框。单击对话框中的 创建 按钮，系统弹出图 15.2.7 所示的"PSOLID"对话框，在 材料 下拉列表中选择 钢 选项，其他采用系统默认设置，单击 确定 按钮，然后单击 关闭 按钮，关闭"物理属性表管理器"对话框。

Step5. 定义网格单元属性。选择下拉菜单 插入(S) ➡ 网格收集器(S)... 命令，系统弹出图 15.2.8 所示的"网格收集器"对话框。在对话框的 单元族 下拉列表中选择 3D 选项，在 实体属性 下拉列表中选择 PSOLID1 选项，其他采用系统默认设置，单击 确定 按钮。

图 15.2.6　"物理属性表管理器"对话框

图 15.2.7　"PSOLID"对话框

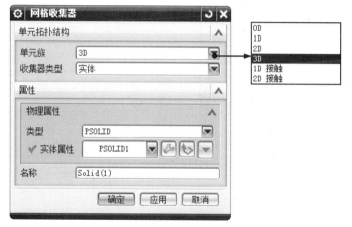

图 15.2.8　"网格收集器"对话框

对图 15.2.8 所示的"网格收集器"对话框中的部分选项说明如下。

- **单元族** 下拉列表：用于设置网格单元类型，包括以下六种类型。

    ☑ **0D**：选中该选项，创建零维网格，主要用于刚性形式的集中质量单元连接。

    ☑ **1D**：选中该选项，创建一维线性网格，主要用于梁结构的网格划分。

    ☑ **2D**：选中该选项，创建二维面网格，主要用于壳结构的网格划分。

    ☑ **3D**：选中该选项，创建三维实体网格，主要用于三维实体结构的网格划分。

    ☑ **1D 接触**：用于一维带接触情况下的网格划分。

    ☑ **2D 接触**：用于二维带接触情况下的网格划分。

- **收集器类型** 下拉列表：用于设置网格单元收集器类型，选择不同的网格单元类型，此项的下拉列表也会不一样。

Step6. 划分网格。选择下拉菜单 **插入(S)** ➡ **网格(M) ▶** ➡ △ **3D 四面体网格...** 命令，系统弹出图 15.2.9 所示的"3D 四面体网格"对话框。选择零件模型为网格划分对象，在 **类型**

下拉列表中选择  CTETRA(10) 选项，单击 单元大小 文本框后的 ⚲ 按钮，自动设置网格单元大小，取消选中 目标收集器 区域中的 ☐ 自动创建 选项，其他参数采用系统默认设置，单击 确定 按钮，网格划分结果如图 15.2.10 所示。

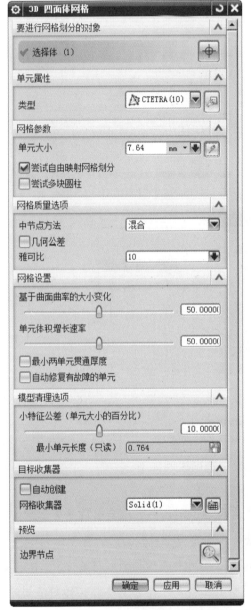

图 15.2.9 "3D 四面体网格" 对话框　　　图 15.2.10 划分网格

对图 15.2.9 所示的"3D 四面体网格"对话框中的部分选项说明如下。

- 类型 下拉列表：用于设置网格单元属性，对于 3D 四面体网格，包括以下两种属性。

    ☑ CTETRA(4)：包含 4 个节点的四面体。

    ☑ CTETRA(10)：包含 10 个节点的四面体，即在 4 节点四面体的基础上增加了中间节点，使网格更好地与实体外形进行拟合。

- 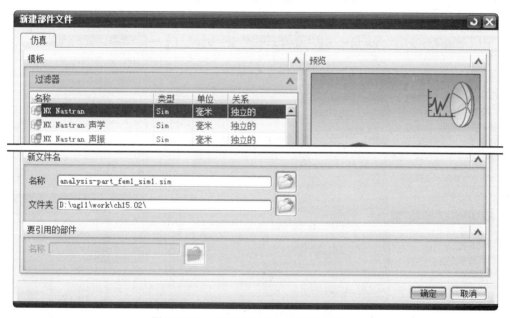单元大小 文本框: 用于设置网格单元大小, 文本框中输入的尺寸为网格单元最大边长尺寸; 单击该文本框后的 按钮, 系统根据模型尺寸自动计算单元大小进行网格划分。
- 中节点方法 下拉列表: 用于设置中间节点方法, 包括以下三种类型。
  - ☑ 混合: 使用混合方式增加中间节点, 也是最常用的方法。
  - ☑ 弯曲: 使用非线性的方式增加中间节点。
  - ☑ 线性: 使用线性方式增加中间节点。
- 雅可比 文本框: 用于设置中间节点偏离线性位置的最大距离值。

Task3. 创建仿真模型

Step1. 在仿真导航器中右击 analysis-part_fem1.fem , 在弹出的快捷菜单中选择 新建仿真... 命令, 系统弹出图 15.2.11 所示的 "新建部件文件" 对话框, 采用系统默认的文件名称, 单击 确定 按钮。

图 15.2.11 "新建部件文件" 对话框

Step2. 定义解算方案。单击图 15.2.12 所示的 "新建仿真" 对话框中的 确定 按钮, 系统弹出图 15.2.13 所示的 "解算方案" 对话框。在对话框的 求解器 下拉列表中选择 NX Nastran 选项, 在 解算方案类型 下拉列表中选择 SOL 101 线性静态 - 全局约束 选项, 其他设置采用系统默认设置, 单击对话框中的 确定 按钮。

对图 15.2.13 所示的 "解算方案" 对话框中的部分选项说明如下。

- 解算方案类型 下拉列表: 用于设置解算方案类型, 部分类型介绍如下。
  - ☑ SOL 101 线性静态 - 全局约束: 线性静态分析的单约束。
  - ☑ SOL 101 线性静态 - 子工况约束: 线性静态分析的多约束。

☑ **SOL 101 超单元**: 超单元问题分析。

图 15.2.12 "新建仿真"对话框

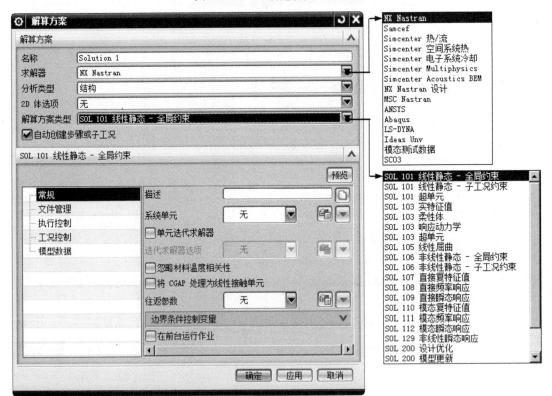

图 15.2.13 "解算方案"对话框

☑ **SOL 103 实特征值**: 特征值问题分析。

☑ **SOL 103 柔性体**: 柔性体问题分析。

☑ **SOL 103 响应动力学**: 响应仿真。

☑ **SOL 103 超单元**: 超单元问题分析。

☑ SOL 105 线性屈曲：线性屈曲分析。

☑ SOL 106 非线性静态 - 全局约束：非线性静态分析单约束。

☑ SOL 106 非线性静态 - 子工况约束：非线性静态分析多约束。

Step3. 定义约束条件。在 主页 功能选项卡 载荷和条件 区域的 约束类型 下拉选项中选择 固定约束 命令，系统弹出图 15.2.14 所示的"固定约束"对话框，选择图 15.2.15 所示的模型表面为约束对象，单击对话框中的 确定 按钮。

图 15.2.14 "固定约束"对话框

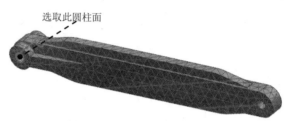

选取此圆柱面

图 15.2.15 选择约束对象

Step4. 定义载荷条件。在 主页 功能选项卡 载荷和条件 区域的 载荷类型 下拉选项中选择 力 命令，系统弹出图 15.2.16 所示的"力"对话框，在 类型 下拉列表中选择 幅值和方向 选项，选择图 15.2.17 所示的圆柱表面为受力对象；在 力 区域文本框中输入力的大小 1000N；在 指定矢量 后单击 按钮，在系统弹出的"矢量"对话框的 类型 下拉列表中选择 与 XC 成一角度 选项，并在 角度 文本框中输入值 60；单击两次 确定 按钮，完成载荷条件的定义。

图 15.2.16 "力"对话框

选取此表面

图 15.2.17 选择受力对象

Task4. 求解

在仿真导航器中右击"Solution 1，在弹出的快捷菜单中选择 求解... 命令，系统弹出图 15.2.18 所示的"求解"对话框，采用系统默认设置，单击 确定 按钮，系统开始解算。

图 15.2.18 "求解"对话框

说明：求解完成后，系统会弹出图 15.2.19 所示的"Solution Monitor"对话框、图 15.2.20 所示的"分析作业监视"对话框、图 15.2.21 所示的"信息"对话框，可以方便查看解算过程中的各项信息。

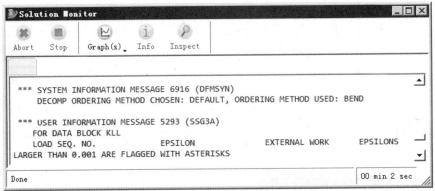

图 15.2.19 "Solution Monitor"对话框

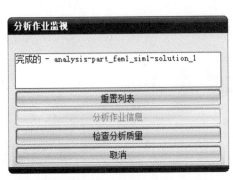

图 15.2.20 "分析作业监视"对话框

图 15.2.21 "信息"对话框

Task5. 后处理

Step1. 在仿真导航器中右击 📁 结果 ，在弹出的快捷菜单中选择 **打开** 命令，系统切换至"后处理导航器"界面，如图 15.2.22 所示。

图 15.2.22 "后处理导航器"界面

Step2. 查看位移结果图解。在后处理导航器中右击 **位移 - 节点** ，在弹出的快捷菜单中选择 **绘图** 命令，系统绘制出图 15.2.23 所示的位移结果图解，从图中可以看出，最大位移值为 1.152mm。

Step3. 查看应力结果图解。在后处理导航器中右击 **应力 - 单元** ，在弹出的快捷菜单中选择 **绘图** 命令，系统绘制出图 15.2.24 所示的应力结果图解，从图中可以看出，最大应力值为 233.97Mpa。

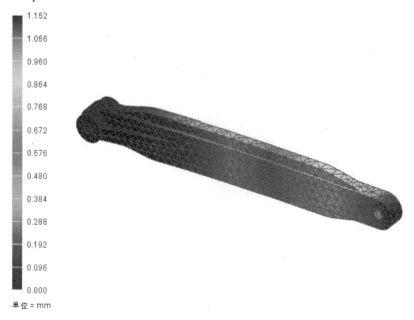

图 15.2.23 位移结果图解

单位 = N/mm^2(MPa)

图 15.2.24　应力结果图解

15.3　组件结构分析

下面以仿真机构中的滑块导向机构（图 15.3.1）为例，介绍在 UG 中进行组件结构分析的一般过程。

滑块导向机构主要由支撑座、导轨和滑块组成（图 15.3.1），支承座材料为 HT400（对应于 UG 材料库中的 Iron_Cast_G40），导轨材料为 45 钢（对应于 UG 材料库中的 Steel），滑块材料为 60 钢（对应于 UG 材料库中的 Iron_60）；支承座底面完全固定约束，滑块中部圆孔面上受到一个大小为 1500N，方向与滑块平面成 30°夹角的载荷力作用，在这种工况下分析零件应力和位移分布情况。

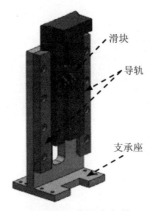

图 15.3.1　滑块导向机构

Task1. 进入高级仿真模块

Step1. 打开文件 D:\ug11\work\ch15.03\assembly-analysis.prt。

Step2. 在 应用模块 功能选项卡的 仿真 区域单击 前/后处理 按钮，进入到高级仿真环境。

Task2. 创建有限元模型

Step1. 在仿真导航器中右击 assembly_analysis.prt ，在弹出的快捷菜单中选择 新建 FEM... 命令，系统弹出"新建部件文件"对话框，采用系统默认的文件名称，单击 确定 按钮。

Step2. 定义求解器环境。在"新建 FEM"对话框的 求解器 下拉列表中选择 NX Nastran 选项，在 分析类型 下拉列表中选择 结构 选项，单击 确定 按钮。

Step3. 定义材料属性。

（1）选择命令。选择下拉菜单 工具(T) ➡ 材料(M) ▸ ➡ 指派材料(A)... 命令，系统弹出"指派材料"对话框。

（2）选择支承座模型为指派材料对象，在对话框的 材料 列表区域中选择 Iron_Cast_G40 材料，单击 应用 按钮。

（3）选择两导轨模型为指派材料对象，在对话框的 材料 列表区域中选择 Steel 材料，单击 应用 按钮。

（4）选择滑块模型为指派材料对象，在对话框的 材料 列表区域中选择 Iron_60 材料，单击 确定 按钮。

Step4. 定义物理属性。

（1）选择命令。选择下拉菜单 插入(S) ➡ 物理属性(H)... 命令，系统弹出"物理属性表管理器"对话框。

（2）单击对话框中的 创建 按钮，系统弹出"PSOLID"对话框，在 材料 下拉列表中选择 Iron_Cast_G40 选项，其他采用系统默认设置，单击 确定 按钮。

（3）单击对话框中的 创建 按钮，在 材料 下拉列表中选择 钢 选项，其他采用系统默认设置，单击 确定 按钮。

（4）单击对话框中的 创建 按钮，在 材料 下拉列表中选择 Iron_60 选项，其他采用系统默认设置，单击 确定 按钮。然后单击 关闭 按钮，关闭"物理属性表管理器"对话框。

Step5. 定义网格单元属性。

（1）定义第一个网格单元属性。选择下拉菜单 插入(S) ➡ 网格收集器(S)... 命令，系统弹出图 15.3.2 所示的"网格收集器"对话框。在对话框的 单元族 下拉列表中选择 3D 选项，在 实体属性 下拉列表中选择 PSOLID1 选项，其他采用系统默认设置，单击 应用 按钮。

（2）定义第二个网格单元属性。参照上一步骤，在 实体属性 下拉列表中选择 PSOLID2 选项，其他采用系统默认设置，单击 应用 按钮。

（3）定义第三个网格单元属性。参照上一步骤，在 实体属性 下拉列表中选择 PSOLID3 选项，其他采用系统默认设置，单击 确定 按钮。

图 15.3.2　"网格收集器"对话框

Step6. 划分网格。

（1）划分支承座网格。选择下拉菜单 插入(S) ➡️ 网格(M) ▶ ➡️ ⚠️ 3D 四面体网格... 命令，系统弹出图 15.3.3 所示的"3D 四面体网格"对话框。选择支承座模型为网格划分对象，在 类型 下拉列表中选择 ⚠️ CTETRA(10) 选项，在 单元大小 文本框中输入值 12，并取消选中 目标收集器 区域中的 ☐ 自动创建 选项，在该区域的下拉列表中选择 Solid(1) 选项，其他参数采用系统默认设置，单击 应用 按钮，网格划分结果如图 15.3.4 所示。

图 15.3.3　"3D 四面体网格"对话框

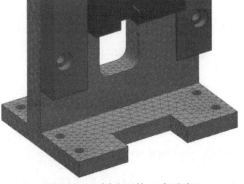

图 15.3.4　划分网格（支承座）

（2）划分导轨网格。选择两导轨模型为网格划分对象，在 类型 下拉列表中选择 CTETRA(10) 选项，单击 单元大小 文本框后的 按钮，并在其文本框中输入值 8，取消选中 目标收集器 区域中的 □ 自动创建 选项，在该区域的下拉列表中选择 Solid(2) 选项，其他参数采用系统默认设置，单击 应用 按钮，网格划分结果如图 15.3.5 所示。

（3）划分滑块网格。选择滑块模型为网格划分对象，在 类型 下拉列表中选择 CTETRA(10) 选项，单击 单元大小 文本框后的 按钮，并在其文本框中输入值 10，取消选中 目标收集器 区域中的 □ 自动创建 选项，在该区域的下拉列表中选择 Solid(3) 选项，其他参数采用系统默认设置，单击 确定 按钮，网格划分结果如图 15.3.6 所示。

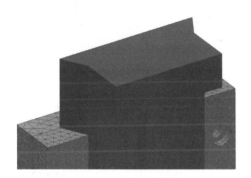 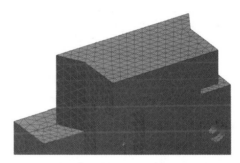

图 15.3.5　划分网格（导轨）　　　　　图 15.3.6　划分网格（滑块）

Task3. 创建仿真模型

Step1. 在仿真导航器中右击 assembly-analysis_fem1.fem ，在弹出的快捷菜单中选择 新建仿真... 命令，系统弹出"新建部件文件"对话框，采用系统默认的文件名称，单击 确定 按钮。

Step2. 定义解算方案。单击"新建仿真"对话框中的 确定 按钮，系统弹出图 15.3.7 所示的"解算方案"对话框。在对话框的 求解器 下拉列表中选择 NX Nastran 选项，在 解算方案类型 下拉列表中选择 SOL 101 线性静态 - 全局约束 选项，其他设置采用系统默认设置，单击对话框中的 确定 按钮。

图 15.3.7　"解算方案"对话框

Step3. 定义约束条件。在 主页 功能选项卡 载荷和条件 区域的 约束类型 下拉选项中选择 固定约束 命令，系统弹出图 15.3.8 所示的"固定约束"对话框，选择图 15.3.9 所示的模型表面为约束对象，单击对话框中的 确定 按钮。

Step4. 调整 WCS 坐标系。选择下拉菜单 格式(R) → WCS ▶ → 动态(D)... 命令，将其调整至图 15.3.10 所示的合适位置（具体参数和操作参见随书光盘）。

图 15.3.8 "固定约束"对话框

选取此表面

图 15.3.9 选择约束对象

Step5. 定义载荷条件。在 主页 功能选项卡 载荷和条件 区域的 载荷类型 下拉选项中选择 力 命令，系统弹出图 15.3.11 所示的"力"对话框，在 类型 下拉列表中选择 幅值和方向 选项，选择图 15.3.12 所示的模型孔的面为受力对象，在 力 区域文本框中输入力的大小 1500N，在 指定矢量 后单击 按钮，在系统弹出的"矢量"对话框的 类型 下拉列表中选择 与 XC 成一角度 选项，并在 角度 文本框中输入值 60；单击两次 确定 按钮，完成载荷条件的定义。

图 15.3.10 选择受力对象

选取此两面

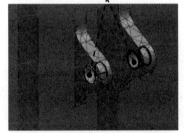

图 15.3.12 选择受力对象（滑块）

图 15.3.11 "力"对话框

Step6. 定义面对面粘连条件 1。

（1）选择命令。在 主页 功能选项卡 载荷和条件 区域的 仿真对象类型▾ 下拉选项中选择 面对面粘连 命令，系统弹出图 15.3.13 所示的"面对面粘连"对话框，在 类型 下拉列表中选择 手动 选项。

图 15.3.13 "面对面粘连"对话框

（2）定义源区域。单击 源区域 区域的"创建区域"按钮，系统弹出"区域"对话框，选择图 15.3.14 所示的模型表面为接触面区域，单击"区域"对话框中的 确定 按钮。

（3）定义目标区域。单击 目标区域 区域的"创建区域"按钮，系统弹出"区域"对话框，选择图 15.3.15 所示的模型表面为接触面区域，单击"区域"对话框中的 确定 按钮，单击"面对面粘连"对话框中的 应用 按钮，完成面对面区域的定义。

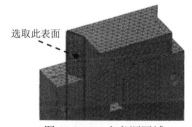

图 15.3.14 定义源区域

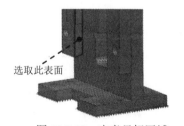

图 15.3.15 定义目标区域

Step7. 定义面对面粘连条件 2。

参照 Step6 步骤，分别选择图 15.3.16 所示的源区域和图 15.3.17 所示的目标区域，创建第二个面对面粘连条件。

Step8. 定义面对面粘连条件 3。

参照 Step6 步骤，分别选择图 15.3.18 所示的源区域和图 15.3.19 所示的目标区域，创建第二个面对面粘连条件。

图 15.3.16　定义源区域 1

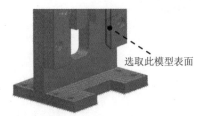

图 15.3.17　定义目标区域 1

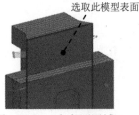

图 15.3.18　定义源区域 2

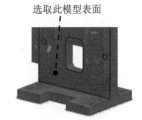

图 15.3.19　定义目标区域 2

Step9. 定义面对面粘连条件 4。

参照 Step6 步骤，分别选择图 15.3.20 所示的源区域和图 15.3.21 所示的目标区域，创建第二个面对面粘连条件。

图 15.3.20　定义源区域 3

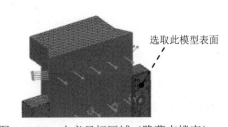

图 15.3.21　定义目标区域（隐藏支撑座）

Step10. 定义面对面粘连条件 5。

参照 Step6 步骤，分别选择图 15.3.22 所示的源区域和图 15.3.23 所示的目标区域，创建第二个面对面粘连条件。

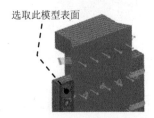

图 15.3.22　定义源区域 4

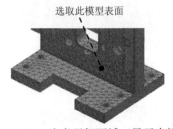

图 15.3.23　定义目标区域（显示支撑座）

Task4. 求解

在仿真导航器中右击 <img> Solution 1，在弹出的快捷菜单中选择 <img> 求解... 命令，系统弹出图 15.3.24 所示的"求解"对话框，采用系统默认设置，单击 <img> 确定 按钮，系统开始解算。

图 15.3.24　"求解"对话框

Task5. 后处理

Step1. 在仿真导航器中右击 <img> 结果，在弹出的快捷菜单中选择 <img> 打开 命令，系统切换至"后处理导航器"界面，如图 15.3.25 所示。

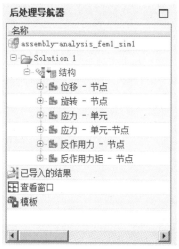

图 15.3.25　"后处理导航器"界面

Step2. 查看位移结果图解。在后处理导航器中右击 <img> 位移 - 节点，在弹出的快捷菜单中选择 <img> 绘图 命令，系统绘制出图 15.3.26 所示的位移结果图解，从图中可以看出，最大位移值为 0.272mm。

Step3. 查看应力结果图解。在后处理导航器中右击 <img> 应力 - 单元，在弹出的快捷菜单中选择 <img> 绘图 命令，系统绘制出图 15.3.27 所示的应力结果图解，从图中可以看出，最大应力值为 20.51MPa。

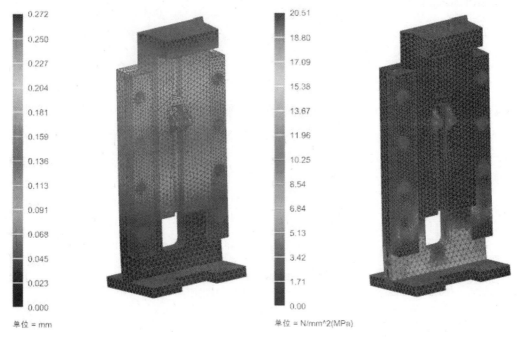

图 15.3.26　位移结果图解　　　　　图 15.3.27　应力结果图解

读者意见反馈卡

尊敬的读者:

感谢您购买机械工业出版社出版的图书!

我们一直致力于 CAD、CAPP、PDM、CAM 和 CAE 等相关技术的跟踪,希望能将更多优秀作者的宝贵经验与技巧介绍给您。当然,我们的工作离不开您的支持。如果您在看完本书之后,有什么好的意见和建议,或是有一些感兴趣的技术话题,都可以直接与我联系。

策划编辑: 丁锋

读者购书回馈活动:

活动一: 本书"随书光盘"中含有该"读者意见反馈卡"的电子文档,请认真填写本反馈卡,并 E-mail 给我们。E-mail: 兆迪科技 zhanygjames@163.com,丁锋 fengfener@qq.com。

活动二: 扫一扫右侧二维码,关注兆迪科技官方公众微信(或搜索公众号 zhaodikeji),参与互动,也可进行答疑。

凡参加以上活动,即可获得兆迪科技免费奉送的价值 48 元的在线课程一门,同时有机会获得价值 780 元的精品在线课程。

书名:《UG NX 11.0 宝典》

1. 读者个人资料:

姓名: _____ 性别: ___ 年龄: ____ 职业: _____ 职务: _____ 学历: _____
专业: _____ 单位名称: _____ 办公电话: _____ 手机: _____
QQ: _____ 微信: _____ E-mail: _____

2. 影响您购买本书的因素(可以选择多项):

☐内容   ☐作者   ☐价格
☐朋友推荐   ☐出版社品牌   ☐书评广告
☐工作单位(就读学校)指定   ☐内容提要、前言或目录   ☐封面封底
☐购买了本书所属丛书中的其他图书   ☐其他_____

3. 您对本书的总体感觉:

☐很好   ☐一般   ☐不好

4. 您认为本书的语言文字水平:

☐很好   ☐一般   ☐不好

5. 您认为本书的版式编排:

☐很好   ☐一般   ☐不好

6. 您认为 UG 其他哪些方面的内容是您所迫切需要的?

_____

7. 其他哪些 CAD/CAM/CAE 方面的图书是您所需要的?

_____

8. 您认为我们的图书在叙述方式、内容选择等方面还有哪些需要改进的?

_____

_____